随机信号与系统

潘仲明 编著

国防工业出版社
·北京·

内容简介

本书详尽介绍了随机过程、最优估计、时间序列模型和线性动态系统辨识、谱估计与小波分析、最优滤波与状态估计等理论方法及其应用实例，并编配了各章知识要点和习题。重点阐述如何从自然科学和工程技术描述的复杂系统中提炼出简练而又符合现实的随机信号或随机系统模型，进而选用恰当的理论方法来更好地解决工程测试、微弱信号检测与系统辨识等工程实际问题。全书选材精当，基本概念表述清晰、公式推导过程严谨、工程应用实例丰富、MATLAB 算法程序简明易懂，符合工科读者的思维习惯和认识规律。

本书适合作为高等学校自动化、仪器仪表、电气工程、机械工程、电子信息工程和医学生物信息技术等专业的研究生教材，也可供从事工程测试、目标探测、无损检测、装备故障诊断、系统辨识、过程控制和现代信号处理等技术专题研究的科技工作者进修参考。

图书在版编目(CIP)数据

随机信号与系统/潘仲明编著. —北京:国防工业出版社,2013. 8

ISBN 978-7-118-08942-4

Ⅰ.①随... Ⅱ.①潘... Ⅲ.①随机信号 - 信号理论②随机信号 - 信号分析 Ⅳ.①TN911.6

中国版本图书馆 CIP 数据核字(2013)第 175014 号

※

国防工業出版社 出版发行

(北京市海淀区紫竹院南路 23 号 邮政编码 100048)

北京嘉恒彩色印刷责任有限公司

新华书店经售

*

开本 710 × 1000 1/16 印张 25 字数 518 千字

2013 年 8 月第 1 版第 1 次印刷 印数 1—3000 册 定价 63.00 元

国防书店：(010)88540777 发行邮购：(010)88540776

发行传真：(010)88540755 发行业务：(010)88540717

前　言

科学发现、技术发明、工程建设和各类自动化系统的开发，必然涉及随机过程、参数估计与系统辨识等理论方法的具体应用问题。事实上，这些理论方法在工程测试、系统辨识、目标探测、无损检测、装备故障诊断和医学生物信息技术等各个领域中，都得到了广泛和成效显著的应用，进而推动了现代科学技术的进步与发展，并已逐渐成为高等院校工科专业研究生必修的数学技术课程。

目前，国内高校已普遍为工科专业本科生开设了“信号与系统”和“自动控制原理”这两门技术理论课程，鉴于这两门课程的基本概念、数学工具和研究方法的高度一致性，一些大学已率先将这两门课程合流归一，为自动化、仪器仪表、电气工程和电子信息工程等专业的本科生开设了“信号、系统与控制基础”课程。但至今这门课程的后续课程（或研究专题）（“随机信号与系统”知识体系的建构）仍处于初步的探索阶段。毫无疑问，“随机信号与系统”应当显著区别于具有明确的专业技术（通信、雷达、声纳）导向性的研究生课程——“随机信号处理”，并具备约定俗成的技术理论课程和前沿技术理论的一切特征。因此，作者认为，从随机信号处理的知识体系中抽出“随机过程”与“参数估计”这两大基础理论，加上线性动态系统的数学模型辨识、随机信号的谱估计与小波分析，以及最优滤波与状态估计等技术理论专题，一并构成新的知识体系——随机信号与系统，作为高等院校工科专业研究生或科技工作者的进修课程，是一种较为合理的选择。

全书共分为六章。第一章简要回顾了概率论与随机过程的基础知识。第二章详细介绍了工程中应用最为广泛的多维高斯分布理论及其在最佳检测系统中的应用，内容包括似然比检测系统、白化滤波器和匹配滤波器的基本概念，以及似然比检测系统信噪比的分析与计算方法。第三章深入浅出地阐释了参数估计理论的基本概念、各种估计量和估计量方差下界的物理意义，并举例说明各种估计算法在检测技术和数据处理方面的应用。第四章简明扼要地介绍了随机数据预处理的基本方法，重点介绍了时间序列模型和线性控制系统辨识的基础知识。第五章详尽介绍了非参数化和参数化谱估计算法，简要讨论了非高斯时间序列的双谱估计算法，重点阐述了一维小波分析的基本概念和快速小波的理论框架，并从工程应用的角度，详细介绍了小波变换的数值计算、双正交滤波器组的设计方法和快速小波变换的实现技术，以及小波分析在检测技术和信号处理领域中的应用实例。第六章详尽阐述了最优滤波和状态估计的基本理论方法，内容包括维纳滤波器 LMS、自适应滤波器和卡尔曼滤波器；重点介绍了 LMS 自适应滤波器的各种算法及其在自适应噪声抵消器、自适应谱线增强器和自适应逆建模等技术专题中的应用。

在此,简要说明编撰本书的基本思路可能是有益的。本书是一门数学导向性极强的课程,迄今为止,频谱分析、小波变换、参数估计、系统辨识和最优滤波理论的最新成果绝大多数是应用数学界的贡献。但是,如果片面地强调这些理论方法在纯数学意义上的严密性、完整性和普遍性,以及使用数学工具的技巧性问题,而不解释和讨论这些理论方法所隐含的物理意义及其适用范围,那么,本书将无异于大学的公共数学基础课程。反之,如果绕过频谱分析、小波变换、参数估计、系统辨识和最优滤波等算法的推导过程,而仅仅介绍这些理论方法的实现步骤及其应用实例,或许能收到"立竿见影"的短期效果,然而,实践证明这种"科普"式的教材或"叙述性"专著对于推动相关领域的科技进步是毫无益处的。不言而喻,在抽象理论和工程实现上的任何偏颇,对于理解和掌握"随机信号与系统"的理论方法及其工程应用都是不利的。为此,在本书中,作者尽量采用浅显易懂的数学概念与直观的图示化方法来阐释频谱分析、小波变换、参数估计、系统辨识和最优滤波等算法的物理意义,并给出了有关数学公式的详尽推导过程,同时举例说明这些理论方法在工程测试、微弱信号检测和系统辨识等技术专题中的典型应用;尽量应用简化的数学模型来描述复杂的随机信号与随机系统,并应用 MATLAB /Simulink 软件工具进行系统仿真,尽管有时候理论模型与实际现象可能存在着较大的差异,但在当今工程技术科学中,利用模型进行系统仿真的技术手段却是必不可少的。这种既严谨地介绍各种算法的数学基础及其推导过程,又避免把这些算法当作纯粹的数学问题来讲解的思想,不但体现在本书的取材与结构上,也表现在阐释频谱分析、小波变换、参数估计、系统辨识和最优滤波等理论方法的基本思路上。作者的期望在于,通过本课程的课堂讲授和专题研讨这样的教育经历,使读者初步具备从自然科学和工程技术描述的复杂系统中提炼出简练而又符合现实的随机信号或随机系统模型的能力,进而选用恰当的理论方法来更好地解决工程测试、微弱信号检测和系统辨识以及装备故障诊断等工程实际问题。

应当特别指出,本书是在作者原著《随机信号分析与最优估计理论》的基础上,根据"信号、系统与控制"学科群的内涵及外延重新编排了目录和章节,改写、删除了原书的部分内容,增补了时间序列模型与线性动态系统辨识的基础知识,以及各个章节的知识要点和习题。鉴于修订部分超过了原书的三分之一,因此不应当将本书视为原书的修订版。

由于作者的水平有限,本书的选材和文字难免存在不当和疏漏之处,敬请读者不吝批评指正。

作者

2013 年 2 月

于国防科技大学

目　录

第一章　概率与随机过程导论 ………………………………………………… 1
1.1　随机事件 ……………………………………………………………………… 1
1.1.1　随机事件的概念 ……………………………………………………… 1
1.1.2　随机事件的概率 ……………………………………………………… 4
1.1.3　条件概率与统计独立 ………………………………………………… 5
1.2　随机变量 ……………………………………………………………………… 8
1.2.1　随机变量的分布与密度函数 ………………………………………… 9
1.2.2　常用的概率分布与密度函数 ………………………………………… 12
1.2.3　随机变量的独立性 …………………………………………………… 14
1.2.4　随机变量函数的概率密度 …………………………………………… 15
1.3　期望、矩和特征函数 ………………………………………………………… 23
1.3.1　数学期望 ……………………………………………………………… 23
1.3.2　随机变量的矩 ………………………………………………………… 25
1.3.3　特征函数 ……………………………………………………………… 27
1.3.4　复随机变量及其数学特征 …………………………………………… 31
1.4　随机过程 ……………………………………………………………………… 32
1.4.1　随机过程的基本概念 ………………………………………………… 32
1.4.2　平稳随机过程 ………………………………………………………… 35
1.4.3　各态历经过程 ………………………………………………………… 36
1.5　总体相关函数与功率谱密度 ………………………………………………… 38
1.5.1　总体相关函数 ………………………………………………………… 38
1.5.2　相关函数的性质 ……………………………………………………… 39
1.5.3　波形与频谱的概念 …………………………………………………… 44
1.5.4　平稳过程的功率谱密度 ……………………………………………… 45
1.5.5　线性系统对随机信号的响应 ………………………………………… 52
本章小结 …………………………………………………………………………… 57
习题 ………………………………………………………………………………… 61
第二章　多维高斯过程 ………………………………………………………… 64
2.1　多维高斯分布 ………………………………………………………………… 64

2.1.1 中心极限定理……………………………………………………… 64
2.1.2 高斯向量的密度函数…………………………………………… 67
2.1.3 高斯向量的条件密度函数……………………………………… 71
2.2 高斯过程性质与高斯白噪声……………………………………… 75
2.2.1 高斯过程的主要性质…………………………………………… 76
2.2.2 高斯白噪声的生成……………………………………………… 85
2.3 高斯过程理论的应用实例………………………………………… 87
2.3.1 似然比检测系统的基本概念…………………………………… 87
2.3.2 似然比检测系统的结构………………………………………… 91
2.3.3 匹配滤波器与白化滤波器……………………………………… 93
2.3.4 似然比检测系统的信噪比计算 ……………………………… 101
本章小结……………………………………………………………… 111
习题…………………………………………………………………… 114
第三章 参数估计理论……………………………………………… 117
3.1 参数估计的评价准则 …………………………………………… 117
3.1.1 参数估计量的统计特性 ……………………………………… 117
3.1.2 Cramer – Rao 下限 ………………………………………… 121
3.2 基于统计分布的参数估计算法 ………………………………… 131
3.2.1 贝叶斯估计 …………………………………………………… 131
3.2.2 极大似然估计 ………………………………………………… 138
3.2.3 数学期望最大算法 …………………………………………… 143
3.3 基于线性模型的参数估计算法 ………………………………… 148
3.3.1 线性均方估计 ………………………………………………… 148
3.3.2 最小均方自适应算法 ………………………………………… 157
3.3.3 最小二乘估计 ………………………………………………… 166
本章小结……………………………………………………………… 173
习题…………………………………………………………………… 179
第四章 数学模型辨识……………………………………………… 182
4.1 随机数据预处理 ………………………………………………… 182
4.1.1 连续时间信号的采样 ………………………………………… 183
4.1.2 随机序列的统计特性 ………………………………………… 186
4.1.3 波形基线修正与统计特性检验 ……………………………… 190
4.2 时间序列模型及其辨识方法 …………………………………… 193
4.2.1 自回归时间序列 ……………………………………………… 194
4.2.2 滑动平均时间序列 …………………………………………… 200

4.2.3 自回归滑动平均时间序列 …… 203
4.2.4 时间序列模型的辨识方法 …… 206
4.3 ARX 模型的最小二乘估计 …… 214
4.3.1 ARX 模型的辨识方法 …… 214
4.3.2 递推最小二乘估计 …… 218
4.3.3 广义最小二乘估计 …… 224
本章小结 …… 226
习题 …… 230
第五章 谱估计与小波分析 …… 233
5.1 功率谱估计 …… 233
5.1.1 非参数化谱估计 …… 234
5.1.2 参数化谱估计 …… 238
5.1.3 特殊 ARMA 模型与皮萨连柯谱估计 …… 246
5.1.4 非高斯时间序列双谱估计 …… 253
5.2 小波变换 …… 260
5.2.1 连续小波变换 …… 263
5.2.2 连续小波变换的离散化 …… 272
5.3 快速小波变换的理论框架 …… 275
5.3.1 多分辨力信号分解 …… 275
5.3.2 双通道信号分解的理想重构条件 …… 284
5.4 快速小波变换的实现与应用 …… 292
5.4.1 双正交滤波器组的设计方法 …… 292
5.4.2 时间栅格加密与多孔算法 …… 297
5.4.3 尺度函数与小波函数的求解 …… 300
5.4.4 小波变换的应用实例 …… 304
本章小结 …… 317
习题 …… 320
第六章 最优滤波与状态估计 …… 324
6.1 维纳滤波器 …… 324
6.1.1 波形估计的基本概念 …… 324
6.1.2 连续时间维纳滤波器 …… 326
6.1.3 离散时间维纳滤波器 …… 330
6.2 自适应横向数字滤波器 …… 340
6.2.1 LMS 自适应滤波器 …… 340
6.2.2 RLS 自适应滤波器 …… 344

6.2.3 DFT/DCT 自适应滤波器 …… 346
6.2.4 约束 LMS 自适应滤波器 …… 352
6.3 自适应滤波器的应用实例 …… 357
6.3.1 自适应噪声抵消器 …… 357
6.3.2 自适应谱线增强器 …… 365
6.3.3 自适应逆系统模拟器 …… 367
6.4 状态估计 …… 372
6.4.1 一步最优预估 …… 373
6.4.2 卡尔曼滤波器 …… 376
6.4.3 卡尔曼滤波器的应用示例 …… 378
6.4.4 广义卡尔曼滤波器 …… 382
本章小结 …… 386
习题 …… 388
参考文献 …… 390

第一章　概率与随机过程导论

科学理论仅仅是对抽象概念,而不是对工程实际进行讨论的。在纯理论学科中,所有的结论都是从某些公理通过演绎逻辑推导出来的。在某种意义下,这些科学理论是符合自然现象的,而不管它们意味着什么。本章将要讨论的是另一类问题。在这类问题中,通过测量,只能掌握各种可能发生、也可能不发生的事件所呈现出来的局部信号,它要求在不完全知道因果关系下,分析、估计这类可观测信号的特征参数,作为确定观测结果或者决策的依据。作为应用数学的一个分支,概率与随机过程理论为分析此类问题提供了一个理论框架。为使读者能够更容易地理解本书的主要内容,简要复习这方面的基础知识是必要的。

1.1　随 机 事 件

概率论是分析随机现象统计规律性的一门应用数学学科。从概率的观点出发,可把工程上存在的各种现象分为两类:一类称为确定性现象,它是指在一定条件下必然发生或必然不发生的现象;另一类称为随机现象,它指的是在一定条件下可能发生,也可能不发生的现象。尽管应用概率论来分析工程问题所得到的结果是否与物理现实相吻合,是无法被“证明”的,但却是可以接受的。

1.1.1　随机事件的概念

随机事件是随机试验中可能出现的结果,它是概率论的主要研究对象。

一、随机试验

概率论与随机试验密切相关,每个试验都可由一个至三个元素组成的集合 $\{\Omega,\Sigma,P\}$ 来定义。其中:

第一个子集 Ω 表示基本事件的集合,子集中的元素是每次试验中可能发生的某一结果;

第二个子集 Σ 表示复合事件的集合,每个事件在试验中是否发生依赖于试验的执行情况,带有随机性;

第三个子集 P 用于指定 Σ 集合中每个事件所对应的数值(概率)应当遵循的规则。

定义:在随机试验中,每一个可能出现的结果,称为随机事件。

随机事件通常用 A,B,C 等大写字母来表示,它又分为基本事件和复合事件。

(1) 基本事件。最简单的不能再分的单个事件,称为基本事件。

例如，投掷一对完整无缺的骰子，一个骰子的一次滚动就是一个随机试验。由于骰子落在 1 ~6 的点数的可能性都存在，因此可将骰子上 1 ~6 的点数定义为基本事件。此类基本事件是可数的，通常用符号 $\zeta_k(k=1,2,\cdots)$ 来表示。当基本事件 ζ_k 是可列集合时，点数 k 是离散变量。

如果随机试验所产生的基本事件是不可数的，则应引入连续变量 τ，并将基本事件记为 $\zeta(\tau)$，它表示基本事件的点可能填满整个空间。例如，无限精确地测量电压信号就属于这种情况，这是因为测量值是可能的任何实数。这时完全可以任意地定义一个基本事件，但前提条件是基本事件必须是完备和不相容的，这意味着，在每次试验中必有且仅有一个基本事件发生。

(2) 复合事件。由两个或两个以上的基本事件组成的事件，称为复合事件（或事件）。

例如，在掷骰子试验中，"点数小于 4"和"点数为偶数"的事件都是复合事件。

此外，在随机试验中必然出现的结果称为必然事件，而绝对不会出现的结果则称为不可能事件。事实上，这两种事件并非随机事件，但为了研究问题的方便，往往也把它们归入随机事件，作为随机事件的两种极端情况来考虑。

二、样本空间

样本是概率论中最为重要的概念之一。

定义：在随机试验中，每一个基本事件称为一个样本点；样本点的全体称为样本空间 Ω，它是全体样本点的集合。

例如，在掷骰子试验中，样本点 $(k=1,2,3,4,5,6)$ 构成了样本空间 $\Omega=\{1,2,3,4,5,6\}$，样本空间中的每一个元素都是一个基本事件。

由基本事件 $\zeta\in\Omega$ 组成的复合事件是基本事件（即样本点）的集合。在随机试验时，如果出现了任一基本事件，则称该事件发生。按此定义，样本空间本身也是事件，而且是必然事件。

【例 1-1】 在掷骰子试验中，可以列出以下事件：

$$A=\{2,5\};B=\{2,4,6\};C=\{4\}$$
$$D=\{1,2,3,4\};\Omega=\{1,2,3,4,5,6\}$$

注意，要区分单个事件（点）与包含若干个基本事件的事件（集合）。

三、事件之间的运算关系

事件之间的运算关系如图 1-1 所示。

(1) 包含关系。设有事件 A 和 B，如果事件 B 发生必然导致事件 A 发生，则称 B 包含 A（或 A 包含于 B），记作 $A\subset B$。显然，任何事件都包含于 Ω。

(2) 相等关系。若 $A\subset B$，同时又有 $B\subset A$，则称 A 与 B 是相等事件，记作 $A=B$。

(3) 事件的并集（逻辑 OR）。设有事件 A、B 和 C，如果当事件 A 和 B 中至少一个发生时，事件 C 就发生，则称 C 是 A、B 的并（和）事件，记作 $C=A\cup B$。

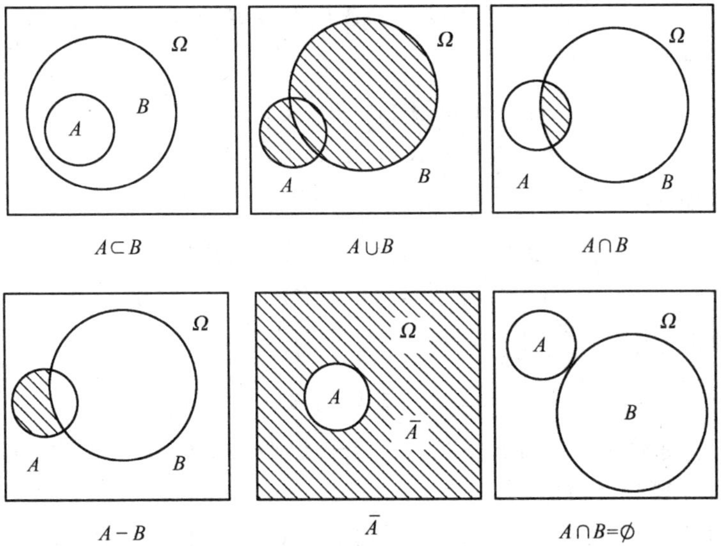

图 1－1　事件的关系

n 个事件 $A_k(k=1,2,\cdots,n)$ 的并，记作

$$C=\bigcup_{k=1}^{n}A_k$$

(4) 事件的交集(逻辑 AND)。如果当事件 A 和 B 同时发生时，事件 C 才发生，则称 C 是 A 和 B 的交(积)事件，记作 $C=A\cap B$(或 AB)。

n 个事件 $A_k(k=1,2,\cdots,n)$ 的交，记作

$$C=\bigcap_{k=1}^{n}A_k$$

(5) 事件的补集(逻辑 NOT)。不包含事件 A 的基本事件所构成的集合，称为事件 A 的补集，即 $\overline{A}=\Omega-A$。

(6) 互不相容(互斥)事件。如果事件 A 和 B 不可能同时发生，即 $AB=\varnothing$(空集)，则称 A 和 B 是互斥事件。任何两个不相同的基本事件都是互斥事件。

(7) 对立事件。若样本空间 Ω 只含有事件 A 和 B，即 $\Omega=A\cup B$，且 $AB=\varnothing$，则称 A 和 B 是对立事件，记为

$$A=\overline{B}\text{ 或 }B=\overline{A}$$

(8) 事件的差。事件 A 与 $\overline{B}$ 的交，称为 A 与 B 的差，记为 $C=A-B=A\overline{B}$。若样本空间 Ω 只含有事件 A 和 B，即 $\Omega=A\cup B$，则事件的对称差定义为

$$A\Delta B=(A-B)\cup(B-A)=(A\overline{B})\cup(B\overline{A})=\overline{AB}$$

事件之间的组合运算法则：

（1）交换律：

$$A \cup B = B \cup A, A \cap B = B \cap A$$

（2）结合律：

$$\begin{cases}(A \cup B) \cup C = A \cup (B \cup C) = A \cup B \cup C \\ (A \cap B) \cap C = A \cap (B \cap C) = A \cap B \cap C\end{cases}$$

（3）分配律：

$$\begin{cases}(A \cup B) \cap C = (A \cap C) \cup (B \cap C) \\ (A \cap B) \cup C = (A \cup C) \cap (B \cup C)\end{cases}$$

（4）摩根定律：

$$\overline{A \cup B} = \overline{A} \cap \overline{B}, \overline{A \cap B} = \overline{A} \cup \overline{B}$$

引入上述事件的关系和集合论中的运算法则后，就可以给出随机试验$\{\Omega,\Sigma,P\}$中的第二个子集Σ的定义。

定义：非空事件集Σ是一个关于并运算（可能是无限的）与补运算封闭的一个事件类，即对于任意的$A \in \Sigma$，都有$\overline{A} \in \Sigma$，且对任意一组$A_k(k=1,2,\cdots) \in \Sigma$，同样有

$$\bigcup_{k=1}^{\infty} A_k \in \Sigma$$

在代数中，对于任何集合，只要它具有上述事件集合Σ所具有的性质，则称为σ-代数。

若Σ满足上述两个基本条件，则Σ必包含其中元素的交（可能是无限的）和对称差。有了这个定义，就可以保证Σ中的任何事件通过集合运算所得到的事件仍然属于Σ。明确规定这样一个集合Σ仅仅是出于数学处理上的考虑，使得被分析事件的类别是明确定义的，而且总可以将全体事件集视为σ-代数。

1.1.2　随机事件的概率

在随机试验$\{\Omega,\Sigma,P\}$中，第三个元素P是定义事件$A \in \Sigma$上的一个实值函数$P(A)$，它给集合Σ中的每一个事件都指定了一个概率，用于表示可能发生该事件的测度。

【例1-2】　在掷骰子试验中，如果事先已确认骰子是完美无缺的，那么就可以指定下列事件

$$A = \{2,5\};\ B = \{2,4,6\};\ C = \{4\}$$
$$D = \{1,2,3,4\};\ \Omega = \{1,2,3,4,5,6\}$$

的概率，即

$$P(A) = \frac{1}{3}; P(B) = \frac{1}{2}; P(C) = \frac{1}{6}; P(D) = \frac{2}{3}; P(\Omega) = 1$$

定理1-1（概率论公理）：设随机试验的样本空间为Ω，且赋予$A\in\Sigma$一个实数值$P(A)$。$\forall k,m\in Z$（整数域），若该实数满足下式：

$$\begin{cases}P(\Omega)=1\\ P(A)\geqslant 0, & A\in\Sigma\\ P(\cup A_k)=\sum P(A_k), A_k\in\Sigma \text{ 且 } A_kA_l=\varnothing\ (k\neq l)\end{cases}\tag{1.1.1}$$

则称$P(A)$为事件A的概率。

根据定理1-1和集合论中的各种代数运算关系，不仅可以导出概率的全部性质和运算法则，而且可以根据基本事件$\zeta\in\Omega$的概率构造出任何事件$A\in\Sigma$的概率。例如，从集合论中的恒等式出发

$$A\cup B=A\cup(\bar{A}B)$$

$$B=\Omega B=(A\cup\bar{A})B=(AB)\cup(\bar{A}B)$$

由式（1.1.1）可知：$\forall A,B\in\Sigma$，有

$$P(A\cup B)=P(A)+P(\bar{A}B), P(B)=P(AB)+P(\bar{A}B)$$

所以

$$P(A\cup B)=P(A\cup\bar{A}B)=P(A)+P(B)-P(AB)\tag{1.1.2}$$

【例1-3】 在掷一个完整的骰子试验中，点数为偶数（even）或者点数大于2的复合事件的概率为

$$\begin{aligned}&P(\{\text{even}\}\cup\{>2\})\\ &=P(\{\text{even}\})+P(\{>2\})-P(\{\text{even}\}\cap\{>2\})\\ &=\frac{1}{2}+\frac{2}{3}-\frac{1}{3}=\frac{5}{6}\end{aligned}$$

建立在概率论公理基础上的随机试验$\{\Omega,\Sigma,P\}$的定义，是应用概率论知识描述和解决工程实际问题的重要概念。

1.1.3 条件概率与统计独立

在随机试验中，经常关心在给定事件A发生的条件下事件B发生的概率。当然，发生事件B的可能性也可能不受到事件A的影响，或者事件A和事件B是互相独立的。

一、条件概率

定义：设两个事件$A,B\in\Sigma$，且$P(A)>0$，则在事件A发生的条件下，事件B发生的条件概率为

$$P(B\mid A)=\frac{P(AB)}{P(A)}\tag{1.1.3}$$

条件概率与前面定义的基本概率具有相同的性质：

$$\begin{cases} P(\Omega \mid A) = 1 \\ P(B \mid A) \geqslant 0, & A,B \in \Sigma \\ P(\cup B_k \mid A) = \sum P(B_k \mid A), & B_k \in \Sigma \text{且} B_k B_m = \varnothing (k \neq m) \end{cases} \tag{1.1.4}$$

式中：k,m 为整数。

【例 1-4】 在掷骰子试验中，事件 $A=\{1,3,5\}$ 表示奇数点出现的情况，事件 $B=\{1,2,3\}$ 表示点数小于 4 的情况，二者的组合事件 $AB=\{1,3\}$；且有 $P(AB)=1/3$，$P(B)=1/2$。由式(1.1.3)可知：在事件 $B=\{1,2,3\}$ 发生的条件下，事件 $A=\{1,3,5\}$ 发生的概率为

$$P(A \mid B) = \frac{P(AB)}{P(B)} = \frac{1/3}{1/2} = \frac{2}{3}$$

二、全概率公式和逆概率公式

定义：在随机试验 $\{\Omega,\Sigma,P\}$ 中，对于一组事件 $A_k(k=1,2,\cdots,n)\in\Sigma$，如果满足

$$\bigcup_{k=1}^{n} A_k = \Omega \text{且} A_k \cap A_m = \varnothing (k \neq m; k,m \leqslant n)$$

则称 $A_k(k=1,2,\cdots,n)$ 为 Ω 的一个划分。

定理 1-2（全概率公式）：在随机试验 $\{\Omega,\Sigma,P\}$ 中，设一组事件 $A_k(k=1,2,\cdots,n)$ 为 Ω 的一个划分，则对于任一事件 $B\in\Sigma$，都有

$$B = \Omega \cup B = \bigcup_{k=1}^{n} A_k B, \quad A_k B \cap A_l B = \varnothing (k \neq l) \tag{1.1.5}$$

如果进一步假设 $P(A_k)>0$，就有

$$P(B) = \sum_{k=1}^{n} P(A_k B) = \sum_{k=1}^{n} P(A_k) P(B \mid A_k) \tag{1.1.6}$$

并称之为全概率公式。

式(1.1.6)利用了条件概率公式(式(1.1.3))。

定理 1-3（贝叶斯(Bayes)公式）：在随机试验 $\{\Omega,\Sigma,P\}$ 中，设一组事件 $A_k(k=1,2,\cdots,n)$ 为 Ω 的一个划分，且 $P(A_k)>0$。若已知 $P(A_k)$ 和 $P(B|A_k)$，并且对于任一事件 $B\in\Sigma$，都有 $P(B)>0$，则下式成立：

$$P(A_k \mid B) = \frac{P(A_k B)}{P(B)} = \frac{P(A_k) P(B \mid A_k)}{\sum_{k=1}^{n} P(A_k) P(B \mid A_k)} \tag{1.1.7}$$

此即著名的贝叶斯公式。

式(1.1.7)利用了条件概率公式(式(1.1.3))和全概率公式(式(1.1.6))。

【例 1-5】 某水声通信系统的发射器分别以概率 0.6 和 0.4 发出信号 1 和 0。由于通信系统受到干扰，当发出信号 1 时，接收器分别以概率 0.8 和 0.2 收到 1 和 0；而当发出信号 0 时，接收器分别以概率 0.9 和 0.1 收到 0 和 1。试求：

(1) 当接收器收到信号 1 时，发射器发出信号 1 的概率；

(2) 当接收器收到信号 0 时，发射器发出信号 0 的概率。

解：设 A_1，A_2 分别表示发射器发出信号 1 和 0 的事件，B_1、B_2 分别表示接收器接收到信号 1 和 0 的事件。依题意，要求确定 $P(A_1|B_1)$ 和 $P(A_2|B_2)$。将已知条件

$$P(A_1) = 0.6, \qquad P(A_2) = 0.4$$
$$P(B_1 | A_1) = 0.8, \qquad P(B_2 | A_1) = 0.2$$
$$P(B_1 | A_2) = 0.1, \qquad P(B_2 | A_2) = 0.9$$

代入贝叶斯公式(式(1.1.7))，即可得到

$$P(A_1 | B_1) = \frac{P(A_1)P(B_1 | A_1)}{P(B_1)}$$
$$= \frac{P(A_1)P(B_1 | A_1)}{P(A_1)P(B_1 | A_1) + P(A_2)P(B_1 | A_2)} = 0.923$$
$$P(A_2 | B_2) = \frac{P(A_2)P(B_2 | A_2)}{P(B_2)}$$
$$= \frac{P(A_2)P(B_2 | A_2)}{P(A_1)P(B_2 | A_1) + P(A_2)P(B_2 | A_2)} = 0.75$$

【例 1-6】 假设某一水下无人航行器(UUV)安装了甲、乙和丙三个作用距离不同的水听器，用于检测运动目标所发出的微弱信号，其检测概率分别为 0.5，0.6 和 0.7。如果只有一个水听器检测到信号，则确认目标存在的概率是 0.3；如果有两个水听器同时检测到信号，则确认目标存在的概率是 0.7；如果三个水听器都检测到信号，则完全可以确认目标的存在。试求确认目标存在的概率。

解：用 $A_k(k=1,2,3)$ 分别表示单个、双个和三个水听器检测到目标信号，用 B 表示目标被确认的事件。用 $C_m(m=1,2,3)$ 分别表示甲、乙、丙水听器检测到目标信号，那么，当且仅当 A_k 出现时，B 才成立。依题意，要求计算 $P(B)$。已知事件 C_m 的概率为

$$P(C_1) = 0.5, P(C_2) = 0.6, P(C_3) = 0.7$$

事件 A_1 及与之相关的概率是

$$A_1 = C_1\bar{C}_2\bar{C}_3 + \bar{C}_1C_2\bar{C}_3 + \bar{C}_1\bar{C}_2C_3, \qquad P(B | A_1) = 0.3$$
$$P(A_1) = 0.5 \times 0.4 \times 0.3 + 0.5 \times 0.6 \times 0.3 + 0.5 \times 0.4 \times 0.7 = 0.29$$

事件 A_2 及与之相关的概率是

$$A_2 = C_1C_2\bar{C}_3 + C_1\bar{C}_2C_3 + \bar{C}_1C_2C_3, \qquad P(B | A_2) = 0.6$$
$$P(A_2) = 0.5 \times 0.6 \times 0.3 + 0.5 \times 0.5 \times 0.7 + 0.5 \times 0.6 \times 0.7 = 0.475$$

事件 A_3 及与之相关的概率是

$$A_3 = C_1C_2C_3, \qquad P(B | A_3) = 1$$
$$P(A_3) = 0.5 \times 0.6 \times 0.7 = 0.21$$

将以上各式代入全概率公式(式(1.1.6))，即可得到目标被确认的概率，即

$$P(B) = \sum_{k=1}^{3} P(A_kB) = P(A_1)P(B \mid A_1) + P(A_2)P(B \mid A_2) + P(A_3)P(B \mid A_3)$$
$$= 0.29 \times 0.3 + 0.475 \times 0.6 + 0.21 \times 1 = 0.582$$

三、统计独立

定义:在随机试验$\{\Omega,\Sigma,P\}$中,对于任意的两个事件$A,B \in \Sigma$,若有

$$P(AB) = P(A)P(B) \tag{1.1.8}$$

则称这两个事件互相独立(或统计独立)。

在式(1.1.8)中,左边表示事件A和事件B同时发生的概率,它表示在随机试验中既属于事件A又属于事件B的基本事件出现的概率。将两个事件A,B相互独立的定义推广到一组事件$A_k(k=1,2,\cdots,n)$上,则有

$$P(A_kA_l) = P(A_k)P(A_m) \quad (k \neq m;k,m \in Z)$$

对于两个以上的独立事件也有类似的关系。

【例1-7】 掷一完整的骰子,令事件$A=\{1,3,5\}$表示奇数点出现的情况,事件$B=\{1,2,3\}$表示点数小于4的情况,则有

$$P(AB) = P(\{1,3\}) = 1/3$$
$$\neq P(A)P(B) = (1/2)(1/2) = 1/4$$

显然这两个事件不独立。

将两个事件的条件概率方程式(1.1.3)代入方程式(1.1.8),则可得事件相互独立的另一种等价的定义:如果

$$P(A \mid B) = P(A) \quad 或 \quad P(B \mid A) = P(B) \tag{1.1.9}$$

则称事件A和事件B相互独立。

“独立”这个词的意思与日常所理解的词意是一致的,它表明事件A发生的可能性不受事件B的影响,反之亦然。

对于同时考虑的两个事件A和B,往往要求它们必须属于同一事件集Σ,这种限制有时会带来分析问题的不便。不过,可以通过拓展随机试验的定义,并扩充基本事件集Ω,使之包含所有感兴趣的事件。例如,设$A \in \Sigma_1, B \in \Sigma_2$是两个不同事件集的事件,且$\Omega_1,\Omega_2$是对应于基本事件$\zeta_{1k},\zeta_{2m}$的样本空间。为了将这两组事件联合在一起,可通过定义新的基本事件$\zeta_{km}=(\zeta_{1k},\zeta_{2m})$,使所有的$\zeta_{km}$点构成一个新的样本空间$\Omega=\Omega_1 \times \Omega_2$,称为空间$\Omega_1$和$\Omega_2$的笛卡儿积。这样,就可以在空间$\Omega$上建立起联合事件的$\sigma$-代数。

1.2 随机变量

在1.1节中,所处理的问题都是随机试验的结果和称为事件的集合。在随机试验中,人们可以把实数看作试验结果,如骰子的“点数”;也可以把能够辨认的各种各样的现象作为试验结果,如硬币的“正面”或“反面”。然而,这仅仅是辨认试验结果的某些特殊方法。下面,将介绍具有普遍意义的随机变量及其概率分布函

数的基本概念。

1.2.1 随机变量的分布与密度函数

定义：设随机试验的样本空间为 $\Omega=\{\zeta\}$，如果对于每一个样本点 ζ 都有一个实数 X_ζ 与之对应，则称 $X(\zeta)=X_\zeta$ 为随机变量。

简而言之，随机变量 $X(\zeta)$ 是以随机试验的样本空间 Ω 为定义域、以基本事件 ζ 为自变量的任何取有限值的实函数。

给定随机变量取值的某些性质，将引出随机试验事件所形成的 σ - 代数中的一个事件。事件的定义是基本事件 $\zeta\in\Omega$ 的并集，对于该并集，随机变量 $X(\zeta)$ 应满足某些条件。

【例1-8】 在掷骰子试验中，如果将骰子的6个点数作为基本事件，则可通过指定6个值 $X_k=X(\zeta_k)$ 来定义随机变量 $X(\zeta)$。假设规定 $X_k=2k-5(k=1,2,\cdots,6)$，当要求随机变量满足 $1.5\leqslant X_k\leqslant 8$ 时，就引出一个事件

$$A=\{\zeta:1.5\leqslant X_k\leqslant 8\}=\{\zeta_k:3.25\leqslant k\leqslant 6.5\}$$
$$=\{4\}\cup\{5\}\cup\{6\} \tag{1.2.1}$$

式中：记号 $\{\zeta:1.5\leqslant X_k\leqslant 8\}$ 表示“满足 $1.5\leqslant X_k\leqslant 8$ 的所有点数 k 的集合”。

通常可根据 σ - 代数中各事件之间的联系，用随机变量应当满足的条件来表示事件。例如，当用 $X_k=2k-5(k=1,2,\cdots,6)$ 来表示掷骰子试验时，就可将事件 A 定义为 $1.5\leqslant X_k\leqslant 8$，其概率就是式（1.2.1）所代表事件 A 的概率，即

$$P\{1.5\leqslant X_k\leqslant 8\}=P(4)+P(5)+P(6)=0.5$$

在工程上，随机变量的值是应用概率论分析随机试验的核心问题。这是因为被测系统的运行状态（随机变量）可根据事先试验的某些结果来确定，而随机变量 $X(\zeta)$ 的测量值往往是仪器设备输出的实随机数据 x，因此在研究对应于某一试验的随机变量的数值时，事先了解随机变量的概率分布函数就显得尤为重要。

一、一元概率分布函数

定义：设 $X(\zeta)$ 是随机变量，x 为任意实数，则称函数 $P_X(x)$ 是 X 的一元（概率）分布函数，记为

$$P_X(x)=P\{\xi:X\leqslant x\}=P(X\leqslant x)\quad(-\infty<x<\infty) \tag{1.2.2}$$

式中：X 为基本事件 $\zeta\in\Omega$ 的实值函数 $X(\zeta)$；$X\leqslant x$ 表示事件 $A=\{\zeta:X(\zeta)\leqslant x\}\in\Sigma$；$P_X(x)$ 的数值是赋予事件 A 的概率，即 $P_X(x)=P(A)$。

由于概率分布函数的值就是对应事件的概率，因此，根据概率论公理1-1，必有

$$\begin{cases}P_X(-\infty)=P(\{\zeta:X\leqslant-\infty\})=P(\varnothing)=0\\ P_X(+\infty)=P(\{\zeta:X\leqslant+\infty\})=P(\Omega)=1\\ P_X(x+\mathrm{d}x)=P(\{\zeta:X\leqslant x\}\cup\{\zeta:x<X\leqslant x+\mathrm{d}x\})\\ \qquad\qquad=P(\{\zeta:X\leqslant x\})+P(\{\zeta:x<X\leqslant x+\mathrm{d}x\})\geqslant P_X(x)\end{cases} \tag{1.2.3}$$

式(1.2.3)中最后一式之所以成立的原因是：$\{\zeta:X(\zeta)\leqslant x\}\cap\{\zeta:x<X(\zeta)\leqslant x+\mathrm{d}x\}=\varnothing$。

由式(1.2.3)可见，分布函数是单调不减的函数，且有 $0\leqslant P_X(x)\leqslant 1$。有了分布函数，随机变量取某一数值的概率，或在某个区间上取值的概率，都可以用分布函数来表示。例如：

$$\begin{cases} P(\{\zeta:X=x\})=P_X(x)-P_X(x^-) \\ P(\{\zeta:X>x\})=1-P_X(x) \\ P(\{\zeta:x_0\leqslant X\leqslant x_1\})=P_X(x_1)-P_X(x_0^-) \\ P(\{\zeta:x_0<X<x_1\})=P_X(x_1^-)-P_X(x_0) \end{cases}$$

式中：上标"-"表示从数轴的左边趋于某一数值。

定义：设 $P_X(x)$ 是连续随机变量 X 的分布函数，若存在非负可积的函数 $p_X(x)$，使得

$$P_X(x)=P(X\leqslant x)=\int_{-\infty}^{x}p_X(u)\mathrm{d}u \tag{1.2.4}$$

则称 $p_X(x)$ 为 X 的一元概率密度函数，简称密度函数。

由式(1.2.4)可以看出，密度函数 $p_X(x)$ 满足如下条件：

$$p_X(x)\geqslant 0,\qquad \int_{-\infty}^{\infty}p_X(x)\mathrm{d}x=1$$

且可导出如下关系：

$$P(a<X\leqslant b)=P_X(b)-P_X(a)=\int_a^b p_X(x)\mathrm{d}x \tag{1.2.5}$$

式中：a,b 为任意常数。

由于连续型随机变量具有连续的一元分布函数 $P_X(x)$（图1-2），也即 $P_X(x)$ 的导数处处存在，故一元随机变量 X 的概率密度函数 $p_X(x)$ 还可定义为

$$p_X(x)=\frac{\mathrm{d}P_X(x)}{\mathrm{d}x}=\frac{\mathrm{d}P(X\leqslant x)}{\mathrm{d}x} \tag{1.2.6}$$

或者

$$p_X(x)\mathrm{d}x=P(\{\zeta:x<X\leqslant x+\mathrm{d}x\})\quad(\mathrm{d}x>0)$$

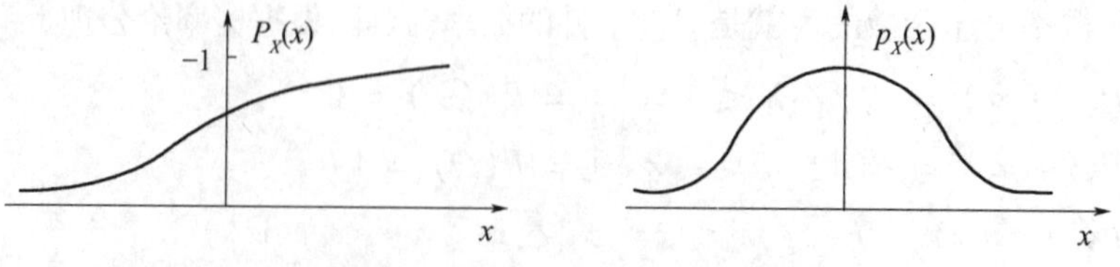

图1-2　连续随机变量的概率分布函数和概率密度函数

对于离散或混合型随机变量而言，其分布函数并非处处连续，为了统一起见，仍然用分布函数的微分来定义它们的密度函数。但其密度函数中含有脉冲信号（δ－函数），如图1－3所示。非处处连续的密度函数可表示为

$$p_X(x) = \frac{\mathrm{d}P_X^C(x)}{\mathrm{d}x} + \sum_k P_k \cdot \delta(x - x_k)$$

式中：$P_X{}^C$ 为密度函数中的连续部分；在间断点 x_k 上的概率为 $P_k = P_X(x_k) - P_X(x_k^-)$。

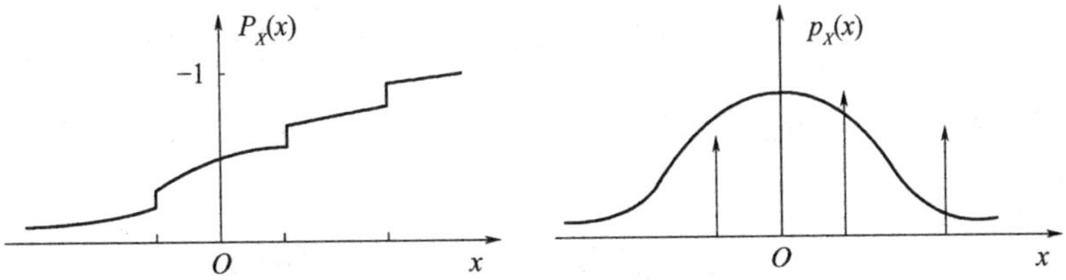

图1－3　混合随机变量的概率分布函数和概率密度函数

二、多元概率分布函数

定义：设 $X(\zeta)$ 和 $Y(\zeta)$ 是两个随机变量，x 和 y 为任意实数，如果满足

$$P_{XY}(x, -\infty) = P_{XY}(-\infty, y) = 0, P_{XY}(+\infty, +\infty) = 1$$

则称函数 $P_{XY}(x,y)$ 为二元联合概率分布函数，简称二元分布函数，记为

$$\begin{aligned} P_{XY}(x,y) &= P(\{\zeta: X \leqslant x\}, \{\zeta: Y \leqslant y\}) \\ &= P(X \leqslant x, Y \leqslant y) \end{aligned} \tag{1.2.7}$$

定义：设 $P_{XY}(x,y)$ 是连续随机变量 X 和 Y 的分布函数，x 和 y 为任意实数，如果存在非负可积函数 $p_{XY}(x,y)$，使得

$$p_{XY}(x,y) = \frac{\partial^2 P_{XY}(x,y)}{\partial x \partial y} \tag{1.2.8}$$

或者，对于任意常数 a,b,c 和 d，下式成立：

$$P(a < X \leqslant b, c < Y \leqslant d) = \int_a^b \int_c^d p_{XY}(x,y)\,\mathrm{d}y\mathrm{d}x$$

则称 $p_{XY}(x,y)$ 为二元联合概率密度函数，简称二元密度函数。

定义：连续随机变量 X 和 Y 的边缘分布函数规定为

$$\begin{cases} P_X(x) = P_{XY}(x, +\infty) = \int_{-\infty}^{x} \int_{-\infty}^{\infty} p_{XY}(u,v)\,\mathrm{d}v\mathrm{d}u \\ P_Y(y) = P_{XY}(+\infty, y) = \int_{-\infty}^{y} \int_{-\infty}^{\infty} p_{XY}(u,v)\,\mathrm{d}u\mathrm{d}v \end{cases} \tag{1.2.9}$$

由此可得到一元边缘密度函数的计算公式，即

$$\begin{cases} p_X(x) = \mathrm{d}P_X(x)/\mathrm{d}x = \int_{-\infty}^{\infty} p_{XY}(x,v)\,\mathrm{d}v \\ p_Y(y) = \mathrm{d}P_Y(y)/\mathrm{d}y = \int_{-\infty}^{\infty} p_{XY}(u,y)\,\mathrm{d}u \end{cases} \tag{1.2.10}$$

在式(1.1.3)中,定义了在事件 A 发生的条件下,事件 B 发生的概率。类似地,也可引入在事件 A 发生的条件下,随机变量 $Y \leqslant y$ 的条件概率分布函数,例如:

$$P_{Y|A}(y \mid A) = P(\{\zeta: Y \leqslant y\} \mid A) = \frac{P(A, Y \leqslant y)}{P(A)} \tag{1.2.11}$$

式中:$P(A) \neq 0$。进一步地,如果对事件 $A = \{\zeta: a < X \leqslant b\}$ 感兴趣,则式(1.2.11)可改写成

$$P_{Y|X}(y \mid a < X \leqslant b) = \frac{P_{XY}(b,y) - P_{XY}(a,y)}{P_X(b) - P_X(a)}$$

令 $a = x, b = x + \mathrm{d}x$,当 $\mathrm{d}x \to 0$ 时,且 $p_X(x) \neq 0$,则有

$$P_{Y|X}(y \mid X = x) = \frac{\partial P_{XY}(x,y)/\partial x}{p_X(x)} \tag{1.2.12}$$

与该条件概率分布函数对应的条件密度函数为

$$p_{Y|X}(y \mid X = x) = \frac{\partial P_{Y|X}(y \mid X = x)}{\partial y}$$

将式(1.2.12)代入上式,得

$$p_{Y|X}(y \mid X = x) = \frac{\partial^2 P_{XY}(x,y)/\partial x \partial y}{p_X(x)} = \frac{p_{XY}(x,y)}{p_X(x)} \tag{1.2.13}$$

定义:设连续随机变量 X 和 Y 的二元密度函数为 $p(x,y)$,当 $X = x$ 时,$Y \leqslant y$ 的条件概率密度函数可表示为

$$p(y \mid x) = \frac{p(x,y)}{p(x)} \tag{1.2.14}$$

注意,这里用同一个符号 $p(\cdot)$ 表示了三个不同随机变量的函数。在以下的章节中,只要不会发生混淆,就一律采用这种省略下标的符号来表示概率密度函数或概率分布函数。

1.2.2 常用的概率分布与密度函数

分布函数具有良好的分析性质,用分布函数不仅能很方便地计算出各种事件的概率,而且能将概率运算转换为对分布函数的运算。下面介绍几种常用的概率分布函数。

一、离散型随机变量的概率分布

设随机变量 X 取各个可能值 $x_k(k = 1, 2, \cdots)$ 的概率为

$$P(X = x_k) = p_k \quad (k = 1,2,\cdots) \tag{1.2.15}$$

根据概率论公理,p_k 满足下列两个条件:

$$p_k \geqslant 0, \sum_{k=1}^{\infty} p_k = 1$$

通常将式(1.2.15)称为随机变量 X 的分布律,并表示成如下的形式:

$$X \sim \begin{pmatrix} x_1 & x_2 & \cdots & x_k & \cdots \\ p_1 & p_2 & \cdots & p_k & \cdots \end{pmatrix} \tag{1.2.16}$$

分布律描述了离散随机变量 X 取值及其取值概率的情况,故又称为 X 的概率分布。离散型随机变量 X 的分布函数可表示为

$$P(x) = P(X \leqslant x) = \sum_{x_k \leqslant x} P(X = x_k) \tag{1.2.17}$$

定义:若随机变量 X 的分布函数为

$$P(X = k) = C_n^k p^k (1-p)^{n-k} \quad (k = 0,1,\cdots,n) \tag{1.2.18}$$

则称 X 服从参数为 n,p 的二项分布,记为 $X \sim B(n,p)$。其中,p 为事件 $A = \{\zeta : X = k\}$ 出现的概率,二项分布的系数由下式给出:

$$C_n^k = \frac{n!}{k!(n-k)!} \overset{\text{def}}{=} \binom{n}{k} \quad (0! = 1)$$

在独立试验序列中,事件 A 在每次试验中出现的概率为 p,不出现的概率为 $q = 1-p$,则在 n 次试验中事件 A 恰好出现 k 次的概率可用式(1.2.18)来表示。特别地,当 $n = 1$ 时,二项分布变为(0-1)分布,即

$$P(X = k) = p^k (1-p)^{n-k} \quad (k = 0,1) \tag{1.2.19}$$

下面,讨论当 $n \to \infty$ 时二项分布的极限。

定理 1-4(泊松,Poisson):设参数 $\lambda > 0$,当正整数 n 很大时,令 $np = \lambda$,就有

$$\lim_{n \to \infty} C_n^k p^k (1-p)^{n-k} = \frac{\lambda^k e^{-\lambda}}{k!} \quad (k = 1,2,\cdots,n)$$

从泊松定理可以引出一个近似式,当 n 很大、p 很小,且 $np = \lambda$ 大小适中时,可得到一个很有用的近似公式:

$$C_n^k p^k (1-p)^{n-k} \approx \frac{\lambda^k e^{-\lambda}}{k!} \quad (k = 1,2,\cdots,n) \tag{1.2.20}$$

当 $n \geqslant 100, np \leqslant 10$ 时,近似效果很好;当 $n \geqslant 20, np \leqslant 5$ 时,近似效果也是可以接受的。

定义:对于任意的参数 $\lambda > 0$,如果随机变量 X 的分布律为

$$P(X = k) = \frac{\lambda^k e^{-\lambda}}{k!} \quad (k = 0,1,\cdots,n) \tag{1.2.21}$$

则称 X 服从参数为 λ 的泊松分布,记为 $X \sim P(\lambda)$。

二、连续型随机变量的概率分布

定义:若随机变量 X 的密度函数为

$$p(x) = \frac{1}{\sqrt{2\pi}}\exp\left(-\frac{x^2}{2}\right) \tag{1.2.22}$$

则称 X 服从标准正态分布,或标准高斯(Gaussian)分布,记为 $X \sim N(0,1)$。

定义:若随机变量 X 的密度函数为

$$p(x) \overset{\text{def}}{=} \frac{1}{\sqrt{2\pi}\sigma_x}\exp\left[-\frac{(x-\mu_x)^2}{2\sigma_x^2}\right] \tag{1.2.23}$$

则称 X 服从正态分布,或高斯分布,记为 $X \sim N(\mu_x,\sigma_x)$。

定义:若随机变量 X 的密度函数为

$$p(x) = \begin{cases} 1/(b-a) & (a \leqslant x \leqslant b) \\ 0 & (\text{其他}) \end{cases} \tag{1.2.24}$$

则称 X 服从均匀分布,记为 $X \sim U(a,b)$。

定义: 对于任意的参数 $\lambda>0$,若随机变量 X 的密度函数为

$$p(x) = \begin{cases} \lambda e^{-\lambda x} & (x \geqslant 0) \\ 0 & (x < 0) \end{cases} \tag{1.2.25}$$

则称 X 服从指数分布,记为 $X \sim E(\lambda)$。

定义:若随机变量 X 的密度函数为

$$p(x) = \begin{cases} \frac{n}{t_0}(x-r)^{n-1}\exp\left[-\frac{(x-r)^n}{t_0}\right] & (x \geqslant r) \\ 0 & (x < r) \end{cases} \tag{1.2.26}$$

式中:$n>0$;$t_0>0$;r 为任意实数,则称 X 服从威布尔分布,记为 $X \sim W(n,r,t_0)$。

当 $n=1,r=0$ 时,为威布尔分布变成参数为 $\lambda=1/t_0$ 的指数分布。威布尔分布在工程实践中有广泛的应用,例如,在分析系统可靠性时,它是最常用的分布函数之一。

1.2.3 随机变量的独立性

定义: 设二元连续随机变量为 X 和 Y,若对于任意的 x 和 y,都有

$$P(x,y) = P(X \leqslant x, Y \leqslant y) = P(X \leqslant x)\cdot P(Y \leqslant y) \tag{1.2.27}$$

则称随机变量 X 和 Y 相互独立。

定理 1-5:设二元连续随机变量 X 和 Y 的联合概率密度为 $p(x,y)$,若事件 $\{\zeta: x<X\leqslant x+dx\}$ 和 $\{\zeta: y<Y\leqslant y+dy\}$ 相互独立,则有

$$p(x,y) = p(x)\cdot p(y) \tag{1.2.28}$$

式中:$p(x)$,$p(y)$分别为连续随机变量 X 和 Y 的概率密度函数。

证明:已知

$$\begin{aligned}&P(x < X \leqslant x + \mathrm{d}x, y < Y \leqslant y + \mathrm{d}y)\\&= \int_x^{x+\mathrm{d}x}\int_y^{y+\mathrm{d}y} p(u,v)\,\mathrm{d}v\mathrm{d}u = p(x,y)\,\mathrm{d}x\mathrm{d}y\end{aligned}$$

此外,如果事件$\{\zeta: x < X \leqslant x + \mathrm{d}x\}$和$\{\zeta: y < Y \leqslant y + \mathrm{d}y\}$相互独立,则下列等式成立:

$$\begin{aligned}&P(\{\zeta: x < X \leqslant x + \mathrm{d}x\},\{\zeta: y < Y \leqslant y + \mathrm{d}y\})\\&= P(x < X \leqslant x + \mathrm{d}x, y < Y \leqslant y + \mathrm{d}y)\\&= P(x < X \leqslant x + \mathrm{d}x)\cdot P(y < Y \leqslant y + \mathrm{d}y)\\&= p(x)\,\mathrm{d}x \cdot p(y)\,\mathrm{d}y\end{aligned}$$

比较以上二式,可证得式(1.2.28)。

推论:设事件$\{\zeta: x < X \leqslant x + \mathrm{d}x\}$和$\{\zeta: y < Y \leqslant y + \mathrm{d}y\}$相互独立,由式(1.2.14)可知:

$$p(y \mid x) = p(y) \tag{1.2.29}$$

对于多维随机变量,常用随机变量$Z_i(i=1,2,\cdots,n)$组成的列向量$\boldsymbol{z}$来表示,相应的n维概率分布函数定义为

$$P(\boldsymbol{z}) = P(Z_1 \leqslant z_1, Z_2 \leqslant z_2, \cdots, Z_n \leqslant z_n)$$

n维概率密度函数定义为

$$p(\boldsymbol{z}) = \frac{\partial^n P(\boldsymbol{z})}{\partial z_1, \cdots, \partial z_n}$$

在此,$p(\boldsymbol{z})$是个标量,它与由n个一阶偏微分$\partial P(\boldsymbol{z})/\partial z_i$所构成的行向量是不同的。

若将随机列向量$\boldsymbol{z}$分为两组$\boldsymbol{x}$和$\boldsymbol{y}$,则有

$$p(\boldsymbol{x}) = \int_{-\infty}^{+\infty} p(\boldsymbol{x},\boldsymbol{y})\,\mathrm{d}\boldsymbol{y}, p(\boldsymbol{y}) = \int_{-\infty}^{+\infty} p(\boldsymbol{x},\boldsymbol{y})\,\mathrm{d}\boldsymbol{x}$$

这里的积分是多重积分。如果进一步将条件概率密度定义为

$$p(\boldsymbol{y} \mid \boldsymbol{x}) = p(\boldsymbol{x},\boldsymbol{y})/p(\boldsymbol{x}) \tag{1.2.30}$$

那么当随机向量$\boldsymbol{x}$和$\boldsymbol{y}$互相独立时,就有

$$p(\boldsymbol{y} \mid \boldsymbol{x}) = p(\boldsymbol{y}) \tag{1.2.31}$$

注意,这并不意味着随机向量$\boldsymbol{X}$和$\boldsymbol{Y}$中的各个分量之间是相互独立的。

1.2.4 随机变量函数的概率密度

在工程上,常常对具有某种关系的两个随机变量簇$X(t_i)$和$Y(t_i)$ $(i=1,2,\cdots,n)$感兴趣,其中,随机变量的取值x和y是在等时间间隔上的每个时刻t_i取得的。例如,系统的输入是一个随机变量簇$X(t_i)$,系统的输出响应是另一个随机变量簇$Y(t_i)$,也即系统的输出样本是输入样本的某个函数。当利用给定的输入

样本来分析输出样本(视为随机变量)的特性时,就需要根据输入变量集合 $\boldsymbol{X}$ 的分布函数来计算输出变量集合 $\boldsymbol{Y}$ 的分布函数。

一、随机变量的函数

在随机试验 $\{\Omega,\Sigma,P\}$ 中,已知实随机变量 X 是定义在 Ω 上的实值函数 $X(\zeta)$,值域是实数集合 $\mathbf{R}$。此外,假定对于任意给定的实变量 x 和实函数 $h(x)$,$h(x)$ 对每一个 $x\in\mathbf{R}$ 都是有限值。

定义:设函数

$$Y = h(X)$$

对于每个试验结果(基本事件)$\zeta\in\Omega$,$X(\zeta)\in\Sigma$ 是一个实数,而 $h[X(\zeta)]$ 是由 $X(\zeta)$ 和 $h(x)$ 所规定的数。这个数

$$Y(\zeta) = h[X(\zeta)] \tag{1.2.32}$$

就是随机变量 Y 的值,并称 Y 为随机变量 X 的函数。因此,$h(X)$ 的定义域是所有实验结果的集合 Ω,而 $h(x)$ 的定义域是一实数集合 $\mathbf{R}$。

与随机变量的定义一样,对于给定的实数 y,用 $\{\zeta:Y(\zeta)\leqslant y\}$ 表示使得 $Y(\zeta)\leqslant y$ 的所有事件的集合,其概率就是随机变量 Y 的分布函数:

$$P_Y(y) = P(\{\zeta:Y\leqslant y\}) = P(\{\zeta:h[X(\zeta)]\leqslant y\}) \tag{1.2.33}$$

这个函数及其导数(概率密度函数)

$$p_Y(\{h[X(\xi)]\leqslant y\}) = \mathrm{d}P_Y(y)/\mathrm{d}y$$

可根据函数 $h(x)$ 和随机变量 X 的分布函数 $P_X(x)$ 或者概率密度 $p_X(x)$ 来确定。

二、随机变量函数的概率分布

(1) 首先考虑一维随机变量 Y,其值是一维随机变量 X 的取值的一个函数,即 $y=h(x)$。假设映射 h 是一一对应的:不仅每一个 x 值都有唯一的 y 值与之对应,而且每个 y 值也只对应于唯一的 x 值,因而存在一个映射 h^{-1},使得对于每一个 y 值,都有一个唯一的 x 值与之对应,即 $x=h^{-1}(y)$。这样,就很容易根据 X 的分布函数来确定 Y 的分布函数。

对于单调递增函数 $h(x)$,有

$$\begin{aligned} P_Y(y) &= P(Y\leqslant y) = P[h(X)\leqslant y] \\ &= P[X\leqslant h^{-1}(y)] = P_X[h^{-1}(y)] \end{aligned}$$

而对于单调递减函数 $h(x)$,则有

$$\begin{aligned} P_Y(y) &= P[h(X)\leqslant y] = P[X\geqslant h^{-1}(y)] \\ &= 1 - P[X < h^{-1}(y)] = 1 - P[X\leqslant h^{-1}(y)] \\ &= 1 - P_X[h^{-1}(y)] \end{aligned}$$

式中:X 为连续随机变量,且 $P_X(x)$ 是连续的,故有

$$P_X(x^-) = P_X(x)$$

如果进一步假设函数 $h(x)$ 的严格单调，那么，就可保证随机变量 Y 也是连续的，且 $P_Y(y)$ 是连续分布函数。

根据以上关系，可通过 $P_X(x)$ 计算出随机变量 Y 的密度函数 $P_Y(y)$，即

$$p_Y(y) = \frac{dP_Y(y)}{dy} = \pm\left[\frac{dP_X(x)}{dx}\right]_{x=h^{-1}(y)}\left[\frac{dh^{-1}(y)}{dy}\right]$$

式中：± 符号的选取分别对应于 $h(x)$ 单调递增和单调递减的情形，以确保密度函数 $P_Y(y)$ 的非负性。

定理 1-6：设一维随机变量 X 的密度函数为 $p_X(x)$，随机变量 Y 的取值由单调函数 $h(x)$ 确定，即 $y=h(x)$，则随机变量 Y 的密度函数可表示为

$$p_Y(y) = p_X[h^{-1}(y)]\left|\frac{dx(y)}{dy}\right|$$

$$= \frac{1}{|dy/dx|}p_X[x(y)] \quad (1.2.34)$$

下面，用图示方法来说明方程式(1.2.34)的具体意义。在图 1-4 中，x 轴上包含 x_0 点的区间，经过函数 $y=h(x)$ 的映射后，得到 y 轴上包含 y_0 点的区间。在 y 轴上该区间的概率恰好就是 x 轴上对应区间的概率：

$$p_Y(y_0)\,|dy| = p_X(x_0)\,|dx|$$

式中：绝对值符号是为了保证概率密度函数的非负性。利用反函数 $x=h^{-1}(y)$ 和关系式

$$dx = \left(\frac{dx}{dy}\right)_0 dy = dy/\left(\frac{dy}{dx}\right)_0 \quad (1.2.35)$$

式中：$(dx/dy)_0$ 表示在 $y_0=h(x_0)$ 变换下的取值，将 $p_X(x)$ 从 x 轴换算到 y 轴上，就有

$$p_Y(y_0)\,|dy| = p_X(x_0)\,|dx| = p_X[h^{-1}(y_0)]\,\left|\frac{dy}{dy/dx}\right|_0$$

上式等号两边消去 $|dy|$，并将 (x_0,y_0) 视为任意的 (x,y)，就可得到式(1.2.34)。

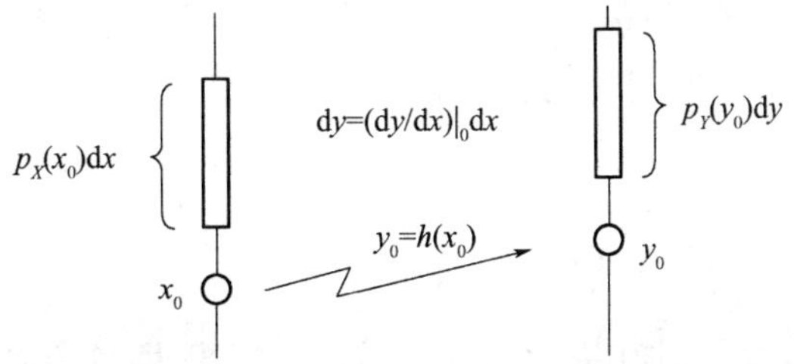

图 1-4 在变换 $y=h(x)$ 下，密度函数 $p_X(x)$ 到 $p_Y(y)$ 的映射

【例 1-9】 设函数 $y=ax+b$，随机变量 X 的密度函数为

$$p_X(x) = e^{-x}(x \geqslant 0)$$

试求随机变量 Y 的密度函数。

解:依题意,$dy/dx=a$,$x=(y-b)/a$,将这些关系代入式(1.2.34),可得

$$p_Y(y)=\frac{1}{|a|}p_X\left[\frac{(y-b)}{a}\right]=\frac{1}{|a|}\exp\left[-\frac{(y-b)}{a}\right]$$

(2) 现在考虑连续系统函数 $y=h(x)$ 不是严格单调的情况。在这种情况下,反函数 $x=h^{-1}(y)$ 没有定义。例如,在图 1-5 中,三个点 x_i 的分布 $P_X(x_i)$ $(i=1,2,3)$ 皆与 $P_Y(y_0)$ 有关。为此,需要分别考虑 $y=h(x)$ 在 x 区间上的取值,使得在每个区间上 $h(x)$ 都是严格单调的。假设 $h(x)$ 的极值点($dh/dx=0$)是孤立的,则在以这些孤立点划分的区间上,$h(x)$ 是严格单调的。也就是说,在每个区间 I_m 上,函数 $y=h(x)$ 都仅有一个反函数 $x=h^{(1}(y)$,故有

$$P_Y(y)=P(Y\leqslant y)=\sum_i P[X\leqslant x_i]+\sum_d P[X\geqslant x_d]$$

式中:第一个和式表示在 $y=h(x)$ 单调递增区间 I_i 上的分布函数 $P_X(x_i)$ 进行求和;第二个和式表示在 $h(x)$ 单调递减区间 I_d 上的分布函数 $[1-P_X(x_d)]$ 进行求和。

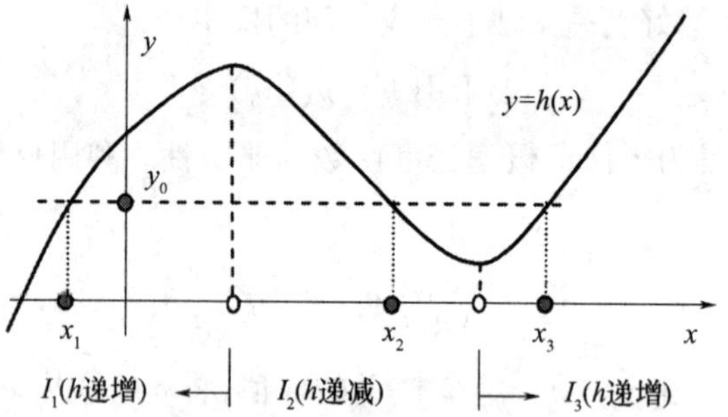

图 1-5　在以孤立点划分的区间内,$h(x)$ 是严格单调的

推论:如果函数 $y=h(x)$ 不是严格单调的,只要分别考虑 $h(x)$ 在 x 区间上的取值,使得在每个子区间 I_m 上 $h(x)$ 都是严格单调的,就可根据式(1.2.34)分别计算各个单调子区间 $I_m(m=1,2,\cdots)$ 上的随机变量 Y 的密度函数 $p_m(y)$。对这些单调子区间上的密度函数 $p_m(y)$ 进行求和,即可得到随机变量 Y 的密度函数:

$$p_Y(y)=\sum_m p_m(y)=\sum_m\frac{1}{|dy/dx|_m}p_X[x_m(y)] \tag{1.2.36}$$

图 1-6 是更为一般的情况。在 $y=y_0$ 处,区间 dy 的概率等于与 y_0 对应的所有 x 区间的概率之和,即

$$p_Y(y_0)|dy|=\sum_m p_X[x_m(y_0)]|dx| \tag{1.2.37}$$

式中:绝对值符号是为了保证概率的非负性。对应于方程 $y_0=h(x)$ 的多个解

$x_m(m=1,2)$的区间是 $dx=(dx/dy)_m dy$,将其代入式(1.2.37)后再消去 dy,即可得到式(1.2.36)。

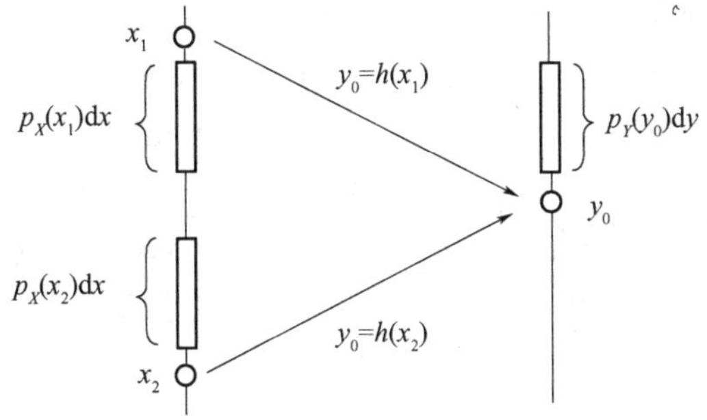

图 1-6 $x=h^{-1}(y)$有多个解的情况下,密度 $p_X(x)$到 $p_Y(y)$的映射

【例 1-10】 设随机变量 $X\sim N(0,1)$。试求在 $y=x^2$ 映射下随机变量 Y 的概率密度。

解:当 $y<0$ 时,x 无实数解;当 $y>0$ 时,x 有两个解:$x_{1,2}=\pm\sqrt{y}$。将 $dy/dx=2x$ 和 $x=\pm\sqrt{y}$代入式(1.2.36),得

$$p_Y(y)=\frac{p_X(x_1)}{|2x_1|}+\frac{p_X(x_2)}{|2x_2|}=\frac{p_X(\sqrt{y})}{|2\sqrt{y}|}+\frac{p_X(-\sqrt{y})}{|-2\sqrt{y}|}\quad(y>0)$$

因 $P_Y(Y\leqslant y<0)=0$,故当 $y<0$ 时,$p_Y(y)=0$。代入已知条件

$$p_X(x)=\frac{1}{\sqrt{2\pi}}\exp\left(-\frac{x^2}{2}\right)\quad(-\infty<x<\infty)$$

就有

$$p_Y(y)=\frac{1}{\sqrt{2\pi y}}\exp\left(-\frac{y}{2}\right)\quad(y>0)$$

上式称为单自由度的χ^2(chi-squared)密度函数。

定理 1-7:假设 $\boldsymbol{X}$ 和 $\boldsymbol{Y}$ 均是 n 维随机向量,且二者的取值存在唯一的逆变换 $\boldsymbol{x}=h^{-1}(\boldsymbol{y})$,则有

$$p_Y(\boldsymbol{y})=\left|\det\left(\frac{\partial\boldsymbol{x}}{\partial\boldsymbol{y}}\right)\right|p_X[\boldsymbol{x}(\boldsymbol{y})]\tag{1.2.38a}$$

或者

$$p_Y(\boldsymbol{y})=\frac{1}{|\det(\partial\boldsymbol{y}/\partial\boldsymbol{x})|}p_X[\boldsymbol{x}(\boldsymbol{y})]\tag{1.2.38b}$$

式中:$\det(\partial\boldsymbol{x}/\partial\boldsymbol{y})$[或 $\det(\partial\boldsymbol{y}/\partial\boldsymbol{x})$]为变换 $\boldsymbol{y}=h(\boldsymbol{x})$的雅可比行列式。

注意:为简化符号,在后续的章节中,只要不至于引起概念混淆现象,往往略去密度函数的下标(X,Y);此外,除了定义重要概念之外,一般都用小写符号(x,y)来表示随机变量(X,Y)。读者可根据上下文判断这些小写符号的具体含义。

证明:在工程上,大多数变换都是多维的而不是前面讨论的一维形式,因此,需要考虑向量函数 $\boldsymbol{y}=h(\boldsymbol{x})$,其中,向量 $\boldsymbol{x}$ 和 $\boldsymbol{y}$ 的维数可能相同也可能不同。不妨先假设向量 $\boldsymbol{x}$ 和 $\boldsymbol{y}$ 的维数相同,且有唯一的逆变换 $\boldsymbol{x}=h^{-1}(\boldsymbol{y})$。

考虑图 1-7(b)所示的形状,令 dV_y 表示一个边长为 $dy_1,dy_2,\cdots,dy_n$ 的体积。这些边长可视为直角坐标系上单位坐标向量 $\boldsymbol{v}_j$ 的长度 dy_i,故有 $dV_y=dy_1 dy_2\cdots dy_n$。

同一维情况相类似,假设在变换 $\boldsymbol{y}_0=h(\boldsymbol{x}_0)$下,包含 $\boldsymbol{y}_0$ 的体积 dV_y 的变换域是包含 $\boldsymbol{x}_0$ 的体积 dV_x,因此,在体积 dV_y 内向量 $\boldsymbol{y}$ 的概率密度与体积 dV_x 内向量 $\boldsymbol{x}$ 的概率密度相等,即

$$p(\boldsymbol{y}_0)dV_y = p(\boldsymbol{x}_0)dV_x \tag{1.2.39}$$

因为 $p(\boldsymbol{x}_0)$已知,所以只要求出 dV_y 和 dV_x 之间的关系式,即推导 $p(\boldsymbol{y}_0)$的表达式。

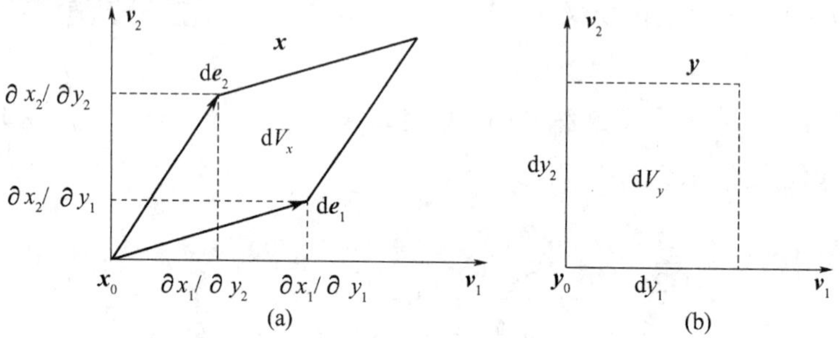

图 1-7　体积 dV_x 的边与体积 dV_y 的边的映射关系

在 n 维向量记法中,沿着单位坐标向量 $\boldsymbol{v}_j$,坐标为 x_j 的 n 维向量 $\boldsymbol{e}$ 可表示为

$$\boldsymbol{e} = \sum_{j=1}^{n} x_j \cdot \boldsymbol{v}_j$$

在变换 $\boldsymbol{x}=h^{-1}(\boldsymbol{y})$下,向量 $\boldsymbol{e}$ 的增量可写成

$$d\boldsymbol{e} = \sum_{i=1}^{n} \frac{\partial \boldsymbol{e}}{\partial y_i}dy_i = \sum_{i=1}^{n}\sum_{j=1}^{n}\left(\frac{\partial x_j}{\partial y_i}dy_i\right)\cdot \boldsymbol{v}_j \overset{\text{def}}{=} \sum_{i=1}^{n} d\boldsymbol{e}_i$$

式中

$$d\boldsymbol{e}_i = \sum_{j=1}^{n}\left[\left(\frac{\partial x_j}{\partial y_i}\right)_0 (dy_i)\right]\cdot \boldsymbol{v}_j \overset{\text{def}}{=} \sum_{j=1}^{n} a_{ji}\cdot \boldsymbol{v}_j \quad (i=1,2,\cdots,n)$$

式中:下标 0 表示在 $y_0=h(x_0)$变换下,偏导数$(\partial x_j/\partial y_i)$的取值$(j,i=1,2,\cdots,n)$。

由图 1-7 可知,dV_y 中每条边$(dy_i)\boldsymbol{v}_i$ 对应着坐标为 $a_{ji}=[(\partial x_j/\partial y_i)_0 dy_i]$的边 $d\boldsymbol{e}_i$。将向量 $d\boldsymbol{e}_i(i=1,2,\cdots,n)$的坐标 a_{ji}排列成矩阵的列,可得由 V_x 的边长坐标构成的矩阵:

$$\boldsymbol{A} = \| a_{ji} \| = \left\| \left(\frac{\partial x_j}{\partial y_i}\right)_0 dy_i \right\|$$

$$
= \begin{bmatrix}
\left(\frac{\partial x_1}{\partial y_1}\right)_0 dy_1 & \left(\frac{\partial x_1}{\partial y_2}\right)_0 dy_2 & \cdots & \left(\frac{\partial x_1}{\partial y_n}\right)_0 dy_n \\
\left(\frac{\partial x_2}{\partial y_1}\right)_0 dy_1 & \left(\frac{\partial x_2}{\partial y_2}\right)_0 dy_2 & \cdots & \left(\frac{\partial x_2}{\partial y_n}\right) dy_n \\
\vdots & \vdots & & \vdots \\
\left(\frac{\partial x_n}{\partial y_1}\right)_0 dy_1 & \left(\frac{\partial x_n}{\partial y_2}\right)_0 dy_2 & \cdots & \left(\frac{\partial x_n}{\partial y_n}\right)_0 dy_n
\end{bmatrix}
$$

根据向量分析理论，平行多面体的体积等于其边长向量矩阵行列式的绝对值，故有

$$
\begin{aligned}
dV_x &= |\det(\boldsymbol{A})| = \left|\det\left(\frac{\partial \boldsymbol{x}}{\partial \boldsymbol{y}}\right)_0\right| dy_1 dy_2 \cdots dy_n \\
&= \left|\det\left(\frac{\partial \boldsymbol{x}}{\partial \boldsymbol{y}}\right)_0\right| dV_y
\end{aligned} \tag{1.2.40}
$$

式中：带符号的行列式 $\det(\partial \boldsymbol{x}/\partial \boldsymbol{y})_0$ 为在 $\boldsymbol{y}_0 = h(\boldsymbol{x}_0)$ 变换下的雅可比行列式。

将式(1.2.40)代入式(1.2.39)，并消去 dV_y，可得

$$
p(\boldsymbol{y}) = p[\boldsymbol{x}(\boldsymbol{y})]\left|\det\left(\frac{\partial \boldsymbol{x}}{\partial \boldsymbol{y}}\right)\right|
$$

由于

$$
\det\left(\frac{\partial \boldsymbol{x}}{\partial \boldsymbol{y}}\right) = \det\left[\left(\frac{\partial y}{\partial \boldsymbol{x}}\right)^{-1}\right] = \frac{1}{\det(\partial \boldsymbol{y}/\partial \boldsymbol{x})}
$$

故有

$$
p(\boldsymbol{y}) = \frac{1}{|\det(\partial \boldsymbol{y}/\partial \boldsymbol{x})|} \cdot p[\boldsymbol{x}(\boldsymbol{y})]
$$

下面讨论多维变换 $\boldsymbol{y} = h(\boldsymbol{x})$ 不存在唯一解的情况。

推论：假设某些或全部的 $\boldsymbol{y}_0$ 值，方程 $\boldsymbol{y} = h(\boldsymbol{x})$ 有多个解 $x_m (m = 1, 2, \cdots)$，进一步假设 $\boldsymbol{x}_0 = \{x_m\}$ 是此方程的解集，则包含 $\boldsymbol{x}_0$ 的区域 dV_x 是由 $\boldsymbol{y}_0$ 处的一个微分增量诱导产生的，且由多个单调子区域所构成的，每个子区域的形状类似于图 1-7 所示的形状，分别位于各自对应的某个解 x_m，由此可算出对应于某个解 x_m 的各个单调子区域的体积 $|\det[\partial \boldsymbol{y}/\partial \boldsymbol{x}]_m|$。因为 dV_x 的体积等于各个单调子区域的体积 $|\det[\partial \boldsymbol{y}/\partial \boldsymbol{x}]_m|$ 之和，所以可导出类似于式(1.2.36)的结果：

$$
p(\boldsymbol{y}) = \sum_m \frac{p[\boldsymbol{x}(\boldsymbol{y})]_m}{|\det[(\partial \boldsymbol{y}/\partial \boldsymbol{x})]_m|} \tag{1.2.41}
$$

式中：下标 m 表示当给定 $\boldsymbol{y}$ 值时，方程 $\boldsymbol{y} = h(\boldsymbol{x})$ 的所有解为 $x_m (m = 1, 2, \cdots)$。

在变换 $\boldsymbol{y} = h(\boldsymbol{x})$ 中，可能会出现 $\boldsymbol{y}$ 的维数小于 $\boldsymbol{x}$ 的维数的情况。这时，可先选择附加变量 $\boldsymbol{z}$ 补充到 $\boldsymbol{y}$ 中，使 $(\boldsymbol{y}, \boldsymbol{z})$ 的维数与 $\boldsymbol{x}$ 的维数相同，然后，根据边缘函数计算公式求出变量 $\boldsymbol{y}$ 的密度函数，即

$$p(\boldsymbol{y}) = \int_{-\infty}^{+\infty} p(\boldsymbol{y},\boldsymbol{z})\mathrm{d}\boldsymbol{z} \tag{1.2.42}$$

式中:积分是多重的,且等于 $\boldsymbol{z}$ 的维数。注意,拟选择的附加变量应方便于计算 $p(\boldsymbol{y},\boldsymbol{z})$。

【例 1-11】 设 x_1 和 x_2 是独立的标准高斯变量,则其联合概率密度为

$$p(x_1,x_2) = p(x_1)p(x_2) = \frac{1}{2\pi}\exp\left(-\frac{x_1^2+x_2^2}{2}\right)$$

试求在变换 $y_1 = x_1 + x_2, y_2 = x_1 - x_2$ 下,变量 y_1 和 y_2 的联合密度函数。

解:该变换所对应的雅可比行列式为

$$\det\left(\frac{\partial \boldsymbol{y}}{\partial \boldsymbol{x}}\right) = \begin{vmatrix} \partial y_1/\partial x_1 & \partial y_1/\partial x_2 \\ \partial y_2/\partial x_1 & \partial y_2/\partial x_2 \end{vmatrix} = \begin{vmatrix} 1 & 1 \\ 1 & -1 \end{vmatrix} = -2$$

将逆变换 $x_1 = (y_1 + y_2)/2, x_2 = (y_1 - y_2)/2$ 代入式(1.2.38b),即可得到

$$p(y_1,y_2) = \frac{p(x_1,x_2)}{|\det(\partial\boldsymbol{y}/\partial\boldsymbol{x})|} = \frac{1}{4\pi}\exp\left(-\frac{y_1^2+y_2^2}{4}\right) = p(y_1)p(y_2)$$

式中

$$p(y_i) = \frac{1}{2\sqrt{\pi}}\exp\left(\frac{-y_i^2}{4}\right)(i = 1,2)$$

这表明,随机变量 y_1 和 y_2 也是独立的,且服从均值为 0、方差为 2 的高斯分布。

【例 1-12】 假设 x 和 y 是独立的标准高斯变量,考虑变换

$$r = (x^2+y^2)^{1/2} > 0, \varphi = \arctan(y/x)(-\pi < \varphi < \pi)$$

试求随机变量 r 和 φ 的联合密度函数,并证明二者是相互独立的。

解:该变换所对应的雅可比行列式为

$$\det\left[\frac{\partial(r,\varphi)}{\partial(x,y)}\right] = \begin{vmatrix} \dfrac{\partial r}{\partial x} & \dfrac{\partial r}{\partial y} \\ \dfrac{\partial \varphi}{\partial x} & \dfrac{\partial \varphi}{\partial y} \end{vmatrix} = \begin{vmatrix} \dfrac{x}{r} & \dfrac{y}{r} \\ -\dfrac{y}{r^2} & \dfrac{x}{r^2} \end{vmatrix} = \frac{1}{r}$$

将逆变换 $x = r\cos\varphi$ 和 $y = r\sin\varphi$ 代入式(1.2.38b),得

$$p(r,\varphi) = \frac{p[x(r,\varphi)]p[y(r,\varphi)]}{1/r} = \frac{r}{2\pi}\exp\left(\frac{-r^2}{2}\right)$$

其边缘密度是

$$p(r) = \int_{-\pi}^{\pi} p(r,\varphi)\mathrm{d}\varphi = r\exp\left(-\frac{r^2}{2}\right)$$

$$p(\varphi) = \int_0^{\infty} p(r,\varphi)\mathrm{d}r = \frac{1}{2\pi}$$

这表明 r 服从瑞利(Rayleigh)分布,φ 服从均匀分布。不难验证:

$$p(r,\varphi) = p(r)p(\varphi)$$

由此可知,随机变量 r 和 φ 是相互独立的。

【例 1-13】 设 x_1 和 x_2 是独立的标准高斯随机变量,试求随机变量 $y = x_1 + x_2$ 的密度函数。

解:引入变量 $z = x_2$,且利用式(1.2.38b),得到

$$p(y,z) = \frac{\frac{1}{2\pi}\exp\{-[(y-z)^2+z^2]/2\}}{|\det[\partial(y,z)/\partial(x_1,x_2)]|} = \frac{1}{2\pi}\exp\left(-\frac{y^2-2yz+2z^2}{2}\right)$$

根据边缘函数计算公式(式(1.2.41)),可知

$$p(y) = \int_{-\infty}^{+\infty} p(y,z)\,\mathrm{d}z = \frac{1}{2\sqrt{\pi}}\exp\left(-\frac{y^2}{4}\right)$$

该结果与例 1-11 的结果是一致的。

【例 1-14】 设 x_1 和 x_2 是独立的标准高斯变量,试求随机变量 $y = x_1/x_2$ 的密度函数。

解:引入 $z = x_2$ 作为辅助变量,计算得 $\det[\partial(y,z)/\partial(x_1,x_2)] = 1/z$。把逆变换为 $x_1 = yz, x_2 = z$ 代入式(1.2.38b),就有

$$p(y,z) = \frac{|z|}{2\pi}\exp\left[-\frac{(yz)^2+z^2}{2}\right] = \frac{|z|}{2\pi}\exp\left[-\frac{(1+y^2)z^2}{2}\right]$$

故有

$$\begin{aligned} p(y) &= \int_{-\infty}^{+\infty} p(y,z)\,\mathrm{d}z \\ &= \frac{1}{\pi}\int_0^{+\infty} z\exp\left[-\frac{(1+y^2)z^2}{2}\right]\mathrm{d}z = \frac{1}{\pi(1+y^2)} \end{aligned}$$

上式称为标准柯西(Cauchy)密度函数。

1.3 期望、矩和特征函数

在分析和设计含有随机现象的系统(也称为随机系统)时,无论是针对系统的输入还是针对系统本身的特性,所感兴趣的往往不是随机试验中某个基本事件的随机选择结果。相反地,更关心的是随机系统的平均性能,它反映了随机系统在未来运行中所有可能产生的状态。因此,研究随机现象的平均统计特性——随机变量的数学期望和矩及其基于特征函数概念的便捷计算方法,是十分必要的。

1.3.1 数学期望

把随机试验中可能出现的 n 个样本点 $x_i(i=1,2,\cdots,n)$ 进行加权求和:

$$\bar{x} = \sum_{i=1}^{n} x_i p(\zeta_i) = \frac{1}{n}\sum_{i=1}^{n} x_i$$

式中：$p(\zeta_i)=1/n$ 为权重。上式表示对 n 个测量值 x_i 取平均值，它隐含着事先假定随机试验中每个样本点 $x_i=x(\zeta_i)$ 的出现概率是完全相同的。

推广样本平均值的概念，即可给出随机变量 X 的数学期望（或总体平均）的定义。

定义：设随机变量 X 的概率密度为 $p(x)$，则它的数学期望规定为

$$E[X]=\int_{-\infty}^{+\infty} xp(x)\mathrm{d}x \tag{1.3.1}$$

式(1.3.1)的具体含义是：将落在区间$(x,x+\mathrm{d}x]$中的全部 $X(\zeta)$ 值进行加权求和。其中，权重为

$$P(\{\zeta:x<X\leqslant x+\mathrm{d}x\})=p(x)\mathrm{d}x$$

也即落在区间$(x,x+\mathrm{d}x]$中的全部 $X(\zeta)$ 值出现的概率。

当 X 是离散或混合型随机变量时，分布函数不连续，参见图 1-3(a)，在 $P(x)$ 的不连续点 x_i 上，有

$$P(x_i^+)=P(x_i<X\leqslant x_i+\mathrm{d}x)=P(x_i^-)+P_i$$

式中：$P_i=P(\{\zeta:X=x_i\})$。

这时，密度函数 $p(x)$（图 1-3(b)）包含幅值为 P_i 的脉冲：

$$p(x_i)=P_i\delta(x-x_i)$$

将上述结果代入式(1.3.1)，得

$$E[X]=\int_{-\infty}^{+\infty} xp^C(x)\mathrm{d}x+\sum_i x_iP_i \tag{1.3.2}$$

式中：

$$p^C(x)=\frac{\mathrm{d}P^C(x)}{\mathrm{d}x}$$

为分布函数 $P(x)$ 中连续部分的导数，它不包含脉冲函数。对于离散随机变量的情况，只要令式(1.3.2)右边的第一项为零即可。

在一般情况下，常常对随机变量 X 的函数 $Y=h(X)$ 的情况感兴趣。根据定义，它的数学期望可表示为

$$E[Y]=\int_{-\infty}^{+\infty} yp(y)\mathrm{d}y$$

如果已知的概率密度函数是 $p(x)$ 而不是 $p(y)$，则无法直接计算上述。假如仅仅对数学期望 $E(Y)$ 感兴趣，就可按下式计算随机变量 Y 期望值，即

$$E[Y]=E[h(X)]=\int_{-\infty}^{+\infty} h(x)p(x)\mathrm{d}x \tag{1.3.3}$$

式中：对于某个给定值 $y=h(x)$，允许有多个 x 值和密度函数 $p(x)$ 与之对应。

【例1 - 15】 设 x 和 y 是独立的标准高斯随机变量，试求在变换 $r=(x^2+y^2)^{1/2}$ 下，随机变量 r 的期望值。

解：参见例1-12，已知 r 服从瑞利分布

$$p(r) = r\exp\left(-\frac{r^2}{2}\right) \quad (r \geqslant 0)$$

根据式(1.3.3)，可得

$$E[r] = \int_0^{\infty} r^2 e^{-r^2/2} dr = \sqrt{2}\int_0^{\infty} y^{1/2} e^{-y} dy$$
$$= \sqrt{2}\Gamma(3/2) = \sqrt{\pi/2}$$

上式利用了 Γ - 函数的定义及其递推公式：

$$\Gamma(\alpha) = \int_0^{\infty} x^{\alpha-1} e^{-x} dx, \Gamma\left(\frac{1}{2}\right) = \sqrt{\pi}, \Gamma(\alpha+1) = \alpha\Gamma(\alpha)$$

1.3.2 随机变量的矩

定义：设实随机变量 X 的概率密度为 $p(x)$，其 n 阶原点矩规定为

$$\mu_n = E[X^n] = \int_{-\infty}^{+\infty} x^n p(x) dx \tag{1.3.4}$$

一阶矩 μ_1 就是前面定义的随机变量 X 的数学期望，记为 $\mu(X)$；二阶矩 μ_2 表示随机变量 X 的均方值，记为 $\psi^2(X)$，它反映了随机变量 X 的平均功率。

定义：设实随机变量 X 的分布密度为 $p(x)$，其 n 阶中心矩规定为

$$\gamma_n = E\{[X-\mu(X)]^n\} = \int_{-\infty}^{+\infty} [x-\mu(X)]^n p(x) dx \tag{1.3.5}$$

特别地，将二阶中心矩

$$\begin{aligned}\gamma_2 &= E\{[X-\mu(X)]^2\} \\ &= E(X^2) - \mu^2(X) \\ &= \psi^2(X) - \mu^2(X) \overset{\text{def}}{=} \sigma^2(X)\end{aligned} \tag{1.3.6}$$

称为随机变量 X 的方差，记为 $\mathrm{var}(x)$，其正平方根 $\sigma(X)$ 称为随机变量 X 的标准差（或均方差）。$\sigma(X)$ 作为随机变量 X 偏离其均值 $\mu(X)$ 的度量参数，在误差分析理论中得到了普遍应用。

图1-8给出了随机变量 X 服从均匀分布和正态分布的总体均值（数学期望）和标准差的示例。

【例1-16】 考虑图1-8(a)所示的均匀分布密度 $p(x)=1/a$，则随机变量 X 的数学期望和方差分别为

$$\mu = E[X] = \int_{x_0}^{x_0+a} x\left(\frac{1}{a}\right) dx = x_0 + \frac{a}{2}$$

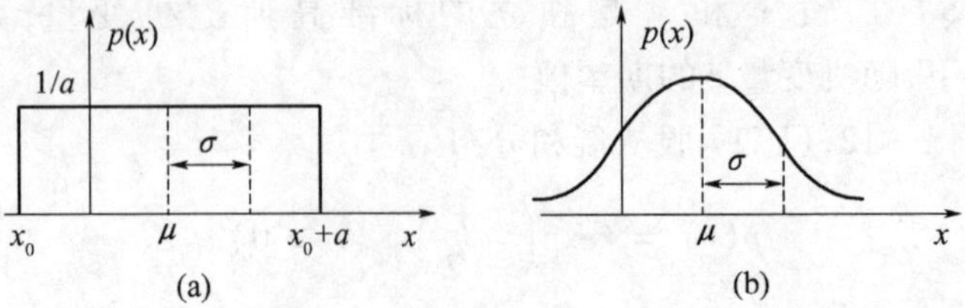

图 1－8　均值和标准差示例

(a) 均匀分布；(b) 正态分布。

和

$$\sigma^2 = \int_{x_0}^{x_0+a} \left[x - \left(x_0 + \frac{a}{2} \right) \right]^2 \left(\frac{1}{a} \right) \mathrm{d}x$$

$$= \int_{-a/2}^{a/2} \left(\frac{u}{a} \right)^2 \mathrm{d}u = \frac{a^2}{12}$$

附带指出，在实际应用中，模数转换器（A/D）所产生的偏差大多服从均匀分布。

【例 1－17】　考虑图 1－8(b) 所示的正态分布：

$$p(x) = \frac{1}{\sqrt{2\pi}\sigma} \exp\left[-\frac{(x-\mu)^2}{2\sigma^2} \right]$$

通过变量变换 $u=(x-\mu)/\sigma$，不难计算出随机变量 X 的数学期望和方差，即

$$\begin{cases} E[X] = \dfrac{1}{\sqrt{2\pi}\sigma} \displaystyle\int_{-\infty}^{\infty} x \exp\left[-\dfrac{(x-\mu)^2}{2\sigma^2} \right] \mathrm{d}x = \mu \\ \mathrm{var}(X) = \dfrac{1}{\sqrt{2\pi}\sigma} \displaystyle\int_{-\infty}^{\infty} (x-\mu)^2 \exp\left[-\dfrac{(x-\mu)^2}{2\sigma^2} \right] \mathrm{d}x = \sigma^2 \end{cases}$$

可见，高斯分布密度的参数 μ 和 σ 分别是它的期望值和标准差。

类似地，可引入两个或两个以上实随机变量的矩的概念。

定义：设两个实随机变量 X 和 Y 的联合密度为 $p(x,y)$，X 和 Y 的 k 阶混合矩规定为

$$\mu_{mn} = E[X^m Y^n] = \int_{-\infty}^{\infty} \int_{-\infty}^{\infty} x^m y^n p(x,y) \mathrm{d}x \mathrm{d}y \tag{1.3.7}$$

式中：m,n 为正整数，且有 $m+n=k$。如果 $\mu(X)$ 和 $\mu(Y)$ 分别是 X 和 Y 的期望值，则相应的 k 阶混合中心矩规定为

$$\gamma_{mn} = E\{[X-\mu(X)]^m [Y-\mu(Y)]^n\} \tag{1.3.8}$$

对于数目超过两个的一组随机变量，同样可按式(1.3.7)和式(1.3.8)来定义矩的概念。由于两个随机变量的二阶混合中心矩 μ_{11} 具有特殊的用途，因而专门定义如下：

定义：设实随机变量 X 和 Y 的期望值分别为 $\mu(X)$ 和 $\mu(Y)$，其二阶混合中心矩

$$\gamma_{11} = \text{cov}(X,Y) = E\{[X-\mu(X)][Y-\mu(Y)]\} \tag{1.3.9}$$

称为 X 和 Y 的(互)协方差函数,简称协方差。

定义:设 n 维随机实向量 $\boldsymbol{X}=[X_1,\cdots,X_n]^{\mathrm{T}}$ 的数学期望为 $\boldsymbol{\mu}$,则它的二阶中心矩

$$\text{cov}(\boldsymbol{X}) = E[(\boldsymbol{X}-\boldsymbol{\mu})(\boldsymbol{X}-\boldsymbol{\mu})^{\mathrm{T}}] \overset{\text{def}}{=} \boldsymbol{C}_x \tag{1.3.10}$$

称为随机向量 $\boldsymbol{X}$ 的(自)协方差矩阵。

在式(1.3.10)中,n 阶矩阵 $\boldsymbol{C}_x$ 可以写成:

$$\boldsymbol{C}_x = \begin{bmatrix} c_{11} & c_{12} & \cdots & c_{1n} \\ c_{21} & c_{22} & \cdots & c_{2n} \\ \vdots & \vdots & & \vdots \\ c_{n1} & c_{n2} & \cdots & c_{nn} \end{bmatrix}$$

式中:

$$c_{ij} = \text{cov}(X_i,X_j) = E[(X_i-\mu_i)(X_j-\mu_j)] \quad (1 \leqslant i,j \leqslant n)$$

显然,矩阵 $\boldsymbol{C}_x$ 的对角线元素 c_{ii} 恰好是各随机分量 X_i 的方差 σ_i^2。

协方差矩阵 $\boldsymbol{C}_x$ 既反映了每个随机分量取值偏离其总体均值的分散程度,又体现了每个随机分量之间的相互关系。它具有如下两个重要的性质:

(1) 对称性:从协方差的定义可知,对于任意的 i 和 j,都有 $c_{ij}=c_{ji}$。

(2) 非负定性:对于任意的实数 $a_1,\cdots,a_n$,都有

$$\sum_{i=1}^{n}\sum_{j=1}^{n} c_{ij}a_ia_j \geqslant 0$$

也即协方差矩阵 $\boldsymbol{C}_x$ 的主子行列式均大于或等于0。

由协方差的定义可以直接得出这一结论:

$$\sum_{i=1}^{n}\sum_{j=1}^{n} c_{ij}a_ia_j = \int_{-\infty}^{\infty}\cdots\int_{-\infty}^{\infty}\Big[\sum_{i=1}^{n} a_i(x_i-\mu_i)\Big]^2 p(x_1,\cdots,x_n)\,\mathrm{d}x_1\mathrm{d}x_2\cdots\mathrm{d}x_n \geqslant 0$$

定义:设两个实随机向量 $\boldsymbol{X}$ 和 $\boldsymbol{Y}$ 的数学期望分别为 $\boldsymbol{\mu}(\boldsymbol{X})$ 和 $\boldsymbol{\mu}(\boldsymbol{Y})$,其二阶混合中心矩

$$\text{cov}(\boldsymbol{X},\boldsymbol{Y}) = E\{[\boldsymbol{X}-\boldsymbol{\mu}(\boldsymbol{X})][\boldsymbol{Y}-\boldsymbol{\mu}(\boldsymbol{Y})]^{\mathrm{T}}\} \overset{\text{def}}{=} \boldsymbol{C}_{xy} \tag{1.3.11}$$

称为 $\boldsymbol{X}$ 和 $\boldsymbol{Y}$ 的(互)协方差矩阵。

1.3.3 特征函数

定义:设随机变量 X 的密度函数为 $p(x)$,其傅里叶变换的复共轭

$$\Phi(\mathrm{j}\omega) = [F\{p(x)\}]^* = \int_{-\infty}^{+\infty} p(x)\mathrm{e}^{\mathrm{j}\omega x}\mathrm{d}x \tag{1.3.12}$$

称为特征函数。

式中:ω 为实的参变量;上标 * 表示取共轭复数。

由于傅里叶变换是可逆的,故可根据特征函数 $\Phi(\mathrm{j}\omega)$ 的逆变换来确定密度函数 $p(x)$:

$$p(x) = \frac{1}{2\pi}\int_{-\infty}^{+\infty}\Phi(\mathrm{j}\omega)\mathrm{e}^{-\mathrm{j}\omega x}\mathrm{d}\omega \tag{1.3.13}$$

特征函数具有如下的性质:

(1) 当 $\omega=0$ 时,则有

$$\Phi(0) = \int_{-\infty}^{+\infty}p(x)\mathrm{d}x = 1$$

(2) 取方程式(1.3.12)的复共轭,并利用 $p(x)$ 是实函数这一事实,就有

$$\Phi^*(\mathrm{j}\omega) = \int_{-\infty}^{+\infty}p(x)\mathrm{e}^{-\mathrm{j}\omega x}\mathrm{d}x = \Phi(-\mathrm{j}\omega)$$

或者

$$\Phi^*(-\mathrm{j}\omega) = \Phi(\mathrm{j}\omega)$$

(3) $|\Phi(\mathrm{j}\omega)| \leqslant |\Phi(0)| = 1$。

对于 n 维随机变量的联合密度函数 $p(\boldsymbol{x})$,其特征函数为

$$\Phi(\mathrm{j}\boldsymbol{\omega}) = \int_{-\infty}^{+\infty}p(\boldsymbol{x})\exp(\mathrm{j}\boldsymbol{\omega}^{\mathrm{T}}\boldsymbol{x})\mathrm{d}\boldsymbol{x}$$

相应的逆变换为

$$p(\boldsymbol{x}) = \frac{1}{2\pi}\int_{-\infty}^{+\infty}\Phi(\mathrm{j}\boldsymbol{\omega})\exp(-\mathrm{j}\omega^{\mathrm{T}}\boldsymbol{x})\mathrm{d}\boldsymbol{\omega}$$

式中:积分是 n 重的。

定理 1-8:随机变量 X 的原点矩决定了其特征函数,即

$$\Phi(\mathrm{j}\omega) = \sum_{n=0}^{\infty}\frac{(\mathrm{j}\omega)^n}{n!}\mu_n \quad (\omega \neq 0, 0! = 1) \tag{1.3.14}$$

证明:根据特征函数的定义

$$\Phi(\mathrm{j}\omega) = \int_{-\infty}^{+\infty}p(x)\mathrm{e}^{\mathrm{j}\omega x}\mathrm{d}x$$

如果在积分符号下求微分,则有

$$\left[\frac{\mathrm{d}^n\Phi(\mathrm{j}\omega)}{\mathrm{d}\omega^n}\right]_{\omega=0} = \mathrm{j}^n\int_{-\infty}^{+\infty}x^n p(x)\mathrm{d}x = \mathrm{j}^n\mu_n \tag{1.3.15}$$

式中:$\mu_n = E[X^n]$。可见,通过计算特征函数在原点处的微分可求得随机变量的原点矩。假设随机变量的原点矩存在,则可将 $\mathrm{e}^{\mathrm{j}\omega x}$ 展开成泰勒(Taylor)级数来表示特征函数:

$$\Phi(\mathrm{j}\omega) = \int_{-\infty}^{+\infty}p(x)\mathrm{e}^{\mathrm{j}\omega x}\mathrm{d}x$$

$$= \sum_{n=0}^{\infty} \frac{(j\omega)^n}{n!} \int_{-\infty}^{+\infty} x^n p(x) dx$$

$$= \sum_{n=0}^{\infty} \frac{(j\omega)^n}{n!} \mu_n \quad (\omega \neq 0, 0! = 1)$$

这表明随机变量的原点矩决定了它的特征函数。

对于研究和构造概率密度函数,特征函数是一种强有力的数学工具。例如,已知两个随机变量联合密度,利用特征函数可以方便地求出这两个随机变量之和的密度函数。

定理1-9:任意多个独立的随机变量之和的特征函数,等于各个随机变量的特征函数的乘积。

【例1-18】 已知随机变量 X 和 Y 的二元联合密度 $p_{XY}(x,y)$,试求 $Z=X+Y$ 的密度函数。

解:引入辅助变量 w,考虑变换 $w=x,z=x+y$,相应的雅可比行列式为

$$\det\left(\frac{\partial(w,z)}{\partial(x,y)}\right) = \begin{vmatrix} \frac{\partial w}{\partial x} & \frac{\partial w}{\partial y} \\ \frac{\partial z}{\partial x} & \frac{\partial z}{\partial y} \end{vmatrix} = \begin{vmatrix} 1 & 0 \\ 1 & 1 \end{vmatrix} = 1$$

因此,随机变量 w 和 z 的联合密度可表示为

$$p_{WZ}(w,z) = p_{XY}(x,y) = p_{XY}(w,z-w)$$

利用边缘概率密度公式,即可计算出 $Z=X+Y$ 的密度函数:

$$p_Z(z) = \int_{-\infty}^{+\infty} p_{WZ}(w,z) dw = \int_{-\infty}^{+\infty} p_{XY}(w,z-w) dw$$

当随机变量 $X=W$ 和 $Y=Z-W$ 相互独立时,就有

$$p_{XY}(w,z-w) = p_X(w) p_Y(z-w)$$

于是

$$p_Z(z) = \int_{-\infty}^{+\infty} p_X(w) p_Y(z-w) dw$$
$$= p_X(w) * p_Y(z)$$

式中:符号 * 表示卷积。因此,对上式两边取傅里叶变换的复共轭,并利用傅里叶变换的卷积定理,即可得到

$$\begin{aligned} \Phi_Z(j\omega) &= [F\{p_Z(z)\}]^* \\ &= [F\{p_X(w)\}]^* [F\{p_Y(z)\}]^* \\ &= \Phi_X(j\omega) \Phi_Y(j\omega) \end{aligned} \quad (1.3.16)$$

【例1-19】 设 X 和 Y 分别是独立的标准高斯变量,其特征函数为

$$\Phi_V(j\omega) = \int_{-\infty}^{+\infty} p_V(v) e^{j\omega v} dv$$

$$= \int_{-\infty}^{+\infty} \frac{1}{\sqrt{2\pi}} e^{-v^2/2} e^{j\omega v} dv$$

$$= e^{-\omega^2/2} \quad (V = X, Y)$$

由式(1.3.16)可知,随机变量之和 $Z = X + Y$ 的特征函数为

$$\Phi_Z(j\omega) = \Phi_X(j\omega)\Phi_Y(j\omega) = e^{-\omega^2}$$

相应的逆变换为

$$p_Z(z) = \frac{1}{2\pi}\int_{-\infty}^{+\infty} \Phi_Z(j\omega) e^{-j\omega z} d\omega$$

$$= \frac{1}{\pi}\int_0^{+\infty} e^{-\omega^2}\cos(\omega z) d\omega$$

$$= \frac{1}{\sqrt{4\pi}} e^{-z^2/4}$$

现将上式中最后一个等式证明如下:令

$$I(\alpha,\beta) = \int_0^{\infty} e^{-\alpha\omega^2}\cos(\beta\omega) d\omega \stackrel{\text{def}}{=} I$$

则有,$p_Z(z) = I(1,z)/\pi$。上式取 β 的偏导数,得

$$\frac{\partial I}{\partial \beta} = \int_0^{\infty} (-\omega e^{-\alpha\omega^2}) \sin(\beta\omega) d\omega$$

$$= \frac{e^{-\alpha\omega^2}}{2\alpha}\sin(\beta\omega)\Big|_0^{\infty} - \left(\frac{\beta}{2\alpha}\right) I = -\frac{\beta}{2\alpha} I$$

经整理,得

$$\frac{1}{I}\partial I = -\frac{\beta}{2\alpha}\partial\beta \quad 或 \quad \partial \ln I = -\frac{\beta}{2\alpha}\partial\beta$$

等号两边同时积分,则有

$$\ln I = -\frac{\beta^2}{4\alpha} + c$$

或者

$$I = I(\alpha,\beta) = c\exp\left(-\frac{\beta^2}{4\alpha}\right) \tag{1.3.17}$$

式中:c 为待定系数,且有

$$c = I(\alpha,0) = \int_0^{\infty} e^{-\alpha\omega^2} d\omega = \frac{1}{2\sqrt{\alpha}}\int_0^{\infty} x^{-1/2} e^{-x} dx$$

$$= \frac{1}{2\sqrt{\alpha}}\Gamma\left(\frac{1}{2}\right) = \sqrt{\frac{\pi}{4\alpha}}$$

代入式(1.3.17),可得

$$I(\alpha,\beta) = \sqrt{\frac{\pi}{4\alpha}}\exp\left(-\frac{\beta^2}{4\alpha}\right)$$

故有

$$p_Z(z) = \frac{1}{\pi}I(1,z) = \frac{1}{\sqrt{4\pi}}\mathrm{e}^{-z^2/4}$$

1.3.4 复随机变量及其数学特征

一些重要的量往往是复数，如周期信号的傅里叶系数就是复数，因此需要一种记号，以便于处理取值为复数的随机变量 $Z(\zeta)$，即

$$Z(\zeta) = X(\zeta) + \mathrm{j}Y(\zeta) \tag{1.3.18}$$

式中：实部 X 和虚部 Y 都是实随机变量。

定义：复随机变量 Z 的实部 X 和虚部 Y 的联合概率密度，称为复随机变量 Z 的密度函数，即

$$p(z) = p(x,y) \tag{1.3.19}$$

式中：$p(z)$ 为一个实数。

若将实随机变量的期望值、方差和协方差推广至复随机变量时，则要求：

(1) 当实随机变量 $Y=0$（或 $X=0$）时，复随机变量 Z 的矩应当等于实随机变量 X（或 Y）的矩。

(2) 必须保持随机变量的矩的特性（如方差应为非负实数）。

定义：复随机变量 Z 的期望值规定为

$$\mu(Z) = \mu(X) + \mathrm{j}\mu(Y) \tag{1.3.20}$$

当 $Y=0$ 时，$\mu(Z)=\mu(X)$，符合前述要求。

定义：复随机变量 Z 的方差规定为

$$\begin{aligned}\sigma^2(Z) &= E\{[Z-\mu(Z)][Z-\mu(Z)]^*\} \\ &= E[X-\mu(X)]^2 + E[Y-\mu(Y)]^2 \\ &= \sigma^2(X) + \sigma^2(Y)\end{aligned} \tag{1.3.21}$$

式中：上标 * 表示共轭。若 $Y=0$，则 $\sigma^2(Z)=\sigma^2(X)$，符合要求。

定义：两个复随机变量 Z_1 和 Z_2 之间的协方差规定为

$$\begin{aligned}\mathrm{cov}(Z_1,Z_2) &= E\{[Z_1-\mu(Z_1)][Z_2-\mu(Z_2)]^*\} \\ &= \mathrm{cov}(X_1,X_2) + \mathrm{cov}(Y_1,Y_2) + \\ &\quad \mathrm{j}[\mathrm{cov}(Y_1,X_2) - \mathrm{cov}(X_1,Y_2)]\end{aligned} \tag{1.3.22}$$

如果 $Y_1=Y_2=0$，则有 $\mathrm{cov}(Z_1,Z_2)=\mathrm{cov}(X_1,X_2)$，符合要求。

对于随机复向量 $\boldsymbol{X}$ 和 $\boldsymbol{Y}$，可推广上述定义。其中，协方差矩阵表示成

$$\begin{cases}\boldsymbol{C}_x = E\{[\boldsymbol{X}-\boldsymbol{\mu}(\boldsymbol{X})][\boldsymbol{X}-\boldsymbol{\mu}(\boldsymbol{X})]^{\mathrm{H}}\} \\ \boldsymbol{C}_{xy} = E\{[\boldsymbol{X}-\boldsymbol{\mu}(\boldsymbol{X})][\boldsymbol{Y}-\boldsymbol{\mu}(\boldsymbol{Y})]^{\mathrm{H}}\}\end{cases} \tag{1.3.23}$$

式中：上标 H 表示取共轭转置。

下面介绍两个复随机变量的不相关、正交和统计独立的概念。

定义:若复随机变量 Z_1 和 Z_2 的协方差为零,即

$$\operatorname{cov}(Z_1,Z_2) = E\{[Z_1 - \mu(Z_1)][Z_2 - \mu(Z_2)]^*\} = 0 \tag{1.3.24}$$

则称复变量 Z_1 与 Z_2 不相关。

定义:若复随机变量 Z_1 和 Z_2 的二阶混合矩为零,即

$$\mu_{11} = E(Z_1 Z_2^*) = 0 \tag{1.3.25}$$

则称复变量 Z_1 与 Z_2 正交。

定义:若复随机变量 Z_1 和 Z_2 的密度函数满足

$$p(z_1,z_2) = p(z_1)\cdot p(z_2) \tag{1.3.26}$$

则称复变量 Z_1 与 Z_2 独立。

1.4 随机过程

实际过程大多在时间上是连续的。例如,绝大多数系统的输入、输出过程往往是连续时间信号,系统本身的噪声和测量仪器的观测噪声也都是时间连续信号。这类随时间变化的波形具有随机性,因而无法根据过去和现在的观测值来准确地预测系统的未来状态。在这一节里,将在概率论的基础上引入随机过程的概念,使之适用于分析随时间变化的随机波形(随机信号)与随机系统(即含有随机信号的系统)。

1.4.1 随机过程的基本概念

在前面定义的随机试验 $\{\Omega,\Sigma,P\}$ 中,每次试验都将随机地选择一个样本点 $\zeta\in\Omega$ 作为试验结果,同时也给出了与之对应的随机变量 $X(\zeta)\in\Sigma$ 的一个值。将这种概念推广到 n 维随机向量 $\boldsymbol{X}(\zeta)=[X_1(\zeta),\cdots,X_n(\zeta)]^{\mathrm{T}}$,即每个基本事件 ζ 都与由随机变量 $X_i(\zeta)$ 组成的 n 维向量存在某种关系。如果 $X_i(\zeta)$ 是一些波形在特定时刻 t_i 上的样本 $X(t_i,\zeta)$,那么,对于随机出现的每一基本事件 ζ,必有一个样本集合 $\{X(t_i,\zeta)\}$ 与之对应。当考虑所有的基本事件(记为 Ω)全部发生的情况下,则集合 $\{X(t_i,\Omega)\}$ 就代表一个离散时间随机过程。

对于离散时间系统,无论什么样的波形,研究对象总是有限个时间样本 $X(t_i,\zeta)$。但对于连续时间系统而言,则必须用连续时间变量 t 来表示连续时间波形 $X(t,\zeta)$。在随机试验 $\{\Omega,\Sigma,P\}$ 中,随机择取的每一基本事件 $\zeta\in\Omega$,都对应于一个随机的连续时间信号 $X(t,\zeta)\in\Sigma$,它代表可能观测到的一个特定波形。当 ζ 取遍所有的可能值时(用符号 Ω 表示),与之对应的全部波形的集合 $\{X(t,\Omega)\}$ 就称为连续时间随机过程。

图 1-9 给出了某次动态测量所记录的波形簇,其中 $x^{(i)}(t)=X(t,\zeta_i)$ 是第 i 次试验所观测到的波形,而 $\zeta_i\in\Omega$ 是随机出现的基本事件(也称为现象)。为了便于后续讨论,现将随机过程的基本术语定义如下:

定义:在随机试验中,可能出现的任一随机现象 ζ 的单个时间历程 $x(t,\zeta)=X(t,\zeta)$,称作样本函数。

定义:在有限时间区间内观测到的样本函数,称为样本函数的记录,简称样本。

在实际的随机试验中,只能对有限长的波形进行时间抽样,故所得到的观测数据总是离散的样本记录。因此,在以下讨论中,不再严格区分样本和样本函数的概念。

定义:对于给定的随机试验,全体样本函数的集合 $\{X(t,\zeta)\}$ 称为随机过程。

通常,可根据具体的目的,选择不同的角度来研究随机过程:

(1) 如果仅仅关注某一时刻 t_k 上随机过程的具体实现,则所要处理的问题是随机过程样本函数的集合 $\{X(t_k,\zeta)\}$,它是 ζ 的函数,记为 $\{x(t_k,\zeta)\}$。

(2) 如果仅仅关注随机过程的某个样本,则所要处理的问题是:在随机试验中发生了基本事件 ζ_i 的条件下,随机选择的一个时间函数 $x^{(i)}(t)=x(t,\zeta_i)=X(t,\zeta_i)$。

图 1-9 表明,随机过程 $X(t,\Omega)$ 是一个函数簇,其取值为 $x(t,\Omega)$。考虑读者已经熟悉了作为讨论问题的基础——点集空间的概念,不妨将样本函数 $X(t,\zeta)$ 明显依赖的 ζ 去掉,仅用 $x(t)$ 来表示随机过程的样本函数。在后续的讨论中,由于很少涉及定义在样本空间 Ω 中的 σ-代数事件集 $\{\zeta:X(t,\zeta)\leqslant x(t)\}$,因此一般用 $\{x(t)\}$ 来表示随机过程 $X(t,\Omega)$。

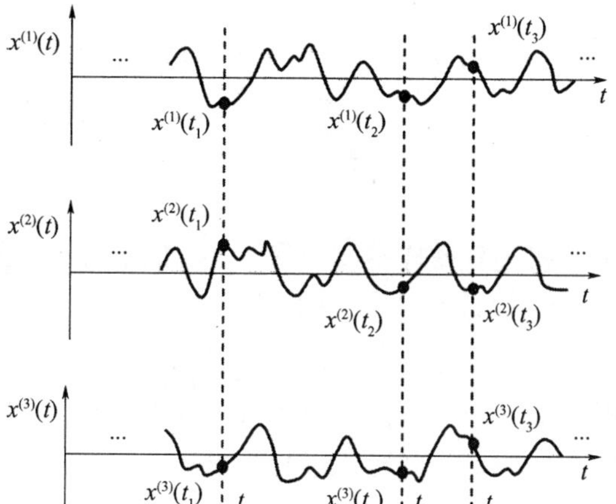

图 1-9　某次动态测量所记录的波形簇

在动态测量过程中,当确立了随机现象的某种规则后,观测数据就是随机过程的样本记录。如果已知随机试验中的噪声、信号源和测量仪器的数学模型,那么就能够建立描述测量过程的数学模型。

令人欣慰的是,随机变量分析法可直接应用于随机过程。例如,随机过程 $\{x(t)\}$ 的数学期望同样可按式(1.3.1)进行计算,即

$$\mu_x(t) = E[x(t)] = \int_{-\infty}^{\infty} x(t)p[x(t);t]\mathrm{d}x(t) \tag{1.4.1}$$

式中,$p[x(t);t]$为随机过程$\{X(t,\zeta)\}$的一阶概率密度函数,简记为$p(x,t)$,它不仅与样本函数$X(t,\zeta)$的取值$x(t)$有关,而且还依赖于时间t。

分析一元随机过程$\{x(t)\}$在两个不同时刻的取值时,可同时考虑两个样本记录$x_1=x(t_1)$和$x_2=x(t_2)$的二维联合密度$p(x_1,x_2;t_1,t_2)$。若将这一概念推广到连续随机过程的n个时间样本上,则n维概率密度函数的所有性质对于这些时间样本都成立:

$$\begin{cases} \displaystyle\int_{-\infty}^{\infty}\cdots\int_{-\infty}^{\infty} p(x_1,x_2,\cdots,x_n)\mathrm{d}x_1\mathrm{d}x_2\cdots\mathrm{d}x_n = 1 \\ \displaystyle\int_{-\infty}^{\infty}\cdots\int_{-\infty}^{\infty} p(x_1,x_2,\cdots,x_k,x_{k+1},\cdots x_n)\mathrm{d}x_{k+1}\mathrm{d}x_{k+2}\cdots\mathrm{d}x_n = p(x_1,\cdots,x_k) \\ \displaystyle p(x_1,\cdots,x_k \mid x_{k+1},\cdots x_n) = \frac{p(x_1,\cdots,x_n)}{p(x_{k+1},\cdots,x_n)} \end{cases} \tag{1.4.2}$$

式中,省略了概率密度函数的时间参数t。在以下的讨论中,均默认这种表示方法。

类似地,若两个样本集合$\{x_1,\cdots,x_k\}$和$\{x_{k+1},\cdots,x_n\}$相互独立,则有

$$p(x_1,\cdots,x_n) = p(x_1,\cdots,x_k)p(x_{k+1},\cdots,x_n) \tag{1.4.3}$$

式(1.4.3)等价于

$$p(x_1,\cdots,x_k \mid x_{k+1},\cdots,x_n) = p(x_1,\cdots,x_k) \tag{1.4.4}$$

对于随机过程$\{x(t)\}$和$\{y(t)\}$,在每个特定的时间集合$\{t_k,k=1,2,\cdots\}$上,也可按同样的方式和条件,给出两个样本集合$\{x_k=x(t_k)\}$和$\{y_k=y(t_k)\}$相互独立的定义。

定义:考虑二元随机过程的样本$x(t)$和$y(t)$,如果对于任意的实数m和n,以及任意的$t_i(i=1,\cdots,m)$和$t_j(j=1,\cdots,n)$,下式都成立:

$$p(x_1,\cdots,x_m,y_1,\cdots,y_n) = p(x_1,\cdots,x_m)p(y_1,\cdots,y_n) \tag{1.4.5}$$

则称这两个样本集合$\{x_k=x(t_k)\}$和$\{y_k=y(t_k)\}$是相互独立的。

类似于复随机变量,由两个实随机过程$\{x(t)\}$和$\{y(t)\}$构成的复随机过程

$$z(t) = x(t) + \mathrm{j}y(t) \tag{1.4.6}$$

的密度函数可表示为

$$p(z;t) = p(x,y;t) \tag{1.4.7}$$

定义:复随机过程$\{z(t)\}$的数学期望规定为

$$\begin{aligned} \mu_z(t) = E[z(t)] &= \int_{-\infty}^{\infty} [x(t) + \mathrm{j}y(t)]p(x,y;t)\mathrm{d}x\mathrm{d}y \\ &= \mu_x(t) + \mathrm{j}\mu_y(t) \end{aligned} \tag{1.4.8}$$

式中,积分符号是多重积分。

定义:在任意两个时刻 t_1 和 t_2,复随机过程 $\{z(t)\}$ 的二阶原点矩

$$R_z(t_1,t_2) = E[z(t_1)z^*(t_2)]$$
$$= \int_{-\infty}^{\infty}(x_1 + jy_1)(x_2 - jy_2)p(x_1,y_1,x_2,y_2;t_1,t_2)\mathrm{d}\boldsymbol{x}\mathrm{d}\boldsymbol{y} \quad (1.4.9)$$

称为自相关函数。式中,积分符号是多重积分;$\mathrm{d}\boldsymbol{x} = \mathrm{d}x_1\mathrm{d}x_2$;$\mathrm{d}\boldsymbol{y} = \mathrm{d}y_1\mathrm{d}y_2$。

定义:在任意两个时刻 t_1 和 t_2,复随机过程 $\{z(t)\}$ 的二阶中心矩

$$C_z(t_1,t_2) = E\{[z(t_1) - \mu_z(t_1)][z(t_2) - \mu_z(t_2)]^*\}$$
$$= R_z(t_1,t_2) - \mu_z(t_1)\mu_z^*(t_2) \quad (1.4.10)$$

称为协方差函数。

定义:复随机过程 $\{z(t)\}$ 的方差规定为

$$\sigma_z^2(t) = C_z(t,t) = E[|z(t) - \mu_z(t)|^2] = \sigma_x^2(t) + \sigma_y^2(t) \quad (1.4.11)$$

式中,$\sigma_x(t)$,$\sigma_y(t)$ 分别为实随机过程 $\{x(t)\}$ 和 $\{y(t)\}$ 的方差。

1.4.2 平稳随机过程

当在时域上观察随机过程时,考虑不同时刻随机过程的概率分布关系是非常重要的。为此,有必要区分两类随机过程:一类是统计特性不依赖于时间轴原点的随机过程;另一类是统计特性依赖于绝对时间的随机过程。用系统论的观点来看,前者类似于时不变系统,后者等同于时变系统。

为了简化符号,在以下的讨论中,随机过程 $\{x(t)\}$ 一律用它的样本函数 $x(t)$ 来表示。

定义:如果对于时间 t 的任意 n 个值 $t_k(k=1,\cdots,n)$ 和任意时移 τ,当随机过程 $x(t)$ 的 n 维概率密度函数满足下式时,即

$$p(x_1,\cdots,x_n;t_1,\cdots,t_n) = p(x_{1-\tau},x_{2-\tau},\cdots,x_{n-\tau};t_1 - \tau,\cdots,t_n - \tau) \quad (1.4.12)$$

则称随机过程 $x(t)$ 是强平稳(或严格平稳、狭义平稳)的。

式(1.4.12)表明,只要各个时刻的间距保持不变,则时间参数 t_k 可以通过改变 τ 而任意改变,也即随机过程的 n 阶密度函数与绝对时间无关,而仅仅依赖于各个抽样时刻的间距 τ。反之,如果随机过程的密度函数随着抽样时刻的不同而改变,则称为非平稳随机过程。

特别地,对于一元强平稳随机过程 $x_t = x(t)$,式(1.4.12)可表示为

$$p(x_t;t) = p(x_{t-\tau};t - \tau)$$

显然,对于任意的 τ 上式均成立。故不妨令 $\tau = t$,则有

$$p(x_t;t) = p(x_0;0) = p(x_0)$$

由此可知,强平稳随机过程 $x(t)$ 的数学期望为常数,即

$$\mu_x(t) = E[x(t)] = \int_{-\infty}^{\infty} x_t p(x_0)\mathrm{d}x_t = \mu_x \tag{1.4.13}$$

同理,一元强平稳过程 $x(t)$ 的任意两个样本 $x_1 = x(t_1)$ 和 $x_2 = x(t_2)$ 的密度函数也仅仅是 $\tau = t_1 - t_2$ 的函数,即

$$p(x_1, x_2; t_1, t_2) = p(x_1, x_{1-\tau}; t_1, t_1 - \tau) \overset{t_1=\tau}{=} p(x_\tau, x_0; \tau) \tag{1.4.14}$$

因此,一元强平稳过程 $x(t)$ 的任意两个样本 $x_1 = x(t_1)$ 和 $x_2 = x(t_2)$ 的自相关函数同样是 $\tau = t_1 - t_2$ 的函数,即

$$\begin{aligned} R_x(t_1, t_2) &= E[x(t_1)x^*(t_2)] = E[x(t_1)x^*(t_1 - \tau)] \\ &\overset{t_1=\tau}{=} \int_{-\infty}^{\infty}\int_{-\infty}^{\infty} x_\tau x_0^* p(x_\tau, x_0; \tau)\mathrm{d}x_\tau \mathrm{d}x_0 = R_x(\tau) \end{aligned} \tag{1.4.15}$$

定义:对于任意的时延 τ,如果二元随机过程 $x(t)$ 和 $y(t)$ 与 $x(t-\tau)$ 和 $y(t-\tau)$ 具有相同的二元密度函数,则称该二元随机过程是强联合平稳的。

不难证明,二元强平稳过程的任意两个样本 $x(t_1)$ 和 $y(t_2)$ 的二阶原点混合矩(称为互相关函数)是时延 $\tau = t_1 - t_2$ 的函数,即

$$R_{xy}(t_1, t_2) = E[x(t_1)y^*(t_1 - \tau)] = R_{xy}(\tau) \tag{1.4.16}$$

定义:若随机过程 $x(t)$ 的期望值是常量,且其样本的自相关函数仅仅依赖于时延 τ,即

$$\begin{cases} E[x(t)] = \mu_x \\ E[x(t)x^*(t - \tau)] = R_x(\tau) \end{cases} \tag{1.4.17}$$

则称随机过程 $x(t)$ 是弱平稳(或广义平稳)的,简称平稳过程。

不难推断,如果随机过程 $x(t)$ 是强平稳的,则它必然是弱平稳的;反之不然。这是因为弱平稳的定义只涉及样本函数的一阶矩和二阶矩。但也有特殊情况,如果高斯随机过程 $x(t)$ 是弱平稳的,则它一定是强平稳的。

附带指出,如果两个实随机过程 $u(t)$ 和 $v(t)$ 是强(弱)联合平稳的,则称复随机过程

$$z(t) = u(t) + \mathrm{j}v(t)$$

也是强(弱)平稳的。

1.4.3 各态历经过程

在概率论中,很少涉及随机变量的时间平均问题。然而,在随机过程理论中,因为实际获得的随机数据是来自总体样本函数的一个记录,故最方便于计算的统计量往往是样本记录的时间平均。当然,也可以通过多台测量仪器同时观测某一对象的途径来计算多个样本记录的平均值。

在多数情况下,时间历程足够长的单个样本的时间平均,往往可用于替代平稳过程的总体平均,即

$$E[x(t)] \approx < x(t) > = \lim_{T\to\infty} \frac{1}{T}\int_{-T/2}^{T/2} x(t)\mathrm{d}t \tag{1.4.18}$$

式中:T 为样本记录 $x(t)$ 的截取长度;符号 $<\ >$ 由积分定义,表示时间平均的极限。

在随机试验中,无论怎样选择样本 $x(t)$,其时间平均 $<x(t)>$ 与 $E[x(t)]$ 都不可能完全相等。尽管如此,近似式(1.4.18)仍然是可以接受的,或至少依概率 1 成立。也就是说,除了那些以零概率发生的样本函数之外,如果在概率意义上总有 $E[x(t)] = <x(t)>$,则称平稳随机过程 $x(t)$ 是均值遍历的。这意味着,在样本 $x(t)$ 的演化过程中,只要时间 t 足够长,发生任何值的概率趋近于总体概率。

定义:若某一随机过程 $x(t)$ 的数学期望依概率 1 等于样本的时间平均的极限,则称该随机过程是遍历的(或各态历经的)。

更一般地,考虑随机过程的某一样本函数 $x(t)$,若对于任何函数 $h(x)$,都有

$$E[h(x)] = < h(x) > = \lim_{T\to\infty} \frac{1}{T}\int_{-T/2}^{T/2} h[x(t)]\mathrm{d}t \tag{1.4.19}$$

式中:除概率为零的样本函数之外,等号处处成立,则称随机过程 $x(t)$ 是遍历的。

确定某个随机过程是否具有遍历性是比较困难的,但通过观察实际过程的特性,往往可以判断遍历性的假设是否合理。例如,如果一个过程的各个时间段相互独立,且每个时间段与绝对时间的原点无关,那么该过程就很有可能是遍历的;对于特殊而又普遍存在的高斯随机过程,则存在判定遍历性的简单准则。

定理 1-10:对于平稳高斯随机过程 $x(t)$,如果其自相关函数在整个时轴上的积分是有限的,即

$$\int_{-\infty}^{\infty} R_x(\tau)\mathrm{d}\tau < \infty$$

则该平稳高斯随机过程 $x(t)$ 一定是遍历的。

在分析随机过程 $x(t)$ 的统计特性时,除了需要估计样本记录的时间平均之外,往往还要需要计算它的时间自相关函数。

定义:考虑一元平稳随机过程的某个样本 $x(t)$,其时间自相关函数规定为

$$\begin{aligned}\mathscr{R}_x(\tau) &= < x(t), x(t-\tau) > \\ &= \lim_{T\to\infty} \frac{1}{T}\int_{-T/2}^{T/2} x(t)x^*(t-\tau)\mathrm{d}t\end{aligned} \tag{1.4.20}$$

二元平稳随机过程的两个样本 $x(t)$ 和 $y(t)$ 的时间互相关函数规定为

$$\begin{aligned}\mathscr{R}_{xy}(\tau) &= < x(t), y(t-\tau) > \\ &= \lim_{T\to\infty} \frac{1}{T}\int_{-T/2}^{T/2} x(t)y^*(t-\tau)\mathrm{d}t\end{aligned} \tag{1.4.21}$$

式中:T 为样本记录 $x(t)$ 和 $y(t)$ 的截取长度;τ 为任意时延。

对于遍历过程,式(1.4.20)和式(1.4.21)依概率 1 分别等于总体自相关函数

$R_x(\tau)$和总体互相关函数$R_{xy}(\tau)$。

在工程上,只要验证随机过程是否具有弱平稳性就足够了,这是因为验证随机过程的强平稳性是不容易的,实际上也没有这个必要。考虑到随机试验的便捷性,往往更关心的是平稳随机过程是否具有遍历性。

1.5 总体相关函数与功率谱密度

相关分析与功率谱估计是随机信号与系统科学中最重要的内容之一。相关函数不仅揭示了随机信号在任意两个时刻上取值的内在联系,而且还隐含了随机信号的功率谱结构。

1.5.1 总体相关函数

考虑平稳过程$x(t)$在任意两个时刻t_1和t_2上的样本记录x_1和x_2。前面已经指出,若引入时延变量τ,则该平稳过程的二维密度函数仅取决于两个样本记录的时间差$\tau = t_1 - t_2$,即

$$p(x_1, x_2; t_1, t_2) = p(x_1, x_2; t_1, t_1 - \tau) \overset{t_1 = \tau}{=} p(x_\tau, x_0; \tau)$$

定义:平稳过程$x(t)$的总体(自)相关函数规定为

$$\begin{aligned} R_x(\tau) &= E[x(t)x^*(t-\tau)] \\ &\overset{t=\tau}{=} \int_{-\infty}^{\infty}\int_{-\infty}^{\infty} x_\tau x_0^* p(x_\tau, x_0; \tau)\,\mathrm{d}x_\tau \mathrm{d}x_0 \end{aligned} \tag{1.5.1}$$

若进一步假设该平稳过程$x(t)$的数学期望为μ_x,则它的总体(自)协方差函数规定为

$$\begin{aligned} C_x(\tau) &= E\{[x(t) - \mu_x][x(t-\tau) - \mu_x]^*\} \\ &= R_x(\tau) - \mu_x^2 \end{aligned} \tag{1.5.2}$$

类似于随机变量的方差,平稳随机过程$x(t)$的方差可表示为

$$\sigma_x^2 = C_x(0) = R_x(0) - \mu_x^2 \tag{1.5.3}$$

由此可见,平稳随机过程的方差也是常数。

定义:两个平稳过程$x(t)$和$y(t)$的总体(互)相关函数规定为

$$\begin{aligned} R_{xy}(\tau) &= E[x(t)y^*(t-\tau)] \\ &\overset{t=\tau}{=} \int_{-\infty}^{\infty}\int_{-\infty}^{\infty} x_\tau y_0^* p(x_\tau, y_0; \tau)\,\mathrm{d}x_\tau \mathrm{d}y_0 \end{aligned} \tag{1.5.4}$$

若平稳过程$x(t)$和$y(t)$的数学期望分别是μ_x和μ_y,则二者的(互)协方差函数规定为

$$\begin{aligned} C_{xy}(\tau) &= E\{[x(t) - \mu_x][y(t-\tau) - \mu_y]^*\} \\ &= R_{xy}(\tau) - \mu_x\mu_y \end{aligned} \tag{1.5.5}$$

在实际应用中,常常考虑实随机过程的两个样本 $x(t)$ 和 $y(t)$ 之间的关系。如果将它们视为随机过程的某次实验结果,则有

$$\begin{cases}R_{xy}(t_1,t_2) = E[x(t_1)y(t_2)] = E\{[y(t_2)x(t_1)]\} = R_{yx}(t_2,t_1)\\ C_{xy}(t_1,t_2) = E\{[x(t_1)-\mu_x(t_1)][y(t_2)-\mu_y(t_2)]\} = C_{yx}(t_2,t_1)\end{cases}$$

进一步地,若所考虑的实随机过程是平稳的,就有

$$\begin{cases}R_{xy}(t_1,t_2) = R_{xy}(t_1-t_2) = R_{xy}(\tau)\\ C_{xy}(t_1,t_2) = C_{xy}(t_1-t_2) = C_{xy}(\tau)\end{cases}$$

定义:如果平稳过程 $x(t)$ 和 $y(t)$ 的联合密度函数满足

$$p(x,y;t) = p(x;t)p(y;t) \tag{1.5.6}$$

则称 $x(t)$ 和 $y(t)$ 是统计独立的。

定义:在任意两个时刻 t_1 和 t_2 上,若平稳过程 $x(t)$ 和 $y(t)$ 满足如下条件:

$$C_{xy}(t_1,t_2) = C_{xy}(\tau) = 0 \quad (\tau = t_1 - t_2) \tag{1.5.7}$$

则称平稳过程 $x(t)$ 和 $y(t)$ 互不相关。

定义:在任意两个时刻 t_1 和 t_2 上,如果平稳过程 $x(t)$ 和 $y(t)$ 满足以下条件:

$$R_{xy}(t_1,t_2) = R_{xy}(\tau) = 0 \quad (\tau = t_1 - t_2) \tag{1.5.8}$$

则称平稳过程 $x(t)$ 和 $y(t)$ 是正交的。

显然,对于零均值平稳过程 $x(t)$ 或 $y(t)$,不相关性与正交性是等价的。

定理 1-11:如果平稳过程 $x(t)$ 和 $y(t)$ 统计独立,则二者互不相关。

证明:仅考虑实平稳过程。若实平稳过程 $x(t)$ 和 $y(t)$ 相互独立,则二者的(互)相关函数为

$$R_{xy}(\tau) = E[x(t)y(t-\tau)] = E[x(t)]E[y(t-\tau)] = \mu_x\mu_y$$

故有

$$C_{xy}(\tau) = R_{xy}(\tau) - \mu_x\mu_y = 0$$

由此可见,本命题成立。

注意,平稳过程 $x(t)$ 和 $y(t)$ 互不相关,并不意味着它们是独立的。但也有例外,在第二章中,将证明高斯随机过程的不相关性与独立性是等价的。

1.5.2 相关函数的性质

性质 1:平稳随机过程 $x(t)$ 和 $y(t)$ 的相关函数满足:

$$R_{xy}(\tau) = R_{yx}^*(-\tau) \tag{1.5.9}$$

$$R_x(\tau) = R_x^*(-\tau),R_y(\tau) = R_y^*(-\tau) \tag{1.5.10}$$

由于实平稳过程的相关函数是实函数,因此实平稳过程的相关函数是时延 τ 的偶函数。

性质 2:对于平稳过程 $x(t)$,由相关函数的定义式(1.5.1),可知

$$R_x(0) = E[|x(t)|^2] = \psi_x^2 \geqslant 0 \tag{1.5.11}$$

式(1.5.11)可解释为平稳过程 $x(t)$ 的总平均功率。注意，当且仅当 $x(t)$ 所有取值均以概率 1 等于 0 时，才有 $R_x(0)=0$。

性质 3：平稳过程 $x(t)$ 和 $y(t)$ 的相关函数和协方差函数满足下列不等式：

$$|R_{xy}(\tau)| \leqslant [R_x(0)R_y(0)]^{1/2} \tag{1.5.12}$$

$$|C_{xy}(\tau)| \leqslant [C_x(0)C_y(0)]^{1/2} = \sigma_x\sigma_y \tag{1.5.13}$$

$$|R_x(\tau)| \leqslant R_x(0) \tag{1.5.14}$$

式(1.5.14)表明自相关函数在 $\tau=0$ 处取最大值。

证明：仅证明式(1.5.12)。令 $z=\lambda x+y(t-\tau)$，λ 为复变量，则有

$$f(\lambda) = E\{|z|^2\} = E\{[\lambda x(t) + y(t-\tau)][\lambda^* x^*(t) + y^*(t-\tau)]\} \geqslant 0 \tag{1.5.15}$$

式(1.5.15)对 λ 求导，求 $f(\lambda)$ 的极小值，得

$$\frac{\partial f(\lambda)}{\partial \lambda} = E\{x(t)[\lambda^* x^*(t) + y^*(t-\tau)]\} = 0$$

$$\frac{\partial f(\lambda)}{\partial \lambda^*} = E\{[\lambda x(t) + y(t-\tau)]x^*(t)\} = 0$$

由此解得

$$\lambda_{\min} = -\frac{E\{y(t-\tau)x^*(t)\}}{E\{|x(t)|^2\}} = -\frac{R_{xy}^*(\tau)}{R_x(0)}$$

将上式代入式(1.5.15)，可得

$$|R_{xy}(\tau)|^2 \leqslant R_x(0)R_y(0) = \psi_x^2\psi_y^2$$

上式称为柯西－施瓦茨(Cauchy－Schwartz)不等式。同理，可证得式(1.5.13)。在以上证明过程中，令 $y(t)=x(t)$，即可证得式(1.5.14)。

性质 4：如果平稳过程 $x(t)$ 与 $y(t)$ 正交，即 $R_{xy}(\tau)=0$，则有

$$R_{x+y}(\tau) = R_x(\tau) + R_y(\tau) \tag{1.5.16}$$

定义：平稳过程 $x(t)$ 的(自)相关系数(或归一化协方差函数)定义为

$$\rho_x(\tau) = \frac{C_x(\tau)}{C_x(0)} = \frac{R_x(\tau) - \mu_x^2}{\sigma_x^2}, \ |\rho_x(\tau)| \leqslant 1 \tag{1.5.17}$$

自相关系数描述了平稳过程 $x(t)$ 在两个不同时刻上的样本 $x(t)$ 与 $x(t-\tau)$ 之间的内在关系。当 $\tau=\infty$ 时，通常有 $\rho_x(\tau)=0$，这意味着 $x(t)$ 和 $x(t-\infty)$ 之间的关联性几乎为零。在工程应用中，当 τ 大到一定的程度时，若 $\rho_x(\tau)\ll 1$，则可认为 $x(t)$ 和 $x(t-\tau)$ 之间已经不存在任何关联性。为此，引进相关时间 τ_0 这一概念，当 $\tau>\tau_0$ 时，即可认为 $x(t)$ 和 $x(t-\tau)$ 不相关。一般把相关系数降至 5% 的时间间隔 τ_0 定义为平稳过程的相关时间，即

$$|\rho_x(\tau_0)| \leqslant 0.05 \tag{1.5.18}$$

相关时间 τ_0 直接反映了平稳过程的波动性。τ_0 越大，说明 $x(t)$ 和 $x(t-\tau_0)$ 之间的关联性越大，过程的变化也就越缓慢，反之亦然。

附带指出，由两个独立的平稳过程的乘积所构成的新的平稳过程 $z(t)=x(t)y(t)$，其自相关函数之间存在如下关系：

$$\begin{aligned}R_z(t,t-\tau) &= E[z(t)z^*(t-\tau)]\\&= E\{[x(t)y(t)][x(t-\tau)y(t-\tau)]^*\}\\&= E[x(t)x(t-\tau)]E[y(t)y^*(t-\tau)] = R_x(\tau)R_y(\tau)\end{aligned}$$

在研究幅度调制信号的相关性及其功率谱时，经常用到这一关系式。

定义：两个平稳过程 $x(t)$ 和 $y(t)$ 之间的（互）相关系数规定为

$$\rho_{xy}(\tau) = \frac{C_{xy}(\tau)}{\sqrt{C_x(0)C_y(0)}} = \frac{C_{xy}(\tau)}{\sigma_x\sigma_y},\ |\rho_{xy}(\tau)| \leqslant 1 \qquad (1.5.19)$$

互相关系数反映了两个平稳过程 $x(t)$ 和 $y(t)$ 相差时刻 τ 的相似程度。$\rho_{xy}(\tau)$ 越大，二者（波形）越相似；反之，$\rho_{xy}(\tau)$ 越小，二者的关联性越小。如果 $\rho_{xy}(\tau)=0$，则 $x(t)$ 与 $y(t-\tau)$ 的关联性几乎为零，也即二者是不相关的。

【例 1-20】 考虑简谐随机过程

$$x(t) = \cos(\omega t+\theta)$$

其中，相角 θ 是一个随机变量，且在 $[0,2\pi)$ 上均匀分布，即 $p(\theta)=1/2\pi$。试求 $x(t)$ 的自相关函数。

解：根据定义，有

$$\begin{aligned}R_x(t,t-\tau) &= E\{\cos(\omega t+\theta)\cos[\omega(t-\tau)+\theta]\}\\&= \frac{1}{2}E\{\cos(\omega\tau)+\cos[2\omega(t+\theta)-\omega\tau]\}\\&= \frac{1}{2}\int_0^{2\pi}\left(\frac{1}{2\pi}\right)\{\cos(\omega\tau)+\cos[2\omega(t+\theta)-\omega\tau]\}\mathrm{d}\theta\\&= \frac{1}{2}\cos(\omega\tau) = R_x(\tau)\end{aligned}$$

由于 $x(t)$ 的相关函数是与绝对时间 t 无关的周期函数，其频率仍为 ω，且有

$$E[x(t)] = \int_0^{2\pi}\left(\frac{1}{2\pi}\right)\cos(\omega t+\theta)\mathrm{d}\theta = 0$$

也即 $x(t)$ 的数学期望为常数，因此简谐随机过程必定是平稳过程。

【例 1-21】 考虑无限次抛掷一枚均匀硬币的试验。用下式定义该随机试验过程：

$$x(t) = \begin{cases}+1, & \text{若第 } n \text{ 次抛掷出现正面}\\-1, & \text{若第 } n \text{ 次抛掷出现反面}\end{cases} \qquad ((n-1)T < t < nT)$$

如图 1-10 所示，在每个宽度为 T 的区间内，$x(t)$ 的取值为 ±1，其概率为

$P(\pm1)=1/2$；在区间的端点上，$x(t)$的取值将随机切换，且与当前取值无关。试求随机过程 $x(t)$的数学期望和总体相关函数。

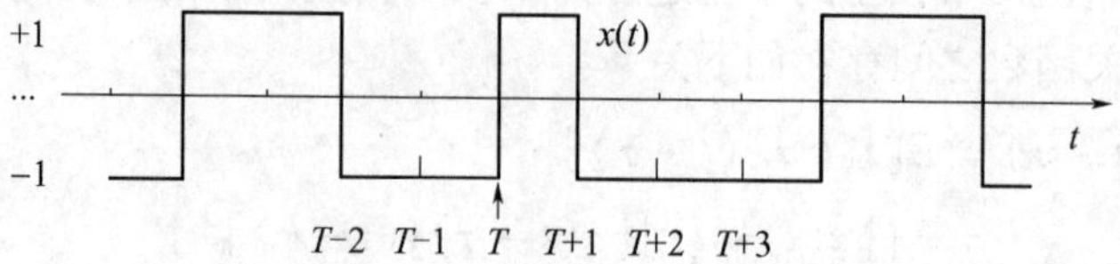

图 1－10　随机二元波形

解：由于 $x(t)=\pm1$，故 $x(t)$是一个二值随机过程。其数学期望为

$$E[x(t)] = \sum_{x=\pm1} x(t)P[x(t)] = (1-1)\frac{1}{2} = 0$$

为了计算 $x(t)$的自相关函数，必须求出 $x_t=x(t)$和 $x_{t-\tau}=x(t-\tau)$的联合密度，这就要求计算出对应于四种可能出现的情形（$x_t=\pm1, x_{t-\tau}=\pm1$）的概率$P(x_t=\pm1, x_{t-\tau}=\pm1)$。

（1）首先考虑$|\tau|>T$时的情况，即 x_t 和 $x_{t-\tau}$不在宽度为 T 的同一区间内。由已知条件可知，x_t 和 $x_{t-\tau}$是互相独立的。因为对应于上述四种情形的每一种情形都有

$$P(x_t \mid x_{t-\tau}) = P(x_t) = \frac{1}{2}$$

所以

$$P(x_t, x_{t-\tau}) = P(x_t \mid x_{t-\tau})P(x_{t-\tau}) = \frac{1}{2}\frac{1}{2} = \frac{1}{4}$$

根据相关函数的定义，得

$$\begin{aligned} R(\tau) &= \sum_{(x_t=\pm1, x_{t-\tau}=\pm1)} (x_t \cdot x_{t-\tau})P(x_t, x_{t-\tau}) \\ &= \frac{1}{4}[1\times1+1(-1)+(-1)\times1+(-1)(-1)] \\ &= 0 \quad (\tau > T) \end{aligned}$$

（2）其次，考虑 x_t 和 $x_{t-\tau}$两点之间的距离$|\tau|\leqslant T$ 的情况。因为区间点之间距离为 T，所以在 t 和$(t-\tau)$之间最多只能有一个区间端点，其概率与$|\tau|/T$ 成正比。又因为在每个区间上 $x_t=\pm1$ 的概率相等，故而在可能存在的区间端点上发生取值切换的概率为 1/2。

令 A 表示 x_t 和 $x_{t-\tau}$之间不存在区间端点；B 表示 x_t 和 $x_{t-\tau}$之间存在一个区间端点；C 表示 x_t 和 $x_{t-\tau}$取相同值（无取值切换）；D 表示表示 x_t 和 $x_{t-\tau}$取不同值（发生取值切换）。下面，计算与上述可能出现的各种情况相对应的概率。

① x_t 和 $x_{t-\tau}$取相同的值,此时可能出现的事件是 $A\cup(B\cap C)$,相应的概率为

$$P(x_{t=1}=1 \mid x_{t-\tau}=1)=P(x_{t=1}=-1 \mid x_{t-\tau}=-1)$$
$$=P(A)+P(B\cap C)$$
$$=\left(1-\frac{|\tau|}{T}\right)+\frac{|\tau|}{T}\frac{1}{2}$$
$$=1-\frac{|\tau|}{2T}$$

② x_t 和 $x_{t-\tau}$取不同的值,此时可能出现的事件是$(B\cap D)$,其概率为

$$P(x_{t=1}=1 \mid x_{t-\tau}=-1)=P(x_{t=1}=-1 \mid x_{t-\tau}=1)$$
$$=P(B\cap D)=\frac{|\tau|}{2T}$$

③ 根据条件概率公式,x_t 和 $x_{t-\tau}$的联合概率分布为

$$P(x_{t=1}=1,x_{t-\tau}=1)=P(x_{t=1}=-1,x_{t-\tau}=-1)$$
$$=P(x_{t=1}=1 \mid x_{t-\tau}=1)\quad P(x_{t=1}=1)$$
$$=\left(1-\frac{|\tau|}{2T}\right)\frac{1}{2}=\frac{2T-|\tau|}{4T}$$

同理

$$P(x_{t=1}=1,x_{t-\tau}=-1)=P(x_{t=1}=-1,x_{t-\tau}=1)$$
$$=P(x_{t=1}=1 \mid x_{t-\tau}=-1)\quad P(x_{t=1}=-1)$$
$$=\frac{|\tau|}{2T}\frac{1}{2}=\frac{|\tau|}{4T}$$

(3) 最后,根据自相关函数的定义,得

$$R(\tau)=\sum_{(x_t=\pm1,x_{t-\tau}=\pm1)}(x_t\cdot x_{t-\tau})P(x_t,x_{t-\tau})$$
$$=[1\times1+(-1)(-1)]\frac{2T-|\tau|}{4T}+[1(-1)+(-1)1]\frac{|\tau|}{4T}$$
$$=1-\frac{|\tau|}{T}\quad(|\tau|\leqslant T)$$

综上所述,该二值随机过程是一个平稳过程,其自相关函数如图 1-11 所示。

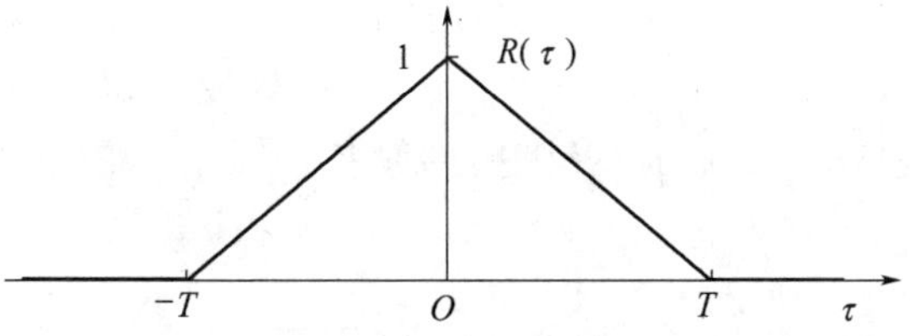

图 1-11　二值随机过程的自相关函数

1.5.3 波形与频谱的概念

来源于机械、热、磁、电、化学和辐射等六种信号的观测数据，都有一种共同的形式，即在一定的观察条件下，随着时间的变化，观测量的幅值都有一定的变化轨迹。若以时间作为横坐标，而以观测量的幅值作为纵坐标，就可以得到一种波动的图形，称之为时域波形；如果对观测数据进行数学处理，且以频率作为横坐标，而以经数学处理后所得到参量（如幅值、相位、功率等）作为纵坐标，便可得到一组变化的图形，称之为频谱。各种不同形式的波形和频谱，不同程度地反映着信号源的时变特征或动态特性。

观测数据的时域分析，一般是指在时间域和幅值域上分析观测数据，简称波形分析。通过波形分析，如分析波形的起始时间与持续时间、波形的滞后量、波形的畸变和不同时刻波形的相似程度等，可得出波形的时域特征。通过频谱分析，如通过分析波形的功率谱，可以知道波形中各种频率分量的能量大小——波形的频率结构。

通过傅里叶变换，可将非周期信号的波形 $x(t)$ 与其频谱联系起来，即

$$\begin{cases} X(\omega) = \int_{-\infty}^{\infty} x(t)\mathrm{e}^{-\mathrm{j}\omega t}\mathrm{d}t \overset{\text{def}}{=} X(f) \\ x(t) = \dfrac{1}{2\pi}\int_{-\infty}^{\infty} X(\omega)\mathrm{e}^{\mathrm{j}\omega t}\mathrm{d}\omega \end{cases} \tag{1.5.20}$$

式中：$X(\omega)$[或写成 $X(\mathrm{j}\omega)$]为 $x(t)$ 的傅里叶变换；$x(t)$ 为 $X(\omega)$ 的傅里叶逆变换；$\omega = 2\pi f$。若 $x(t)$ 是任意的实信号，则有

$$X(\omega) = X^*(-\omega) \quad \text{或} \quad X^*(\omega) = X(-\omega) \tag{1.5.21}$$

周期为 T 的信号一般可展开成傅里叶级数。例如，可将复杂的周期信号 $x(t) = x(t \pm kT)$（$\forall k \in Z$）分解为许多谐波分量之和，即

$$\begin{aligned} x(t) &= a_0 + 2\sum_{n=1}^{\infty}[a_n\cos(\omega_n t) + b_n\sin(\omega_n t)] \\ &= X_0 + 2\sum_{n=1}^{\infty} X(\omega_n)\cos[\omega_n t + \theta(\omega_n)] \end{aligned} \tag{1.5.22}$$

式中：$\omega_n = 2\pi n/T$，且有

$$\begin{cases} a_n = \dfrac{1}{T}\int_0^T x(t)\cos(\omega_n t)\mathrm{d}t \\ b_n = -\dfrac{1}{T}\int_0^T x(t)\sin(\omega_n t)\mathrm{d}t \end{cases} \quad (n = 1,2,\cdots)$$

和

$$\begin{cases} X(0) = a_0, X(\omega_n) = \sqrt{a_n^2 + b_n^2} \\ \theta(\omega_n) = \arctan(b_n/a_n) \quad (n = 1,2,\cdots) \end{cases}$$

图 1－12 直观地表示了观测数据在时域和频域上的内在联系。应特别指出，在频谱分析中，非周期信号的幅值谱是连续的，而周期信号的幅值谱却是离散的谱线。不论是简谐周期波形还是复杂周期波形，都可以应用傅里叶级数分析方法来了解时域波形的频率结构。

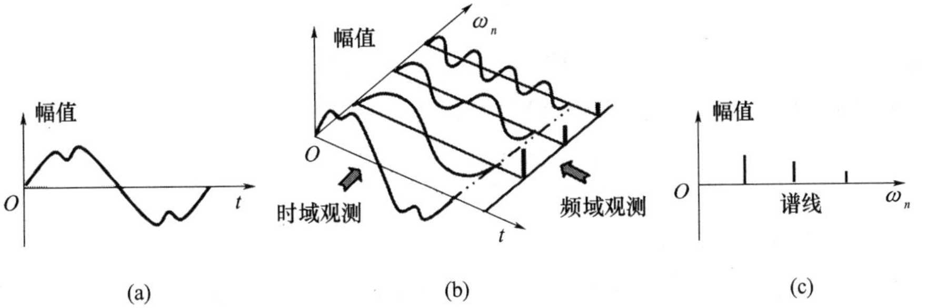

图 1－12　观测数据在时域和频域上的内在联系
(a) 时域波形；(b) 时—频对应关系；(c) 频域谱线。

时域分析和频域分析是从两个不同的观测角度来研究信号的特征，这两种信号分析方法是相辅相成、缺一不可的。

1.5.4　平稳过程的功率谱密度

当研究随机过程的统计特性时，相关分析法是时域上最常用的数学工具；与之相应地，功率谱估计则是频域分析中最有用的数学方法。事实上，相关函数和功率谱是一傅里叶变换对，它们从不同的侧面反映了随机过程的内部特征。为了便于叙述，首先给出确定性过程的功率谱密度的定义，然后再将这一概念推广应用于平稳随机过程。

一、非周期信号的谱密度

定理 1－12（非周期信号的帕塞瓦尔（Parseval）公式）：设实信号 $x(t)$ $(0\leqslant t<T, T\to\infty)$ 的傅里叶变换为 $X(\omega)$，则有

$$\int_0^{\infty} x^2(t)\,\mathrm{d}t = \frac{1}{2\pi}\int_{-\infty}^{\infty} |X(\omega)|^2\,\mathrm{d}\omega \tag{1.5.23}$$

式(1.5.23)等号左边表示 $x(t)$ 在时域上的总能量，而右边则表示 $x(t)$ 在频域上的总能量。通常，将 $|X(\omega)|^2$ 称为 $x(t)$ 的能谱密度，因此帕塞瓦尔公式又可视为信号总能量的能谱表达形式。

在时域上，观测信号 $x(t)$ $(0\leqslant t<T)$ 的能量可能是无限的，但其功率通常是有限的，即

$$P_x = \lim_{T\to\infty}\frac{1}{T}\int_0^T x^2(t)\,\mathrm{d}t = \lim_{T\to\infty}\int_0^T \left|\frac{x(t)}{\sqrt{T}}\right|^2\mathrm{d}t < \infty \tag{1.5.24}$$

将式(1.5.23)代入式(1.5.24)，即可得到信号功率的谱表达形式：

$$P_x = \lim_{T\to\infty}\left[\frac{1}{2\pi}\int_{-\infty}^{\infty}\left|\frac{X(\omega)}{\sqrt{T}}\right|^2\mathrm{d}\omega\right] \tag{1.5.25}$$

定义:设持续时间为 $T(T\to\infty)$ 的确定性实信号 $x(t)$ 的傅里叶变换为 $X(\omega)$,令

$$\begin{cases}S_x(\omega,T)\overset{\text{def}}{=}|X(\omega)|^2/T=|X(f)|^2/T\\ S_x(\omega)\overset{\text{def}}{=}\lim\limits_{T\to\infty}S_x(\omega,T)=\lim\limits_{T\to\infty}[S_x(f,T)]\end{cases}\tag{1.5.26}$$

则称 $S_x(\omega)$ 为实信号 $x(t)$ 的功率谱密度,简称谱密度。

将式(1.5.26)代入式(1.5.25),就有

$$P_x=\frac{1}{2\pi}\int_{-\infty}^{\infty}S_x(\omega)\,\mathrm{d}\omega=\int_{-\infty}^{\infty}S_x(f)\,\mathrm{d}f\tag{1.5.27}$$

二、周期信号的谱密度

定义:设限时实信号 $x(t)\,(0\leqslant t\leqslant T)$ 的傅里叶系数为 $X(\omega_n)$,对于任意的正常数 B,当 $\omega_n=2\pi n/T$ 满足下式

$$-2\pi B\leqslant\omega_n\leqslant2\pi B\quad 或\quad -TB\leqslant n\leqslant TB$$

时,$X(\omega_n)$ 才有非零值,则称 $x(t)$ 为限时(持续时间为 T)限带(频带宽度为 B)实信号。

在时间轴上,以周期 T 对限时限带实信号 $x(t)\,(0\leqslant t\leqslant T)$ 进行周期延拓,仍记周期延拓信号为 $x(t)$,根据周期信号的指数傅里叶级数展开式,可得

$$x(t)=\sum_{n=-[TB]}^{[TB]}X(\omega_n)\mathrm{e}^{\mathrm{j}\omega_n t}\quad\left(\omega_n=\frac{2\pi n}{T}\right)\tag{1.5.28}$$

式中:$[TB]$ 为不超过 TB 的最大整数,且有

$$X(\omega_n)=\frac{1}{T}\int_0^T x(t)\mathrm{e}^{-\mathrm{j}\omega_n t}\mathrm{d}t\tag{1.5.29}$$

定理1-13(周期信号的帕塞瓦尔公式):若限时限带、实信号 $x(t)$ 的傅里叶系数为 $X(\omega_n)$,则有

$$P_x=\frac{1}{T}\int_0^T x^2(t)\,\mathrm{d}t=\sum_{n=-[TB]}^{[TB]}|X(\omega_n)|^2\tag{1.5.30a}$$

对于零均值限时限带实信号 $x(t)$,式(1.5.30a)变为

$$\int_0^T x^2(t)\,\mathrm{d}t=2T\sum_{n=1}^{[TB]}|X(\omega_n)|^2\tag{1.5.30b}$$

定义:设周期为 T 的实信号 $x(t)$ 的傅里叶变换为 $X(\omega_n)$,则其功率谱密度可表示为

$$S_x(\omega_n)=\frac{|X(\omega_n)|^2}{\Delta f}=T|X(\omega_n)|^2\tag{1.5.31a}$$

或者

$$S_x(f_n)=\frac{|X(f_n)|^2}{\Delta f}=T|X(f_n)|^2\tag{1.5.31b}$$

式中：$\Delta f=1/T$；$f_n=n/T$；$\omega_n=2\pi f_n$。

三、平稳过程的平均谱密度

对于平稳过程 $x(t)$（非周期或周期信号），更关心的是它的总体平均功率，即

$$P_x=\lim_{T\to\infty}\frac{1}{2\pi}\int_{-\infty}^{\infty}\frac{E[|X(\omega)|^2]}{T}\mathrm{d}\omega \text{ 或}$$

$$P_x=\sum_{n=-[TB]}^{[TB]}E[|X(\omega_n)|^2] \tag{1.5.32}$$

由此可给出平衡过程 $x(t)$ 平均谱密度的定义。

定义：设平稳过程 $x(t)$ 的持续时间为 T，其傅里叶变换为 $X(\omega)$，则平均谱密度规定为

$$S_x(\omega)=\lim_{T\to\infty}\frac{E[|X(\omega)|^2]}{T} \text{ 或}$$

$$S_x(f)=\lim_{T\to\infty}\frac{E[|X(f)|^2]}{T} \tag{1.5.33}$$

定义：设平稳过程 $x(t)$ 的周期为 T，其傅里叶系数为 $X(\omega_n)$，则平均谱密度规定为

$$S_x(\omega_n)=T\cdot E[|X(\omega_n)|^2] \text{ 或}$$

$$S_x(f_n)=T\cdot E[|X(f_n)|^2] \tag{1.5.34}$$

定理 1-14：平稳过程 $x(t)$ 的自相关函数与功率谱密度是一傅里叶变换对，即

$$\begin{cases}R_x(\tau)=\dfrac{1}{2\pi}\displaystyle\int_{-\infty}^{\infty}S_x(\omega)\mathrm{e}^{\mathrm{j}\omega\tau}\mathrm{d}\omega\\ S_x(\omega)=\displaystyle\int_{-\infty}^{\infty}R_x(\tau)\mathrm{e}^{-\mathrm{j}\omega\tau}\mathrm{d}\tau\end{cases} \tag{1.5.35}$$

这正是著名的维纳—辛钦（Wiener - Khintchin）公式。

证明：仅证明式（1.5.35）中的第一式。不妨假设平稳过程样本 $x(t)$ 的持续时间 T 为无限长，且 $x(t)$ 的平均功率为非零的有限值。由相关函数的定义和傅里叶变换式（1.5.20），可得

$$\begin{aligned}R_x(\tau)&=E[x(t)x^*(t-\tau)]\\&=E\left[\int_{-\infty}^{\infty}\int_{-\infty}^{\infty}X(f)X^*(f')\mathrm{e}^{\mathrm{j}2\pi[ft-f'(t-\tau)]}\mathrm{d}f\mathrm{d}f'\right]\\&=\int_{-\infty}^{\infty}\int_{-\infty}^{\infty}E[X(f)X^*(f')]\cdot\mathrm{e}^{\mathrm{j}2\pi(f-f')t}\mathrm{e}^{\mathrm{j}2\pi f'\tau}\mathrm{d}f\mathrm{d}f'\\&=\lim_{T\to\infty}\frac{1}{T^2}\sum_{n=-\infty}^{\infty}\sum_{m=-\infty}^{\infty}E\left[X\left(\frac{n}{T}\right)X^*\left(\frac{m}{T}\right)\right]\mathrm{e}^{\mathrm{j}2\pi\frac{m}{T}\tau}\mathrm{e}^{-\mathrm{j}\frac{2\pi}{T}(m-n)t}\\&=\lim_{T\to\infty}\frac{1}{T^2}\sum_{n=-\infty}^{\infty}\sum_{m=-\infty}^{\infty}E\left[\left|X\left(\frac{n}{T}\right)\right|^2\right]\delta(m-n)\mathrm{e}^{\mathrm{j}2\pi\frac{m}{T}\tau}\mathrm{e}^{-\mathrm{j}\frac{2\pi}{T}(m-n)t}\\&=\lim_{T\to\infty}\frac{1}{T^2}\sum_{n=-\infty}^{\infty}E\left[\left|X\left(\frac{n}{T}\right)\right|^2\right]\mathrm{e}^{\mathrm{j}2\pi\frac{n}{T}\tau}=\lim_{T\to\infty}\int_{-\infty}^{\infty}\frac{E[|X(f)|^2]}{T}\mathrm{e}^{\mathrm{j}2\pi f\tau}\mathrm{d}f\\&=\frac{1}{2\pi}\int_{-\infty}^{\infty}S_x(\omega)\mathrm{e}^{\mathrm{j}\omega\tau}\mathrm{d}\omega\end{aligned}$$

在上式中，令$f=n/T,f'=m/T,1/T\to df'=df$，并利用了各个不重叠频率分量之间不相关的性质，即

$$E\left[X\left(\frac{n}{T}\right)X^{*}\left(\frac{m}{T}\right)\right]=E\left[\left|X\left(\frac{n}{T}\right)\right|^{2}\right]\delta(m-n) \tag{1.5.36}$$

由式(1.5.35)可导出帕塞瓦尔公式(式(1.5.23))的另一种表达形式：

$$R_x(0)=E[|x(t)|^2]=\frac{1}{2\pi}\int_{-\infty}^{\infty}S_x(\omega)\mathrm{d}\omega=\int_{-\infty}^{\infty}S_x(f)\mathrm{d}f \tag{1.5.37}$$

如果将$E[|x(t)|^2]$视为平稳过程$x(t)$在时域上的总体平均功率，则$S_x(f)$表示$x(t)$的功率谱密度，$S_x(f)\mathrm{d}f$表示$x(t)$在频带$(f,f+\mathrm{d}f]$内的平均功率，也称为谱分布函数。

功率谱密度具有以下性质：

性质1：随机过程的功率谱密度是频率的非负实函数。

性质2：实平稳过程的功率谱是频率的偶函数。

证明：如果$x(t)$是实函数的，则$R_x(\tau)$也是实函数，故有$R_x(\tau)=R_x(-\tau)$的。于是，由式(1.5.35)可得

$$\begin{aligned}S_x(-\omega)&=\int_{-\infty}^{\infty}R_x(\tau)\mathrm{e}^{\mathrm{j}\omega\tau}\mathrm{d}\tau=\int_{-\infty}^{\infty}R_x(-\tau)\mathrm{e}^{\mathrm{j}\omega\tau}\mathrm{d}\tau\\&\overset{\tau=-\nu}{=}\int_{-\infty}^{\infty}R_x(\nu)\mathrm{e}^{-\mathrm{j}\omega\nu}\mathrm{d}\nu=S_x(\omega)\end{aligned} \tag{1.5.38}$$

在这种情况下，式(1.5.35)可简化为

$$\begin{cases}S_x(\omega)=\displaystyle\int_{-\infty}^{\infty}R_x(\tau)\cos(\omega\tau)\mathrm{d}\tau\\R_x(\tau)=\displaystyle\frac{1}{2\pi}\int_{-\infty}^{\infty}S_x(\omega)\cos(\omega\tau)\mathrm{d}\omega\end{cases} \tag{1.5.39}$$

按上述定义的功率谱密度$S_x(\omega)$对角频率ω的正负值都成立，故称为“双边谱密度”。

定义：角频率ω在$(0,\infty)$上的功率谱密度$G_x(\omega)$

$$G_x(\omega)=\begin{cases}2S_x(\omega)&(\omega>0)\\0&(\omega<0)\end{cases} \tag{1.5.40}$$

称为单边谱密度；当$\omega=0$时，$G_x(0)=S_x(0)$称为直流分量的谱密度。

【例1-22】 考虑例1-20中的随机过程：

$$x(t)=\cos(\omega_0t+\theta)$$

其中θ是一个均匀分布的变量，试求其功率谱密度。

解：已知总体相关函数为

$$R(\tau)=\frac{1}{2}\cos(\omega_0\tau)=\frac{1}{4}(\mathrm{e}^{\mathrm{j}\omega_0\tau}+\mathrm{e}^{-\mathrm{j}\omega_0\tau})$$

利用傅里叶变换对

$$2\pi\delta(\omega-\omega_0)\Leftrightarrow e^{j\omega_0\tau},\qquad 2\pi\delta(\omega+\omega_0)\Leftrightarrow e^{-j\omega_0\tau}$$

和维纳—辛钦公式,可得

$$S_x(\omega)=F[R(\tau)]=\frac{\pi}{2}[\delta(\omega-\omega_0)+\delta(\omega+\omega_0)]$$

【例1-23】 考虑例1-21中的二值随机过程,其相关函数为

$$R(\tau)=1-\frac{|\tau|}{T}\quad(|\tau|\leqslant T)$$

根据维纳—辛钦公式,其功率谱密度为

$$\begin{aligned}S_x(\omega)&=\int_{-T}^{T}\left(1-\frac{|\tau|}{T}\right)e^{-j\omega\tau}d\tau\\&=2\int_{0}^{T}\left(1-\frac{\tau}{T}\right)\cos(\omega\tau)d\tau\\&=T\left[\frac{\sin(\omega T/2)}{\omega T/2}\right]^2=T\mathrm{sinc}^2\left(\frac{\omega T}{2}\right)\end{aligned}$$

定义:如果零均值平稳随机过程 $x(t)$ 的功率谱等于正常数,即

$$S_x(\omega)=N_0\quad(-\infty<\omega<\infty,N_0>0)\tag{1.5.41}$$

则称此过程为白噪声过程;反之,功率谱不等于常数的噪声称为有色噪声。

白噪声过程具有与白色光相同的分布性质,其相关函数为一脉冲函数,即

$$R_x(\tau)=\frac{1}{2\pi}\int_{-\infty}^{\infty}N_0e^{j\omega\tau}d\omega=N_0\delta(\tau)\tag{1.5.42}$$

图1-13表示白噪声的相关函数和谱密度。可见,白噪声也可定义为均值为零、相关函数为 δ 函数的随机过程。由此可知,白噪声在任意两个时刻上的取值是不相关的。

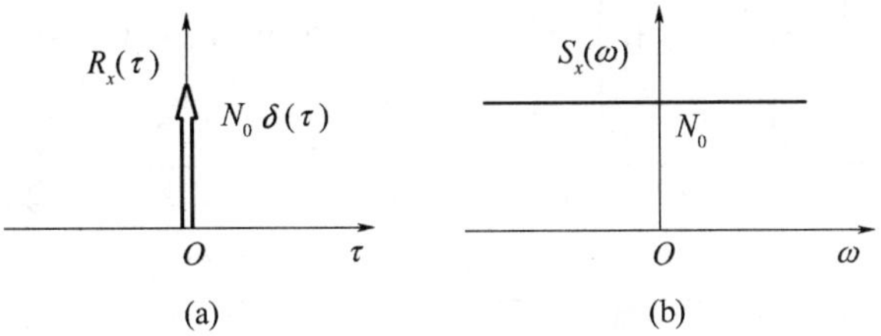

图1-13 白噪声的相关函数和谱密度
(a) 相关函数;(b) 谱密度。

白噪声是一种理想化的数学模型,它的平均功率 $R_x(0)$ 是无限的。在实际系统中,如果某种噪声的频谱在一个比系统的频带宽得多的范围内具有比较"平坦"的曲线,就可近似地当作白噪声来处理,并称之为限带白噪声,即

$$S_x(\omega)=\begin{cases}C&(|\omega|\leqslant\Omega)\\0&(|\omega|>\Omega)\end{cases}$$

对上式求傅里叶逆变换，就有

$$R_x(\tau)=\frac{1}{2\pi}\int_{-\Omega}^{\Omega}C\exp(\mathrm{j}\omega\tau)\,\mathrm{d}\omega=\frac{C\Omega}{\pi}\mathrm{sinc}(\Omega\tau)$$

定义:设实平稳随机序列$\{x_k,k=1,2,\cdots,N\}$(或简记为x_k)是由各态历经过程$x(t)$的一次试验样本的采样序列$\{x_k=T_s x(kT_s)\}$所构成的(T_s为采样周期)。如果

(1) 样本均值为

$$\bar{x}=\sum_{k=1}^{N}x_k=0 \tag{1.5.43}$$

则称实平稳随机序列x_k为零均值序列。

(2) 样本协方差函数为

$$C_x[m-n]=\frac{1}{N-m}\sum_{k=1}^{N-m}(x_{k+m}-\bar{x})(x_{k+n}-\bar{x})=0\quad(\forall m\neq n) \tag{1.5.44}$$

式中:0((m,n)<N,则称实平稳随机序列x_k为白噪声序列。

(3) 样本的多维联合分布是正态的,则称实平稳随机序列x_k为高斯序列。

【例1-24】 二进制伪随机(Pseudo-Noise)序列(PN序列)是由1和0组成的序列,它的相关函数与白噪声很相似,但有一个重复周期T。目前最常用的二进制伪随机序列是M序列。M序列的长度为$N=2^M-1$bit,它可由带有线性反馈的M个线性移位寄存器来产生。例如,由图1-14所示的四个移位寄存器组($M=4$)所产生的M序列的周期为$T=15\Delta t$(Δt为时钟周期),在每一周期T内共有2^{M-1}个1和2^{M-1}个0,这表明M序列具有良好的平衡性。通常,将由{0,1}组成的二进制序列变换为一个由{-1,1}组成的二进制序列,并称之为双极性序列c_n。

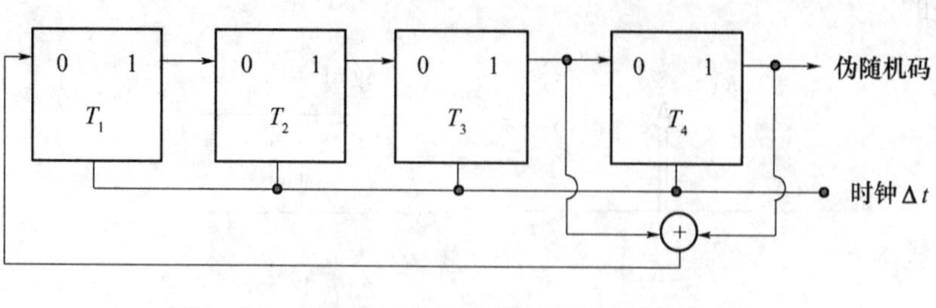

图1-14 用于产生伪随机序列的四阶移位寄存器

周期为$T=N\Delta t$的双极性序列c_n的自相关函数可用下式表示:

$$R_M(\tau)=\begin{cases}\left(1-\dfrac{N+1}{N}\times\dfrac{|\tau|}{\Delta t}\right) & (-\Delta t\leqslant\tau\leqslant\Delta t)\\ -\dfrac{1}{N} & (\Delta t<\tau<(N-1)\Delta t)\end{cases} \tag{1.5.45}$$

其自相关函数$R_M(\tau)$也具有周期性,如图1-15所示。其中,参数N和Δt决定了

双极性序列 c_n 的特性。显然，当 $N\to\infty$，$R_M(\tau)\to\delta(\tau)$。由于 $R_M(\tau)$ 是实的偶函数，故可根据式(1.5.39)来计算它的谱密度，即

$$S_M(\omega)=\int_{-\Delta t}^{\Delta t}\left(1-\frac{|\tau|}{\Delta t}\right)\cos(\omega\tau)\,\mathrm{d}\tau$$

$$=\Delta t\left[\frac{\sin(\omega\cdot\Delta t/2)}{\omega\cdot\Delta t/2}\right]^2=\Delta t\cdot\mathrm{sinc}\left(\frac{\omega\cdot\Delta t}{2}\right)\tag{1.5.46}$$

由此可见，双极性序列 c_n 的功率谱密度函数是离散谱，其包络线是一 sinc 函数，如图 1－16 所示。它的第一次取零的频率就是时钟脉冲的频率，其 －3dB 带宽约为 $1/(3\Delta t)$。

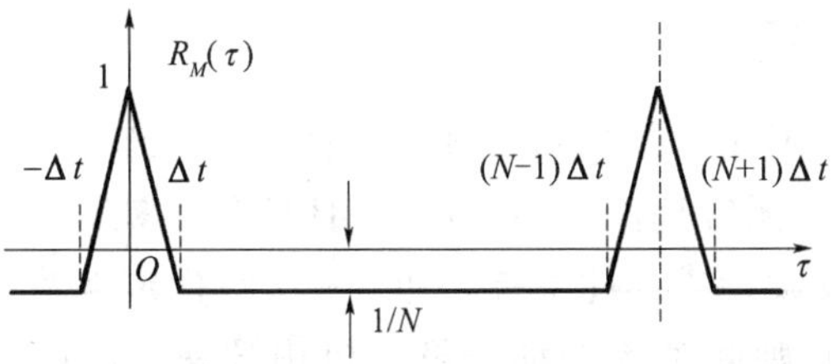

图 1－15　$\{c_n\}$序列的自相关函数

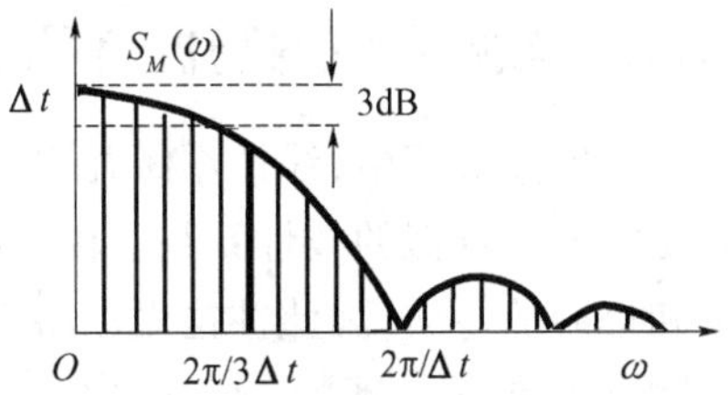

图 1－16　$\{c_n\}$序列的功率谱密度函数

四、平稳过程的互谱密度

定义：设平稳过程样本 $x(t)$ 和 $y(t)$ 的同频率分量分别为 $X(\omega)$ 和 $Y(\omega)$，或 $X(\omega_n)$ 和 $Y(\omega_n)$，则二者的平均互谱密度规定为

$$S_{xy}(\omega)=E[X(\omega)Y^*(\omega)]/T\ \text{或}$$

$$S_{xy}(\omega_n)=T\cdot E[X(\omega_n)\cdot Y^*(\omega_n)]\tag{1.5.47}$$

式中：T 为样本 $x(t)$ 和 $y(t)$ 的持续时间（或周期）。

维纳—辛钦公式同样适用于二元平稳随机过程。设两个平稳过程 $x(t)$ 和 $y(t)$ 的互相关函数和互谱密度分别为 $R_{xy}(\tau)$ 和 $S_{xy}(\omega)$，则有

$$\begin{cases}S_{xy}(\omega)=\int_{-\infty}^{\infty}R_{xy}(\tau)\mathrm{e}^{-\mathrm{j}\omega\tau}\mathrm{d}\tau\\ R_{xy}(\tau)=\dfrac{1}{2\pi}\int_{-\infty}^{\infty}S_{xy}(\omega)\mathrm{e}^{\mathrm{j}\omega\tau}\mathrm{d}\omega\end{cases}\tag{1.5.48}$$

当 $\tau=0$ 时，就有

$$R_{xy}(0)=E[x(t)y^*(t)]=\frac{1}{2\pi}\int_{-\infty}^{\infty}S_{xy}(\omega)\mathrm{d}\omega\tag{1.5.49}$$

它表示二元平稳过程的总平均功率。

互谱密度具有下列性质：

性质 1：对式(1.5.48)中第一式的两边取共轭，且利用 $R_{xy}{}^*(\tau)=R_{yx}(-\tau)$，得

$$S_{xy}^*(\omega)=\int_{-\infty}^{\infty}R_{xy}^*(\tau)\mathrm{e}^{\mathrm{j}\omega\tau}\mathrm{d}\tau=\int_{-\infty}^{\infty}R_{yx}(-\tau)\mathrm{e}^{\mathrm{j}\omega\tau}\mathrm{d}\tau$$

$$= \int_{-\infty}^{\infty} R_{yx}(\nu)\mathrm{e}^{-\mathrm{j}\omega\nu}\mathrm{d}\nu = S_{yx}(\omega) \tag{1.5.50}$$

由于实平稳过程 $x(t)$ 和 $y(t)$ 的自相关函数 $R_{xy}(\tau)$ 也是实函数,故有

$$S_{xy}^{*}(\omega) = S_{xy}(-\omega) = S_{yx}(\omega) \tag{1.5.51}$$

性质 2:如果随机过程 $x(t)$ 与 $y(t)$ 正交,即 $R_{xy}(\tau)=0$,则有

$$S_{xy}(\omega) = 0 \tag{1.5.52}$$

和

$$S_{x+y}(\omega) = S_x(\omega) + S_y(\omega) \tag{1.5.53}$$

1.5.5 线性系统对随机信号的响应

在实际应用中,线性系统几乎无处不在,即使是非线性系统,也可以通过线性化使之成为近似的线性系统。由于线性系统理论已臻于成熟,且具有许多易于预测和控制的性质,因此往往设法将系统设计成线性系统。如果一个线性定常系统在物理上是可实现的,而且是稳定的,则此系统的动态特性可用频率响应函数 $H(\omega)$ 来描述,即

$$H(\omega) = \int_{0}^{\infty} h(t)\mathrm{e}^{-\mathrm{j}\omega t}\mathrm{d}t$$

式中:$h(t)$ 为线性系统的单位脉冲响应函数。

频率响应函数是传递函数 $H(s)$ 的特例,只要在传递函数的指数 $s=\sigma+\mathrm{j}\omega$ 中令 $\sigma=0$ 即可。对于物理上是可实现的稳定系统,用频率响应函数代替传递函数,不会失去有用的信息。

假设施加于线性系统 $h(t)$ 的输入信号为 $x(t)$,则系统产生的输出 $y(t)$ 为

$$y(t) = \int_{-\infty}^{\infty} h(\lambda)x(t-\lambda)\mathrm{d}\lambda = h(t) * x(t) \tag{1.5.54}$$

对于物理可实现的因果系统,其脉冲响应函数 $h(t)$ 是实数,且有 $h(t)=0(t<0)$。但在下面的讨论中,可以不做这样的假设。

根据卷积定理,对式(1.5.54)的两边取傅里叶变换,就有

$$Y(\omega) = H(\omega)X(\omega) \tag{1.5.55}$$

式中:$Y(\omega)$ 为 $y(t)$ 的傅里叶变换;$X(\omega)$ 为 $x(t)$ 的傅里叶变换。

无论输入 $x(t)$ 是确定性的还是随机的,上述结果都成立。如果输入 $x(t)$ 是一个平稳过程,则系统的响应 $y(t)$ 也是平稳过程,二者之间的统计特性存在特定的关系。

一、期望值和相关函数

(1) 期望值:考虑式(1.5.54),如果线性系统的输入信号 $x(t)$ 是平稳过程的某一样本函数,那么,系统输出 $y(t)$ 的期望值可表示为

$$E[y(t)] = \int_{-\infty}^{\infty} h(\lambda)E[x(t-\lambda)]\mathrm{d}\lambda$$

$$= \mu_x \int_{-\infty}^{\infty} h(\lambda)\mathrm{d}\lambda = H(0)\mu_x = \mu_y \tag{1.5.56}$$

式中:μ_x,μ_y 分别为 $x(t)$ 和 $y(t)$ 的期望值。

(2) 互相关函数:在式(1.5.54)的两边同乘以 $x^*(t-\tau)$,得

$$y(t)x^*(t-\tau) = \int_{-\infty}^{\infty} h(\lambda)x(t-\lambda)x^*(t-\tau)\mathrm{d}\lambda \tag{1.5.57}$$

对式(1.5.57)等号两边取期望值,并利用

$$E[x(t-\lambda)x^*(t-\tau)] = R_x(\tau-\lambda)$$

就有

$$E[y(t)x^*(t-\tau)] = \int_{-\infty}^{\infty} R_x(\tau-\lambda)h(\lambda)\mathrm{d}\lambda$$

根据互相关函数和卷积的定义,上式可表示为

$$R_{yx}(\tau) = R_x(\tau) * h(\tau) \tag{1.5.58}$$

(3) 自相关函数:对式(1.5.54)等号两边取复共轭后,再乘以 $y(t+\tau)$,则有

$$y(t+\tau)y^*(t) = \int_{-\infty}^{\infty} y(t+\tau)x^*(t-\lambda)h^*(\lambda)\mathrm{d}\lambda$$

等号两边取期望值,得

$$R_y(\tau) = \int_{-\infty}^{\infty} R_{yx}(\tau+\lambda)h^*(\lambda)\mathrm{d}\lambda$$

$$\overset{\tau+\lambda=\zeta}{=} \int_{-\infty}^{\infty} R_{yx}(\zeta)h^*(\zeta-\tau)\mathrm{d}\zeta = R_{yx}(\tau) * h^*(-\tau) \tag{1.5.59}$$

(4) 相关函数的内在关系:将式(1.5.58)和式(1.5.59)重新列写如下:

$$R_{yx}(\tau) = R_x(\tau) * h(\tau) \tag{1.5.60a}$$

$$R_y(\tau) = R_{yx}(\tau) * h^*(-\tau) \tag{1.5.60b}$$

合并式(1.5.60a)和式(1.5.60b),即可得到

$$R_y(\tau) = R_x(\tau) * h^*(-\tau) * h(\tau) \tag{1.5.61}$$

二、功率传递函数

根据卷积定理和维纳—辛钦公式,对式(1.5.60)取傅里叶变换,可得

$$S_{yx}(\omega) = S_x(\omega)H(\omega), S_y(\omega) = S_{yx}(\omega)H^*(\omega)$$

由功率谱密度和互谱密度的性质可得

$$S_{xy}(\omega) = S_x(\omega)H^*(\omega), S_y(\omega) = S_{xy}(\omega)H(\omega) \tag{1.5.62}$$

合并以上二式,就有

$$S_y(\omega) = S_x(\omega)H(\omega)H^*(\omega) = S_x(\omega)|H(\omega)|^2 \tag{1.5.63}$$

并称 $|H(\omega)|^2$ 为线性系统的功率传递函数。

上述关系可用图1－17来表示。其具体含义是：将$R_x(\tau)$施加到一个脉冲响应函数为$h^*(-\tau)$的系统的输入端，其响应为$R_{xy}(\tau)$；再将$R_{xy}(\tau)$作为系统$h(\tau)$的输入，则其输出是$R_y(\tau)$。类似地，在频域内也可做出相应的解释。

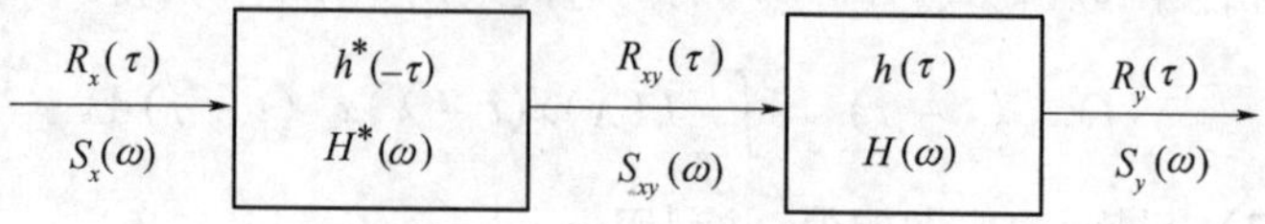

图1－17　平稳过程的线性滤波

由式(1.5.62)中第一式可推导出线性系统的幅频特性：

$$|H(\omega)| = \frac{|S_{xy}(\omega)|}{S_x(\omega)} \tag{1.5.64}$$

和相频特性：

$$\theta(\omega) = -\arctan\frac{\mathrm{Im}[S_{xy}(\omega)]}{\mathrm{Re}[S_{xy}(\omega)]} \tag{1.5.65}$$

定义：两个平稳过程$x(t)$和$y(t)$的相干函数(Coherence function)规定为

$$\gamma_{xy}^2(\omega) = \frac{|S_{xy}(\omega)|^2}{S_x(\omega)S_y(\omega)} \qquad (0 \leqslant \gamma_{xy}^2(\omega) \leqslant 1) \tag{1.5.66}$$

它表示二者在频域上的“互相关”程度，因此，称之为谱相关函数。

若在某些频率点上$\gamma_{xy}{}^2(\omega)=1$，则表示$y(t)$和$x(t)$是完全相干的；若在某些频率点上$\gamma_{xy}{}^2(\omega)=0$，则表示$y(t)$和$x(t)$在这些频率点上不相干(不凝聚)，这是时域上$y(t)$与$x(t)$不相关的另一种提法。如果$x(t)$和$y(t)$是统计独立的，则恒有$\gamma_{xy}{}^2(\omega)=0$。

如果$x(t)$和$y(t)$分别是标量定常线性系统的输入、输出，由式(1.5.62)和式(1.5.63)可得

$$\gamma_{xy}^2(\omega) = \frac{|S_{xy}(\omega)|^2}{S_x(\omega)S_y(\omega)} = \frac{|H(\omega)|^2 S_x^2(\omega)}{|H(\omega)|^2 S_x^2(\omega)} \equiv 1$$

如果$\gamma_{yx}{}^2(\omega)<1$，则可能存在如下几种情况：

(1) 在测量过程中存在外界干扰；

(2) 用于同时观测系统输入和输出的测量仪器存在非线性；

(3) 系统输出是由输入和其他未知输入共同作用的结果。

三、分离系统

对于解耦的多输入—多输出线性系统，往往简化为多个单输入—单输出线性系统。

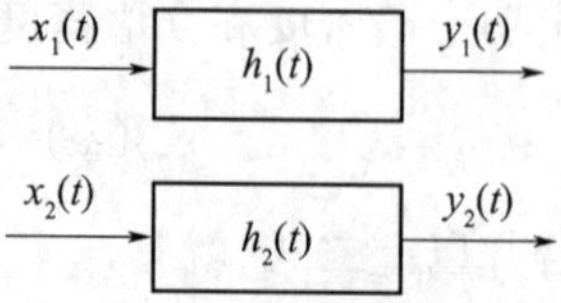

图1－18　两个单输入—输出系统

考虑图1－18中的两个系统，其脉冲响应函数分别为$h_1(t)$和$h_2(t)$，与之相应的频率响应函数分别为$H_1(\omega)$和$H_2(\omega)$。设$x_1(t)$和$x_2(t)$分别是这两个系统

的输入，$y_1(t)$和$y_2(t)$是相应的系统输出，即

$$\begin{cases} y_1(t) = \int_{-\infty}^{\infty} h_1(\mu) x_1(t-\mu) \mathrm{d}\mu \\ y_2(t) = \int_{-\infty}^{\infty} h_2(\nu) x_2(t-\nu) \mathrm{d}\nu \end{cases} \tag{1.5.67}$$

第一式等号的两边同乘以$y_2^*(t-\tau)$，第二式等号的两边取复共轭后，再乘以$x_1(t+\tau)$，就有

$$\begin{cases} y_1(t) y_2^*(t-\tau) = \int_{-\infty}^{\infty} h_1(\mu) x_1(t-\mu) y_2^*(t-\tau) \mathrm{d}\mu \\ x_1(t+\tau) y_2^*(t) = \int_{-\infty}^{\infty} x_1(t+\tau) x_2^*(t-\nu) h_2^*(\nu) \mathrm{d}\nu \end{cases}$$

对以上两式等号的两边取期望值，得

$$\begin{cases} R_{y_1y_2}(\tau) = \int_{-\infty}^{\infty} h_1(\mu) R_{x_1y_2}(\tau-\mu) \mathrm{d}\mu = R_{x_1y_2}(\tau) * h_1(\tau) \\ R_{x_1y_2}(\tau) = \int_{-\infty}^{\infty} h_2^*(\nu) R_{x_1x_2}(\tau+\nu) \mathrm{d}v = R_{x_1x_2}(\tau) * h_2^*(-\tau) \end{cases} \tag{1.5.68}$$

根据卷积定理和维纳—辛钦(Wiene - Khintchin)公式，其傅里叶变换为

$$\begin{cases} S_{y_1y_2}(\omega) = S_{x_1y_2}(\omega) H_1(\omega) \\ S_{x_1y_2}(\omega) = S_{x_1x_2}(\omega) H_2^*(\omega) \end{cases}$$

故有

$$S_{y_1y_2}(\omega) = S_{x_1x_2}(\omega) H_1(\omega) H_2^*(\omega) \tag{1.5.69}$$

它相当于频率传递函数为$[H_1(\omega)H_2{}^*(\omega)]$的线性系统对输入$Rx_1x_2(\tau)$的响应。

当这两个系统的幅频特性(或频带)不重叠时(图1-19)，则有

$$|H_1(\omega)||H_2(\omega)| = 0$$

并称图1-18所示的系统为分离系统。

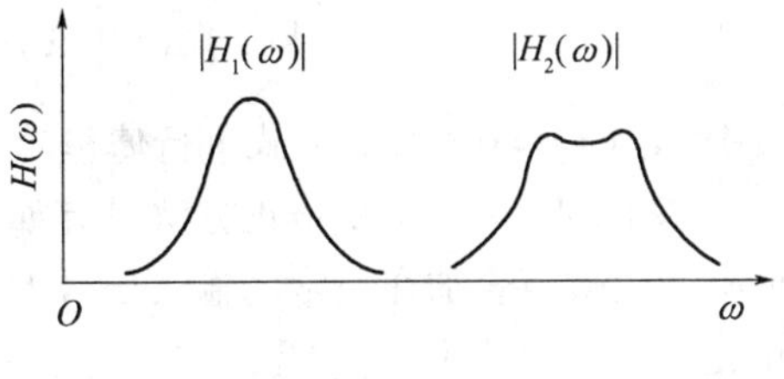

图1-19 分离系统

由式(1.5.69)可知：在任意信号$x_1(t)$和$x_2(t)$激励下，分离系统的响应$y_1(t)$和$y_2(t)$是正交的，即

$$S_{y_1y_2}(\omega) = 0$$

利用该结论，只需把单一输入信号$x(t)$作为分离系统的公共输入，就可以产生一对正交的输出信号。

四、线性系统辨识

系统辨识的基本方法：在线性系统的输入端施加统计特性已知的噪声扰动，同时观测系统的输出，然后，从这些受到随机干扰的局部观测数据出发，应用适当的数学工具来建立系统的动力学模型。常用的噪声序列有两种——白噪声和伪随机

信号,因为二者不仅具有明确的统计特性,而且易于用仪器或数字计算机产生。

(1) 输入信号为白噪声。设线性系统的脉冲响应函数为 $h(t)$,且系统的输入信号 $x(t)$为白噪声,即 $R_x(\tau)=\delta(\tau)$。由式(1.5.58)可知,系统输出 $y(t)$与输入 $x(t)$之间的互相关函数为

$$R_{yx}(\tau)=R_x(\tau)*h(\tau)=\int_0^{\infty}h(\lambda)\delta(\tau-\lambda)\mathrm{d}\lambda=h(\tau)$$

因此,只要计算出互相关函数 $R_{yx}(\tau)(\tau\geqslant 0)$,就能辨识出系统的脉冲响应函数。

图1-20给出了利用这 MATLAB/Simulink 图示化方块图仿真相关分析算法,图中 T 为输入信号 $x(t)$的持续时间。假设干扰信号 $e(t)$与输入信号 $x(t)$互不相关,那么仿真"示波器"显示的曲线,就是系统的脉冲响应函数 $h(t)$。这个结论证明如下:

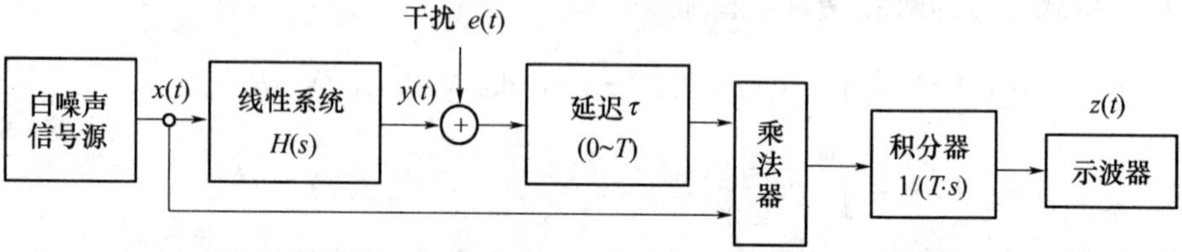

图1-20 输入信号为白噪声的系统辨识框图(Simulink)

假设白噪声输入过程具有遍历性,则对于充分大的 T,积分器的输出为

$$\begin{aligned}z(\tau)&=\frac{1}{T}\int_0^T[y(t+\tau)+e(t+\tau)]x(t)\mathrm{d}t\\&=\frac{1}{T}\int_0^T\int_0^{\infty}h(\lambda)x(t+\tau-\lambda)x(t)\mathrm{d}t\mathrm{d}\lambda+R_{ex}(\tau)\\&=\int_0^{\infty}h(\lambda)\delta(\tau-\lambda)\mathrm{d}\lambda+R_{ex}(\tau)=h(\tau)\end{aligned}$$

式中:$R_{ex}(\tau)=0$。若对上式进行傅里叶变换,还可求出系统的频率传递函数。

基于白噪声的系统辨识方法具有如下优点:①在多数情况下,可以把变化幅值很小的白噪声叠加在正常的输入信号上,对线性系统进行在线辨识;②白噪声的自相关函数是脉冲函数,它几乎与所有的其他噪声皆不相关,因此,用白噪声作为输入信号能够排除其他干扰的影响。不过,这种系统辨识也有不足之处:为了取得精确的估计值,必须延长积分时间 T(即输入信号的持续时间),这对系统辨识的实时性将产生不利的影响。

(2) 输入信号为伪随机序列。为了既能保留白噪声作为输入信号的优点,又能克服其缺点,可采用基于伪随机序列的系统辨识方法。

考虑例1-24所给出的序列 c_n,当 $n\to\infty$ 时,其相关函数近似为脉冲函数,与白噪声信号极为相似,但它有一个重复周期 T。如果序列 c_n 的幅值是$\{-a,a\}$,且序列的长度 N 足够大,那么该序列的自相关函数 $R_x(\tau)$就是一个周期为 T 的脉冲序列,即

$$R_x(\tau) = \sum_{n=-N}^{N} a^2\delta(\tau + nT)$$

因此,可将序列$\{c_n\}$视为出现在每一周期内 T 的白噪声信号。

应当指出,在选择序列 c_n 的周期 T 时,必须事先估计出系统的调整时间 t_s(在单位阶跃信号激励下,系统瞬态响应趋于稳态值所经历的时间),并使 $T > t_s$,从而保证经过时间 T 之后,系统的单位脉冲响应 $h(t)$ 几乎衰减至 0。这样,按图 1-20进行系统辨识就可以得到 $h(t)$ 的完整波形。此外,还要适当选取序列 c_n 的时钟周期 Δt(图 1-16),以确保序列 c_n 的谱宽大于线性系统的谱宽。由于伪随机信号是物理可实现的,而白噪声是理想化的数学模型,因此伪随机序列的应用范围更为广泛。

为了方便读者,表 1-1 列出了与本章基本算法有关的 MATLAB 函数。

表 1-1 本章常用的 MATLAB 函数

函数名	功 能	函数名	功 能
mean	期望值或平均值	std	标准差
cov	协方差矩阵	xcov	互协方差函数估计
corrcoef	相关系数矩阵	xcorr	互相关函数估计
cohere	相关函数平方幅值估计	csd	互谱密度估计
psd	功率谱密度估计	tfe	估计输入—输出的传递函数
fft	一维快速傅里叶变换	ifft	一维逆快速傅里叶变换
conv	求 卷 积	deconv	反 卷 积
abs	绝 对 值	angle	求 相 角
imag	求 虚 部	real	求 实 部
rand	均匀分布的随机矩阵	randn	正态分布的随机矩阵
sum	求元素的和	prod	求元素的积
exp	求指数函数	log	自然对数

本 章 小 结

本章简要介绍概率论与随机过程的基本概念,重点复习了平稳随机过程的数学期望、矩、特征函数、相关函数、协方差和功率谱的定义及其一些重要结论和公式。此外,还介绍了线性系统的相关分析、谱估计和线性系统辨识的基本知识。这些理论方法构成了随机信号与系统科学的数学基础。

现将本章的要点汇集如下:

(1) 在随机试验$\{\Omega,\Sigma,P\}$中,设两个事件 $A,B\in\Sigma$,且 $P(A)>0$,则在事件 A 发生的条件下,事件 B 发生的条件概率为

$$P(B \mid A) = \frac{P(AB)}{P(A)}$$

条件概率同样满足概率论公理,即

$$\begin{cases} P(\Omega \mid A) = 1 \\ P(B \mid A) \geqslant 0, & (A,B \in \Sigma) \\ P(\cup B_k \mid A) = \sum P(B_k \mid A) & (B_k \in \Sigma \text{ 且 } B_kB_m = \varnothing, k \neq m) \end{cases}$$

对于任意的两个事件 $A,B \in \Sigma$,若有

$$P(AB) = P(A)P(B)$$

则称这两个事件互相独立(或统计独立)。

(2) 设一维随机变量 X 的密度函数为 $p_X(x)$,随机变量 Y 的取值由单调函数 $h(X)$ 确定,即 $y = h(x)$,则随机变量 Y 的密度函数可表示为

$$p_Y(y) = \frac{1}{|\mathrm{d}y/\mathrm{d}x|} p_X[x(y)]$$

如果函数 $y = h(x)$ 不是严格单调的,只要对函数 $h(x)$ 的定义域进行分区,使得在每个子区间 $I_m(m=1,2,\cdots)$ 上 $h(x)$ 都是严格单调的,就可根据上式分别计算各区间 I_m 上的密度函数 $p_m(y)$,然后将各个 $p_m(y)$ 进行求和,即可得到随机变量 Y 的密度函数。

假设 $\boldsymbol{X}$ 和 $\boldsymbol{Y}$ 均是 n 维随机向量,且二者的取值存在唯一的逆变换 $\boldsymbol{x} = h^{-1}(\boldsymbol{y})$,则有

$$p_Y(\boldsymbol{y}) = \frac{1}{|\det(\partial \boldsymbol{y}/\partial \boldsymbol{x})|} p_X[\boldsymbol{x}(\boldsymbol{y})]$$

式中:$\det[(\partial \boldsymbol{y}/\partial \boldsymbol{x})]$ 为在变换 $\boldsymbol{y} = h(\boldsymbol{x})$ 下的雅可比行列式。如果对于某些或全部的 $\boldsymbol{y}_0$ 值,方程 $\boldsymbol{y} = h(\boldsymbol{x})$ 有多个解 $x_m(m=1,2,\cdots)$,则应分别求出 $h(\boldsymbol{x})$ 的各个单调子区间 $I_m(m=1,2,\cdots)$ 上的密度函数 $p_m(\boldsymbol{y})$,再对 $p_m(\boldsymbol{y})$ 进行求和,进而得到随机向量 $\boldsymbol{Y}$ 的密度函数。

(3) 设实随机变量 X 的概率密度为 $p(x)$,其 n 阶原点矩规定为

$$\mu_n = E[X^n] = \int_{-\infty}^{+\infty} x^n p(x)\,\mathrm{d}x$$

式中:一阶矩 μ_1 称为随机变量 X 的数学期望,记为 $\mu(X)$;二阶矩 μ_2 称为随机变量 X 的均方值,记为 $\psi^2(X)$。实随机变量 X 的二阶中心矩规定为

$$\gamma_2 = E\{[X - \mu(X)]^2\} = E(X^2) - \mu^2(X)$$

称作随机变量 X 的方差,记为 $\sigma^2(X)$;其正平方根 $\sigma(X)$ 称为标准差(或均方差)。$\sigma(X)$ 作为随机变量 X 偏离均值 $\mu(X)$ 的度量参数,在误差分析理论中得到了普遍应用。

设随机变量 X 和 Y 的期望值分别为 $\mu(X)$ 和 $\mu(Y)$,其二阶混合中心矩

$$\gamma_{11} = \mathrm{cov}(X,Y) = E\{[X - \mu(X)][Y - \mu(Y)]^*\}$$

称为随机变量 X 和 Y 的互协方差。

设 n 维随机向量 $\boldsymbol{X} = [X_1, \cdots, X_n]^{\mathrm{T}}$ 的数学期望为 $\boldsymbol{\mu}$，其二阶中心矩

$$\mathrm{cov}(\boldsymbol{X}) = E[(\boldsymbol{X} - \boldsymbol{\mu})(\boldsymbol{X} - \boldsymbol{\mu})^{\mathrm{H}}] \overset{\mathrm{def}}{=} \boldsymbol{C}_x$$

称为随机向量 $\boldsymbol{X}$ 的(自)协方差矩阵。可以证明，协方差矩阵是对称和非负定的。

设随机向量 $\boldsymbol{X}$ 和 $\boldsymbol{Y}$ 的数学期望分别为 $\boldsymbol{\mu}(\boldsymbol{X})$ 和 $\boldsymbol{\mu}(\boldsymbol{Y})$，其二阶混合中心矩

$$\mathrm{cov}(\boldsymbol{X},\boldsymbol{Y}) = E\{[\boldsymbol{X} - \boldsymbol{\mu}(\boldsymbol{X})][\boldsymbol{Y} - \boldsymbol{\mu}(\boldsymbol{Y})]^{\mathrm{H}}\} \overset{\mathrm{def}}{=} \boldsymbol{C}_{xy}$$

称为随机向量 $\boldsymbol{X}$ 和 $\boldsymbol{Y}$ 的(互)协方差矩阵。

(4) 随机变量密度函数 $p(x)$ 的傅里叶变换的复共轭，称为特征函数 $\Phi(\mathrm{j}\omega)$。任意多个独立的随机变量之和的特征函数，等于各个随机变量的特征函数的乘积。

若随机变量 Z_1 和 Z_2 的协方差为零，则称 Z_1 和 Z_2 不相关；若随机变量 Z_1 和 Z_2 的二阶混合矩为零，则称 Z_1 与 Z_2 正交；若随机变量 Z_1 和 Z_2 的密度函数满足 $p(z_1,z_2) = p(z_1)p(z_2)$，则称 Z_1 和 Z_2 独立。

(5) 在随机试验中，可能出现的任一随机现象 ζ 的单个时间历程 $x(t) = X(t,\zeta)$，称作样本函数。在有限时间区间内观测到的样本函数，称为样本记录(简称样本)。对于给定的随机试验，全体样本函数的集合(即总体)称为随机过程。

随机事件和随机变量分析法可直接应用于分析随机过程。

(6) 如果随机过程的 n 阶密度函数与绝对时间无关，而仅仅依赖于各个抽样时刻的间距 τ，则称该随机过程是强平稳的；反之，则是非平稳的。

一元强平稳随机过程 $x(t)$ 的数学期望 μ_x 为常数。设 $x(t)$ 在任意两个时刻 t_1 和 t_2 的样本分别为 $x_1(t)$ 和 $x_2(t)$，则 $x_1(t)$ 和 $x_2(t)$ 的二阶原点矩 $R_x(t_1,t_2)$(相关函数)和二阶中心矩 $C_x(t_1,t_2)$(协方差函数)仅仅是时延 $\tau = t_1 - t_2$ 的信号，分别记为 $R_x(\tau)$ 和 $C_x(\tau)$。

类似地，二元强平稳过程的任意两个样本记录 $x_1(t)$ 和 $y_2(t)$ 的互相关函数 $R_{xy}(t_1,t_2)$ 和互协方差函数 $C_{xy}(t_1,t_2)$ 也都是时延 $\tau = t_1 - t_2$ 的函数，分别记为 $R_{xy}(\tau)$ 和 $C_{xy}(\tau)$。

(7) 如果随机过程 $x(t)$ 的期望值 μ_x 是常量，且其任意样本 $x_1(t)$ 和 $x_2(t)$ 的自相关函数 $R_x(t_1,t_2)$ 仅仅依赖于时延 $\tau = t_1 - t_2$，记为 $R_x(\tau)$，则称随机过程 $x(t)$ 是弱平稳(或广义平稳)的，简称平稳过程。

如果两个平稳过程 $x(t)$ 和 $y(t)$ 的联合密度函数满足

$$p(x,y;t) = p(x;t)p(y;t)$$

则称平稳过程 $x(t)$ 和 $y(t)$ 是统计独立的；如果二元平稳过程的任意两个样本 $x_1(t)$ 和 $y_2(t)$ 的互协方差函数为零，即

$$C_{xy}(t_1,t_2) = C_{xy}(\tau) = 0 \quad (\tau = t_1 - t_2)$$

则称平稳过程 $x(t)$ 和 $y(t)$ 互不相关；如果 $x_1(t)$ 和 $y_2(t)$ 的互相关函数等于零，即

$$R_{xy}(t_1,t_2) = R_{xy}(\tau) = 0 \quad (\tau = t_1 - t_2)$$

则称平稳过程 $x(t)$ 与 $y(t)$ 是正交的。

对于零均值平稳过程 $x(t)$ 或 $y(t)$，不相关性与正交性是等价的，这是因为二者的互相关函数与互协方差函数是相等的。

如果平稳过程 $x(t)$ 和 $y(t)$ 是统计独立的，则二者互不相关。但平稳过程 $x(t)$ 与 $y(t)$ 互不相关，并不意味着它们是独立的；只有高斯随机过程，不相关性与独立性才互为成立。

两个平稳过程 $x(t)$ 和 $y(t)$ 之间的（互）相关系数规定为

$$\rho_{xy}(\tau) = \frac{C_{xy}(\tau)}{\sqrt{C_x(0)C_y(0)}} = \frac{C_{xy}(\tau)}{\sigma_x\sigma_y}$$

相关系数反映了两个平稳过程 $x(t)$ 和 $y(t)$ 相差时刻 τ 的相似程度。$\rho_{xy}(\tau)$ 越大，二者（波形）越相似；反之，$\rho_{xy}(\tau)$ 越小，二者的关联性越小。当 $\tau\to\infty$，如果 $\rho_{xy}(\tau)=0$，则表示 $x(t)$ 与 $y(t-\tau)$ 的关联性几乎为零。

（8）若某一随机过程的数学期望依概率 1 等于样本记录的时间平均的极限，则称该随机过程是遍历的（或各态历经的）。

对于遍历过程，其时间相关函数依概率 1 等于总体自相关函数。在工程上，只要验证随机过程是否具有弱平稳性就足够了，这是因为验证随机过程的强平稳性是不容易的，实际上也没有这个必要。考虑到随机试验的便捷性，我们更关心的是平稳随机过程是否具有遍历性。

（9）设实平稳过程 $x(t)$ 的周期为 T，其傅里叶系数为 $X(\omega_n)$，则其功率谱密度可表示为

$$S_x(\omega_n) = \frac{E[|X(\omega_n)|^2]}{\Delta f} = T\cdot E[|X(\omega_n)|^2],\left(\omega_n = \frac{2\pi n}{T}\right)$$

若 $x(t)$ 是限时限带的，则其平均功率可表示为（周期信号的帕塞瓦尔公式）

$$P_x = \frac{1}{T}\int_0^T x^2(t)\,\mathrm{d}t = \sum_{n=-[TB]}^{[TB]} E[|X(\omega_n)|^2]$$

式中：T 为样本 $x(t)$ 的持续时间（周期）；B 为样本 $x(t)$ 的带宽（Hz）。

持续时间 T 为无限长（$T\to\infty$）的实平稳过程 $x(t)$ 的平均谱密度可表示为

$$S_x(\omega) = E[|X(\omega)|^2]/T \quad 或 \quad S_x(f) = E[|X(f)|^2]/T$$

且有（非周期信号的帕塞瓦尔公式）

$$P_x = \lim_{T\to\infty}\frac{1}{T}\int_0^T x^2(t)\,\mathrm{d}t = \frac{1}{2\pi}\int_{-\infty}^{\infty} S_x(\omega)\,\mathrm{d}\omega$$

平稳过程 $x(t)$ 的自相关函数与功率谱密度是一傅里叶变换对，并称之为维纳—辛钦公式，即

$$\begin{cases} R_x(\tau) = \dfrac{1}{2\pi}\displaystyle\int_{-\infty}^{\infty} S_x(\omega)\mathrm{e}^{\mathrm{j}\omega\tau}\mathrm{d}\omega \\ S_x(\omega) = \displaystyle\int_{-\infty}^{\infty} R_x(\tau)\mathrm{e}^{-\mathrm{j}\omega\tau}\mathrm{d}\tau \end{cases}$$

(10) 设线性系统的频率响应函数 $H(\omega)$，其输入为 $x(t)$，输出为 $y(t)$，则其功率传递函数为 $|H(\omega)|^2$，且有

$$S_y(\omega) = |H(\omega)|^2 S_x(\omega)$$

如果两个线性系统 $H_1(\omega)$ 和 $H_2(\omega)$ 的通带不重叠，即

$$|H_1(\omega)| \cdot |H_2(\omega)| = 0$$

则这两个系统对输入信号 $x(t)$ 的响应 $y_1(t)$ 和 $y_2(t)$ 是正交的：

$$S_{y_1y_2}(\omega) = 0$$

(11) 在随机信号与系统领域中，通常将随机过程的样本函数称为随机信号，而将含有随机信号的系统称为随机系统。

习 题

1-1 对某一目标进行射击，直到击中为止。如果每次射击命中率为 p，试求：

(1) 射击次数的概率分布表；

(2) 射击次数的概率分布函数。

1-2 假设测量某一目标的距离时，随机偏差 X(单位 m)的分布密度为

$$p(x) = \frac{1}{40\sqrt{2\pi}}\exp\left[-\frac{(x-200)^2}{3200}\right]$$

试求在三次测量中，至少有一次测量偏差的绝对值不超过 30m 的概率。

1-3 对某一目标进行射击，直到击中为止。如果每次射击命中率为 p，试求射击次数的数学期望和方差。

1-4 对圆的直径作近似测量，设其值均匀分布在区间 $[a,b]$ 内，求圆面积的分布密度和数学期望。

1-5 设随机变量 X 和 Y 互相独立，且服从正态分布。试证明随机变量 $Z_1 = X^2 + Y^2$ 与随机变量 $Z_2 = X/Y$ 也是独立的。

1-6 设随机变量 X 和 Y 是独立的，且分别服从参数为 a 和 b 的泊松分布。试应用特征函数来证明随机变量 $Z = X + Y$ 服从参数为 $a + b$ 的泊松分布。

1-7 设泊松分布为

$$P(X = k) = \frac{\lambda^k e^{-\lambda}}{k!} \qquad (k = 0,1,\cdots)$$

试证明：(1) 均值和方差皆为 λ；

(2) 特征函数为 $\exp[\lambda(e^{j\omega} - 1)]$。

1-8 均值和方差分别为 μ 和 σ^2 的高斯密度函数为

$$p(x) = \frac{1}{\sqrt{2\pi}\sigma}\exp\left[-\frac{(x-\mu)^2}{2\sigma^2}\right]$$

试证明：

(1) 特征函数为

$$\Phi(\mathrm{j}\omega) = \exp\left(\mathrm{j}\mu\omega - \frac{\omega^2\sigma^2}{2}\right)$$

(2) 高斯变量的中心矩为

$$E[(X-\mu)^m] = \begin{cases} 0 & (m = \text{odd}) \\ 1 \times 3 \times 5 \cdots (m-1)\sigma^m & (m = \text{even}) \end{cases}$$

1-9 已知随机变量 x_1 和 x_2 相互独立，且 $x_1, x_2 \sim N(\mu, \sigma^2)$。试求 $y = 2x_1 + 3x_2$ 的概率密度函数。

1-10 考虑 p 阶子回归序列模型

$$x_k = a_1 x_{k-1} + a_2 x_{k-2} + \cdots + a_p x_{k-p} + e_k$$

式中：$a_i(i=1,2,\cdots,p)$ 为自回归系数；$e_k \sim N(0, {\sigma_e}^2)$，且 $E[x_{k-m} e_k] = 0, \forall 0 < m \leqslant p$。令 $k = p, p+1, \cdots, N-1$，得到 $N-p$ 个观测序列 $\{x_p, x_{p+1}, \cdots, x_{N-1}\}$，且有

$$\begin{cases} x_p - a_1 x_{p-1} - a_2 x_{p-2} - \cdots - a_p x_0 = e_p \\ x_{p+1} - a_1 x_p - a_2 x_{p-1} - \cdots - a_p x_1 = e_{p+1} \\ \qquad \vdots \\ x_{2p} - a_1 x_{2p-1} - a_2 x_{2p-2} - \cdots - a_p x_p = e_{2p} \\ \qquad \vdots \\ x_{N-1} - a_1 x_{N-2} - a_2 x_{N-2} - \cdots - a_p x_{N-1-p} = e_{N-1} \end{cases}$$

上式表示，在给定 $\boldsymbol{x}_1 = [x_0, x_1, \cdots, x_{p-1}]^{\mathrm{T}}$，$\boldsymbol{a} = [a_1, a_2, \cdots, a_p]$ 和 $e_k \sim N(0, {\sigma_e}^2)$ 的条件下，观测序列 $\boldsymbol{x}_2 = [x_p, x_{p+1}, \cdots, x_{N-1}]^{\mathrm{T}}$ 是由白噪声序列 $e_p, e_{p+1}, \cdots, e_{N-1}$ 的线性变换而得到的。试求到 $\boldsymbol{x}_2$ 的概率密度 $p(\boldsymbol{x}_2 | \boldsymbol{x}_1, \boldsymbol{a}, {\sigma_e}^2)$。

1-11 假设 x 和 y 是独立的随机变量，且 $x_1, x_2 \sim N(0, \sigma^2)$。考虑变换

$$r = (x^2 + y^2)^{1/2} > 0, \varphi = \arctan(y/x) \quad (-\pi < \varphi < \pi)$$

试求随机变量 r 和 φ 的联合密度函数，并证明二者是相互独立的。

1-12 设 x_1 和 x_2 是独立的随机变量，且 $x_1, x_2 \sim N(0, \sigma^2)$。试求随机变量 $y = x_1 + x_2$ 的密度函数。

1-13 试利用相关函数的定义和限时限带过程的平均谱密度表达式（式(1.5.34)），证明维纳—辛钦公式（式(1.5.35)）。

1-14 如果随机过程 $x(t)$ 与 $y(t)$ 正交，即 $R_{xy}(\tau) = 0$，试证明：

$$S_{x+y}(\omega) = S_x(\omega) + S_y(\omega)$$

1-15 设线性定常系统的频率传递函数为

$$H(\omega) = \mathrm{sgn}(\omega)\left(\frac{\omega}{2\pi}\right)^2 \exp\left(-\mathrm{j}\frac{8\omega}{\pi}\right) W(\omega)$$

式中：$\mathrm{sgn}(\omega)$ 为符号函数；$W(\omega)$ 为窗函数，即

$$W(\omega)=\begin{cases}1 & (\omega\leqslant 40\pi)\\ 0 & (\text{其他})\end{cases}$$

假设输入信号 $x(t)$ 是一个平稳过程,其自相关函数为

$$R_x(\tau)=\frac{5}{2}\delta(\tau)+2$$

试计算在频带 0 ~ 1Hz($-2\pi\sim 2\pi$) 内系统输出 $y(t)$ 的平均功率。

1-16 考虑图 P1-1 所示 RC 电路,假定该系统的输入过程 $x(t)$ 是白噪声,$S_x(\omega)=N_0/2$,N_0 为常数,试求:

(1) 输入样本 $x(t)$ 的瞬时功率;

(2) 该系统输出样本 $y(t)$ 的功率谱密度 $S_y(\omega)$ 和自相关函数 $R_y(\tau)$。

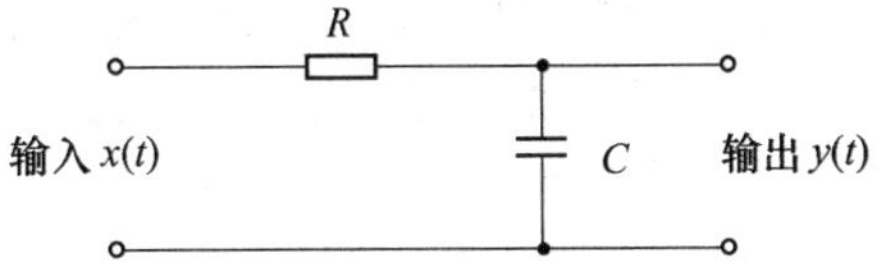

图 P1-1　习题 1-16

1-17 在 MATLAB/Simulink 平台上构造图 1-20 所示的仿真系统,其中,线性系统用某一低通滤波器来仿真。试分别用正弦信号、白噪声和伪随机序列作为系统的输入信号,从"示波器"观察输出波形,并说明如何选取恰当的输入信号,才能获得正确的系统辨识结果。

1-18 试利用分离系统的概念,构造一对互为正交的平稳随机信号。

1-19 设随机序列为

$$x_k=\sin(2\pi f_1 k)+2\cos(2\pi f_2 k)+e_k \quad (k=0,1,2,\cdots,1023)$$

式中:$f_1=0.05$;$f_2=0.12$;e_k 为标准高斯白噪声。要求编写 MATLAB 程序,计算:

(1) 随机序列 x_k 的均值、均方值和均方差;

(2) 随机序列 x_k 的功率谱。

1-20 请编写 MATLAB 语言程序,分别计算样本函数

$$x(t)=\cos(20\pi t)+e(t)$$

和高斯白噪声 $e(t)$ 的自相关函数。

1-21 请编写 MATLAB 程序,分别计算以下两个平稳随机序列

$$\begin{cases}x_k=\sin\left(\dfrac{k\pi}{10}+\dfrac{\pi}{3}\right)\\ y_k=x_{k-2}+e_k\end{cases}\quad (k=0,1,\cdots,49)$$

的自相关函数和互谱密度。式中:e_k 为均值为 0、方差为 1 的白噪声。

第二章　多维高斯过程

概率与随机过程理论的工程应用通常分为三个阶段：首先，对研究对象（实际过程或系统）进行数学描述，并用公式表达出来——建立数学模型。为此，必须深入了解相关物理现象的内在联系，从而确定对所寻求的结果哪些因素是关键的、哪些因素是可以忽略不计的。其次，对数学模型进行处理，以求得具体数学问题的解。最后，用软件仿真、硬件模拟或软硬件混合仿真实际过程的动态特性。如果所得到的结果不能令人满意，就必须在系统建模过程中考虑更多的影响因素，并重复上述步骤，直至获得至少可以接受的结果。

2.1　多维高斯分布

在对涉及随机现象的问题进行数学描述时，概率密度函数的作用是十分突出的。由于高斯密度函数具有相对完整的解可供使用，因此，常常先设法将随机现象简化为高斯过程，然后“调整”高斯模型的最终解，使之能较好地吻合实际现象。在解决工程实际问题中，上述方法不仅实用而且有效，这是因为：

(1) 许多物理过程都是高斯过程，且大多是与系统热噪声有关的噪声过程；

(2) 多个独立的随机过程的任意组合，一般趋于高斯过程；

(3) 在高斯过程激励下，线性定常系统的响应仍然是高斯过程。

如果已知描述实际过程的统计特性，则可利用过程的观测数据来估计过程中的一些未知参数。因此，事先假设拟研究的过程为高斯过程是必然的，但这并不意味着任何实际过程都服从（或者近似服从）高斯分布。

2.1.1　中心极限定理

中心极限定理为建立随机变量的高斯模型提供了理论依据。该定理可表述为：在适当的条件下，N 个独立随机变量之和趋于高斯分布（$N\to\infty$）。

定理 2-1（中心极限定理）：设随机变量 X_k 是具有相同概率分布的、独立的随机变量的集合，且其数学期望值 μ_x（不妨暂取 $\mu_x=0$）和方差 ${\sigma_x}^2$ 都是有限值，则当 N 很大时，变量 $Y_k=X_k/(\sigma_x\sqrt{N})$（称为标准变量）的和式

$$S=\sum_{k=1}^{N}Y_k=\frac{1}{\sqrt{N}}\sum_{k=1}^{N}\frac{X_k}{\sigma_x} \tag{2.1.1}$$

的概率密度函数趋于标准高斯分布：

$$\lim_{n\to\infty} p_S(s) = \frac{1}{\sqrt{2\pi}}\exp\left(-\frac{s^2}{2}\right) \tag{2.1.2}$$

证明:参见例 1－19,只要证明 $p_S(s)$ 的特征函数等于

$$\lim_{n\to\infty} \Phi_S(\mathrm{j}\omega) = \exp\left(-\frac{\omega^2}{2}\right)$$

即可。将 X_k 和 Y_k 之间的关系代入式(1.2.34),得

$$p_Y(y_k) = \sqrt{N\sigma_x^2}\,p_X(x_k) = \sqrt{N\sigma_x^2}\,p_X(y_k\sqrt{N\sigma_x^2})$$

其特征函数为

$$\begin{aligned}\Phi_Y(\mathrm{j}\omega) &= \int_{-\infty}^{\infty} p_Y(y_k)\exp(\mathrm{j}\omega y_k)\,\mathrm{d}y_k \\ &= \int_{-\infty}^{\infty} p_X(x_k)\exp\left(\frac{\mathrm{j}\omega}{\sqrt{N}\sigma_x}x_k\right)\mathrm{d}x_k \\ &= \Phi_X\left(\frac{\mathrm{j}\omega}{\sqrt{N}\sigma_x}\right)\end{aligned}$$

由定理 1－9 可知,式(2.1.1)的特征函数等于

$$\Phi_S(\mathrm{j}\omega) = [\Phi_Y(\mathrm{j}\omega)]^N = \left[\Phi_X\left(\frac{\mathrm{j}\omega}{\sigma_x\sqrt{N}}\right)\right]^N \tag{2.1.3}$$

由式(1.3.15)可知,如果 X_k 的方差 $\sigma_x{}^2$ 是有限值,则其特征函数 $\Phi_X(\mathrm{j}\omega)$ 至少具有二阶导数。利用式(1.3.14)和 X_k 的前提条件($\mu_1=0,\mu_2=\sigma_x{}^2$)以及 $\mu_0\equiv 1$,将 $\Phi_X[\mathrm{j}\omega/(\sigma_x\sqrt{N})]$ 展开成 $\omega=0$ 附近的泰勒级数,则有

$$\Phi_X\left(\frac{\mathrm{j}\omega}{\sigma_x\sqrt{N}}\right) = \sum_{n=0}^{\infty}\left(\frac{\mathrm{j}^n\mu_n}{n!}\right)\left(\frac{\omega}{\sigma_x\sqrt{N}}\right)^n \approx 1-\frac{\omega^2}{2N}+O\left(\frac{\omega^2}{N}\right)$$

当 $\omega\to 0$ 时,余项 $O(\omega^2/N)$ 表示比 ω^2 衰减更快的量。将上式代入式(2.1.3),可得

$$\Phi_S(\mathrm{j}\omega) = \left[1-\frac{\omega^2}{2N}+O\left(\frac{\omega^2}{N}\right)\right]^N \tag{2.1.4}$$

故有

$$\lim_{N\to\infty}\Phi_S(\mathrm{j}\omega) \approx 1-\frac{\omega^2}{2} \approx \exp\left(-\frac{\omega^2}{2}\right) \tag{2.1.5}$$

事实上,若特征函数的级数收敛于某一连续函数,则该函数就是它所对应的概率密度的特征函数,故式(2.1.2)成立。

当随机变量 X_k 的期望值 $\mu_x\neq 0$ 时,令

$$Y_k = \frac{X_k-\mu_x}{\sigma_x\sqrt{N}}$$

由式(2.1.1)可得

$$S = \sum_{k=1}^{N} Y_k = \frac{1}{\sqrt{N}} \sum_{k=1}^{N} \frac{X_k - \mu_x}{\sigma_x} \tag{2.1.6}$$

同样可以证明下式成立,即

$$\lim_{n\to\infty} p_S(s) = \frac{1}{\sqrt{2\pi}} \exp\left(-\frac{s^2}{2}\right) \tag{2.1.7}$$

对于多维随机变量的情形也有相同的结果:如果 $\boldsymbol{X}_k(k=1,2,\cdots,M)$ 是互相独立的 M 维随机向量序列,且有

$$E\{\boldsymbol{X}_k\} = \boldsymbol{\mu}_x, E\{(\boldsymbol{X}_k - \boldsymbol{\mu}_x)(\boldsymbol{X}_k - \boldsymbol{\mu}_x)^{\mathrm{T}}\} = \boldsymbol{C}_x$$

那么,对于和式

$$\boldsymbol{S} = \sum_{k=1}^{n} \boldsymbol{Y}_k = \frac{1}{\sqrt{N}} \sum_{k=1}^{N} (\boldsymbol{X}_k - \boldsymbol{\mu}_x) \tag{2.1.8}$$

就有

$$\lim_{n\to\infty} p_S(\boldsymbol{s}) = \frac{1}{(2\pi)^{M/2} (\det \boldsymbol{C}_x)^{1/2}} \exp\left(-\frac{\boldsymbol{s}^{\mathrm{T}} \boldsymbol{C}_x^{-1} \boldsymbol{s}}{2}\right) \tag{2.1.9}$$

若实对称矩阵 $\boldsymbol{C}_x$ 是正定的,则可引入(解相关)线性变换:

$$\boldsymbol{Y}_k = \boldsymbol{L}(\boldsymbol{X}_k - \boldsymbol{\mu}_x)$$

式中:$\boldsymbol{L}$ 为由 $\boldsymbol{C}_x$ 的 N 个特征向量组成的正交矩阵,使式(2.1.9)进一步简化为

$$\lim_{N\to\infty} p_S(\boldsymbol{s}) = \frac{1}{(2\pi)^{M/2}} \exp\left(-\frac{\boldsymbol{s}^{\mathrm{T}} \boldsymbol{s}}{2}\right) \tag{2.1.10}$$

式中:

$$\boldsymbol{S} = \frac{1}{\sqrt{N}} \sum_{k=1}^{N} \boldsymbol{Y}_k = \frac{1}{\sqrt{N}} \sum_{k=1}^{N} \boldsymbol{L}(\boldsymbol{X}_k - \boldsymbol{\mu}_x) \tag{2.1.11}$$

中心极限定理同样适合于离散随机变量,特别是格子型变量 X_k,即 $X_k = a + i_k h$,其中 a 是常数,i_k 为整数,h 是格子常数。假设 X_k 具有相同的数学期望 μ_x 和方差 $\sigma_x{}^2$,且令

$$S = \sum_{k=1}^{N} \frac{X_k - \mu_x}{\sigma_x} \tag{2.1.12}$$

则有

$$P(S = s) \sim \frac{h}{\sigma_x} N(0, N) = \frac{h}{\sqrt{2\pi N}\sigma_x} \exp\left(-\frac{s^2}{2N}\right) \tag{2.1.13}$$

此即(Grimmett – Stirzaker)定理。

【例 2-1】 (DeMoivre – Laplace)一个伯努利试验的随机变量是取双值的离散随机变量 X_k,例如,$X_k = 1/2 + h(-1)^k/2, h = 1$。假设 $X_k = 1$ 和 $X_k = 0$ 的发生概率分别为 p 和 q,则在 N 次试验中,以概率 p(成功率)取值的次数为

$$K = \sum_{k=1}^{N} X_k$$

故有

$$\mu_x = E[X_k] = 1 \cdot p + 0 \cdot q = p$$
$$\sigma_x^2 = E[(X_k - \mu_x)^2] = (1-p)^2 p + (0-p)^2 q = pq$$

这表明,对于任意给定的 k 值,随机变量 X_k 具有相同的期望值 μ_x 和方差 ${\sigma_x}^2$。因此,如果令标准变量为 $Y_k = (X_k - \mu_x)/\sigma_x$,则有

$$S = \sum_{k=1}^{N} Y_k = \sum_{k=1}^{N} \frac{X_k - \mu_x}{\sigma_x} = \frac{K - Np}{\sqrt{pq}}$$

根据 Grimmett – Stirzaker 定理,可得

$$P(S = s) = \frac{1}{\sqrt{pq}} N(0, N) = \frac{1}{\sqrt{2\pi Npq}} \exp\left(-\frac{s^2}{2N}\right)$$
$$= \frac{1}{\sqrt{2\pi Npq}} \exp\left[-\frac{(k - Np)^2}{2Npq}\right] \stackrel{\text{def}}{=} P(K = k) \qquad (2.1.14)$$

2.1.2 高斯向量的密度函数

设实高斯变量 X 的期望值为 μ_x、方差为 ${\sigma_x}^2$,则其密度函数可表示为

$$p(x) = \frac{1}{\sqrt{2\pi}\sigma_x} \exp\left[-\frac{(x - \mu_x)^2}{2\sigma_x^2}\right] \quad (-\infty < x < \infty)$$

考虑由 N 个独立的高斯变量 $X_i (i = 1, 2, \cdots, N)$ 所组成的过程向量 $\boldsymbol{X}$,由定理 1 – 5 可知,向量 $\boldsymbol{X}$ 的密度函数等于各个高斯变量 X_i 的密度函数 $p(x_i)$ 的乘积,即

$$p(\boldsymbol{x}) = \prod_{i=1}^{N} p(x_i) = \frac{1}{(2\pi)^{N/2} \prod_{i=1}^{N} \sigma_i(X)} \prod_{i=1}^{N} \exp\left\{-\frac{[x_i - \mu_i(X)]^2}{2\sigma_i^2(X)}\right\}$$

式中:$\mu_i(X)$,${\sigma_i}^2(X)$ 分别为实随机变量 X_i 的期望值和方差。

上式可写成更为简洁的形式,即

$$p(\boldsymbol{x}) = \frac{1}{(2\pi)^{N/2} (\det \boldsymbol{C}_x)^{1/2}} \exp\left[\frac{-(\boldsymbol{x} - \boldsymbol{\mu}_x)^{\mathrm{T}} \boldsymbol{C}_x^{-1} (\boldsymbol{x} - \boldsymbol{\mu}_x)}{2}\right] \qquad (2.1.15)$$

式中:

$$\boldsymbol{\mu}_x = [\mu_1(X), \cdots, \mu_N(X)]^{\mathrm{T}}$$
$$\boldsymbol{C}_x = \mathrm{diag}[\sigma_1^2(X), \cdots, \sigma_N^2(X)]$$

现在的问题是,如果 $\boldsymbol{C}_x$ 是任意的实对称正定矩阵,式(2.1.15)是否仍然满足作为概率密度的条件。事实上这个答案是肯定的。为此,必须证明 $p(\boldsymbol{x})$ 满足概率论公理:

$$\begin{cases} p(\boldsymbol{x}) \geqslant 0 \\ \int_{-\infty}^{\infty} p(\boldsymbol{x}) \mathrm{d}\boldsymbol{x} = 1 \end{cases} \tag{2.1.16}$$

证明:首先证明式(2.1.16)中的第一式,只要证明 $\det \boldsymbol{C}_x > 0$ 即可。

根据矩阵理论,对于 $N \times N$ 维正定的实对称矩阵 $\boldsymbol{C}_x$,存在由 $\boldsymbol{C}_x$ 的 N 个特征向量构成的正交矩阵 $\boldsymbol{L}$,使得

$$\boldsymbol{C}_x = \boldsymbol{L}^{\mathrm{T}} \boldsymbol{L}$$

对上式等号两边取行列式,就有

$$\det \boldsymbol{C}_x = \det(\boldsymbol{L}^{\mathrm{T}}) \det(\boldsymbol{L}) = [\det(\boldsymbol{L})]^2 > 0$$

再证明式(2.1.16)中的第二式。令 $\boldsymbol{z} = \boldsymbol{x} - \boldsymbol{\mu}_x$,则式(2.1.15)可表示为

$$p(\boldsymbol{x}) = \frac{1}{(2\pi)^{N/2} (\det \boldsymbol{C}_x)^{1/2}} \cdot p(z)$$

其中

$$p(z) = \exp\left(- \frac{- \boldsymbol{z}^{\mathrm{T}} \boldsymbol{C}_x^{-1} \boldsymbol{z}}{2} \right) \tag{2.1.17a}$$

如果记

$$K = \int_{-\infty}^{\infty} p(z) \mathrm{d}z \tag{2.1.17b}$$

则有

$$\int_{-\infty}^{\infty} p(\boldsymbol{x}) \mathrm{d}\boldsymbol{x} = \frac{K}{(2\pi)^{N/2} (\det \boldsymbol{C}_x)^{1/2}} \tag{2.1.18}$$

于是,只要证明式(2.1.18)的右边等于 1 即可。

由于 $N \times N$ 维实对称矩阵 $\boldsymbol{C}_x$ 是正定的,故存在 $N \times N$ 维的正交矩阵 $\boldsymbol{L}$,使得

$$\boldsymbol{C}_x = \boldsymbol{L}^{\mathrm{T}} \boldsymbol{L}, \boldsymbol{L} \boldsymbol{C}_x^{-1} \boldsymbol{L}^{\mathrm{T}} = \boldsymbol{I}$$

考虑线性变换

$$\boldsymbol{z} = \boldsymbol{L}^{\mathrm{T}} \boldsymbol{y} \tag{2.1.19}$$

将式(2.1.19)代入式(2.1.17a),得

$$p(z) = \exp\left[- \frac{\boldsymbol{y}^{\mathrm{T}} (\boldsymbol{L} \boldsymbol{C}_x^{-1} \boldsymbol{L}^{\mathrm{T}}) \boldsymbol{y}}{2} \right] = \prod_{i=1}^{N} \exp\left(- \frac{y_i^2}{2} \right)$$

因为变换式(式(2.1.19))所对应的雅可比行列式为

$$\det\left(\frac{\partial z}{\partial \boldsymbol{y}} \right) = \begin{vmatrix} \partial z_1 / \partial y_1 & \cdots & \partial z_1 / \partial y_N \\ \vdots & & \vdots \\ \partial z_N / \partial y_1 & \cdots & \partial z_N / \partial y_N \end{vmatrix} = \det \boldsymbol{L}$$

故有

$$\mathrm{d}\boldsymbol{z} = \left|\det\left(\frac{\partial \boldsymbol{z}}{\partial \boldsymbol{y}}\right)\right| \cdot \mathrm{d}\boldsymbol{y} = |\det \boldsymbol{L}| \cdot \mathrm{d}\boldsymbol{y}$$

将以上相关式子代入式(2.1.17b)，就有

$$\begin{aligned} K &= \int_{-\infty}^{\infty} |\det \boldsymbol{L}| \cdot p(\boldsymbol{z})\mathrm{d}\boldsymbol{y} = |\det \boldsymbol{L}| \int_{-\infty}^{\infty} \prod_{i=1}^{N} \exp\left(-\frac{y_i^2}{2}\right)\mathrm{d}\boldsymbol{y} \\ &= |\det \boldsymbol{L}| \left[\int_{-\infty}^{\infty} \exp\left(-\frac{y_i^2}{2}\right)\mathrm{d}y_i\right]^N \\ &= (2\pi)^{N/2}(\det \boldsymbol{C}_x)^{1/2} \end{aligned} \tag{2.1.20}$$

最后一个等式利用了 $\boldsymbol{C}_x = \boldsymbol{L}^{\mathrm{T}}\boldsymbol{L}$，$\det\boldsymbol{C}_x = (\det\boldsymbol{L}^{\mathrm{T}})(\det\boldsymbol{L}) = (\det\boldsymbol{L})^2$ 以及 Γ 函数：

$$\int_{-\infty}^{\infty} \exp\left(\frac{-y^2}{2}\right)\mathrm{d}y = \sqrt{2}\int_{0}^{\infty} \exp(-t)t^{-1/2}\mathrm{d}t = \sqrt{2} \cdot \Gamma\left(\frac{1}{2}\right) = (2\pi)^{1/2}$$

将式(2.1.20)代入式(2.1.18)，即可证得式(2.1.16)中的第二式。这表明式(2.1.15)是一元多维高斯密度函数的通用表达式。

一、高斯向量的密度函数

定义：对于任意时刻集 $t_i(i=1,2,\cdots,N)$，实平稳过程 $x(t)$ 定义了一组实随机变量 $X(t_i)$，记为 X_i。如果由任意 N 个时刻上的 X_i 所组成的随机向量 $\boldsymbol{X}$ 服从一元 N 维高斯分布，即

$$p(\boldsymbol{x}) = \frac{1}{(2\pi)^{N/2}(\det\boldsymbol{C}_x)^{1/2}}\exp\left[\frac{-(\boldsymbol{x}-\boldsymbol{\mu}_x)^{\mathrm{T}}\boldsymbol{C}_x^{-1}(\boldsymbol{x}-\boldsymbol{\mu}_x)}{2}\right] \tag{2.1.21}$$

其中

$$\boldsymbol{\mu}_x = \{E[X_1], E[X_2], \cdots, E[X_N]\}^{\mathrm{T}}$$

$$\boldsymbol{C}_x = E[(\boldsymbol{X}-\boldsymbol{\mu}_x)(\boldsymbol{X}-\boldsymbol{\mu}_x)^{\mathrm{T}}] = \begin{pmatrix} \sigma_1^2 & \cdots & c_{1N} \\ \vdots & & \vdots \\ c_{N1} & \cdots & \sigma_N^2 \end{pmatrix}$$

$$c_{ik} = E\{[X_i - E(X_i)][X_k - E(X_k)]\}, c_{ii} = \sigma_i^2$$

且假定 $\det\boldsymbol{C}_x \neq 0$，则称实向量 $\boldsymbol{X}$ 是 n 维一元联合高斯实向量。对于以等间隔采样而得到的离散序列 $x_i(i=1,2,\cdots,N)$，其协方差矩阵 $\boldsymbol{C}_x$（记为 $\|c_{ik}\|$）是托普利茨(Toeplitz)矩阵，即

$$\|c_{ik}\| = \|c[(i-k)]\| = \|c[(k-i)]\| = \|c_{ki}\| \quad (i,k = 1,2,\cdots,N)$$

二、多维高斯分布的特征函数

设一元 N 维联合高斯实向量 $\boldsymbol{X}$ 的密度函数为 $p(\boldsymbol{x})$，则它的特征函数可写成

$$\Phi_x(\mathrm{j}\boldsymbol{\omega}) = \int_{-\infty}^{\infty} p(\boldsymbol{x})\exp(\mathrm{j}\boldsymbol{\omega}^{\mathrm{T}}\boldsymbol{x})\mathrm{d}\boldsymbol{x}$$

将式(2.1.21)代入上式，经简单代数运算后，得

$$\Phi_x(\mathrm{j}\boldsymbol{\omega}) = \frac{\exp(\mathrm{j}\boldsymbol{\mu}_x^{\mathrm{T}}\boldsymbol{\omega} - \boldsymbol{\omega}^{\mathrm{T}}\boldsymbol{C}_x\boldsymbol{\omega}/2)}{(2\pi)^{N/2}(\det\boldsymbol{C}_x)^{1/2}}\int_{-\infty}^{\infty}\exp\left(-\frac{\boldsymbol{z}^{\mathrm{T}}\boldsymbol{C}_x^{-1}\boldsymbol{z}}{2}\right)\mathrm{d}\boldsymbol{z}$$

式中：$z = \boldsymbol{x} - \boldsymbol{\mu}_x - \mathrm{j}\boldsymbol{C}_x\boldsymbol{\omega}$。因上式的积分项与式(2.1.18)类似，故不难证明

$$\frac{1}{(2\pi)^{N/2}(\det \boldsymbol{C}_x)^{1/2}}\int_{-\infty}^{\infty}\exp\left(-\frac{z^{\mathrm{T}}\boldsymbol{C}_x^{-1}z}{2}\right)\mathrm{d}z = 1 \tag{2.1.22}$$

因此，一元高斯实向量 $\boldsymbol{X}$ 的特征函数可表示为

$$\Phi_x(\mathrm{j}\boldsymbol{\omega}) = \exp\left(\mathrm{j}\,\boldsymbol{\mu}_x^{\mathrm{T}}\boldsymbol{\omega} - \frac{\boldsymbol{\omega}^{\mathrm{T}}\boldsymbol{C}_x\boldsymbol{\omega}}{2}\right) \tag{2.1.23}$$

三、二元联合高斯向量

定义：如果 $N_x \times 1$ 和 $N_y \times 1$ 维实随机向量 $\boldsymbol{X}$ 和 $\boldsymbol{Y}$ 的二元联合高斯密度函数的表达形式为

$$p(\boldsymbol{x},\boldsymbol{y}) = \frac{1}{(2\pi)^{(N_x+N_y)/2}(\det \boldsymbol{C})^{1/2}} \times \exp\left\{-\frac{1}{2}[(\boldsymbol{x}-\boldsymbol{\mu}_x)^{\mathrm{T}} \quad (\boldsymbol{y}-\boldsymbol{\mu}_y)^{\mathrm{T}}]\boldsymbol{C}^{-1}\begin{bmatrix}\boldsymbol{x}-\boldsymbol{\mu}_x\\ \boldsymbol{y}-\boldsymbol{\mu}_y\end{bmatrix}\right\} \tag{2.1.24}$$

式中：$\boldsymbol{\mu}_x$，$\boldsymbol{\mu}_y$ 分别为随机向量 $\boldsymbol{X}$ 和 $\boldsymbol{Y}$ 的期望值；$\boldsymbol{C}$ 为 $\boldsymbol{X}$ 和 $\boldsymbol{Y}$ 的联合协方差函数，即

$$\boldsymbol{C} = \begin{bmatrix}\boldsymbol{C}_x & \boldsymbol{C}_{xy}\\ \boldsymbol{C}_{yx} & \boldsymbol{C}_y\end{bmatrix}$$

则称随机向量 $\boldsymbol{X}$ 和 $\boldsymbol{Y}$ 为 $(N_x + N_y)$ 维二元联合高斯实向量。

对式(2.1.24)计算边缘概率密度函数，可得

$$\begin{cases} p(\boldsymbol{x}) = \dfrac{1}{(2\pi)^{N_x/2}(\det \boldsymbol{C}_x)^{1/2}}\exp\left[-\dfrac{1}{2}(\boldsymbol{x}-\boldsymbol{\mu}_x)^{\mathrm{T}}\boldsymbol{C}_x^{-1}(\boldsymbol{x}-\boldsymbol{\mu}_x)\right] \\ p(\boldsymbol{y}) = \dfrac{1}{(2\pi)^{N_y/2}(\det \boldsymbol{C}_y)^{1/2}}\exp\left[-\dfrac{1}{2}(\boldsymbol{y}-\boldsymbol{\mu}_y)^{\mathrm{T}}\boldsymbol{C}_y^{-1}(\boldsymbol{y}-\boldsymbol{\mu}_y)\right] \end{cases} \tag{2.1.25}$$

显然，二元高斯密度函数的边缘概率密度函数都是一元多维高斯密度函数，这是一个重要的结论，且可推广至多元的情况。注意，尽管两个一元边缘密度函数都是高斯的，但不能因此认定其二元密度函数也是高斯的。

定义：考虑两个 N 维实随机向量 $\boldsymbol{X}$ 和 $\boldsymbol{Y}$，其期望值向量分别为 $\boldsymbol{\mu}_x$ 和 $\boldsymbol{\mu}_y$。如果它们的外积的期望值满足

$$E[\boldsymbol{X}\cdot\boldsymbol{Y}^{\mathrm{T}}] = \boldsymbol{\mu}_x \cdot \boldsymbol{\mu}_y^{\mathrm{T}} \tag{2.1.26}$$

则称向量 $\boldsymbol{X}$ 与 $\boldsymbol{Y}$ 是不相关的，这与 $\boldsymbol{C}_{xy} = \boldsymbol{0}$ 是等价的。进一步地，如果

$$E[\boldsymbol{X}\cdot\boldsymbol{Y}^{\mathrm{T}}] = \boldsymbol{0} \tag{2.1.27a}$$

则称向量 $\boldsymbol{X}$ 与 $\boldsymbol{Y}$ 是正交的。在这种情形下，对于任意的 $1 \leqslant (i,k) \leqslant N$，都有 $E[X_iY_k] = 0$，于是，随机向量 $\boldsymbol{X}$ 与 $\boldsymbol{Y}$ 的内积的期望值必等于零，即

$$E[\boldsymbol{X}^{\mathrm{T}}\cdot\boldsymbol{Y}] = \boldsymbol{0} \tag{2.1.27b}$$

这与非随机向量 $\boldsymbol{X}$ 与 $\boldsymbol{Y}$ 正交的定义 $(\boldsymbol{X}^{\mathrm{T}}\cdot\boldsymbol{Y} = \boldsymbol{0})$ 是类似的。最后，如果

$$p(\boldsymbol{x},\boldsymbol{y}) = p(\boldsymbol{x})p(\boldsymbol{y}) \tag{2.1.28}$$

则称随机向量 $\boldsymbol{X}$ 和 $\boldsymbol{Y}$ 是统计独立的。

为了叙述方便,在以下讨论中高斯随机变量(或向量)一律用小写字母来表示。

2.1.3 高斯向量的条件密度函数

在 3.2.1 节将证明:在给定观测值 $\boldsymbol{y}$ 的条件下,未知参数(或状态)$\boldsymbol{x}$ 的最小均方误差(MMSE)估计量由条件期望值给出,即

$$\hat{\boldsymbol{x}}(\boldsymbol{y}) = E[\boldsymbol{x} \mid \boldsymbol{y}] \tag{2.1.29}$$

根据高斯条件密度函数 $p(\boldsymbol{x}|\boldsymbol{y})$ 可直接给出 MMSE 估计量和估计误差表达式,因而导出 $p(\boldsymbol{x}|\boldsymbol{y})$ 表达式及有关定理是十分有用的。在第六章推导卡尔曼滤波算法时,将用到这些定理。

定理 2-2:设随机向量 $\boldsymbol{x}$ 和 $\boldsymbol{y}$ 分别是 $N_x \times 1$ 和 $N_y \times 1$ 维的高斯向量,且向量 $[\boldsymbol{x},\boldsymbol{y}]^{\mathrm{T}}$ 也是联合高斯的,其均值和协方差函数分别为

$$\boldsymbol{\mu} = \begin{bmatrix} \boldsymbol{\mu}_x \\ \boldsymbol{\mu}_y \end{bmatrix}, \boldsymbol{C} = \begin{bmatrix} \boldsymbol{C}_x & \boldsymbol{C}_{xy} \\ \boldsymbol{C}_{yx} & \boldsymbol{C}_y \end{bmatrix}$$

如果构造一个新的向量 $\boldsymbol{z}$,其表达式为

$$\boldsymbol{z} = \boldsymbol{x} - [\boldsymbol{\mu}_x + \boldsymbol{C}_{xy}\boldsymbol{C}_y^{-1}(\boldsymbol{y} - \boldsymbol{\mu}_y)] \tag{2.1.30}$$

则 $\boldsymbol{z}$ 是独立于 $\boldsymbol{y}$ 的零均值向量,且其协方差可表示为

$$\boldsymbol{C}_z = \boldsymbol{C}_x - \boldsymbol{C}_{xy}\boldsymbol{C}_y^{-1}\boldsymbol{C}_{yx} \tag{2.1.31}$$

证明:分三步进行。

(1) 对式(2.1.30)的等号两边取数学期望:

$$E[\boldsymbol{z}] = E[\boldsymbol{x}] - \boldsymbol{\mu}_x - \boldsymbol{C}_{xy}\boldsymbol{C}_y^{-1}(E[\boldsymbol{y}] - \boldsymbol{\mu}_y) = \boldsymbol{0} \tag{2.1.32}$$

(2) 计算 $\boldsymbol{z}$ 和 $\boldsymbol{y}$ 的协方差函数 $\boldsymbol{C}_{zy}$。根据定义:

$$\begin{aligned} \boldsymbol{C}_{zy} &= E[\boldsymbol{z} \cdot (\boldsymbol{y} - \boldsymbol{\mu}_y)^{\mathrm{T}}] \\ &= E[(\boldsymbol{x} - \boldsymbol{\mu}_x)(\boldsymbol{y} - \boldsymbol{\mu}_y)^{\mathrm{T}}] - \boldsymbol{C}_{xy}\boldsymbol{C}_y^{-1}E[(\boldsymbol{y} - \boldsymbol{\mu}_y)(\boldsymbol{y} - \boldsymbol{\mu}_y)^{\mathrm{T}}] \\ &= \boldsymbol{C}_{xy} - \boldsymbol{C}_{xy}\boldsymbol{C}_y^{-1}\boldsymbol{C}_y = \boldsymbol{0} \end{aligned}$$

可见,$\boldsymbol{z}$ 和 $\boldsymbol{y}$ 是不相关的。容易验证,对于高斯过程而言,不相关等价于独立。因此,高斯向量 $\boldsymbol{z}$ 和 $\boldsymbol{y}$ 互相独立。

(3) 计算向量 $\boldsymbol{z}$ 的协方差函数。利用 $\boldsymbol{C}_x = \boldsymbol{C}_x^{\mathrm{T}}, \boldsymbol{C}_y = \boldsymbol{C}_y^{\mathrm{T}}, \boldsymbol{C}_{xy} = \boldsymbol{C}_{yx}^{\mathrm{T}}$,可得

$$\begin{aligned} \boldsymbol{C}_z &= E[\boldsymbol{z} \cdot \boldsymbol{z}^{\mathrm{T}}] \\ &= E\{[(\boldsymbol{x} - \boldsymbol{\mu}_x) - \boldsymbol{C}_{xy}\boldsymbol{C}_y^{-1}(\boldsymbol{y} - \boldsymbol{\mu}_y)][(\boldsymbol{x} - \boldsymbol{\mu}_x) - \boldsymbol{C}_{xy}\boldsymbol{C}_y^{-1}(\boldsymbol{y} - \boldsymbol{\mu}_y)]^{\mathrm{T}}\} \\ &= \boldsymbol{C}_x - \boldsymbol{C}_{xy}\boldsymbol{C}_y^{-1}\boldsymbol{C}_{yx} - \boldsymbol{C}_{xy}\boldsymbol{C}_y^{-1}\boldsymbol{C}_{yx} + \boldsymbol{C}_{xy}\boldsymbol{C}_y^{-1}\boldsymbol{C}_y\boldsymbol{C}_y^{-1}\boldsymbol{C}_{yx} \\ &= \boldsymbol{C}_x - \boldsymbol{C}_{xy}\boldsymbol{C}_y^{-1}\boldsymbol{C}_{yx} \end{aligned}$$

定理2-3:设随机向量$\boldsymbol{x}$和$\boldsymbol{y}$分别是$N_x\times1$和$N_y\times1$维实高斯向量,并且是联合高斯的,则在给定$\boldsymbol{y}$的条件下,随机向量$\boldsymbol{x}$的条件密度函数$p(\boldsymbol{x}|\boldsymbol{y})$是高斯的,即

$$p(\boldsymbol{x}\mid\boldsymbol{y})=\frac{1}{(2\pi)^{N_x/2}(\det\boldsymbol{C}_{x|y})^{1/2}}\exp\left[-\frac{1}{2}(\boldsymbol{x}-\boldsymbol{\mu}_{x|y})^{\mathrm{T}}\boldsymbol{C}_{x|y}^{-1}(\boldsymbol{x}-\boldsymbol{\mu}_{x|y})\right] \tag{2.1.33}$$

式中:

$$\boldsymbol{\mu}_{x|y}=E[\boldsymbol{x}\mid\boldsymbol{y}]=\boldsymbol{\mu}_x+\boldsymbol{C}_{xy}\boldsymbol{C}_y^{-1}(\boldsymbol{y}-\boldsymbol{\mu}_y)\overset{\text{def}}{=}\hat{\boldsymbol{x}}(\boldsymbol{y}) \tag{2.1.34}$$

$$\begin{aligned}\boldsymbol{C}_{x|y}&=E[(\boldsymbol{x}-\boldsymbol{\mu}_{x|y})(\boldsymbol{x}-\boldsymbol{\mu}_{x|y})^{\mathrm{T}}]\\&=\boldsymbol{C}_x-\boldsymbol{C}_{xy}\boldsymbol{C}_y^{-1}\boldsymbol{C}_{yx}=E[\boldsymbol{z}\cdot\boldsymbol{z}^{\mathrm{T}}]\end{aligned} \tag{2.1.35}$$

且随机向量$\boldsymbol{z}=\boldsymbol{x}-\boldsymbol{\mu}_{x|y}$和$\boldsymbol{y}$是互相独立的。

证明:依题意,可得

$$p(\boldsymbol{x},\boldsymbol{y})=\frac{1}{(2\pi)^{(N_x+N_y)/2}(\det\boldsymbol{C})^{1/2}}\exp\left\{-\frac{1}{2}\begin{bmatrix}\boldsymbol{x}-\boldsymbol{\mu}_x\\\boldsymbol{y}-\boldsymbol{\mu}_y\end{bmatrix}^{\mathrm{T}}\boldsymbol{C}^{-1}\begin{bmatrix}\boldsymbol{x}-\boldsymbol{\mu}_x\\\boldsymbol{y}-\boldsymbol{\mu}_y\end{bmatrix}\right\} \tag{2.1.36}$$

$$p(\boldsymbol{y})=\frac{1}{(2\pi)^{N_y/2}(\det\boldsymbol{C}_y)^{1/2}}\exp\left[-\frac{1}{2}(\boldsymbol{y}-\boldsymbol{\mu}_y)^{\mathrm{T}}\boldsymbol{C}_y^{-1}(\boldsymbol{y}-\boldsymbol{\mu}_y)\right] \tag{2.1.37}$$

下面,利用条件概率密度公式

$$p(\boldsymbol{x}\mid\boldsymbol{y})=\frac{p(\boldsymbol{x},\boldsymbol{y})}{p(\boldsymbol{y})} \tag{2.1.38}$$

来证明本命题。从式(2.1.30)、式(2.1.31)和式(2.1.34)可以看出,只要能够证明

$$p(\boldsymbol{x},\boldsymbol{y})=p(\boldsymbol{z},\boldsymbol{y})=p(\boldsymbol{z})p(\boldsymbol{y})$$

成立,即可证得本命题。为此,对式(2.1.36)进行分解使之能表示为两个因式的乘积。

(1) 分解$\det\boldsymbol{C}$,得

$$\begin{aligned}\det\boldsymbol{C}&=\begin{vmatrix}\boldsymbol{C}_x&\boldsymbol{C}_{xy}\\\boldsymbol{C}_{yx}&\boldsymbol{C}_y\end{vmatrix}=\begin{vmatrix}\boldsymbol{C}_x-(\boldsymbol{C}_{xy}\boldsymbol{C}_y^{-1})\boldsymbol{C}_{yx}&\boldsymbol{C}_{xy}-(\boldsymbol{C}_{xy}\boldsymbol{C}_y^{-1})\boldsymbol{C}_y\\\boldsymbol{C}_{yx}&\boldsymbol{C}_y\end{vmatrix}\\&=\begin{vmatrix}\boldsymbol{C}_z&\boldsymbol{0}\\\boldsymbol{C}_{yx}&\boldsymbol{C}_y\end{vmatrix}=\det\boldsymbol{C}_z\cdot\det\boldsymbol{C}_y\end{aligned} \tag{2.1.39}$$

推导中利用了式(2.1.31)。

(2) 分解式(2.1.39)中的指数部分。利用式(2.1.30),得

$$\begin{bmatrix}\boldsymbol{x}-\boldsymbol{\mu}_x\\\boldsymbol{y}-\boldsymbol{\mu}_y\end{bmatrix}=\begin{bmatrix}\boldsymbol{z}+\boldsymbol{C}_{xy}\boldsymbol{C}_y^{-1}(\boldsymbol{y}-\boldsymbol{\mu}_y)\\\boldsymbol{y}-\boldsymbol{\mu}_y\end{bmatrix}=\begin{bmatrix}\boldsymbol{I}&\boldsymbol{C}_{xy}\boldsymbol{C}_y^{-1}\\\boldsymbol{0}&\boldsymbol{I}\end{bmatrix}\begin{bmatrix}\boldsymbol{z}\\\boldsymbol{y}-\boldsymbol{\mu}_y\end{bmatrix} \tag{2.1.40}$$

其转置为

$$\begin{bmatrix} \boldsymbol{x}-\boldsymbol{\mu}_x \\ \boldsymbol{y}-\boldsymbol{\mu}_y \end{bmatrix}^{\mathrm{T}} = [\boldsymbol{z}^{\mathrm{T}} \quad (\boldsymbol{y}-\boldsymbol{\mu}_y)^{\mathrm{T}}] \begin{bmatrix} \boldsymbol{I} & \boldsymbol{0} \\ \boldsymbol{C}_y^{-1}\boldsymbol{C}_{yx} & \boldsymbol{I} \end{bmatrix} \tag{2.1.41}$$

利用线性代数求逆矩阵公式和式(2.1.31),可得

$$\boldsymbol{C}^{-1} = \begin{bmatrix} \boldsymbol{C}_x & \boldsymbol{C}_{xy} \\ \boldsymbol{C}_{yx} & \boldsymbol{C}_y \end{bmatrix}^{-1} = \begin{bmatrix} \boldsymbol{C}_z^{-1} & -\boldsymbol{C}_z^{-1}\boldsymbol{C}_{xy}\boldsymbol{C}_y^{-1} \\ -\boldsymbol{C}_y^{-1}\boldsymbol{C}_{yx}\boldsymbol{C}_z^{-1} & \boldsymbol{C}_y^{-1}(\boldsymbol{I}+\boldsymbol{C}_{yx}\boldsymbol{C}_z^{-1}\boldsymbol{C}_{xy}\boldsymbol{C}_y^{-1}) \end{bmatrix} \tag{2.1.42}$$

(3) 计算式(2.1.36)的指数部分:

$$\begin{aligned} \begin{bmatrix} \boldsymbol{x}-\boldsymbol{\mu}_x \\ \boldsymbol{y}-\boldsymbol{\mu}_y \end{bmatrix}^{\mathrm{T}} \boldsymbol{C}^{-1} \begin{bmatrix} \boldsymbol{x}-\boldsymbol{\mu}_x \\ \boldsymbol{y}-\boldsymbol{\mu}_y \end{bmatrix} &= [\boldsymbol{z}^{\mathrm{T}} \quad (\boldsymbol{y}-\boldsymbol{\mu}_y)^{\mathrm{T}}] \begin{bmatrix} \boldsymbol{C}_z^{-1} & \boldsymbol{0} \\ \boldsymbol{0} & \boldsymbol{C}_y^{-1} \end{bmatrix} \begin{bmatrix} \boldsymbol{z} \\ \boldsymbol{y}-\boldsymbol{\mu}_y \end{bmatrix} \\ &= \boldsymbol{z}^{\mathrm{T}}\boldsymbol{C}_z^{-1}\boldsymbol{z} + (\boldsymbol{y}-\boldsymbol{\mu}_y)^{\mathrm{T}}\boldsymbol{C}_y^{-1}(\boldsymbol{y}-\boldsymbol{\mu}_y) \end{aligned} \tag{2.1.43}$$

推导中利用了式(2.1.41)、式(2.1.42)和以下运算结果:

$$\begin{aligned} &\begin{bmatrix} \boldsymbol{I} & \boldsymbol{0} \\ \boldsymbol{C}_y^{-1}\boldsymbol{C}_{yx} & \boldsymbol{I} \end{bmatrix} \begin{bmatrix} \boldsymbol{C}_z^{-1} & -\boldsymbol{C}_z^{-1}\boldsymbol{C}_{xy}\boldsymbol{C}_y^{-1} \\ -\boldsymbol{C}_y^{-1}\boldsymbol{C}_{yx}\boldsymbol{C}_z^{-1} & \boldsymbol{C}_y^{-1}(\boldsymbol{I}+\boldsymbol{C}_{yx}\boldsymbol{C}_z^{-1}\boldsymbol{C}_{xy}\boldsymbol{C}_y^{-1}) \end{bmatrix} \begin{bmatrix} \boldsymbol{I} & \boldsymbol{C}_{xy}\boldsymbol{C}_y^{-1} \\ \boldsymbol{0} & \boldsymbol{I} \end{bmatrix} \\ &= \begin{bmatrix} \boldsymbol{C}_z^{-1} & -\boldsymbol{C}_z^{-1}\boldsymbol{C}_{xy}\boldsymbol{C}_y^{-1} \\ \boldsymbol{0} & \boldsymbol{C}_y^{-1} \end{bmatrix} \begin{bmatrix} \boldsymbol{I} & \boldsymbol{C}_{xy}\boldsymbol{C}_y^{-1} \\ \boldsymbol{0} & \boldsymbol{I} \end{bmatrix} = \begin{bmatrix} \boldsymbol{C}_z^{-1} & \boldsymbol{0} \\ \boldsymbol{0} & \boldsymbol{C}_y^{-1} \end{bmatrix} \end{aligned}$$

(4) 计算分解后的 $p(\boldsymbol{x},\boldsymbol{y})$。将式(2.1.39)和式(2.1.43)代入式(2.1.36),得

$$\begin{aligned} p(\boldsymbol{x},\boldsymbol{y}) &= \frac{1}{(2\pi)^{(N_x+N_y)/2}(\det\boldsymbol{C})^{1/2}}\exp\left\{-\frac{1}{2}\begin{bmatrix} \boldsymbol{x}-\boldsymbol{\mu}_x \\ \boldsymbol{y}-\boldsymbol{\mu}_y \end{bmatrix}^{\mathrm{T}} \boldsymbol{C}^{-1} \begin{bmatrix} \boldsymbol{x}-\boldsymbol{\mu}_x \\ \boldsymbol{y}-\boldsymbol{\mu}_y \end{bmatrix}\right\} \\ &= \frac{1}{(2\pi)^{(N_z+N_y)/2}(\det\boldsymbol{C}_z\cdot\det\boldsymbol{C}_y)^{1/2}}\exp\left[-\frac{\boldsymbol{z}^{\mathrm{T}}\boldsymbol{C}_z^{-1}\boldsymbol{z}+(\boldsymbol{y}-\boldsymbol{\mu}_y)^{\mathrm{T}}\boldsymbol{C}_y^{-1}(\boldsymbol{y}-\boldsymbol{\mu}_y)}{2}\right] \\ &= p(\boldsymbol{z})p(\boldsymbol{y}) \\ &= \frac{1}{(2\pi)^{(N_z+N_y)/2}(\det\boldsymbol{C}_{z,y})^{1/2}}\exp\left\{-\frac{1}{2}\begin{bmatrix} \boldsymbol{z} \\ \boldsymbol{y}-\boldsymbol{\mu}_y \end{bmatrix}^{\mathrm{T}} \begin{bmatrix} \boldsymbol{C}_z & \boldsymbol{0} \\ \boldsymbol{0} & \boldsymbol{C}_y \end{bmatrix}^{-1} \begin{bmatrix} \boldsymbol{z} \\ \boldsymbol{y}-\boldsymbol{\mu}_y \end{bmatrix}\right\} \\ &= p(\boldsymbol{z},\boldsymbol{y}) \end{aligned}$$

由此可见,$\boldsymbol{y}$ 与 $\boldsymbol{z}=\boldsymbol{x}-\boldsymbol{\mu}_{x|y}$是独立的。推导中利用了 $N_z=N_x$,且记

$$\boldsymbol{C}_{z,y} = \begin{bmatrix} \boldsymbol{C}_z & \boldsymbol{0} \\ \boldsymbol{0} & \boldsymbol{C}_y \end{bmatrix}$$

(5) 计算 $p(\boldsymbol{x}|\boldsymbol{y})$。把上式代入式(2.1.38),并利用式(2.1.37),可得

$$p(\boldsymbol{x}\mid\boldsymbol{y}) = \frac{p(\boldsymbol{x},\boldsymbol{y})}{p(\boldsymbol{y})} = \frac{p(\boldsymbol{z},\boldsymbol{y})}{p(\boldsymbol{y})} = \frac{p(\boldsymbol{z})p(\boldsymbol{y})}{p(\boldsymbol{y})}$$

$$= \frac{1}{(2\pi)^{N_z/2} \mid \det \boldsymbol{C}_z \mid^{1/2}} \exp\left(-\frac{1}{2}\boldsymbol{z}^{\mathrm{T}}\boldsymbol{C}_z^{-1}\boldsymbol{z}\right) \tag{2.1.44}$$

式中:

$$\boldsymbol{z} = \boldsymbol{x} - [\boldsymbol{\mu}_x + \boldsymbol{C}_{xy}\boldsymbol{C}_y^{-1}(\boldsymbol{y} - \boldsymbol{\mu}_y)] = \boldsymbol{x} - \boldsymbol{\mu}_{x|y}$$

$$\boldsymbol{C}_z = \boldsymbol{C}_x - \boldsymbol{C}_{xy}\boldsymbol{C}_y^{-1}\boldsymbol{C}_{yx} \overset{\text{def}}{=} \boldsymbol{C}_{x|y}$$

定理 2-4:设 $\boldsymbol{x}$,$\boldsymbol{u}$ 和 $\boldsymbol{v}$ 是具有联合高斯分布的随机向量,且 $\boldsymbol{u}$ 和 $\boldsymbol{v}$ 互相独立,则

$$E[\boldsymbol{x} \mid \boldsymbol{u},\boldsymbol{v}] = E[\boldsymbol{x} \mid \boldsymbol{u}] + E[\boldsymbol{x} \mid \boldsymbol{v}] - \boldsymbol{\mu}_x \tag{2.1.45}$$

证明:利用式(2.1.34)来证明,令

$$\boldsymbol{y} = \begin{bmatrix} \boldsymbol{u} \\ \boldsymbol{v} \end{bmatrix} \tag{2.1.46}$$

则有

$$\boldsymbol{\mu}_y = \begin{bmatrix} \boldsymbol{\mu}_u \\ \boldsymbol{\mu}_v \end{bmatrix}, \boldsymbol{C}_y = \begin{bmatrix} \boldsymbol{C}_u & \boldsymbol{0} \\ \boldsymbol{0} & \boldsymbol{C}_v \end{bmatrix}, \boldsymbol{C}_y^{-1} = \begin{bmatrix} \boldsymbol{C}_u^{-1} & \boldsymbol{0} \\ \boldsymbol{0} & \boldsymbol{C}_v^{-1} \end{bmatrix} \tag{2.1.47}$$

$$\boldsymbol{C}_{xy} = E[(\boldsymbol{x} - \boldsymbol{\mu}_x)(\boldsymbol{y} - \boldsymbol{\mu}_y)^{\mathrm{T}}] = [\boldsymbol{C}_{xu} \quad \boldsymbol{C}_{xv}] \tag{2.1.48}$$

将式(2.1.46)~式(2.1.48)代入式(2.1.34),得

$$\begin{aligned} E[\boldsymbol{x} \mid \boldsymbol{u},\boldsymbol{v}] &= E[\boldsymbol{x} \mid \boldsymbol{y}] = \boldsymbol{\mu}_x + \boldsymbol{C}_{xy}\boldsymbol{C}_y^{-1}(\boldsymbol{y} - \boldsymbol{\mu}_y) \\ &= [\boldsymbol{\mu}_x + \boldsymbol{C}_{xu}\boldsymbol{C}_u^{-1}(\boldsymbol{u} - \boldsymbol{\mu}_u)] + [\boldsymbol{\mu}_x + \boldsymbol{C}_{xv}\boldsymbol{C}_v^{-1}(\boldsymbol{v} - \boldsymbol{\mu}_v)] - \boldsymbol{\mu}_x \\ &= E[\boldsymbol{x} \mid \boldsymbol{u}] + E[\boldsymbol{x} \mid \boldsymbol{v}] - \boldsymbol{\mu}_x \end{aligned} \tag{2.1.49}$$

定理 2-4 的物理意义是:当两个观测值 $\boldsymbol{u}$ 和 $\boldsymbol{v}$ 互相独立时,在已知观测值 $\boldsymbol{u}$ 和 $\boldsymbol{v}$ 的条件下的最小均方误差估计量 $E[\boldsymbol{x}|\boldsymbol{u},\boldsymbol{v})]$,等于分别观测 $\boldsymbol{u}$,$\boldsymbol{v}$ 前提下所得到的两个最小均方误差估计量 $E[\boldsymbol{x}|\boldsymbol{u})]$,$E[\boldsymbol{x}|\boldsymbol{v})]$之和,再减去高斯向量 $\boldsymbol{x}$ 的期望值 $\boldsymbol{\mu}_x$。

定理 2-5:考虑定理 2-4 中 $\boldsymbol{u}$ 和 $\boldsymbol{v}$ 是相关的,但其他条件不变,则有

$$E[\boldsymbol{x} \mid \boldsymbol{u},\boldsymbol{v}] = E[\boldsymbol{x} \mid \tilde{\boldsymbol{u}}(\boldsymbol{v}),\boldsymbol{v}] \tag{2.1.50}$$

式中:

$$\tilde{\boldsymbol{u}}(\boldsymbol{v}) = \boldsymbol{u} - \hat{\boldsymbol{u}}(\boldsymbol{v}) = \boldsymbol{u} - [\boldsymbol{\mu}_u + \boldsymbol{C}_{uv}\boldsymbol{C}_v^{-1}(\boldsymbol{v} - \boldsymbol{\mu}_v)] \tag{2.1.51}$$

定理 2-5 表明,用两个相关的向量 $\boldsymbol{u}$ 和 $\boldsymbol{v}$ 来估计 $\boldsymbol{x}$,可转换为用两个独立的向量 $\bar{\boldsymbol{u}}$ 和 $\boldsymbol{v}$ 来估计 $\boldsymbol{x}$。与定理 2-4 比较,不同之处是用 $\tilde{\boldsymbol{u}}$ 置换了 $\boldsymbol{u}$。对此可解释如下:把 $\boldsymbol{u}$ 分解为两个分量 $\hat{\boldsymbol{u}}$ 和 $\tilde{\boldsymbol{u}}$ 后,用 $\boldsymbol{u}$ 估计 $\boldsymbol{x}$ 就等价于用 $\hat{\boldsymbol{u}}$ 和 $\tilde{\boldsymbol{u}}$ 分别估计 $\boldsymbol{x}$。其中,$\hat{\boldsymbol{u}}$ 是在已知观测数据 $\boldsymbol{v}$ 条件下的最小均方误差估计量,也即用 $\boldsymbol{v}$ 估计 $\boldsymbol{x}$ 包含了用 $\hat{\boldsymbol{u}}$ 估计 $\boldsymbol{x}$ 的全部信息。但因估计误差 $\tilde{\boldsymbol{u}}$ 与观测数据 $\boldsymbol{v}$ 互相独立,$\tilde{\boldsymbol{u}}$ 包含了 $\boldsymbol{v}$ 所没有的信息(称为新息),故用 $\tilde{\boldsymbol{u}}$ 估计 $\boldsymbol{x}$ 的部分不能用 $\boldsymbol{v}$ 估计 $\boldsymbol{x}$ 的部分来代替。

证明:容易验证下列式子是成立的,即

$$\boldsymbol{\mu}_{\tilde{u}} = E[\tilde{\boldsymbol{u}}(\boldsymbol{v})] = \boldsymbol{0}, p(\tilde{\boldsymbol{u}},\boldsymbol{v}) = p(\tilde{\boldsymbol{u}})p(\boldsymbol{v})$$

$$\boldsymbol{C}_{\tilde{u}} = E[(\boldsymbol{u}-\hat{\boldsymbol{u}})(\boldsymbol{u}-\hat{\boldsymbol{u}})^{\mathrm{T}}] = \boldsymbol{C}_u - \boldsymbol{C}_{uv}\boldsymbol{C}_v^{-1}\boldsymbol{C}_{vu}$$

分别计算式(2.1.50)的等号两边,若定理 2-5 成立,则二者相等。为此,构造向量

$$\boldsymbol{y} = \begin{bmatrix}\boldsymbol{u}\\ \boldsymbol{v}\end{bmatrix}, \boldsymbol{y}-\boldsymbol{\mu}_y = \begin{bmatrix}\boldsymbol{u}-\boldsymbol{\mu}_u\\ \boldsymbol{v}-\boldsymbol{\mu}_v\end{bmatrix}$$

则有

$$\boldsymbol{C}_{xy} = [\boldsymbol{C}_{xu} \quad \boldsymbol{C}_{xv}], \boldsymbol{C}_y = \begin{bmatrix}\boldsymbol{C}_u & \boldsymbol{C}_{uv}\\ \boldsymbol{C}_{vu} & \boldsymbol{C}_v\end{bmatrix}$$

$$\boldsymbol{C}_y^{-1} = \begin{bmatrix}\boldsymbol{C}_{\tilde{u}}^{-1} & -\boldsymbol{C}_{\tilde{u}}^{-1}\boldsymbol{C}_{uv}\boldsymbol{C}_v^{-1}\\ -\boldsymbol{C}_v^{-1}\boldsymbol{C}_{vu}\boldsymbol{C}_{\tilde{u}}^{-1} & \boldsymbol{C}_v^{-1}(\boldsymbol{I}+\boldsymbol{C}_{vu}\boldsymbol{C}_{\tilde{u}}^{-1}\boldsymbol{C}_{uv}\boldsymbol{C}_v^{-1})\end{bmatrix}$$

(1) 计算等号左边。根据定理 2-3,可得

$$E[\boldsymbol{x}\mid\boldsymbol{y}] = E[\boldsymbol{x}\mid\boldsymbol{u},\boldsymbol{v}] = \boldsymbol{\mu}_x + \boldsymbol{C}_{xy}\boldsymbol{C}_y^{-1}(\boldsymbol{y}-\boldsymbol{\mu}_y)$$

将 $\boldsymbol{C}_{xy}$ 和 $\boldsymbol{C}_y^{-1}$ 代入上式,就有

$$\begin{aligned}E[\boldsymbol{x}\mid\boldsymbol{u},\boldsymbol{v}] =& \boldsymbol{\mu}_x + (\boldsymbol{C}_{xu}-\boldsymbol{C}_{xv}\boldsymbol{C}_v^{-1}\boldsymbol{C}_{vu})\boldsymbol{C}_{\tilde{u}}^{-1}(\boldsymbol{u}-\boldsymbol{\mu}_u) + \\ &(\boldsymbol{C}_{xv}-\boldsymbol{C}_{xu}\boldsymbol{C}_{\tilde{u}}^{-1}\boldsymbol{C}_{uv}+\boldsymbol{C}_{xv}\boldsymbol{C}_v^{-1}\boldsymbol{C}_{vu}\boldsymbol{C}_{\tilde{u}}^{-1}\boldsymbol{C}_{uv})\boldsymbol{C}_v^{-1}(\boldsymbol{v}-\boldsymbol{\mu}_v)\end{aligned} \quad (2.1.52)$$

(2) 计算等号右边。因为 $\tilde{\boldsymbol{u}}$ 和 $\boldsymbol{v}$ 独立,所以由定理 2-4 可知

$$\begin{aligned}E[\boldsymbol{x}\mid\tilde{\boldsymbol{u}},\boldsymbol{v}] &= E[\boldsymbol{x}\mid\tilde{\boldsymbol{u}}] + E[\boldsymbol{x}\mid\boldsymbol{v}] - \boldsymbol{\mu}_x\\ &= \boldsymbol{\mu}_x + \boldsymbol{C}_{x\tilde{u}}\boldsymbol{C}_{\tilde{u}}^{-1}\tilde{\boldsymbol{u}} + \boldsymbol{\mu}_x + \boldsymbol{C}_{xv}\boldsymbol{C}_v^{-1}(\boldsymbol{v}-\boldsymbol{\mu}_v) - \boldsymbol{\mu}_x\end{aligned} \quad (2.1.53)$$

其中

$$\begin{aligned}\boldsymbol{C}_{x\tilde{u}} &= E[(\boldsymbol{x}-\boldsymbol{\mu}_x)\tilde{\boldsymbol{u}}^{\mathrm{T}}]\\ &= E\{(\boldsymbol{x}-\boldsymbol{\mu}_x)[\boldsymbol{u}-\boldsymbol{\mu}_u-\boldsymbol{C}_{uv}\boldsymbol{C}_v^{-1}(\boldsymbol{v}-\boldsymbol{\mu}_v)]^{\mathrm{T}}\}\\ &= \boldsymbol{C}_{xu}-\boldsymbol{C}_{xv}\boldsymbol{C}_v^{-1}\boldsymbol{C}_{vu}\end{aligned} \quad (2.1.54)$$

推导中利用了定理 2-3。将式(2.1.51)和式(2.1.54)代入式(2.1.53),得

$$\begin{aligned}E[\boldsymbol{x}\mid\tilde{\boldsymbol{u}},\boldsymbol{v}] =& \boldsymbol{\mu}_x + (\boldsymbol{C}_{xu}-\boldsymbol{C}_{xu}\boldsymbol{C}_v^{-1}\boldsymbol{C}_{vu})\boldsymbol{C}_{\tilde{u}}^{-1}(\boldsymbol{u}-\boldsymbol{\mu}_u) + \\ &(\boldsymbol{C}_{xv}-\boldsymbol{C}_{xu}\boldsymbol{C}_{\tilde{u}}^{-1}\boldsymbol{C}_{uv}+\boldsymbol{C}_{xv}\boldsymbol{C}_v^{-1}\boldsymbol{C}_{vu}\boldsymbol{C}_{\tilde{u}}^{-1}\boldsymbol{C}_{uv})\boldsymbol{C}_v^{-1}(\boldsymbol{v}-\boldsymbol{\mu}_v)\end{aligned} \quad (2.1.55)$$

显然,式(2.1.52)和式(2.1.55)是相等的。

2.2 高斯过程性质与高斯白噪声

在本节中,首先介绍多维高斯过程及其性质,然后,简要介绍随机信号与系统分析中常用的高斯白噪声的生成方法。

2.2.1 高斯过程的主要性质

定义:如果实平稳过程 $x(t)$ 在任意时刻 $t_i(i=1,2,\cdots,N)$ 上的取值 $x(t_i)$ 所组成任意 N 维随机向量 $\boldsymbol{x}$ 都是高斯向量,则称该实平稳过程 $x(t)$ 为高斯过程。

性质1:高斯过程 $x(t)$ 完全由它的数学期望 $\boldsymbol{\mu}_x$ 和协方差矩阵 $\boldsymbol{C}_x$ 所决定。

如果已知与任意采样时刻 $t_i(i=1,2,\cdots,N)$ 相对应的期望值向量 $\boldsymbol{\mu}_x$ 和协方差矩阵 $\boldsymbol{C}_x$,就能给出任意 N 维高斯密度函数(式(2.1.21))。对于弱平稳高斯过程而言,由于 $\boldsymbol{\mu}_x$ 和 $\boldsymbol{C}_x$ 皆与时间参考点无关,因而必然是强平稳的。

性质2:高斯变量之间的不相关性与独立性是等价的。

证明:若随机变量 $x_i(i=1,2,\cdots,N)$ 是不相关的,也即

$$\operatorname{cov}(x_i,x_k)=\sigma_i^2\delta_{ik}=\begin{cases}\sigma_i^2, & i=k\\ 0, & i\neq k\end{cases}\qquad (i,k=1,2,\cdots,N)$$

则随机变量 $x_i(i=1,2,\cdots,N)$ 的协方差矩阵的逆可写成对角线形式

$$\boldsymbol{C}_x^{-1}=\operatorname{diag}\{1/\sigma_1^2,1/\sigma_2^2,\cdots,1/\sigma_N^2\}$$

将上式代入高斯密度函数表达式(2.1.21),就有

$$p(\boldsymbol{x})=\prod_{i=1}^{N}\frac{1}{\sqrt{2\pi}\sigma_i}\exp\left[-\frac{(x_i-\mu_i)^2}{2\sigma_i^2}\right]=\prod_{i=1}^{N}p(x_i)$$

由此可见,不相关的高斯变量 $x_i(i=1,2,\cdots,N)$ 是统计独立的。

性质3:零均值联合实高斯变量 x_1,x_2,x_3 和 x_4 的四阶原点混合矩为

$$E[x_1x_2x_3x_4]=R_{12}R_{34}+R_{13}R_{24}+R_{14}R_{23}\tag{2.2.1}$$

式中:$R_{ik}=E[x_ix_k]$。

证明:将式(1.3.15)推广到多维的情形,就有

$$E[x_1\cdots x_N]=(-\mathrm{j})^N\left[\frac{\partial^N\boldsymbol{\Phi}_x(\mathrm{j}\boldsymbol{\omega})}{\partial\omega_1\cdots\partial\omega_N}\right]_{\boldsymbol{\omega}=0}\tag{2.2.2}$$

由式(2.1.23)可知,零均值联合高斯实变量的特征函数可表示为

$$\begin{aligned}\boldsymbol{\Phi}_x(\mathrm{j}\boldsymbol{\omega})&=\exp\left(-\frac{\boldsymbol{\omega}^{\mathrm{T}}\boldsymbol{R}_x\boldsymbol{\omega}}{2}\right)=\exp\left(-\frac{1}{2}\sum_{i,j=1}^{N}R_{ij}\omega_i\omega_j\right)\\&=\sum_{m=0}^{\infty}\frac{(-1)^m}{2^m m!}\left(\sum_{i,j=1}^{N}R_{ij}\omega_i\omega_j\right)^m\end{aligned}\tag{2.2.3}$$

式(2.2.3)推导中利用了指数函数的泰勒级数展开式。对于四阶原点混合矩($N=4$),由式(2.2.2)和式(2.2.3)可以看出,当且仅当 $m=2$ 时才有非零项:

$$E[x_1\cdots x_4]=\frac{1}{8}\left[\frac{\partial^4\left(\sum_{i,j,k,l=1}^{4}R_{ij}R_{kl}\omega_i\omega_j\omega_k\omega_l\right)}{\partial\omega_1\cdots\partial\omega_4}\right]_{\boldsymbol{\omega}=0}$$

其中,非零项仅仅是那些同时包含 $\omega_i\omega_j\omega_k\omega_l$ 的项,$1\leqslant(i,j,k,l)\leqslant4,i\neq j\neq k\neq l$;这

样的项共有 4！ =24 项。考虑到 $\boldsymbol{R}_x$ 的对称性，不重复的 $R_{ij}R_{kl}$ 只有三项，故有

$$E[x_1x_2x_3x_4] = \frac{1}{8}[(R_{12}R_{34} + R_{13}R_{24} + R_{14}R_{23}) \times 8]$$
$$= R_{12}R_{34} + R_{13}R_{24} + R_{14}R_{23}$$

【例 2 -2】 已知零均值平稳高斯过程 $x(t)$ 的自相关函数为 $R_x(\tau)$，试求 $y(t) = x^2(t)$ 的自相关函数。

解：利用式(2.2.1)，即可得到

$$\begin{aligned} R_y(\tau) &= E[x^2(t)x^2(t-\tau)] \\ &= E[x^2(t)] \cdot E[x^2(t-\tau)] + 2E^2[x(t)x(t-\tau)] \\ &= R_x^2(0) + 2R_x^2(\tau) \end{aligned}$$

性质 4：高斯向量 $\boldsymbol{x}$ 经过任意线性变换 $\boldsymbol{L}$ 所得到的随机向量 $\boldsymbol{Lx}$ 仍然是高斯的；若 N 个随机变量的任意加权和是一高斯变量，则它们是联合高斯的。

证明：仅证明第一个结论。设 M 维输出向量 $\boldsymbol{y}$ 是 N 维输入向量 $\boldsymbol{x}$ 的线性函数：

$$\boldsymbol{y} = \boldsymbol{Lx}$$

式中：$\boldsymbol{L}$ 为满秩的 $M \times N$ 矩阵($M \leqslant N$)，即 $\boldsymbol{y}$ 中的任一分量 y_i 都不能表示为其他分量的线性组合。依题意，$\boldsymbol{x}$ 服从高斯分布，现在要证明 $\boldsymbol{y}$ 也是高斯向量。

(1) 考虑 $M = N$ 的情况，即 $\boldsymbol{L}$ 是非奇异矩阵。由定理 1 -7 可知

$$p_Y(\boldsymbol{y}) = \frac{1}{|\det\boldsymbol{L}|}p_X(\boldsymbol{L}^{-1}\boldsymbol{y})$$

利用式(2.1.21)和下列关系式

$$(\boldsymbol{LC}_x\boldsymbol{L}^{\mathrm{T}})^{-1} = (\boldsymbol{L}^{-1})^{\mathrm{T}}\boldsymbol{C}_x^{-1}\boldsymbol{L}^{-1}, \det\boldsymbol{L} = \det\boldsymbol{L}^{\mathrm{T}}$$
$$\det(\boldsymbol{LC}_x\boldsymbol{L}^{\mathrm{T}}) = \det\boldsymbol{L}\det\boldsymbol{C}_x\det\boldsymbol{L}^{\mathrm{T}}$$

即可得到

$$p_Y(\boldsymbol{y}) = \frac{1}{(2\pi)^{N/2}(\det\boldsymbol{LC}_x\boldsymbol{L}^{\mathrm{T}})^{1/2}}\exp\left[-\frac{(\boldsymbol{y}-\boldsymbol{\mu}_y)^{\mathrm{T}}(\boldsymbol{LC}_x\boldsymbol{L}^{\mathrm{T}})^{-1}(\boldsymbol{y}-\boldsymbol{\mu}_y)}{2}\right] \tag{2.2.4}$$

由式(2.1.21)可知，$\boldsymbol{y}$ 是高斯向量。

(2) 考虑 $M < N$ 的情况。作如下变换：

$$\boldsymbol{y} = \boldsymbol{Lx} = \begin{pmatrix} & \boldsymbol{L}_1 & \\ \boldsymbol{0} & & \boldsymbol{I} \end{pmatrix}\boldsymbol{x} \tag{2.2.5}$$

式中：$\boldsymbol{L}_1$ 为 $M \times N$ 维线性变换矩阵；$\boldsymbol{0}$ 为$(N-M) \times M$ 零矩阵；$\boldsymbol{I}$ 为$(N-M) \times (N-M)$单位矩阵。显而易见，最后的$(N-M)$个变量 y_i 与 x_i 相同，都是高斯变量。为了求解前 M 个变量 $y_i(i=1,2,\cdots,M)$的密度函数，可利用密度函数的边缘分布公式，即

$$p_Y(y_1,y_2,\cdots,y_M) = \int_{-\infty}^{\infty} p_Y(\boldsymbol{y})\,\mathrm{d}y_{M+1}\cdots\mathrm{d}y_N$$

式中:积分符号表示多重积分。因此,只要证明 $p_Y(\boldsymbol{y})$[记为 $p(\boldsymbol{y})$]服从高斯分布即可。

令:$\boldsymbol{y}_1$ 是由变量 $y_i(i=1,2,\cdots,M)$ 组成的随机向量,$\boldsymbol{y}_2$ 是由变量 $y_k(k=M+1,M+2,\cdots,N)$ 组成的随机向量;$\Phi_1(\mathrm{j}\boldsymbol{\omega}_1)$ 是 $\boldsymbol{y}_1$ 的特征函数;$\Phi_y(\mathrm{j}\boldsymbol{\omega})$ 是包含所有变量的向量 $\boldsymbol{y}=[\boldsymbol{y}_1,\boldsymbol{y}_2]^{\mathrm{T}}$ 的特征函数,其中,$\boldsymbol{\omega}=[\boldsymbol{\omega}_1,\boldsymbol{\omega}_2]^{\mathrm{T}}$,$\boldsymbol{\omega}_2$ 是对应于 $\boldsymbol{y}_2$ 的特征函数向量。

根据定义,随机向量 $\boldsymbol{y}_1$ 的特征函数可表示为

$$\begin{aligned}\Phi_1(\mathrm{j}\boldsymbol{\omega}_1) &= \int_{-\infty}^{\infty}\left[\int_{-\infty}^{\infty} p(\boldsymbol{y})\,\mathrm{d}\boldsymbol{y}_2\right]\exp(\mathrm{j}\boldsymbol{\omega}_1^{\mathrm{T}}\boldsymbol{y}_1)\,\mathrm{d}\boldsymbol{y}_1 \\ &= \int_{-\infty}^{\infty} p(\boldsymbol{y})\exp(\mathrm{j}\boldsymbol{\omega}^{\mathrm{T}}\boldsymbol{y})\,\mathrm{d}\boldsymbol{y}\,\Big|_{\boldsymbol{\omega}_2=0} = \Phi_{\boldsymbol{y}}(\mathrm{j}\boldsymbol{\omega})\,\Big|_{\boldsymbol{\omega}_2=0}\end{aligned} \tag{2.2.6}$$

式中:积分符号表示多重积分。

为了证明 $\boldsymbol{y}_1$ 是高斯向量,将向量 $\boldsymbol{y}$ 的协方差矩阵表示为分块矩阵,即

$$\boldsymbol{C}_y = \begin{bmatrix}\boldsymbol{C}_{11} & \boldsymbol{C}_{12}\\ \boldsymbol{C}_{12}^{\mathrm{T}} & \boldsymbol{C}_{22}\end{bmatrix}$$

前面已经证明,当 $M=N$ 时,$\boldsymbol{y}$ 服从高斯分布。于是,$p(\boldsymbol{y})$ 的特征函数可表示为

$$\begin{aligned}\Phi_y(\mathrm{j}\boldsymbol{\omega}) &= \exp\left(\mathrm{j}\boldsymbol{\mu}_y^{\mathrm{T}}\boldsymbol{\omega} - \frac{\boldsymbol{\omega}^{\mathrm{T}}\boldsymbol{C}_y\boldsymbol{\omega}}{2}\right)\\ &= \exp\left\{\mathrm{j}[\boldsymbol{\mu}_1^{\mathrm{T}}\quad \boldsymbol{\mu}_2^{\mathrm{T}}]\begin{bmatrix}\boldsymbol{\omega}_1\\ \boldsymbol{\omega}_2\end{bmatrix} - \frac{1}{2}[\boldsymbol{\omega}_1^{\mathrm{T}}\quad \boldsymbol{\omega}_2^{\mathrm{T}}]\begin{bmatrix}\boldsymbol{C}_{11} & \boldsymbol{C}_{12}\\ \boldsymbol{C}_{12}^{\mathrm{T}} & \boldsymbol{C}_{22}\end{bmatrix}\begin{bmatrix}\boldsymbol{\omega}_1\\ \boldsymbol{\omega}_2\end{bmatrix}\right\}\end{aligned}$$

式中:$\boldsymbol{\mu}_y=[\boldsymbol{\mu}_1{}^{\mathrm{T}},\boldsymbol{\mu}_2{}^{\mathrm{T}}]^{\mathrm{T}}$;$\boldsymbol{\mu}_1$ 为 $\boldsymbol{y}_1$ 的期望值;$\boldsymbol{\mu}_2$ 为 $\boldsymbol{y}_2$ 的期望值。

利用式(2.2.6),即可得到

$$\Phi_1(\mathrm{j}\boldsymbol{\omega}_1) = \Phi_y(\mathrm{j}\boldsymbol{\omega})\,\Big|_{\boldsymbol{\omega}_2=0} = \exp\left[\mathrm{j}\boldsymbol{\mu}_1^{\mathrm{T}}\boldsymbol{\omega}_1 - \frac{\boldsymbol{\omega}_1^{\mathrm{T}}\boldsymbol{C}_{11}\boldsymbol{\omega}_1}{2}\right]$$

式中:$\boldsymbol{C}_{11}$ 为 $\boldsymbol{y}_1$ 的协方差矩阵。对照式(2.1.23),可知 $\Phi_1(\mathrm{j}\boldsymbol{\omega}_1)$ 是高斯向量 $\boldsymbol{y}_1$ 的特征函数。这说明高斯向量的边缘密度函数 $p_Y(\boldsymbol{y}_1)$ 也服从高斯分布。

事实上,根据变换式(2.2.5),可求出 $\boldsymbol{y}_1$ 的期望值向量和协方差矩阵:

$$\boldsymbol{\mu}_1 = \boldsymbol{L}_1 E[\boldsymbol{x}] = \boldsymbol{L}_1\boldsymbol{\mu}_x$$

$$\boldsymbol{C}_{11} = E\{\boldsymbol{L}_1(\boldsymbol{x}-\boldsymbol{\mu}_x)[\boldsymbol{L}_1(\boldsymbol{x}-\boldsymbol{\mu}_x)]^{\mathrm{T}}\} = \boldsymbol{L}_1\boldsymbol{C}_x\boldsymbol{L}_1^{\mathrm{T}}$$

利用上述结果,可得到式(2.2.4)的另一种表达形式:用 $\boldsymbol{\mu}_1$ 取代 $\boldsymbol{\mu}_y$,用 $\boldsymbol{L}_1$ 取代 $\boldsymbol{L}$。这就证明了对于任意满秩的线性变换 $\boldsymbol{L}$,式(2.2.4)都成立。

上述结论具有重要应用价值。在分析实随机向量时,为了方便起见,通常希望高斯向量的各个分量是不相关的——输入过程的协方差矩阵是对角阵。根据矩阵理论,对于任意一个 N 维实对称矩阵 $\boldsymbol{C}$,都存在一个 N 维正交矩阵 $\boldsymbol{L}$,使

$$\boldsymbol{L}^{\mathrm{T}}\boldsymbol{C}\boldsymbol{L} = \boldsymbol{L}^{-1}\boldsymbol{C}\boldsymbol{L} = \boldsymbol{\Lambda}$$

式中:$\boldsymbol{\Lambda}$ 为由 $\boldsymbol{C}$ 的 N 个特征向量组成的对角形矩阵。因此,可寻求满秩矩阵 $\boldsymbol{L}$,作如下线性变换,即

$$\boldsymbol{y} = \boldsymbol{L}^{\mathrm{T}} \cdot \boldsymbol{x}$$

使向量 $\boldsymbol{y}$ 的协方差矩阵具有对角阵形式

$$\begin{aligned}\boldsymbol{C}_y &= E\{[\boldsymbol{L}^{\mathrm{T}}(\boldsymbol{x} - \boldsymbol{\mu}_x)][\boldsymbol{L}^{\mathrm{T}}(\boldsymbol{x} - \boldsymbol{\mu}_x)]^{\mathrm{T}}\} \\ &= \boldsymbol{L}^{\mathrm{T}}\boldsymbol{C}_x\boldsymbol{L} = \Lambda\end{aligned}$$

式中:对角线上的元素为新变量 y_i 的方差;$\boldsymbol{L}$ 为由实对称矩阵 $\boldsymbol{C}_x$ 的 N 个正交特征向量 $\boldsymbol{L}_i(i=1,2,\cdots,N)$ 所构成的 $N\times N$ 矩阵:

$$\boldsymbol{L} = [\boldsymbol{L}_1, \cdots, \boldsymbol{L}_N]$$

当特征向量对应于 $\boldsymbol{C}_x$ 不同的特征根时,$\boldsymbol{L}$ 中的列向量 $\boldsymbol{L}_i$ 是正交的;当 M 个特征向量对应于 $\boldsymbol{C}_x$ 的某一个重根 $\boldsymbol{\lambda}_k$ 时,特征向量 $\boldsymbol{L}_i^{(k)}(i=1,2,\cdots,M)$ 是线性无关的,此时总可以找到这些特征向量的某种线性组合,构成新的正交特征向量,且它们仍然是协方差矩阵 $\boldsymbol{C}_x$ 的特征向量。如果进一步将 $\boldsymbol{L}$ 的每个列向量除以其长度 $\boldsymbol{L}_i{}^{\mathrm{T}}\boldsymbol{L}_i$,便可得到一个正交矩阵,仍记为 $\boldsymbol{L}$,即

$$\boldsymbol{L}^{\mathrm{T}}\boldsymbol{L} = \begin{bmatrix}\boldsymbol{L}_1^{\mathrm{T}} \\ \vdots \\ \boldsymbol{L}_N^{\mathrm{T}}\end{bmatrix}[\boldsymbol{L}_1, \cdots, \boldsymbol{L}_N] = \{\delta_{ij}\} = \boldsymbol{I}$$

【例 2-3】 考虑实对称正定矩阵

$$\boldsymbol{C} = \frac{1}{33}\begin{pmatrix} 50 & 7 & -28 \\ 7 & 2 & -4 \\ -28 & -4 & 17 \end{pmatrix}$$

要求通过正交变换将矩阵 $\boldsymbol{C}$ 转换为对角阵。

解:实对称正定矩阵 $\boldsymbol{C}$ 可视为某一随机向量的协方差矩阵,其特征方程为

$$\det(\lambda\boldsymbol{I} - \boldsymbol{C}) = \lambda^3 - 5\lambda^2 + 7\lambda - 3 = 0$$

解方程得:$\lambda=1,1,3$。令与 $\lambda_i(i=1,2,3)$ 对应的特征向量为 $\boldsymbol{L}_i = [L_{1i}, L_{2i}, L_{3i}]^{\mathrm{T}}$,则有

$$(\boldsymbol{C} - \lambda_i\boldsymbol{I})\boldsymbol{L}_i = 0 \tag{2.2.7}$$

将特征值 $\lambda_1=1$ 和 $\boldsymbol{L}_1$ 代入方程组(式(2.2.7)),得

$$\begin{cases}49L_{11} + 7L_{21} - 28L_{31} = 0 \\ 7L_{11} + L_{21} - 4L_{31} = 0 \\ -28L_{11} - 4L_{21} + 16L_{31} = 0\end{cases}$$

因为系数矩阵的秩为 1,所以该方程组有两个线性无关的解。

令 $L_{11}=1, L_{21}=0$，解方程组得：$L_{31}=7/4$。因此，对应于 $\boldsymbol{\lambda}_1=1$ 的特征向量为

$$\boldsymbol{L'}_1=[L_{11},L_{21},L_{31}]^{\mathrm{T}}=[1,\ 0,\ 7/4]^{\mathrm{T}}$$

类似地，将特征值 $\boldsymbol{\lambda}_2=1$ 和 $\boldsymbol{L}_2$ 代入方程组（式(2.2.7)），且令 $L_{12}=0, L_{22}=1$，解方程组得：$L_{32}=1/4$。于是，对应于重根 $\boldsymbol{\lambda}_2=1$，可得到与 $\boldsymbol{L'}_1$ 线性无关的特征向量为

$$\boldsymbol{L'}_2=[L_{12},L_{22},L_{32}]^{\mathrm{T}}=[0,1,1/4]^{\mathrm{T}}$$

尽管 $\boldsymbol{L'}_1$ 和 $\boldsymbol{L'}_2$ 线性无关，但二者并不正交，故还需要求出 $\boldsymbol{L'}_1$ 和 $\boldsymbol{L'}_2$ 的某一线性组合作为新的特征向量（$\boldsymbol{L'}_1+\partial\,\boldsymbol{L'}_2$），使得

$$\boldsymbol{L'}_2\times(\boldsymbol{L'}_1+\alpha\boldsymbol{L'}_2)=\begin{bmatrix}0 & 1 & \frac{1}{4}\end{bmatrix}\cdot\begin{bmatrix}1+\alpha\times 0\\ 0+\alpha\times 1\\ 49/28+\alpha\times 1/4\end{bmatrix}=0$$

解得：$\alpha=-7/17$，于是就有

$$\boldsymbol{L'}_1+\alpha\boldsymbol{L'}_2=\left[1,\ -\frac{7}{17},\frac{91}{68}\right]^{\mathrm{T}}\overset{\mathrm{def}}{=}\boldsymbol{L'}_1$$

同理，将特征值 $\boldsymbol{\lambda}_3=67$ 和 $\boldsymbol{L}_3$ 代入方程组（式(2.2.7)），解得

$$\boldsymbol{L'}_3=[L_{13},L_{23},L_{33}]^{\mathrm{T}}=[1,1/7,-4/7]^{\mathrm{T}}$$

将上述三个特征向量化为单位向量，即

$$\boldsymbol{L}_1=\frac{1}{\sqrt{1122}}\begin{bmatrix}17\\ -7\\ 28\end{bmatrix},\boldsymbol{L}_2=\frac{1}{\sqrt{1122}}\begin{bmatrix}0\\ 4\sqrt{66}\\ \sqrt{66}\end{bmatrix},\boldsymbol{L}_3=\frac{1}{\sqrt{1122}}\begin{bmatrix}7\sqrt{17}\\ \sqrt{17}\\ -4\sqrt{17}\end{bmatrix}$$

于是，正交矩阵可表示为

$$\boldsymbol{L}=[\boldsymbol{L}_1,\boldsymbol{L}_2,\boldsymbol{L}_3]=\frac{1}{\sqrt{1122}}\begin{bmatrix}17 & 0 & 7\sqrt{17}\\ -7 & 4\sqrt{66} & \sqrt{17}\\ 28 & \sqrt{66} & -4\sqrt{17}\end{bmatrix}$$

容易验证，经正交变换后实对称正定矩阵可化为对角阵：

$$\boldsymbol{L}^{\mathrm{T}}\boldsymbol{C}\boldsymbol{L}=\begin{bmatrix}1 & 0 & 0\\ 0 & 1 & 0\\ 0 & 0 & 67\end{bmatrix}$$

【例 2-4】 设随机变量 x_1 和 x_2 是联合实高斯变量，其联合密度函数为

$$p(x_1,x_2)=\frac{1}{2\pi\sigma_x^2\sqrt{1-\rho^2}}\exp\left[-\frac{x_1^2-2\rho x_1x_2+x_2^2}{2\sigma_x^2(1-\rho^2)}\right] \qquad (2.2.8)$$

式中：x_1 和 x_2 的相关系数 $\rho=-0.5$。试求某一正交变换 $\boldsymbol{y}=\boldsymbol{L}^{\mathrm{T}}x$，其中 $\boldsymbol{y}=[y_1,y_2]^{\mathrm{T}}$，$\boldsymbol{x}=[x_1,x_2]^{\mathrm{T}}$，使得变换后的联合高斯变量 y_1 和 y_2 是独立的。

解：令 $\boldsymbol{x}=[x_1,x_2]^{\mathrm{T}}$，将 $\rho=-0.5$ 代入式(2.2.8)，则二次型指数项可改写成

$$x_1^2 + x_1x_2 + x_2^2 = \boldsymbol{x}^{\mathrm{T}}\begin{bmatrix}1 & c\\ c & 1\end{bmatrix}\boldsymbol{x} = x_1^2 + 2cx_1x_2 + x_2^2$$

比较方程两边，解得 $c = 0.5$。于是，式(2.2.8)可写成高斯分布的标准形式：

$$p(\boldsymbol{x}) = \frac{1}{2\pi(\det\boldsymbol{C}_x)^{1/2}}\exp\left(-\frac{1}{2}\boldsymbol{x}^{\mathrm{T}}\boldsymbol{C}_x^{-1}\boldsymbol{x}\right)$$

式中：

$$\boldsymbol{C}_x^{-1} = \frac{4}{3\sigma_x^2}\begin{bmatrix}1 & 0.5\\ 0.5 & 1\end{bmatrix}, \boldsymbol{C}_x = \sigma_x^2\begin{bmatrix}1 & -0.5\\ -0.5 & 1\end{bmatrix}$$

下面，寻求正交变换矩阵 $\boldsymbol{L}$，使得 $\boldsymbol{L}^{\mathrm{T}}\boldsymbol{C}_x^{-1}\boldsymbol{L}$ 成为对角化矩阵。在这种情况下，变换后的联合高斯变量 y_1 和 y_2 是独立的。由于常数因子 σ_x^2 仅仅影响 $\boldsymbol{C}_x$ 的特征值，而不影响其特征向量，因此矩阵

$$\boldsymbol{C} = \begin{bmatrix}1 & -0.5\\ -0.5 & 1\end{bmatrix}$$

与矩阵 $\boldsymbol{C}_x$ 的特征向量是相同的。矩阵 $\boldsymbol{C}$ 的特征方程为

$$\det(\lambda\boldsymbol{I} - \boldsymbol{C}) = 4\lambda^2 - 8\lambda + 3 = 0$$

解得 $\lambda_1 = 3/2, \lambda_2 = 1/2$。令对应于特征值 λ_i 的特征向量为 $\boldsymbol{L}_i(i = 1,2)$，可得

$$(\boldsymbol{C} - \lambda_i\boldsymbol{I})\boldsymbol{L}_i = 0$$

由此解得归一化特征向量：$\boldsymbol{L}_1 = [1,1]^{\mathrm{T}}/\sqrt{2}, \boldsymbol{L}_2 = [1,-1]^{\mathrm{T}}/\sqrt{2}$。于是，正交矩阵 $\boldsymbol{L}$ 可表示为

$$\boldsymbol{L} = [\boldsymbol{L}_1 \quad \boldsymbol{L}_2] = \frac{1}{\sqrt{2}}\begin{bmatrix}1 & 1\\ 1 & -1\end{bmatrix}, \boldsymbol{L}^{\mathrm{T}}\boldsymbol{L} = \boldsymbol{I}$$

作正交变换：

$$\boldsymbol{y} = \begin{bmatrix}y_1\\ y_2\end{bmatrix} = \boldsymbol{L}^{\mathrm{T}}\boldsymbol{x} = \frac{1}{\sqrt{2}}\begin{bmatrix}x_1 + x_2\\ x_1 - x_2\end{bmatrix}$$

根据式(1.2.38)，随机向量 $\boldsymbol{y}$ 的密度函数可表示为

$$\begin{aligned}
p(\boldsymbol{y}) = p(y_1,y_2) &= \frac{1}{2\pi|\det\boldsymbol{L}^{\mathrm{T}}\boldsymbol{C}_x\boldsymbol{L}|^{1/2}}\exp\left[-\frac{1}{2}\boldsymbol{y}^{\mathrm{T}}(\boldsymbol{L}^{\mathrm{T}}\boldsymbol{C}_x^{-1}\boldsymbol{L})\boldsymbol{y}\right]\\
&= \frac{1}{2\pi\sqrt{3}\sigma_x^2/2}\exp\left[-\frac{1}{2}\frac{2(3y_1^2 + y_2^2)}{3\sigma_x^2}\right]\\
&= \frac{1}{\sqrt{2\pi}\sqrt{\sigma_x/2}}\exp\left[-\frac{y_1^2}{2(\sigma_x/\sqrt{2})^2}\right]\frac{1}{\sqrt{2\pi}(\sqrt{3/2}\sigma_x)}\exp\left[-\frac{y_2^2}{2(\sqrt{3/2}\sigma_x)^2}\right]\\
&= \frac{1}{\sqrt{2\pi}\sigma_{y_1}}\exp\left[-\frac{y_1^2}{2\sigma_{y_1}^2}\right]\frac{1}{\sqrt{2\pi}\sigma_{y_2}}\exp\left[-\frac{y_1^2}{2\sigma_{y_2}^2}\right]\\
&= p(y_1)p(y_2)
\end{aligned}$$

式中：$\sigma_{y1}^2=\sigma_x^2/2$；$\sigma_{y2}^2=3\sigma_x^2/2$。由此可见，联合高斯变量 y_1 和 y_2 是独立的。

性质5：高斯过程 $x(t)$ 通过单位脉冲响应函数为 $h(t)$ 的线性滤波器后的输出

$$y(t)=\int_{-\infty}^{\infty}x(\tau)h(t-\tau)\mathrm{d}\tau$$

仍然是一高斯过程。作为特例，$x(t)$ 的任意线性泛函

$$J=\int_{-\infty}^{\infty}x(t)g(t)\mathrm{d}t$$

也是高斯变量，其中 $g(t)$ 是满足 $E[g^2]<\infty$ 的任意函数。

性质6：单个或多个限时限带（时间长度为 T，频带为 B）平稳高斯过程样本 $x_T(t)$ 的傅里叶系数构成复高斯向量。

考虑限时限带、零均值、实高斯过程样本 $x_T(t)$ $(0<t<T)$。设 $x_T(t)$ 的自相关函数 $R_x(\tau)$ 和功率谱 $S_x(\omega_n)$ 为有限值。不妨将 $x_T(t)$ 向左平移 $T/2$，记为 $x(t)=x_T(t+T/2)$，经周期延拓后，$x(t)$ 成为周期为 T 的函数。由式（1.5.28）和式（1.5.29）可知：当 $|t|<T/2$ 时，$x(t)$ 可以展成傅里叶级数：

$$x(t)=\sum_{n=-[TB]}^{[TB]}X(\omega_n)\exp(\mathrm{j}\omega_n t)\quad\left(\omega_n=\frac{2\pi n}{T}\right)\tag{2.2.9}$$

式中：$[TB]$ 为不超过 TB 的最大整数，且有

$$X(\omega_n)=\frac{1}{T}\int_{-T/2}^{T/2}x(t)\exp(-\mathrm{j}\omega_n t)\mathrm{d}t\tag{2.2.10}$$

为简化符号，在下面讨论中一律用 TB 代替 $[TB]$，用 X_n 表示 $X(\omega_n)$。

如果记 $X_n=a_n+\mathrm{j}b_n$，则有

$$\begin{cases}a_n=\dfrac{1}{T}\displaystyle\int_{-T/2}^{T/2}x(t)\cos(\omega_n t)\mathrm{d}t\\ b_n=-\dfrac{1}{T}\displaystyle\int_{-T/2}^{T/2}x(t)\sin(\omega_n t)\mathrm{d}t\end{cases}\quad(n=0,1,\cdots,TB)\tag{2.2.11}$$

由于直流分量 $X_0=0$，且有 $X(-n)=X^*(n)$，因此，频域上的采样定理可表述为：需要也仅需要 $2TB$ 个实傅里叶系数 a_n 和 b_n，或 TB 个复傅里叶系数 $X_n(n=1,2,\cdots,TB)$，就能够完整地描述一个持续时间为 T，谱宽为 B 的限时限带实函数 $x(t)$。在对信号进行傅里叶分析时，可根据频域采样定理来确定快速傅里叶变换的点数（$\geqslant TB$）。

将 a_n 和 b_n 视为高斯变量 $x(t)$ 的线性泛函，由性质5可知，它们仍是高斯变量；再者，a_n 和 b_n 的任意加权和，仍然是 $x(t)$ 的某一线性泛函，故也是高斯变量。根据性质4，a_n 和 b_n 是联合高斯的。因此，实值高斯变量 $x(t)$ 的 TB 个复傅里叶系数 $X_n=a_n+\mathrm{j}b_n$ 构成了一个 TB 维的复高斯向量 $\boldsymbol{X}$。

定理2-6：限时限带（时间长度为 T，频带为 B）实值高斯过程样本 $x(t)$ 的一组傅里叶系数 $[a_n,b_n]^{\mathrm{T}}$ 的概率密度可以表示为

$$p(\boldsymbol{r}) = p(\boldsymbol{r}_1,\boldsymbol{r}_2,\cdots,\boldsymbol{r}_{TB}) = \prod_{n=1}^{TB} \frac{1}{\pi\sigma_{X_n}^2}\exp\left[-\frac{|X_n|^2}{\sigma_{X_n}^2}\right] \tag{2.2.12}$$

式中：

$$X_n = a_n + \mathrm{j}b_n,\quad \boldsymbol{r}_n = [a_n \quad b_n]^{\mathrm{T}}$$

$$|X_n|^2 = a_n^2 + b_n^2 = \boldsymbol{r}_n^{\mathrm{T}}\boldsymbol{r}_n,\qquad \sigma_{X_n}^2 = E\{|X_n|^2\} = S_x(\omega_n)/T$$

$$\begin{cases} a_n = \dfrac{1}{T}\displaystyle\int_{-T/2}^{T/2} x(t)\cos(\omega_n t)\,\mathrm{d}t \\ b_n = -\dfrac{1}{T}\displaystyle\int_{-T/2}^{T/2} x(t)\sin(\omega_n t)\,\mathrm{d}t \end{cases}\quad (n = 0,1,\cdots,TB)$$

证明：分两步进行证明。

(1) 证明当 T 足够长时，高斯过程 $x(t)$ 的傅里叶系数是不相关的，即

$$\begin{cases} E[a_n a_m] = \dfrac{S_x(\omega_n)}{2T}\delta_{mm},\quad E[b_n b_m] = \dfrac{S_x(\omega_n)}{2T}\delta_{mn} \\ E[a_n b_m] = 0,\qquad\qquad\quad E[X_n X_m^*] = \dfrac{S_x(\omega_n)}{T}\delta_{mn} \end{cases}\quad (m,n\in Z) \tag{2.2.13}$$

式中：δ_{mn}为克罗内克(Kronecker delta)符号。

下面仅证明式(2.2.13)中的最后一式，其他留给读者自行证明。

鉴于谱密度 $S_x(\omega)$是相关函数 $R_x(\tau)$的傅里叶变换，故应设法把 $X_n X_m^*$ 的期望值与 $R_x(\tau)$的傅里叶变换联系起来。为此，对式(2.2.10)取共轭，并将下标 n 改为 m，然后在等号的两边同乘以 X_n，再取期望值，就有

$$E[X_n X_m^*] = \frac{1}{T}\int_{-T/2}^{T/2} E[X_n x^*(t)]\exp(\mathrm{j}\omega_m t)\,\mathrm{d}t \tag{2.2.14}$$

类似地，在式(2.2.10)等号的两边同乘以 $x^*(t)$并取期望值，得

$$\begin{aligned} E[X_n\cdot x^*(t)] &= \frac{1}{T}\int_{-T/2}^{T/2} E[x(\tau)x^*(t)]\exp(-\mathrm{j}\omega_n\tau)\,\mathrm{d}\tau \\ &\overset{\tau-t=\nu}{=} \frac{1}{T}\int_{-T/2}^{T/2} R_x(\tau-t)\exp(-\mathrm{j}\omega_n\tau)\,\mathrm{d}\tau \\ &= \frac{1}{T}\left[\int_{-T/2+t}^{T/2-t} R_x(v)\exp(-\mathrm{j}\omega_n v)\,\mathrm{d}v\right]\exp(-\mathrm{j}\omega_n t) \overset{\mathrm{def}}{=} z_n(t) \end{aligned} \tag{2.2.15}$$

如果用 ±∞ 代替式(2.2.15)中的积分限，则可利用维纳—辛钦公式对其进行简化，这时 $z_n(t)$将产生一个很小的偏差 $\varepsilon(t,T)$，即

$$\begin{aligned} z_n(t) &= \frac{1}{T}\left[\int_{-\infty}^{\infty} R_x(v)\exp(-\mathrm{j}\omega_n v)\,\mathrm{d}v\right]\exp(-\mathrm{j}\omega_n t) + \varepsilon(t,T) \\ &= \frac{S_x(\omega_n)}{T}\exp(-\mathrm{j}\omega_n t) + \varepsilon(t,T) \end{aligned}$$

将上式代入式(2.2.14),就有

$$E[X_nX_m^*] = \frac{S_x(\omega_n)}{T^2}\int_{-T/2}^{T/2}\exp[\mathrm{j}(\omega_m - \omega_n)t]\mathrm{d}t + \frac{1}{T}\int_{-T/2}^{T/2}\varepsilon(t,T)\exp(\mathrm{j}\omega_m t)\mathrm{d}t$$

当观测时间 T 足够长时,$\varepsilon(t,T)\to 0$。故上式近似等于

$$E[X_nX_m^*] \approx \frac{S_x(\omega_n)}{T}\delta_{mn} \quad (m,n = 1,2,\cdots,TB) \tag{2.2.16}$$

按同样方法,可证得式(2.2.13)中的其余各式。

(2) 推导 $p(\boldsymbol{r})$ 表达式。

由式(2.2.16)可知,X_n 与 $X_m(m,n=1,2,\cdots,TB)$ 互不相关。对于高斯变量而言,X_n 和 X_m 不相关就意味着相互独立,故有

$$p(\boldsymbol{X}) = p(X_1,X_2,\cdots,X_{TB}) = \prod_{n=1}^{TB}p(X_n)$$

上式是由 $X_n = a_n + \mathrm{j}b_n(n=1,2,\cdots,TB)$ 构成的 TB 维复随机向量 $\boldsymbol{X}$ 的概率密度函数。由于复随机向量 $\boldsymbol{X}$ 的密度函数比较复杂,故将它改为 $2TB$ 个实变量 a_n 和 b_n 的联合密度函数。

已知实向量 $\boldsymbol{r}_n = [a_n,b_n]^{\mathrm{T}}(n=1,2,\cdots,TB)$ 是独立的高斯变量,其密度函数为

$$p(\boldsymbol{r}) = p(\boldsymbol{r}_1,\boldsymbol{r}_2,\cdots,\boldsymbol{r}_{TB}) = \prod_{n=1}^{TB}p(\boldsymbol{r}_n) = \prod_{n=1}^{TB}p(a_n,b_n) \tag{2.2.17}$$

在零均值($E[\boldsymbol{r}_n]=0$)条件下,二维高斯密度函数 $p(\boldsymbol{r}_n)$ 的标准形式为

$$p(\boldsymbol{r}_n) = \frac{1}{2\pi(\det\boldsymbol{C}_n)^{1/2}}\exp\left(-\frac{1}{2}\boldsymbol{r}_n^{\mathrm{T}}\boldsymbol{C}_n^{-1}\boldsymbol{r}_n\right) \tag{2.2.18}$$

其中

$$\boldsymbol{C}_n = E\{\boldsymbol{r}_n\boldsymbol{r}_n^{\mathrm{T}}\} = \begin{bmatrix} \dfrac{S_x(\omega_n)}{2T} & 0 \\ 0 & \dfrac{S_x(\omega_n)}{2T} \end{bmatrix} \tag{2.2.19}$$

故有

$$(\det\boldsymbol{C}_n)^{1/2} = \frac{1}{2T}S_x(\omega_n) = \frac{\sigma_{X_n}^2}{2} \tag{2.2.20}$$

$$-\frac{1}{2}\boldsymbol{r}_n^{\mathrm{T}}\boldsymbol{C}_n^{-1}\boldsymbol{r}_n = -\frac{a_n^2 + b_n^2}{S(\omega_n)/T} = -\frac{|X_n|^2}{\sigma_{X_n}^2} \tag{2.2.21}$$

推导过程中利用了式(2.2.12)中给出的有关定义。

将式(2.2.20)和式(2.2.21)代入式(2.2.18),并利用式(2.2.17),即可得到实傅里叶复系数为自变量的高斯密度函数式(2.2.12)。

综上所述，对随机变量进行正交变换（或者展开成傅里叶级数），可使变换后的随机变量的协方差矩阵转化为对角阵，从而达到解相关的目的。

2.2.2 高斯白噪声的生成

现在，简要介绍利用服从标准均匀分布的伪随机序列来生成高斯白噪声的方法。高斯白噪声是指期望值为零、相关函数为 δ 函数的高斯随机过程。

一、标准均分布伪随机序列的生成

定义：标准均匀分布函数 $P(x)$ 规定为

$$P(x) = \begin{cases} 0 & (x < 0) \\ x & (0 \leqslant x < 1) \\ 1 & (1 \leqslant x) \end{cases} \tag{2.2.22}$$

其期望值为 $\mu_x = 1/2$，方差为 ${\sigma_x}^2 = 1/12$。

定义：若整数 x 与 y 之差 $(x-y)$ 是整数 m 的倍数，则称 x 和 y 对 m 同余，记作

$$x \equiv y(\mathrm{mod}m) \tag{2.2.23}$$

取某一数 x_{i-1} 乘以常数 a，然后除以 m，其余数 x_i 记为

$$x_i = ax_{i-1}(\mathrm{mod}m) \tag{2.2.24}$$

例如，将 $x_{i-1}=19, a=8, m=64$ 代入式(2.2.24)，就有

$$x_i = 8 \times 19(\mathrm{mod}64) = 24 \tag{2.2.25}$$

在一定条件下，由递推式(2.2.25)得到的序列 $x_i(i=1,2,\cdots)$ 是服从均匀分布的伪随机数。这种生成伪随机序列的方法称为同余法，其具体实现步骤如下：

（1）给定基数 D，对于十进制数，取 $D=10$。

（2）给定伪随机数的有效字长 N（某一量值的有效字，规定为从该量值的第一个非零数字至最末一位数字的全部数字，且其近似值偏差限的绝对值不超过该量值末位单位量值的 1/2），选择模 m，使得

$$m = D^N \tag{2.2.26}$$

（3）按下式确定式(2.2.24)中的常数乘子 a（记为 IX），即

$$IX = 200IT \pm ID \tag{2.2.27}$$

式中：ID 在 3,11,13,19,21,27,29,37,53,59,61,67,69,77,83 和 91 等数选择；IT 可选定为任意正整数。配合选择 ID 和 IT，使 IX 接近 $10^{N/2}(D=10)$。

（4）任意给定初值 ND_0，其值不能被 D 的因数整除。令 $k=1,2,\cdots$，递推计算数列

$$ND_k = IX \cdot ND_{k-1}(\mathrm{mod}m) \tag{2.2.28}$$

（5）把 $ND_k(k=1,2,\cdots)$ 置于小数点之后，得到一组标准均匀分布的伪随机序列。

（6）当伪随机序列 $ND_k(k=1,2,\cdots)$ 满足

$$ND_k = ND_{k+p} \tag{2.2.29}$$

时,使式(2.2.29)成立的最小整数 p 称为伪随机序列 ND_k 的参考周期。若 $D=10,N\geqslant 4$,则有

$$p = 5\times 10^{N-2} = \frac{m}{20} \tag{2.2.30}$$

根据给定的参考周期 p,即可确定 ND_k 的数量。

【例2-5】 给定 $D=10,N=4,ID=91,IT=0,ND_0=1973$,求服从标准分布的伪随机序列。

解:将已知数据代入式(2.2.27)和式(2.2.28),得

$$IX = 91, m = 10^4$$

$$ND_1 = 91\times 1973(\mathrm{mod}10^4) = 9543$$

$$ND_2 = 91\times 9543(\mathrm{mod}10^4) = 8413$$

$$ND_3 = 91\times 8413(\mathrm{mod}10^4) = 5583$$

由式(2.2.30),可求出参考周期为 $p=500$。最后,将 $ND_k(k=1,2,\cdots,p)$ 置于小数点之后,得到0.9543,0.8413,0.5583,…。

MATLAB 软件包提供了产生标准均匀分布的伪随机序列的函数 rand,读者可在 MATLAB 平台上键入 hel Prand,来了解该函数的具体用法。

二、高斯白噪声的生成

设 $x_1,x_2,\cdots,x_N$ 是在区间[0,1]上服从均匀分布的随机序列,且相互独立,其均值为 μ_x,方差为 ${\sigma_x}^2$。根据中心极限定理,有

$$y_k = \sum_{i=1}^{N}\frac{x_{ik}-\mu_x}{\sqrt{N}\sigma_x} \quad (k=1,2,\cdots) \tag{2.2.31}$$

当 N 较大时,其分布近似服从标准高斯分布 $N(0,1)$。一般选 $N=12$,由式(2.2.31)得

$$y_k = \sum_{i=1}^{12}x_{ik} - 6 \quad (k=1,2,\cdots) \tag{2.2.32}$$

考虑 x_i 和 $(1-x_i)$ 皆服从标准均匀分布,将式(2.2.32)改写成

$$y_k = \sum_{i=1}^{6}x_{ik} - \sum_{i=7}^{12}(1-x_{ik}) = \sum_{i=1}^{6}[x_{ik}-(1-x_{(i+6)k})] \tag{2.2.33}$$

设 X 为服从标准均匀分布的随机序列,从 X 中抽取 N 个样本 $x_{1k},x_{2k},\cdots,x_{Nk}$ $(k=1,2,\cdots)$,则它们是相互独立的随机序列样本。利用式(2.2.33),即可生成服从标准高斯分布的随机序列 $y_k(k=1,2,\cdots)$。

MATLAB 软件包提供了产生标准高斯分布的伪随机序列的函数 randn,读者可在 MATLAB 平台上键入 help randn 来了解该函数的具体用法。例如,利用下列 MATLAB 函数

$$y = 0.6 + \mathrm{sqrt}(0.1) * \mathrm{randn}(5)$$

可产生服从 $N(0.6,0.1)$ 分布的随机序列，即

y =

0.8713	0.4735	0.8114	0.0927	0.7672
0.9966	0.8182	0.9766	0.6814	0.6694
0.0960	0.8579	0.2197	0.2659	0.3085
0.1443	0.8251	0.5937	1.0475	-0.0864
0.7806	1.0080	0.5504	0.3454	0.5813

2.3 高斯过程理论的应用实例

本节详尽介绍多维高斯过程理论在设计、分析最佳检测系统（似然比水声检测系统）的具体应用，其目的是要说明：在一些理想的假设条件下，理论与实践是可以融为一体的。

2.3.1 似然比检测系统的基本概念

把某一个水听器（传感器）放在海水媒质中（检测现场），水听器可将所在位置的声压信号（被测物理量）转换为电压信号 $x(t)$。这里存在两种可能：

$$\begin{cases} H_0:x(t) = e(t) & \text{噪声} \\ H_1:x(t) = s(t) + e(t) & \text{含有目标信号} \end{cases} \tag{2.3.1}$$

式中：$e(t)$ 为高斯白噪声；$s(t)$ 为目标信号，两者互不相关。水听器输出 $x(t)$ 只是这些过程的一个样本记录，但它却包含了“观测者”可资利用的全部原始数据，一切判断或决策都只能根据 $x(t)$ 来做出。

一、判决规则

根据频域采样定理，限时限带样本波形 $x(t)$ 可用 TB 个傅里叶系数 X_k 完全描述。其中，T 为样本波形的持续时间（观测时间），B 为波形的谱宽；n 个取样点 $x_i(i=1,2,\cdots,n)$ 构成的向量记为 $\boldsymbol{x}$，全部样点的集合称为观测空间 D。显然，D 连同一定的概率规则，完全代表了所观测到的随机过程。

定义：将观测空间分成两个子空间 D_0 和 D_1，如图 2-1 所示。对于实际感兴趣的检测问题，D_0 和 D_1 的分界总能以某种解析方程 $\Psi(\boldsymbol{x}) = K$ 来描述（K 为常数），亦即分界面两侧的子空间可分别表示为

$$\begin{cases} D_0:\psi(\boldsymbol{x}) < K \\ D_1:\psi(\boldsymbol{x}) \geq K \end{cases} \tag{2.3.2}$$

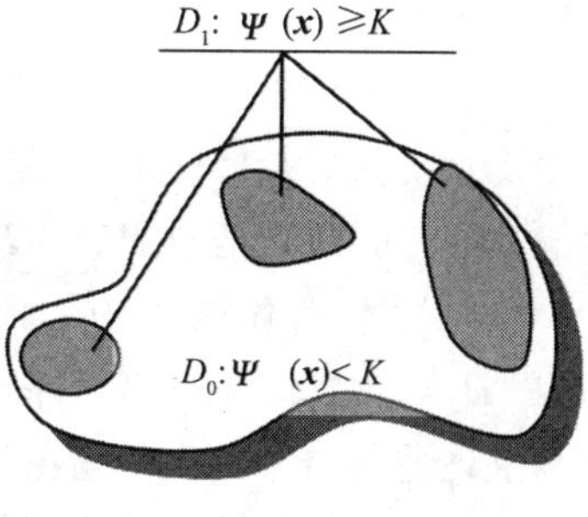

图 2-1 观测空间（$D = D_0 \oplus D_1$）

把一切落入 D_0 的样本波形判为 H_0，而把一切落入 D_1 的样本波形判为 H_1。对观测空间 D 所作的这样一个划分，是以 $\Psi(\boldsymbol{x})=K$ 作为判决规则，且称 $\Psi(\boldsymbol{x})$ 为检验统计量，K 为阈值（或门限）。应当指出，不包含任何未知参数的连续函数，都可作为检验统计量。

图2－2(a)所示的检测系统的功能是：将一段波形 $\boldsymbol{x}=\{x(t),-T<t<0\}$ 通过检测仪器转化为一个检验统计量 $\Psi(\boldsymbol{x})$，再与门限 K 比较，从而做出 H_0 或 H_1 的判决。实际使用的检测系统应能连续地输出检验统计量，如图2－2(b)所示。这时输入 $x(t)$ 是不间断的连续波形，输出 $z(t)$ 是长度为 T 的一段输入波形 $\boldsymbol{x}=\{x(t'),t-T<t'<t\}$ 的检验统计量 $z(t)=\Psi(\boldsymbol{x})$，它同样是连续波形，因而可不间断地与门限 K 进行比较。如果在任意时刻 t_k，$z(t_k)>K$，就判定 t_k 时刻之前长度为 T 的波形属于 H_1；反之，则判定它属于 H_0。

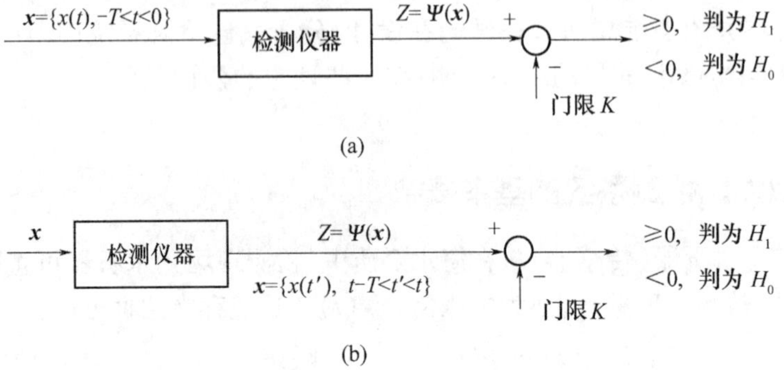

图2－2　目标检测系统的功能

(a) 断续判决；(b) 连续判决。

二、检测概率、虚警概率和处理增益

定义：任何判决规则都是对观测空间 D 作某种划分，这种划分可能出现如下四种情况：

(1) 样本实际属于 H_1 而落入 D_1，判决正确。出现这种情况的概率记为 $P(D_1|H_1)$，称为检测概率。显然，检测概率是条件概率。下面提及的另外三种概率也都是条件概率。

(2) 样本实际属于 H_0 而落入 D_0，判决正确。出现这种情况的概率记为 $P(D_0|H_0)$。

(3) 样本实际属于 H_1 而落入 D_0，判决错误。出现这种情况的概率，记为 $P(D_0|H_1)$，称为漏报概率。因为属于 H_1 的样本波形不是落在 D_1 内就落在 D_0 之中，二者必居其一，故有 $P(D_1|H_1)+P(D_0|H_1)=1$。

(4) 样本实际属于 H_0 而落入 D_1，判决错误。出现这种情况的概率记为 $P(D_1|H_0)$，称为虚警概率。同样有 $P(D_0|H_0)+P(D_1|H_0)=1$。

上述各种概率的大小是由观测空间 D 的判决规则决定的，因此它们与所采用的检验统计量和门限值是密切相关的（图2－3）。从图中可见：若提高门限 K 值，则可降低虚警概率,但随之也降低了检测概率;反之,若压低门限 K,则可增大检测概率,然而虚警概率也同时增大了。由此可得出一个具有实用价值的结论——在确定目标检测系统的性能指标时,必须折中考虑检测概率和虚警概率才有实际意义。

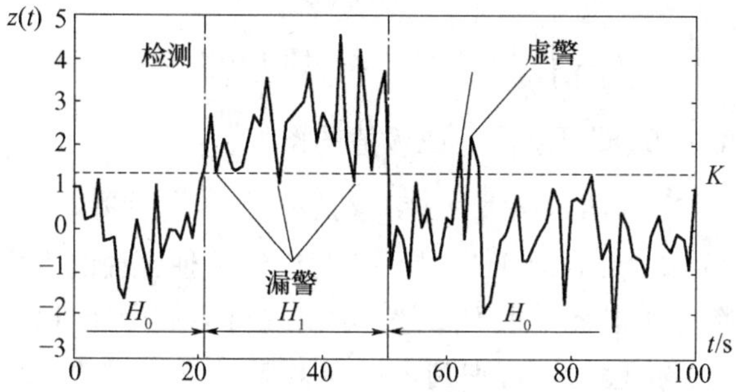

图 2-3　目标检测系统输出波形 $z(t)$ 与门限 K 的关系

定义:在满足给定检测概率和虚警概率要求的条件下,系统所能敏感的目标的最大距离,称为系统的作用距离。

从信号检测的角度而言,作用距离最大等价于在相同输入信噪比 $(S/N)_x$ 的条件下,系统输出的信噪比 $(S/N)_z$ 达到最大。如果把系统输出信噪比与输入信噪比的比值定义为处理增益,那么,作用距离最大准则就是处理增益最大准则,同时也是在给定虚警概率条件下的最大检测概率准则——黎曼—皮尔逊(Neyman - Pearson)准则。

三、黎曼—皮尔逊准则下的最佳检测系统

将水听器输出的一段持续时间为 T 的样本波形 $x(t)$ 提供给观测者,要求观测者对该样本波形是属于 H_0 还是属于 H_1 做出判决。在"双择一"的约束条件下,观测者是以 $\Psi(\boldsymbol{x}) = K$ 作为分界面,对观测空间 $D = \{\boldsymbol{x}\}$ 进行划分:$D = D_0 \oplus D_1$(符号 $\oplus$ 表示直和)。我们希望找到一种划分,使得在给定的虚警概率下,检测系统具有最大的检测概率。

如果把属于 H_1 的样本 $\boldsymbol{x}$ 的概率密度 $p(\boldsymbol{x}|H_1)$ 记为 $p_1(\boldsymbol{x})$,它代表信号加噪声过程的一个 n 维密度函数;把属于 H_0 的样本 $\boldsymbol{x}$ 的概率密度 $p(\boldsymbol{x}|H_0)$ 记为 $p_0(\boldsymbol{x})$,它代表单纯噪声过程的一个 n 维密度函数。那么,在任意划分下的检测概率为

$$P(D_1 \mid H_1) = \int_{D_1} p_1(\boldsymbol{x}) \mathrm{d}\boldsymbol{x} \tag{2.3.3}$$

虚警概率为

$$P(D_1 \mid H_0) = \int_{D_1} p_0(\boldsymbol{x}) \mathrm{d}\boldsymbol{x} \tag{2.3.4}$$

现在的问题是:在给定虚警概率 $P(D_1|H_0)$ 的条件下,如何选取 D_1,才能使 $P(D_1|H_1)$ 达到最大? 此即是著名的黎曼—皮尔逊准则。用数学语言来表示,即

$$J_{\max} = \max_{P(D_1|H_0)=\alpha;D_1} P(D_1 \mid H_1) \quad (\alpha = 常数) \tag{2.3.5}$$

依据拉格朗日乘数法,与上述条件极值问题对应的目标函数可写成

$$J = P(D_1 \mid H_1) - K[P(D_1 \mid H_0) - \alpha]$$

式中:$K \geqslant 0$ 为待定的拉格朗日乘数。把式(2.2.3)和式(2.2.4)代入上式,得

$$J = \int_{D_1} [p_1(\boldsymbol{x}) - Kp_0(\boldsymbol{x})]\mathrm{d}\boldsymbol{x} + K\alpha \tag{2.3.6}$$

令$\partial J/\partial K = 0$,$\partial Q/\partial \boldsymbol{x} = 0$,即可求出 J 取极值的条件:

$$P(D_1 \mid H_0) = \alpha, \quad p_1(\boldsymbol{x})/p_0(\boldsymbol{x}) = K \tag{2.3.7}$$

由式(2.3.7)可以看出,对于"二择一"判决的一种合理的准则就是:当$p_1(\boldsymbol{x})/p_0(\boldsymbol{x}) > K$时,就判定样本 $\boldsymbol{x}$ 属于 H_1,它表示出现目标的可能性大于事先预定的虚警概率;反之,$p_1(\boldsymbol{x})/p_0(\boldsymbol{x}) < K$,则判定样本 $\boldsymbol{x}$ 属于 H_0。显然,D_0 和 D_1 的分界面是 $p_1(\boldsymbol{x})/p_0(\boldsymbol{x}) = K$。这种判决准则是根据观测数据 $\boldsymbol{x}$(而不是根据先验知识)来划分空间 D 的,以使检测概率达到最大值,故而称为最大后验(Maximum Aftereffect Proving, MAP)准则。

因为 $p_1(\boldsymbol{x})$ 和 $p_0(\boldsymbol{x})$ 都是已知函数,所以它们的比值 $L(\boldsymbol{x}) = p_1(\boldsymbol{x})/p_0(\boldsymbol{x})$,也是已知函数。通常将 $L(\boldsymbol{x})$ 称为样本 $\boldsymbol{x}$ 的似然比(Likelihood Ratio, LRT)。

于是,在黎曼—皮尔逊准则下,最佳检测系统的功能可以叙述为:在虚警概率 $P(D_1 \mid H_0) = \alpha$(α 为常数)的约束下,如果作为检测仪器输出的检验统计量——似然比 $L(\boldsymbol{x})$ 大于或等于门限 K,即

$$L(\boldsymbol{x}) = p_1(\boldsymbol{x})/p_0(\boldsymbol{x}) \geqslant K$$

就判定样本 $\boldsymbol{x}$ 属于 H_1;反之,则判定样本 $\boldsymbol{x}$ 属于 H_0。

由式(2.3.6)不难看到,由 $p_1(\boldsymbol{x})/p_0(\boldsymbol{x}) \geqslant K$ 所确定的 D_1,既能保证虚警概率 $P(D_1 \mid H_0)$ 为给定的数值,又能保证 J 的被积函数是非负的,故式(2.3.5)是有意义的。因此,必定存在使式(2.3.6)中的被积函数为非负的全部 $\boldsymbol{x}$ 的集合 $D_1{}'$,当 $D_1 = D_1{}'$时,J 达到最大值。

图 2-4 给出了黎曼—皮尔逊准则下的最佳检测系统的工作原理。在任意时刻 t,检测仪器输出 $z(t)$ 的取值等于时刻 t 前一时段 T 的输入样本 $\boldsymbol{x}$ 的似然比 $p_1(\boldsymbol{x})/p_0(\boldsymbol{x})$,故又称为似然比检测系统。用似然比 $L(\boldsymbol{x})$ 作为样本 $\boldsymbol{x}$ 的统计量具有很直观的意义:它的分子 $p_1(\boldsymbol{x})$ 代表信号加噪声过程的概率密度(H_1),分母 $p_0(\boldsymbol{x})$ 代表纯噪声过程的概率密度(H_0)。因此,比值 $L(\boldsymbol{x}) = p_1(\boldsymbol{x})/p_0(\boldsymbol{x})$ 表示,来自 H_1 的样本波形 $\boldsymbol{x}$ 比来自 H_0 的可能性大多少倍。

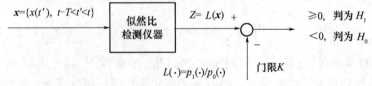

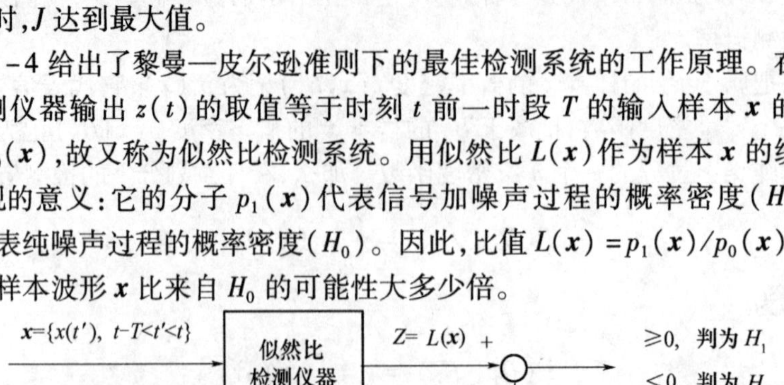

图 2-4 黎曼—皮尔逊准则下的最佳检测系统

在一般情况下，应当根据先行的检测统计结果(即先验知识)来确定门限。在黎曼—皮尔逊准则下，门限 K 是由给定的虚警概率来确定的；在其他的能导出似然比检测系统的最佳准则下，门限也可根据其他因素(如先验概率、最小代价等)来确定。

2.3.2 似然比检测系统的结构

设信号与噪声均受限于$(-2\pi B, 2\pi B)$频率范围①，并在截断时间 T 内被观察，则零均值输入过程 $x(t)=s(t)+e(t)$ 可表示为

$$x(t) = \sum_{n=-TB}^{TB} X_n \exp(\mathrm{j}\omega_n t) \tag{2.3.8}$$

式中：$\omega_n = 2\pi n/T$。当 $x(t)$ 是一零均值高斯过程时，已经证明(参见定理 2-6)$\boldsymbol{r}_n = [a_n, b_n]^{\mathrm{T}}$ 是一联合高斯向量$(n=1,2,\cdots,TB)$，并服从式(2.2.12)所示的高斯密度分布：

$$p(\boldsymbol{r}) = p(\boldsymbol{r}_1, \boldsymbol{r}_2, \cdots, \boldsymbol{r}_{TB}) = \prod_{n=1}^{TB} \frac{1}{\pi\sigma_{X_n}^2} \exp\left[-\frac{|X_n|^2}{\sigma_{X_n}^2}\right] \tag{2.3.9}$$

式中：

$$\sigma_{X_n}^2 = \frac{S_x(\omega_n)}{T} \quad (n = 1,2,\cdots TB)$$

$S_x(\omega_n)$为随机变量 $x(t)$ 的功率谱密度函数在 ω_n 处的取值；$|X_n|^2 = \boldsymbol{r}_n{}^{\mathrm{T}}\boldsymbol{r}_n$。

在 H_0(单纯噪声)情况下，$x(t)=e(t)$，将背景噪声的功率谱 $S_e(\omega_n)$ 记为 $N(\omega_n)$，则有

$$\sigma_{X_n}^2 \Big|_{H_0} = \frac{S_e(\omega_n)}{T}\Big|_{H_0} = \frac{N(\omega_n)}{T}$$

将其代入式(2.3.9)，得到$\{H_0:\boldsymbol{X}\}$的概率密度函数

$$p_0(\boldsymbol{r}) = \alpha \exp\left\{-\frac{1}{2}\sum_{n=1}^{TB} \frac{2T|X_n|^2}{N(\omega_n)}\right\} \tag{2.3.10}$$

式中：α 为与 X_n 无关的量。

在 H_1(信号加噪声)情况下，$x(t)=s(t)+e(t)$，将信号 s 的功率谱 $S_s(\omega_n)$ 记为 $S(\omega_n)$。已知信号与噪声相对独立，由式(1.5.53)可得

$$\sigma_{X_n}^2 \Big|_{H_1} = \frac{S_x(\omega_n)}{T}\Big|_{H_1} = \frac{N(\omega_n)}{T} + \frac{S(\omega_n)}{T}$$

代入式(2.3.9)，得到$\{H_1:\boldsymbol{X}\}$的概率密度函数：

---

① 这一提法实际上已包括了带通过程的情况。因为只要在所设的$(-2\pi B, 2\pi B)$频率范围内，令频率落在$(-2\pi B_l, 2\pi B_l)$中的傅里叶系数为零，其中 $B_l < B$。这样就可以得到频率范围为$(-2\pi B, -2\pi B_l)$和$(2\pi B_l, 2\pi B)$的带通过程。

$$p_1(\boldsymbol{r}) = \beta\exp\left\{-\frac{1}{2}\sum_{n=1}^{TB}\frac{2T|X_n|^2}{N(\omega_n)+S(\omega_n)}\right\} \tag{2.3.11}$$

式中：β 为与 X_n 无关的量。

由式(2.3.10)和式(2.3.11)可求出似然比的表达式，即

$$L(\boldsymbol{r}) = \frac{p_1(\boldsymbol{r})}{p_0(\boldsymbol{r})} = \frac{\beta}{\alpha}\exp\left\{\frac{1}{2}\sum_{n=1}^{TB}2T|X_n|^2\frac{S(\omega_n)}{N(\omega_n)[N(\omega_n)+S(\omega_n)]}\right\} \tag{2.3.12}$$

直接计算式(2.3.12)是很麻烦的，也没有这个必要的。为了简化计算，仅考虑式(2.3.12)中的指数部分，令

$$\varphi(\boldsymbol{r}) = 2\ln\left[\frac{\alpha}{\beta}L(\boldsymbol{r})\right] = \sum_{n=1}^{TB}\left\{2T|X_n|^2\frac{S(\omega_n)}{N(\omega_n)[N(\omega_n)+S(\omega_n)]}\right\} \tag{2.3.13}$$

式中：$\varphi(\boldsymbol{r})$称为对数似然比。因为指数函数具有单值性和单调性，所以用 $L(\boldsymbol{r}) = K$ 对观测空间进行划分，就相当于用 $\varphi(\boldsymbol{r}) = 2\ln(\alpha/\beta) + 2\ln K = K'$ 对观测空间进行划分，即

$$\begin{cases}\varphi(\boldsymbol{r}) \geqslant K' & \text{等价于} \quad L(\boldsymbol{r}) \geqslant K \\ \varphi(\boldsymbol{r}) < K' & \text{等价于} \quad L(\boldsymbol{r}) < K\end{cases}$$

上式说明，用对数似然比 $\varphi(\boldsymbol{r})$ 作为统计检验量等价于用似然比 $L(\boldsymbol{r})$ 作为统计检验量，需要调整的仅仅是用新的门限 K'替代原先的门限 K。

设某一滤波器 $H(\omega_n)$ 的幅频特性为

$$|H(\omega_n)| = \left\{\frac{S(\omega_n)}{N(\omega_n)[N(\omega_n)+S(\omega_n)]}\right\}^{1/2} \tag{2.3.14}$$

如果记 $X_H(n) = H(\omega_n)X_n$，则式(2.3.13)可改写为

$$\varphi(\boldsymbol{r}) = 2T\sum_{n=1}^{TB}|X_nH(\omega_n)|^2 = 2T\sum_{n=1}^{TB}|X_H(n)|^2 \tag{2.3.15}$$

根据零均值、实周期函数的帕塞瓦(Parseval)公式

$$\int_0^{\mathrm{T}} x_H^2(t)\,\mathrm{d}t = 2T\sum_{n=1}^{TB}|X_H(n)|^2 \tag{2.3.16}$$

可将式(2.3.15)改写为

$$\varphi(\boldsymbol{r}) = \int_0^{\mathrm{T}} x_H^2(t)\,\mathrm{d}t \overset{\text{def}}{=} z(t) \tag{2.3.17}$$

式中：$x_H(t)$ 为 $x(t)$ 经过滤波器 $H(\omega_n)$ 后的时间波形。

式(2.3.17)表明，在观测时段 T 内的样本 $x(t)$，通过一个幅频特性由式(2.3.14)确定的预选滤波器 $H(\omega_n)$ 后，再平方、积分，就可得到该输入波形的检验

统计量——对数似然比 $z(t)$，相应的最佳检测系统如图 2-5(a)所示。若进而把积分器做成滑移型理想积分器(图 2-5(b))，那么该系统就能够连续地输出的检验统计量 $z(t)$。

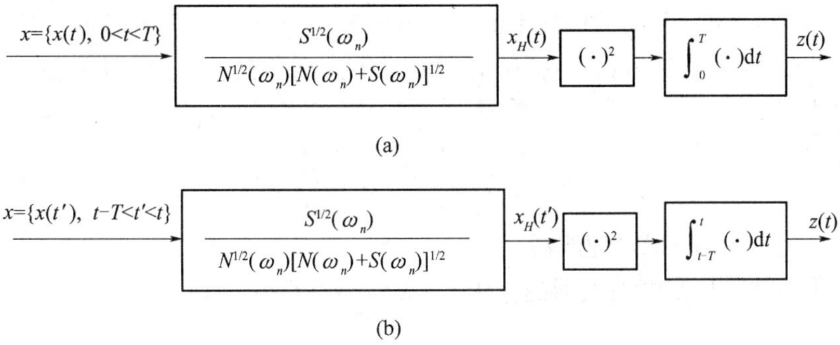

图 2-5　似然比检测系统的结构

(a) 断续判决；(b) 连续判决(滑移积分)。

根据上述讨论，不难构造出如图 2-6 所示的似然比水声检测系统，或称为线阵平方检波系统。在预选滤波器左边是水听器基阵和空间处理器(图中未完全画出)，用于检出信号并补偿各水听器与目标之间的声程不一致问题；右边是时间处理器，用于处理水听器基阵的输出信号，最终输出检验统计量。

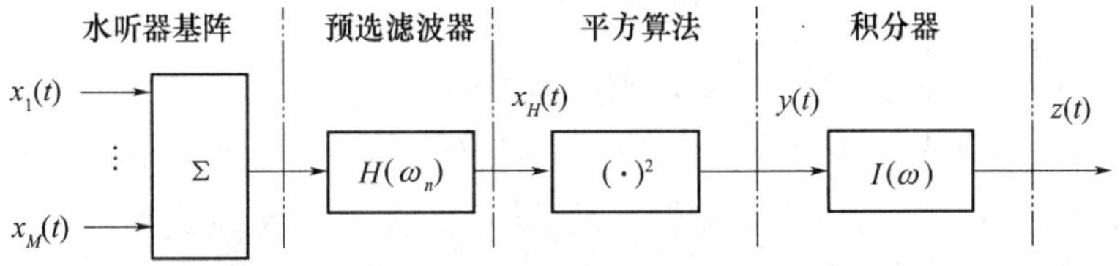

图 2-6　线阵平方检波系统

2.3.3　匹配滤波器与白化滤波器

在图 2-6 中，当 M 个水听器均已"对准"目标时，最佳空间处理器就是把水听器的输出信号直接相加。如果将加法器(用 Σ 表示)输出信号的功率谱记为 $S(\omega)$，噪声功率谱记为 $N(\omega)$，那么预选滤波器 $H(\omega)$ 就具有式(2.3.14)所规定的幅频特性，即

$$|H(\omega)| = \frac{S^{1/2}(\omega)}{N^{1/2}(\omega)[N(\omega)+S(\omega)]^{1/2}} \tag{2.3.18}$$

前面已经假设在 H_0 和 H_1 的情形下，最佳检测系统的输入波形均为零均值高斯过程。由于高斯过程的密度函数完全取决于过程的均值和功率，因此在零均值条件下，则只能根据输入过程的功率谱形状和谱级的不同，来区分输入过程是属于

H_0 还是属于 H_1。现在问题是:在图 2-6 所示的似然比检测系统中,预选滤波器 $|H(\omega)|$ 是如何反映谱的形状信息的。

一、任意功率谱情形

首先讨论信号与噪声的功率谱具有不同形状的一般情况。当输入过程的功率谱不是白谱时,可资利用的信息不但有能量的差异,而且还有谱形状的差异。对于目标检测,通常对小输入信噪比 $S(\omega)/N(\omega)$ 感兴趣。在这种情形下,式(2.3.18)可简化为

$$|H(\omega)| \approx \frac{S^{1/2}(\omega)}{N(\omega)} \stackrel{\text{def}}{=} |H_{\mathrm{E}}(\omega)| \tag{2.3.19}$$

并称之为厄卡特(Eckart)滤波器。

为了看清楚厄卡特滤波器的作用,将式(2.3.19)分解为

$$|H_{\mathrm{E}}(\omega)| = \frac{1}{N^{1/2}(\omega)} \frac{S^{1/2}(\omega)}{N^{1/2}(\omega)} \tag{2.3.20}$$

等号右边的两个因子分别代表了预选滤波器的两种基本作用,如图 2-7 所示。

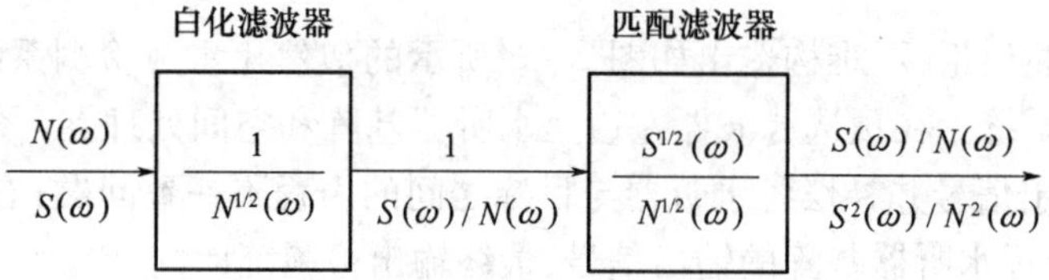

图 2-7　预选滤波器的两种基本作用

现将预选滤波器的两种基本作用说明如下:

(1) 第一个因子 $1/N^{1/2}(\omega)$ 表示对噪声的预白化作用,称为白化滤波器(Whitening Filter)。噪声通过白化滤波器之后,功率谱变为常数 1(即白谱);信号通过白化滤波器后,其功率谱则变成 $S(\omega)/N(\omega)$。

(2) 第二个因子 $S^{1/2}(\omega)/N^{1/2}(\omega)$ 表示对经过白化处理之后的信号进行匹配,称为匹配滤波器(Matching Filter)。匹配滤波器的功率传递函数 $S(\omega)/N(\omega)$ 与经过白化处理后的信号功率谱具有完全相同的形式。这意味着,在任何频率点上,只要经过白化处理后的信号功率谱取较大的值(如大于 1),匹配滤波器也相应地有较大的增益,反之亦然。因此,匹配滤波器具有突出大信噪比、抑制小信噪比频率分量的功能。

定理 2-7:当线性滤波器 $H(\omega)$ 为厄卡特滤波器 $H_{\mathrm{E}}(\omega)$ 时,即

$$|H(\omega)|^2 = \frac{S(\omega)}{N^2(\omega)} = |H_{\mathrm{E}}(\omega)|^2$$

其输出信噪比达到最大值。

证明:考虑图 2-8 线性滤波器。设滤波器的单位脉冲响应为 $h(t)$,输入过程为

$$x(t) = s(t) + e(t) \quad (-\infty < t < \infty)$$

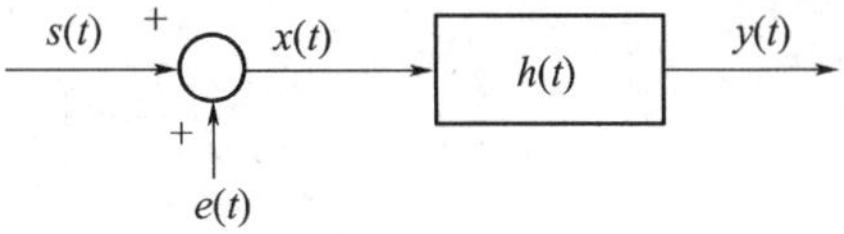

图 2-8　线性滤波器的输入—输出

不妨设 $s(t)$ 是确定性信号，其功率谱记为 $S(\omega)$；$e(t)$ 为零均值平稳高斯噪声，其功率谱记为 $N(\omega)$。

由图 2-8 可知，线性滤波器的输出为

$$\begin{aligned} y(t) &= \int_{-\infty}^{\infty} x(\tau)h(t-\tau)\mathrm{d}\tau \\ &= \int_{-\infty}^{\infty} s(\tau)h(t-\tau)\mathrm{d}\tau + \int_{-\infty}^{\infty} e(\tau)h(t-\tau)\mathrm{d}\tau \\ &\overset{\text{def}}{=} s_H(t) + e_H(t) \end{aligned} \tag{2.3.21}$$

式中：

$$s_H(t) = \int_{-\infty}^{\infty} s(\tau)h(t-\tau)\mathrm{d}\tau$$

$$e_H(t) = \int_{-\infty}^{\infty} e(\tau)h(t-\tau)\mathrm{d}\tau$$

分别为滤波器输出的信号分量和噪声分量。

在 $t = T_c$ 时刻，滤波器的输出信噪比定义为

$$\left(\frac{S}{N}\right)_y = \frac{\text{输出在 } T_c \text{ 处的瞬时功率}}{\text{输出噪声的平均功率}} = \frac{s_H^2(T_c)}{E[\mathrm{e}_H^2(t)]} = \frac{s_H^2(T_c)}{\sigma^2(e_H)} \tag{2.3.22}$$

下面，分四步证明本命题。

(1) 计算信号的瞬时功率 ${s_H}^2(T_c)$。应用卷积定理和傅里叶反演公式，将滤波器输出的信号分量 $s_H(t)$ 改写成

$$s_H(t) = \frac{1}{2\pi}\int_{-\infty}^{\infty} [H(\omega)X_s(\omega)]\mathrm{e}^{\mathrm{j}\omega t}\mathrm{d}\omega \tag{2.3.23}$$

式中：$H(\omega)$，$X_s(\omega)$ 分别为 $h(t)$ 和 $s(t)$ 的傅里叶变换。

于是，在 $t = T_c$ 时刻，滤波器输出的信号分量 $s_H(t)$ 的瞬时功率可表示为

$$s_H^2(T_c) = \left| \frac{1}{2\pi}\int_{-\infty}^{\infty} [H(\omega)X_s(\omega)]\mathrm{e}^{\mathrm{j}\omega T_c}\mathrm{d}\omega \right|^2 \tag{2.3.24}$$

(2) 计算噪声分量 $e_H(t)$ 的平均功率。滤波器输出的噪声分量 $e_H(t)$ 的功率谱可表示为

$$N_H(\omega) = |H(\omega)|^2 N(\omega)$$

根据维纳—辛钦公式，噪声功率可表示为

$$R_e(0) = E[e_H^2(t)] = \frac{1}{2\pi}\int_{-\infty}^{\infty} |H(\omega)|^2 N(\omega)\mathrm{d}\omega \tag{2.3.25}$$

(3) 计算滤波器的输出信噪比。将式(2.3.24)和式(2.3.25)代入输出信噪比定义式(2.3.22)，可得

$$\left(\frac{S}{N}\right)_y = \frac{s_H^2(T_c)}{E[e_H^2(t)]} = \frac{\left|\frac{1}{2\pi}\int_{-\infty}^{\infty} H(\omega)X_s(\omega)\mathrm{e}^{\mathrm{j}\omega T_c}\mathrm{d}\omega\right|^2}{\frac{1}{2\pi}\int_{-\infty}^{\infty} |H(\omega)|^2 N(\omega)\mathrm{d}\omega}$$

$$= \frac{1}{2\pi}\frac{\left|\int_{-\infty}^{\infty}\left[H(\omega)\sqrt{N(\omega)}\right]\left[\frac{X_s(\omega)}{\sqrt{N(\omega)}}\mathrm{e}^{\mathrm{j}\omega T_c}\right]\mathrm{d}\omega\right|^2}{\int_{-\infty}^{\infty}|H(\omega)|^2 N(\omega)\mathrm{d}\omega} \tag{2.3.26}$$

现在的问题是线性滤波器 $H(\omega)$ 应满足何种条件，其输出信噪比才能达到最大值。为此，考虑柯西—施瓦茨(Cauchy - Schwarz)不等式

$$\left|\int_{-\infty}^{\infty} f(\omega)g(\omega)\mathrm{d}\omega\right|^2 \leqslant \left[\int_{-\infty}^{\infty}|f(\omega)|^2\mathrm{d}\omega\right]\left[\int_{-\infty}^{\infty}|g(\omega)|^2\mathrm{d}\omega\right]$$

对于给定的任意复常数 c，当且仅当 $f(\omega) = cg*(\omega)$ 时，上式等号成立。

在式(2.3.26)中，如果令

$$H(\omega)\sqrt{N(\omega)} = f(\omega), \frac{X_s(\omega)}{\sqrt{N(\omega)}}\mathrm{e}^{\mathrm{j}\omega T_c} = g(\omega)$$

则有

$$\left(\frac{S}{N}\right)_y \leqslant \frac{1}{2\pi}\frac{\int_{-\infty}^{\infty}|H(\omega)|^2 N(\omega)\mathrm{d}\omega\int_{-\infty}^{\infty}\frac{|X_s(\omega)|^2}{N(\omega)}\mathrm{d}\omega}{\int_{-\infty}^{\infty}|H(\omega)|^2 N(\omega)\mathrm{d}\omega}$$

$$= \frac{T_c}{2\pi}\int_{-\infty}^{\infty}\frac{S(\omega)}{N(\omega)}\mathrm{d}\omega \tag{2.3.27}$$

式中：$S(\omega) = |X_s(\omega)|^2/T_c$。进一步地，如果令 $c = 1/\sqrt{T_c}$，并取

$$H(\omega)\sqrt{N(\omega)} = c\left[\frac{X_s(\omega)}{\sqrt{N(\omega)}}\mathrm{e}^{\mathrm{j}\omega T_c}\right]^* = \frac{1}{\sqrt{T_c}}\frac{X_s^*(\omega)}{\sqrt{N(\omega)}}\mathrm{e}^{-\mathrm{j}\omega T_c}$$

也即，当线性滤波器的频率传递函数 $H(\omega)$ 等于

$$H(\omega) = \frac{1}{\sqrt{T_c}}\frac{X_s^*(\omega)}{N(\omega)}\mathrm{e}^{-\mathrm{j}\omega T_c}$$

$$= \frac{1}{\sqrt{T_c}}\frac{X_s(-\omega)}{N(\omega)}\mathrm{e}^{-\mathrm{j}\omega T_c} \stackrel{\mathrm{def}}{=} H_{\mathrm{opt}}(\omega) \tag{2.3.28}$$

时，其输出信噪比达到最大值

$$\max\left(\frac{S}{N}\right)_y = \frac{T_c}{2\pi}\int_{-\infty}^{\infty}\frac{S(\omega)}{N(\omega)}\mathrm{d}\omega \tag{2.3.29}$$

故称 $H_{\mathrm{opt}}(\omega)$ 为最优线性滤波器。

(4) 推导最优线性滤波器的功率传递函数。式(2.3.28)的等号两边取共轭

后，再与自身相乘，就有

$$|H_{\mathrm{opt}}(\omega)|^2=\frac{S(\omega)}{N^2(\omega)}=|H_{\mathrm{E}}(\omega)|^2$$

由此可见，厄卡特滤波器就是使输出信噪比达到最大值的最优线性滤波器。

二、限带白谱情形

在信号与噪声具有相同的功率谱形状的特殊情况下，即 $S(\omega)=kN(\omega)$（k 为常数），由式（2.3.19）可知，厄卡特滤波器退化为白化滤波器，即

$$|H_{\mathrm{E}}(\omega)|=1/N^{1/2}(\omega)\overset{\mathrm{def}}{=}|H_{\mathrm{W}}(\omega)| \tag{2.3.30}$$

式中略去了无关紧要的常数项。这时，$S(\omega)$ 和 $N(\omega)$ 都只是在有限频带（$-2\pi B$，$2\pi B$）内取非零的常数，因而称为限带白谱。

在 H_0 和 H_1 两种情况下，由于输入过程的谱形状是相同的，因此信号加噪声的过程也同样是限带白谱，如图 2－9 所示。这时，唯一可以利用的差异只是二者的谱级（功率）不同。最能显示出这个差异当然是把二者的平均功率（对于零均值过程，即方差）实际计算出来。原则上，不论背景噪声有多强（噪声功率 $\mathcal{N}$ 很大），信号多弱（信号功率 $\mathcal{S}$ 很小），只要它们是平稳的，总能够准确地把过程 $x(t)$ 的方差 σ_x^2 计算出来。于是，通过观察似然比检测系统输出的检验统计量 $z(t)$ 的大小，就可以判断目标是否存在。

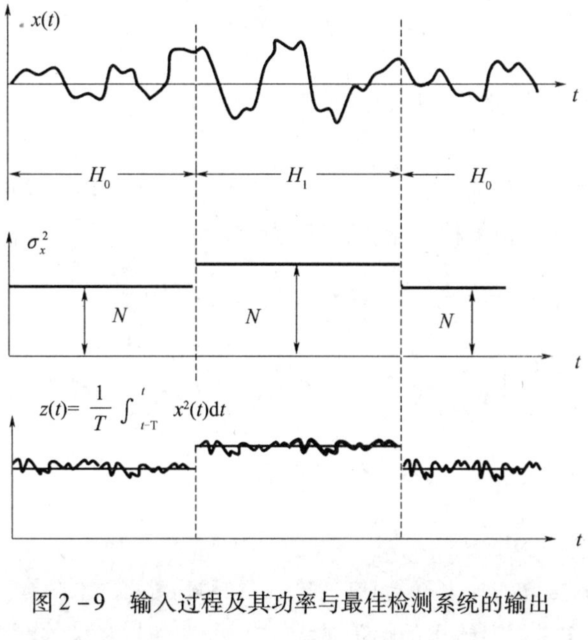

图 2－9　输入过程及其功率与最佳检测系统的输出

对于实际检测系统而言，往往只能得到一个样本波形，故不可能准确地计算出 $\sigma_x{}^2$。好在所研究的过程往往是遍历的，因而可通过对一个样本求时间平均而近似得到总体平均值，只要观测时间 T 足够长，这种近似方法是可行的。从图 2－9 可

以看出，最佳检测系统实际上是一种信号功率检测器。

三、白噪声情况下的最优滤波——匹配滤波器

当加性噪声 $e(t)$ 是零均值高斯白噪声时，其功率谱 $N(\omega)$ 等于常数，不妨设 $N(\omega)=1$，则式(2.3.28)可简化为

$$H_{\text{opt}}(\omega)=\frac{X_s^*(\omega)}{\sqrt{T_c}}\mathrm{e}^{-\mathrm{j}\omega T_c}\overset{\text{def}}{=}H_M(\omega) \tag{2.3.31}$$

式(2.3.31)两边取共轭后再与自身相乘，即可得到

$$|H_M(\omega)|^2=\frac{|X_s(\omega)|^2}{T_c}$$

由此可见，当滤波器的幅频特性与信号的幅值谱仅相差一个常数因子 $1/\sqrt{T_c}$ 时，滤波器的输出信噪比达到最大值，故称这种滤波器为匹配滤波器，记为 $H_M(\omega)$。

如果已知信号 $s(t)$ 的频率结构为 $X_s(\omega)$，直接利用式(2.3.31)的逆傅里叶变换，即可确定匹配滤波器的单位脉冲响应 $h_M(t)$，即

$$\begin{aligned}h_M(t)&=\frac{1}{2\pi}\int_{-\infty}^{\infty}\frac{X_s(-\omega)}{\sqrt{T_c}}\mathrm{e}^{\mathrm{j}\omega(t-T_c)}\mathrm{d}\omega\\&=\frac{1}{2\pi\sqrt{T_c}}\int_{-\infty}^{\infty}X_s(\omega')\mathrm{e}^{\mathrm{j}\omega'(T_c-t)}\mathrm{d}\omega'\\&=\frac{1}{\sqrt{T_c}}s(T_c-t)\end{aligned} \tag{2.3.32}$$

可见，在 T_c 时刻，匹配滤波器单位脉冲响应函数 $h_M(t)$ 是原信号 $s(t)$ 的镜像信号乘以 $1/\sqrt{T_c}$。

由于 $s(t)$ 是实际信号，因而 $h_M(t)$ 是物理可实现的。在信号检测技术领域中，匹配滤波器往往称为相关检测器，这是因为

$$\begin{aligned}y(t)&=x(t)*h_M(t)=\frac{1}{\sqrt{T_c}}\int_{-\infty}^{\infty}x(\tau)s(T_c-t-\tau)\mathrm{d}\tau\\&\overset{T_c-t-\tau=t'}{=}\lim_{T_c\to\infty}\frac{1}{\sqrt{T_c}}\left[\int_{-T_c/2}^{T_c/2}s(t'+t-T_c)s(t')\mathrm{d}t'+\int_{-T_c/2}^{T_c/2}e(t'+t-T_c)s(t')\mathrm{d}t'\right]\\&=\lim_{T_c\to\infty}\sqrt{T_c}\left[\frac{1}{T_c}\int_{-T_c/2}^{T_c/2}s(t'+t-T_c)s(t')\mathrm{d}t'\right]\\&=\sqrt{T_c}R_s(t-T_c)\end{aligned}$$

对于实过程 $x(t)=s(t)+e(t)$，如果信号 $s(t)$ 与噪声 $e(t)$ 不相关，则上式总是成立的，且观测时间 T_c 越长，输出的幅值越大。当 $t=T_c$ 时，相关检测器的输出 $y(t)$ 达到最大值为 $\sqrt{T_c}\times R_s(0)$。

四、有色噪声情况下的匹配滤波器

将最优线性滤波器(式(2.3.28))改写成

$$
\begin{aligned}
H_{\mathrm{opt}}(\omega) &= \frac{1}{\sqrt{T_{\mathrm{c}}}}\frac{1}{\sqrt{N(\omega)}}\frac{X_s^*(\omega)}{\sqrt{N(\omega)}}\mathrm{e}^{-\mathrm{j}\omega T_{\mathrm{c}}} \\
&= \frac{1}{\sqrt{N(\omega)}}\left[\frac{1}{\sqrt{T_{\mathrm{c}}}}X_{s1}^*(\omega)\mathrm{e}^{-\mathrm{j}\omega T_{\mathrm{c}}}\right] \\
&= \frac{1}{\sqrt{N(\omega)}}H_{\mathrm{M1}}(\omega)
\end{aligned}
\tag{2.3.33}
$$

式中：$X_{s1}{}^*(\omega) = X_s{}^*(\omega)/\sqrt{N}(\omega)$。由此可见，在有色噪声情况下，使信噪比最大的线性滤波器 $H_{\mathrm{opt}}(\omega)$ 是由白化滤波器 $1/\sqrt{N}(\omega)$ 和白噪声情况下的匹配滤波器 $H_{\mathrm{M1}}(\omega)$［参见式(2.3.31)］串联而成的，其工作原理与厄卡特滤波器是一致的，通常称之为广义匹配滤波器。

五、匹配滤波器的性质

性质1： 在各种线性滤波器中，匹配滤波器的输出信噪比最大。

假设信号 $s(t)$ 的单边功率谱密度为 $G_s(\omega)$，噪声的单边功率谱为 N_0，那么，由式(2.3.29)可知，匹配滤波器的最大输出信噪比为

$$
\max\left(\frac{S}{N}\right)_y = \frac{T_{\mathrm{c}}}{2\pi}\int_0^{\infty}\frac{G_s(\omega)}{N_0}\mathrm{d}\omega = \frac{T_{\mathrm{c}}\sigma_s^2}{N_0}
$$

式中：$\sigma_s{}^2$ 为零均值信号 $s(t)$ 的平均功率。

性质2： 如果信号 $s(t)$ 的持续时间为 T_{c}，则在 T_{c} 时刻匹配滤波器输出信号的瞬时功率达到最大。

证明： 在式(2.3.23)中，令 $H(\omega) = H_{\mathrm{M}}(\omega)$，即

$$
H(\omega) = X_s^*(\omega)\mathrm{e}^{-\mathrm{j}\omega T_{\mathrm{c}}}/\sqrt{T_{\mathrm{c}}}
$$

可得

$$
\begin{aligned}
s_H(t) &= \frac{1}{2\pi}\int_{-\infty}^{\infty}[H(\omega)X_s(\omega)]\mathrm{e}^{\mathrm{j}\omega t}\mathrm{d}\omega \\
&= \frac{1}{2\pi\sqrt{T_{\mathrm{c}}}}\int_{-\infty}^{\infty}|X_s(\omega)|^2\mathrm{e}^{\mathrm{j}\omega(t-T_{\mathrm{c}})}\mathrm{d}\omega \\
&= \frac{\sqrt{T_{\mathrm{c}}}}{2\pi}\int_{-\infty}^{\infty}S(\omega)\mathrm{e}^{\mathrm{j}\omega(t-T_{\mathrm{c}})}\mathrm{d}\omega \\
&= \sqrt{T_{\mathrm{c}}}R(t-T_{\mathrm{c}}) \leqslant \sqrt{T_{\mathrm{c}}}R(0)
\end{aligned}
$$

式中，利用了 $S(\omega) = |X_s(\omega)|^2/T_{\mathrm{c}}$ 和维纳—辛钦公式。当 $t = T_{\mathrm{c}}$ 时，上式等号成立。这时，匹配滤波器输出信号的瞬时功率 $s_H{}^2(t)$ 达到最大。

性质3： 匹配滤波器对波形相同而幅值不同的时延信号具有适应性。

证明： 设信号 $s_1(t)$ 的表达式为

$$
s_1(t) = As(t-\tau)
$$

式中：A 为任意实数；τ 为时延，原信号 $s(t)$ 的持续时间为 T_{c}。

对上式取傅里叶变换，得到

$$X_{s1}(\omega) = AX_s(\omega)e^{-j\omega\tau}$$

根据式(2.3.31)，$s_1(t)$相对应的匹配滤波器为

$$H_{M1}(\omega) = \frac{1}{\sqrt{T_c}}X_{s1}^*(\omega)e^{-j\omega T_c} = \frac{1}{\sqrt{T_c}}AX_s^*(\omega)e^{-j\omega(T_c-\tau)}$$

$$= A\left[\frac{X_s^*(\omega)}{\sqrt{T_c}}e^{-j\omega T_c}\right]e^{-j\omega\tau}$$

$$= AH_M(\omega)e^{-j\omega\tau}$$

式中：$H_M(\omega)$是与原信号$s(t)$相对应的匹配滤波器。由此可见，$H_{M1}(\omega)$和$H_M(\omega)$之间只相差一个常数因子A和一个延时环节$e^{-j\omega\tau}$。

性质4： 匹配滤波器对频移信号不具有适应性。

因为匹配滤波器的选频特性是固定的，所以匹配滤波器对频移信号不具有适应性。

【例2-6】 已知信号是一单频过程：

$$s(t) = A\cos(2\pi f_c t) \quad \left(f_c = \frac{1}{T_c}\right)$$

加性噪声为有色噪声，其功率谱为

$$N(f) = \frac{1}{1 + 4\pi^2 f^2}$$

求使输出信噪比达到最大的最优线性滤波器$H_{opt}(\omega)$。

解：利用欧拉公式，信号的频谱可写成

$$X_s(\omega) = \int_{-\infty}^{\infty} s(t)e^{-j\omega t}dt$$

$$= \frac{A}{2}\int_{-\infty}^{\infty}[e^{-j(\omega-\omega_c)t} + e^{-j(\omega+\omega_c)t}]dt$$

$$= A\pi[\delta(\omega - \omega_c) + \delta(\omega + \omega_c)]$$

故有

$$X_s^*(\omega) = X_s(-\omega) = A\pi[\delta(\omega + \omega_c) + \delta(\omega - \omega_c)]$$

上式利用了δ函数的性质，$\delta(x) = \delta(-x)$。

使输出信噪比达到最大的最优线性滤波器就是匹配滤波器，也即厄卡特滤波器。为此，将上式代入式(2.3.28)，即可得到

$$H_{opt}(\omega) = \frac{1}{\sqrt{T_c}}\frac{X_s(-\omega)}{N(\omega)}e^{-j\omega T_c}$$

$$= \frac{A\pi}{\sqrt{T_c}}[\delta(\omega + \omega_c) + \delta(\omega - \omega_c)](1 + \omega^2)e^{-j\omega T_c}$$

2.3.4 似然比检测系统的信噪比计算

信号检测系统的输入—输出信噪比是评价系统性能的一项十分重要技术指标。

下面，以似然比检测系统为例，从图 2－10 所示系统的终端 z 开始，逐级向前计算积分器（$y \to z$）、平方检波器（$x \to y$）、基阵加预选滤波器（$x \to x_H$）的输入—输出信噪比。

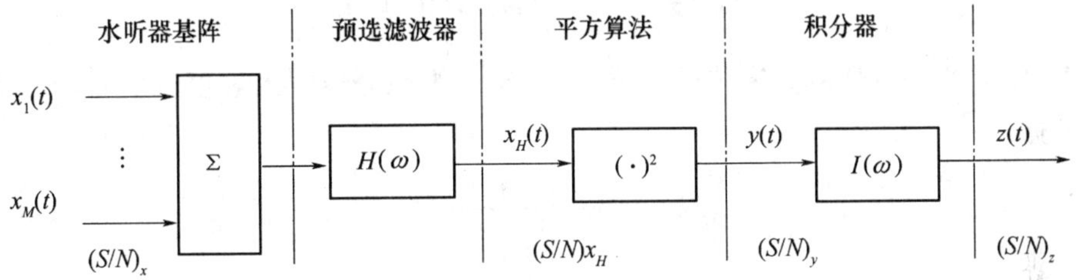

图 2－10 似然比检测系统的信噪比

一、积分器的输出信噪比

重新考虑式（2.3.17）。假设 $x_H(t)$ 是各态历经的平衡过程，则有

$$z(t) = \int_{t-T}^{t} x_H^2(\tau)\mathrm{d}\tau \approx TR_{x_H}(0) = T\psi^2(x_H)$$

由于在 T 时段上计算时间积分，等价于对有限个独立数据进行统计相加，因而积分器输出的能量 $z(t)$ 并不恒等于 $T\psi^2(x_H)$，而是以 $T\psi^2(x_H)$ 为期望值的随机变量。为此，必须用积分器输出的期望值 $E[z(t)]$，而不能直接用 $z(t)$ 来计算信噪比。

若以 $E(z|H_1)$ 表示在 H_1 情况下积分器输出 $z(t)$ 的期望值，记为 $E_1(z)$，则有

$$E_1[z(t)] = \int_{t-T}^{t} E_1[x_H^2(\tau)]\mathrm{d}\tau = T\psi_1^2(x_H)$$

同样地，以 $E(z|H_0)$ 表示在 H_0 情况下积分器输出 $z(t)$ 的期望值，记为 $E_0(z)$，就有

$$E_0[z(t)] = \int_{t-T}^{t} E_0[x_H^2(\tau)]\mathrm{d}\tau = T\psi_0^2(x_H)$$

当信号 $s(t)$ 与噪声 $e(t)$ 互相独立时，两者之差就是信号 $s(t)$ 的平均能量。因此，在 H_1 情况下，积分器输出的直流信号的瞬时功率为 $[E_1(z) - E_0(z)]^2$；在 H_0 情况下，积分器的输入是零均值纯噪声过程，其输出交变噪声的平均功率为 $\sigma^2(z|H_0)$，简记为 $\sigma_0{}^2(z)$。于是，很自然地把积分器输出端的信噪比定义为

$$\left(\frac{S}{N}\right)_z = \frac{\{E_1[z] - E_0[z]\}^2}{\sigma_0^2(z)} \tag{2.3.34}$$

类似地，积分器输入端（$y = x_H{}^2$）的信噪比可以定义为

$$\left(\frac{S}{N}\right)_y = \frac{\{E_1[y] - E_0[y]\}^2}{\sigma_0^2(y)} \tag{2.3.35}$$

积分器的处理增益:积分器输入—输出之间的信噪比关系为

$$(S/N)_z = 2T_{\mathrm{eq}}B_y(S/N)_y \tag{2.3.36}$$

式中:T_{eq}为积分器的等效积分时间,即

$$T_{\mathrm{eq}} = \frac{1}{\frac{1}{2\pi}\int_{-\infty}^{\infty} |I(\omega)/I(0)|^2 \mathrm{d}\omega} \tag{2.3.37}$$

式中:$I(\omega)$为积分器的频率传递函数。$2B_y$ 定义为积分器输入过程(纯噪声)的等效谱宽:

$$2B_y = \frac{1}{\int_{-\infty}^{\infty} [\rho_y(\tau)]_0 \mathrm{d}\tau} \tag{2.3.38}$$

式中:$[\rho_y(\tau)]_0$ 为在 H_0 情况下,积分器输入 $y(t)$的自相关系数。

证明:令积分器的单位脉冲响应函数为 $i(t)$(确定性函数),根据卷积定理,得到

$$\begin{aligned} E[z] &= E\left[\int_{-\infty}^{\infty} y(t-\tau)i(\tau)\mathrm{d}\tau\right] \\ &= E[y]\int_{-\infty}^{\infty} i(\tau)\mathrm{d}\tau = E[y]I(0) \stackrel{\mathrm{def}}{=} \bar{z} \end{aligned} \tag{2.3.39}$$

其物理意义是:积分器输出的直流成分等于输入过程的直流成分与滤波器的直流增益 $I(0)$的乘积。

利用式(2.3.39),将式(2.3.34)的分子改写成

$$\{E_1[z] - E_0[z]\}^2 = \{E_1[y] - E_0[y]|^2\}I^2(0) \tag{2.3.40}$$

而式(2.3.34)的分母则可按方差的定义计算。在 H_0 情况下,有

$$\psi_0^2(z) = E_0[z^2] = \sigma_0^2(z) + \bar{z}_0^2 \tag{2.3.41}$$

根据维纳—辛钦公式和线性系统的功率传递关系(图 2-10),式(2.3.41)等号左边为

$$\psi_0^2(z) = \frac{1}{2\pi}\int_{-\infty}^{\infty} S_z(\omega)\mathrm{d}\omega = \frac{1}{2\pi}\int_{-\infty}^{\infty} S_y(\omega)|I(\omega)|^2\mathrm{d}\omega \tag{2.3.42}$$

式中:$S_y(\omega)$为积分器的输入样本 $y(t)$的噪声谱密度。

为了计算 $S_y(\omega)$,将噪声样本 $y(t)$表示为均值项和波动项之和,即

$$y(t) = E_0[y] + \{y(t) - E_0[y]\} = \bar{y}_0 + \tilde{y}$$

式中:$\bar{y}_0 = E_0[y]$;$\tilde{y} = y - \bar{y}_0$。于是,$y(t)$的自相关函数就可表示为

$$R_y(\tau) = E_0[y(t)y(t-\tau)] = \bar{y}_0^2 + R_{\tilde{y}}(\tau)$$

对上式等号两边取傅里叶变换,并利用式(2.3.39),得

$$S_y(\omega) = 2\pi\delta(\omega)\bar{y}_0^2 + S_{\tilde{y}}(\omega) = 2\pi\delta(\omega)\frac{\bar{z}_0^2}{I^2(0)} + S_{\tilde{y}}(\omega)$$

代入式(2.3.42)，就有

$$\begin{aligned}\psi_0^2(z) &= \frac{1}{2\pi}\int_{-\infty}^{\infty} S_y(\omega)\,|\,I(\omega)\,|^2\mathrm{d}\omega \\ &= \frac{1}{2\pi}\int_{-\infty}^{\infty}\left\{2\pi\delta(\omega)\frac{\bar{z}_0^2}{I^2(0)} + S_{\tilde{y}}(\omega)\right\}|\,I(\omega)\,|^2\mathrm{d}\omega \\ &= \bar{z}_0^2 + \frac{1}{2\pi}\int_{-\infty}^{\infty} S_{\tilde{y}}(\omega)\,|\,I(\omega)\,|^2\mathrm{d}\omega \end{aligned} \tag{2.3.43}$$

再把式(2.3.43)代入式(2.3.40)，可得

$$\sigma_0^2(z) = \psi_0^2(z) - \bar{z}_0^2 = \frac{1}{2\pi}\int_{-\infty}^{\infty} S_{\tilde{y}}(\omega)\,|\,I(\omega)\,|^2\mathrm{d}\omega \tag{2.3.44}$$

其物理意义是，积分器输出的交变噪声功率是由输入的交变噪声功率决定的。

在 H_0 情况下，$S_y(\omega)$ 的分布如图 2－11 所示。其中，位于 $\omega=0$ 处、强度为 $\bar{y}_0$ 的谱线代表输入样本 $y(t)$ 中的直流功率；$S'_{(\omega)}$ 则表示 $y(t)$ 中的交变噪声功率谱。

为了使上述讨论的问题更具有一般性，可以把积分器视为低通滤波器 $I(\omega)$，其功率谱如图 2－12 所示。通常，积分器的带宽与输入噪声过程的功率谱相比是很窄的。

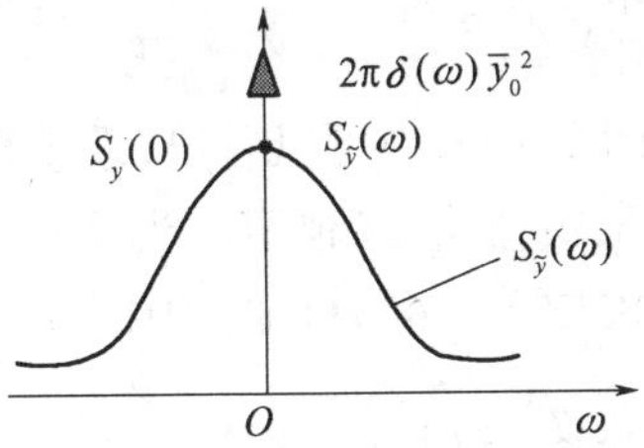

图 2－11　积分器输入噪声过程的功率谱

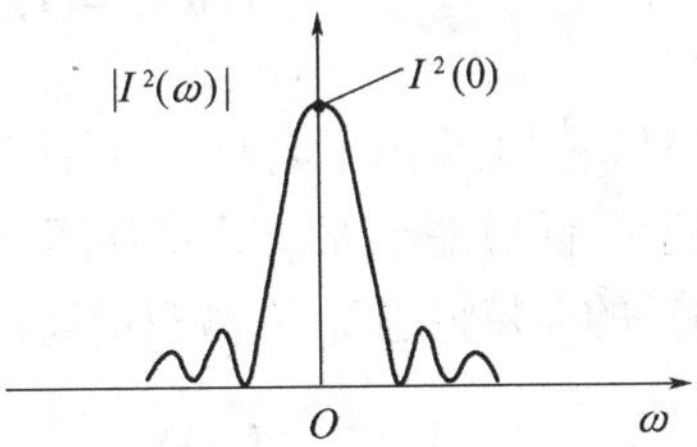

图 2－12　积分器的功率传递函数

比较图 2－11 和图 2－12 可知，在 $|I(\omega)|^2$ 具有显著值的范围内，$S_{\tilde{y}}(\omega)$ 近似等于常数，因而，式(2.3.44)可近似为

$$\psi_0^2(z) \approx z_0^2 + S_{\tilde{y}}(0)\frac{1}{2\pi}\int_{-\infty}^{\infty}|\,I(\omega)\,|^2\mathrm{d}\omega$$

利用式(2.3.41)和维纳—辛钦公式，就有

$$\begin{aligned}\sigma_0^2(z) &= \psi_0^2(z) - z_0^2 \\ &= \int_{-\infty}^{\infty} R_{\tilde{y}}(\tau)\mathrm{d}\tau\,\frac{1}{2\pi}\int_{-\infty}^{\infty}|\,I(\omega)\,|^2\mathrm{d}\omega\end{aligned}$$

将 $R_{\tilde{y}}(\tau) = \sigma_0^2(y)\times[\rho_y(\tau)]_0$ 代入上式，得

$$\sigma_0^2(z) = \sigma_0^2(y)\int_{-\infty}^{\infty}[\rho_y(\tau)]_0\mathrm{d}\tau\left[\frac{1}{2\pi}\int_{-\infty}^{\infty}|\,I(\omega)\,|^2\mathrm{d}\omega\right] \tag{2.3.45}$$

最后,将式(2.3.45)和式(2.3.40)代入式(2.3.34),并利用式(2.3.35),即可得到

$$\left(\frac{S}{N}\right)_z \Big/ \left(\frac{S}{N}\right)_y = \frac{\{E_1[z]-E_0[z]\}^2}{\sigma_0^2(z)} \Big/ \frac{\{E_1[y]-E_0[y]\}^2}{\sigma_0^2(y)}$$

$$= \frac{1}{\int_{-\infty}^{\infty}[\rho_y(\tau)]_0 \mathrm{d}\tau} \frac{1}{\frac{1}{2\pi}\int_{-\infty}^{\infty}\left|\frac{I(\omega)}{I(0)}\right|^2 \mathrm{d}\omega} = 2B_y T_{\mathrm{eq}}$$

下面讨论积分器的等效积分时间、输入噪声过程等效谱宽和处理增益的物理意义。

1. 积分器等效积分时间 T_{eq} 的物理意义

假设图 2-10 中的积分器是一理想积分器,其输出 $z(t)$ 与输入 $y(t)$ 的关系为

$$z(t) = \int_{t-T_i}^{t} y(\tau)\mathrm{d}\tau$$

式中:T_i 为积分时间。令 $y(\tau)=\delta(\tau)$,则有

$$z(t) \overset{\mathrm{def}}{=} i(t) = \begin{cases} 1 & (0 \leqslant t < T_i) \\ 0 & (\text{其他}) \end{cases}$$

式中:$i(t)$ 为理想积分器的单位脉冲响应函数。对上式取傅里叶变换,得

$$I(\omega) = T_i \frac{\sin(\omega T_i/2)}{(\omega T_i/2)} \exp\left(-\frac{\mathrm{j}\omega T_i}{2}\right) \tag{2.3.46}$$

图 2-13 给出了 $i(t)$ 与 $|I(\omega)|$ 的曲线。从图 2-13 中可以看出,理想积分器相当于一低通滤波器,积分时间 T_i 越长,积分器的通带就越窄。当 $T_i \to \infty$ 时,$|I(\omega)|$ 的通带将趋于零,故只能通过直流成分。由式(2.3.46)可知,$I(0)=T_i$,且有

$$\frac{1}{2\pi}\int_{-\infty}^{\infty}\left|\frac{I(\omega)}{I(0)}\right|^2 \mathrm{d}\omega = \frac{1}{2\pi}\int_{-\infty}^{\infty}\left[\frac{\sin(\omega T_i/2)}{\omega T_i/2}\right]^2 \mathrm{d}\omega = \frac{1}{T_i}$$

由此可见,按式(2.3.37)定义的等效积分时间具有时间量纲,且有 $T_{\mathrm{eq}}=T_i$。

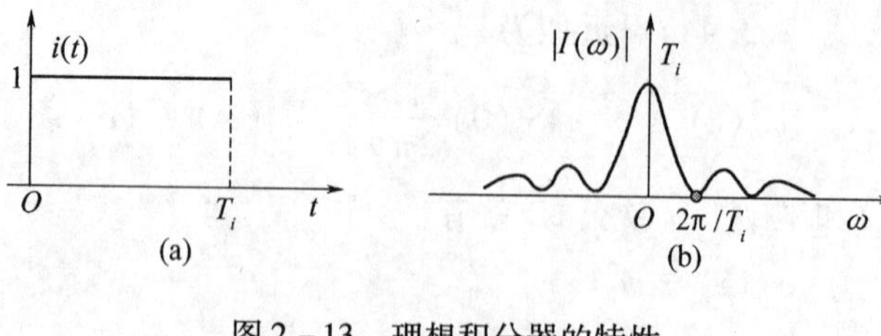

图 2-13 理想积分器的特性

(a) 脉冲响应函数;(b) 幅频特性。

如前所述,在最佳检测系统中,积分器的积分时间 T_i 起着对截断输入波形的作用,以便于观测,因而等效积分时间 T_{eq} 具有"等效观察时间"的含义。

2. 积分器输入噪声过程等效谱宽 $2B_y$ 的物理意义

将 $R_{\tilde{y}}(\tau)=\sigma_0{}^2(y)[\rho_y(\tau)]_0$ 代入等效谱宽 $2B_y$ 的定义式(2.3.38)，且利用维纳—辛钦公式，即可得到

$$2B_y=\frac{1}{\int_{-\infty}^{\infty}[\rho_y(\tau)]_0\mathrm{d}\tau}=\frac{\sigma_0^2(y)}{\left[\int_{-\infty}^{\infty}R_{\tilde{y}}(\tau)\mathrm{d}\tau\right]_0}$$

$$=\frac{1}{2\pi}\frac{\int_{-\infty}^{\infty}[S_{\tilde{y}}(\omega)]_0\mathrm{d}\omega}{[S_{\tilde{y}}(0)]_0}=\frac{\int_{-\infty}^{\infty}[S_{\tilde{y}}(f)]_0\mathrm{d}f}{[S_{\tilde{y}}(0)]_0} \tag{2.3.47}$$

故有

$$S_{\tilde{y}}(0)=\frac{\sigma_0^2(y)}{2B_y},\sigma_0^2(y)=\int_{-\infty}^{\infty}S_{\tilde{y}}(f)\mathrm{d}f=S_{\tilde{y}}(0)\cdot 2B_y$$

为简化符号起见，在上式中略去了表示 H_0 情况的下标0。

上式的物理意义可用图2－14加以解释：噪声样本 $y(t)$ 的等效谱宽 $2B_y$，就是交变噪声功率谱 $S_{\tilde{y}}(\omega)$ 代之以高度为 $S_{\tilde{y}}(0)=\sigma_0^2(y)/(2B_y)$、宽度为 $2B_y$ 的矩形谱而维持面积不变。因此，如果积分器的输入噪声过程 $y(t)$ 的任意形状交变功率谱 $S_{\tilde{y}}(\omega)$ 的等效谱宽为 $2B_y$，那么，代之以高度为 $\sigma_0^2(y)$、等效谱宽为 $2B_y$ 的矩形功率谱不会改变积分器的处理增益。

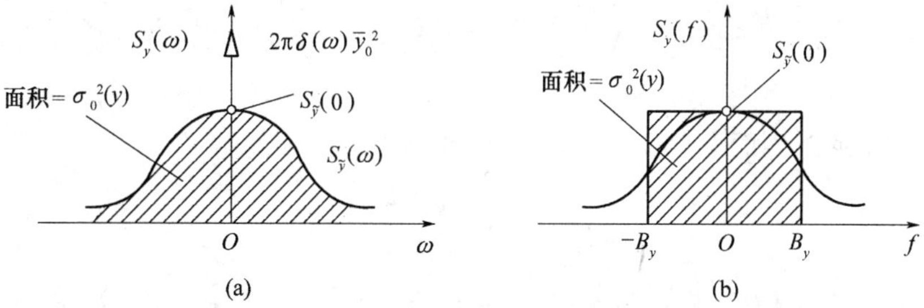

图2－14　等效噪声谱宽 B_y 的物理意义

(a) $S_{\tilde{y}}(\omega)$ 所包围的实际面积；(b) $S_{\tilde{y}}(f)$ 所包围的等效面积。

3. 积分器处理增益的物理意义

根据处理增益的定义，由式(2.3.36)即可得到

$$\text{处理增益}=\left(\frac{S}{N}\right)_z\Big/\left(\frac{S}{N}\right)_y=2T_{\mathrm{eq}}B_y \tag{2.3.48}$$

其物理意义可从以下三个方面来说明：

(1) 等效积分时间为 T_{eq} 的积分器对等效带宽为 $2B_y$ 的输入噪声波形 $y(t)$ 的作用，相当于截取长度为 T_{eq} 的一段波形进行积分，这等同于把携带有噪声过程 $y(t)$ 全部信息的 $n=2T_{\mathrm{eq}}B_y$ 个独立样点进行相加平均。在信噪比表达式(2.3.34)中，信号的功率是直流成分之差的平方。因为信号体现在直流成分上，所以 $n=$

$2T_{eq}B_y$ 个样点的直流成分是完全相干的。于是，信号的功率等于 n 个样点的幅度相加后再取平方，故其功率增加了 n^2 倍；但是 n 个样点的交变噪声成分在矩形谱（限带白噪声）中是彼此不相干的，因此各频点的功率相加后仅增加 n 倍。综合起来，积分器输出的信噪比提高了 $n = 2T_{eq}B_y$ 倍。

(2) 从脉冲响应而言，积分时间 T_i 越大，意味着电路的时间常数也越大，快速变化的噪声在积分器的输出端得不到显著的响应，也即被平滑了。此外，等效谱宽 $2B_y$ 越大，表示噪声中快速变化的成分就越多，积分器对噪声的平滑效果也就越好。

(3) 就频率特性而言，积分时间 T_i 越大，意味着积分器（低通滤波器）的频带越窄，被滤掉的高频噪声成分的百分比也就越大，而且这个比率与积分器输入噪声过程的等效谱宽 $2B_y$ 成正比，也即噪声功率谱的等效频带越宽，积分器的相对滤波效果就越显著。

二、平方检波器的输出信噪比

在图 2－10 中，平方检波器的输出是输入的瞬时功率，即 $y(t) = x_H{}^2(t)$。在 H_1 情况下，用 $[E_1(y) - E_0(y)]^2$ 表示平方检波器输出的直流信号的平均功率是恰当的；在 H_0 情况下，平方检波器输出的交变噪声的平均功率是 $\sigma^2(y|H_0)$，记为 $\sigma_0{}^2(y)$。因此，平方检波器输出端的信噪比可表示为

$$\left(\frac{S}{N}\right)_y = \frac{\{E_1[y] - E_0[y]\}^2}{\sigma_0^2(y)} \tag{2.3.49}$$

考虑到平方检波器的零均值输入样本 $x_H(t)$ 中信号分量 $s_H(t)$ 与噪声分量 $e_H(t)$ 互相独立，因而平方检波器输入端的信噪比可表示为

$$\left(\frac{S}{N}\right)_{x_H} = \frac{\sigma_1^2(x_H) - \sigma_0^2(x_H)}{\sigma_0^2(x_H)} \tag{2.3.50}$$

式中：$\sigma_1{}^2(x_H)$ 为信号 $s_H(t)$ 与噪声 $e_H(t)$ 的平均功率之和；$\sigma_0{}^2(x_H)$ 为噪声的平均功率。这两者之差即为信号的平均功率，故上式与信噪比的一般定义是一致的。

平方检波器的处理增益：平方检波器的输入—输出之间的信噪比关系可表示为

$$\left(\frac{S}{N}\right)_y = \frac{1}{2}\left(\frac{S}{N}\right)_{x_H}^2 \tag{2.3.51}$$

证明：平方检波器的输出 $y = x_H{}^2$。对于零均值输入样本 $x_H(t)$，在 H_1 情况下，有

$$E_1[y(t)] = E_1[x_H^2(t)] = \psi_1^2(x_H) = \sigma_1^2(x_H) \tag{2.3.52}$$

而在 H_0 情况下，则有

$$E_0[y(t)] = E_0[x_H^2(t)] = \psi_0^2(x_H) = \sigma_0^2(x_H) \tag{2.3.53}$$

为了计算 $\sigma_0{}^2(y)$，可根据高斯随机变量的四阶混合矩公式，先计算平方检波

器的噪声输出过程 $y(t)$ 的自相关函数：

$$
\begin{aligned}
R_y(\tau) &= E_0[y(t)y(t-\tau)] = E[x_H^2(t)x_H^2(t-\tau)] \\
&= \psi_0^4(x_H) + 2\sigma_0^4(x_H)[\rho_{x_H}^2(\tau)]_0
\end{aligned} \tag{2.3.54}
$$

式中：$\rho_{x_H}(\tau)$ 为噪声输入过程 $x_H(t)$ 的自相关系数。根据方差的定义，得到

$$
\begin{aligned}
\sigma_0^2(y) &= R_y(0) - E_0^2[y(t)] \\
&= \psi_0^4(x_H) + 2\sigma_0^4(x_H) - \psi_0^4(x_H) \\
&= 2\sigma_0^4(x_H)
\end{aligned} \tag{2.3.55}
$$

推导中利用了 ${\rho_{x_H}}^2(0)=1$。将式(2.3.5.5)代入(2.3.49)，且利用式(2.3.50)，即可得到

$$
\begin{aligned}
\left(\frac{S}{N}\right)_y &= \frac{\{E_1[y] - E_0[y]\}^2}{\sigma_0^2(y)} = \frac{[\sigma_1^2(x_H) - \sigma_0^2(x_H)]^2}{2\sigma_0^4(x_H)} \\
&= \frac{1}{2}\left[\frac{\sigma_1^2(x_H) - \sigma_0^2(x_H)}{\sigma_0^2(x_H)}\right]^2 = \frac{1}{2}\left(\frac{S}{N}\right)_{x_H}^2
\end{aligned}
$$

不考虑比例因子1/2，上式表明平方检波器的输出信噪比与输入信噪比的平方成比例。当输入信噪比很小时，如 $(S/N)_{x_H}=1/10$，那么输出信噪比将只有1/100。这种现象称为小信号抑制效应。这是平方检波器的特点，也是其他非线性电路在小信号情况下的特征。

从图2-10中可以看到，积分器的输入端正好是平方检波器的输出端。因此，平方检波器输出噪声过程的等效谱宽，等同于积分器输入噪声过程的等效谱宽。

预选滤波器的等效谱宽：在信号 $s(t)$ 与噪声 $e(t)$ 具有相同的功率谱形状的特殊情况下，平方检波器输出噪声过程的等效谱宽 $2B_y$，恰好等于预选滤波器 $H(\omega)$ 输出噪声过程的等效谱宽 $2B_H$，即 $2B_H=2B_y$。

证明：在 H_0 情况下，平方检波器的输出 $y(t)$ 的自相关系数可以表示为

$$
\begin{aligned}
[\rho_y(\tau)]_0 &= \frac{C_y(\tau)}{\sigma_0^2(y)} = \frac{R_y(\tau) - E_0^2[y(t)]}{\sigma_0^2(y)} \\
&= \frac{2\sigma_0^4(x_H)[\rho_{x_H}^2(\tau)]_0}{2\sigma_0^4(x_H)} = [\rho_{x_H}^2(\tau)]_0
\end{aligned} \tag{2.3.56}
$$

推导中利用了式(2.3.54)和(2.3.55)。

将式(2.3.56)代入积分器输入噪声过程的等效谱宽表达式(2.3.38)，可得

$$
2B_y = \frac{1}{\int_{-\infty}^{\infty}[\rho_y(\tau)]_0 \mathrm{d}\tau} = \frac{1}{\int_{-\infty}^{\infty}[\rho_{x_H}^2(\tau)]_0 \mathrm{d}\tau} \tag{2.3.57}
$$

根据式(2.3.30)，当信号与噪声具有相同的功率谱形状时，最佳预选滤波器是一白化滤波器。在 H_0 情况下，噪声过程经过白化滤波器后将变成限带白谱。因此，预选滤波器输出的噪声功率谱密度可表示为

$$S_{x_H}(f) = \begin{cases} \dfrac{\sigma_0^2(x_H)}{2B_H} & (-B_H \leqslant f \leqslant B_H) \\ 0 & (f = \text{其他}) \end{cases} \tag{2.3.58}$$

式中：$\sigma_0{}^2(x_H)$为预选滤波器输出的平均噪声功率；$2B_H$ 为预选滤波器输出噪声功率谱的等效带宽（单位 Hz）。在零均值条件下，预选滤波器输出噪声过程 $x_H(t)$ 的自相关系数为

$$[\rho_{x_H}(\tau)]_0 = \frac{R_{x_H}(\tau)}{R_{x_H}(0)} = \frac{1}{\sigma_0^2(x_H)} R_{x_H}(\tau)$$

上式等号两边平方后积分，得

$$\begin{aligned} \int_{-\infty}^{\infty} [\rho_{x_H}^2(\tau)]_0 \mathrm{d}\tau &= \frac{1}{\sigma_0^4(x_H)} \int_{-\infty}^{\infty} R_{x_H}^2(\tau) \mathrm{d}\tau \\ &= \frac{1}{\sigma_0^4(x_H)} \int_{-B_H}^{B_H} S_{x_H}^2(f) \mathrm{d}f \\ &= \frac{1}{\sigma_0^4(x_H)} \left[\frac{\sigma_0^2(x_H)}{2B_H}\right]^2 (2B_H) = \frac{1}{2B_H} \end{aligned}$$

由式(2.3.57)可知，$2B_H = 2B_y$。

在推导式过程中，利用了傅里叶变换的帕塞瓦公式：

$$\int_{-\infty}^{\infty} f^2(t) \mathrm{d}\tau = \int_{-\infty}^{\infty} |F(f)|^2 \mathrm{d}f < \infty$$

式中：$F(f)$为实函数$f(t)$的傅里叶变换。

三、基阵加预选滤波器的输出信噪比

考虑图 2－15 所示的基阵加预选滤波器。为了得到预选滤波器的输出信噪比$(S/N)_{xH}$与输入过程信噪比$(S/N)_x$ 之间的关系，首先应求出基阵输出信噪比$(S/N)_v$与基阵输入信噪比$(S/N)_x$ 的关系，然后再求出$(S/N)_{x_H}$与$(S/N)_v$ 的关系。这些信噪比分别定义为

$$\left(\frac{S}{N}\right)_{x_H} = \frac{\sigma_1^2(x_H) - \sigma_0^2(x_H)}{\sigma_0^2(x_H)}$$

$$\left(\frac{S}{N}\right)_v = \frac{\sigma_1^2(v) - \sigma_0^2(v)}{\sigma_0^2(v)}$$

$$\left(\frac{S}{N}\right)_x = \frac{\sigma^2(s)}{\sigma^2(e)}$$

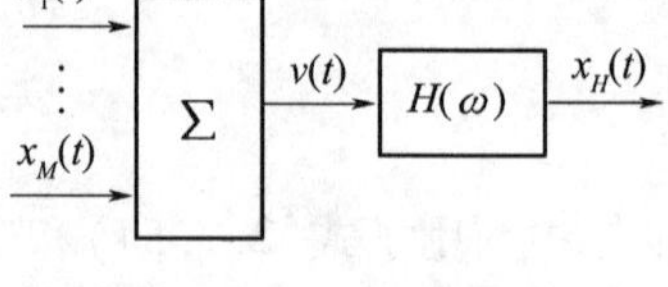

图 2－15　基阵加预选滤波器

式中：$v(t)$为各个水听器输出过程相加的结果：

$$v(t) = \sum_{i=1}^{M} x_i(t) = \sum_{i=1}^{M} e_i(t) + Ms(t)$$

基阵加预选滤波器的处理增益：当信号与噪声具有相同形状的功率谱时，基阵加预选滤波器的输入—输出信噪比为

$$\left(\frac{S}{N}\right)_{x_H}=\left(\frac{S}{N}\right)_{v}=M\left(\frac{S}{N}\right)_{x} \tag{2.3.59}$$

证明：先证明基阵的处理增益为 M。假设在 H_1 情况下，信号 $s(t)$ 与各通道噪声的噪声 $e_i(t)$ 独立，且 $e_i(t)$ 相互独立、功率相等，$i=1,2,\cdots,M$。因此，$v(t)$ 的平均功率为

$$\begin{aligned}\sigma_1^2(v) &= \sum_{i=1}^{M}\sigma^2(e_i)+M^2\sigma^2(s)\\ &= M\sigma^2(e)+M^2\sigma^2(s)\end{aligned}$$

在 H_0 情况下，$s(t)=0$，故有

$$\sigma_0^2(v) = M\sigma^2(e)$$

将以上二式代入信噪比的定义，即可得到

$$\left(\frac{S}{N}\right)_{v}=\frac{\sigma_1^2(v)-\sigma_0^2(v)}{\sigma_0^2(v)}=\frac{M^2\sigma^2(s)}{M\sigma^2(e)}=M\left(\frac{S}{N}\right)_{x} \tag{2.3.60}$$

式(2.3.60)的物理意义：完全相干的信号以幅值相加，而彼此独立的噪声以功率相加，其结果是基阵(加法器)的输出信噪比是其输入信噪比的 M 倍。

现在考虑 $(S/N)_{x_H}$ 与 $(S/N)_v$ 的关系。若记 $v(t)$ 中信号功率谱为 $S(\omega)$，噪声功率谱为 $N(\omega)$，则 $(S/N)_v$ 和 $(S/N)_{x_H}$ 可分别表示为

$$\left(\frac{S}{N}\right)_{v}=\frac{\dfrac{1}{2\pi}\displaystyle\int_{-\infty}^{\infty}S(\omega)\mathrm{d}\omega}{\dfrac{1}{2\pi}\displaystyle\int_{-\infty}^{\infty}N(\omega)\mathrm{d}\omega}$$

$$\left(\frac{S}{N}\right)_{xH}=\frac{\dfrac{1}{2\pi}\displaystyle\int_{-\infty}^{\infty}S(\omega)\,|H(\omega)|^2\mathrm{d}\omega}{\dfrac{1}{2\pi}\displaystyle\int_{-\infty}^{\infty}N(\omega)\,|H(\omega)|^2\mathrm{d}\omega}$$

当信号与噪声具有相同形状的功率谱时，即 $S(\omega)=kN(\omega)$，k 为常数，厄卡特滤波器将退化为白化滤波器。把这一关系代入以上二式，就有

$$\left(\frac{S}{N}\right)_{x_H}=\left(\frac{S}{N}\right)_{v} \tag{2.3.61}$$

这一结果是不言而喻的，因为滤波器对谱形状相同的任何过程恒有相同的作用，所以预选滤波器的处理增益等于1。

最后，合并式(2.3.60)和式(2.3.61)，即证得式(2.3.59)。

从式(2.3.61)中可以看到，在信号与噪声具有相同形状的功率谱的特殊情况下，白化滤波器不能改善输出信噪比。既然如此，为什么还要保留白化滤波器呢？

白化滤波器的作用：白化滤波器能够通过改变输入过程噪声谱的形状(使任意形状的谱变为白谱)的途径来增大基阵平方检波系统(图2－10)的等效谱宽 $2B_y$。

证明:在 H_0 情况下,由式(2.3.57),得

$$2B_y = \frac{1}{\int_{-\infty}^{\infty} [\rho_{x_H}^2(\tau)]_0 \mathrm{d}\tau} = \frac{\sigma_0^4(x_H)}{\frac{1}{2\pi}\int_{-\infty}^{\infty} S_{x_H}^2(\omega)\mathrm{d}\omega} \tag{2.3.62}$$

式中:$S_{x_H}(\omega)$ 为在 H_0 情况下,预选滤波器输出过程的功率谱。

要求 $2B_y$ 为最大,必须使式(2.3.62)等号右侧的积分值为最小。这相当于求解在满足预选滤波器输出的平均噪声功率等于 ${\sigma_0}^2(x_H)$ 的约束条件下,即

$$\frac{1}{2\pi}\int_{-\infty}^{\infty} S_{x_H}(\omega)\mathrm{d}\omega = R_{x_H}(0) = \sigma_0^2(x_H) \tag{2.3.63}$$

使目标函数

$$J = \frac{1}{2\pi}\int_{-\infty}^{\infty} S_{x_H}^2(\omega)\mathrm{d}\omega$$

为最小的功率谱形状 $S_{xH}(\omega)$。

根据拉格朗日乘子法,首先给出伴随函数:

$$\begin{aligned} L &= \frac{1}{2\pi}\int_{-\infty}^{\infty} S_{x_H}^2(\omega)\mathrm{d}\omega - \lambda\left[\frac{1}{2\pi}\int_{-\infty}^{\infty} S_{x_H}(\omega)\mathrm{d}\omega - \sigma_0^2(x_H)\right] \\ &= \frac{1}{2\pi}\int_{-\infty}^{\infty} [S_{x_H}^2(\omega) - \lambda S_{x_H}(\omega)]\mathrm{d}\omega + \lambda\sigma_0^2(x_H) \end{aligned} \tag{2.3.64}$$

式中:λ 为拉格朗日乘子。

然后对泛函 L 取一阶变分,并令其结果为零,即可得到

$$\delta L = \int_{-\infty}^{\infty} \{[2S_{x_H}(\omega) - \lambda]\delta S_{x_H}(\omega)\}\mathrm{d}\omega = 0$$

因为上式对于任意的 δS 都成立,故有

$$S_{x_H}(\omega) = \frac{\lambda}{2}$$

通常,要求预选滤波器输出过程的功率谱 $S_{x_H}(\omega)$ 是限带的,只在$(-2\pi B_H, 2\pi B_H)$范围内有非零值,故相应的约束方程式(2.3.63)为

$$\begin{aligned} \sigma_0^2(x_H) &= \frac{1}{2\pi}\int_{-\infty}^{\infty} S_{x_H}(\omega)\mathrm{d}\omega \\ &= \frac{1}{2\pi}\int_{-2\pi B_H}^{2\pi B_H} \frac{\lambda}{2}\mathrm{d}\omega = \lambda B_H \end{aligned}$$

由此可解得 $\lambda = {\sigma_0}^2(x_H)/B_H$。于是就有

$$S_{x_H}(\omega) = S_{x_H}(f) = \frac{\lambda}{2} = \frac{\sigma_0^2(x_H)}{2B_H} = \text{常数} \tag{2.3.65}$$

上式表明在 H_0 情况下预选滤波器输出过程是限带白谱。又因为泛函 L 的二次变分

$$\delta^2 L = \frac{1}{2\pi}\int_{-\infty}^{\infty} \frac{\partial^2[S_{x_H}^2(\omega) - \lambda S_{x_H}(\omega)]}{\partial S_{x_H}^2}(\delta S_{x_H})^2 d\omega$$

$$= \frac{1}{2\pi}\int_{-\infty}^{\infty} 2\cdot(\delta S_{x_H})^2 d\omega \geqslant 0$$

所以当式(2.3.65)成立时,J 取得最小值。

以上分析表明:在 H_0 情况下,为了使基阵平方积分系统有尽可能大的等效噪声谱宽 $2B_y$,最佳预选滤波器的输出过程的功率谱应当是白谱。当信号与噪声具有相同形状的功率谱时,最佳预选滤波器就是起着尽可能增大等效噪声谱宽作用的预白滤波器;当信号与噪声功率谱形状不相同时,最佳预选滤波器的输出噪声过程的功率谱不再是白谱,这时 $2B_y$ 虽未达到最大,但由于预白滤波器还要接匹配滤波器以提高其输出信噪比,从而使整个系统的输出信噪比 $2T_{eq}B_y(S/N)_y$ 达到最大值。

本章小结

由于实际过程大多为高斯过程,因此,本章首先简要介绍了中心极限定理,这是因为中心极限定理为应用高斯概率密度函数建立随机过程模型提供了理论依据:在适当条件下,当随机变量的数目 N 足够大时,N 个独立的随机变量之和趋于高斯分布。然后重点介绍了多维高斯变量、多维高斯条件密度函数和高斯过程的若干性质,这些内容是随机信号与系统科学的基础知识。

为了使初学者能更好地理解和掌握随机过程理论的基本概念,本章还详尽介绍了应用多维高斯密度函数来推导"二择一"最佳检测系统——似然比检测系统,并由此引出了信号检测系统中常用的白化滤波器和匹配滤波器。最后,应用第一章所介绍的基本概念和公式来计算似然比检测系统中各个功能部件的信噪比。从这部分内容的编排顺序可以看出:为了研发一个实用的信号检测系统,首先应当从直观的物理概念出发,经假设(或条件简化)、推理和计算等三个步骤,来获得描述系统性能指标的数学表达式(即建立数学模型),然后再根据数学模型的解,对系统进行优化设计。应该说,这种理论方和技术手段在信号检测系统设计与分析中具有普遍的意义。

现将本章的知识要点叙述如下:

(1) 在给定观测值 $\boldsymbol{y}$ 的条件下,未知参数(或状态)$\boldsymbol{x}$ 的最小均方误差(MMSE)估计量由条件期望值给出,即

$$\hat{\boldsymbol{x}}(\boldsymbol{y}) = E[\boldsymbol{x}\mid\boldsymbol{y}]$$

根据高斯条件密度函数 $p(\boldsymbol{x}|\boldsymbol{y})$,可直接给出估计量和估计误差表达式。

(2) 设随机向量 $\boldsymbol{x}$ 和 $\boldsymbol{y}$ 分别是 $N_x\times1$ 和 $N_y\times1$ 维的高斯向量,且向量 $[\boldsymbol{x},\boldsymbol{y}]^{\mathrm{T}}$ 也是联合高斯的,其均值和协方差函数分别为

$$\boldsymbol{\mu} = \begin{bmatrix} \boldsymbol{\mu}_x \\ \boldsymbol{\mu}_y \end{bmatrix} \qquad \boldsymbol{C} = \begin{bmatrix} \boldsymbol{C}_x & \boldsymbol{C}_{xy} \\ \boldsymbol{C}_{yx} & \boldsymbol{C}_y \end{bmatrix}$$

如果构造一个新的向量 $\boldsymbol{z}$,其表达式为

$$\boldsymbol{z} = \boldsymbol{x} - [\boldsymbol{\mu}_x + \boldsymbol{C}_{xy}\boldsymbol{C}_y^{-1}(\boldsymbol{y} - \boldsymbol{\mu}_y)]$$

则 $\boldsymbol{z}$ 是独立于 $\boldsymbol{y}$ 的零均值向量,且其协方差可表示为

$$\boldsymbol{C}_z = \boldsymbol{C}_x - \boldsymbol{C}_{xy}\boldsymbol{C}_y^{-1}\boldsymbol{C}_{yx}$$

(3) 设随机向量 $\boldsymbol{x}$ 和 $\boldsymbol{y}$ 分别是 $N_x \times 1$ 和 $N_y \times 1$ 维实高斯向量,并且是联合高斯的,则在给定 $\boldsymbol{y}$ 的条件下,随机向量 $\boldsymbol{x}$ 的条件密度函数 $p(\boldsymbol{x}|\boldsymbol{y})$ 是高斯的,即

$$p(\boldsymbol{x} \mid \boldsymbol{y}) = \frac{1}{(2\pi)^{N_x/2} \mid \det \boldsymbol{C}_{x|y} \mid^{1/2}} \exp\left[-\frac{1}{2}(\boldsymbol{x} - \boldsymbol{\mu}_{x|y})^{\mathrm{T}} \boldsymbol{C}_{x|y}^{-1} (\boldsymbol{x} - \boldsymbol{\mu}_{x|y}) \right]$$

式中:

$$\boldsymbol{\mu}_{x|y} = E[\boldsymbol{x} \mid \boldsymbol{y}] = \boldsymbol{\mu}_x + \boldsymbol{C}_{xy}\boldsymbol{C}_y^{-1}(\boldsymbol{y} - \boldsymbol{\mu}_y)$$

$$\boldsymbol{C}_{x|y} = E[(\boldsymbol{x} - \boldsymbol{\mu}_{x|y})(\boldsymbol{x} - \boldsymbol{\mu}_{x|y})^{\mathrm{T}}] = \boldsymbol{C}_x - \boldsymbol{C}_{xy}\boldsymbol{C}_y^{-1}\boldsymbol{C}_{yx} \stackrel{\text{def}}{=} E[\boldsymbol{z} \cdot \boldsymbol{z}^{\mathrm{T}}]$$

且随机向量 $\boldsymbol{z} = \boldsymbol{x} - \boldsymbol{\mu}_{x|y}$ 和 $\boldsymbol{y}$ 是互相独立的。

(4) 设 $\boldsymbol{x}$,$\boldsymbol{u}$ 和 $\boldsymbol{v}$ 是具有联合高斯分布的随机向量,且 $\boldsymbol{u}$ 和 $\boldsymbol{v}$ 互相独立,则有

$$E[\boldsymbol{x} \mid \boldsymbol{u},\boldsymbol{v}] = E[\boldsymbol{x} \mid \boldsymbol{u}] + E[\boldsymbol{x} \mid \boldsymbol{v}] - \boldsymbol{\mu}_x$$

上式的物理意义是:当两个观测值 $\boldsymbol{u}$ 和 $\boldsymbol{v}$ 互相独立时,在已知观测值 $\boldsymbol{u}$ 和 $\boldsymbol{v}$ 的条件下,随机向量 $\boldsymbol{x}$ 的最小均方误差估计量 $E[\boldsymbol{x}|\boldsymbol{u},\boldsymbol{v})]$ 等于(在分别观测 $\boldsymbol{u}$ 和 $\boldsymbol{v}$ 的条件下)所得到的两个最小均方误差估计量 $E[\boldsymbol{x}|\boldsymbol{u})]$ 与 $E[\boldsymbol{x}|\boldsymbol{v})]$ 之和,再减去高斯向量 $\boldsymbol{x}$ 的期望值 $\boldsymbol{\mu}_x$。

(5) 如果 $\boldsymbol{u}$ 和 $\boldsymbol{v}$ 是相关的,但其他条件不变,则有

$$E[\boldsymbol{x} \mid \boldsymbol{u},\boldsymbol{v}] = E[\boldsymbol{x} \mid \tilde{\boldsymbol{u}}(\boldsymbol{v}),\boldsymbol{v}]$$

式中:

$$\tilde{\boldsymbol{u}}(\boldsymbol{v}) = \boldsymbol{u} - \hat{\boldsymbol{u}}(\boldsymbol{v}) = \boldsymbol{u} - [\boldsymbol{\mu}_u + \boldsymbol{C}_{uv}\boldsymbol{C}_v^{-1}(\boldsymbol{v} - \boldsymbol{\mu}_v)]$$

这表明用两个相关的向量 $\boldsymbol{u}$ 和 $\boldsymbol{v}$ 来估计 $\boldsymbol{x}$,可转换为用两个独立的向量 $\tilde{\boldsymbol{u}}$ 和 $\boldsymbol{v}$ 来估计 $\boldsymbol{x}$。对此可解释如下:把 $\boldsymbol{u}$ 分解为两个分量 $\hat{\boldsymbol{u}}$ 和 $\tilde{\boldsymbol{u}}$ 后,用 $\boldsymbol{u}$ 估计 $\boldsymbol{x}$ 就等价于用 $\hat{\boldsymbol{u}}$ 和 $\tilde{\boldsymbol{u}}$ 分别估计 $\boldsymbol{x}$。其中,$\hat{\boldsymbol{u}}$ 是在已知观测数据 $\boldsymbol{v}$ 条件下的最小均方误差估计量,也即用 $\boldsymbol{v}$ 估计 $\boldsymbol{x}$ 包含了用 $\hat{\boldsymbol{u}}$ 估计 $\boldsymbol{x}$ 的全部信息。此外,因为估计偏差 $\tilde{\boldsymbol{u}}$ 与观测数据 $\boldsymbol{v}$ 互相独立,$\tilde{\boldsymbol{u}}$ 包含了 $\boldsymbol{v}$ 所没有的信息(称之新息),所以用 $\tilde{\boldsymbol{u}}$ 估计 $\boldsymbol{x}$ 的部分不能用 $\boldsymbol{v}$ 估计 $\boldsymbol{x}$ 的部分来代替。

(6) 如果实平稳过程 $x(t)$ 在任意时刻 $t_i(i=1,2,\cdots,N)$ 上的取值 $x(t_i)$ 所组成任意 N 维随机向量 $\boldsymbol{x}$ 都是高斯向量,则称该实平稳过程 $x(t)$ 为高斯过程。高斯过程完全由它的数学期望 $\boldsymbol{\mu}_x$ 和协方差矩阵 $\boldsymbol{C}_x$ 所决定。

高斯变量之间的不相关性与独立性是等价的。

高斯向量 $\boldsymbol{x}$ 经过任意线性变换 $\boldsymbol{L}$ 所得到的随机向量 $\boldsymbol{Lx}$ 也是高斯的;若 N 个随机变量的任意加权和是一高斯变量,则它们是联合高斯的。由此推知,高斯过程通过线性滤波器后的输出仍然是一高斯过程。

零均值联合实高斯变量 x_1,x_2,x_3 和 x_4 的四阶原点混合矩为

$$E[x_1x_2x_3x_4] = R_{12}R_{34} + R_{13}R_{24} + R_{14}R_{23}$$

式中:$R_{ik}=E[x_ix_k]$。

限时限带(时间长度为 T,频带为 B)平稳高斯过程样本 $x(t)$ 的傅里叶系数 a_n 和 b_n 构成复高斯向量 $X_n=a_n+\mathrm{j}b_n(n=1,2,\cdots,TB)$,且有

$$p(\boldsymbol{r}) = p(\boldsymbol{r}_1,\boldsymbol{r}_2,\cdots,\boldsymbol{r}_{TB}) = \prod_{n=1}^{TB}\frac{1}{\pi\sigma_{X_n}^2}\exp\left[-\frac{|X_n|^2}{\sigma_{X_n}^2}\right]$$

式中:

$$\begin{cases} X_n = a_n + \mathrm{j}b_n, \boldsymbol{r}_n = [a_n \quad b_n]^{\mathrm{T}} \\ |X_n|^2 = a_n^2 + b_n^2 = \boldsymbol{r}_n^{\mathrm{T}}\boldsymbol{r}_n \\ \sigma_{X_n}^2 = E\{|X_n|^2\} = S_x(\omega_n)/T \end{cases} \quad (n = 1,2,\cdots,TB)$$

(7) 将观测空间分成两个子空间 D_0 和 D_1。对于实际感兴趣的检测问题,D_0 和 D_1 的分界总能以某种解析方程 $\Psi(\boldsymbol{x})=K$ 来描述(K 为常数),亦即分界面两侧的子空间可分别表示为

$$\begin{cases} D_0:\psi(\boldsymbol{x}) < K \\ D_1:\psi(\boldsymbol{x}) \geqslant K \end{cases}$$

把一切落入 D_0 的样本波形判为 H_0,而把一切落入 D_1 的样本波形判为 H_1。对观测空间 D 所作的这样一个划分,是以 $\Psi(\boldsymbol{x})=K$ 作为判决规则,且称 $\Psi(\boldsymbol{x})$ 为检验统计量,K 为阈值(或门限)。在假设检验理论中,不包含任何未知参数的连续函数,都可作为检验统计量。

任何判决规则都是对观测空间 D 作某种划分,这种划分可能出现如下几种情况:

样本实际属于 H_1 而落入 D_1,判决正确,出现这种情况的概率记为 $P(D_1|H_1)$,称为检测概率;样本实际属于 H_1 而落入 D_0,判决错误,将出现这种情况的概率,记为 $P(D_0|H_1)$,称为漏报概率;样本实际属于 H_0 而落入 D_1,判决错误,出现这种情况的概率记为 $P(D_1|H_0)$,称为虚警概率。

(8) 在满足给定检测概率和虚警概率要求的条件下,检测系统所能敏感的目标的最大距离,称为系统的作用距离。从信号检测的角度来说,作用距离最大等价于在相同输入信噪比 $(S/N)_x$ 的条件下,系统输出的信噪比 $(S/N)_z$ 达到最大。如果把系统输出信噪比与输入信噪比的比值定义为处理增益,那么,作用距离最大准则就是处理增益最大准则,同时也是在给定虚警概率条件下的最大检测概率准则——黎曼—皮尔逊准则。

(9) 厄卡特滤波器的幅频特性可表示为

$$|H_E(\omega)| = \frac{S^{1/2}(\omega)}{N(\omega)} = \frac{1}{N^{1/2}(\omega)}\frac{S^{1/2}(\omega)}{N^{1/2}(\omega)}$$

式中：$S^{1/2}(\omega)$为滤波器输入过程样本$x(t)$所包含的信号的平均功率谱；$N(\omega)$为噪声的平均功率谱；$1/N^{1/2}(\omega)$为白化滤波器；$S^{1/2}(\omega)/N^{1/2}(\omega)$为匹配滤波器。当线性滤波器$H(\omega)$为厄卡特滤波器$H_E(\omega)$时，其输出信噪比达到最大值。进一步地，如果信号$s(t)$的持续时间为$T_c$，则在$T_c$时刻匹配滤波器输出信号的瞬时功率达到最大。

噪声通过白化滤波器之后，功率谱变为常数1而成为“白谱”；信号通过白化滤波器后，其功率谱则变成$S(\omega)/N(\omega)$。匹配滤波器的功率传递函数$S(\omega)/N(\omega)$与经过白化处理后的信号功率谱具有完全相同的形式。这意味着，在任何频率点上，只要经过白化处理后的信号功率谱取较大的值(如大于1)，匹配滤波器也相应地有较大的功率传递增益，反之亦然。故匹配滤波器具有突出大信噪比的频率成分，而抑制小信噪比的频率成分。在信号检测技术领域中，往往将匹配滤波器称为相关检测器。

匹配滤波器对波形相同而幅值不同的时延信号具有适应性，而对频移信号则不具有适应性。

(10) 噪声样本$y(t)$的等效谱宽$2B_y$是指：交变噪声功率谱$S_{\tilde{y}}(f)$代之以高度为$S_{\tilde{y}}(0)$、宽度为$2B_y$的矩形谱，而维持其面积不变。

习　题

2-1　激光是一种时间相干光束，也即对于任意的两个时刻t_1和t_2，当t_2-t_1不是很大时，激光器的发射光场$U(t_1)$和$U(t_2)$是统计相关的。令$X=U(t_1)$，$Y=U(t_2)$，$t_2-t_1>0$，且假设随机变量X和Y是联合高斯的，即

$$p(x,y) = \frac{1}{2\pi\sqrt{1-\rho^2}}\exp\left[-\frac{x^2+y^2-2\rho xy}{2(1-\rho^2)}\right](\rho \neq 0,1)$$

试求随机变量X和Y的边缘密度函数。如果在时刻t_1测得激光的照度$X=x$，那么在此条件下，随机变量Y的密度函数是否服从零均值高斯分布？

2-2　假设独立随机变量$X_i(i=1,2,\cdots)$在区间$(0,T)$上服从均匀分布，试求：

(1) 随机变量X_i的均值和方差；

(2) 随机变量$X=X_1+X_2$的概率密度、均值和方差；

(3) 随机变量$Y=X_1+X_2+X_3$的概率密度、均值和方差。

请画出相应的密度分布曲线，并根据这些分布曲线说明中心极限定理的普适性。

2-3 设独立的随机变量 $X_i(i=1,2,\cdots)$具有标准的柯西密度分布：

$$p_i(x) = 1/[\pi(1+x^2)]$$

相应的特征函数为

$$\Phi_i(\mathrm{j}\omega) = \exp(-|\omega|)$$

(1) 试证明和式

$$S = \frac{1}{n}\sum_{i=1}^{n} X_i$$

仍然服从标准柯西分布而非高斯分布。

(2) 为什么中心极限定理在此不成立？请说明理由。

2-4 已知平稳过程样本 $x(t) \sim N(0,{\sigma_x}^2)$，试求 $y(t)=x^2(t)$的方差 ${\sigma_y}^2$。

2-5 已知两个平稳过程样本 $x_1(t) \sim N(0,{\sigma_1}^2)$，$x_2(t) \sim N(0,{\sigma_2}^2)$，试证明 $y(t)=x_1(t)\ x_2(t)$的协方差函数 $C_y(\tau)$为

$$C_y(\tau) = \sigma_1^2\sigma_2^2 + \sigma_1^2\sigma_2^2\rho_{1,2}(\tau)\rho_{1,2}(-\tau)$$

式中：$\rho_{1,2}(\tau)$为 $x_1(t)$和 $x_2(t)$的互相关系数。

2-6 考虑限时限带的零均值实高斯样本 $x_T(t)(0<t<T)$，设 $x_T(t)$的自相关函数 $R_x(\tau)$和功率谱 $S_x(\omega)$都是有限值。现将 $x_T(t)$向左平移 $T/2$，记为 $x(t)=x_T(t+T/2)$，再经周期延拓后，$x(t)$就是一周期为 T 的函数，当 $|t|<T/2$ 时，其傅里叶系数可表示为

$$\begin{cases} a_n = \dfrac{1}{T}\displaystyle\int_{-T/2}^{T/2} x(t)\cos(\omega_n t)\,\mathrm{d}t \\ b_n = -\dfrac{1}{T}\displaystyle\int_{-T/2}^{T/2} x(t)\sin(\omega_n t)\,\mathrm{d}t \end{cases} \quad (n=0,1,\cdots,TB)$$

试证明 $x(t)$的傅里叶系数 a_n 和 b_n 是不相关的。

2-7 试应用 MATLAB/Simulink 软件工具，仿真图 2-6 所示的似然比检测系统，并解释仿真结果的物理意义。

2-8 如果图 2-6 所示系统的输入信号与噪声彼此不独立，或者 M 个水听器输出噪声 $e_i(t)(i=1,2,\cdots,M)$彼此不独立。试问能否应用似然比检测系统来准确无误地区分 H_0 和 H_1 的情况？请用图 2-6 的仿真结果加以说明。

2-9 请构造一个限时限带的高斯过程 $x(t)$，并应用正交变换方法，产生一组独立的高斯过程 $y_1(t)$和 $y_2(t)$。

2-10 考虑 RC 积分器，它的频率特性为

$$I(\omega) = 1/(1+\mathrm{j}\omega RC)$$

(1) 试证明 RC 积分器的等效时间 $T_{\mathrm{eq}}=2RC$；

(2) 说明 RC 积分器的时间常数 T 应取何值，才能获得与理想积分器（积分时间为 T_i）完全一样的输出信噪比。

2-11 已知谐波信号：

$$s(t)=A\cos(2\pi f_c t)\quad(0\leqslant t\leqslant T_c, f_c=1/T_c)$$

观测样本为

$$x(t)=s(t)+e(t)$$

式中:$e(t)$为均值为0、方差为σ^2的高斯白噪声。要求设计一个与$s(t)$相匹配的滤波器,并计算:

(1) 匹配滤波器的输出$y(T_c)$;

(2) $y(T_c)$数学期望和方差。

2-12 已知发射机发出的信号$s(t)$分别为

$$s_1(t)=A\cos(2\pi f_c t)\quad(0\leqslant t\leqslant T_c, f_c=1/T_c)$$

$$s_2(t)=A\sin(2\pi f_c t)\quad(0\leqslant t\leqslant T_c, f_c=1/T_c)$$

假定接收机端的输入为$x(t)=s(t)+e(t)$,其中$e(t)\sim N(0,{\sigma_e}^2)$。要求在接收机端设计一个匹配滤波器接收信号$s_1(t)$。试证明:

(1) 匹配滤波器的输出为

$$y(T_c)=\begin{cases}\dfrac{A^2T_c}{2}+A\displaystyle\int_0^{T_c}\cos(2\pi f_c t)\cdot e(t)\mathrm{d}t, & x(t)=s_1(t)+e(t)\\ A\displaystyle\int_0^{T_c}\cos(2\pi f_c t)\cdot e(t)\mathrm{d}t, & x(t)=s_2(t)+e(t)\end{cases}$$

(2) 匹配滤波器输出的数学期望为

$$E[y(T_c)]=\begin{cases}\dfrac{A^2T_c}{2}, & x(t)=s_1(t)+e(t)\\ 0, & x(t)=s_2(t)+e(t)\end{cases}$$

这意味着匹配滤波器可以用来识别两个互为正交的信号。

第三章　参数估计理论

参数估计的基本问题是:假设已获得与某个未知量相关的测量数据,要求根据测量数据尽可能精确地估计这个量的大小。例如,由于声纳与目标之间的相对运动将导致回波产生多普勒频移,因此,当要求利用主动声纳检测运动目标的速度时,则可通过估计回波信号的频率来确定运动目标的速度。又如,当描述某一过程的微分方程的参数未知时,往往可以利用过程的观测数据来估计这些未知参数。在几乎所有的情况下,都能够建立可应用于过程仿真或者预测过程变化的数学模型,并且估计出模型参数的最佳值。

参数估计的数学基础是最优化理论,即在某种准则下参数估计量是最佳的。与参数估计理论不同,非参数估计无需事先假定数据源服从某种特定的概率分布,或者建立观测数据的数学模型。例如,经典谱估计、相关估计和概率分布估计等都属于非参数估计。

3.1　参数估计的评价准则

参数估计是指:通过观测样本(测量数据)来估计实际过程(数据源)的某些数字特征或统计量。原则上讲,任何一个不含有未知参数的连续函数(即统计量)都可以作为被估计参数,只是对于不同的统计量,其估计效果的优劣有所差别。不言而喻,在解决实际问题时,总是希望选择比较好的估计量,或者说在某种意义下是"最佳"的估计量。因此,了解参数估计量的统计特性就显得尤为重要了。

3.1.1　参数估计量的统计特性

从不同的角度出发,可以提出参数估计量的不同评价标准。常用的评价标准有三种:无偏性、有效性和一致性(或相容性)。

定义: 如果被估计参数 θ 仅仅是观测样本 $\boldsymbol{y}=[y_1,y_2,\cdots,y_N]^{\mathrm{T}}$ 的函数,且不含有任何未知参数,则称为估计量,用符号 $\hat{\theta}(\boldsymbol{y})$ 表示,简记为 $\hat{\theta}$。

定义:设样本的总体分布密度函数为 $p(\boldsymbol{y},\theta)$,其中 θ 是密度函数 $p(\boldsymbol{y},\theta)$ 的未知参数。今从总体中抽取一组容量为 N 的样本 $\boldsymbol{y}=[y_1,y_2,\cdots,y_N]^{\mathrm{T}}$,且用样本的函数 $\hat{\theta}(\boldsymbol{y})$ 作为未知参数 θ 的估计量。如果希望在多次估计中,估计量的期望值没有偏差,即

$$E[\hat{\theta}] = \int \hat{\theta}(\boldsymbol{x})\ p(\boldsymbol{y},\theta)\mathrm{d}\boldsymbol{y} = \theta \tag{3.1.1}$$

则称$\hat{\theta}$是未知参数 θ 的无偏估计量。

若估计量是有偏的,即 $E[\hat{\theta}_k]=\theta+b(\theta),k=1,2,\cdots,M$,则有

$$E[\hat{\theta}] = \frac{1}{M}\sum_{k=1}^{M}E[\hat{\theta}_k] = \theta + b(\theta)$$

这表明无论对多少个估计量求平均,偏差 $b(\theta)$ 总是存在的。

不过,有偏估计量不一定就是不好的估计量。事实上,假如一个有偏估计量是渐近无偏的,即

$$\lim_{N\to\infty}E[\hat{\theta}] = \theta \tag{3.1.2}$$

那么它仍可能是一个好的估计量。式中,N 为样本的容量。

定义:如果估计量$\hat{\theta}$是观测样本 $\boldsymbol{y}=[y_1,y_2,\cdots,y_N]^{\mathrm{T}}$ 的线性函数,即

$$\hat{\theta} = \boldsymbol{L}^{\mathrm{T}}\boldsymbol{y} \tag{3.1.3}$$

式中:$\boldsymbol{L}$ 为 $N\times 1$ 常系数向量,则称$\hat{\theta}$是未知参数 θ 的线性估计量。

定义:假设$\hat{\theta}$是未知参数 θ 的无偏估计量,如果估计量偏差的均方值满足下式

$$E[(\hat{\theta}-\theta)^2] \leqslant E[(\hat{\theta}'-\theta)^2] \tag{3.1.4}$$

式中:$\hat{\theta}'$为参数 θ 的任一其他无偏估计量,则称$\hat{\theta}$是最小方差无偏(Minimum Variance Unbiased,MVU)估计量;如果估计量$\hat{\theta}$不是无偏的,则称$\hat{\theta}$是最小均方误差(Minimum Mean Square Error,MMSE)估计量。

在这两种情况下,$\hat{\theta}$的值比$\hat{\theta}'$更密集地汇聚在未知参数 θ 的"真值"附近,亦即估计量$\hat{\theta}$的精密度高于任何其他估计量$\hat{\theta}'$,故又称$\hat{\theta}$为有效估计量。

定义:如果记依赖于样本容量 N 的估计量为$\hat{\theta}_N$,当它满足

$$\lim_{N\to\infty}P\{|\hat{\theta}_N-\theta|>\varepsilon\} = 0 \quad (\forall\varepsilon>0) \tag{3.1.5}$$

则称$\hat{\theta}_N$ 是未知参数 θ 的一致估计量,或者相容估计量。

定理 3-1[切比雪夫(Chebyshev)不等式]:若随机变量 Y 的数学期望和方差都是有限值,则有

$$P\{|Y-E[Y]|\geqslant\varepsilon\} \leqslant \frac{\mathrm{var}(Y)}{\varepsilon^2} \quad (\forall\varepsilon>0) \tag{3.1.6}$$

证明:仅证明连续型随机变量。设连续随机变量 Y 的分布密度函数为 $p(y)$,根据方差的定义,可得

$$\mathrm{var}(Y) = \int_{-\infty}^{\infty}(y-E[Y])^2p(y)\mathrm{d}y \geqslant \int_{\{|y-E[Y]|\geqslant\varepsilon\}}(y-E[Y])^2p(y)\mathrm{d}y$$

$$\geq \varepsilon^2 \int_{\{|y-E[Y]|\geq\varepsilon\}} p(y)\mathrm{d}y$$

$$= \varepsilon^2 P\{|y - E[Y]| \geq \varepsilon\}$$

故有

$$P\{|Y - E[Y]| \geq \varepsilon\} \leq \frac{\mathrm{var}(Y)}{\varepsilon^2}$$

定理3-2（大数定律）：设 $Y_1, Y_2, \cdots, Y_N$ 是具有同分布的独立随机变量，且 $E[Y_k] = \mu_y$，$\mathrm{var}[Y_k] = {\sigma_y}^2$，则有

$$\lim_{N\to\infty} P\left\{\left|\frac{1}{N}\sum_{k=1}^{N} Y_k - \mu_y\right| > \varepsilon\right\} = 0 \quad (\forall \varepsilon > 0) \tag{3.1.7}$$

【例3-1】 设 $y_1, y_2, \cdots, y_N$ 是的平稳随机过程 $y(t)$ 的 N 个独立观测样本，其方差为 ${\sigma_y}^2$。试证明样本均值是总体数学期望 μ_y 的无偏、一致（相容）的估计量。

证明：在工程上，一般用样本均值作为总体数学期望 $\mu_y = E[\boldsymbol{y}]$ 的估计量，即

$$\bar{y} = \frac{1}{N}\sum_{k=1}^{N} y_k$$

对上式两边取期望值，得

$$E[\bar{y}] = E\left[\frac{1}{N}\sum_{k=1}^{N} y_k\right] = \frac{1}{N}\sum_{k=1}^{N} E[y_k] = \mu_y$$

可见，估计量 $\bar{y}$ 是总体数学期望 μ_y 的无偏估计量。

根据切比雪夫（Chebyshev）不等式，可知

$$P(|\bar{y} - \mu_y| > \varepsilon) \leq \frac{\mathrm{var}(\bar{y})}{\varepsilon^2} \quad (\forall \varepsilon > 0)$$

式中：

$$\mathrm{var}(\bar{y}) = E[(\bar{y} - \mu_y)^2] = E\left[\left(\frac{1}{N}\sum_{k=1}^{N} y_k - \mu_y\right)^2\right]$$

$$= \frac{1}{N^2}\left\{\sum_{k=1}^{N} E[y_k^2] + \sum_{n\neq m}^{N}\sum_{m=1}^{N} E[y_m y_n]\right\} - \frac{2\mu_y}{N}\sum_{k=1}^{N} E[y_k] + \mu_y^2$$

$$= \frac{1}{N^2}[N(\sigma_y^2 + \mu_y^2) + \frac{N(N-1)}{N^2}\mu_y^2 - 2\mu_y^2 + \mu_y^2$$

$$= \sigma_y^2 / N$$

于是，就有

$$\lim_{N\to\infty} P(|\bar{y} - \mu_y| > \varepsilon) \leq \lim_{N\to\infty} \frac{\sigma_y^2}{N\varepsilon^2} = 0$$

这表明，当 ${\sigma_y}^2 < \infty$ 时，样本均值 $\bar{y}$ 是总体数学期望 μ_y 的一致估计量。

【例3-2】 设 $y_1, y_2, \cdots, y_N$ 是平稳高斯过程 y_k 的 N 个独立观测样本，其方差

$\sigma_y{}^2 < \infty$，且 $N \gg 1$。试证明样本方差 $s_N{}^2$ 是总体方差 $\sigma_y{}^2$ 的无偏和相容的估计量。

证明：样本方差 $s_N{}^2$ 可表示为

$$s_N^2 = \frac{1}{N-1}\sum_{k=1}^{N}(y_k - \bar{y})^2$$

对上式两边取期望值，得

$$\begin{aligned} E[s_N^2] &= \frac{1}{N-1}E\left[\sum_{k=1}^{N}(y_k - \bar{y})^2\right] \\ &= \frac{1}{N-1}\sum_{k=1}^{N}E[y_k^2 - 2\bar{y}(y_k - \bar{y}) - \bar{y}^2] \\ &= \frac{1}{N-1}\sum_{k=1}^{N}\left\{E[y_k^2] - \mu_y^2 - \frac{\sigma_y^2}{N}\right\} = \sigma_y^2 \end{aligned}$$

式中：$\mu_y = E[y_k]$，$k = 1, 2, \cdots, N$。由此可见，估计量 $s_N{}^2$ 是总体方差 $\sigma_y{}^2$ 的无偏估计量。

又因为

$$\begin{aligned} \operatorname{var}(s_N^2) &= E[(s_N^2 - \sigma_y^2)^2] = E\left\{\left[\frac{1}{N-1}\sum_{k=1}^{N}(y_k - \bar{y})^2 - \sigma_y^2\right]^2\right\} \\ &= E\left\{\frac{1}{(N-1)^2}\left[\sum_{k=1}^{N}(y_k - \bar{y})^4 + \sum_{m \neq n}^{N}\sum_{m=1}^{N}(y_m - \bar{y})^2(y_n - \bar{y})^2\right] - \right. \\ &\quad \left. \frac{2\sigma_y^2}{N-1}\sum_{k=1}^{N}(y_k - \bar{y})^2 + \sigma_y^4\right\} \\ &= \frac{3N\sigma_y^4}{(N-1)^2} + \frac{N(N-1)\sigma_y^4}{(N-1)^2} - \frac{2N\sigma_y^4}{N-1} + \sigma_y^4 = \frac{(2N+1)\sigma_y^4}{(N-1)^2} \end{aligned}$$

推导中利用了零均值实高斯变量四阶矩式(2.2.1)。将上式代入切比雪夫不等式，得

$$\lim_{N \to \infty} P(|s_N^2 - \sigma_y^2| > \varepsilon) \leqslant \lim_{N \to \infty}\frac{\operatorname{var}(\bar{s}_N^2)}{\varepsilon^2} \approx \lim_{N \to \infty}\frac{(2N+1)\sigma_y^4}{(N-1)^2\varepsilon^2} = 0$$

因此，估计量 $s_N{}^2$ 是总体方差 $\sigma_y{}^2$ 的一致估计量。

实际上，还可以按如下方法证明这一结论：设 $z_1, z_2, \cdots, z_N$ 是具有同分布的独立观测样本，根据大数定律，可得

$$\lim_{N \to \infty} P\left\{\left|\frac{1}{N}\sum_{k=1}^{N}z_k - E[z_k]\right| > \varepsilon\right\} = 0 \quad (\forall \varepsilon > 0)$$

令 $z_k = y_k{}^2$，则有

$$\begin{aligned} &\lim_{N \to \infty} P\left\{\left|\left[\frac{1}{N}\sum_{k=1}^{N}y_k^2 - E[y_k^2]\right| > \varepsilon\right\}\right. \\ &= \lim_{N \to \infty} P\left\{\left|\frac{1}{N}\sum_{k=1}^{N}(y_k - \bar{y})^2 - E[y_k^2] + \frac{2\bar{y}}{N}\sum_{k=1}^{N}y_k - \bar{y}^2\right| > \varepsilon\right\} \end{aligned}$$

$$= \lim_{N\to\infty} P\left\{ \left| \frac{1}{N}\sum_{k=1}^{N}(y_k - \bar{y})^2 - (E[y_k^2] - \bar{y}^2) \right| > \varepsilon \right\}$$

$$\approx \lim_{N\to\infty} P\{ | s_N^2 - \sigma_y^2 | > \varepsilon \} = 0$$

【例 3-3】 设 $y_1, y_2, \cdots, y_N$ 是 N 个方差为 ${\sigma_y}^2$ 的独立观测样本，若总体的数学期望为 $\theta = E[y_i], i = 1, 2, \cdots, N$，则对于任何满足下式的估计量，即

$$\sum_{i=1}^{N} c_i y_i = \hat{\theta} \quad \left(\sum_{i=1}^{N} c_i = 1 \right)$$

都是 θ 的无偏估计量。试证明算术平均估计量 $\bar{y}$ 比加权平均估计量 $\hat{\theta}$ 更为有效。

证明: 依题意，可得

$$E[\hat{\theta}] = \sum_{i=1}^{N} c_i E[y_i] = \theta\left(\sum_{i=1}^{N} c_i \right) = \theta$$

由此可见，加权平均估计量 $\hat{\theta}$ 是无偏的。

利用不等式

$$\left(\sum_{i=1}^{N} c_i \right)^2 \leqslant N \sum_{i=1}^{N} c_i^2$$

可知

$$\mathrm{var}(\bar{y}) = \frac{\sigma^2}{N} = \frac{\sigma^2}{N}\left(\sum_{i=1}^{N} c_i \right)^2 \leqslant \sigma^2 \sum_{i=1}^{N} c_i^2 = \mathrm{var}(\hat{\theta})$$

因此，在估计总体的数学期望时，简单的算术平均 $\bar{y}$ 比加权平均 $\hat{\theta}$ 更为有效。

3.1.2 Cramer - Rao 下限

只有在少数理想的情况下，才能够直接计算出 MVU 估计量。尽管如此，仍然希望对任何无偏估计量的方差都能够规定一个下限，称之为 CR 下限（Cramer - Rao Lower Bound, CRLB）。如果已知 CR 下限，则不仅提供了一个评价无偏估计量性能的标准，同时还指出了无偏估计量的方差不可能小于 CR 下限。除此在外，在各种确定 MVU 估计量的方法中，CR 下限不但最容易确定，而且可立即判断无偏估计量的方差是否达到了最小值，这对于研究参数估计算法的可行性是有非常有用的。

一、PDF 平均曲率与待估计参数的关系

观测数据及其概率密度函数（Probability Density Function, PDF）是进行参数估计所能利用的全部信息，因而估计量的精度与 PDF 有关。当 PDF 对被估计参数的依赖性较弱时，或者 PDF 与被估计参数不相关时，那就不应该指望能以任意的精度来估计未知参数了。一般而言，PDF 受被估计参数的影响越大，所能得到的估计量就越精确。

【例 3-4】 假设观测数据的单个样本为

$$y(t) = A + e(t)$$

式中:观测噪声 $e \sim N(0,\sigma^2)$,要求估计未知参数 A。

解:容易验证,非随机参数 A 的无偏估计是 $\hat{A} = E[y(t)]$,记为 y_0,估计量的方差等于 σ^2。因此,估计误差的大小取决于观测噪声 e 的平均功率 σ^2。

在给定参数 A 的条件下,两个具有不同方差 $\sigma_i^2(i=1,2)$ 的数据源的概率密度函数(图 3-1)可表示为

$$p_i(y \mid A) = \frac{1}{\sqrt{2\pi}\sigma_i}\exp\left[-\frac{1}{2\sigma_i^2}(y-A)^2\right] \quad (i = 1,2)$$

当 $\sigma_1 < \sigma_2$ 时,根据 $p_1(y|A)$ 就能够更为精确地确定未知参数 A。为了更好地理解这一点,考察 $y=3$ 在区间 $[3-\delta/2, 3+\delta/2]$ 上的概率:

$$P_i(3-\delta/2 \leqslant y_0 \leqslant 3+\delta/2) = \int_{3-\delta/2}^{3+\delta/2} p_i(y \mid A)\mathrm{d}y$$

对于任意的微小值 $\delta>0$,取值 $y=3$ 的概率约等于 $p_i(y=3|A)\delta$。若分别指定两个参数值,如 $A=4, A=3$,则从图 3-1(a)所示的概率密度分布曲线中可以读出:

$$\begin{cases} p_1(y = 3 \mid A = 4)\delta \approx 0.01\delta \\ p_1(y = 3 \mid A = 3)\delta \approx 1.20\delta \end{cases}$$

可见,在以观测值 $y=3$ 为中心的小区间上,$A=4$ 的概率远远小于 $A=3$。

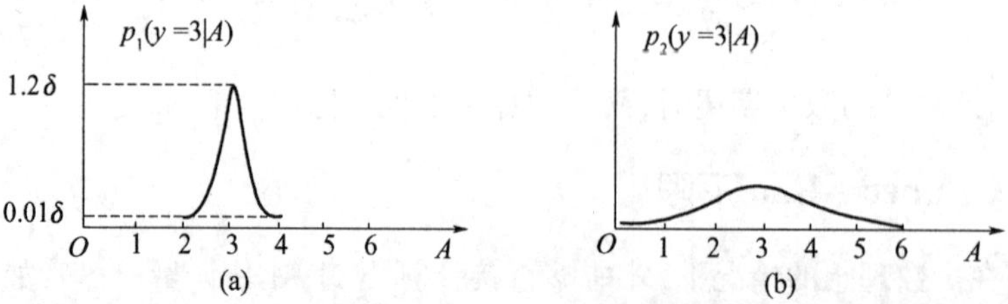

图 3-1 依赖于未知参数的 PDF

(a) $\sigma_1 = 1/3$; (b) $\sigma_2 = 1$。

对于 $p_1(y=3|A)$,可行的参数候选值位于区间 $3 \pm 3\sigma_1 = [2,4]$ 之内,其他候选值可以不予考虑;对于 $p_2(y=3|A)$,可行的参数候选值落在比前者宽得多的区间 $3 \pm 3\sigma_2 = [0,6]$ 上。这表明,概率密度函数 $p_2(y=3|A)$ 与参数 A 的关系弱于 $p_1(y=3|A)$。

当获得观测数据 y 后,密度函数 $p_i(y|A)(i=1,2)$ 就是参数 A 的函数,称为似然函数。从图 3-1 可以看出,似然函数的“尖锐”性决定了能否精确地估计出未知参数。为了定量地说明这一概念,考虑对数似然函数

$$\ln p_i(y \mid A) = -\ln\sqrt{2\pi}\sigma_i - \frac{1}{2\sigma_i^2}(y-A)^2$$

对上式取 A 的偏导数,得

$$\frac{\partial \ln p_i(y \mid A)}{\partial A} = \frac{1}{\sigma_i^2}(y - A)$$

对数似然函数关于 A 的负二阶偏导数(即对数似然函数的曲率)为

$$-\frac{\partial^2 \ln p_i(y \mid A)}{\partial A^2} = \frac{1}{\sigma_i^2} \tag{3.1.8}$$

由此可知,对数似然函数的曲率与噪声 e 的平均功率 ${\sigma_i}^2$ 成反比关系。

已知无偏估计量 $\hat{A} = y_0$ 的方差等于 ${\sigma_i}^2$,故有

$$\operatorname{var}(\hat{A}) = \sigma_i^2 = \frac{1}{-\partial^2 \ln p_i(y \mid A)/\partial A^2} \tag{3.1.9}$$

这表明估计量$\hat{A}$的方差 $\operatorname{var}(\hat{A})$与对数似然函数的曲率成反比关系。

在本例中,虽然对数似然函数的二阶导数并不依赖于观测样本 y,但它通常与 y 有关,亦即曲率本身也是一个随机变量。因此,应当根据对数似然函数的平均曲率,来判断估计量的方差的大小才有实际意义。对数似然函数的平均曲率定义为

$$-E\left[\frac{\partial^2 \ln p(\boldsymbol{y} \mid A)}{\partial A^2}\right] \tag{3.1.10}$$

式中:$\boldsymbol{y}$ 为观测样本。

应当指出,对 $\ln p(\boldsymbol{y}|A)$的二阶导数取数学期望,等价于先取 $p(\boldsymbol{y}|A)$的数学期望再计算二阶导数。这样,对数似然函数的平均曲率就仅仅是参数 A 的函数,而与观测样本 $\boldsymbol{y}$ 无关。

二、标量参数的 CR 下限

定义:假设在给定参数 θ 前提条件下,观测数据 $\boldsymbol{y}$ 的概率密度函数为 $p(\boldsymbol{y}|\theta)$。若 $p(\boldsymbol{y}|\theta)$对真实参数 θ 的一阶、二阶偏导数存在,则称

$$I(\theta) = -E\left[\frac{\partial^2 \ln p(\boldsymbol{y} \mid \theta)}{\partial^2 \theta}\right] \tag{3.1.11}$$

为观测数据 $\boldsymbol{y}$ 的 Fisher 信息。

定理 3-3(CR 不等式——标量参数):假设在给定参数 θ 前提条件下,观测数据 $\boldsymbol{y}$ 的概率密度函数 $p(\boldsymbol{y}|\theta)$对真实参数 θ 的一阶、二阶偏导数存在,且满足正则条件

$$E\left[\frac{\partial \ln p(\boldsymbol{y} \mid \theta)}{\partial \theta}\right] = 0 \quad (\forall \theta) \tag{3.1.12}$$

若估计量$\hat{\theta}$是参数 θ 的无偏估计量,则无偏估计量$\hat{\theta}$的方差必定满足:

$$\operatorname{var}(\hat{\theta}) = E[(\hat{\theta} - \theta)^2] \geqslant \frac{1}{I(\theta)} \tag{3.1.13}$$

式中:Fisher 信息 $I(\theta)$由式(3.1.11)定义。无偏估计量$\hat{\theta}$的方差达到 CR 下限——

式(3.1.13)等号成立的充分必要条件是

$$\frac{\partial \ln p(\boldsymbol{y} \mid \theta)}{\partial \theta} = K(\theta)(\hat{\theta} - \theta) \tag{3.1.14}$$

式中：$K(\theta)$仅仅是未知参数θ的函数，且$K(\theta)>0$。

【例3-5】 考虑含有未知参数A的一组观测数据：

$$y_n = A + e_n \quad (n = 1,2,\cdots,N)$$

式中：e_n为均值为0、方差为$\sigma_e{}^2$的高斯白噪声(WGN)。试确定无偏估计量$\hat{A}$及其方差$\text{var}(\hat{A})$的下界。

解：如果以观测数据$y_n(n=1,2,\cdots,N)$的均值$\bar{y}$作为参数A的估计量$\hat{A}$，则有

$$E[\hat{A}] = E[\bar{y}] = \frac{1}{N}\sum_{n=1}^{N} E[y_n] = \frac{1}{N}\sum_{n=1}^{N} E[A + e_n] = A$$

由此可见，估计量$\hat{A}=\bar{y}$是参数A的无偏估计量。已知$e_n = y_n - A \sim N(0,\sigma_e{}^2)$，故有

$$\begin{aligned} p(\boldsymbol{y} \mid A) &= \prod_{n=1}^{N} \frac{1}{|\,\mathrm{d}y_n/\mathrm{d}e_n\,|} \cdot \frac{1}{\sqrt{2\pi}\sigma_e}\exp\left[-\frac{1}{2\sigma_e^2}(y_n - A)^2\right] \\ &= \frac{1}{(2\pi\sigma_e^2)^{N/2}}\exp\left[-\frac{1}{2\sigma_e^2}\sum_{n=1}^{N}(y_n - A)^2\right] \end{aligned} \tag{3.1.15}$$

式中：$\boldsymbol{y}$为由$y_n(n=1,2,\cdots,N)$组成的观测样本。对式(3.1.15)取自然对数并求参数A的一阶偏导数，得

$$\frac{\partial \ln p(\boldsymbol{y} \mid A)}{\partial A} = \frac{1}{\sigma_e^2}\sum_{n=1}^{N}(y_n - A) = \frac{N}{\sigma_e^2}(\bar{y} - A) \tag{3.1.16}$$

再次取参数A的偏导数，则有

$$\frac{\partial^2 \ln p(\boldsymbol{y} \mid A)}{\partial A^2} = -\frac{N}{\sigma_e^2}$$

对上式的数学期望取负号，即可得到观测样本$\boldsymbol{y}$的Fisher信息：

$$I(A) = -E\left[\frac{\partial^2 \ln p(\boldsymbol{y} \mid A)}{\partial A^2}\right] = \frac{N}{\sigma_e^2} \tag{3.1.17}$$

容易验证，式(3.1.16)的数学期望等于0，也即$p(\boldsymbol{y}|\theta)$满足定理3-3中的正则条件，故有

$$\text{var}(\hat{A}) = E[(\hat{A} - A)^2] \geqslant \frac{1}{I(A)} = \frac{\sigma_e^2}{N}$$

进一步地，将无偏估计量$\hat{A}=\bar{y}$代入式(3.1.16)，得

$$\frac{\partial \ln p(\boldsymbol{y} \mid A)}{\partial A} = \frac{N}{\sigma_e^2}(\hat{A} - A) = K(A)(\hat{A} - A)$$

因为 $K(A)=N/\sigma_e^2>0$,满足式定理 3－3 中的充要条件,所以无偏估计量$\hat{A}$的方差达到了 CR 下限,即

$$\mathrm{var}(\hat{A}) = \mathrm{var}(\bar{y}) = \frac{\sigma_e^2}{N} \tag{3.1.18}$$

注意,当不满足 CR 下限条件时,则不存在方差可达 CR 下限的无偏估计量,但这并不意味着最小方差无偏(MVU)估计量不存在,只是不知道如何确定 MVU 估计量而已。

三、标量参数变换的 CR 下限

在实际应用中,有时被估计量 α 是某个基本参数 θ 的函数,即 $\alpha=g(\theta)$。如果 $\hat{\alpha}=g(\hat{\theta})$是 $\alpha=g(\theta)$的无偏估计量,则估计量 $\hat{\alpha}$ 的方差满足下式:

$$\mathrm{var}(\hat{\alpha}) = E[(\hat{\alpha}-\alpha)^2] \geqslant \frac{[\partial g(\theta)/\partial\theta]^2}{-E[\partial^2 \ln p(\boldsymbol{y}\mid\theta)/\partial^2\theta]} \tag{3.1.19}$$

【例 3－6】 考虑例 3－5,倘若被估计量的不是参数 A 而是 A^2,即$\partial=g(A)=A^2$,则应按式(3.1.19)计算估计量 $\hat{\alpha}=g(\hat{A})$的 CR 下限。

在例 3－5 中,已知参数 A 的 MVU 估计量为$\hat{A}=\bar{y}$,且$\hat{A}\sim N(\bar{y},\sigma_e^2/N)$。现在的问题是:$\hat{a}=g(\hat{A})=\hat{A}^2$ 是否也是 $\alpha=g(A)=A^2$ 的 MVU 估计量? 答案是否定的,这是因为

$$E(\hat{\alpha}) = E(\bar{y}^2) = E^2(\bar{y}) + \mathrm{var}(\bar{y}) = A^2 + \sigma_e^2/N \neq \alpha \tag{3.1.20}$$

上式表明 $g(\hat{A})$不是 $g(A)$的无偏估计量。由此可立即得出结论:非线性变换将导致估计量的统计特性发生变化。

不过,线性变换则不然,它不会改变原估计量的统计特性。在例 3－5 中,已知 A 的 MVU 估计量存在,且由$\hat{A}=\bar{y}$ 给出。现在考虑线性变换 $\alpha=g(A)=aA+b$(a,b 为常数),显然,$\hat{\alpha}=g(\bar{y})$也是 $\alpha=g(A)$的无偏估计量:

$$\begin{aligned} E[\hat{\alpha}] &= E[g(\hat{A})] = E[a\hat{A}+b] \\ &= E[a\bar{y}+b] = aA+b = g(A) = \alpha \end{aligned}$$

且有

$$\begin{aligned} \mathrm{var}(\hat{\alpha}) &= E[g(\hat{A})-g(A)]^2 = E[a^2(\hat{A}-A)^2] \\ &= a^2\mathrm{var}(\hat{A}) = a^2\mathrm{var}(\bar{y}) = a^2\sigma_e^2/N \end{aligned}$$

推导中利用了式(3.1.18)。将式(3.1.17)和 $g(A)=aA+b$ 代入式(3.1.19),得

$$\mathrm{var}(\hat{\alpha}) \geqslant \frac{[\partial g(A)/\partial A]^2}{-E[\partial^2 \ln p(\boldsymbol{y}\mid A)/\partial^2 A]} = \frac{a^2\sigma_e^2}{N}$$

上述结果表明,如果$\hat{A}=\bar{y}$ 是参数 A 的 MVU 估计量,那么 $g(\hat{A})=g(\bar{y})=a\bar{y}+b$ 同样也是 $g(A)=aA+b$ 的 MVU 估计量。由此可推断,如果对非线性参数变换进行线性化,那么线性化后的估计量不会改变原估计量的统计特性。

考虑图 3-2,在参数$\hat{A}=\bar{y}$的附近,对非线性变换 $\hat{\alpha}=g(\bar{y})=\bar{y}^2$ 进行线性化,得

$$\hat{\alpha}_{\mathrm{L}}=g_{\mathrm{L}}(\bar{y})=g(A)+\frac{\mathrm{d}g(A)}{\mathrm{d}A}(\bar{y}-A) \tag{3.1.21}$$

对式(3.1.21)取期望值,就有

$$E[\hat{\alpha}_{\mathrm{L}}]=E[g_{\mathrm{L}}(\hat{A})]=E[g(A)]=g(A)=A^2=\alpha$$

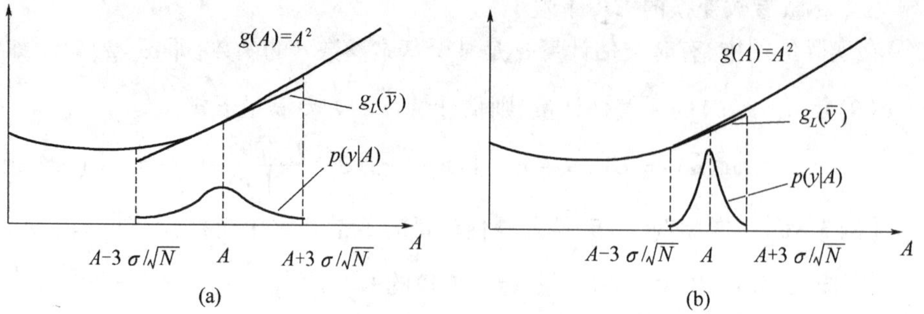

图 3-2　非线性变换的统计特性与样本容量的关系

(a) 小 N; (b) 大 N。

可见估计量 $\hat{\alpha}_{\mathrm{L}}$ 是无偏的,其方差为

$$\operatorname{var}[\hat{\alpha}_{\mathrm{L}}]=\left[\frac{\mathrm{d}g(A)}{\mathrm{d}A}\right]^2E[(\bar{y}-A)^2]=4A^2\operatorname{var}(\bar{y})=\frac{4A^2\sigma_e^2}{N} \tag{3.1.22}$$

推导中利用了式(3.1.18)。将式(3.1.17)和式(3.1.21)代入式(3.1.19),即可得到

$$\operatorname{var}(\hat{\alpha}_{\mathrm{L}})\geqslant\frac{[\partial g_L(A)/\partial A]^2}{-E[\partial^2\ln p(\boldsymbol{y}\mid A)/\partial^2A]}=\frac{4A^2\sigma_e^2}{N} \tag{3.1.23}$$

以式(3.1.22)和式(3.1.23)表明,经线性化处理后,估计量 $\hat{\alpha}=\bar{y}^2$ 的方差达到了 CR 下限。

如果数据记录足够长,则非线性变换也能近似地保持原估计量的统计特性。考察式(3.1.20),当 N 足够大时,估计量 $\hat{\alpha}=g(\bar{y})=\bar{y}^2$ 是渐近无偏的,即

$$\lim_{N\to\infty}E[\hat{\alpha}]=\lim_{N\to\infty}\left(A^2+\frac{\sigma_e^2}{N}\right)=A^2=\alpha$$

直观地理解,出现这种情况是由于非线性变换具有"线性"的统计特性(图 3-2)。当 N 增加时,区间$(\hat{A}\pm3\sigma/\sqrt{N})$缩小,概率密度函数(PDF)$P(y|A)$变得更加集中在参数 $A=\hat{A}$的周围,也即$\hat{A}=\bar{y}$ 的绝大部分位于$(\hat{A}\pm3\sigma/\sqrt{N})$区间之内。因此,将非线性变换 $g(\bar{y})$ 近似为线性变换 $g_{\mathrm{L}}(\bar{y})$ 所引入的误差也随之减小。

四、向量参数的 CR 下限

定理 3-4(CR 不等式——向量参数):假设在给定参数 $\boldsymbol{\theta}=[\theta_1,\theta_2,\cdots,\theta_p]^{\mathrm{T}}$

的前提条件下，观测数据 $\boldsymbol{y}$ 的密度函数 $p(\boldsymbol{y}|\boldsymbol{\theta})$ 对真实参数 θ_i 的一阶、二阶偏导数存在，且满足正则条件：

$$E\left[\frac{\partial \ln p(\boldsymbol{y}\mid\boldsymbol{\theta})}{\partial\boldsymbol{\theta}}\right]=\boldsymbol{0}\quad(\forall\boldsymbol{\theta})\tag{3.1.24}$$

式中：数学期望是对 $p(\boldsymbol{y}|\boldsymbol{\theta})$ 求出的，偏导数是将 $\boldsymbol{\theta}$ 视为真值进行计算的。如果 $\hat{\boldsymbol{\theta}}$ 是 $\boldsymbol{\theta}$ 的无偏估计量，则 $\hat{\boldsymbol{\theta}}$ 的协方差矩阵满足

$$\operatorname{cov}(\hat{\boldsymbol{\theta}})-\boldsymbol{I}^{-1}(\boldsymbol{\theta})\geqslant 0\tag{3.1.25}$$

式中：Fisher 信息矩阵 $\boldsymbol{I}(\boldsymbol{\theta})$ 的第 (m,n) 个元素由下式给出：

$$[\boldsymbol{I}(\boldsymbol{\theta})]_{mn}=-E\left[\frac{\partial^2\ln p(\boldsymbol{y}\mid\boldsymbol{\theta})}{\partial\theta_m\partial\theta_n}\right]\quad(m,n=1,2,\cdots,p)\tag{3.1.26}$$

在不等式(3.1.25)中，等号成立（无偏估计量的协方差达到 CR 下限）的充分必要条件是

$$\frac{\partial\ln p(\boldsymbol{y}\mid\boldsymbol{\theta})}{\partial\boldsymbol{\theta}}=\boldsymbol{K}(\boldsymbol{\theta})(\hat{\boldsymbol{\theta}}-\boldsymbol{\theta})\tag{3.1.27}$$

式中：$\boldsymbol{K}(\boldsymbol{\theta})$ 为 $p\times p$ 的正定矩阵，且仅仅是 p 维向量 $\hat{\boldsymbol{\theta}}$ 的函数。

注意到半正定矩阵的对角线元素是非负的。由式(3.1.25)可知

$$[\operatorname{cov}(\hat{\boldsymbol{\theta}})-\boldsymbol{I}^{-1}(\boldsymbol{\theta})]_{mm}\geqslant 0\tag{3.1.28}$$

故有

$$\operatorname{var}(\hat{\theta}_m)=[\operatorname{cov}(\hat{\boldsymbol{\theta}})]_{mm}\geqslant[\boldsymbol{I}^{-1}(\boldsymbol{\theta})]_{mm}\tag{3.1.29}$$

当 $\operatorname{cov}(\hat{\boldsymbol{\theta}})=\boldsymbol{I}^{-1}(\boldsymbol{\theta})$ 时，式(3.1.29)等号自然成立。

【例 3-7】 考虑一个直线拟合问题。给定观测数据

$$y_n=A+Bn+e_n\quad(n=1,2,\cdots,N)$$

式中：$e_n\sim N(0,\sigma_e^{\ 2})$。试确定截距 A 和斜率 B 的 CR 下限。

解：未知参数向量为 $\boldsymbol{\theta}=[A,B]^{\mathrm{T}}$。首先计算 Fisher 信息矩阵，即

$$\boldsymbol{I}(\boldsymbol{\theta})=\begin{bmatrix}-E\left[\dfrac{\partial^2\ln p(\boldsymbol{y}\mid\boldsymbol{\theta})}{\partial A^2}\right] & -E\left[\dfrac{\partial^2\ln p(\boldsymbol{y}\mid\boldsymbol{\theta})}{\partial A\partial B}\right]\\ -E\left[\dfrac{\partial^2\ln p(\boldsymbol{y}\mid\boldsymbol{\theta})}{\partial B\partial A}\right] & -E\left[\dfrac{\partial^2\ln p(\boldsymbol{y}\mid\boldsymbol{\theta})}{\partial B^2}\right]\end{bmatrix}\tag{3.1.30}$$

依题意，似然函数可写成

$$p(\boldsymbol{y}\mid\boldsymbol{\theta})=\frac{1}{(2\pi\sigma_e^2)^{N/2}}\exp\left[-\frac{1}{2\sigma_e^2}\sum_{n=1}^{N}(y_n-A-Bn)^2\right]$$

对上式等号两边取自然对数，并分别对 A 和 B 求偏导，得

$$\frac{\partial \ln p(\boldsymbol{y} \mid \boldsymbol{\theta})}{\partial A} = \frac{1}{\sigma_e^2}\sum_{n=1}^{N}(y_n - A - Bn)$$

$$\frac{\partial \ln p(\boldsymbol{y} \mid \boldsymbol{\theta})}{\partial B} = \frac{1}{\sigma_e^2}\sum_{n=1}^{N}(y_n - A - Bn)n$$

容易验证,以上二式的数学期望为零,满足正则条件(式(3.1.24))。此外

$$\frac{\partial^2 \ln p(\boldsymbol{y} \mid \boldsymbol{\theta})}{\partial A^2} = -\frac{N}{\sigma_e^2}$$

$$\frac{\partial^2 \ln p(\boldsymbol{y} \mid \boldsymbol{\theta})}{\partial A \partial B} = -\frac{1}{\sigma_e^2}\sum_{n=1}^{N} n = -\frac{1}{\sigma_e^2}\cdot\frac{N(N-1)}{2}$$

$$\frac{\partial^2 \ln p(\boldsymbol{y} \mid \boldsymbol{\theta})}{\partial B^2} = -\frac{1}{\sigma_e^2}\sum_{n=1}^{N} n^2 = -\frac{1}{\sigma_e^2}\cdot\frac{N(N-1)(2N-1)}{6}$$

将以上各式代入式(3.1.30),就有

$$\boldsymbol{I}(\boldsymbol{\theta}) = \frac{1}{\sigma_e^2}\begin{bmatrix} N & N(N-1)/2 \\ N(N-1)/2 & N(N-1)(2N-1)/6 \end{bmatrix}$$

对上式求逆,得

$$\boldsymbol{I}^{-1}(\boldsymbol{\theta}) = \sigma_e^2 \times \begin{bmatrix} \dfrac{2(2N-1)}{N(N+1)} & -\dfrac{6}{N(N+1)} \\ -\dfrac{6}{N(N+1)} & \dfrac{12}{N(N^2-1)} \end{bmatrix}$$

现在计算截距 A 和斜率 B 的 CR 下限。用$\hat{A}$和$\hat{B}$分别表示 A 和 B 的无偏估计量,则由式(3.1.29)可知:

$$\mathrm{var}(\hat{A}) \geqslant \frac{2(2N-1)\sigma_e^2}{N(N+1)}, \mathrm{var}(\hat{B}) \geqslant \frac{12\sigma_e^2}{N(N^2-1)}$$

注意到

$$\frac{\mathrm{CRLB}(\hat{A})}{\mathrm{CRLB}(\hat{B})} = \frac{(2N-1)(N-1)}{6} > 1$$

这说明参数 B 的估计误差更小,其原因是对于同样的变化量 ΔA 和 ΔB,参数 B 的变化量被放大了 n 倍:

$$\Delta y_n \mid_{\Delta A} \approx \frac{\partial y_n}{\partial A}\Delta A = \Delta A, \Delta y_n \mid_{\Delta B} \approx \frac{\partial y_n}{\partial B}\Delta B = n\Delta B$$

也即观测样本 $y_n(n=1,2,\cdots,N)$ 对 B 的变化比对 A 的变化更为敏感。由此可知:若观测样本随某个未知参数的改变而迅速改变,则可获得较高的参数估计精度,这与前面讨论的关于对数似然函数的平均曲率对参数估计精度的影响是一致的。

五、向量参数变换的 CR 下界

如果被估计量 $\boldsymbol{\alpha}$ 是某个基本参量 $\boldsymbol{\theta}$ 的函数,即 $\boldsymbol{\alpha}=\boldsymbol{g}(\boldsymbol{\theta})$,$\boldsymbol{\theta}=[\theta_1,\theta_2,\cdots,\theta_p]^{\mathrm{T}}$,

$\boldsymbol{g}$ 是 r 维函数向量，则任何无偏估计量 $\hat{\boldsymbol{\alpha}}$ 的协方差矩阵满足下式：

$$\operatorname{cov}(\hat{\boldsymbol{\alpha}}) - \frac{\partial \boldsymbol{g}(\boldsymbol{\theta})}{\partial \boldsymbol{\theta}} \boldsymbol{I}^{-1}(\boldsymbol{\theta}) \frac{\partial \boldsymbol{g}^{\mathrm{T}}(\boldsymbol{\theta})}{\partial \boldsymbol{\theta}} \geqslant 0 \tag{3.1.31}$$

式中：$\partial \boldsymbol{g}/\partial \boldsymbol{\theta}$ 为 $r \times p$ 雅可比(Jacobian)矩阵，即

$$\frac{\partial \boldsymbol{g}(\boldsymbol{\theta})}{\partial \boldsymbol{\theta}} = \begin{bmatrix} \partial g_1(\boldsymbol{\theta})/\partial \theta_1 & \partial g_1(\boldsymbol{\theta})/\partial \theta_2 & \cdots & \partial g_1(\boldsymbol{\theta})/\partial \theta_p \\ \partial g_2(\boldsymbol{\theta})/\partial \theta_1 & \partial g_2(\boldsymbol{\theta})/\partial \theta_2 & \cdots & \partial g_2(\boldsymbol{\theta})/\partial \theta_p \\ \vdots & \vdots & & \vdots \\ \partial g_r(\boldsymbol{\theta})/\partial \theta_1 & \partial g_r(\boldsymbol{\theta})/\partial \theta_2 & \cdots & \partial g_r(\boldsymbol{\theta})/\partial \boldsymbol{\theta}_p \end{bmatrix}$$

与标量参数一样，向量参数的线性变换不改变原估计量的统计特性，设

$$\boldsymbol{\alpha} = \boldsymbol{g}(\boldsymbol{\theta}) = \boldsymbol{A\theta} + \boldsymbol{b}$$

式中：$\boldsymbol{A}$ 为 $r \times p$ 矩阵；$\boldsymbol{b}$ 为 $r \times 1$ 向量。若 $\hat{\boldsymbol{\theta}}$ 是 MVU 估计量，即 $\operatorname{cov}(\hat{\boldsymbol{\theta}}) = \boldsymbol{I}^{-1}(\boldsymbol{\theta})$，则 $\hat{\boldsymbol{\alpha}} = \boldsymbol{A}\hat{\boldsymbol{\theta}} + \boldsymbol{b}$ 一定是 $\boldsymbol{\alpha}$ 的 MVU 估计量。这个结论证明如下：

$$E[\hat{\boldsymbol{\alpha}}] = E[\boldsymbol{A}\hat{\boldsymbol{\theta}} + \boldsymbol{b}] = \boldsymbol{A\theta} + \boldsymbol{b} = \boldsymbol{\alpha}$$

可见，$\hat{\boldsymbol{\alpha}}$ 是无偏估计量。此外

$$\begin{aligned} \operatorname{cov}(\hat{\boldsymbol{\alpha}}) &= \operatorname{cov}(\boldsymbol{A}\hat{\boldsymbol{\theta}} + \boldsymbol{b}) = \boldsymbol{A}\operatorname{cov}(\hat{\boldsymbol{\theta}})\boldsymbol{A}^{\mathrm{T}} = \boldsymbol{A}\boldsymbol{I}^{-1}(\boldsymbol{\theta})\boldsymbol{A}^{\mathrm{T}} \\ &= \frac{\partial \boldsymbol{g}(\boldsymbol{\theta})}{\partial \boldsymbol{\theta}} \boldsymbol{I}^{-1}(\boldsymbol{\theta}) \frac{\partial \boldsymbol{g}^{\mathrm{T}}(\boldsymbol{\theta})}{\partial \boldsymbol{\theta}} \end{aligned}$$

类似地，当观测数据足够长时，可用线性化方法近似计算非线性参数变换的 CR 下限。

六、高斯观测数据的 CR 下限

假定 r 维观测向量 $\boldsymbol{y}$ 服从高斯分布，即

$$\boldsymbol{y} \sim N(\boldsymbol{\mu}_y, \boldsymbol{C}_y)$$

式中：r 维均值向量 $\boldsymbol{\mu}_y$ 和 $r \times r$ 维协方差矩阵 $\boldsymbol{C}_y$ 可能与参数 $\boldsymbol{\theta} = [\theta_1, \theta_2, \cdots, \theta_p]^{\mathrm{T}}$ 有关。这时，Fisher 信息矩阵由下式给出：

$$[\boldsymbol{I}(\boldsymbol{\theta})]_{mn} = \frac{\partial \boldsymbol{\mu}_y^{\mathrm{T}}}{\partial \theta_m} \cdot \boldsymbol{C}_y^{-1} \cdot \frac{\partial \boldsymbol{\mu}_y}{\partial \theta_n} + \frac{1}{2}\operatorname{tr}\left[\boldsymbol{C}_y^{-1} \cdot \frac{\partial \boldsymbol{C}_y}{\partial \theta_m} \cdot \boldsymbol{C}_y^{-1} \cdot \frac{\partial \boldsymbol{C}_y}{\partial \theta_n}\right] \tag{3.1.32}$$

式中：

$$\frac{\partial \boldsymbol{\mu}_y}{\partial \theta_k} = \left[\frac{\partial \boldsymbol{\mu}_y(1)}{\partial \theta_k} \quad \frac{\partial \boldsymbol{\mu}_y(2)}{\partial \theta_k} \quad \cdots \quad \frac{\partial \boldsymbol{\mu}_y(r)}{\partial \theta_k}\right]^{\mathrm{T}} \quad (k = m, n = 1, 2, \cdots, p)$$

$$\frac{\partial \boldsymbol{C}_y}{\partial \theta_k} = \begin{bmatrix} \partial \boldsymbol{C}_y(1,1)/\partial \theta_k & \partial \boldsymbol{C}_y(1,2)/\partial \theta_k & \cdots & \partial \boldsymbol{C}_y(1,r)/\partial \theta_k \\ \partial \boldsymbol{C}_y(2,1)/\partial \theta_k & \partial \boldsymbol{C}_y(2,2)/\partial \theta_k & \cdots & \partial \boldsymbol{C}_y(2,r)/\partial \theta_k \\ \vdots & \vdots & & \vdots \\ \partial \boldsymbol{C}_y(r,1)/\partial \theta_k & \partial \boldsymbol{C}_y(r,1)/\partial \theta_k & \cdots & \partial \boldsymbol{C}_y(r,r)/\partial \theta_k \end{bmatrix} \quad (k = m, n)$$

【例 3-8】 考虑观测数据

$$y_n = A + e_n \quad (n = 1,2,\cdots,N)$$

式中：$e_n \sim N(0,\sigma_e^2)$，DC 电平 $A \sim N(0,\sigma_A^2)$，且 A 与 e_n 相互独立。假设信号的平均功率 σ_A^2 是未知参数，试求估计量 $\hat{\sigma}_A^2$ 的 CR 下限。

解：观测数据 $y_n(n=1,2,\cdots,N)$ 的 $N\times N$ 维协方差矩阵 $\boldsymbol{C}_y$ 的 $[m,n]$ 元素为

$$[\boldsymbol{C}_y]_{mn} = E[y_{m-1}y_{n-1}] = E[(A+e_{m-1})(A+e_{n-1})] = \sigma_A^2 + \sigma_e^2\delta_{mn}$$

将这些元素排列成 $N\times N$ 维矩阵，可得

$$\boldsymbol{C}_y = \sigma_e^2\boldsymbol{I} + \sigma_A^2\boldsymbol{1}\boldsymbol{1}^{\mathrm{T}} = \sigma_e^2\left(\boldsymbol{I} + \frac{\sigma_A}{\sigma_e}\boldsymbol{1}\cdot\frac{\sigma_A}{\sigma_e}\boldsymbol{1}^{\mathrm{T}}\right) \tag{3.1.33}$$

式中：$\boldsymbol{1}$ 为 N 维单位列向量，$\boldsymbol{1}=[1,1,\cdots,1]^{\mathrm{T}}$；$\boldsymbol{I}$ 为 $N\times N$ 维单位矩阵。

为了计算 $\boldsymbol{C}_y^{-1}$，利用恒等式

$$(\boldsymbol{A}+\boldsymbol{g}\cdot\boldsymbol{g}^{\mathrm{H}})^{-1} = \boldsymbol{A}^{-1} - \frac{\boldsymbol{A}^{-1}\boldsymbol{g}\cdot\boldsymbol{g}^{\mathrm{H}}\boldsymbol{A}^{-1}}{1+\boldsymbol{g}^{\mathrm{H}}\boldsymbol{A}^{-1}\boldsymbol{g}} \tag{3.1.34}$$

式中：$\boldsymbol{A}$ 为 $p\times p$ 非奇异矩阵；$\boldsymbol{g}$ 为 $p\times 1$ 列复向量【提示：从恒等式 $\boldsymbol{g}(1+\boldsymbol{g}^{\mathrm{H}}\boldsymbol{A}^{-1}\boldsymbol{g}) = (\boldsymbol{A}+\boldsymbol{g}^{\mathrm{H}}\boldsymbol{g})\boldsymbol{A}^{-1}\boldsymbol{g}$ 出发，即可证明式(3.1.34)】，可得

$$\boldsymbol{C}_y^{-1} = \frac{1}{\sigma_e^2}\left(\boldsymbol{I} - \frac{\sigma_A^2}{\sigma_e^2+N\sigma_A^2}\boldsymbol{1}\boldsymbol{1}^{\mathrm{T}}\right) \tag{3.1.35}$$

对式(3.1.33)等号两边取 σ_A^2 的偏导数，得

$$\frac{\partial\boldsymbol{C}_y}{\partial\sigma_A^2} = \boldsymbol{1}\boldsymbol{1}^{\mathrm{T}} \tag{3.1.36}$$

由式(3.1.35)和式(3.1.36)，得

$$\boldsymbol{C}_y^{-1}\cdot\frac{\partial\boldsymbol{C}_y}{\partial\sigma_A^2} = \frac{1}{\sigma_e^2+N\sigma_A^2}\boldsymbol{1}\boldsymbol{1}^{\mathrm{T}} \tag{3.1.37}$$

将式(3.1.37)代入式(3.1.32)，就有

$$\begin{aligned}I(\sigma_A^2) &= \frac{1}{2}\mathrm{tr}\left[\left(\frac{1}{\sigma_e^2+N\sigma_A^2}\right)^2\boldsymbol{1}\boldsymbol{1}^{\mathrm{T}}\boldsymbol{1}\boldsymbol{1}^{\mathrm{T}}\right]\\ &= \frac{N}{2}\left(\frac{1}{\sigma_e^2+N\sigma_A^2}\right)^2\mathrm{tr}(\boldsymbol{1}\boldsymbol{1}^{\mathrm{T}}) = \frac{1}{2}\left(\frac{N}{\sigma_e^2+N\sigma_A^2}\right)^2\end{aligned}$$

推导中利用了 $\boldsymbol{\mu}_y=0$ 这一事实。根据式(3.1.29)，估计量 $\hat{\sigma}_A^2$ 的 CR 下限为

$$\mathrm{var}(\hat{\sigma}_A^2) = E[(\hat{\sigma}_A^2-\sigma_A^2)^2] \geqslant \frac{1}{I(\sigma_A^2)} = 2\left(\sigma_A^2+\frac{\sigma_e^2}{N}\right)^2 \tag{3.1.38}$$

七、平稳高斯过程的渐近 CR 下限

有时很难解析地计算出式(3.1.32)所表达的 Fisher 信息矩阵，这时可采用平

稳随机过程的另一种简化的计算公式[5],即

$$[\boldsymbol{I}(\boldsymbol{\theta})]_{mn} = \frac{N}{2}\int_{-1/2}^{1/2} \frac{\partial \ln S_x(f \mid \boldsymbol{\theta})}{\partial \theta_m} \cdot \frac{\partial \ln S_x(f \mid \boldsymbol{\theta})}{\partial \theta_n} \mathrm{d}f \quad (N \to \infty) \tag{3.1.39}$$

式中:$S_x(f|\boldsymbol{\theta})$为在给定非随机参量$\boldsymbol{\theta}$下零均值平稳随机过程$y(t)$的功率谱密度。对于非零均值平稳随机过程,可先对观测样本进行去均值处理。

若数据记录长度比随机过程的相关时间大得多,则式(3.1.39)提供了一个近似的 Fisher 信息矩阵。对于宽带平稳过程,适当长度的数据记录一般能得到较好的近似结果;对于窄带过程,则需要较长的数据记录才能按式(3.1.39)近似计算 Fisher 信息矩阵。

3.2 基于统计分布的参数估计算法

参数估计的一般性问题可归纳为:假定已知随机过程的含噪观测样本$y_n(n=0,1,\cdots,N-1$;记为$\boldsymbol{y})$,希望获得与过程有关的未知参量$\boldsymbol{x}$的最佳估计值$\hat{\boldsymbol{x}}(\boldsymbol{y})$。不论未知参量$\boldsymbol{x}$是随机变量还是确定性变量,总能够应用适当的方法来建立观测样本$\boldsymbol{y}$与未知参量$\boldsymbol{x}$之间的关系$\hat{\boldsymbol{x}}(\boldsymbol{y})$。此类问题可分为三种情况:①未知参量$\boldsymbol{x}$和含噪观测样本$\boldsymbol{y}$都是随机变量,这时可通过先验的二元联合概率密度$p(\boldsymbol{x},\boldsymbol{y})$来建立二者的关系$\hat{\boldsymbol{x}}(\boldsymbol{y})$;②未知参量$\boldsymbol{x}$是随机的(或是确定性的),但其概率分布是未知的,希望根据含噪观测样本$\boldsymbol{y}$来估计未知参量$\boldsymbol{x}$的最佳值$\hat{\boldsymbol{x}}(\boldsymbol{y})$;③建立给定过程的数学模型,未知向量$\boldsymbol{x}$事先设定为模型参数,希望通过确定估计量$\hat{\boldsymbol{x}}(\boldsymbol{y})$来实现对含噪观测样本$\boldsymbol{y}$的最佳拟合。

在这一节中,主要介绍前两种情况下的参数估计算法:贝叶斯估计(Bayes 估计)和最大似然估计(Maximum Likelihood Estimate,ML 估计)。

3.2.1 贝叶斯估计

在参数估计中,常用$\hat{\theta}$表示标量参数θ的估计量,估计偏差$\tilde{\theta}=\theta-\hat{\theta}$往往不为零。因此,除了采用前面介绍的无偏、有效和相容估计作为评价准则外,还可把估计偏差的变化范围作为参数估计的测度,这种测度叫做代价函数,用符号$C(\hat{\theta},\theta)$表示。在实际遇到所有的问题中,几乎都把代价函数规定为估计偏差$\tilde{\theta}$的函数——$C(\tilde{\theta})$。

典型的代价函数$C(\tilde{\theta})$有三种:二次型、绝对型和均匀型,如图 3-3 所示。对于标量参数θ,这三种典型的代价函数分别为:

(1) 偏差平方型代价函数(二次型)

$$C(\tilde{\theta}) = C(\theta-\hat{\theta}) = (\theta-\hat{\theta})^2 \tag{3.2.1}$$

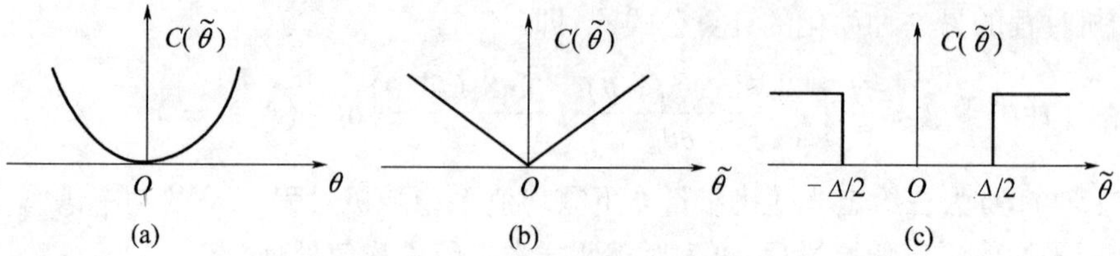

图3－3　三种典型的代价函数

(a) 偏差平方代价函数；(b) 偏差绝对值代价函数；(c) 均匀代价函数。

(2) 偏差绝对值型代价函数(绝对型)

$$C(\tilde{\theta}) = C(\theta - \hat{\theta}) = |\theta - \hat{\theta}| \tag{3.2.2}$$

(3) 偏差均匀分布型代价函数(均匀型)

$$C(\tilde{\theta}) = C(\theta - \hat{\theta}) = \begin{cases} 1 & (|\theta - \hat{\theta}| \geqslant \Delta/2) \\ 0 & (|\theta - \hat{\theta}| < \Delta/2 \end{cases} \tag{3.2.3}$$

除了上述三种代价函数之外,还可以选择其他形式的代价函数,但无论何种形式的代价函数都应满足两个基本特性:非负性和估计偏差$\tilde{\theta}$趋于零的最小性。

假定被估计参量 θ 是随机的,且观测样本 $\boldsymbol{y}$ 与未知参量 θ 的联合概率密度 $p(\boldsymbol{y},\theta)$是已知的,那么,代价函数 $C(\tilde{\theta})$一定是观测样本 $\boldsymbol{y}$ 和随机参量 θ 的函数。

定义:代价函数 $C(\tilde{\theta})$的数学期望,即

$$\mathcal{R}(\hat{\theta},\theta) = E[C(\tilde{\theta})] = \int_{-\infty}^{\infty} \left\{ \int_{-\infty}^{\infty} C[\theta - \hat{\theta}(\boldsymbol{y})] p(\boldsymbol{y},\theta) \mathrm{d}\boldsymbol{y} \right\} \mathrm{d}\theta \tag{3.2.4}$$

称为风险函数,它是评价估计量性能指标的一种测度。

在式(3.2.4)中,向量积分是多重积分。在以下讨论中,标量积分与向量积分均采用相同的符号,以简化符号标记。

定义:使风险函数(式(3.2.4))最小的参数估计,称为贝叶斯估计,记为$\hat{\theta}_B$。

将条件概率的贝叶斯公式

$$p(\boldsymbol{y},\theta) = p(\theta | \boldsymbol{y}) p(\boldsymbol{y}) \tag{3.2.5}$$

代入式(3.2.4),即可得到

$$\mathcal{R}(\hat{\theta},\theta) = \int_{-\infty}^{\infty} \left\{ \int_{-\infty}^{\infty} C[\theta - \hat{\theta}(\boldsymbol{y})] p(\theta | \boldsymbol{y}) \mathrm{d}\theta \right\} p(\boldsymbol{y}) \mathrm{d}\boldsymbol{y} \tag{3.2.6}$$

式中:$p(\theta|\boldsymbol{y})$为在给定观测样本 $\boldsymbol{y}$ 条件下参数 θ 的概率密度,故称之为后验概率密度。

由于代价函数 $C(\tilde{\theta})$是非负的,所以,在式(3.2.6)中,大括号{ · }内的积分项一定是非负的。因此,式(3.2.6)最小等价于条件风险函数 $\mathcal{R}(\hat{\theta}|\boldsymbol{y})$最小,即

$$\min_{\theta}\mathcal{R}(\hat{\theta}\mid \boldsymbol{y}) = \int_{-\infty}^{\infty} C[\theta - \hat{\theta}_B(\boldsymbol{y})]p(\theta\mid \boldsymbol{y})\mathrm{d}\theta \tag{3.2.7}$$

式中：$\hat{\theta}_B$ 为未知参数 θ 的贝叶斯估计。

结合二次型、绝对型和均匀型代价函数，可以导出如下三种贝叶斯估计量：最小均方误差估计量、偏差绝对值最小估计量和均匀代价函数最小估计量。为了更清晰地阐述贝叶斯估计的基本概念，下面，首先讨论被估计量是标量的情形，然后再推广应用于向量参数。

一、二次型风险函数

根据式(3.2.1)和式(3.2.7)，二次型代价函数的条件风险函数可表示为

$$\mathcal{R}_{\mathrm{MMSE}}(\hat{\theta}\mid \boldsymbol{y}) = \int_{-\infty}^{\infty} (\theta - \hat{\theta})^2 p(\theta\mid \boldsymbol{y})\mathrm{d}\theta \tag{3.2.8}$$

令式(3.2.8)关于$\hat{\theta}$的偏导数等于0，即

$$\frac{\partial \mathcal{R}_{\mathrm{MMSE}}}{\partial \hat{\theta}} = 2\int_{-\infty}^{\infty} (\theta - \hat{\theta})p(\theta\mid \boldsymbol{y})\mathrm{d}\theta = 2\int_{-\infty}^{\infty} \theta p(\theta\mid \boldsymbol{y})\mathrm{d}\theta - 2\hat{\theta} = 0$$

解得

$$\hat{\theta} = \int_{-\infty}^{\infty} \theta p(\theta\mid \boldsymbol{y})\mathrm{d}\theta = E[\theta\mid \boldsymbol{y}] \stackrel{\mathrm{def}}{=} \hat{\theta}_{\mathrm{MMSE}} \tag{3.2.9}$$

由此可得到如下结论：

定理3-5：在给定观测样本 $\boldsymbol{y}$ 的条件下，未知参数 θ 的最小均方误差估计（记为$\hat{\theta}_{\mathrm{MMSE}}$）等于参数 θ 的条件期望值。

二、绝对型风险函数

根据式(3.2.2)和式(3.2.7)，绝对型代价函数的条件风险函数可表示为

$$\begin{aligned}\mathcal{R}_{\mathrm{ABS}}(\hat{\theta}\mid \boldsymbol{y}) &= \int_{-\infty}^{\infty} \mid \theta - \hat{\theta}\mid p(\theta\mid \boldsymbol{y})\mathrm{d}\theta \\ &= \int_{-\infty}^{\hat{\theta}} (\hat{\theta} - \theta)p(\theta\mid \boldsymbol{y})\mathrm{d}\theta + \int_{\hat{\theta}}^{\infty} (\theta - \hat{\theta})p(\theta\mid \boldsymbol{y})\mathrm{d}\theta \end{aligned} \tag{3.2.10}$$

对式(3.2.10)取$\hat{\theta}$的偏导数，并令其结果等于0，得

$$\int_{-\infty}^{\hat{\theta}_{\mathrm{ABS}}} p(\theta\mid \boldsymbol{y})\mathrm{d}\theta = \int_{\hat{\theta}_{\mathrm{ABS}}}^{\infty} p(\theta\mid \boldsymbol{y})\mathrm{d}\theta \tag{3.2.11}$$

由此可得到如下结论：

定理3-6：在给定的观测样本 $\boldsymbol{y}$ 的条件下，未知参数 θ 最小绝对偏差估计量（记为$\hat{\theta}_{\mathrm{ABS}}$；或条件中值估计$\hat{\theta}_{\mathrm{MED}}$）恰好是使后验概率密度 $p(\theta|\boldsymbol{y})$ 等于中位数的参数值 θ。

三、均匀型风险函数

根据式(3.2.3)和式(3.2.7)，均匀型代价函数的条件风险函数可表示为

$$
\begin{aligned}
\mathcal{R}_{\mathrm{UNF}}(\hat{\theta}\mid \boldsymbol{y}) &= \int_{\theta\notin[\hat{\theta}-\Delta/2,\hat{\theta}+\Delta/2]} p(\theta\mid \boldsymbol{y})\mathrm{d}\theta \\
&= \int_{-\infty}^{\infty} p(\theta\mid \boldsymbol{y})\mathrm{d}\theta - \int_{\hat{\theta}-\Delta/2}^{\hat{\theta}+\Delta/2} p(\theta\mid \boldsymbol{y})\mathrm{d}\theta \\
&= 1 - \int_{\hat{\theta}-\Delta/2}^{\hat{\theta}+\Delta/2} p(\theta\mid \boldsymbol{y})\mathrm{d}\theta
\end{aligned}
\tag{3.2.12}
$$

式(3.2.12)取最小值的条件是$\partial\mathcal{R}_{\mathrm{UNF}}/\partial\hat{\theta}=0$,它等价于求解后验概率密度函数$p(\theta|\boldsymbol{y})$的极大值,即

$$
\frac{\partial p(\theta\mid \boldsymbol{y})}{\partial\theta}\Big|_{\theta=\hat{\theta}_{\mathrm{MAP}}} = 0 \tag{3.2.13}
$$

按上述方法求出的估计量,称为最大后验概率密度估计(Maximun of the Posterior Density Estimate,MAP估计),记为$\hat{\theta}_{\mathrm{MAP}}$。

定理3-7: 在给定观测样本$\boldsymbol{y}$的条件下,未知参数θ的最小均匀偏差估计量(记为$\hat{\theta}_{\mathrm{UNF}}$;或最大后验概率密度估计$\hat{\theta}_{\mathrm{MAP}}$)等于使后验概率密度$p(\theta|\boldsymbol{y})$取最大可能值的参数值$\theta$。

因为自然对数是自变量的单调函数,式(3.2.13)可进一步写成更为常用的形式:

$$
\frac{\partial}{\partial\theta}\ln p(\theta\mid \boldsymbol{y})\Big|_{\theta=\hat{\theta}_{\mathrm{MAP}}} = 0 \tag{3.2.14}
$$

为了反映观测样本$\boldsymbol{y}$和未知参数θ的先验概率密度$p(\theta)$对估计量$\hat{\theta}_{\mathrm{MAP}}$的影响,将条件概率的贝叶斯公式

$$
p(\boldsymbol{y},\theta) = p(\theta\mid \boldsymbol{y})p(\boldsymbol{y}) = p(\boldsymbol{y}\mid \theta)p(\theta)
$$

代入式(3.2.14),就有

$$
\frac{\partial}{\partial\theta}[\ln p(\boldsymbol{y}\mid \theta) + \ln p(\theta) - \ln p(\boldsymbol{y})]_{\theta=\hat{\theta}_{\mathrm{MAP}}} = 0
$$

由于$p(\boldsymbol{y})$不含未知参数θ,故上式可进一步简化为

$$
\left[\frac{\partial \ln p(\boldsymbol{y}\mid \theta)}{\partial\theta} + \frac{\partial \ln p(\theta)}{\partial\theta}\right]_{\theta=\hat{\theta}_{\mathrm{MAP}}} = 0 \tag{3.2.15}
$$

在下一节中,我们将看到$\ln p(\boldsymbol{y}|\theta)$是观测样本$\boldsymbol{y}=\{y_1,y_2,\cdots,y_N\}$的对数似然函数。如果未知参数服从均匀分布,即$\partial\ln p(\theta)/\partial\theta=0$,那么,根据上式求得的参数估计量,称为最大似然估计量,记为$\hat{\theta}_{\mathrm{ML}}$。这说明,在未知参数服从均匀分布的情形下,采用样本均匀代价函数的贝叶斯估计与最大似然估计是等价的。

现在,将上述讨论结果推广应用于向量参数$\boldsymbol{\theta}$。注意,在这种情况下代价函数C仍然是标量。

假定需要同时估计M个参数$\theta_i(i=1,2,\cdots,M)$,记为$\boldsymbol{\theta}$,即

$$\boldsymbol{\theta} = [\theta_1, \theta_2, \cdots, \theta_M]^{\mathrm{T}} \tag{3.2.16}$$

若将估计量记为$\hat{\boldsymbol{\theta}}$,则估计偏差可表示为

$$\tilde{\boldsymbol{\theta}} = \hat{\boldsymbol{\theta}} - \boldsymbol{\theta} = [\hat{\theta}_1 - \theta_1, \hat{\theta}_2 - \theta_2, \cdots, \hat{\theta}_M - \theta_M]^T \tag{3.2.17}$$

当 $\theta_i(i=1,2,\cdots,M)$是随机变量时,一般采用 MMSE 估计(或 MAP 估计);当估计量 θ_i 被视为非随机参数时,则应采用下节介绍的最大似然估计。

现在讨论随机向量参数 $\boldsymbol{\theta}$ 的贝叶斯估计:

(1) 最小均方误差估计。对于 MMSE 估计,其代价函数是估计偏差的平方和,即

$$C(\tilde{\boldsymbol{\theta}}) = (\hat{\boldsymbol{\theta}} - \boldsymbol{\theta})^{\mathrm{T}}(\hat{\boldsymbol{\theta}} - \boldsymbol{\theta}) = \sum_{i=1}^{M} \tilde{\theta}_i^2 \tag{3.2.18}$$

根据式(3.2.7),条件风险函数可表示为

$$\mathcal{R}_{\mathrm{MMSE}}(\hat{\boldsymbol{\theta}} \mid \boldsymbol{y}) = \int_{-\infty}^{\infty} \left[\sum_{i=1}^{M} (\hat{\theta}_i - \theta_i)^2 \right] p(\boldsymbol{\theta} \mid \boldsymbol{y}) \mathrm{d}\boldsymbol{\theta} \tag{3.2.19}$$

由于概率密度函数是正的,且在式(3.2.19)中括号[·]内的各个求和项也都是正的,因此,使式(3.2.19)最小等价于分别使各个估计量的均方误差最小。参照式(3.2.9),可得

$$\hat{\theta}_{i,\mathrm{MMSE}} = \int_{-\infty}^{\infty} \theta_i p(\boldsymbol{\theta} \mid \boldsymbol{y}) \mathrm{d}\boldsymbol{\theta} \quad (i = 1,2,\cdots,M) \tag{3.2.20}$$

联立求解上述 M 个方程,即可同时获得 M 个未知参数 $\theta_i(i=1,2,\cdots,M)$的 MMSE 估计。

(2) 最大后验估计。对于 MAP 估计,要求使 $\ln p(\boldsymbol{\theta}|\boldsymbol{y})$为最大值的 MAP 估计量$\hat{\boldsymbol{\theta}}_{\mathrm{MAP}}$。如果 $\ln p(\boldsymbol{\theta}|\boldsymbol{y})$的最大值存在,参照式(3.2.14),可得到一组最大后验估计方程:

$$\frac{\partial \ln p(\boldsymbol{\theta} \mid \boldsymbol{y})}{\partial \theta_i} \bigg|_{\theta_i = \hat{\theta}_{i,\mathrm{MAP}}} = 0 \quad (i = 1,2,\cdots,M) \tag{3.2.21}$$

联立求解上述 M 个方程,就可获得 M 个未知参数 $\theta_i(i=1,2,\cdots,M)$的 MAP 估计。

四、平稳高斯过程的贝叶斯估计

在以下的讨论中,用 $\boldsymbol{x}$ 表示被估计参量或被估计状态,用 $\boldsymbol{y}$ 表示观测样本。

定理 2-3 指出,若实随机向量 $\boldsymbol{x}$ 和 $\boldsymbol{y}$ 分别是 $N_x \times 1$ 和 $N_y \times 1$ 维的高斯向量,并且是联合高斯的,则在给定观测样本 $\boldsymbol{y}$ 的条件下,参量 $\boldsymbol{x}$ 的条件密度函数$p(\boldsymbol{x}|\boldsymbol{y})$也是高斯的,即

$$p(\boldsymbol{x} \mid \boldsymbol{y}) = \frac{1}{(2\pi)^{N_x/2}(\det \boldsymbol{C}_{x|y})^{1/2}} \exp\left[-\frac{1}{2}(\boldsymbol{x} - \boldsymbol{\mu}_{x|y})^{\mathrm{T}} \boldsymbol{C}_{x|y}^{-1} (\boldsymbol{x} - \boldsymbol{\mu}_{x|y}) \right]$$

式中:

$$\boldsymbol{\mu}_{x|y} = \boldsymbol{\mu}_x + \boldsymbol{C}_{xy}\boldsymbol{C}_y^{-1}(\boldsymbol{y} - \boldsymbol{\mu}_y) \tag{3.2.22}$$

$$C_{x|y} = E[(x-\mu_{x|y})(x-\mu_{x|y})^{\mathrm{T}}] = C_x - C_{xy}C_y^{-1}C_{yx} \tag{3.2.23}$$

前面业已指出：在给定样本 y 的条件下，未知参量 x 的最小均方误差(MMSE)估计等于未知参量 x 的条件期望值 $\mu_{x|y}$，即

$$\hat{x}(y) = \mu_{x|y} = \mu_x + C_{xy}C_y^{-1}(y-\mu_y) \tag{3.2.24}$$

估计偏差为

$$\tilde{x}(y) = x - \hat{x}(y) = x - \mu_{x|y} \overset{\text{def}}{=} z \tag{3.2.25}$$

由此可见，定理2－2中构造的向量 z 就是估计偏差。由于 z 的期望值为0，参见式(2.1.32)，因而MMSE估计量是无偏的(称为MVU估计量)，其协方差矩阵由式(3.2.23)给出，即

$$\mathrm{cov}(z) = C_{x|y} = C_x - C_{xy}C_y^{-1}C_{yx} \tag{3.2.26}$$

【例3－9】 某一实随机向量 $x \sim N(\mu_x, C_x)$，用仪器可测量其线性组合量 y，即

$$y = k \cdot x + e \tag{3.2.27}$$

式中：测量偏差 $e \sim N(0, C_e)$；k 为给定的常数矩阵。假设：

(1) e 与 x 独立；

(2) e 与 x 相关，互协方差函数为 C_{xe}。

试分别求出在这两种情况下的MMSE计量 $\hat{x}(y)$ 及其协方差矩阵 $C_{x|y}$。

解：首先导出一般公式，再分两种情况进行参数估计。

对式(3.2.27)的等号两边取期望值，得

$$\mu_y = k \cdot \mu_x \tag{3.2.28}$$

将式(3.2.28)代入有关定义式，得

$$\begin{aligned} C_{xy} &= E\{(x-\mu_x)(y-\mu_y)^{\mathrm{T}}\} \\ &= E\{(x-\mu_x)[k(x-\mu_x)+e]^{\mathrm{T}}\} \\ &= C_x k^{\mathrm{T}} + C_{xe} \end{aligned} \tag{3.2.29}$$

$$C_{yx} = C_{xy}^{\mathrm{T}} = C_{xe}^{\mathrm{T}} + k \cdot C_x \tag{3.2.30}$$

$$\begin{aligned} C_y &= E\{(y-\mu_y)(y-\mu_y)^{\mathrm{T}}\} \\ &= E\{[k(x-\mu_x)+e][k(x-\mu_x)+e]^{\mathrm{T}}\} \\ &= k \cdot C_x k^{\mathrm{T}} + kC_{xe} + C_{xe}^{\mathrm{T}}k^{\mathrm{T}} + C_e \end{aligned} \tag{3.2.31}$$

(1) 当 e 与 x 互相独立时，$C_{xe}=0$。将上述式子代入式(3.2.24)和式(3.2.26)，就有

$$\begin{cases} \hat{x} = \mu_x + C_x k^{\mathrm{T}}(kC_x k^{\mathrm{T}} + C_e)^{-1}(y-\mu_y) \\ C_{x|y} = C_x[I - k^{\mathrm{T}}(kC_x k^{\mathrm{T}} + C_e)^{-1}kC_x] \end{cases}$$

(2) 当 e 与 x 相关时，只要注意到 $C_{xe} \neq 0$ 即可。这个问题留给读者自行

完成。

【例 3 – 10】 分析加性噪声中随机参数的估计问题。观测方程为

$$y_n = x + e_n \quad (n = 1,2,\cdots,N)$$

式中：$e_n \sim N(0,\sigma_e^{\ 2})$，DC 电平 $x \sim N(0,\sigma_x^{\ 2})$，且 x 与 e_n 独立。求 x 的 MMSE 估计。

解：根据式(3.2.24)和式(3.2.26)来确定未知参数 x 及估计量的方差。

已知 $\boldsymbol{y} = [y_1,y_2,\cdots,y_N]^{\mathrm{T}}$ 是零均值高斯向量，其协方差矩阵 $\boldsymbol{C}_y$ 的第 m 行、第 n 列元素为

$$[\boldsymbol{C}_y]_{mn} = E[y_m y_n] = E[(x + e_m)(x + e_n)] = \sigma_x^2 + \sigma_e^2\delta_{mn}$$

因此，$N \times N$ 维的协方差矩阵 $\boldsymbol{C}_y$ 可表示为

$$\boldsymbol{C}_y = \sigma_x^2\boldsymbol{1}\boldsymbol{1}^{\mathrm{T}} + \sigma_e^2\boldsymbol{I}$$

式中：$\boldsymbol{1}$ 为 N 个元素全部为 1 的列向量。利用求逆公式(式(3.1.35))，得

$$\boldsymbol{C}_y^{-1} = (\sigma_e^2\boldsymbol{I} + \sigma_x^2\boldsymbol{1}\boldsymbol{1}^{\mathrm{T}})^{-1} = \frac{1}{\sigma_e^2}\left(\boldsymbol{I} - \frac{\sigma_x^2}{\sigma_e^2 + N\sigma_x^2}\boldsymbol{1}\boldsymbol{1}^{\mathrm{T}}\right)$$

此外，零均值标量 x 和 N 维列向量 $\boldsymbol{y}$ 的协方差向量 $\boldsymbol{C}_{xy}$ 中的第 n 行元素为

$$\begin{aligned}[\boldsymbol{C}_{xy}]_n = [E(x \cdot \boldsymbol{y}^{\mathrm{T}})]_n &= E[x \cdot y_n] \\ &= E[x \cdot (x + e_n)] = \sigma_x^2\end{aligned}$$

这表明 $\boldsymbol{C}_{xy}$ 中的元素全部一样，故有

$$\boldsymbol{C}_{xy} = \sigma_x^2\boldsymbol{1}^{\mathrm{T}}, \boldsymbol{C}_{yx} = \sigma_x^2\boldsymbol{1}$$

将上述相关式子和 $\mu_x = \mu_y = 0$ 分别代入式(3.2.24)和式(3.2.26)，就有

$$\begin{aligned}\hat{x}_{\mathrm{MMSE}} = \boldsymbol{C}_{xy}\boldsymbol{C}_y^{-1}\boldsymbol{y} &= \sigma_x^2\boldsymbol{1}^{\mathrm{T}} \cdot \frac{1}{\sigma_e^2}\left(\boldsymbol{I} - \frac{\sigma_x^2}{\sigma_e^2 + N\sigma_x^2}\boldsymbol{1}\boldsymbol{1}^{\mathrm{T}}\right) \cdot \boldsymbol{y} \\ &= \frac{\sigma_x^2}{\sigma_x^2 + \sigma_e^2/N}\left(\frac{1}{N}\sum_{n=1}^{N} y_n\right) = \frac{\sigma_x^2}{\sigma_x^2 + \sigma_e^2/N}\bar{y}\end{aligned} \tag{3.2.32}$$

和

$$\begin{aligned}\mathrm{var}(\tilde{x}_{\mathrm{MMSE}}) = E[(x - \hat{x}_{\mathrm{MMSE}})^2] &= \boldsymbol{C}_x - \boldsymbol{C}_{xy}\boldsymbol{C}_{yx}^{-1}\boldsymbol{C}_{yx} \\ &= \sigma_x^2 - \sigma_x^2\boldsymbol{1}^{\mathrm{T}} \cdot \frac{1}{\sigma_e^2}\left(\boldsymbol{I} - \frac{\sigma_x^2}{\sigma_e^2 + N\sigma_x^2}\boldsymbol{1}\boldsymbol{1}^{\mathrm{T}}\right) \cdot \sigma_x^2\boldsymbol{1} \\ &= \frac{\sigma_e^2\sigma_x^2}{\sigma_e^2 + N\sigma_x^2} \approx \frac{\sigma_e^2}{N} \qquad \left(N \gg \frac{\sigma_e^2}{\sigma_x^2}\right)\end{aligned} \tag{3.2.33}$$

容易验证，当观测样本 $\boldsymbol{y}$ 的容量 N 足够大时，估计量 $\hat{x}_{\mathrm{MMSE}}$ 的方差达到了 CR 下限。

现在考察观测样本 $\boldsymbol{y}$ 和先验概率密度函数 $p(x)$ 对估计量的影响。若 $\sigma_x^{\ 2} \ll \sigma_e^{\ 2}/N$，则有

$$\hat{x}_{\mathrm{B}} = \hat{x}_{\mathrm{MMSE}} = \frac{\sigma_x^2}{\sigma_x^2 + \sigma_e^2/N}\bar{y} \to 0 \tag{3.2.34}$$

可见估计量趋近于参量的先验平均值(依题意,x 的均值为0),这时先验知识比观测值更为有用;如果 $\sigma_x{}^2 \gg \sigma_e{}^2/N$,则

$$\hat{x}_{\mathrm{B}} = \frac{\sigma_x^2}{\sigma_x^2 + \sigma_e^2/N}\bar{y} \to \bar{y} \tag{3.2.35}$$

在这种情形下,先验知识几乎没有用处,估计量主要取决于观测数据。在极限情况下,估计量刚好是观测数据 $\boldsymbol{y}$ 的算术平均值。

顺便指出,因为后验条件概率密度 $p(x|\boldsymbol{y})$ 是高斯分布,所以 $p(x|\boldsymbol{y})$ 的最大值正好等于其中位数,而 $p(x|\boldsymbol{y})$ 的中位数恰好等于条件期望值,故有

$$\hat{x}_{\mathrm{MAP}} = \hat{x}_{\mathrm{MED}} = \hat{x}_{\mathrm{MMSE}} \stackrel{\mathrm{def}}{=} \hat{x}_{\mathrm{B}} \tag{3.2.36}$$

3.2.2 极大似然估计

极大似然估计(Maximum Likelihood Estimate,ML 估计,或最大似然估计)的基本思路是:在给定参数 $\boldsymbol{\theta} = \{\theta_1, \theta_2, \cdots, \theta_p\}$ 的条件下,将观测样本 $\boldsymbol{y}$ 的条件概率密度函数 $p(\boldsymbol{y}|\boldsymbol{\theta})$ 视为真实参数 $\boldsymbol{\theta}$ 的函数,即似然函数(包含未知参数 $\boldsymbol{\theta}$ 信息的可能性函数),记作 $L(\boldsymbol{y};\boldsymbol{\theta})$。然后利用已知的观测样本 $\boldsymbol{y} = \{y_1, y_2, \cdots, y_N\}$,求出使似然函数 $L(\boldsymbol{y};\boldsymbol{\theta})$ 达到最大化的估计量 $\hat{\boldsymbol{\theta}}$ 作为未知参数 $\boldsymbol{\theta}$ 的估计值。

定义:ML 估计量 $\hat{\boldsymbol{\theta}}_{\mathrm{ML}}$ 规定为似然函数 $L(\boldsymbol{y};\boldsymbol{\theta})$ 的全局极大点,记为

$$\hat{\boldsymbol{\theta}}_{\mathrm{ML}} = \arg\max_{\boldsymbol{\theta} \in \Theta} L(\boldsymbol{y};\boldsymbol{\theta}) \tag{3.2.37}$$

式中:Θ 为参数 $\boldsymbol{\theta}$ 的值域。

由于对数函数是严格单调的,故似然函数 $L(\boldsymbol{y};\boldsymbol{\theta})$ 的最大点与对数似然函数 $\ln L(\boldsymbol{y};\boldsymbol{\theta})$ 是一致的。为方便计算起见,往往利用对数似然函数来计算 ML 估计量。即令

$$\frac{\partial \ln L(\boldsymbol{y};\boldsymbol{\theta})}{\partial \theta_i} = 0 \quad (i = 1, 2, \cdots, p) \tag{3.2.38}$$

联立求解该方程组,就可得到 ML 估计量 $\hat{\boldsymbol{\theta}}_{\mathrm{ML}}$。

如果 $\boldsymbol{y} = \{y_0, y_1, \cdots, y_{N-1}\}$ 是 N 个独立的观测样本,则对数似然函数可写成

$$\ln L(\boldsymbol{y};\boldsymbol{\theta}) = \ln \prod_{n=1}^{N} p(y_n \mid \boldsymbol{\theta}) = \sum_{n=1}^{N} \ln p(y_n \mid \boldsymbol{\theta})$$

ML 估计量 $\hat{\boldsymbol{\theta}}_{\mathrm{ML}}$ 只要能够求出来,总是比较好的估计。它具有以下性质:

(1) ML 估计量一般是无偏的。如若不然,则其偏差一般可以通过对估计量乘以某个合适的常数加以消除。

(2) ML 估计量是一致的。

(3) 若存在有效估计值,则可通过极大似然函数来求解。

【例 3-11】 设观测样本 $\boldsymbol{y} = \{y_1, y_2, \cdots, y_N\}$ 服从高斯分布 $N(\mu_y, \sigma_y{}^2)$,试求

参数 μ_y 和 $\sigma_y{}^2$ 的极大似然估计。

解:依题意,对数似然函数可写成

$$\begin{aligned}\ln L(\boldsymbol{y};\mu_y,\sigma_y^2) &= \sum_{n=1}^{N}\ln\left\{\frac{1}{\sqrt{2\pi}\sigma_y}\exp\left[-\frac{1}{2\sigma_y^2}(y_n-\mu_y)^2\right]\right\}\\ &= -\frac{N}{2}\ln(2\pi)-\frac{N}{2}\ln(\sigma_y^2)-\frac{1}{2\sigma_y^2}\sum_{n=1}^{N}(y_n-\mu_y)^2 \end{aligned}\quad(3.2.39)$$

分别求 $\ln L$ 关于 μ_y 和 $\sigma_y{}^2$ 的偏导数,并令其结果等于0,即

$$\frac{\partial \ln L}{\partial \mu_y}=\frac{1}{\sigma_y^2}\sum_{n=1}^{N}(y_n-\mu_y)=0$$

$$\frac{\partial \ln L}{\partial \sigma_y^2}=-\frac{N}{2\sigma_y^2}+\frac{1}{2\sigma_y^4}\sum_{n=1}^{N}(y_n-\mu_y)^2=0$$

解得

$$\hat{\mu}_{y,\mathrm{ML}}=\frac{1}{N}\sum_{n=1}^{N}y_n=\bar{y},\hat{\sigma}_{y,\mathrm{ML}}^2=\frac{1}{N}\sum_{n=1}^{N}(y_n-\bar{y})^2$$

因为

$$E[\hat{\mu}_{y,\mathrm{ML}}]=E[\bar{y}]=\frac{1}{N}\sum_{n=1}^{N}E[y_n]=\mu_y$$

且有

$$\begin{aligned}E[\hat{\sigma}_{y,\mathrm{ML}}^2] &= E\left[\frac{1}{N}\sum_{n=1}^{N}(y_n-\bar{y})^2\right]\\ &= \frac{1}{N}E\left\{\sum_{n=1}^{N}[(y_n-\mu_y)-(\bar{y}-\mu_y)]^2\right\}\\ &= \sigma_y^2-E[(\bar{y}-\mu_y)^2]=\sigma_y^2-\frac{\sigma_y^2}{N}=\frac{(N-1)}{N}\sigma_y^2\end{aligned}$$

所以 ML 估计量 $\hat{\mu}_{y,\mathrm{ML}}$ 是无偏的,而 ML 估计量 $(\hat{\sigma}_{y,\mathrm{ML}})^2$ 却是有偏的。若以 $(\hat{\sigma}_{y,\mathrm{ML}})^2N/(N-1)$ 作为被估计量,就可得到无偏的 ML 估计量。

【例3-12】 在例3-11中,试确定未知参数向量 $\boldsymbol{\theta}=[\mu_y,\sigma_y{}^2N/(N-1)]^{\mathrm{T}}$ 的CR下限。

解:令 $\theta_1=\mu_y,\theta_2=\sigma_y{}^2N/(N-1)$,则由例3-11可知,估计量

$$\hat{\theta}_{1,\mathrm{ML}}=\frac{1}{N}\sum_{n=1}^{N}y_n=\bar{y},\hat{\theta}_{2,\mathrm{ML}}=\frac{1}{N-1}\sum_{n=1}^{N}(y_n-\bar{y})^2$$

是无偏的。容易验证,对数似然函数(式(3.2.39))关于 θ_1 和 θ_2 的一阶偏导数满足定理3-4中的正则条件,因此,无偏估计量 $\hat{\boldsymbol{\theta}}_{\mathrm{ML}}$ 的方差存在CR下限。

根据式(3.1.26),Fisher 信息矩阵对角线上的元素为

$$[\boldsymbol{I}(\boldsymbol{\theta})]_{11}\overset{\mathrm{def}}{=}I(\theta_1)=-E\left\{\frac{\partial^2\ln p(\boldsymbol{y}\mid\mu_y,\sigma_y^2)}{\partial\mu_y^2}\right\}=\frac{N}{\sigma_y^2}>0$$

$$[\boldsymbol{I}(\boldsymbol{\theta})]_{22} \overset{\text{def}}{=} I(\theta_2) = -\left(\frac{N-1}{N}\right)^2 E\left\{\frac{\partial^2 \ln p(\boldsymbol{y} \mid \mu_y, \sigma_y^2)}{\partial(\sigma_y^2)^2}\right\}$$

$$= -\left(\frac{N-1}{N}\right)^2 \left[\frac{N}{2\sigma_y^4} - \frac{1}{\sigma_y^6} E\left[\sum_{n=1}^{N}(y_n - \mu_y)^2\right]\right]$$

$$= \frac{(N-1)^2}{2N\sigma_y^4} > 0$$

根据式(3.1.30),估计量$\hat{\boldsymbol{\theta}}_{\mathrm{ML}}$的方差的 CR 下限为

$$\operatorname{var}(\tilde{\theta}_{1,\mathrm{ML}}) = E[(\theta_1 - \hat{\theta}_{1,\mathrm{ML}})^2] \geqslant [\boldsymbol{I}^{-1}(\boldsymbol{\theta})]_{11} = \frac{\sigma_y^2}{N}$$

$$\operatorname{var}(\tilde{\theta}_{2,\mathrm{ML}}) = E[(\theta_2 - \hat{\theta}_{2,\mathrm{ML}})^2] \geqslant [\boldsymbol{I}^{-1}(\boldsymbol{\theta})]_{22} = \frac{N\sigma_y^4}{(N-1)^2}$$

以上二式取等号成立的充要条件是

$$\frac{\partial \ln p(\boldsymbol{y} \mid \mu_y, \sigma_y^2)}{\partial \theta_1} = K_1(\boldsymbol{\theta}) \cdot (\hat{\theta}_{1,\mathrm{ML}} - \mu_y^2)$$

$$\frac{\partial \ln p(\boldsymbol{y} \mid \mu_y, \sigma_y^2)}{\partial \theta_2} = K_2(\boldsymbol{\theta}) \cdot \left(\hat{\theta}_{2,\mathrm{ML}} - \frac{N}{N-1}\sigma_y^2\right)$$

式中:$K_1(\boldsymbol{\theta}) > 0$;$K_2(\boldsymbol{\theta}) > 0$。直接计算以上二式,可得

$$\frac{\partial \ln p(\boldsymbol{y} \mid \mu_y, \sigma_y^2)}{\partial \theta_1} = \frac{\partial \ln p(\boldsymbol{y} \mid \mu_y, \sigma_y^2)}{\partial \mu_y} = \frac{1}{\sigma_y^2}\left(\sum_{n=1}^{N} y_n - N\mu_y\right)$$

$$= \frac{N}{\sigma_y^2}(\hat{\theta}_{1,\mathrm{ML}} - \mu_y) \overset{\text{def}}{=} K_1(\boldsymbol{\theta})(\hat{\theta}_{1,\mathrm{ML}} - \mu_y)$$

和

$$\frac{\partial \ln p(\boldsymbol{y} \mid \mu_y, \sigma_y^2)}{\partial \theta_2} = \frac{\partial \ln p(\boldsymbol{y} \mid \mu_y, \sigma_y^2)}{\partial[\sigma_y^2 N/(N-1)]} = -\frac{N-1}{2\sigma_y^2} + \frac{N-1}{2N\sigma_y^4}\sum_{n=1}^{N}(y_n - \mu_y)^2$$

$$= \frac{(N-1)^2}{2N\sigma_y^4}\left(\hat{\theta}_{2,\mathrm{ML}} - \frac{N}{N-1} \cdot \sigma_y^2\right)$$

$$\overset{\text{def}}{=} K_2(\boldsymbol{\theta})\left(\hat{\theta}_{2,\mathrm{ML}} - \frac{N}{N-1} \cdot \sigma_y^2\right)$$

式中:$K_1(\theta) = N/{\sigma_y}^2 > 0$;$K_2(\theta) = (N-1)^2/(2N\sigma_y^4) > 0$。由此可知,$\hat{\boldsymbol{\theta}}_{\mathrm{ML}}$是 MVU 估计量。

【例 3-13】 设二元阵侧向系统的两个阵元(水听器)坐标分别为 $y_1 = 0$ 和 $y_2 = d$(d 为两个水听器的间隔),如图 3-4 所示。假设信号 $s(t)$为平面波,入射角为θ,要求根据两个水听器的输出过程 $y_1(t)$和 $y_2(t)$来估计目标的方位

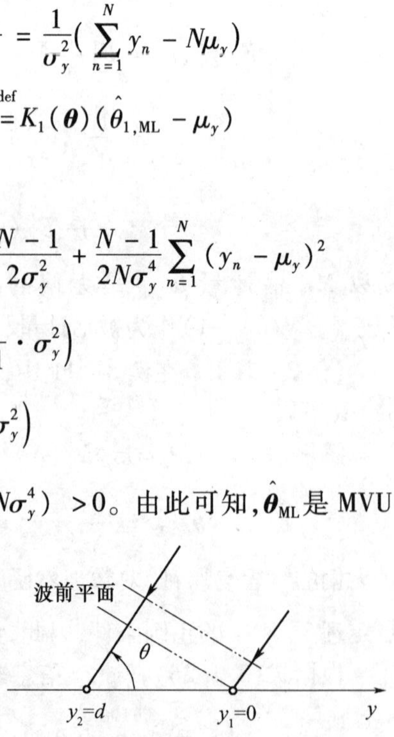

图3-4 二元阵测向系统的几何关系

角 θ。

解:两个水听器的接收过程可分别表示为

$$\begin{cases} y_1(t) = s(t) + e_1(t) \\ y_2(t) = s(t+\tau) + e_2(t) \end{cases}$$

式中:$s(t)$为角频率为 ω 的正弦信号;$e_i(t)(i=1,2)$为零均值高斯噪声,二者互相独立;τ 为 $y_2(t)$相对于 $y_1(t)$的时延。设声波在水下的传播速度为 c,则有

$$\tau = \tau(\theta) = \frac{d\cos\theta}{c} \tag{3.2.40}$$

由于 $y_1(t)$和 $y_2(t)$的相位不同,故必须经时延补偿使之成为同相信号后才能相加(图 3-5)。二元阵单频平面波信号的归一化声程补偿向量 $\boldsymbol{v}$ 可表示为

$$\boldsymbol{v} = \begin{bmatrix} 1 \\ e^{j\omega_n\tau} \end{bmatrix} \overset{\text{def}}{=} \boldsymbol{v}(\omega_n,\tau)$$

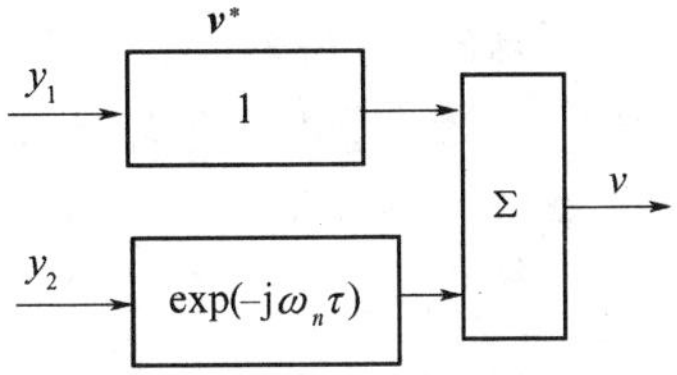

图 3-5 声程补偿系统

下面,首先推导带有声程补偿信号的协方差矩阵和噪声的协方差矩阵,进而推导出在“给定”时延 τ 条件下观测数据的对数似然函数。

分别记输入信号 $s(t)$和输入噪声 $e_i(t)(i=1,2)$的傅里叶系数为

$$\boldsymbol{s} \overset{\text{def}}{=} \begin{bmatrix} s(t) \\ s(t+\tau) \end{bmatrix} \xrightarrow{F} \begin{bmatrix} Y_s(n) \\ Y_s(n)e^{j\omega_n\tau} \end{bmatrix}$$

$$= Y_s(n)\boldsymbol{v}(\omega_n,\tau) \overset{\text{def}}{=} \boldsymbol{Y}_s(n)$$

和

$$\boldsymbol{e} \overset{\text{def}}{=} \begin{bmatrix} e_1(t) \\ e_2(t) \end{bmatrix} \xrightarrow{F} \begin{bmatrix} Y_{e_1}(n) \\ Y_{e_2}(n) \end{bmatrix} \overset{\text{def}}{=} \boldsymbol{Y}_e(n)$$

且假设信号 $s(t)$和噪声 $e_i(t)(i=1,2)$的功率谱分别为 $S(\omega_n)$和 $N(\omega_n)$,T 是观测过程的持续时间(采样数据的长度),B 是水听器输出过程的带宽,故有 $\omega_n = 2\pi n/T(n=1,2,\cdots,TB)$。

利用式(2.2.13),经过声程补偿之后,信号 $\boldsymbol{s}$ 和噪声 $\boldsymbol{e}$ 的协方差矩阵可分别表示为

$$\begin{cases} \boldsymbol{C}_s(n,\tau) = E[\boldsymbol{Y}_s(n)\boldsymbol{Y}_s^{\mathrm{H}}(n)] = \dfrac{S(\omega_n)}{T}\boldsymbol{v}(\omega_n,\tau)\boldsymbol{v}^{\mathrm{H}}(\omega_n,\tau) \\ \boldsymbol{C}_e(n,\tau) = E[\boldsymbol{Y}_e(n)\boldsymbol{Y}_e^{\mathrm{H}}(n)] = \dfrac{N(\omega_n)}{T}\boldsymbol{I} \end{cases} \tag{3.2.41}$$

式中:第二式表示独立的零均值高斯噪声经过声程补偿后仍为独立的零均值高斯噪声。

设水听器输出过程 $\boldsymbol{y}=[y_1,y_2]^{\mathrm{T}}$ 的傅里叶系数矩阵为 $\boldsymbol{Y}=[\boldsymbol{Y}_1,\boldsymbol{Y}_2]^{\mathrm{T}}$。因为信号与噪声互相独立,所以

$$\boldsymbol{C}_y(n,\tau)=E[\boldsymbol{Y}(n)\boldsymbol{Y}^{\mathrm{H}}(n)]=\boldsymbol{C}_s(n,\tau)+\boldsymbol{C}_e(n,\tau)$$

于是,在给定时延 τ 条件下,观测样本 $\boldsymbol{Y}$ 的似然函数可表示为[3]

$$p(\boldsymbol{Y}|\tau)=\prod_{n=1}^{TB}\frac{1}{\pi^2\det[\boldsymbol{C}_e(n)+\boldsymbol{C}_s(n,\tau)]}\times$$
$$\exp\left\{-\sum_{n=1}^{TB}\boldsymbol{Y}^{\mathrm{H}}(n)[\boldsymbol{C}_e(n)+\boldsymbol{C}_s(n,\tau)]^{-1}\boldsymbol{Y}(n)\right\}\quad(3.2.42)$$

式中:$\boldsymbol{Y}(1)=[Y_1(1),Y_2(1)]^{\mathrm{T}},\cdots,\boldsymbol{Y}(TB)=[Y_1(TB),Y_2(TB)]^{\mathrm{T}}$。

容易验证,行列式 $\det(\boldsymbol{C}_e+\boldsymbol{C}_s)$ 与时延 τ 无关。因此,ML 估计就是选择 τ 使 $\ln p(\boldsymbol{Y}|\tau)$ 最大,也即使式(3.2.42)的指数函数

$$-\sum_{n=1}^{TB}\boldsymbol{Y}^{\mathrm{H}}(n)[\boldsymbol{C}_e(n)+\boldsymbol{C}_s(n,\tau)]^{-1}\boldsymbol{Y}(n)\quad(3.2.43)$$

最大。利用求逆公式(式(3.1.35)、式(3.2.43))中的逆矩阵可改写成

$$[\boldsymbol{C}_e(n)+\boldsymbol{C}_s(n,\tau)]^{-1}=\left\{\frac{N(\omega_n)}{T}\left[\boldsymbol{I}+\frac{S(\omega_n)}{N(\omega_n)}\boldsymbol{v}(\omega_n,\tau)\boldsymbol{v}^{\mathrm{H}}(\omega_n,\tau)\right]\right\}^{-1}$$
$$=\frac{T}{N(\omega_n)}\left[\boldsymbol{I}-\frac{\boldsymbol{v}(\omega_n,\tau)\boldsymbol{v}^{\mathrm{H}}(\omega_n,\tau)}{1+2S(\omega_n)/N(\omega_n)}\frac{S(\omega_n)}{N(\omega_n)}\right]$$
$$=\frac{T}{N(\omega_n)}\boldsymbol{I}-\frac{TS(\omega_n)}{N^2(\omega_n)+2N(\omega_n)S(\omega_n)}\boldsymbol{v}(\omega_n,\tau)\boldsymbol{v}^{\mathrm{H}}(\omega_n,\tau)$$

略去与 τ 无关的量 $T/N(\omega_n)$,将上式代入式(3.2.43)中,可得

$$T\sum_{n=1}^{TB}\boldsymbol{Y}^{\mathrm{H}}(n)\frac{S(\omega_n)}{N^2(\omega_n)+2N(\omega_n)S(\omega_n)}\boldsymbol{v}(\omega_n,\tau)\boldsymbol{v}^{\mathrm{H}}(\omega_n,\tau)\boldsymbol{Y}(n)$$

于是,选择 τ 使式(3.2.43)最大,等价于使下式

$$T\sum_{n=1}^{TB}\frac{S(\omega_n)}{N^2(\omega_n)+2N(\omega_n)S(\omega_n)}\boldsymbol{Y}^{\mathrm{H}}(n)\boldsymbol{v}(\omega_n,\tau)\boldsymbol{v}^{\mathrm{H}}(\omega_n,\tau)\boldsymbol{Y}(n)\quad(3.2.44)$$

最大。引入记号

$$|H(\omega_n)|^2\overset{\text{def}}{=}\frac{S(\omega_n)}{N^2(\omega_n)+2N(\omega_n)S(\omega_n)}$$
$$Y(\omega_n,\tau)\overset{\text{def}}{=}H(\omega_n)\boldsymbol{v}^{\mathrm{H}}(n,\tau)\boldsymbol{Y}(n)$$

式中:$Y(\omega_n,\tau)$ 可视为持续时间为 T 的某一时间函数 $y(t,\tau)$ 的傅里叶系数。将上述替换量代入式(3.2.44),并利用周期函数的 Parseval 公式,就有

$$T\sum_{n=1}^{TB}|H(\omega_n)\boldsymbol{v}^{\mathrm{H}}(n,\tau)\boldsymbol{Y}(n)|^2=T\sum_{n=1}^{TB}|Y(\omega_n,\tau)|^2$$

$$= \frac{1}{2}\int_{t-T}^{T} y^2(t,\tau)\,\mathrm{d}t \overset{\text{def}}{=} z(y,\tau) \tag{3.2.45}$$

不妨略去无关紧要的常数项1/2，最终得到如图3－6所示的二元阵最大似然测向系统。调节时延τ，使$z(y,\tau)$达到最大，相应的时延就是真实时延τ的ML估计量$\hat{\tau}_{\mathrm{ML}}$。

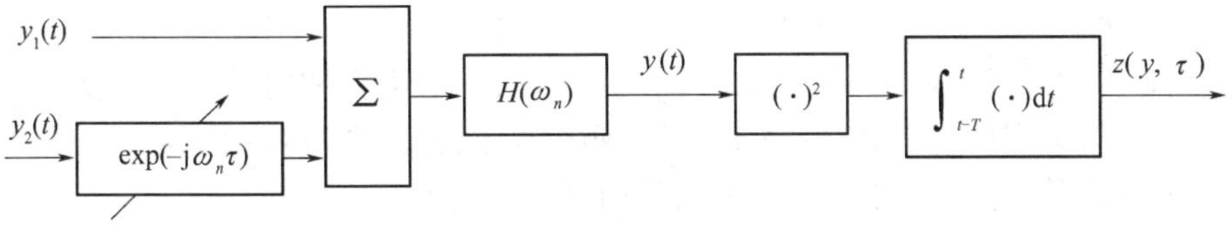

图3－6　二元阵最大似然测向系统

根据ML估计的传递性，由式(3.2.40)即可得方位角θ的ML估计量：

$$\hat{\theta}_{\mathrm{ML}} = \arccos\left(\frac{c\hat{\tau}_{\mathrm{ML}}}{\mathrm{d}}\right) \tag{3.2.46}$$

二元阵最大似然测向系统与二元阵似然比检测系统(图2－5)具有完全相同的结构。这一事实可以这样解释：在H_1情况下，似然函数$p(\boldsymbol{Y}|\tau)$等价于$p(\boldsymbol{Y}|H_1)$，后者也可看作是时延参数τ的函数；在H_0情况下，$p(\boldsymbol{Y}|H_0)$与τ无关。因此，选取τ使似然函数最大，也就是使似然比$p(\boldsymbol{Y}|H_1)/p(\boldsymbol{Y}|H_0)$最大。由此可见，检测问题与参数估计问题是密切相关。

顺便指出，可根据测向测距近似公式

$$\tau_i(\theta,D) \approx \frac{d_i\cos\theta}{c} - \frac{d_i^2\sin^2\theta}{2cD} \quad (i = 1,2,\cdots,M;M \geqslant 3) \tag{3.2.47}$$

来构成最大似然联合测向测距系统。
式中：d_i为第i个水听器与“基准”水听器位置的间距；D为目标与“基准”水听器之间的距离。

3.2.3　数学期望最大算法

在ML估计中，被估计参数$\boldsymbol{\theta}$是观测数据$\boldsymbol{x}$的隐函数。但是，假设观测到的样本不是N维随机向量$\boldsymbol{x}=[x_1,x_2,\cdots,x_N]^{\mathrm{T}}$，而是$M$维随机向量$\boldsymbol{y}=[y_1,y_2,\cdots,y_M]^{\mathrm{T}}$，且有$y_1=T_1(\boldsymbol{x}),T_2(\boldsymbol{x}),\cdots,y_M=T_M(\boldsymbol{x})(M<N)$。在一般情况下，函数集$\{T_m\}$通常是“多对一”的变换，它描述了物理过程中不能直接观测的完备数据$\boldsymbol{x}$到可直接观测的不完备数据$\boldsymbol{y}$的映射关系。在这种情形下，应如何确定最大似然估计量呢？

【例3－14】　已知随机变量x_1和x_2是独立的，且$x_1,x_2\sim N(\mu,\sigma^2)$。要求利用观测数据$x_1$和$x_2$来估计未知参数$\mu$。

解：根据已知条件，x_1和x_2的联合概率密度函数为

$$p_X(x_1,x_2) = p_X(x_1)p_X(x_2)$$
$$= \frac{1}{2\pi\sigma^2}\exp\left\{-\frac{1}{2\sigma^2}[(x_1-\mu)^2+(x_2-\mu)^2]\right\}$$

令上式关于μ的偏导数等于0,即可计算出未知参数的ML估计量

$$\hat{\mu} = \frac{1}{2}(x_1+x_2) \overset{\text{def}}{=} \hat{\mu}_x$$

然而,如果测量值是$y=T(\boldsymbol{x})=2x_1+3x_2$,就无法直接利用不完备数据$y$来获得未知参数的ML估计量。不过,对于本例而言,可按高斯过程性质4计算出y的概率密度函数,进而确定未知参数μ的ML估计量,即

$$p_Y(y) = \frac{1}{\sqrt{26\pi}\sigma}\exp\left[-\frac{1}{2}\left(\frac{y-5\mu}{\sqrt{13}\sigma}\right)^2\right]$$

其对数似然函数为

$$\ln p_Y(y) = -\frac{1}{2}\ln(26\pi\sigma^2) - \frac{1}{2}\left(\frac{y-5\mu}{\sqrt{13}\sigma^2}\right)^2$$

令上式对μ的偏导数等于0,可得

$$\hat{\mu} = \frac{y}{5} \overset{\text{def}}{=} \hat{\mu}_y$$

容易验证,$\hat{\mu}_x$和$\hat{\mu}_y$均为参数μ的无偏估计量,但后者的方差大于前者。

现在介绍一个不能直接根据不完备数据计算ML估计量的例子。例如,在计算机辅助X射线断层摄影术(CAT)中,测量值可表示为

$$y_m = \sum_{n=1}^{N} a_{mn}x_n \quad (m=1,2,\cdots,M)$$

式中:$y_m(m=1,2,\cdots,M)$为M个探测器的读数(可观测的不完备数据);a_{mn}为与探测器几何布局相关的参量;$x_n(n=1,2,\cdots,N)$为像素的透明度(理想而完备的数据,但不可直接测量)。

如果希望确定与像素透明度x_n分布相关的参数a_{mn},那么唯一可资利用的数据就只有不完备数据y_m。在许多情况下,由于从$\boldsymbol{x}$到$\boldsymbol{y}$变换的复杂性,使得难以应用常规的ML估计算法来确定未知参数a_{mn}。为此,国外学者提出了一种基于迭代运算的ML估计——数学期望最大(Expectation Maximization,EM)算法[10],它可通过不完备数据y_m的一系列迭代计算,来确定未知参数的ML估计量。每次迭代包含两个步骤——数学期望(E－step)和最大化(M－step)。解决问题的思路如下所述:

假设存在一个从完备数据到不完备数据的变换,即

$$\begin{cases} y_m = T_m(\boldsymbol{x}) = T_m(x_1,x_2,\cdots,x_N) \\ \boldsymbol{y} = [y_1,y_2,\cdots,y_M]^{\mathrm{T}} = \boldsymbol{T}(\boldsymbol{x}) \end{cases} \tag{3.2.48}$$

式中:T_m为“多对一”变换,且观测数据$\boldsymbol{y}$的概率密度为$p(\boldsymbol{y};\boldsymbol{\Lambda})$;$\boldsymbol{\Lambda}$为未知参数。

我们希望通过使对数似然函数 $\ln[p(\boldsymbol{y};\boldsymbol{\Lambda})]$ 最大来确定未知参数 $\boldsymbol{\Lambda}$，但因直接求 $\ln[p(\boldsymbol{y};\boldsymbol{\Lambda})]$ 最大值的难度很大，所以只能用 $\ln[p(\boldsymbol{x};\boldsymbol{\Lambda})]$ 来近似代替 $\ln[p(\boldsymbol{y};\boldsymbol{\Lambda})]$。又因无法直接测量 $\boldsymbol{x}$，故还必须考虑其他方法。例如，可取利用观测数据 $\boldsymbol{y}$ 求出关于 $\boldsymbol{x}$ 的条件数学期望：

$$E_{x|y}[\ln p(\boldsymbol{x};\boldsymbol{\Lambda})] = E[\ln p(\boldsymbol{x};\boldsymbol{\Lambda}) \mid \boldsymbol{y};\boldsymbol{\Lambda}] \tag{3.2.49}$$

并以此取代 $\ln[p(\boldsymbol{x};\boldsymbol{\Lambda})]$。这又带来了新的问题：只有事先知道未知参数 $\boldsymbol{\Lambda}$，才能确定 $E[p(\boldsymbol{x};\boldsymbol{\Lambda}) \mid \boldsymbol{y};\boldsymbol{\Lambda}]$。因此，只好利用 $\boldsymbol{\Lambda}$ 的猜测值（记为 $\boldsymbol{\Lambda}'$）来近似计算式(3.2.49)。

设 $\boldsymbol{\Lambda}^{(0)}$ 是未知参数 $\boldsymbol{\Lambda}$ 的任意初始估计量，$\boldsymbol{\Lambda}^{(k)}(k=1,2,\cdots,)$ 是未知参数 $\boldsymbol{\Lambda}$ 的第 k 次估计量。在此前提下，E－M 迭代法的具体步骤如下：

E－step：确定完备数据 $\boldsymbol{x}$ 的平均对数似然函数

$$U(\boldsymbol{\Lambda}';\boldsymbol{\Lambda}^{(k)}) = E[\ln p(\boldsymbol{x};\boldsymbol{\Lambda}') \mid \boldsymbol{y};\boldsymbol{\Lambda}^{(k)}] \tag{3.2.50}$$

M－step：求使完备数据 $\boldsymbol{x}$ 的平均对数似然函数最大的 $\boldsymbol{\Lambda}$ 值

$$\boldsymbol{\Lambda}^{(k+1)} = \arg\max_{\boldsymbol{\Lambda}'} U(\boldsymbol{\Lambda}',\boldsymbol{\Lambda}^{(k)}) \tag{3.2.51}$$

当 $\boldsymbol{\Lambda}^{(k)}$ 和 $\boldsymbol{\Lambda}^{(k+1)}$ 非常接近时，$\boldsymbol{\Lambda}^{(k)}$ 很可能就是期望得到的 ML 估计量。

【例 3－15】 ET(Emission Tomography)是一种医学成像技术，它通过刺激生理组织发射光子，并利用探测器检测光子数目，然后根据观测数据 $\boldsymbol{Y}$ 和光子发射参量 $\boldsymbol{\Lambda}$ 来重构光子的空间分布图像，其工作原理如图 3－7 所示。

先考虑图 3－8 所示的简化 ET 结构。在某一时段 T 内，每个细胞发射的光子数目用随机向量 $\boldsymbol{X}=[X_1,X_2,X_3,X_4]^{\mathrm{T}}$ 来表示，并假设向量 $\boldsymbol{X}$ 服从速率参数为 $\boldsymbol{\Lambda}=[\lambda_1,\lambda_2,\lambda_3,\lambda_4]^{\mathrm{T}}$ 的 Poisson 分布；探测器沿着行和列分布，其观测数据包含所在行、列中的每个细胞发射的光子数目的总和。四个探测器的捕获信号 $\boldsymbol{Y}$ 可表示为

$$\begin{aligned}\boldsymbol{Y} &= [Y_1,Y_2,Y_3,Y_4]^{\mathrm{T}} \\ &= [X_1+X_3,X_2+X_4,X_3+X_4,X_1+X_2]^{\mathrm{T}}\end{aligned}$$

上式表示完备向量 $\boldsymbol{X}$ 到非完备向量 $\boldsymbol{Y}$ 的“多对一”映射。

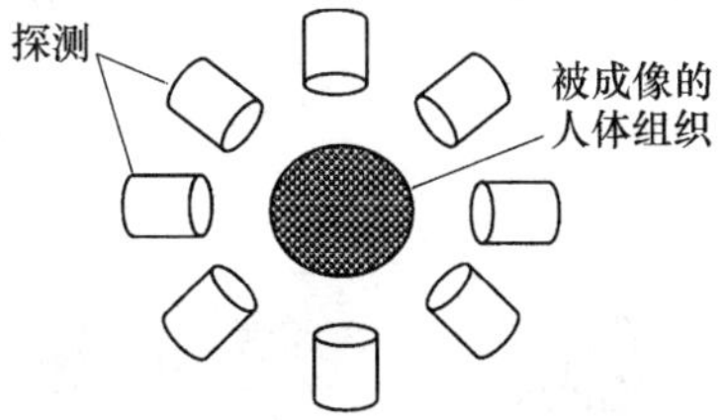

图 3－7　ET 的结构原理

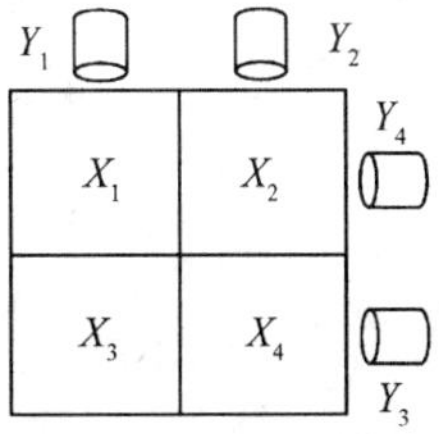

图 3－8　ET 的简化结构

如果以 $\boldsymbol{\Lambda}=[\lambda_1,\lambda_2,\lambda_3,\lambda_4]^{\mathrm{T}}$ 作为 ML 估计量，那么，经过 T 秒后第 m 个细胞发射的光子数量的估计量就可表示为 $X_m=\hat{\lambda}_m T(m=1,2,3,4)$。

现在讨论图3-7所示的ET检测系统。假设被成像的目标包含M个细胞，且每个细胞随机发射的光子数目服从泊松分布。令向量$\boldsymbol{\Lambda}$是待估计的M个泊松速率参数，即

$$\boldsymbol{\Lambda} = [\lambda_1, \lambda_2, \cdots, \lambda_M]^{\mathrm{T}}$$

经过T秒后第m个细胞所发射的x个光子的概率为

$$P[X_m = x; \lambda_m] = \frac{(\lambda_m T)^x \exp(-\lambda_m T)}{x!}$$

式中：X_m为第m个细胞发射光子数目的随机变量；λ_m为泊松分布的速率参数。为方便计算起见，不妨假设$T=1$。

令$p_{mn}(m=1,2,\cdots,M; n=1,2,\cdots,N)$表示第$n$个探测器捕获的第$m$个细胞发射单个光子的概率密度，它可根据图3-7所示的几何结构来确定。若探测器能够不遗漏地检测到全部光子，则有

$$\sum_{n=1}^{N} p_{mn} = 1 \quad (m = 1,2,\cdots,M) \tag{3.2.52}$$

在上述前提下，第n个检测器所捕获的光子数目的随机变量Y_n构成了一个非完备数据集合$\boldsymbol{Y}=\{Y_n\}(n=1,2,\cdots,N)$，它同样服从泊松分布，即

$$P[Y_n = y; \lambda_n] = \frac{(\lambda_n)^y \exp(-\lambda_n)}{y!} \quad (n = 1,2,\cdots,N) \tag{3.2.53}$$

进一步地，令X_{mn}为第n个检测器所捕获的第m个细胞发射的光子数目的随机变量，则

$$\boldsymbol{X} = \{X_{mn}\} \quad (m = 1,2,\cdots,M; n = 1,2,\cdots,N)$$

它表示一个完备的，但非直接观测的数据集合。于是，从$\boldsymbol{X}$到$\boldsymbol{Y}$的多对一映射可表示为

$$Y_n = \sum_{m=1}^{M} X_{mn} = \sum_{m=1}^{M} p_{mn} X_m \quad (n = 1,2,\cdots,N) \tag{3.2.54}$$

式中：假定$M > N$。对Y_n取期望值，并利用泊松分布（式(3.2.53)）的数学期望等于其速率参数，就有

$$\begin{aligned} E[Y_n] = \lambda_n &= \sum_{m=1}^{M} E[X_{mn}] \\ &= \sum_{m=1}^{M} E[p_{mn} X_m] = \sum_{m=1}^{M} \lambda_m p_{mn} \end{aligned} \tag{3.2.55}$$

式(3.3.55)表明：随机变量Y_n的泊松分布函数可写成：

$$P[Y_n = y_n] = \frac{\left[\sum_{i=1}^{M} \lambda_{in}^{(k)}\right]^{y_n} \exp\left[\sum_{i=1}^{M} -\lambda_{in}^{(k)}\right]}{y_n!} \tag{3.2.56}$$

随机变量 X_{mn} 的泊松分布函数可表示为

$$P[X_{mn}^{(k)}=x_{mn}]=\frac{[\boldsymbol{\lambda}_{mn}^{(k)}]^{x_{mn}}\exp[-\boldsymbol{\lambda}_{mn}^{(k)}]}{x_{mn}!} \tag{3.2.57a}$$

式中:

$$\lambda_{mn}^{(k)}=\lambda_{m}^{(k)}\times p_{mn} \tag{3.2.57b}$$

进一步假设各个细胞是独立地发射光子,且各个探测器互不影响。于是,在给定参数 λ_{mn} 的条件下,观测样本 $\boldsymbol{X}$ 的联合条件概率密度函数——似然函数 $L(\boldsymbol{X};\boldsymbol{\Lambda})$ 可写成

$$\begin{aligned}L(\boldsymbol{X};\boldsymbol{\Lambda})&=\prod_{m,n}P_{X}(X_{mn}=x_{mn};\boldsymbol{\Lambda})\\&=\prod_{m,n}\frac{(\lambda_{m}p_{mn})^{x_{mn}}\exp(-\lambda_{m}p_{mn})}{x_{mn}!}\end{aligned} \tag{3.2.58}$$

其对数似然函数为

$$\ln L(\boldsymbol{X};\boldsymbol{\Lambda})=\sum_{m,n}[-\lambda_{m}p_{mn}+x_{mn}(\ln\lambda_{m}+\ln p_{mn})-\ln x_{mn}!] \tag{3.2.59}$$

由于式(3.2.59)仅仅与完备但不可观测的数据 $\boldsymbol{X}$ 相关,而与测量数据 $\boldsymbol{y}$ 无关,因此无法直接求出使上式最大化的估计量 $\hat{\boldsymbol{\Lambda}}_{\mathrm{ML}}$。为此,必须采用前面介绍的E-M迭代法。

E-M 算法是以当前的最佳参数估计值 $\boldsymbol{\Lambda}^{(k)}$ 来估计不可观测数据 $\boldsymbol{X}^{(k+1)}$,然后以 $\boldsymbol{X}^{(k+1)}$ 来改进当前的估计值 $\boldsymbol{\Lambda}^{(k)}\to\boldsymbol{\Lambda}^{(k+1)}$。这一过程不断循环,直至满足预先规定的收敛准则为止。

具体算法如下。

一、E-step

假设第 k 步 $\boldsymbol{\Lambda}$ 的估计量为 $\boldsymbol{\Lambda}^{(k)}$,则 E-step 的计算公式为

$$\begin{aligned}X_{mn}^{(k+1)}&=E[X_{mn}^{(k)}\mid\boldsymbol{Y};\boldsymbol{\Lambda}^{(k)}]=E[X_{mn}^{(k)}\mid Y_{m};\boldsymbol{\Lambda}^{(k)}]\\&=\sum_{x_{mn}}x_{mn}P[X_{mn}^{(k)}=x_{mn}\mid\sum_{i=1}^{M}X_{in}^{(k)}=y_{n};\boldsymbol{\Lambda}^{(k)}]\quad\left(Y_{n}=\sum_{i=1}^{M}X_{in}\right)\\&=\sum_{x_{mn}}x_{mn}\frac{P[X_{mn}^{(k)}=x_{mn},\sum_{i\neq m}^{M}X_{in}^{(k)}=y_{n}-x_{mn}]}{P[Y_{n}=y_{n}]}\quad(\text{贝叶斯规则})\\&=\sum_{x_{mn}}x_{mn}\frac{P[X_{mn}^{(k)}=x_{mn}]P[\sum_{i\neq m}^{M}X_{in}^{(k)}=y_{n}-x_{mn}]}{P[Y_{n}=y_{n}]}\end{aligned} \tag{3.2.60}$$

由于 $X_{mn}{}^{(k)}(m=1,2,\cdots,M;n=1,2,\cdots,N)$ 是相互独立的数据,故式(3.2.60)中的最后一个等式成立。由式(3.2.57)可知

$$P\Big[\sum_{i\neq m} X_{in}^{(k)} = y_m - x_{mn}\Big] = \frac{\Big[\sum_{i\neq m}^{N} \boldsymbol{\lambda}_{in}^{(k)}\Big]^{y_n - x_{mn}} \exp\Big[-\sum_{i\neq m}^{N} \boldsymbol{\lambda}_{in}^{(k)}\Big]}{(y_n - x_{mn})!} \tag{3.2.61}$$

将式(3.2.61)代入式(3.2.56)、式(3.2.57)和式(3.2.61)代入式(3.2.60),经整理得

$$X_{mn}^{(k+1)} = \frac{Y_n \boldsymbol{\lambda}_m^{(k)} p_{mn}}{\sum_{i=1}^{M} \boldsymbol{\lambda}_i^{(k)} p_{in}} \quad (m = 1,2,\cdots,M; n = 1,2,\cdots N) \tag{3.2.62}$$

二、M – step

通常 M – Step 较容易实现。将 E – step 的结果代入对数似然函数,令其关于待估计参数的偏导数为 0,即

$$\frac{\partial \ln L(\boldsymbol{X}^{(k+1)};\boldsymbol{\Lambda})}{\partial \boldsymbol{\lambda}_m} = 0 \quad (m = 1,2,\cdots,M) \tag{3.2.63}$$

将式(3.2.59)和式(3.2.62)代入式(3.2.63),并利用式(3.2.52),可得

$$\boldsymbol{\lambda}_m^{(k+1)} = \sum_{n=1}^{N} X_{mn}^{(k+1)} \tag{3.2.64}$$

最后,合并式(3.2.62)和式(3.2.64),就有

$$\boldsymbol{\lambda}_m^{(k+1)} = \boldsymbol{\lambda}_m^{(k)} \sum_{n=1}^{N} \Big(Y_n p_{mn} / \sum_{i=1}^{M} [\boldsymbol{\lambda}_i^{(k)} p_{in}] \Big) \tag{3.2.65}$$

重复上述 E – M 步骤,直到满足 $\boldsymbol{\Lambda}^{(k+1)}$ 与 $\boldsymbol{\Lambda}^{(k)}$ 没有显著区别为止。

在工程和生物医学领域中,借助于计算机进行迭代计算,E – M 算法已成为一种解决基于非完备观测数据的最大似然估计问题的强有力工具。

3.3 基于线性模型的参数估计算法

在前面讨论的两种估计算法中,贝叶斯估计一般要求知道给定观测样本 $\boldsymbol{y}$ 条件下的后验概率密度 $p(\boldsymbol{\theta}|\boldsymbol{y})$;而 ML 估计则要求知道被视为真实参数 $\boldsymbol{\theta}$ 的似然函数 $p(\boldsymbol{y}|\boldsymbol{\theta})$。倘若 $p(\boldsymbol{\theta}|\boldsymbol{y})$ 和 $p(\boldsymbol{y}|\boldsymbol{\theta})$ 均未知,而仅仅知道观测样本 $\boldsymbol{y}$ 和被估计量 $\boldsymbol{\theta}$ 的前二阶矩(均值、方差或协方差),且假定 $\boldsymbol{y}$ 和 $\boldsymbol{\theta}$ 之间存在线性关系,则可采用线性均方(Linear Mean Squares,LMS)估计,简称 LMS 估计。在极端情况下,亦即没有任何关于观测样本 $\boldsymbol{y}$ 和被估计量 $\boldsymbol{\theta}$ 的先验统计知识,就只能采用最小二乘(Least Squares,LS)估计。

3.3.1 线性均方估计

设未知参量 $\boldsymbol{\theta}$ 是 M 维向量,观测方程为

$$\boldsymbol{y} = \boldsymbol{H}\boldsymbol{\theta} + \boldsymbol{e} \tag{3.3.1}$$

式中：$\boldsymbol{y}$ 为 N 维观测向量；$\boldsymbol{e}$ 为 N 维的观测噪声，$\boldsymbol{y}$ 和 $\boldsymbol{e}$ 互不相关；$\boldsymbol{H}$ 为 $N\times M$ 观测矩阵。

线性均方估计要求估计量$\hat{\boldsymbol{\theta}}$是观测向量 $\boldsymbol{y}$ 的线性函数：

$$\hat{\boldsymbol{\theta}} = \boldsymbol{L}\boldsymbol{y} + \boldsymbol{b} \tag{3.3.2}$$

式中：$\hat{\boldsymbol{\theta}}$为 M 维向量；$\boldsymbol{b}$ 为待定的 M 维向量；$\boldsymbol{L}$ 为 $M\times N$ 维待定的常数矩阵，且规定估计量$\hat{\boldsymbol{\theta}}$必须是无偏的，即

$$E[\hat{\boldsymbol{\theta}}] = \boldsymbol{L}E[\boldsymbol{y}] + \boldsymbol{b} = \boldsymbol{L}\boldsymbol{\mu}_y + \boldsymbol{b} = \boldsymbol{\mu}_\theta$$

式中：$\boldsymbol{\mu}_y$ 为 N 维观测向量 $\boldsymbol{y}$ 的期望值；$\boldsymbol{\mu}_\theta$为 M 维未知参数 $\boldsymbol{\theta}$ 的期望值。上式表明：

$$\boldsymbol{b} = \boldsymbol{\mu}_\theta - \boldsymbol{L}\boldsymbol{\mu}_y$$

将它代入式(3.3.2)，即可得到 $\boldsymbol{\theta}$ 的无偏估计量：

$$\hat{\boldsymbol{\theta}} = \boldsymbol{\mu}_\theta + \boldsymbol{L}(\boldsymbol{y} - \boldsymbol{\mu}_y)$$

于是，估计量偏差可表示为

$$\begin{aligned}\tilde{\boldsymbol{\theta}} &= \hat{\boldsymbol{\theta}} - \boldsymbol{\theta} = [\hat{\boldsymbol{\theta}} - \boldsymbol{\mu}_\theta] - (\boldsymbol{\theta} - \boldsymbol{\mu}_\theta)\\ &= \boldsymbol{L}(\boldsymbol{y} - \boldsymbol{\mu}_y) - (\boldsymbol{\theta} - \boldsymbol{\mu}_\theta)\end{aligned} \tag{3.3.3}$$

显然，$E(\tilde{\boldsymbol{\theta}}) = 0$。

定义：设 $\boldsymbol{y}$ 是 N 维观测向量，$\boldsymbol{\theta}$ 是 M 维未知参数向量，且未知参量 $\boldsymbol{\theta}$ 的线性无偏估计量可表示为

$$\hat{\boldsymbol{\theta}} = \boldsymbol{\mu}_\theta + \boldsymbol{L}(\boldsymbol{y} - \boldsymbol{\mu}_y) \tag{3.3.4}$$

式中：$\boldsymbol{\mu}_\theta$为 M 维参数向量 $\boldsymbol{\theta}$ 的期望值；$\boldsymbol{\mu}_y$ 为 N 维观测向量 $\boldsymbol{y}$ 的期望值；$\boldsymbol{L}$ 为待定的 $M\times N$ 常数矩阵。如果以估计量偏差$\tilde{\boldsymbol{\theta}} = \hat{\boldsymbol{\theta}} - \boldsymbol{\theta}$ 中各个分量$\tilde{\theta}_i$($i = 1,2,\cdots,M$)的均方和作为评价线性无偏估计量$\hat{\theta}$的性能指标，即

$$J(\boldsymbol{\theta}) = \sum_{i=1}^{M} E[\tilde{\theta}_i^2] = \mathrm{tr}\{E[\tilde{\boldsymbol{\theta}}\cdot\tilde{\boldsymbol{\theta}}^{\mathrm{T}}]\} = \mathrm{tr}\{E[(\hat{\boldsymbol{\theta}} - \boldsymbol{\theta})(\hat{\boldsymbol{\theta}} - \boldsymbol{\theta})^{\mathrm{T}}]\} \tag{3.3.5}$$

那么，线性均方估计就是通过选择常数矩阵 $\boldsymbol{L}$，使均方和误差 $J(\boldsymbol{\theta})$ 达到最小化，并称$\hat{\boldsymbol{\theta}}$为线性均方估计量，记为$\hat{\boldsymbol{\theta}}_{\mathrm{LMS}}$。

应当指出，由于线性均方估计采用了最小均方误差(MMSE)准则，故 LMS 估计量$\hat{\boldsymbol{\theta}}_{\mathrm{LMS}}$也可视为是 MMSE 估计量$\hat{\boldsymbol{\theta}}_{\mathrm{MMSE}}$。

定理 3-8(正交性原理)：当线性无偏估计偏差$\tilde{\boldsymbol{\theta}} = \hat{\boldsymbol{\theta}} - \boldsymbol{\theta}$ 与观测向量 $\boldsymbol{y}$ 正交时，即

$$E(\boldsymbol{y}\cdot\tilde{\boldsymbol{\theta}}^{\mathrm{T}})=0 \tag{3.3.6}$$

估计量$\hat{\boldsymbol{\theta}}$在最小均方误差意义下是最优的，记为$\hat{\boldsymbol{\theta}}_{\mathrm{LMS}}$，或$\hat{\boldsymbol{\theta}}_{\mathrm{MMSE}}$。

证明：根据式(3.3.3)和$E(\tilde{\boldsymbol{\theta}})=\mathbf{0}$，可得

$$\begin{aligned}
E[\boldsymbol{y}\cdot\tilde{\boldsymbol{\theta}}^{\mathrm{T}}] &= E[(\boldsymbol{y}-\boldsymbol{\mu}_y+\boldsymbol{\mu}_y)\tilde{\boldsymbol{\theta}}^{\mathrm{T}}]\\
&= E\{(\boldsymbol{y}-\boldsymbol{\mu}_y)[\boldsymbol{L}(\boldsymbol{y}-\boldsymbol{\mu})-(\boldsymbol{\theta}-\boldsymbol{\mu}_\theta)]^{\mathrm{T}}\}+\boldsymbol{\mu}_y E(\tilde{\boldsymbol{\theta}}^{\mathrm{T}})\\
&= E[(\boldsymbol{y}-\boldsymbol{\mu}_y)(\boldsymbol{y}-\boldsymbol{\mu}_y)^{\mathrm{T}}]\boldsymbol{L}^{\mathrm{T}}-E[(\boldsymbol{y}-\boldsymbol{\mu}_y)(\boldsymbol{\theta}-\boldsymbol{\mu}_{\boldsymbol{\theta}})^{\mathrm{T}}]\\
&= \boldsymbol{C}_y\boldsymbol{L}^{\mathrm{T}}-\boldsymbol{C}_{y\theta}
\end{aligned}$$

因此，只要证明当$\boldsymbol{C}_{y\theta}=\boldsymbol{C}_y\boldsymbol{L}^{\mathrm{T}}$时，$\mathrm{tr}\{E[(\tilde{\boldsymbol{\theta}}\cdot\tilde{\boldsymbol{\theta}}^{\mathrm{T}}]\}$达到最小值即可。

将式(3.3.3)代入式(3.3.5)，得

$$\begin{aligned}
J(\boldsymbol{\theta}) &= \mathrm{tr}E\{[\boldsymbol{L}(\boldsymbol{y}-\boldsymbol{\mu}_y)-(\boldsymbol{\theta}-\boldsymbol{\mu}_\theta)][\boldsymbol{L}(\boldsymbol{y}-\boldsymbol{\mu}_y)-(\boldsymbol{\theta}-\boldsymbol{\mu}_\theta)]^{\mathrm{T}}\}\\
&= \mathrm{tr}\{\boldsymbol{L}\boldsymbol{C}_y\boldsymbol{L}^{\mathrm{T}}-\boldsymbol{L}\boldsymbol{C}_{y\theta}-\boldsymbol{C}_{\theta y}\boldsymbol{L}^{\mathrm{T}}+\boldsymbol{C}_\theta\}
\end{aligned} \tag{3.3.7}$$

式中：$\boldsymbol{C}_y$为观测向量$\boldsymbol{y}$的协方差矩阵；$\boldsymbol{C}_\theta$为参量$\boldsymbol{\theta}$的协方差矩阵；$\boldsymbol{C}_{y\theta}$为观测向量$\boldsymbol{y}$和参量$\boldsymbol{\theta}$的(互)协方差矩阵，且有$\boldsymbol{C}_{y\theta}=\boldsymbol{C}_{\theta y}^{\mathrm{T}}$。

将式(3.3.7)中的待定矩阵$\boldsymbol{L}$和协方差矩阵$\boldsymbol{C}_{y\theta}$按如下形式进行分块：

$$\boldsymbol{L}=\begin{bmatrix}\boldsymbol{L}_1^{\mathrm{T}}\\ \vdots\\ \boldsymbol{L}_M^{\mathrm{T}}\end{bmatrix},\quad \boldsymbol{C}_{\theta y}=\begin{bmatrix}E[\theta_1\boldsymbol{y}^{\mathrm{T}}]\\ \vdots\\ E[\theta_M\boldsymbol{y}^{\mathrm{T}}]\end{bmatrix}$$

就有

$$J(\boldsymbol{\theta})=\sum_{i=1}^{n}\{\boldsymbol{L}_i^{\mathrm{T}}\boldsymbol{C}_y\boldsymbol{L}_i-\boldsymbol{L}_i^{\mathrm{T}}E[\boldsymbol{y}\cdot\theta_i]-E[\theta_i\cdot\boldsymbol{y}^{\mathrm{T}}]\boldsymbol{L}_i\}+\mathrm{tr}(\boldsymbol{C}_\theta)$$

令J关于$\boldsymbol{L}_i$的偏导数等于0，得到J取极小值的必要条件：

$$2\boldsymbol{L}_i^{\mathrm{T}}\boldsymbol{C}_y=2E[\theta_i\boldsymbol{y}^{\mathrm{T}}]\quad(i=1,2,\cdots,M)$$

按下标i的排列顺序，将以上各式组合在一起，即可证得

$$\boldsymbol{L}\boldsymbol{C}_y=\boldsymbol{C}_{\theta y}\ \text{或}\ \boldsymbol{C}_y\boldsymbol{L}^{\mathrm{T}}=\boldsymbol{C}_{y\theta}$$

若进一步假设观测向量$\boldsymbol{y}$的各分量之间是相互独立的，也即$\boldsymbol{C}_y$满秩，则由上式可解得

$$\boldsymbol{L}=\boldsymbol{C}_{y\theta}^{\mathrm{T}}\boldsymbol{C}_y^{-1}=\boldsymbol{C}_{\theta y}\boldsymbol{C}_y^{-1} \tag{3.3.8}$$

将它代入式(3.3.4)，即可得到 LMS 估计量的一般表达形式：

$$\hat{\boldsymbol{\theta}}_{\mathrm{LMS}}=\boldsymbol{\mu}_\theta+\boldsymbol{C}_{\theta y}\boldsymbol{C}_y^{-1}(\boldsymbol{y}-\boldsymbol{\mu}_y) \tag{3.3.9}$$

这与式(2.1.34)所表示的 MMSE 估计量是完全一样的。

下面，利用几何图形来说明 LMS 估计的物理意义：LMS 估计要求偏差向量中的各个分量的均方和最小，即

$$J = \min_{\hat{\boldsymbol{\theta}}} \mathrm{tr}\{E[\tilde{\boldsymbol{\theta}} \cdot \tilde{\boldsymbol{\theta}}^{\mathrm{T}}]\} = \min_{\hat{\boldsymbol{\theta}}} \sum_{i=1}^{M} E[\tilde{\theta}_i^2]$$

设由两个随机变量 y_1 和 y_2 张成一个数据平面 $\mathrm{span}(y_1, y_2)$，从空间上的任意向量 $\boldsymbol{\theta}$ 的末端作垂线与数据平面交于 C 点，连接 OC 得到向量 $\hat{\boldsymbol{\theta}}$，这意味 $\hat{\boldsymbol{\theta}}$ 可表示为 y_1 和 y_2 的线性组合，且 $\hat{\boldsymbol{\theta}}$ 是 $\boldsymbol{\theta}$ 的最优估计量，如图 3－9 所示。这是因为在数据平面上的任一向量 $\boldsymbol{\alpha}$，它与向量 $\boldsymbol{\theta}$ 之间的偏差为 $\tilde{\boldsymbol{\theta}} = \boldsymbol{\alpha} - \boldsymbol{\theta}$，如果以偏差向量 $\tilde{\boldsymbol{\theta}}$ 的长度作为目标函数 J，则当 $\tilde{\boldsymbol{\theta}} \perp \mathrm{span}(y_1, y_2)$ 时，目标函数 J 达到最小值，且有 $\boldsymbol{\alpha} = \hat{\boldsymbol{\theta}}$。在数学上，这意味着观测向量 $\boldsymbol{y}$ 与偏差向量 $\tilde{\boldsymbol{\theta}}$ 的内积为 0，即

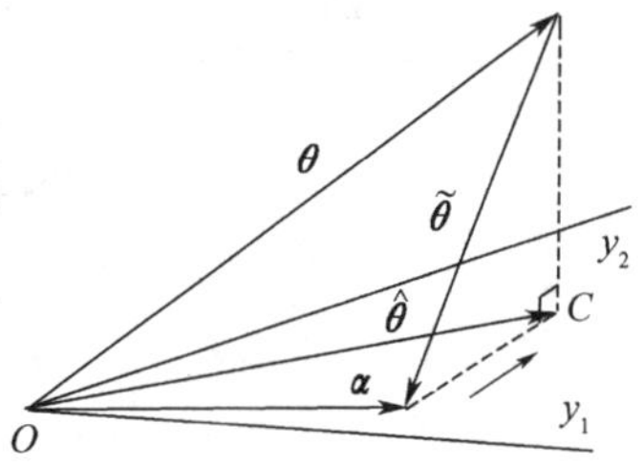

图 3－9　正交性原理

$$E[\boldsymbol{y}^{\mathrm{T}} \cdot \tilde{\boldsymbol{\theta}}] = \mathrm{tr}\{E[\boldsymbol{y} \cdot \tilde{\boldsymbol{\theta}}^{\mathrm{T}}]\} = 0 \tag{3.3.10}$$

这恰好是式(3.3.6)所蕴含的物理意义。

线性均方估计量 $\hat{\boldsymbol{\theta}}_{\mathrm{LMS}}$ 的协方差矩阵为

$$\begin{aligned}
\boldsymbol{C}_{\tilde{\theta}} &= E[\tilde{\boldsymbol{\theta}} \cdot \tilde{\boldsymbol{\theta}}^{\mathrm{T}}] = E[(\hat{\boldsymbol{\theta}}_{\mathrm{LMS}} - \boldsymbol{\theta}) \cdot \tilde{\boldsymbol{\theta}}^{\mathrm{T}}] \\
&= E\{[\boldsymbol{L}(\boldsymbol{y} - \boldsymbol{\mu}_y) - (\boldsymbol{\theta} - \boldsymbol{\mu}_\theta)] \cdot \tilde{\boldsymbol{\theta}}^{\mathrm{T}}\} \\
&= -E[(\boldsymbol{\theta} - \boldsymbol{\mu}_\theta) \cdot \tilde{\boldsymbol{\theta}}^{\mathrm{T}}] \\
&= -E\{(\boldsymbol{\theta} - \boldsymbol{\mu}_\theta)[\boldsymbol{L}(\boldsymbol{y} - \boldsymbol{\mu}_x) - (\boldsymbol{\theta} - \boldsymbol{\mu}_\theta)]^{\mathrm{T}}\} \\
&= \boldsymbol{C}_\theta - \boldsymbol{C}_{\theta y}\boldsymbol{L}^{\mathrm{T}} = \boldsymbol{C}_\theta - \boldsymbol{C}_{\theta y}\boldsymbol{C}_y^{-1}\boldsymbol{C}_{\theta y}^{\mathrm{T}}
\end{aligned} \tag{3.3.11}$$

推导中利用了式(3.3.6)和式(3.3.8)。不难看出，式(3.3.11)与式(3.2.26)所表示 MMSE 估计量的协方差矩阵是完全一致的。

将式(3.3.11)代入式(3.3.5)，就可得到估计量 $\hat{\boldsymbol{\theta}}_{\mathrm{LMS}}$ 的各个偏差分量 $\tilde{\theta}_i (i=1, 2, \cdots, M)$ 的最小均方和的一般表达形式：

$$J_{\min} = \mathrm{tr}[\boldsymbol{C}_{\tilde{\theta}}] = \mathrm{tr}[\boldsymbol{C}_\theta - \boldsymbol{C}_{\theta x}\boldsymbol{C}_y^{-1}\boldsymbol{C}_{\theta y}^{\mathrm{T}}] \tag{3.3.12}$$

一、线性静态模型参数的 LMS 估计

【例 3－16】 设 M 维未知参数向量 $\boldsymbol{\theta}$ 的均值和协方差矩阵分别为

$$E[\boldsymbol{\theta}] = \boldsymbol{\mu}_\theta$$

$$E[(\boldsymbol{\theta} - \boldsymbol{\mu}_\theta)(\boldsymbol{\theta} - \boldsymbol{\mu}_\theta)^{\mathrm{T}}] = \boldsymbol{C}_\theta$$

观测方程为

$$\boldsymbol{y} = \boldsymbol{H\theta} + \boldsymbol{e}$$

且已知

$$E[\boldsymbol{e}]=0, E[\boldsymbol{e}\boldsymbol{e}^{\mathrm{T}}]=\boldsymbol{C}_e, E[\boldsymbol{\theta}\boldsymbol{e}^{\mathrm{T}}]=0$$

试求 $\boldsymbol{\theta}$ 的线性均方估计量 $\hat{\boldsymbol{\theta}}_{\mathrm{LMS}}$ 和估计量偏差的最小均方和。

解:根据式(3.3.9),线性均方估计量 $\hat{\boldsymbol{\theta}}_{\mathrm{LMS}}$ 可表示为

$$\hat{\boldsymbol{\theta}}_{\mathrm{LMS}}=\boldsymbol{\mu}_\theta+\boldsymbol{C}_{\theta y}\boldsymbol{C}_y^{-1}(\boldsymbol{y}-\boldsymbol{\mu}_y)$$

式中:

$$\begin{aligned}\boldsymbol{C}_{\theta y}&=E[(\boldsymbol{\theta}-\boldsymbol{\mu}_\theta)(\boldsymbol{y}-\boldsymbol{\mu}_y)^{\mathrm{T}}]\\&=E\{(\boldsymbol{\theta}-\boldsymbol{\mu}_\theta)[\boldsymbol{H}(\boldsymbol{\theta}-\boldsymbol{\mu}_\theta)+\boldsymbol{e}]^{\mathrm{T}}\}=\boldsymbol{C}_\theta\boldsymbol{H}^{\mathrm{T}}\\\boldsymbol{C}_y&=E[(\boldsymbol{y}-\boldsymbol{\mu}_y)(\boldsymbol{y}-\boldsymbol{\mu}_y)^{\mathrm{T}}]\\&=E\{[\boldsymbol{H}(\boldsymbol{\theta}-\boldsymbol{\mu}_\theta)+\boldsymbol{e}][\boldsymbol{H}(\boldsymbol{\theta}-\boldsymbol{\mu}_\theta)+\boldsymbol{e}]^{\mathrm{T}}\}\\&=\boldsymbol{H}\boldsymbol{C}_\theta\boldsymbol{H}^{\mathrm{T}}+\boldsymbol{C}_e\end{aligned}$$

故有

$$\hat{\boldsymbol{\theta}}_{\mathrm{LMS}}=\boldsymbol{\mu}_\theta+\boldsymbol{C}_\theta\boldsymbol{H}^{\mathrm{T}}(\boldsymbol{H}\boldsymbol{C}_\theta\boldsymbol{H}^{\mathrm{T}}+\boldsymbol{C}_e)^{-1}(\boldsymbol{y}-\boldsymbol{\mu}_y) \tag{3.3.13}$$

容易验证,估计量 $\hat{\boldsymbol{\theta}}_{\mathrm{LMS}}$ 是无偏的。由式(3.3.12)可知,估计量偏差分量的最小均方和为

$$\begin{aligned}J_{\min}&=\mathrm{tr}\{E[\tilde{\boldsymbol{\theta}}\cdot\tilde{\boldsymbol{\theta}}^{\mathrm{T}}]\}\\&=\mathrm{tr}[\boldsymbol{C}_\theta-\boldsymbol{C}_\theta\boldsymbol{H}^{\mathrm{T}}(\boldsymbol{H}\boldsymbol{C}_\theta\boldsymbol{H}^{\mathrm{T}}+\boldsymbol{C}_e)^{-1}\boldsymbol{H}\boldsymbol{C}_\theta]\end{aligned} \tag{3.3.14}$$

【例 3-17】 已知观测方程为

$$y_k=kv+e_k \quad (k=1,2,\cdots,5)$$

式中:观测时间间隔 $T_s=t_k-t_{k-1}=1(\mathrm{min})$;未知参量 v 的期望值为 $\mu_v=E[v]=10(\mathrm{km/min})$;方差为 ${\sigma_v}^2=0.3((\mathrm{km/min})^2)$;观测噪声 e_k 的期望值为 $E[e_k]=0$,其二阶矩为 $E[e_ie_k]={\sigma_e}^2\delta_{ik}=0.6\delta_{ik}((\mathrm{km/min})^2)$。

在获得观测值:$y_1=9.8$, $y_2=20.4$, $y_3=30.6$, $y_4=40.2$ 和 $y_5=49.7$ 的情况下(单位:km),试求未知参量 v(速度)的 LMS 估计量及其最小均方误差。

解:将观测方程改写成

$$\boldsymbol{y}=\boldsymbol{k}\cdot v+\boldsymbol{e}$$

式中:$\boldsymbol{k}^{\mathrm{T}}=[1,2,\cdots,5]$;$\boldsymbol{y}^{\mathrm{T}}=[y_1,y_2,\cdots,y_5]$;$\boldsymbol{e}^{\mathrm{T}}=[e_1,e_2,\cdots,e_5]$。将 $\boldsymbol{H}=\boldsymbol{k}$, $\boldsymbol{\mu}_\theta=\mu_v$, $\boldsymbol{C}_\theta={\sigma_v}^2$ 和 $\boldsymbol{C}_e={\sigma_e}^2$ 代入式(3.3.13),并利用求逆公式(式(3.1.35)),可得

$$\begin{aligned}\hat{v}_{\mathrm{LMS}}&=\mu_v+\sigma_v^2\boldsymbol{k}^{\mathrm{T}}(\boldsymbol{k}\sigma_v^2\boldsymbol{k}^{\mathrm{T}}+\sigma_e^2\boldsymbol{I})^{-1}(\boldsymbol{y}-\boldsymbol{\mu}_y)\\&=\mu_v+\frac{\sigma_v^2}{\sigma_e^2}\boldsymbol{k}^{\mathrm{T}}\left[\boldsymbol{I}-\frac{\sigma_v^2}{\sigma_e^2}\cdot\frac{\boldsymbol{k}\boldsymbol{k}^{\mathrm{T}}}{1+\boldsymbol{k}^{\mathrm{T}}\boldsymbol{k}(\sigma_v^2/\sigma_e^2)}\right](\boldsymbol{y}-\boldsymbol{k}\mu_v)\\&=\mu_v+\left(\frac{\boldsymbol{k}^{\mathrm{T}}}{b+\boldsymbol{k}^{\mathrm{T}}\boldsymbol{k}}\right)(\boldsymbol{y}-\boldsymbol{k}\mu_v) \qquad \left(b=\frac{\sigma_e^2}{\sigma_v^2}\right)\end{aligned}$$

将 $\boldsymbol{k}^{\mathrm{T}}=[1,2,\cdots,5]$ 和 $\boldsymbol{b}=\sigma_e{}^2/\sigma_v{}^2=2$ 代入上式，得

$$
\begin{aligned}
\hat{v}_{\mathrm{LMS}} &= \mu_v + \left(b + \sum_{k=1}^{5} k^2\right)^{-1} \sum_{k=1}^{5} k(y_k - k\mu_v) \\
&= 10 + \frac{1}{2+55} \sum_{k=1}^{5} k(y_k - 10k) \\
&= \frac{17}{57}(\mathrm{km/min})
\end{aligned}
$$

根据式(3.3.14)，估计量 $\hat{v}_{\mathrm{LMS}}$ 的最小均方误差表示为

$$
\begin{aligned}
E[\tilde{v}^2] &= \sigma_v^2 - \sigma_v^2 \boldsymbol{k}^{\mathrm{T}} (\boldsymbol{k}\sigma_v^2 \boldsymbol{k}^{\mathrm{T}} + \sigma_e^2 \boldsymbol{I})^{-1} \boldsymbol{k}\sigma_v^2 \\
&= \frac{b\sigma_v^2}{b + \boldsymbol{k}^{\mathrm{T}}\boldsymbol{k}} = \sigma_v^2 / \left(b + \sum_{k=1}^{5} k^2\right) \\
&= \frac{3}{285}((\mathrm{km/min})^2) \quad (\tilde{v} = \hat{v}_{\mathrm{LMS}} - v)
\end{aligned}
$$

二、线性动态模型参数的 LMS 估计

定义：在 k 时刻，根据观测数据 $\{x_k, x_{k-1}, \cdots, x_0\}$ 来预测 $k+L$ 时刻的未来值 x_{k+L}，称为 L 步预测，记为 $\hat{x}_{k+L|k}(L=1,2,\cdots)$。

基于线性动态模型的 L 步最优预测的问题是：希望寻求一种无偏预测量 $\hat{x}_{k+L|k}$，使 L 步预测偏差

$$
\tilde{x}_{k+L|k} = x_{k+L} - \hat{x}_{k+L|k} \tag{3.3.15}
$$

的均方值最小，即

$$
\min_{\hat{x}_{k+L|k}} J = E[(x_{k+L} - \hat{x}_{k+L|k})^2] \tag{3.3.16}
$$

下面，考虑线性差分方程(线性动态模型)的通用表示式

$$
A(z)x_k = \gamma B(z) e_k \tag{3.3.17a}
$$

式中：γ 为常数；$x_k(k=0,1,\cdots,N-1)$ 为零均值平稳过程的输出样本(观测数据)；e_k 为独立同分布高斯 $N(0,\sigma_e{}^2)$ 白噪声序列，对于任意正整数 L，$E[x_k e_{k+L}]=0$；且有

$$
\begin{cases}
A(z) = 1 - a_1 z^{-1} - \cdots - a_p z^{-p} \\
B(z) = 1 - b_1 z^{-1} - \cdots - b_q z^{-q}
\end{cases} \tag{3.3.17b}
$$

式中：$P \geqslant q$，并称 $A(z)$ 和 $B(z)$ 为 z^{-1} 的首一多项式。式(3.3.17)称为 ARMA(p,q) 模型(Auto - Regressive Moving Average Model，自回归滑动平均模型，参见4.2节)。

将式(3.3.17a)改写成

$$
x_k = \frac{B(z)}{A(z)} \gamma e_k \tag{3.3.18}
$$

式(3.3.18)等号两边同时乘以超前移位算子 z^L，经简单代数运算，得

$$
\begin{aligned}
x_{k+L} &= \frac{B(z)}{A(z)}\gamma z^{L} e_k \\
&= \left[F(z) + \frac{z^{-L}G(z)}{A(z)} \right]\gamma z^{L} e_k \\
&= \gamma F(z) e_{k+L} + \frac{G(z)}{A(z)}\gamma e_k
\end{aligned} \tag{3.3.19}
$$

式中：多项式 $F(z)$ 为 $B(z)$ 除以 $A(z)$ 所得到的商；$z^{-L}G(z)$ 为多项式除法的余式，且有

$$F(z) = 1 + f_1 z^{-1} + \cdots + f_{L-1} z^{-(L-1)} \tag{3.3.20}$$

$$G(z) = g_0 + g_1 z^{-1} + \cdots + g_{p-1} z^{-(p-1)} \tag{3.3.21}$$

注意，$F(z)$ 可取任意阶次，但对于 L 步预测，其阶次必须取为 $L-1$ 阶，才能保证多项式 $G(z)$ 的阶次小于多项式 $A(z^{-1})$ 的阶次，从而使式(3.3.19)被分解为没有重叠项的两个噪声序列：

$$\gamma F(z) e_{k+L} = \gamma F(z) z^{L} e_k, \frac{G(z)}{A(z)}\gamma e_k$$

这是因为在这种前提下，z 多项式 $F(z)z^{L}$ 的最低阶次为 1，而 z 多项式的 $G(z)/A(z)$ 的最高阶次为 0，二者不重叠。

将式(3.3.18)代入式(3.3.19)，得

$$x_{k+L} = \gamma F(z) e_{k+L} + \frac{G(z)}{B(z)} x_k \tag{3.3.22}$$

式(3.3.22)即为 ARMA(p,q)模型的 L 步预测表达式。

假设基于线性差分方程式(3.3.17)的 L 步最小均方误差预测（估计）量为 $\hat{x}_{k+L|k}$，则 L 步预测偏差可表示为

$$\tilde{x}_{k+L|k} = x_{k+L} - \hat{x}_{k+L|k} \tag{3.3.23}$$

根据正交性原理（定理 3-8），必有

$$E(\tilde{x}_{k+L|k} x_k) = E[(x_{k+L} - \hat{x}_{k+L|k}) x_k] = 0 \tag{3.3.24}$$

将式(3.3.22)代入式(3.3.24)，得

$$
\begin{aligned}
& E\left\{\left[\gamma F(z) e_{k+L} + \frac{G(z)}{B(z)} x_k - \hat{x}_{k+L|k}\right] x_k\right\} \\
&= E[\gamma F(z) e_{k+L} x_k] + E\left[\frac{G(z)}{B(z)} x_k x_k - \hat{x}_{k+L|k} x_k\right] \\
&= \frac{G(z)}{B(z)} x_k x_k - \hat{x}_{k+L|k} x_k = 0
\end{aligned}
$$

在上式中，由于第一个等式右边方括号[·]中的后两项都是确定量，因此可以将取期望值的符号 E 去掉。显然，最后一个等式成立的条件是

$$\hat{x}_{k+L|k} = \frac{G(z)}{B(z)} x_k = -b_1 \hat{x}_{k+L-1|k-1} - b_2 \hat{x}_{k+L-2|k-2} - \cdots - b_q \hat{x}_{k+L-q|k-q} +$$

$$g_0x_k + g_1x_{k-1} + \cdots + g_{p-1}x_{k-p+1} \tag{3.3.25}$$

将式(3.3.25)代入式(3.3.23),并利用式(3.3.22),即可得到 L 步预测偏差:

$$\begin{aligned}\tilde{x}_{k+L|k} &= x_{k+L} - \hat{x}_{k+L|k} = \gamma F(z^{-1})e_{k+L} \\ &= \gamma(e_{k+L} + f_1e_{k+L-1} + \cdots + f_{L-1}e_{k+1})\end{aligned} \tag{3.3.26}$$

由此可见,L 步预测偏差 $\tilde{x}_{k+L|k}$ 是噪声序列 $e_{k+i}(i=1,2,\cdots,L)$ 的线性组合,通常称之为 x_{k+L} 的新息,且有

$$E(\tilde{x}_{k+L|k}) = E(x_{k+L}) - E(\hat{x}_{k+L|k}) = 0$$

这就进一步验证了 $\hat{x}_{k+L|k}$ 是 x_{k+L} 的线性无偏估计量。L 步预测(估计)的最小均方误差为

$$\begin{aligned}\min_{\hat{x}_{k+L|k}} J &= E(\tilde{x}^2_{k+L|k}) = E\{[\gamma F(z)e_{k+L}]^2\} \\ &= \gamma^2(1 + f_1^2 + f_2^2 + \cdots + f_{L-1}^2)\sigma_e^2\end{aligned} \tag{3.3.27}$$

基于线性动态模型的 L 步预测(式(3.3.25))是一种递推算法。由式(3.3.27)可知,L 步预测的性能指标 J,主要取决于预测步长 L 和噪声功率 ${\sigma_e}^2$ 以及常数 γ。上述例子表明,参数估计理论还可应用于求解线性动态系统的预测问题。

下面,简要介绍 $F(z)$ 和 $G(z)$ 的计算的方法。

(1) 长除法:由式(3.3.19)可知

$$\frac{B(z)}{A(z)} = F(z) + \frac{z^{-L}G(z)}{A(z)} \tag{3.3.28}$$

选择 L 值,使 $B(z)/A(z)$ 的商 $F(z)$ 的阶次等于 $L-1$。由此可唯一地确定多项式 $F(z)$ 和余子式 $z^{-L}G(z)$。

【例 3-18】 已知三阶多项式

$$A(z) = 1 + 1.2z^{-1} + 0.11z^{-2} - 0.168z^{-3}$$
$$B(z) = 1 - 0.7z^{-1} - 0.14z^{-2} + 0.12z^{-3}$$

给定 $L=2$,试按式(3.3.28)确定 $F(z)$ 和 $G(z)$。

解:依题意($p=q=3,\gamma=1,L=2$),根据式(3.3.20)和式(3.3.21),可取

$$F(z) = 1 + f_1z^{-1},z^{-L}G(z) = z^{-2}(g_0 + g_1z^{-1} + g_2z^{-2})$$

用 $B(z)$ 除以 $A(z)$,得

$$\begin{array}{r|l} & 1 - 1.9z^{-1} \\ \hline 1 + 1.2z^{-1} + 0.11z^{-2} - 0.168z^{-3} & 1 - 0.7z^{-1} - 0.14z^{-2} + 0.12z^{-3} \\ & 1 + 1.2z^{-1} + 0.11z^{-2} - 0.168z^{-3} \\ \hline & -1.9z^{-1} - 0.25z^{-2} + 0.288z^{-3} \\ & -1.9z^{-1} - 2.28z^{-2} + 0.209z^{-3} + 0.3192z^{-4} \\ \hline & 2.03z^{-2} + 0.497z^{-3} - 0.3192z^{-4} \end{array}$$

故有

$$F(z) = 1 - 1.9z^{-1}$$

$$z^{-L}G(z) = z^{-2}(2.03 + 0.497z^{-1} - 0.3192z^{-2})$$

(2) 比较系数法:将式(3.3.28)改写成

$$B(z) = A(z)F(z) + z^{-L}G(z) \tag{3.3.29}$$

将式(3.3.17)、式(3.3.20)和式(3.3.21)代入式(3.3.29),得

$$1 + b_1z^{-1} + \cdots + b_qz^{-q} = (1 + a_1z^{-1} + \cdots + a_pz^{-p})(1 + f_1z^{-1} + \cdots + f_{L-1}z^{-L+1}) + z^{-L}(g_0 + g_1z^{-1} + \cdots + g_{p-1}z^{-p+1}) \tag{3.3.30}$$

比较式(3.3.30)等号两边 z^{-1} 各次幂的系数,且令同次幂系数相等,即可列出 $p+L-1$ 个方程式,从而解出 $f_i(i=1,2,\cdots,L-1)$ 和 $g_k(k=0,1,\cdots,p-1)$。

【例 3-19】 考虑 ARMA(4,1)序列

$$x_k - 2.6x_{k-1} + 2.85x_{k-2} - 1.4x_{k-3} + 0.25x_{k-4} = e_k - 0.7e_{k-1}$$

式中:e_k 为服从 $N(0,1)$ 分布的白噪声序列。试确定序列 x_k 的一步最优预测 $\hat{x}_{k+1|k}$,使预测偏差的均方值最小。

解:依题意($p=4,q=1,L=1,\gamma=1$),且有

$$A(z) = 1 - 2.6z^{-1} + 2.85z^{-2} - 0.14z^{-3} + 0.25z^{-4}$$

$$B(z) = 1 - 0.7z^{-1}$$

根据式(3.3.20)和式(3.3.21),可取

$$F(z) = 1, z^{-1}G(z) = z^{-1}(g_0 + g_1z^{-1} + g_2z^{-2} + g_3z^{-3})$$

将以上各式代入式(3.3.30),可得

$$1 - 0.7z^{-1} = 1 - 2.6z^{-1} + 2.85z^{-2} - 1.4z^{-3} + 0.25z^{-4} + z^{-1}(g_0 + g_1z^{-1} + g_2z^{-2} + g_3z^{-3})$$

将上式展开,利用比较系数法即可列出如下方程组:

$$\begin{cases} -0.7 = -2.6 + g_0 \quad (z^{-1}); \quad 0 = 2.85 + g_1 \quad (z^{-2}) \\ 0 = -1.4 + g_2 \quad (z^{-3}); \quad 0 = 2.5 + g_3 \quad (z^{-4}) \end{cases}$$

解得:$g_0=1.9, g_1=-2.85, g_2=1.4, g_3=-0.25$。于是,多项式 $G(z)$ 可表示为

$$G(z) = 1.9 - 2.85z^{-1} + 1.4z^{-2} - 0.25z^{-3}$$

将上述有关式子代入式(3.3.25)、式(3.3.26)和式(3.3.27),即可得

$$\hat{x}_{k+1|k} = \frac{G(z)}{B(z)}x_k = 0.7\hat{x}_{k|k-1} + 1.9x_k - 2.85x_{k-1} + 1.4x_{k-2} - 0.25x_{k-3}$$

$$\tilde{x}_{k+1|k} = e_{k+1}, \min_{\hat{x}_{k+1|k}} J = E(e_{k+1}^2) = 1$$

附带指出,对于 AR(p)序列,只要在 ARMA(p,q)模型中令 $q=0$ 即可。从算法上看,AR 模型的 L 步预测与上述算法并没有本质上的区别,请读者自行推导关

于 AR(p)序列的 L 步预测公式。

3.3.2 最小均方自适应算法

考虑图 3-10 所示的线性组合器的结构框图。第 k 个输入样本 x_{km}($m=0,1,\cdots,p-1$)的加权和形成一个输出序列 y_k。若将第 k 个输入样本 $\boldsymbol{x}_k$ 和权系数向量 $\boldsymbol{W}_k$ 分别记为

$$\boldsymbol{x}_k = [x_{k0}, x_{k1}, \cdots, x_{k(p-1)}]^{\mathrm{T}}, \boldsymbol{W}_k^{\mathrm{T}} = [w_{k0}, w_{k1}, \cdots, w_{k(p-1)}]$$

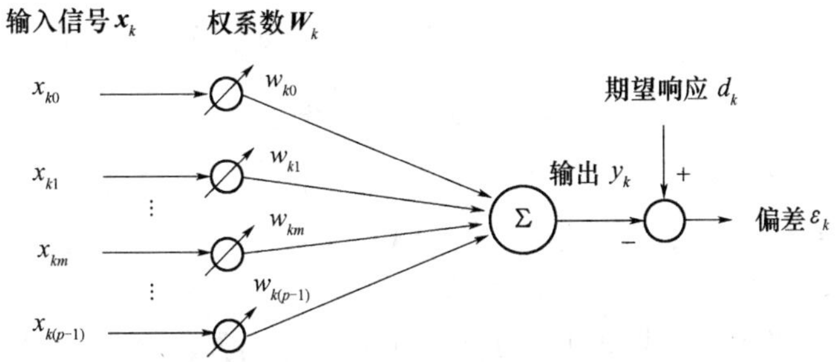

图 3-10 线性组合器的结构

则线性组合器的输出 y_k 可表示为

$$y_k = \sum_{i=0}^{p-1} w_{ki} \cdot x_{ki} = \boldsymbol{W}_k^{\mathrm{T}} \boldsymbol{x}_k \quad (k = 1,2,\cdots) \tag{3.3.31}$$

设线性组合器的期望响应为 d_k,则其输出偏差 ε_k 可表示为

$$\varepsilon_k = d_k - y_k = d_k - \boldsymbol{W}_k^{\mathrm{T}} \boldsymbol{x}_k \tag{3.3.32}$$

通常取输出偏差 ε_k 的均方值 J_k 作为评价线性组合器的性能指标,即

$$\begin{aligned} J_k &\overset{\text{def}}{=} E[\varepsilon_k^2] = E[(d_k - \boldsymbol{W}_k^{\mathrm{T}}\boldsymbol{x}_k)^2] \\ &= E[d_k^2] - 2E[d_k \boldsymbol{x}_k^{\mathrm{T}}]\boldsymbol{W}_k + \boldsymbol{W}_k^{\mathrm{T}} E[\boldsymbol{x}_k \boldsymbol{x}_k^{\mathrm{T}}]\boldsymbol{W}_k \\ &= E[d_k^2] - 2\boldsymbol{R}_{dx}^{\mathrm{T}} \cdot \boldsymbol{W}_k + \boldsymbol{W}_k^{\mathrm{T}} \boldsymbol{R}_x \boldsymbol{W}_k \end{aligned} \tag{3.3.33}$$

式中:$\boldsymbol{R}_{dx}$为输入 $\boldsymbol{x}_k$ 和期望响应 d_k 之间的互相关向量;$\boldsymbol{R}_x$ 为输入 $\boldsymbol{x}_k$ 的自相关矩阵,且有

$$\boldsymbol{R}_{dx} \overset{\text{def}}{=} E[d_k \boldsymbol{x}_k] = E\begin{bmatrix} d_k \cdot x_{k0} \\ \vdots \\ d_k \cdot x_{k(p-1)} \end{bmatrix} \tag{3.3.34}$$

$$\boldsymbol{R}_x \overset{\text{def}}{=} E[\boldsymbol{x}_k \boldsymbol{x}_k^{\mathrm{T}}] = E\begin{bmatrix} x_{k0}x_{k0} & \cdots & x_{k0}x_{k(p-1)} \\ \vdots & & \vdots \\ x_{k(p-1)}x_{k0} & \cdots & x_{k(p-1)}x_{k(p-1)} \end{bmatrix} \tag{3.3.35}$$

不难验证 $\boldsymbol{R}_x$ 是对称的正定（或半正定）矩阵。

假定零均值输入过程 x_k 与期望响应 d_k 都是平稳过程，则它们的二阶矩 $\boldsymbol{R}_{dx}$ 和 $\boldsymbol{R}_x$ 与时移参数 k 无关，故可以略去相关函数中的时移参数 k。但因权向量 $\boldsymbol{W}_k$ 是根据输入样本 $\boldsymbol{x}_k$ 而进行调整的，所以估计偏差 ε_k 的均方值 J_k 是随时移参数 k 而变化的标量。

令 J_k 对 w_{ki} 的偏导数为 0，不难证明（参见定理 6-1），使 J_k 最小的估计量 $\boldsymbol{W}_k$ 满足下列维纳—霍普夫（Wiener-Hopf）方程：

$$E[\boldsymbol{x}_k\varepsilon_k] = E[\boldsymbol{x}_k(d_k - \boldsymbol{W}_k^{\mathrm{T}}\boldsymbol{x}_k)] = \boldsymbol{R}_{dx} - \boldsymbol{R}_x\boldsymbol{W}_k = 0 \tag{3.3.36}$$

由此可求得线性最小均方（Linear Least Mean Square，LLMS）估计的维纳解：

$$\boldsymbol{W}_k = \boldsymbol{R}_x^{-1}\boldsymbol{R}_{dx} \overset{\text{def}}{=} \boldsymbol{W}_{\text{opt}} \tag{3.3.37}$$

由此可见，当线性组合器的权系数收敛于维纳解时，输出偏差 $\varepsilon_k = d_k - y_k$ 与第 k 个输入样本 x_{ki} 正交，即 $E[\varepsilon_k \cdot x_{ki}] = 0(i=0,1,\cdots,p-1)$，这可视为线性最小均方估计的正交性原理。

将式（3.3.37）代入式（3.3.33），可求得线性组合器输出 y_k 的最小均方误差：

$$J_{\min} \overset{\text{def}}{=} \min_{\boldsymbol{W}_{\text{opt}}}[J_k] = \min_{\boldsymbol{W}_{\text{opt}}} E[\varepsilon_k^2] = E[d_k^2] - \boldsymbol{R}_{dx}^{\mathrm{T}}\boldsymbol{W}_{\text{opt}} \tag{3.3.38}$$

进一步地，在式（3.3.33）的等号两边同时减去 $J_{\min}$，并利用式（3.3.37），即可得到 J_k 与 $J_{\min}$ 和（$\boldsymbol{W}_k - \boldsymbol{W}_{\text{opt}}$）之间的关系：

$$\begin{aligned} J_k &= J_{\min} + [\boldsymbol{W}_k - \boldsymbol{W}_{\text{opt}}]^{\mathrm{T}}\boldsymbol{R}_x[\boldsymbol{W}_k - \boldsymbol{W}_{\text{opt}}] \\ &= J_{\min} + \widetilde{\boldsymbol{W}}_k^{\mathrm{T}}\boldsymbol{R}_x\widetilde{\boldsymbol{W}}_k \end{aligned} \tag{3.3.39}$$

式中：$\widetilde{\boldsymbol{W}}_k = \boldsymbol{W}_k - \boldsymbol{W}_{\text{opt}}$，为权系数波动量。

一、理论梯度与梯度估值

寻优过程的最速下降法是，利用误差曲面 J_k 的负梯度方向来搜寻误差曲面的极值点。对式（3.3.33）权向量的取偏导数，即可求得误差曲面 J_k 上的任一点的梯度：

$$\begin{aligned} \nabla J_k &= \left[\frac{\partial E[\varepsilon_k^2]}{\partial w_{k0}} \quad \cdots \quad \frac{\partial E[\varepsilon_k^2]}{\partial w_{k(p-1)}}\right]^{\mathrm{T}} \\ &= -2(\boldsymbol{R}_{dx} - \boldsymbol{R}_x\boldsymbol{W}_k) \overset{\text{def}}{=} \boldsymbol{\nabla}_k \end{aligned} \tag{3.3.40}$$

令上式等于 0，就可得到与式（3.3.37）完全一样的权向量维纳解，即

$$\boldsymbol{W}_{\text{opt}} = \boldsymbol{R}_x^{-1}\boldsymbol{R}_{dx}$$

因无法事先知道 $\boldsymbol{R}_{dx}$ 和 $\boldsymbol{R}_x$，故无法根据式（3.3.40）计算出误差曲面 J_k 的真实梯度，而只能用单个输出偏差的平方 ${\varepsilon_k}^2$ 取代 $E[{\varepsilon_k}^2]$，求得一个尽管很粗略但却有效的梯度估值：

$$\hat{\boldsymbol{\nabla}}_k = \begin{bmatrix} \dfrac{\partial \varepsilon_k^2}{\partial w_{k0}} \\ \vdots \\ \dfrac{\partial \varepsilon_k^2}{\partial w_{k(p-1)}} \end{bmatrix} = 2\varepsilon_k \begin{bmatrix} \dfrac{\partial \varepsilon_k}{\partial w_{k0}} \\ \vdots \\ \dfrac{\partial \varepsilon_k}{\partial w_{k(p-1)}} \end{bmatrix} = -2\varepsilon_k \boldsymbol{x}_k \tag{3.3.41}$$

二、LMS 自适应算法

定义:考虑图 3-10 所示的线性组合器。最小均方自适应算法(LMS 自适应算法)是指:以梯度估值$\hat{\boldsymbol{\nabla}}_k = -\varepsilon_k \boldsymbol{x}_k$ 作为最速下降法的梯度来搜索权向量 $\boldsymbol{W}_k$ 的维纳解 $\boldsymbol{W}_{\text{opt}}$,即

$$\boldsymbol{W}_{k+1} = \boldsymbol{W}_k - \mu \hat{\boldsymbol{\nabla}}_k = \boldsymbol{W}_k + 2\mu\varepsilon_k \boldsymbol{x}_k \tag{3.3.42}$$

式中:μ 为自适应增益常数。

现将 LMS 自适应算法(或简称 LMS 算法)的具体实现步骤归纳如下:

(1) 初始化:$\boldsymbol{W}_1 = 0$,选取自适应常数 $\mu(0 < \mu \ll 1)$;

(2) 迭代计算:$k = 1,2,\cdots$

$$y_k = \boldsymbol{x}_k^{\mathrm{T}} \boldsymbol{W}_k$$
$$\varepsilon_k = d_k - y_k$$
$$\boldsymbol{W}_{k+1} = \boldsymbol{W}_k + 2\mu\varepsilon_k \boldsymbol{x}_k$$

(3) 收敛条件

$$\frac{|w_{(k+1)i} - w_{ki}|}{|w_{(k+1)i}|} \leqslant \alpha \quad (i = 0,1,\cdots,p-1)$$

式中:α 为用于判断收敛的常数,一般取 0.05(即 5%)。

【例 3-20】 用 MATLAB 语言编写时域上的 LMS 自适应算法

```
p=64;N=8*p;mu=0.005;                       % 采样点数 N;权系数个数 p;自适应增益常数 μ
W=zeros(1,p);                               % 生成初始化权向量
Signal=sin(2*pi*0.015*[0:N-1]);d=Signal;
                                            % 期望信号
Noise=0.2*randn(1,N);                       % 噪声
x=Signal+Noise;                             % 线性组合器实际输入信号
% LMS 递推运算
for k=1:length(x)-p;                        % 输入数据长度-权系数个数
   y(k)=sum(W.*fliplr(x(k:p+k)));% 计算线性组合器的输出
   e(k)=d(k)-y(k);                          % 计算偏差信号
   W=W+2*mu*e(k)*fliplr(x(k:p+k));
                                            % 权系数迭代——Widrow 算法
end
k=0:N-1;
subplot(1,2,1);plot(k,x);grid;hold on
```

```
k=p:N-1;
subplot(1,2,2);plot(k,y);grid
% ----------------------------------------
```

图3-11给出了本例的仿真结果。从图3-11中可以看出,线性组合器输入信号中的噪声成分,经LMS自适应算法 $2\times p$ 次迭代后,已基本消除。若改变 μ 值的大小,自适应过程的时间常数也将随之改变,并有可能影响到权向量迭代过程的稳定性。

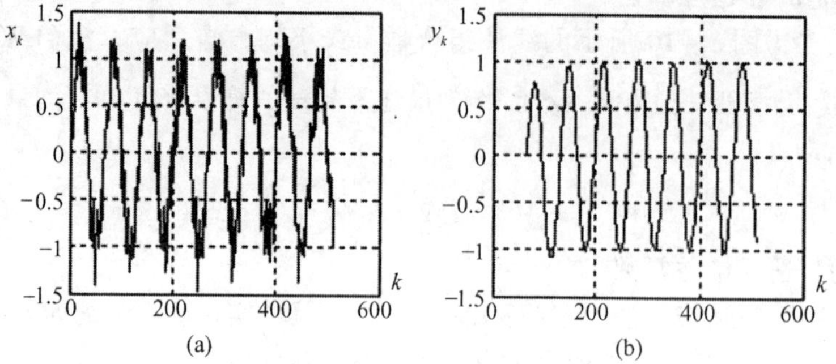

图3-11　LMS自适应算法的仿真曲线
(a) 输入信号;(b) 输出信号。

顺便指出,MATLAB信号处理工具箱提供了用于实现LMS算法的两个函数:initnlms( )和adaptnlms( )。

三、LMS自适应算法的稳定性

由于在权系数 $\boldsymbol{W}_k$ 迭代过程中是根据不精确的梯度估值 $\hat{\boldsymbol{\nabla}}_k$ 进行寻优的,因而LMS自适应迭代过程是带噪的,或者说,它并不是严格地沿着误差曲面上的最速下降路径而移动的。

图3-12给出了式(3.3.42)的物理实现框图。由此可见,LMS算法含有一个积分环节

$$\frac{1}{1-z^{-1}} \Leftrightarrow \frac{1}{s}$$

在该算法中,除了利用输入样本 $\boldsymbol{x}_k$ 之外,还利用线性组合器输出偏差 ε_k 作为反馈信号来调整权向量 $\boldsymbol{W}_k$。此外,因为在权向量的迭代过程中,不需要计算平方、期望值和偏导数,所以LMS算法不仅简单,而且收敛速度快。然而,由于梯度估值是由未经平均的单个样本而得到的,即每个梯度分量都是瞬时梯度,因此,在权系数的

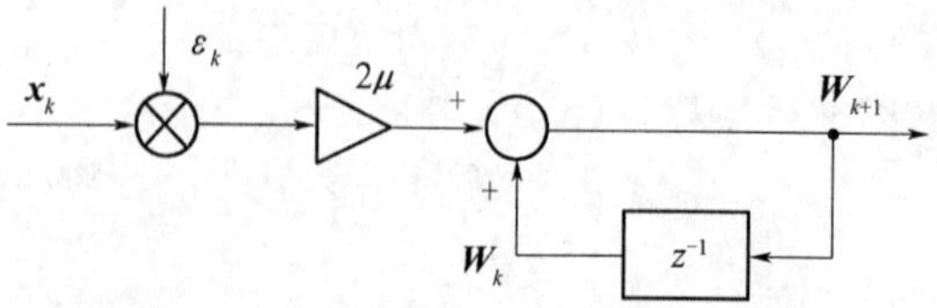

图3-12　LMS算法的物理实现框图

迭代过程中包含有大量的噪声成分。尽管如此,由于 LMS 算法包含了积分环节,在自适应权系数迭代过程中起着低通滤波器的作用,因而,随着迭代次数 k 的增大,梯度噪声将逐渐被衰减或被抑制。

同其他最优搜索算法一样,LMS 自适应算法也存在最佳权向量的收敛性问题。由式(3.3.42)可推知,权向量 $\boldsymbol{W}_k$ 仅与前 $k-1$ 次输入数据 $\boldsymbol{x}_{k-1}$ 有关,如果相继输入的样本 $\boldsymbol{x}_k$ 与 $\boldsymbol{x}_{k-1}$ 相互独立,则 $\boldsymbol{W}_k$ 与 $\boldsymbol{x}_k$ 独立。如果进一步假设 $\boldsymbol{W}_k$ 是无偏的,那么式(3.3.41)所示的梯度估值$\hat{\boldsymbol{\nabla}}$也是无偏的,即

$$\begin{aligned} E[\hat{\boldsymbol{\nabla}}_k] &= -2E[\varepsilon_k \boldsymbol{x}_k] = -2E[d_k \boldsymbol{x}_k - \boldsymbol{x}_k \boldsymbol{x}_k^{\mathrm{T}} \boldsymbol{W}_k] \\ &= -2(\boldsymbol{R}_{\mathrm{dx}} - \boldsymbol{R}_x \boldsymbol{W}_k) = \boldsymbol{\nabla}_k \end{aligned} \tag{3.3.43}$$

这表明,在迭代过程中许多小步长上的瞬时梯度的总体平均等于理论梯度值,从而保证了 LMS 最速下降法朝着正确的负梯度方向进行搜索。

下面,研究 LMS 自适应算法的收敛性。对式(3.3.42)的等号两边取期望值,得到如下形式的差分方程:

$$\begin{aligned} E[\boldsymbol{W}_{k+1}] &= E[\boldsymbol{W}_k] + 2\mu E[\varepsilon_k \boldsymbol{x}_k] \\ &= E[\boldsymbol{W}_k] + 2\mu\{E[d_k \boldsymbol{x}_k] - E[\boldsymbol{x}_k \boldsymbol{x}_k^{\mathrm{T}} \boldsymbol{W}_k]\} \end{aligned} \tag{3.3.44}$$

假设 $\boldsymbol{W}_k$ 与 $\boldsymbol{x}_k$ 相互独立,且利用权向量的维纳解(式(3.3.37)),则有

$$\begin{aligned} E[\boldsymbol{W}_{k+1}] &= E[\boldsymbol{W}_k] + 2\mu\{\boldsymbol{R}_{\mathrm{dx}} - \boldsymbol{R}_x E[\boldsymbol{W}_k]\} \\ &= (\boldsymbol{I} - 2\mu \boldsymbol{R}_x) E[\boldsymbol{W}_k] + 2\mu \boldsymbol{R}_x \boldsymbol{W}_{\mathrm{opt}} \end{aligned}$$

等号两边同时减去 $\boldsymbol{W}_{\mathrm{opt}}$,且令$\widetilde{\boldsymbol{W}}_k = \boldsymbol{W}_k - \boldsymbol{W}_{\mathrm{opt}}$,上式可简化为

$$E[\widetilde{\boldsymbol{W}}_{k+1}] = (\boldsymbol{I} - 2\mu \boldsymbol{R}_x) E[\widetilde{\boldsymbol{W}}_k] \tag{3.3.45}$$

为了便于分析,可将式(3.3.45)变换到主坐标轴系上。由于输入 $\boldsymbol{x}_k$ 的自相关矩阵 $\boldsymbol{R}_x$ 是实对称正定矩阵,因此它可分解成标准形式:

$$\boldsymbol{R}_x = \boldsymbol{L}\boldsymbol{\Lambda}\boldsymbol{L}^{\mathrm{T}} \tag{3.3.46a}$$

式中:$\boldsymbol{L}$ 为由 $\boldsymbol{R}_x$ 的特征向量组成的正交矩阵; $\boldsymbol{\Lambda}$ 为由 $\boldsymbol{R}_x$ 的特征值组成的对角线矩阵,即

$$\boldsymbol{\Lambda} = \mathrm{diag}[\lambda_0, \lambda_1, \cdots, \lambda_{p-1}] \tag{3.3.46b}$$

在权向量"状态"方程式(3.3.45)中,令$\widetilde{\boldsymbol{W}}_k = \boldsymbol{L}^{\mathrm{T}} \widetilde{\boldsymbol{W}}_k'$,经简单递推运算,可得

$$E[\widetilde{\boldsymbol{W}}'_k] = (\boldsymbol{I} - 2\mu\boldsymbol{\Lambda})^k \widetilde{\boldsymbol{W}}'_0 \tag{3.3.47}$$

由此可见,当自适应常数 μ 满足如下条件时,即

$$0 < \mu < \frac{1}{\lambda_{\max}} \quad 或 \quad 0 < \mu < \frac{1}{\mathrm{tr}\boldsymbol{R}_x} \tag{3.3.48}$$

权系数波动量$\widetilde{\boldsymbol{W}}_k$ 的期望值将随着迭代次数 k 的增加而逐渐收敛于 0。

式中：λ_{max} 为输入相关矩阵 $\boldsymbol{R}_x$ 的最大特征值。在工程上，自适应常数 μ 的典型值约取 $(1/\mathrm{tr}\boldsymbol{R}_x)$ 的 1/10。

四、自适应过程的时间常数

将式(3.3.47)展开各个权分量的表达形式：

$$E[\widetilde{\boldsymbol{W}}'_k] = E\begin{bmatrix} \tilde{w}'_{k0} \\ \vdots \\ \tilde{w}'_{k(p-1)} \end{bmatrix} = \begin{bmatrix} (1-2\mu\lambda_0)^k \tilde{w}'_{01} \\ \vdots \\ (1-2\mu\lambda_{p-1})^k \tilde{w}'_{0(p-1)} \end{bmatrix} \tag{3.3.49}$$

在主坐标系上，第 q 个坐标的权系数波动分量的期望值是

$$E[\tilde{w}'_{kq}] = (1-2\mu\lambda_q)^k \tilde{w}'_{0q} \tag{3.3.50}$$

显然，$E[\tilde{w}'_{kq}]$ 是随着迭代次数 k 而变化的几何级数序列，其几何比为 $(1-2\mu\lambda_q)$。如果用时间常数为 τ_q 的指数函数来近似拟合 $\tilde{w}'_{kq}$，则有

$$\begin{aligned} v_k &= A\exp(-k/\tau_q) \\ &\approx \tilde{w}'_{0q}(1-2\mu\lambda_q)^k = E[\tilde{w}'_{kq}] \end{aligned} \tag{3.3.51}$$

式中：A 为常数。令 $A=\tilde{w}'_{0q}$，可得

$$\exp(-1/\tau_q) = (1-2\mu\lambda_q) \tag{3.3.52}$$

故有

$$\tau_q = -\frac{1}{\ln(1-2\mu\lambda_q)} \approx \frac{1}{2\mu\lambda_q} \tag{3.3.53}$$

考虑到在大多数应用中，$2\mu\lambda_q \ll 1$，故这一近似关系是成立的，它给出了在小自适应常数 μ 的情况下，自适应过程的第 q 个坐标（也称为模式）的时间常数 τ_q。

现在，研究迭代过程中 J_k 的变化曲线。在式(3.3.39)中，令 $\widetilde{\boldsymbol{W}}_k = \boldsymbol{L}_k^{\mathrm{T}} \widetilde{\boldsymbol{W}}_k'$，得

$$J_k = J_{\min} + \widetilde{\boldsymbol{W}}_k'^{\mathrm{T}} \boldsymbol{\Lambda} \widetilde{\boldsymbol{W}}'_k = J_{\min} + \sum_{q=0}^{p-1} \lambda_q \tilde{w}'^2_{kq} \tag{3.3.54}$$

推导中利用了式(3.3.46)。当自适应过程收敛时（$\boldsymbol{W}_k \to \boldsymbol{W}_{opt}, k\to\infty$），则有

$$\lim_{k\to\infty} J_k = J_{\min}$$

在 J_k 从 $J_0 \to J_{\min}$ 的过程中，由式(3.3.51)可推知，应当用时间常数为 $\tau_q/2$ 的指数函数来近似拟合 $E[\tilde{w}'^{\,2}_{kq}]$ $(q=0,1,\cdots,p-1)$。于是 LMS 自适应迭代过程的时间常数可表示为

$$\frac{1}{2}\tau_q = \frac{1}{4\mu\lambda_q} \stackrel{\mathrm{def}}{=} \tau_{q\mathrm{mse}} \tag{3.3.55}$$

通常把均方误差 J_k 与迭代次数 k 的关系曲线，称为学习曲线。学习曲线有多种模式，其数目等于自相关矩阵 $\boldsymbol{R}_x$ 中不同特征值 λ_q $(q=0,1,\cdots,p-1)$ 的个数。不难看出，自适应常数 μ 越大，学习曲线的时间常数 τ_{mse} 就越小，自适应速度也就越快；反之亦然。

五、由梯度噪声产生的过调节

就 LMS 自适应算法而言,无论在初始迭代的瞬态阶段,还是在最终的稳态阶段,梯度噪声都将使自适应迭代过程中的权向量 $\boldsymbol{W}_k$ 发生波动。为了正确选择线性组合器的结构参数。了解权系数波动量 $\widetilde{\boldsymbol{W}}_k = \boldsymbol{W}_k - \boldsymbol{W}_{\text{opt}}$ 的统计特性,并给出权向量过调量的数学表达式,都是十分必要的。为此,首先证明一个关于 *LMS* 自适应算法的重要结论:

定理 3-9:考虑式(3.3.42)给出的 LMS 算法。假定 $\boldsymbol{x}_k$ 是平稳和各态遍历的,且 $E[\boldsymbol{x}_{k+m}\boldsymbol{x}_k]=0(m\neq0)$,那么,当权系数 $\boldsymbol{W}_k$ 趋于维纳解 $\boldsymbol{W}_{\text{opt}}$ 时,权系数波动量 $\widetilde{\boldsymbol{W}}_k = \boldsymbol{W}_k - \boldsymbol{W}_{\text{opt}}$ 的各个分量互不相关、且具有相同的方差,亦即 $\text{cov}(\widetilde{\boldsymbol{W}}_k)$ 是具有相同元素的对角阵。

证明:LMS 自适应算法是一种利用无偏梯度估值 $\hat{\boldsymbol{\nabla}}_k$ 的权值迭代算法。由式(3.3.41)可推知,真实梯度向量 $\boldsymbol{\nabla}_k$ 与梯度估值 $\hat{\boldsymbol{\nabla}}_k$ 之间存在如下关系:

$$\hat{\boldsymbol{\nabla}}_k = -2\varepsilon_k \boldsymbol{x}_k = \boldsymbol{\nabla}_k - \boldsymbol{N}_k \tag{3.3.56}$$

式中:$\boldsymbol{N}_k$ 为零均值梯度噪声向量。

下面,首先推导权系数波动量 $\widetilde{\boldsymbol{W}}_k = \boldsymbol{W}_k - \boldsymbol{W}_{\text{opt}}$ 与梯度噪声 $\boldsymbol{N}_k$ 的数学关系,然后证明 $\widetilde{\boldsymbol{W}}_k$ 的协方差矩阵 $\text{cov}(\widetilde{\boldsymbol{W}}_k)$ 是对角阵。

(1) 当 $\boldsymbol{W}_k \to \boldsymbol{W}_{\text{opt}}$ 时,将式(3.3.37)代入式(3.3.40),得到

$$\begin{aligned}\boldsymbol{\nabla}_k &= -2(\boldsymbol{R}_{dx} - \boldsymbol{R}_x \boldsymbol{W}_k) \\ &\approx 2\boldsymbol{R}_x(\boldsymbol{W}_k - \boldsymbol{W}_{\text{opt}}) = 2\boldsymbol{R}_x \widetilde{\boldsymbol{W}}_k\end{aligned} \tag{3.3.57}$$

将式(3.3.56)和式(3.3.57)代入式(3.3.42),且令 $\boldsymbol{W}_k = \boldsymbol{L}^{\text{T}} \boldsymbol{W}_k{}'$,$\boldsymbol{\nabla}_k = \boldsymbol{L}^{\text{T}} \boldsymbol{\nabla}_k{}'$,$\widetilde{\boldsymbol{W}}_k = \boldsymbol{L}^{\text{T}} \widetilde{\boldsymbol{W}}_k{}'$,即可得到 LMS 算法在主坐标系上的表达式,即

$$\begin{aligned}\boldsymbol{W}'_{k+1} &= \boldsymbol{W}'_k + \mu(-\hat{\boldsymbol{\nabla}}'_k) = \boldsymbol{W}'_k + \mu(-\boldsymbol{\nabla}'_k + \boldsymbol{N}'_k) \\ &= \boldsymbol{W}'_k + \mu(-2\boldsymbol{L}\boldsymbol{R}_x\boldsymbol{L}^{\text{T}} \widetilde{\boldsymbol{W}}'_k + \boldsymbol{N}'_k) \\ &= \boldsymbol{W}'_k + \mu(-2\boldsymbol{\Lambda} \widetilde{\boldsymbol{W}}'_k + \boldsymbol{N}'_k)\end{aligned} \tag{3.3.58}$$

推导中且利用了式(3.3.46)。

式(3.3.58)等号两边同时减去 $\boldsymbol{W}'_{\text{opt}} = \boldsymbol{L}\ \boldsymbol{W}_{\text{opt}}$,可得权系数波动量的迭代关系式:

$$\begin{aligned}\widetilde{\boldsymbol{W}}'_{k+1} &= \boldsymbol{W}'_{k+1} - \boldsymbol{W}'_{\text{opt}} = \widetilde{\boldsymbol{W}}'_k + \mu(-2\boldsymbol{\Lambda} \widetilde{\boldsymbol{W}}'_k + \boldsymbol{N}'_k) \\ &= (\boldsymbol{I} - 2\mu\boldsymbol{\Lambda}) \widetilde{\boldsymbol{W}}'_k + \mu\boldsymbol{N}'_k\end{aligned} \tag{3.3.59}$$

故有

$$\begin{aligned}\operatorname{cov}(\widetilde{W}'_{k+1}) &= E[\widetilde{W}'_{k+1}\widetilde{W}'^{\mathrm{T}}_{k+1}] \\ &= (I-2\mu\Lambda)^2E[\widetilde{W}'_k\widetilde{W}'^{\mathrm{T}}_k]+\mu^2E[N'_kN'^{\mathrm{T}}_k]+ \\ &\quad \mu(I-2\mu\Lambda)\{E[N'_k\widetilde{W}'^{\mathrm{T}}_k]+E[\widetilde{W}'_kN'^{\mathrm{T}}_k]\}\end{aligned} \tag{3.3.60}$$

(2) 若梯度噪声 N_k 与权向量 W_k 不相关的,也即 $N_{k'}$ 与 $\widetilde{W}'_k$ 不相关的,则式(3.3.60)可以得到进一步简化。

当权向量 $W_k \to W_{opt}$ 时,真实梯度$\nabla_k \to 0$,但梯度估值$\hat{\nabla}$不等于0,因此,在自适应权系数迭代过程中必然存在梯度噪声 N_k。将$\nabla_k=0$ 代入式(3.3.56),得

$$N_k = 2\varepsilon_k x_k \quad (W_k \to W_{opt}) \tag{3.3.61}$$

令 $N_k' = LN_k$,且假设 ε_k 和 x_k 是相互独立的零均值高斯过程,就有

$$\begin{aligned}E[N'_{k+m}N'^{\mathrm{T}}_k] &= LE(N_{k+m}N^{\mathrm{T}}_k)L^{\mathrm{T}} \\ &= 4LE(\varepsilon_{k+m}\varepsilon_k x_{k+m}x^{\mathrm{T}}_k)L^{\mathrm{T}} \\ &= 4E[\varepsilon_{k+m}\varepsilon_k]\cdot LE[x_{k+m}x^{\mathrm{T}}_k]L^{\mathrm{T}} = 0 \quad (m\neq 0)\end{aligned} \tag{3.3.62}$$

推导中利用了高斯变量的四阶矩公式、正交性原理(当 $W_k = W_{opt}$时,则 ε_k 与 x_k 正交,且有 $J_{min} = E[\varepsilon_k{}^2]$)和 $E[x_{k+m}x_k]=0(m\neq 0)$。

式(3.3.62)表明,$N_k'(k=1,2,\cdots)$在时间上是不相关的。由式(3.3.59)可知,$\widetilde{W}'_k$ 仅与第 k 次迭代以前的梯度噪声 N_{k-1}'有关,故 N'_k 与 $\widetilde{W}_k'$互不相关,即

$$E[N'_k\widetilde{W}'^{\mathrm{T}}_k] = E[\widetilde{W}'_kN'^{\mathrm{T}}_k] = 0 \tag{3.3.63}$$

同理,$E[N_k'N'^{\mathrm{T}}_k]$可表示为

$$\begin{aligned}\operatorname{cov}(N'_k) &= E[N'_kN'^{\mathrm{T}}_k] = LE(N_kN^{\mathrm{T}}_k)L^{\mathrm{T}} \\ &= 4LE[\varepsilon^2_k x_k x^{\mathrm{T}}_k]L^{\mathrm{T}} = 4E[\varepsilon^2_k]\cdot LE[x_kx^{\mathrm{T}}_k]L^{\mathrm{T}} \\ &= 4J_{min}(LR_xL^{\mathrm{T}}) = 4J_{min}\Lambda\end{aligned} \tag{3.3.64}$$

将式(3.3.63)和式(3.3.64)代入式(3.3.60),即可得

$$E[\widetilde{W}'_{k+1}\widetilde{W}'^{T}_{k+1}] = (I-2\mu\Lambda)^2E[\widetilde{W}'_k\widetilde{W}'^{\mathrm{T}}_k]+4\mu^2J_{min}\Lambda \tag{3.3.65}$$

当 $k\to\infty$ 时,若 $\widetilde{W}'_k$ 是收敛的,则有 $\widetilde{W}'_{k+1}=\widetilde{W}'_k$。于是,式(3.3.65)可改写成

$$\operatorname{cov}(\widetilde{W}'_k) = (I-2\mu\Lambda)^2\operatorname{cov}(\widetilde{W}'_k)+4\mu^2J_{min}\Lambda \tag{3.3.66}$$

将对角矩阵$(I-2\mu\Lambda)^2$ 展开后,合并同类项且约去等号两边相同的因子,就有

$$(I-2\mu\Lambda)\operatorname{cov}(\widetilde{W}'_k) = \mu J_{min}I \tag{3.3.67}$$

由此解得

$$\operatorname{cov}(\widetilde{W}'_k) = \mu(I+\mu\Lambda-\mu^2\Lambda^2+\cdots)J_{min}$$

通常$\mu \ll 1$,故μ的高次项可忽略不计,因而上式可近似为

$$\text{cov}(\widetilde{\boldsymbol{W}'_k}) = \mu J_{\min}\boldsymbol{I} \tag{3.3.68}$$

将$\boldsymbol{W}_k' = \boldsymbol{L}\ \boldsymbol{W}_k$代入式(3.3.68),最后得到在原坐标系上权系数波动量$\widetilde{\boldsymbol{W}}_k$的协方差矩阵:

$$\text{cov}(\widetilde{\boldsymbol{W}}_k) = \boldsymbol{L}E(\widetilde{\boldsymbol{W}'_k}\ \widetilde{\boldsymbol{W}'}^{\text{T}}_k)\boldsymbol{L}^{\text{T}} = \mu J_{\min}\boldsymbol{I} \tag{3.3.69}$$

推导中利用了$\boldsymbol{L}\cdot\boldsymbol{L}^{\text{T}} = \boldsymbol{I}$。由此可见,各个权系数波动分量都具有相同的方差$E[\tilde{w}_{kq}{}^2] = \mu J_{\min}$,且互不相关(证毕)。

如果在权向量$\boldsymbol{W}_k$上没有叠加噪声$\boldsymbol{N}_k$,则当$k\to\infty$时,$\boldsymbol{W}_k$收敛于维纳解$\boldsymbol{W}_{\text{opt}}$,且有$J_k = J_{\min}$。但在实际应用中,这种理想情形是不可能发生的。这是因为梯度噪声$\boldsymbol{N}_k$总是存在的,它必然引起权向量$\boldsymbol{W}_k$的起伏变化。这意味着:在平均意义上,总有一个过调量(Overswing,O_{sw})附加在权向量的维纳解$\boldsymbol{W}_{\text{opt}}$上。

由式(3.3.54)和式(3.3.46b)可知,由权向量梯度噪声而引起的误差可表示为

$$E[\widetilde{\boldsymbol{W}'}^{\text{T}}_k\boldsymbol{\Lambda}\ \widetilde{\boldsymbol{W}'_k}] = \sum_{q=0}^{p-1}\lambda_q E(\widetilde{\boldsymbol{W}'}^{\text{T}}_k\ \widetilde{\boldsymbol{W}'_k}) = \sum_{q=0}^{p-1}\lambda_q E(\tilde{w}'^2_{kq})$$

根据式(3.3.69),可得

$$E[\widetilde{\boldsymbol{W}'}^{\text{T}}_k\boldsymbol{\Lambda}\ \widetilde{\boldsymbol{W}'_k}] = \mu J_{\min}\sum_{q=0}^{p-1}\lambda_q = \mu J_{\min}\text{tr}\boldsymbol{R}_x \tag{3.3.70}$$

定义:由权向量梯度噪声引起的均方误差与最小均方误差的比值

$$O_{\text{sw}} = \frac{E[\widetilde{\boldsymbol{W}'}^{\text{T}}_k\boldsymbol{\Lambda}\ \widetilde{\boldsymbol{W}'_k}]}{J_{\min}} = \mu\text{tr}\boldsymbol{R}_x \tag{3.3.71}$$

称为 LMS 自适应算法的过调节量。

在工程上,一般要求$O_{\text{sw}} \leqslant 25\%$。将 LMS 算法的过调量与自适应速度、自适应权系数的数目p联系起来,就可得出极为有用的结论。为此,将式(3.3.71)改写成

$$O_{\text{sw}} = \mu\cdot\sum_{q=0}^{p-1}\lambda_q = \mu p\lambda_{\text{ave}} \tag{3.3.72}$$

式中:λ_{ave}为输入相关矩阵$\boldsymbol{R}_x$的p个特征值的平均值。考虑式(3.3.55)给出 LMS 自适应迭代过程的时间常数,令

$$\lambda_{\text{ave}} = \frac{1}{4\mu}\left(\frac{1}{\tau_{q\text{mse}}}\right)_{\text{ave}} \tag{3.3.73}$$

则式(3.3.72)可改写成

$$O_{\text{sw}} = \frac{p}{4}\left(\frac{1}{\tau_{q\text{mse}}}\right)_{\text{ave}} \tag{3.3.74}$$

如果输入相关矩阵 $\boldsymbol{R}_x$ 的全部特征值 $\lambda_q(q=0,1,\cdots,p-1)$ 都相等,那么学习曲线就仅有一个时间常数 τ_{mse},故有

$$O_{\text{sw}} = \frac{p}{4}\frac{1}{\tau_{\text{mse}}} \tag{3.3.75}$$

这表明,当相关矩阵 $\boldsymbol{R}_x$ 的各个特征值相当接近时,可以近似用一个具有单一时间常数的指数函数来拟合学习曲线。

从式(3.3.75)可导出一个近似的结论:过调节量约等于权系数的数量 p 除以调整时间(时间常数 τ_{mse} 的4倍)。因此,如果希望过调节量小于10%,那么调整时间($4\tau_{\text{mse}}$)应大于 $10p$。此外,大的自适应常数 μ 虽然有助于提高自适应速度,但将产生大的过调量 O_{sw},甚至可能导致自适应迭代过程不稳定。

3.3.3 最小二乘估计

最小二乘法(Least Squares, LS)是一种使估计偏差的平方和达到最小的参数估计算法。LS 算法最早可追溯到1795年,当时高斯应用该方法研究了行星的运动轨迹。LS 算法的显著特点是:仅需假设一个信号模型,而不必知道观测数据的概率分布,因而 LS 算法比其他参数估计算法更易于实现。LS 算法的不足之处在于:估计量不一定是最佳的,且因未对观测数据做任何统计假设,故无法评价 LS 估计量的统计性能。尽管如此,在数据源统计特性未知、或者最佳估计量难以计算的实际问题中,LS 算法仍然是应用最广的数学工具。

考虑图3-13,设确定性信号 s_n 是由某个模型产生的,与未知参数 $\boldsymbol{\theta}$ 和输入向量 $\boldsymbol{x}_n$ 有关,希望根据统计特性未知的观测数据对$(\boldsymbol{x}_n, y_n)$来估计未知参数 $\boldsymbol{\theta}$。

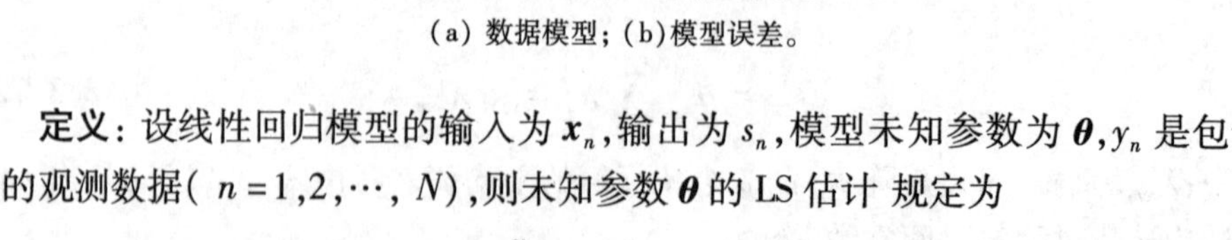

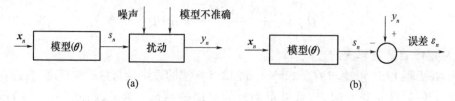

图3-13 最小二乘估计问题

(a) 数据模型; (b)模型误差。

定义:设线性回归模型的输入为 $\boldsymbol{x}_n$,输出为 s_n,模型未知参数为 $\boldsymbol{\theta}$,y_n 是包含 s_n 的观测数据($n=1,2,\cdots,N$),则未知参数 $\boldsymbol{\theta}$ 的 LS 估计 规定为

$$\hat{\boldsymbol{\theta}}_{\text{LS}} = \arg\min_{\boldsymbol{\theta}\in\Theta}\left[\sum_{n=1}^{N}(y_n - s_n)^2\right] \stackrel{\text{def}}{=} \arg\min_{\boldsymbol{\theta}\in\Theta} J(\boldsymbol{\theta}) \tag{3.3.76}$$

式中:Θ 为参数 $\boldsymbol{\theta}$ 的值域;标量 J 为观测数据 y_n 与确定性信号 s_n 之差的均方和,它通过 s_n 与 $\boldsymbol{\theta}$ 联系起来。

注意,在此未对对观测数据 y_n 的统计特性做任何假设,因此,LS 算法对于解决高斯和非高斯噪声的估计问题都是有效的。不难推断,LS 估计量的优劣取决于

噪声的统计特性和参数化模型的准确性。

一、线性回归模型参数的 LS 估计

在一般的最小二乘估计问题中，线性回归模型可表示为

$$y_n = \boldsymbol{\theta}^{\mathrm{T}} \cdot [1 \quad \boldsymbol{x}_n^{\mathrm{T}}]^{\mathrm{T}} = \theta_0 + \theta_1 x_{1n} + \theta_2 x_{2n} + \cdots + \theta_M x_{Mn} \tag{3.3.77}$$

式中：$\boldsymbol{x}_n = [x_{1n}, \cdots, x_{Mn}]^{\mathrm{T}}$ 为线性回归模型的确定性输入样本；$\boldsymbol{\theta} = [\theta_0, \theta_1, \cdots, \theta_M]^{\mathrm{T}}$为待估计的未知参数，也称为回归系数；$y_n$ 为线性回归模型的输出样本。

为了估计未知参数 $\theta_m(m=1,2,\cdots,M)$，必须先通过试验来获得线性回归模型的观测数据对$(\boldsymbol{x}_n, y_n)(n=1,2,\cdots,N(N \geqslant M)$，然后将各数据对代入式(3.3.77)，从而获得一组线性回归方程：

$$\begin{cases} \theta_0 + x_{11}\theta_1 + x_{21}\theta_2 + \cdots + x_{M1}\theta_M = y_1 \\ \theta_0 + 12\theta_1 + x_{22}\theta_2 + \cdots + x_{M2}\theta_M = y_2 \\ \qquad\vdots \\ \theta_0 + x_{1N}\theta_1 + x_{2N}\theta_2 + \cdots + x_{MN}\theta_M = y_N \end{cases} \tag{3.3.78a}$$

令

$$\boldsymbol{y} = \begin{bmatrix} y_1 \\ y_2 \\ \vdots \\ y_N \end{bmatrix}, \boldsymbol{\Phi} = \begin{bmatrix} \boldsymbol{\varphi}_1^{\mathrm{T}} \\ \boldsymbol{\varphi}_2^{\mathrm{T}} \\ \vdots \\ \boldsymbol{\varphi}_N^{\mathrm{T}} \end{bmatrix} = \begin{bmatrix} 1 & x_{11} & \cdots & x_{M1} \\ 1 & x_{12} & \cdots & x_{M2} \\ \vdots & \vdots & & \vdots \\ 1 & x_{1N} & \cdots & x_{MN} \end{bmatrix}, \boldsymbol{\theta} = \begin{bmatrix} \theta_0 \\ \theta_1 \\ \vdots \\ \theta_M \end{bmatrix}$$

则线性回归方程式(3.3.78a)可写成更为简洁的矩阵形式，即

$$\boldsymbol{\Phi} \cdot \boldsymbol{\theta} = \boldsymbol{y} \tag{3.3.78b}$$

为了能够唯一地识别出未知参数 $\boldsymbol{\theta}$，要求 $N \geqslant M$。但在进行参数估计时，通常要求 $N > M$，即数据对的数目应多于被估计参数的数目。在这种情况下，欲获得满足所有 N 个方程的精确解是不可能的。这是因为观测数据 $\boldsymbol{y}$ 难免受到噪声的污染，或者描述系统的线性回归模型不够精确。

在方程式(3.3.78)中引入随机噪声向量 $\boldsymbol{e} = [e_1, e_2, \cdots, e_N]^{\mathrm{T}}$，令

$$\boldsymbol{e} = \boldsymbol{y} - \boldsymbol{\Phi} \cdot \boldsymbol{\theta} \tag{3.3.79}$$

一般认为，$e_n(n=1,2,\cdots,N)$是零均值、相互独立的随机序列，并且具有相同的方差 σ^2。根据定义，参数 $\boldsymbol{\theta}$ 的最小二乘估计量$\hat{\boldsymbol{\theta}}_{\mathrm{LS}}$，就是使目标函数

$$\begin{aligned} J(\boldsymbol{\theta}) &= \boldsymbol{e}^{\mathrm{T}}\boldsymbol{e} = (\boldsymbol{y} - \boldsymbol{\Phi}\boldsymbol{\theta})^{\mathrm{T}}(\boldsymbol{y} - \boldsymbol{\Phi}\boldsymbol{\theta}) \\ &= \sum_{n=1}^{N} (y_n - \boldsymbol{\varphi}_n^{\mathrm{T}}\boldsymbol{\theta})^2 \end{aligned} \tag{3.3.80}$$

达到最小值的参数值。比较式(3.3.80)和式(3.3.76)，不难看出 $s_n = \boldsymbol{\varphi}_n^{\mathrm{T}}\boldsymbol{\theta}(n=1,2,\cdots,N)$。

将式(3.3.80)展开后，得

$$J(\boldsymbol{\theta}) = \boldsymbol{y}^{\mathrm{T}}\boldsymbol{y} - 2(\boldsymbol{\Phi}^{\mathrm{T}}\boldsymbol{y})^{\mathrm{T}}\boldsymbol{\theta} + \boldsymbol{\theta}^{\mathrm{T}}(\boldsymbol{\Phi}^{\mathrm{T}}\boldsymbol{\Phi})\boldsymbol{\theta}$$

上式极小化条件是：目标函数 $J(\boldsymbol{\theta})$ 关于未知参数 $\boldsymbol{\theta}$ 的偏导数等于0，即

$$\frac{\partial J(\boldsymbol{\theta})}{\partial \boldsymbol{\theta}} = -2\boldsymbol{\Phi}^{\mathrm{T}}\boldsymbol{y} + 2(\boldsymbol{\Phi}^{\mathrm{T}}\boldsymbol{\Phi})\boldsymbol{\theta} = 0 \tag{3.3.81}$$

当 $\boldsymbol{\Phi}^{\mathrm{T}}\boldsymbol{\Phi}$ 非奇异时，由正则方程式(3.3.81)可得到最小二乘估计量的唯一解：

$$\hat{\boldsymbol{\theta}}_{\mathrm{LS}} = (\boldsymbol{\Phi}^{\mathrm{T}}\boldsymbol{\Phi})^{-1}\boldsymbol{\Phi}^{\mathrm{T}}\boldsymbol{y} \overset{\mathrm{def}}{=} \boldsymbol{\Phi}^{+}\boldsymbol{y} \tag{3.3.82}$$

式中：$\boldsymbol{\Phi}^{+} = (\boldsymbol{\Phi}^{\mathrm{T}}\boldsymbol{\Phi})^{-1}\boldsymbol{\Phi}^{\mathrm{T}}$，为观测矩阵 $\boldsymbol{\Phi}$ 的伪逆。

应当指出，不论采用何种形式的噪声，式(3.3.82)总是成立的。换言之，噪声 $\boldsymbol{e}$ 的性质仅仅影响LS估计量的统计特性。

【例3-21】 考虑最简单的、只有一个输入变量 x 和一个输出变量 y 的线性静态模型：

$$y = \theta_0 + \theta_1 x$$

试求未知参数 θ_0，θ_1 的LS估计量。

解：依题意，观测数据可表示为

$$y_n = \theta_0 + \theta_1 x_n + e_n \quad (n = 1,2,\cdots,N)$$

式中：e_n 为观测噪声。将上式写成矩阵形式：

$$\begin{bmatrix} y_1 \\ \vdots \\ y_N \end{bmatrix} = \begin{bmatrix} 1 & x_1 \\ \vdots & \vdots \\ 1 & x_N \end{bmatrix}\begin{bmatrix} \theta_0 \\ \theta_1 \end{bmatrix} + \begin{bmatrix} e_1 \\ \vdots \\ e_N \end{bmatrix} \overset{\mathrm{def}}{=} \boldsymbol{\Phi}\cdot\boldsymbol{\theta} + \boldsymbol{e}$$

其中：

$$\boldsymbol{\Phi} = \begin{bmatrix} 1 & \cdots & 1 \\ x_1 & \cdots & x_N \end{bmatrix}^{\mathrm{T}}, \boldsymbol{\theta} = \begin{bmatrix} \theta_0 \\ \theta_1 \end{bmatrix}, \boldsymbol{e} = [e_1 \quad \cdots \quad e_N]^{\mathrm{T}}$$

由式(3.3.82)可知，LS估计量为

$$\hat{\boldsymbol{\theta}}_{\mathrm{LS}} = [\hat{\theta}_0 \quad \hat{\theta}_1]^{\mathrm{T}} = (\boldsymbol{\Phi}^{\mathrm{T}}\boldsymbol{\Phi})^{-1}\boldsymbol{\Phi}^{\mathrm{T}}\cdot\boldsymbol{y}$$

作为练习，请读者在MATLAB平台上输入以下数据和函数：

```
x=[1 2 3 4 5]; y=[1.3 1.8 2.2 2.9 3.5];      % 键入输入—输出数据
[p,s] =polyfit(x,y,1)                          % 生成拟合一次多项式
```

运行结果是：$p=[0.55,0.69]$，$s=0.1643$。即 $y=0.55x+0.69$；标准差为0.1643。

注意，输入数据 x_n 与输出数据 $y_n(n=1,2,\cdots,N)$ 的相关系数是判定二者之间是否存在线性关系的依据。样本 x_n 和 y_n 之间的相关系数定义为

$$\rho_{xy} = \frac{\sum_{n=1}^{N}(x_n - \bar{x})(y_n - \bar{y})}{\sqrt{\sum_{n=1}^{N}(x_n - \bar{x})^2}\sqrt{\sum_{n=1}^{N}(y_n - \bar{y})^2}} \quad (0 \leqslant |\rho_{xy}| \leqslant 1) \tag{3.3.83}$$

式中：$\bar{x}$，$\bar{y}$ 分别为样本 x_n 和 y_n 的均值。

相关系数 ρ_{xy} 的绝对值越大，表示变量 x_n 和 x_n 之间的线性关系越密切。但 $\rho_{xy}=0$ 并非表示二者的关系不密切，它们也可能存在某种非线性关系。

【例 3-22】 （非线性静态模型——曲线回归）假设某非线性静态模型的输出为

$$y = \frac{1}{1 + a x_1^b \exp(c x_2)} \tag{3.3.84}$$

式中：x_1, x_2 为非随机的输入变量。试求未知参数 a, b 和 c 的 LS 估计量。

解：先对该非线性模型进行线性化处理，以便于应用 LS 算法进行参数估计。经简单的代数运算，式(3.3.84)可改写成

$$\ln(y^{-1} - 1) = \ln a + b \ln x_1 + c x_2$$

上式可视为未知参数为$(\ln a, b, c)$，输入为$(\ln x_1, x_2)$，输出为 $\ln(y^{-1}-1)$ 的线性模型，故可应用 LS 算法估计变换后的未知参数。估计结果经反变换后，可获得原参数估计量。

二、加权 LS 估计

以上讨论是建立在各个噪声分量 $e_n(n=1,2,\cdots,N)$ 对整体误差 J 具有相同影响的前提下展开的。在实际问题中，如果各个噪声分量以不同权重的方式对整体误差产生影响，则应当采用加权最小二乘法进行参数估计。为此，把目标函数表达式(3.3.82)改写成

$$J_{\mathrm{W}}(\boldsymbol{\theta}) = \boldsymbol{e}^{\mathrm{T}}\boldsymbol{W}\boldsymbol{e} = (\boldsymbol{y} - \boldsymbol{\Phi}\cdot\boldsymbol{\theta})^{\mathrm{T}}\boldsymbol{W}(\boldsymbol{y} - \boldsymbol{\Phi}\cdot\boldsymbol{\theta}) \tag{3.3.85}$$

式中：$\boldsymbol{W}$ 为对称、正定的权系数矩阵。

按前面介绍的求目标函数极小值的方法，可导出加权最小二乘估计量的表达式：

$$\hat{\boldsymbol{\theta}}_{\mathrm{WLS}} = [(\boldsymbol{\Phi}^{\mathrm{T}}\boldsymbol{W}\boldsymbol{\Phi})^{-1}(\boldsymbol{\Phi}^{\mathrm{T}}\boldsymbol{W})]\boldsymbol{y} \tag{3.3.86}$$

显然，当 $\boldsymbol{W}$ 选为单位矩阵 $\boldsymbol{I}$ 时，就有 $\hat{\boldsymbol{\theta}}_{\mathrm{WLS}} = \hat{\boldsymbol{\theta}}_{\mathrm{LS}}$。

三、LS 估计量的统计特性

考虑式(3.3.79)所示的观测模型：

$$\boldsymbol{y} = \boldsymbol{\Phi}\cdot\boldsymbol{\theta} + \boldsymbol{e}$$

若观测噪声 $\boldsymbol{e}$ 是白噪声，即

$$E[\boldsymbol{e}] = 0, \qquad E[\boldsymbol{e}\cdot\boldsymbol{e}^{\mathrm{T}}] = \sigma_e^2\boldsymbol{I}$$

则 LS 估计量 $\hat{\boldsymbol{\theta}}_{\mathrm{LS}}$ 具有如下所述的统计性质：

(1) 无偏性。由式(3.3.82)可知：

$$\begin{aligned} E[\hat{\boldsymbol{\theta}}_{\mathrm{LS}}] &= E[(\boldsymbol{\Phi}^{\mathrm{T}}\boldsymbol{\Phi})^{-1}\boldsymbol{\Phi}^{\mathrm{T}}\boldsymbol{y}] \\ &= (\boldsymbol{\Phi}^{\mathrm{T}}\boldsymbol{\Phi})^{-1}\boldsymbol{\Phi}^{\mathrm{T}}E[\boldsymbol{\Phi}\boldsymbol{\theta} + \boldsymbol{e}] = \boldsymbol{\theta} \end{aligned} \tag{3.3.87}$$

且有

$$\begin{aligned}\mathrm{cov}(\hat{\boldsymbol{\theta}}_{\mathrm{LS}}) &= E[(\hat{\boldsymbol{\theta}}_{\mathrm{LS}}-\boldsymbol{\theta})(\hat{\boldsymbol{\theta}}_{\mathrm{LS}}-\boldsymbol{\theta})^{\mathrm{T}}]\\ &= E\{[(\boldsymbol{\Phi}^{\mathrm{T}}\boldsymbol{\Phi})^{-1}\boldsymbol{\Phi}^{\mathrm{T}}\boldsymbol{y}-\boldsymbol{\theta}][(\boldsymbol{\Phi}^{\mathrm{T}}\boldsymbol{\Phi})^{-1}\boldsymbol{\Phi}^{\mathrm{T}}\boldsymbol{y}-\boldsymbol{\theta}]^{\mathrm{T}}\}\\ &= (\boldsymbol{\Phi}^{\mathrm{T}}\boldsymbol{\Phi})^{-1}\boldsymbol{\Phi}^{\mathrm{T}}E[(\boldsymbol{y}-\boldsymbol{\Phi\theta})(\boldsymbol{y}-\boldsymbol{\Phi\theta})^{\mathrm{T}}]\boldsymbol{\Phi}(\boldsymbol{\Phi}^{\mathrm{T}}\boldsymbol{\Phi})^{-1}\\ &= (\boldsymbol{\Phi}^{\mathrm{T}}\boldsymbol{\Phi})^{-1}\boldsymbol{\Phi}^{\mathrm{T}}\sigma_e^2\boldsymbol{I}\boldsymbol{\Phi}(\boldsymbol{\Phi}^{\mathrm{T}}\boldsymbol{\Phi})^{-1} = \sigma_e^2(\boldsymbol{\Phi}^{\mathrm{T}}\boldsymbol{\Phi})^{-1}\end{aligned} \tag{3.3.88}$$

进一步地,若观测噪声是高斯白噪声,则其方差 $\boldsymbol{\sigma}_e{}^2$ 的 ML 估计量为

$$\hat{\sigma}^2_{\mathrm{ML}} = \frac{1}{N}\sum_{n=1}^{N}(y_n-\hat{\theta}_0-\hat{\theta}_1x_{1n}-\cdots-\hat{\theta}_Mx_{Mn})^2$$

且有

$$E[\hat{\sigma}^2_{\mathrm{ML}}] = \frac{N-M}{N}\sigma_e^2$$

亦即

$$\frac{N}{N-M}\hat{\sigma}^2_{\mathrm{ML}} = \frac{1}{N-M}\sum_{n=1}^{N}(y_n-\hat{\theta}_0-\hat{\theta}_1x_{1n}-\cdots-\hat{\theta}_Mx_{Mn})^2$$

是方差 $\boldsymbol{\sigma}_e^2$ 的无偏估计量。这一结论留给读者自行证明。

(2) 渐近收敛性。如果

$$\lim_{N\to\infty}\left[\left(\frac{1}{N}\boldsymbol{\Phi}^{\mathrm{T}}\boldsymbol{\Phi}\right)^{-1}\right] = \boldsymbol{\Gamma}$$

式中:$\boldsymbol{\Gamma}$ 为非奇异矩阵,则由式(3.3.88)可得

$$\begin{aligned}\lim_{N\to\infty}\mathrm{cov}(\hat{\boldsymbol{\theta}}_{\mathrm{LS}}) &= \lim_{N\to\infty}\frac{\boldsymbol{\sigma}_e^2}{N}\lim_{N\to\infty}\left[\left(\frac{1}{N}\boldsymbol{\Phi}^{\mathrm{T}}\boldsymbol{\Phi}\right)^{-1}\right]\\ &= \lim_{N\to\infty}\frac{\boldsymbol{\sigma}_e^2}{N}\boldsymbol{\Gamma} = 0\end{aligned} \tag{3.3.89}$$

(3) 有效性。令 $\hat{\boldsymbol{\theta}}$是 $\boldsymbol{\theta}$ 的任一线性无偏估计量,则有

$$E[(\hat{\boldsymbol{\theta}}_{\mathrm{LS}}-\boldsymbol{\theta})(\hat{\boldsymbol{\theta}}_{\mathrm{LS}}-\boldsymbol{\theta})^{\mathrm{T}}] \leqslant E[(\hat{\boldsymbol{\theta}}-\boldsymbol{\theta})(\hat{\boldsymbol{\theta}}-\boldsymbol{\theta})^{\mathrm{T}}] \tag{3.3.90}$$

证明:由于线性无偏估计量$\hat{\boldsymbol{\theta}}$可表示为

$$\hat{\boldsymbol{\theta}} = \boldsymbol{Ly}$$

式中:$\boldsymbol{L}$ 为相应维数的常数矩阵。依题意:

$$E[\hat{\boldsymbol{\theta}}] = \boldsymbol{L}E[\boldsymbol{y}] = \boldsymbol{L}E[\boldsymbol{\Phi\theta}+\boldsymbol{e}] = \boldsymbol{L\Phi\theta} = \boldsymbol{\theta}$$

由此得到

$$\boldsymbol{L\Phi} = \boldsymbol{I}$$

估计量$\hat{\boldsymbol{\theta}}$的协方差为

$$\mathrm{cov}(\hat{\boldsymbol{\theta}}) = E\{[\hat{\boldsymbol{\theta}}-\boldsymbol{\theta})][\hat{\boldsymbol{\theta}}-\boldsymbol{\theta}]^{\mathrm{T}}\}$$

$$= E[(\boldsymbol{Ly} - \boldsymbol{L\Phi\theta})(\boldsymbol{Ly} - \boldsymbol{L\Phi\theta})^{\mathrm{T}}]$$
$$= \boldsymbol{L}E[(\boldsymbol{y} - \boldsymbol{\Phi\theta})(\boldsymbol{y} - \boldsymbol{\Phi\theta})^{\mathrm{T}}]\boldsymbol{L}^{\mathrm{T}} = \sigma_e^2 \boldsymbol{LL}^{\mathrm{T}}$$

因为

$$0 \leqslant [\boldsymbol{L} - (\boldsymbol{\Phi}^{\mathrm{T}}\boldsymbol{\Phi})^{-1}\boldsymbol{\Phi}^{\mathrm{T}}][\boldsymbol{L} - (\boldsymbol{\Phi}^{\mathrm{T}}\boldsymbol{\Phi})^{-1}\boldsymbol{\Phi}^{\mathrm{T}}]^{\mathrm{T}}$$
$$= \boldsymbol{LL}^{\mathrm{T}} - (\boldsymbol{\Phi}^{\mathrm{T}}\boldsymbol{\Phi})^{-1}$$

所以

$$\mathrm{cov}(\hat{\boldsymbol{\theta}}) = \sigma_e^2 \boldsymbol{LL}^{\mathrm{T}} \geqslant \sigma_e^2 (\boldsymbol{\Phi}^{\mathrm{T}}\boldsymbol{\Phi})^{-1} = \mathrm{cov}(\hat{\boldsymbol{\theta}}_{\mathrm{LS}})$$

这说明 LS 估计量是最小方差无偏(MVU)估计量。

以上关系表明:当观测噪声为高斯白噪声时,LS 估计量具有良好的统计特性。

四、线性回归模型的检验

当考虑线性回归模型时,事先假定了模型输出样本 y_n 是输入样本 $\boldsymbol{x}_n$ 的线性函数,然后用最小二乘法来估计未知参数 $\theta_m(m=0,1,\cdots,M)$。由式(3.3.82)可知,只要观测矩阵的伪逆 $\boldsymbol{\Phi}^+$ 存在,就可以算出一组未知参数 θ_m 的估计值。然而,这样得到的线性回归模型是否恰当?从最小二乘法的本身无法得到明确的答案,因而,还需要进一步分析 LS 估计的效果。

分析 LS 估计的效果主要有如下两种方法:

(1) 为了检验所选择的 线性回归模型是否恰当,最简单的方法是在参数估计时,保留一组输入—输出数据对(不用于参数估计),称为检验数据集。待获得参数估计量后,用这组数据对来验证线性回归模型的普适性或泛化能力。

(2) 用数理统计方法分析线性回归模型的方差。已知输出样本 $y_n(n=1,2,\cdots,N)$的偏差平方和可表示为

$$S_{\mathrm{T}} = \sum_{n=1}^{N}(y_n - \bar{y})^2 = (N-1)s_N^2$$

式中:$\bar{y}$ 为输出样本 y_n 的平均值;$s_N{}^2$ 为输出样本 y_n 的方差。若令

$$\hat{y}_n = \hat{\theta}_0 + \hat{\theta}_1 x_{1n} + \cdots + \hat{\theta}_M x_{Mn} = \hat{\theta}_0 + \sum_{m=1}^{M}\hat{\theta}_m x_{mn}$$

则有

$$S_{\mathrm{T}} = \sum_{n=1}^{N}(y_n - \bar{y})^2 = \sum_{n=1}^{N}[(y_n - \hat{y}_n) + (\hat{y}_n - \bar{y})]^2$$
$$= \sum_{n=1}^{N}(y_n - \hat{y}_n)^2 + \sum_{n}(\hat{y}_n - \bar{y})^2$$
$$\overset{\mathrm{def}}{=} J + Q \tag{3.3.91}$$

式中:

$$J = \sum_{n=1}^{N}(y_n - \hat{y}_n)^2, \quad Q = \sum_{n}(\hat{y}_n - \bar{y})^2$$

推导中利用了

$$2\sum_{n=1}^{N}(y_n - \hat{y}_n)(\hat{y}_n - \bar{y}) = 2\sum_{n=1}^{N}\hat{y}_n \cdot (y_n - \hat{y}_n) - 2\bar{y}\sum_{n=1}^{N}(y_n - \hat{y}_n)$$

$$= 2\sum_{n=1}^{N}(\hat{\theta}_0 + \hat{\theta}_1 x_{1n} + \cdots + \hat{\theta}_M x_{Mn})(y_n - \hat{y}_n) +$$

$$2\bar{y}\sum_{n=1}^{N}(y_n - \hat{y}_n) = 0$$

这是因为

$$\sum_{n=1}^{N} x_{mn}(y_n - \hat{y}) = 0 \quad (m = 0,1,2,\cdots,M; x_{0n} = 1)$$

和

$$\sum_{n=1}^{N}(y_n - \hat{y}_n) = 0$$

恰好是正则方程式(3.3.81)的分立表达式,即$\partial J/\partial\theta_m = 0(m = 0,1,\cdots, M)$,而$\hat{\theta}_m$是正则方程的解,所以式(3.3.91)成立。

在式(3.3.91)中,右端第一项是输出数据y_n与模型输出$\hat{y}_n$之差的平方和,记为J;右端第二项是模型输出$\hat{y}_n$与输出数据均值$\bar{y}$之差的平方和,记为Q。显然,$Q/(N-1)$越接近于样本方差${s_N}^2$(J越小,Q越大),回归效果越好。

当观测噪声$e_n(n = 0,1,\cdots, N)$是独立同分布的高斯随机序列时,由χ^2(卡方)分布的性质可知,J的分布为χ^2_{N-M-1},Q的分布为χ^2_M,且J与Q是相互独立的[14]。因此,统计量

$$F = \frac{Q/M}{J/(N-M-1)} \tag{3.3.92}$$

服从F分布,其自由度为$(M,N-M-1)$。该统计量可用于检验线性回归效果的显著性:给定某一置信度α,查F分布表得到临界值F_α,当$F > F_\alpha$时,就认为回归效果是显著的;当$F \leqslant F_\alpha$时,则认为回归效果不显著。

(3) 根据上面讨论可知

$$S_{\mathrm{T}} = J + Q$$

Q越接近于S_{T},回归效果越好,也即y_n与$x_{mn}(m = 0,1,\cdots, M)$之间的线性关系越密切。因此,可考虑定义一个指标

$$I_{\mathrm{L}} = \sqrt{\frac{Q}{S_{\mathrm{T}}}} = \sqrt{1 - \frac{J}{S_{\mathrm{T}}}} \quad (0 \leqslant I_{\mathrm{L}} \leqslant 1) \tag{3.3.93}$$

来刻画y_n与$x_{mn}(m = 0,1,\cdots, M)$之间线性关系的密切度,并称之为线性回归指数。

本章小结

重点介绍了估计量的评价准则和常用的参数估计算法，以及这些理论方法在信号检测和线性回归模型识别等专题中的应用。从算法实现的角度来看，参数估计理论并不难理解，特别是有了 MATLAB 这一强大的软件工具，读者可以从繁琐的计算机编程工作解脱出来。然而，要理解和掌握 MATLAB 中有关函数的用法，则应当了解这些函数的具体含义，这正是我们详尽推导各种参数算法、并列举各种应用实例的缘故。此外，如果希望将参数估计算法和估计量的评价准则应用于解决实际问题，就必须具备从以工程技术方式描述的复杂过程中提炼出简练而又切中肯綮的数学模型的能力。对于初学者而言，只有通过反复实践，切实理解并掌握随机过程和参数估计理论的基本概念和计算方法，才能达成这一目标。

现将本章的主要内容归纳如下：

(1) 如果被估计参数 θ 仅仅是观测样本 $\boldsymbol{y}=[y_1,y_2,\cdots,y_N]^{\mathrm{T}}$ 的函数，且不含有任何未知参数，则称为估计量，用符号 $\hat{\theta}(\boldsymbol{y})$ 表示，简记为 $\hat{\theta}$。如果希望在多次估计中，估计量的期望值没有偏差，则称 $\hat{\theta}$ 是未知参数 θ 的无偏估计量。

假设 $\hat{\theta}$ 是未知参数 θ 的无偏估计量，$\hat{\theta}'$ 是参数 θ 的任一其他无偏估计量，如果

$$E[(\hat{\theta}-\theta)^2] \leqslant E[(\hat{\theta}'-\theta)^2]$$

则称 $\hat{\theta}$ 是最小方差无偏(Minimum Variance Unbiased, MVU)估计量，简称 MVU 估计量；如果估计量 $\hat{\theta}$ 不是无偏的，则称 $\hat{\theta}$ 是最小均方误差(Minimum Mean Square Error, MMSE)估计量，简称 MMSE 估计量。在这两种情况下，$\hat{\theta}$ 的值比 $\hat{\theta}'$ 更密集地汇聚在未知参数 θ 的“真值”附近，亦即估计量 $\hat{\theta}$ 的精密度高于任何其他估计量 $\hat{\theta}'$，故又称 $\hat{\theta}$ 为有效估计量。

(2) 如果记依赖于样本容量 N 的估计量为 $\hat{\theta}_N$，当它满足

$$\lim_{N\to\infty} P\{|\hat{\theta}_N-\theta|>\varepsilon\}=0 \quad (\forall \varepsilon>0)$$

则称 $\hat{\theta}_N$ 是未知参数 θ 的一致估计量，或者相容估计量。

(3) 如果估计量 $\hat{\theta}$ 是观测样本 $\boldsymbol{y}=[y_1,y_2,\cdots,y_N]^{\mathrm{T}}$ 的线性函数，则称 $\hat{\theta}$ 是未知参数 θ 的线性估计量。

(4) 无偏估计量的方差的下限，称之为 CR 下限(Cramer - Rao Lower Bound, CRLB)。

设在给定参数 θ 下观测数据 $\boldsymbol{y}$ 的概率密度函数为 $p(\boldsymbol{y}|\theta)$，如果 $p(\boldsymbol{y}|\theta)$ 对真实参数 θ 的一阶、二阶偏导数存在，则观测数据 $\boldsymbol{y}$ 的 Fisher 信息可表示为

$$I(\theta) = -E\left[\frac{\partial^2 \ln p(\boldsymbol{y} \mid \theta)}{\partial^2 \theta}\right]$$

进一步假定估计量$\hat{\theta}$是参数θ的无偏估计量，且满足正则条件

$$E\left[\frac{\partial \ln p(\boldsymbol{y} \mid \theta)}{\partial \theta}\right] = 0 \quad (\forall \theta)$$

那么，无偏估计量$\hat{\theta}$的方差必定满足

$$\mathrm{var}(\hat{\theta}) = E[(\hat{\theta} - \theta)^2] \geqslant \frac{1}{I(\theta)}$$

估计量方差$\mathrm{var}(\hat{\theta})$达到CR下限的充分必要条件是

$$\frac{\partial \ln p(\boldsymbol{y} \mid \theta)}{\partial \theta} = K(\theta)(\hat{\theta} - \theta)$$

式中：$K(\theta) > 0$，且仅仅是未知参数θ的函数。

在实际应用中，如果被估计量α是某个基本参数θ的函数，即$\alpha = g(\theta)$，则无偏估计量$\hat{\alpha}$CR下限的表达式变成

$$\mathrm{var}(\hat{\alpha}) \geqslant \frac{[\partial g(\theta)/\partial \theta]^2}{-E[\partial^2 \ln p(\boldsymbol{y} \mid \theta)/\partial^2 \theta]}$$

注意，非线性变换将导致原估计量的统计特性发生变化，而线性变换则不然。

假设在给定多个参数$\boldsymbol{\theta} = [\theta_1, \cdots, \theta_p]^{\mathrm{T}}$下观测数据$\boldsymbol{y}$的密度函数为$p(\boldsymbol{y} | \boldsymbol{\theta})$，且满足正则条件：

$$E\left[\frac{\partial \ln p(\boldsymbol{y} \mid \boldsymbol{\theta})}{\partial \boldsymbol{\theta}}\right] = \boldsymbol{0} \quad (\forall \boldsymbol{\theta})$$

式中：数学期望是对$p(\boldsymbol{y} | \boldsymbol{\theta})$求出的，偏导数是将$\boldsymbol{\theta}$视为真值进行计算的，那么Fisher信息矩阵$\boldsymbol{I}(\boldsymbol{\theta})$由下式给出，即

$$[\boldsymbol{I}(\boldsymbol{\theta})]_{mn} = -E\left[\frac{\partial^2 \ln p(\boldsymbol{y} \mid \boldsymbol{\theta})}{\partial \theta_m \partial \theta_n}\right] \quad (m, n = 1, 2, \cdots, p)$$

且任何无偏估计量$\hat{\boldsymbol{\theta}}$的协方差矩阵均满足

$$\mathrm{cov}(\hat{\boldsymbol{\theta}}) - \boldsymbol{I}^{-1}(\boldsymbol{\theta}) \geqslant 0$$

上式等号成立——无偏估计量$\hat{\boldsymbol{\theta}}$的协方差达到CR下限的充分必要条件是

$$\frac{\partial \ln p(\boldsymbol{y} \mid \boldsymbol{\theta})}{\partial \boldsymbol{\theta}} = \boldsymbol{K}(\boldsymbol{\theta})(\hat{\boldsymbol{\theta}} - \boldsymbol{\theta})$$

式中：$\boldsymbol{K}(\boldsymbol{\theta})$为$p \times p$的正定矩阵，且仅仅是$p$维向量$\hat{\boldsymbol{\theta}}$的函数。

如果被估计量是$\boldsymbol{\alpha} = \boldsymbol{g}(\boldsymbol{\theta})$，$\boldsymbol{g}$是$r$维函数向量，则无偏估计量$\hat{\boldsymbol{\alpha}}$的协方差矩阵满足：

$$\mathrm{cov}(\hat{\boldsymbol{\alpha}}) - \frac{\partial \boldsymbol{g}(\boldsymbol{\theta})}{\partial \boldsymbol{\theta}} \boldsymbol{I}^{-1}(\boldsymbol{\theta}) \frac{\partial \boldsymbol{g}^{\mathrm{T}}(\boldsymbol{\theta})}{\partial \boldsymbol{\theta}} \geqslant 0$$

式中：$\partial \boldsymbol{g}/\partial \boldsymbol{\theta}$ 为 $r \times p$ 雅可比矩阵：

$$\frac{\partial \boldsymbol{g}(\boldsymbol{\theta})}{\partial \boldsymbol{\theta}} = \begin{bmatrix} \partial g_1(\boldsymbol{\theta})/\partial \theta_1 & \partial g_1(\boldsymbol{\theta})/\partial \theta_2 & \cdots & \partial g_1(\boldsymbol{\theta})/\partial \theta_p \\ \partial g_2(\boldsymbol{\theta})/\partial \theta_1 & \partial g_2(\boldsymbol{\theta})/\partial \theta_2 & \cdots & \partial g_2(\boldsymbol{\theta})/\partial \theta_p \\ \vdots & \vdots & & \vdots \\ \partial g_r(\boldsymbol{\theta})/\partial \theta_1 & \partial g_r(\boldsymbol{\theta})/\partial \theta_2 & \cdots & \partial g_r(\boldsymbol{\theta})/\partial \theta_p \end{bmatrix}$$

与标量参数变换一样，向量参数的线性变换也将保持原估计量的统计特性。

假定 r 维观测向量 $\boldsymbol{y}$ 服从高斯分布，即

$$\boldsymbol{y} \sim N(\boldsymbol{\mu}_y, \boldsymbol{C}_y)$$

式中：r 维均值向量 $\boldsymbol{\mu}_y$ 和 $r \times r$ 维协方差矩阵 $\boldsymbol{C}_y$ 可能与参数 $\boldsymbol{\theta} = [\theta_1, \cdots, \theta_p]^{\mathrm{T}}$ 有关。这时，Fisher 信息矩阵由下式给出：

$$[\boldsymbol{I}(\boldsymbol{\theta})]_{mn} = \frac{\partial \boldsymbol{\mu}_y^{\mathrm{T}}}{\partial \theta_m} \cdot \boldsymbol{C}_y^{-1} \cdot \frac{\partial \boldsymbol{\mu}_y}{\partial \theta_n} + \frac{1}{2} \mathrm{tr}\left[\boldsymbol{C}_y^{-1} \cdot \frac{\partial \boldsymbol{C}_y}{\partial \theta_m} \cdot \boldsymbol{C}_y^{-1} \cdot \frac{\partial \boldsymbol{C}_y}{\partial \theta_n} \right]$$

式中：

$$\frac{\partial \boldsymbol{\mu}_y}{\partial \theta_k} = \left[\frac{\partial \boldsymbol{\mu}_y(1)}{\partial \theta_k} \quad \frac{\partial \boldsymbol{\mu}_y(2)}{\partial \theta_k} \quad \cdots \quad \frac{\partial \boldsymbol{\mu}_y(r)}{\partial \theta_k} \right]^{\mathrm{T}} \quad (k = m, n = 1, 2, \cdots, p)$$

$$\frac{\partial \boldsymbol{C}_y}{\partial \theta_k} = \begin{bmatrix} \partial \boldsymbol{C}_y(1,1)/\partial \theta_k & \partial \boldsymbol{C}_y(1,2)/\partial \theta_k & \cdots & \partial \boldsymbol{C}_y(1,r)/\partial \theta_k \\ \partial \boldsymbol{C}_y(2,1)/\partial \theta_k & \partial \boldsymbol{C}_y(2,2)/\partial \theta_k & \cdots & \partial \boldsymbol{C}_y(2,r)/\partial \theta_k \\ \vdots & \vdots & & \vdots \\ \partial \boldsymbol{C}_y(r,1)/\partial \theta_k & \partial \boldsymbol{C}_y(r,1)/\partial \theta_k & \cdots & \partial \boldsymbol{C}_y(r,r)/\partial \theta_k \end{bmatrix} \quad (k = m, n)$$

（5）在参数估计中，估计偏差 $\tilde{\theta} = \theta - \hat{\theta}$ 往往不为零。除了采用前面介绍的无偏、有效和相容估计作为评价准则外，还可把估计偏差的变化范围作为参数估计的测度，这种测度称为代价函数，用符号 $C(\tilde{\theta})$ 表示。典型的代价函数 $C(\tilde{\theta})$ 有三种：二次型、绝对型和均匀型。

代价函数 $C(\tilde{\theta})$ 的数学期望称为风险函数。使风险函数最小的参数估计称为贝叶斯估计，记为 $\hat{\theta}_B$。

基于二次型风险函数最小的参数估计，称为最小均方误差（Minimum Mean Square Error，MMSE）估计。MMSE 估计量 $\hat{\theta}_{\mathrm{MMSE}}$ 等于在给定样本 $\boldsymbol{y}$ 条件下参数 θ 的条件均值。

基于绝对型风险函数最小的参数估计量 $\hat{\theta}_{\mathrm{ABS}}$，恰好是后验概率密度函数 $p(\theta|\boldsymbol{y})$ 的中位数，因此这种估计又称为条件中位数估计，记为 $\hat{\theta}_{\mathrm{MED}}$。

基于均匀型风险函数最小的参数估计量 $\hat{\theta}_{\mathrm{UNF}}$ 等价于求解后验概率密度函数

$p(\theta|\boldsymbol{y})$的极大值,称为最大后验概率密度估计,记为$\hat{\boldsymbol{\theta}}_{\mathrm{MAP}}$。

(6) 若实随机向量$\boldsymbol{x}$和$\boldsymbol{y}$分别是$N_x \times 1$和$N_y \times 1$维的高斯向量,并且是联合高斯的,则在给定观测样本$\boldsymbol{y}$的条件下,参量$\boldsymbol{x}$的条件密度函数$p(\boldsymbol{x}|\boldsymbol{y})$也是高斯的。在给定样本$\boldsymbol{y}$的条件下,未知参量$\boldsymbol{x}$的最小均方误差(MMSE)估计等于未知参量$\boldsymbol{x}$的条件均值$\boldsymbol{\mu}_{x|y}$,即

$$\hat{\boldsymbol{x}}(\boldsymbol{y}) = \boldsymbol{\mu}_{x|y} = \boldsymbol{\mu}_x + \boldsymbol{C}_{xy}\boldsymbol{C}_y^{-1}(\boldsymbol{y} - \boldsymbol{\mu}_y)$$

估计偏差为

$$\tilde{\boldsymbol{x}}(\boldsymbol{y}) = \boldsymbol{x} - \hat{\boldsymbol{x}}(\boldsymbol{y}) = \boldsymbol{x} - \boldsymbol{\mu}_{x|y}$$

其协方差矩阵为

$$\mathrm{cov}[\tilde{\boldsymbol{x}}(\boldsymbol{y})] = \boldsymbol{C}_{x|y} = \boldsymbol{C}_x - \boldsymbol{C}_{xy}\boldsymbol{C}_y^{-1}\boldsymbol{C}_{yx}$$

(7) 极大似然估计(Maximum Likelihood Estimate,ML 估计,或最大似然估计)的基本思路是:在给定参数$\boldsymbol{\theta} = \{\theta_1,\theta_2,\cdots,\theta_p\}$的条件下,将观测样本$\boldsymbol{y}$的条件概率密度函数$p(\boldsymbol{y}|\boldsymbol{\theta})$视为真实参数$\boldsymbol{\theta}$的函数,即似然函数,记作$L(\boldsymbol{y};\boldsymbol{\theta})$。然后利用已知的观测样本$\boldsymbol{y} = \{y_1, y_2, \cdots, y_N\}$,求出使似然函数$L(\boldsymbol{y};\boldsymbol{\theta})$达到最大化的估计量$\hat{\boldsymbol{\theta}}_{\mathrm{ML}}$作为未知参数$\boldsymbol{\theta}$的估计值。ML 估计量$\hat{\boldsymbol{\theta}}_{\mathrm{ML}}$只要能够求出来,总是比较好的估计。

(8) 基于迭代运算的 ML 估计——数学期望最大(Expectation Maximization, EM)算法,它可通过不完备数据y_m的一系列迭代计算,来确定未知参数的 ML 估计量。每次迭代包含两个步骤——数学期望(E - step)和最大化(M - step)。

(9) 设$\boldsymbol{y}$是N维观测向量,$\boldsymbol{\theta}$是M维未知参数向量,则参量$\boldsymbol{\theta}$的线性无偏估计量可表示为

$$\hat{\boldsymbol{\theta}} = \boldsymbol{\mu}_\theta + \boldsymbol{L}(\boldsymbol{y} - \boldsymbol{\mu}_y)$$

式中:$\boldsymbol{\mu}_\theta$为M维参数向量$\boldsymbol{\theta}$的期望值;$\boldsymbol{\mu}_y$为N维观测向量$\boldsymbol{y}$的期望值;$\boldsymbol{L}$为待定的$M \times N$常数矩阵。进一步地,如果以估计量偏差$\tilde{\boldsymbol{\theta}} = \hat{\boldsymbol{\theta}} - \boldsymbol{\theta}$中的各个分量$\theta_i (i=1, 2,\cdots,M)$的均方和作为评价线性无偏估计量$\hat{\boldsymbol{\theta}}$的性能指标,即

$$J(\boldsymbol{\theta}) = \sum_{i=1}^{M} E[\tilde{\theta}_i^2] = \mathrm{tr}\{E[\tilde{\boldsymbol{\theta}} \cdot \tilde{\boldsymbol{\theta}}^{\mathrm{T}}]\} = \mathrm{tr}[\boldsymbol{C}_{\tilde{\theta}}]$$

$$= \mathrm{tr}\{E[(\hat{\boldsymbol{\theta}} - \boldsymbol{\theta})(\hat{\boldsymbol{\theta}} - \boldsymbol{\theta})^{\mathrm{T}}]\}$$

那么,线性均方估计就是通过选择常数矩阵$\boldsymbol{L}$,使均方和误差$J(\boldsymbol{\theta})$达到最小化,并称线性无偏估计量$\hat{\boldsymbol{\theta}}$为线性均方估计量,记为$\hat{\boldsymbol{\theta}}_{\mathrm{LMS}}$。

正交性原理:若线性无偏估计量$\hat{\boldsymbol{\theta}}$的偏差$\tilde{\boldsymbol{\theta}} = \hat{\boldsymbol{\theta}} - \boldsymbol{\theta}$与观测向量$\boldsymbol{y}$正交:

$$E(\boldsymbol{y} \cdot \tilde{\boldsymbol{\theta}}^{\mathrm{T}}) = 0$$

则估计量在最小均方和误差意义下是最优的,记为$\hat{\boldsymbol{\theta}}_{\mathrm{LMS}}$或$\hat{\boldsymbol{\theta}}_{\mathrm{MMSE}}$。

(10) 设线性组合器的一组输入样本 $x_{km}(m=0,1,\cdots,p-1)$ 的加权和形成一个输出序列 y_k。若将第 k 个输入样本 $\boldsymbol{x}_k$ 和权系数向量 $\boldsymbol{W}_k$ 分别记为

$$\boldsymbol{x}_k = [x_{k0},x_{k1},\cdots,x_{k(p-1)}]^{\mathrm{T}},\boldsymbol{W}_k^{\mathrm{T}} = [w_{k0},w_{k1},\cdots,w_{k(p-1)}]$$

则线性组合器的输出 y_k 可表示为

$$y_k = \sum_{i=0}^{p-1} w_{ki}\cdot x_{ki} = \boldsymbol{W}_k^{\mathrm{T}}\boldsymbol{x}_k \quad (k=1,2,\cdots)$$

设线性组合器的期望响应为 d_k,则线性组合器输出 y_k 的偏差 ε_k 定义为

$$\varepsilon_k = d_k - y_k = d_k - \boldsymbol{W}_k^{\mathrm{T}}\boldsymbol{x}_k$$

取估计偏差 ε_k 的均方值 J_k 作为评价线性组合器的性能指标,即

$$J_k \stackrel{\mathrm{def}}{=} E[\varepsilon_k^2] = E[d_k^2] - 2\boldsymbol{R}_{dx}^{\mathrm{T}}\cdot\boldsymbol{W}_k + \boldsymbol{W}_k^{\mathrm{T}}\boldsymbol{R}_x\boldsymbol{W}_k$$

式中:$\boldsymbol{R}_{dx}$为输入向量和期望响应之间的互相关向量;$\boldsymbol{R}_x$ 为输入向量的自相关矩阵。

使 J_k 取最小值 $J_{\min}$的权系数 $\boldsymbol{W}_k$ 满足下列方程

$$E[\boldsymbol{x}_k\boldsymbol{\varepsilon}_k^{\mathrm{T}}] = E[\boldsymbol{x}_k(d_k - \boldsymbol{W}_k^{\mathrm{T}}x_k)^{\mathrm{T}}] = \boldsymbol{R}_{dx} - \boldsymbol{R}_x\boldsymbol{W}_k = 0$$

故有

$$\boldsymbol{W}_k = \boldsymbol{R}_x^{-1}\boldsymbol{R}_{dx} \stackrel{\mathrm{def}}{=} \boldsymbol{W}_{\mathrm{opt}}$$

这正是著名的 Wiener－Hopf 方程,也称为线性组合器权系数的维纳解。

利用梯度估值

$$\hat{\boldsymbol{\nabla}}_k = -2\varepsilon_k\boldsymbol{x}_k$$

来搜索权向量 $\boldsymbol{W}_k$ 的维纳解 $\boldsymbol{W}_{\mathrm{opt}}$,称为 LMS 自适应算法(或 Widrow 算法),即

$$\boldsymbol{W}_{k+1} = \boldsymbol{W}_k - \mu\hat{\boldsymbol{\nabla}}_k = \boldsymbol{W}_k + 2\mu\varepsilon_k\boldsymbol{x}_k$$

式中:μ 为自适应增益常数。

梯度噪声所引起的过调节规定:平均附加的均方误差与最小均方误差的比值,即

$$O_{\mathrm{sw}} = \frac{E[\widetilde{\boldsymbol{W}'}_k^{\mathrm{T}}\boldsymbol{\Lambda}\widetilde{\boldsymbol{W}'}_k]}{J_{\min}} = \mu\cdot\mathrm{tr}\boldsymbol{R}_x$$

式中:

$$\widetilde{\boldsymbol{W}'}_k = \boldsymbol{W}'_k - \boldsymbol{W}'_{\mathrm{opt}} = \boldsymbol{L}(\boldsymbol{W}_k - \boldsymbol{W}_{\mathrm{opt}}) = \boldsymbol{L}\widetilde{\boldsymbol{W}}_k$$

其中:$\boldsymbol{L}$ 为由 $\boldsymbol{R}_x$ 的特征向量组成的正交矩阵;$\boldsymbol{\Lambda}$ 为由 $\boldsymbol{R}_x$ 的特征值组成的对角线矩阵。

自适应常数 μ 越大,自适应过程的收敛速度越快,但将产生大的过调量 O_{sw},甚至可能导致自适应权系数迭代过程不稳定。

在输入相关矩阵 $\boldsymbol{R}_x$ 的全部特征值 $\lambda_q(q=0,1,\cdots,p-1)$ 都相等的前提条件

下,学习曲线仅有一个时间常数 τ_{mse},这时,过调节量由下式给出:

$$O_{\mathrm{sw}} = \frac{p}{4}\frac{1}{\tau_{\mathrm{mse}}}$$

如果希望过调节量小于 10%,则调整时间($4\tau_{\mathrm{mse}}$)应当大于 $10p$(p 为权系数的数目)。

应当特别指出,线性组合器输出 y_k 的最小均方误差估计与线性均方估计没有本质上的差异。因此,当线性组合器输出 y_k 的估计偏差 $\varepsilon_k = d_k - y_k$ 与第 k 个输入样本 x_{ki} 正交

$$E[\varepsilon_k x_{ki}] = 0 \quad (i = 0,1,\cdots,p-1)$$

时,线性组合器输出 y_k 在最小均方误差意义下是最优的,其权系数收敛于维纳解 $\boldsymbol{W}_{\mathrm{opt}}$。

(11) 最小二乘法是一种使估计偏差的平方和达到最小的参数估计算法。其显著特点是:仅需假设一个信号模型,而不必知道观测数据的概率分布,因而最小二乘法比其他参数估计算法更易于实现。

在一般的最小二乘估计问题中,线性回归模型可表示为

$$y_n = \theta_0 + \theta_1 x_{1n} + \theta_2 x_{2n} + \cdots + \theta_M x_{Mn} \quad (n = 1,2,\cdots,N)$$

式中:$x_{1n}, x_{2n}, \cdots, x_{Mn}$ 为线性回归模型的确定性输入样本;$\theta_0, \theta_1, \cdots, \theta_M$ 为待估计的参数,也称为回归系数;y_n 为线性回归模型的输出样本。为了估计未知参数 θ_m($m = 1,2,\cdots,M$),必须先通过试验来获得线性系统的观测数据对 $[x_{mn}, y_n]$($n = 1,2,\cdots,N$);($N \geqslant M$),令

$$\boldsymbol{y} = \begin{bmatrix} y_1 \\ y_2 \\ \vdots \\ y_N \end{bmatrix}, \boldsymbol{\Phi} = \begin{bmatrix} \boldsymbol{\varphi}_1^{\mathrm{T}} \\ \boldsymbol{\varphi}_2^{\mathrm{T}} \\ \vdots \\ \boldsymbol{\varphi}_N^{\mathrm{T}} \end{bmatrix} = \begin{bmatrix} 1 & x_{11} & \cdots & x_{M1} \\ 1 & x_{12} & \cdots & x_{M2} \\ \vdots & \vdots & & \vdots \\ 1 & x_{1N} & \cdots & x_{MN} \end{bmatrix}, \boldsymbol{\theta} = \begin{bmatrix} \theta_0 \\ \theta_1 \\ \vdots \\ \theta_M \end{bmatrix}$$

则线性回归模型可写成更为简洁的矩阵形式:

$$\boldsymbol{\Phi} \cdot \boldsymbol{\theta} = \boldsymbol{y}$$

引入随机噪声向量 $\boldsymbol{e} = [e_1, e_2, \cdots, e_N]^{\mathrm{T}}$,令

$$\boldsymbol{e} = \boldsymbol{y} - \boldsymbol{\Phi} \cdot \boldsymbol{\theta}$$

一般认为,e_n($n = 1,2,\cdots,N$)是零均值、相互独立的随机噪声序列,并且具有相同的方差 σ_e^2。参数 $\boldsymbol{\theta}$ 的最小二乘估计量 $\hat{\boldsymbol{\theta}}_{\mathrm{LS}}$,就是使目标函数

$$J(\boldsymbol{\theta}) = \boldsymbol{e}^{\mathrm{T}}\boldsymbol{e} = (\boldsymbol{y} - \boldsymbol{\Phi}\boldsymbol{\theta})^{\mathrm{T}}(\boldsymbol{y} - \boldsymbol{\Phi}\boldsymbol{\theta}) = \sum_{n=1}^{N}(y_n - \boldsymbol{\varphi}_n^{\mathrm{T}}\boldsymbol{\theta})^2$$

达到最小值的参数值,即

$$\hat{\boldsymbol{\theta}}_{LS} = (\boldsymbol{\Phi}^T\boldsymbol{\Phi})^{-1}\boldsymbol{\Phi}^T\boldsymbol{y} \overset{def}{=} \boldsymbol{\Phi}^+ \boldsymbol{y}$$

式中：$\boldsymbol{\Phi}^+ = (\boldsymbol{\Phi}^T\boldsymbol{\Phi})^{-1}\boldsymbol{\Phi}^T$，为观测矩阵 $\boldsymbol{\Phi}$ 的伪逆。

如果把目标函数表达式改写成

$$J_W(\boldsymbol{\theta}) = \boldsymbol{e}^T\boldsymbol{W}\boldsymbol{e} = (\boldsymbol{y} - \boldsymbol{\Phi}\cdot\boldsymbol{\theta})^T\boldsymbol{W}(\boldsymbol{y} - \boldsymbol{\Phi}\cdot\boldsymbol{\theta})$$

式中：$\boldsymbol{W}$ 为对称、正定的权系数矩阵，则可导出加权最小二乘估计量表达式：

$$\hat{\boldsymbol{\theta}}_{WLS} = [(\boldsymbol{\Phi}^T\boldsymbol{W}\boldsymbol{\Phi})^{-1}(\boldsymbol{\Phi}^T\boldsymbol{W})]\boldsymbol{y}$$

当 $\boldsymbol{W}$ 选为单位矩阵 $\boldsymbol{I}$ 时，就有 $\hat{\boldsymbol{\theta}}_{WLS} = \hat{\boldsymbol{\theta}}_{LS}$。

习　题

3-1　设某一随机过程的样本为 $\{x_1, x_2, \cdots, x_k\}$，设 k 时刻的样本均值和方差分别为

$$\bar{x}_k = \frac{1}{k}\sum_{i=1}^{k} x_i \quad 和 \quad s_k = \frac{1}{k-1}\sum_{i=1}^{k}(x_i - \bar{x}_k)^2 \quad (k \neq 1)$$

假定新的观测值为 x_{k+1}，试推导样本均值 $\bar{x}_{k+1}$ 和样本方差 s_{k+1} 的更新公式。

3-2　设某一随机过程样本由 $x_k = a + bk + v_k$ 描述，其中，$v_k \sim N(0, \sigma^2)$；a 和 b 是待定的未知参数。试求估计量 $\hat{a}, \hat{b}$ 的 CR 下界。

3-3　假设观测样本为

$$y_k = x + e_k \quad (k = 1, 2, \cdots, N)$$

式中：$e_k \sim N(0, \sigma_e^2)$。试求被测量 x 和噪声功率 σ_e^2 的估计量及其 CR 下界。

3-4　通过一次观测样本 y 来估计未知参数 θ。已知

$$\begin{cases} p(y \mid \theta) = \theta\exp(-y\theta) & (\theta \geq 0, y \geq 0) \\ p(\theta) = 2\exp(-2\theta) & (\theta \geq 0) \end{cases}$$

试给出参数 θ 的 MMSE 估计量和 MAP 估计量的表达式。当 $y = 2$ 和 4 时，相应的估计量是多少？

3-5　假设观测样本为

$$y_k = x + e_k \quad (k = 1, 2, \cdots, N)$$

式中：$e_k \sim N(0, 1)$。如果被检测信号 x 服从标准高斯分布。试求被检测信号 x 的 MMSE 估计量 $\hat{x}_{MMSE}$ 和 MAP 估计量 $\hat{x}_{MAP}$。

3-6　令 $\boldsymbol{y}$ 为一观测向量，且观测方程为

$$\boldsymbol{y} = \boldsymbol{C}\boldsymbol{x} + \boldsymbol{v}$$

式中：$\boldsymbol{C}$ 为观测矩阵；$\boldsymbol{x}$ 为不可观测的状态向量；$\boldsymbol{v}$ 为加性观测噪声向量。假定观测

噪声向量 $\boldsymbol{v}$ 服从高斯分布，即

$$p(\boldsymbol{v}) = \frac{1}{\sqrt{(2\pi)^p \mid \boldsymbol{C}_y \mid}}\exp\left(-\frac{1}{2}\boldsymbol{v}^{\mathrm{T}}\boldsymbol{C}_y^{-1}\boldsymbol{v}\right)$$

试求未知状态向量 $\boldsymbol{x}$ 的最大似然估计 $\hat{\boldsymbol{x}}_{\mathrm{ML}}$ 和估计量偏差 $\hat{\boldsymbol{x}}_{\mathrm{ML}}$ 的协方差矩阵 $\boldsymbol{C}_{\tilde{x}}$。

3-7 考虑图 3-10 所示的线性组合器。试证明线性组合器的输出偏差 $\varepsilon_k = d_k - y_k$（其中，$d_k$ 为期望的输出响应）与第 k 个输入样本 x_{ki} 正交：

$$E[\varepsilon_k x_{ki}] = 0 \quad (i = 0,1,\cdots,p-1)$$

3-8 设参量 θ 以等概率取值（$-2,-1,0,1,2$），噪声 e_k 以等概率取值（$-1,0,1$），且参量与噪声互不相关，噪声序列也互不相关。若观测方程为

$$y_k = \theta + e_k \quad (k = 1,2)$$

试根据两次观测所得到的数据，计算参量 θ 的线性均方估计量 $\hat{\theta}_{\mathrm{LMS}}$ 和估计误差。

3-9 已知某一 ARMA(1,1) 模型为

$$x_k + ax_{k-1} = \gamma(e_k + be_{k-1}) \quad (k = 0,1,\cdots,N-1)$$

式中：$|a|<1$；$|b|<1$；γ 为常数。试利用正交原理求解时间序列 x_k 的一步最优预测 $\hat{x}_{k+1}$。

3-10 考虑图 3-10 所示的线性组合器，若其输入信号和期望响应分别为

（1）$x_{0k} = \sin(2\pi k/6)$，$x_{1k} = \sin[2\pi(k-1)/6]$；$d_k = \cos(2\pi k/6)$。

（2）$x_{0k} = 2\mathrm{e}^{\mathrm{j}2\pi k/6}$，$x_{1k} = \mathrm{e}^{\mathrm{j}2\pi(k-1)/6} + \mathrm{e}^{\mathrm{j}2\pi(k-2)/6}$；$d_k = 4\mathrm{e}^{\mathrm{j}2\pi(k-1.5)/6}$。

试求最佳权向量和线性组合器的输出，并说明在上述两种情况下线性组合器有何不同？

3-11 某一飞行器在某段时间从初始位置 s，以恒定速度 v 沿直线移动。飞行器的观测位置由下式给出：

$$y_n = s + vn + e_n \quad (n = 1,2,\cdots,N)$$

式中：e_n 为零均值的噪声序列。今有 10 个观测数据 $\boldsymbol{y} = \{1,2,2,4,4,8,9,10,12,13\}$。试求飞行器初始位置 s 和飞行速度 v 的最小二乘估计。

3-12 在 MATLAB/Simulink 构造一组缓慢时变系统的输入—输出数据，如图 P3-1 所示。试利用最小二乘法辨识该线性系统的未知参数。

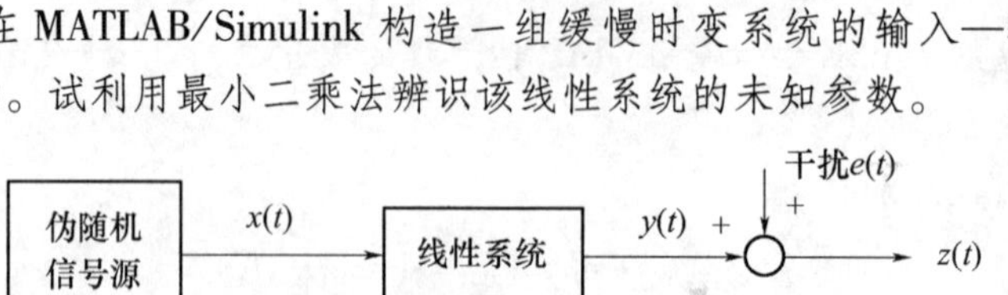

图 P3-1　习题 3-12

3-13 用电表对电压进行两次测量，观测方程为

$$\begin{cases} y_1 = v + e_1 \\ y_2 = v + e_2 \end{cases}$$

式中:观测噪声的均值和协方差矩阵分别为

$$E[e_1] = E[e_2] = 0$$

$$\boldsymbol{C}_e = E\left\{\begin{bmatrix} e_1 \\ e_2 \end{bmatrix}[e_1 \quad e_2]\right\} = \begin{bmatrix} 16 & 0 \\ 0 & 4 \end{bmatrix}$$

已知测量结果分别为 $y_1 = 216\mathrm{V}$ 和 $y_2 = 220\mathrm{V}$,试求电压 v 的基本最小二乘估计和加权最小二乘估计,并对估计结果进行讨论。

第四章　数学模型辨识

按采样时间顺序排列的随机过程样本，称为随机序列。如果随机序列是某一线性动态系统对白噪声激励的响应，则称为时间序列，用于描述时间序列因果关系的线性差分方程，称为自回归—滑动平均(Auto - Regressive Moving Average，ARMA)模型；此外，还有一类描述线性控制系统的差分方程，称为带有输入控制的自回归—滑动平均模型(Auto - Regressive Moving Average with eXtra inputs，ARMAX)模型。ARMA 模型的输出是不受控的，而 ARMAX 模型的输出则是受控的，这是二者的主要区别。

本章的主要任务是建立时间序列和线性控制系统的数学模型，包括模型类型的识别、模型阶次的确定、模型参数的估计和模型的统计检验。

4.1　随机数据预处理

在一定的观测点或条件下，随着时间的流逝，实信号的幅值都有一定的变化轨迹。如果将时间作为横坐标，将信号的幅值作为纵坐标，便可以得到一种变化的波形。任何观测波形皆有不同程度的畸变或失真，就像在"哈哈镜"中所看到的形象一样。除了极少数情况以外，被测对象的真实波形往往是不知道的，亦即没有真实波形可供比较，故而观测波形的畸变是不容易被察觉的。因此，未经数据检验、修正和反演等数据预处理，而直接根据采样数据进行计算分析或者建立数据源的数学模型，往往会得到错误的结论，有时甚至有可能把已经被"扭曲"的采样数据的处理结果加以推广应用。为避免出现这种意外的状况，在介绍时间序列建模和动态系统辨识之前，有必要熟悉随机数据预处理的基本方法。

定义：以采样周期 T_s 对实平稳随机信号 $x(t)$ 进行采样与量化，在一系列时刻 kT_s 上得到一系列采样数据 $x(kT_s)(k=0,1,\cdots,N-1)$。采样数据与采样周期的乘积 $x[k]=T_s x(kT_s)(k=0,1,\cdots,N-1)$ 称为随机序列(Random Sequences)，记为 $\{x_k\}$，或简记为 x_k。

随机序列(或随机数据)通常具有两个特点：一是按时间有序地排列采样数据；二是前后时刻的数据一般具有某种程度的相关性。时间序列建模和动态系统辨识的主要目的是：① 提取数据源的特征参数；② 压缩数据信息、预测未来值并估计预测误差；③ 估计时间序列的功率谱；④ 分析和设计线性动态系统。

随机数据预处理主要包括如下三个方面内容：

(1) 数据获取。对传感器、检测器或测量仪器输出的信号 $x(t)$ 进行采样和记录，即可获得采样数据 $x(kT_s)(k=0,1,\cdots,N-1)$。在多数应用场合下，往往将采样数据存储起来,或者通过有线(或无线)传输方式将采样数据传送到终端。如果采样数据是在控制过程中获得的,则需要在线实时处理这些数据。

(2) 数据修正。数据修正是数据预处理的一个关键步骤,其主要任务是:①剔除野点或奇异项(过高和过低的采样数据)。② 分析并校正数据,使之与实际物理单位相联系。③ 消除波形基线漂移和波形趋势项。

数据修正涉及各种数学工具的应用,例如:一阶差分法可用于检验奇异项;平均估计法用于检验波形基线的漂移;最小二乘法或平均斜率法可用于消除波形的趋势项。

(3) 数据检验。了解数据源的基本特性——平稳性、独立性、正态性和周期性,直接影响到正确应用信号处理算法和正确解释信号处理结果。平稳过程与非平稳过程、高斯过程与非高斯过程、相关序列与独立序列、周期信号与非周期信号的处理方法是不同的,例如,卡尔曼滤波的基本假设是初始状态、过程噪声和观测噪声均服从高斯分布,且互相独立,因此,正确判断随机序列的统计特性,可以避免采用错误的信号处理算法。又如,产生周期性数据和非周期数据的物理现象(数据源)是截然不同的。因此,正确判别数据源的基本特性,是随机信号与系统学科领域中的一项极其重要的工作。

4.1.1 连续时间信号的采样

现代自动测试系统的工作过程绝大多数是由微计算机控制的。为了获取数据首先需要将工程中最常见的模拟信号转换成数字信号,如图 4-1 所示。其中,滤波器的主要作用是过滤波形,以避免在采样过程中出现频谱混叠现象,故称之为抗混叠滤波器;动态范围压缩器是信号检测系统中不可或缺的器件(注:测量系统一般不包含动态范围压缩器),它是由自动增益控制(AGC)或时变增益控制(TVC)电路组成的,其作用是调节信号波形的幅值,使模拟信号经过模数转换(A/D)后不会降低输出信噪比(SNR);采样保持器(S/H)的作用是将时间连续信号离散化,而 A/D 转换器的作用则是将某一时刻的模拟量转化为数字信号。

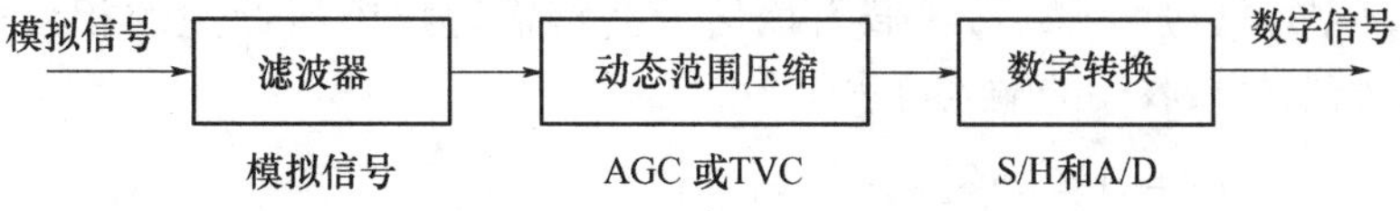

图 4-1 数字化处理框图

对于多通道信号采集,每个通道都配有独立的信号调节电路。在工程上,大多采用多路转换器(时分复用方式),以实现多通道共用一个采样保持器和模数转换器。

一、低通过程采样

采样是对连续时间信号进行离散取值,一般多采用等间隔采样。采样过程相当于信号调制过程:设拟研究的实平稳信号 $x(t)$ 为连续时间信号,$p(t)$ 为采样脉冲序列,则 $x(t)p(t)$ 就是一个脉冲幅度调制信号——离散时间信号。对于理想的

等间隔采样,有

$$x_s(t) = x(t)p(t) = x(t) \cdot \sum_{k=-\infty}^{\infty} \delta(t - kT_s) = \sum_{k=-\infty}^{\infty} x(kT_s)\delta(t - kT_s) \tag{4.1.1}$$

式中:T_s 为采样周期;$x(kT_s)$为 $x(t)$在 $t=kT_s$ 时刻上的取值,称为采样数据。

式(4.1.1)说明采样信号 $x_s(t)$是由无穷多个样本点组成的,每个样本点间隔一个时间单位 T_s,其值等于模拟信号 $x(t)$在采样时刻 kT_s 的幅值 $x(kT_s)$。采样的主要问题是确定一个适当的采样周期:如果采样点靠得太近,则会产生大量的多余数据,并导致采样序列的相关重叠进而增加后续数字信号处理的难度和计算成本;反之,如果采样间距太大,则采样信号会出现混叠效应——低频谱与高频谱交叉重叠,从而无法根据采样信号恢复出原始信号。

采样周期 T_s 的选取,一般是由连续时间信号 $x(t)$的上限频率 f_h 来确定,即

$$T_s \leqslant 1/(2f_h) \quad 或 \quad f_s \geqslant 2f_h \tag{4.1.2}$$

式中:$f_s = 1/T_s$,为采样频率;不发生频谱混叠效应的最低采样频率 $f_s = 2f_h$ 称为奈奎斯特频率(或折叠频率)。通常,将预估的连续时间信号最高频率的 1.5 ~2 倍作为上限频率 f_h。

二、带通过程采样

在工程中所遇到的带通信号往往具有窄带性质。窄带信号是指信号的带宽 B 远小于载波频率 f_c,亦即 $B/f_c \leqslant 1/10$。根据式(4.1.2),当对窄带信号进行采样时,采样频率至少应满足 $f_s = 2(f_c + B/2)$,在一般情况下,按这一准则所选取的采样频率是很高的。

考虑到窄带信号的有用信息全部包含在它的包络中,因此,在实际应用中很少直接对窄带信号进行采样,而是先对窄带信号进行正交解调,然后,对解调后得到的两个频率较低的正交分量进行采样。

在无线信号传输系统中,通常用载波 $\cos(\omega_c t)$对实信号 $A(t)$进行幅值调制来生成窄带信号 $A(t)\cos(\omega_c t)$。假设该信号在传输过程中所产生的相位滞后为 $\varphi(t)$,那么,信号接收端的输入可表示为

$$\begin{aligned} x(t) &= A(t)\cos[\omega_c t + \varphi(t)] \\ &= A(t)\cos\varphi(t)\cos(\omega_c t) - A(t)\sin\varphi(t)\sin(\omega_c t) \\ &= x_I(t)\cos(\omega_c t) - x_Q(t)\sin(\omega_c t) \end{aligned} \tag{4.1.3}$$

式中:

$$\begin{cases} x_I(t) = A(t)\cos\varphi(t) \\ x_Q(t) = A(t)\sin\varphi(t) \end{cases} \tag{4.1.4}$$

分别称为窄带信号 $x(t)$的同相分量和正交分量。

正交解调原理:在正交解调系统中(图 4-2),若输入为 $x(t) = A(t)\cos[\omega_c t +$

$\varphi(t)]$，则上、下支路低通滤波器的输出分别为同相分量和正交分量：$x_I = A(t)\cos\varphi(t)$，$x_Q = A(t)\sin\varphi(t)$。

证明：仅证明图 4-2 中所示的 $x_I(t)$ 支路。根据式(4.1.3)，得

$$\begin{aligned}2x(t)\cos(\omega_c t) &= 2[x_I(t)\cos(\omega_c t) - x_Q(t)\sin(\omega_0 t)](\cos(\omega_c t)|_{LP} \\ &= 2[x_I(t)\cos^2(\omega_c t) - x_Q(t)\sin(\omega_c t)\cos(\omega_c t)]_{LP} \\ &= x_I(t)(1+\cos(2\omega_c t)|_{LP} - x_Q(t)\sin(2\omega_c t)|_{LP} = x_I(t)\end{aligned} \tag{4.1.5}$$

式中：LP 表示低通滤波器，用于滤除倍频($2\omega_c$)信号分量。同理，可以证明 $x_Q(t)$ 支路。

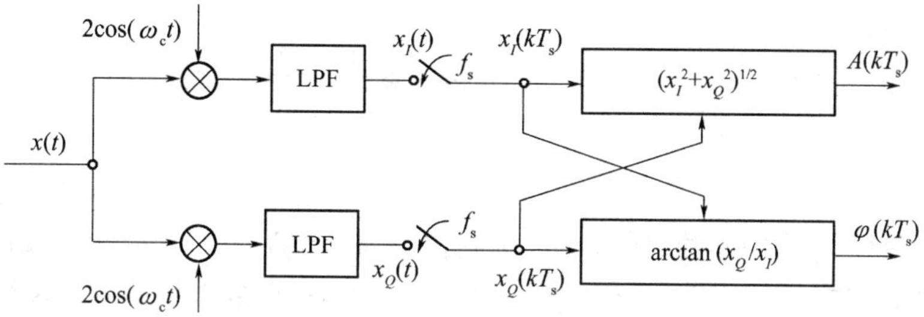

图 4-2　正交解调框图(正交采样系统)

相对于载波中心频率 ω_c 而言，幅值调制信号 $A(t)$ 和相位调制信号 $\varphi(t)$ 均为缓慢变化的时间函数(即低频信号)。正交解调提供了一种从实信号 $x(t)$ 提取包络的方法，即

$$\begin{cases}A(t) = \sqrt{x_I^2(t) + x_Q^2(t)} \\ \varphi(t) = \arctan[x_Q(t)/x_I(t)]\end{cases} \tag{4.1.6a}$$

在通信技术领域中，式(4.1.6a)往往用实信号 $x(t)$ 的复包络来表示：

$$\hat{A}(t) = A(t)\exp[\mathrm{j}\varphi(t)] \tag{4.1.6b}$$

由于 $x(t)$ 的同相分量 $x_I(t)$ 和正交分量 $x_Q(t)$ 均为频带为 $B/2$ 的低通信号，因此，这两个分量进行采样时，采样周期 T_s 只要满足下式

$$T_s \leqslant 1/B \quad 或 \quad f_s \geqslant B \tag{4.1.7}$$

就不会发生频谱混叠现象。

三、带通过程欠采样(under-sampling)

假设窄带信号 $x_a(t)$ 的中心频率为 f_c，带宽为 B，其最高频率为 $f_h = f_c + B/2$。当 f_h/B 等于整数时，最小采样频率 f_{sm} 按下式选取而不会丢失信号 $x(t)$ 所携带的有用信息，即

$$f_{sm} = 2B = \frac{2f_h}{m} = \frac{1}{T_{sm}} \tag{4.1.8}$$

式中：$m \leqslant [f_h/B]$。这时，采样信号

$$x_s(t) = \sum_{k=-\infty}^{\infty} x_a(kT_{sm})\delta(t - kT_{sm})$$

的频谱可以表示为

$$X_s(f) = \frac{1}{T_{sm}}\sum_{n=-\infty}^{\infty} X_a(f - nf_{sm}) = \frac{1}{T_{sm}}\sum_{n=-\infty}^{\infty} X_a(f - 2nB)$$

由此可见,只要将采样信号 $x_s(t)$ 通过一个中心频率为 $B/2$、带宽为 B 和增益为 T_{sm} 的理想带通滤波器,就可以恢复出原始窄带信号 $x_a(t)$ 的频谱。

4.1.2 随机序列的统计特性

下面,简要介绍一元和二元随机序列的基本统计特性的估算方法。

一、概率密度

一元随机序列 $x_k(k=0,1,\cdots,N-1)$ 的概率密度函数可由下式估计:

$$p(x) = \frac{N_x}{N\Delta x} \tag{4.1.9}$$

式中:Δx 为以 x_k 为中心的窄区间;N_x 为随机序列 x_k 落在这个窄区间的数目。

类似地,二元随机序列 x_k 和 $y_k(k=0,1,\cdots,N-1)$ 的联合概率密度函数为

$$p(x,y) = \frac{N_{xy}}{N \times \Delta x \times \Delta y} \tag{4.1.10}$$

式中:$\Delta x,\Delta y$ 分别为中心是 x_k 和 y_k 的两个窄区间;N_{xy} 为随机序列 x_k 和 y_k 同时落在这两个窄区间的数目。注意,概率密度的估计不是唯一的,它取决于分组区间的选择。

二、样本均值和二阶矩

如果一元平稳过程具有各态遍历性,则可根据一次试验的样本 $x_k(k=0,1,\cdots,N-1)$ 计算下列估计量:

(1) 样本均值为

$$\bar{x} = \frac{1}{N}\sum_{k=0}^{N-1} x_k \tag{4.1.11}$$

(2) 样本方差为

$$s_N^2 = \frac{1}{N-1}\sum_{k=0}^{N-1}(x_k - \bar{x})^2 \overset{\text{def}}{=} \hat{\sigma}_x^2 \tag{4.1.12}$$

(3) 样本自相关函数为

$$\hat{R}_x[m] = \frac{1}{N-m-1}\sum_{k=0}^{N-m-1} x_{k+m}x_k \quad (m = 0,1,\cdots,M) \tag{4.1.13a}$$

式中:m 为时间位移;M 为最大时间位移,$M \leqslant N-1$。当 N 很大时,式(4.1.13a)近似为

$$\hat{R}_x[m] \approx \frac{1}{N-1}\sum_{k=0}^{N-m-1} x_{k+m}x_k \quad (m = 0,1,\cdots,M) \tag{4.1.13b}$$

(4) 样本协方差函数为

$$\hat{C}_x[m] = \hat{R}_{\tilde{x}}[m] = \hat{R}_x[m] - \bar{x}^2$$

$$\approx \frac{1}{N-1}\sum_{k=0}^{N-m-1} x_{k+m}\cdot x_k - \left(\frac{1}{N}\sum_{k=0}^{N-1} x_k\right)^2 \tag{4.1.14}$$

(5) 样本相关系数为

$$\hat{\rho}_x[m] = \frac{\hat{R}_x[m]}{\hat{C}_x[0]} = \frac{\hat{R}_x[m]}{\sigma_x^2} \approx \frac{N-1}{N-m-1}\cdot\frac{\sum_{k=0}^{N-m-1} x_{k+m}x_k}{\sum_{k=0}^{N-1}(x_k-\bar{x})^2} \tag{4.1.15}$$

类似地,二元各态历经过程的一次试验样本 x_k 和 $y_k(k=0,1,\cdots,N-1)$ 的均值分别为

$$\begin{cases} \bar{x} = \dfrac{1}{N}\sum_{k=0}^{N-1} x_k \\ \bar{y} = \dfrac{1}{N}\sum_{k=0}^{N-1} y_k \end{cases} \tag{4.1.16}$$

去均值后,不含直流分量的二元随机序列分别记为

$$\tilde{x}_k = x_k - \bar{x}, \tilde{y}_k = y_k - \bar{y}$$

其互相关函数为

$$\begin{cases} \hat{R}_{xy}[m] = \dfrac{1}{N-m-1}\sum_{k=0}^{N-m-1} x_{k+m}y_k \quad (m=0,1,\cdots,M) \\ \hat{R}_{yx}[m] = \dfrac{1}{N-m-1}\sum_{k=0}^{N-m-1} y_{k+m}x_k \quad (m=0,1,\cdots,M) \end{cases} \tag{4.1.17}$$

式中:$M<N-1$。

此外,根据互协方差函数和相关系数的定义,还可分别给出二元随机序列的互协方差函数 $C_{xy}[m]$ 和相关系数 $\rho_{xy}[m]$ 的估计值。

对于 N 维实平稳随机向量 $[x_0,x_1,\cdots,x_{N-1}]^{\mathrm{T}}$,协方差矩阵 $\boldsymbol{C}_x$ 和相关系数矩阵 $\boldsymbol{\Gamma}_x$ 均为非负定的 Toeplitz 矩阵,即

$$\boldsymbol{C}_x = \begin{bmatrix} \sigma_x^2 & C_x[1] & \cdots & C_x[N-1] \\ C_x[1] & \sigma_x^2 & \cdots & C_x[N-2] \\ \vdots & \vdots & & \vdots \\ C_x[N-1] & C_x[N-2] & \cdots & \sigma_x^2 \end{bmatrix} \tag{4.1.18}$$

$$\boldsymbol{\Gamma}_x = \begin{bmatrix} 1 & \rho_x[1] & \cdots & \rho_x[N-1] \\ \rho_x[1] & 1 & \cdots & \rho_x[N-2] \\ \vdots & \vdots & & \vdots \\ \rho_x[N-1] & \rho_x[N-2] & \cdots & 1 \end{bmatrix} \tag{4.1.19}$$

根据维纳—辛钦公式,随机序列的功率谱与相关函数是一傅里叶变换对。如果利用相关函数的傅里叶变换来计算功率谱密度,则谱密度估计的频率分辨力 Δf

与相关函数的最大时间位移 MT_s 之间的关系是

$$\begin{cases} \Delta f = \dfrac{1}{MT_s} \\ \Delta\omega = \dfrac{2\pi}{MT_s} \end{cases} \tag{4.1.20}$$

式中：T_s 为平稳随机过程 $x(t)$ 的采样周期。

三、几点说明

(1) 样本均值和均方差是随机序列分布中心和分散性的基本度量。在分析随机信号或随机系统时，一般都要计算这两个参量，以便于检验随机序列的平稳性。

(2) 相关函数可用于检测随机序列的周期分量；互相关函数可用来检验两个随机序列的相似性。根据维纳—辛钦公式，分别对相关函数或互相关函数进行傅里叶变换，即可得到一元随机序列 $x_k(k=0,1,\cdots,N-1)$ 的谱密度估计 $S_x(\omega_n)$，或二元随机序列 x_k 和 $y_k(k=0,1,\cdots,N-1)$ 的互谱密度估计 $S_{xy}(\omega_n)$，其中 $\omega_n = 2\pi n/N(n=0,1,2,\cdots,N-1)$。

(3) 功率谱密度揭示了平稳序列的频率结构。在随机信号与系统科学中，利用傅里叶变换分析信号功率谱是最常用的数学方法。

对于线性定常系统而言，谱密度和互谱密度不仅反映了系统的频率特性，还可作为系统辨识（传递函数拟合）或估计系统相干函数的中间环节。设某一线性定常系统的输入、输出序列分别为 x_k 和 $y_k(k=0,1,\cdots,N-1)$，输入序列 x_k 的功率谱估计为 $S_x(\omega_n)$，输入序列 x_k 与输出序列 y_k 之间的互谱密度估计为 $S_{xy}(\omega_n)$，则系统的频率特性可表示为

$$H(\omega_n) = \frac{S_{xy}(\omega_n)}{S_x(\omega_n)} \tag{4.1.21}$$

其幅频特性和相频特性分别为

$$\begin{cases} |H(\omega_n)| = \dfrac{|S_{xy}(\omega_n)|}{S_x(\omega_n)} \\ \theta(\omega_n) = -\arctan\dfrac{\mathrm{Im}[S_{xy}(\omega_n)]}{\mathrm{Re}[S_{xy}(\omega_n)]} \end{cases} \tag{4.1.22}$$

定义：二元随机序列 x_k 和 $y_k(k=0,1,\cdots,N(1)$ 的相干函数规定为

$$\gamma_{xy}^2(\omega_n) = \frac{|S_{xy}(\omega_n)|^2}{S_x(\omega_n)S_y(\omega_n)} \tag{4.1.23}$$

式中：$\omega_n=2\pi n/N(n=0,1,2,\cdots,N-1)$；$S_x(\omega_n)$，$S_y(\varepsilon_n)$ 分别为一元序列 x_k 和 y_k 的功率谱估计；$S_{xy}(\omega_n)$ 为二元序列 (x_k,y_k) 的互谱密度估计；$0 \leqslant \gamma_{xy}^2(\omega_n) \leqslant 1$。

(4) 由式(1.5.33)可知，随机序列 $x_k(k=0,1,\cdots,N-1$；采样周期 $T_s=1$ 个时间单位）的平均谱密度为

$$S_x(\omega_n) = \lim_{N\to\infty}\frac{E[|X_n|^2]}{N} \quad (n=0,1,\cdots,N-1)$$

式中：X_n 为随机序列 x_k 的离散傅里叶变换。功率倒频谱（Cepstrum）则定义为

$$CP_x[m] = \lim_{N\to\infty} \frac{|\mathrm{DFT}[|\lg S_x(\omega_n)|]|^2}{N} \quad (m = 0,1,\cdots,N-1)$$

（4.1.24）

式中：m 为倒数字频率；符号 DFT 表示离散傅里叶变换。

注意到平稳随机过程 $x(t)$ 的自相关函数可表示为

$$R_x(\tau) = F^{-1}[S_x(\omega)]$$

由此可见，倒频谱 $CP_x(m)$ 的倒数字频率 m 与自相关函数 $R_x(\tau)$ 的时间因次 τ 是一样的。

在某些场合下，使用样本的倒频谱 $CP_x[m]$，而不使用样本的相关函数 $R_x[m]$ 来揭示时域信号 $x(t)$ 的波动性，是因为在计算倒频谱时，对 $S_x(\omega_n)$ 中的低幅值谱分量予以较高的加权，从而既突出了倒频谱的延时峰值，又便于区分低幅值谱分量的频率间隔。

（5）在分析随机信号时，通常先验地假定数据源服从正态分布。然而，在一些场合下，随机序列很可能严重偏离正态分布。如果在进行正态性检验时，发现确实存在这种偏离，就应当采用适当的方法估计出随机序列的真实概率密度。

（6）对于非平稳和瞬变的随机序列，也可以按上述方法进行预处理，但在对处理结果进行物理解释时，必须特别慎重以免得出错误的结论。

表 4-1 列出了“随机信号与系统”领域中常用的 MATLAB 函数。

表 4-1　常用的 MATLAB 函数

函数名	功能	函数名	功能
mean	期望值或平均值	std	标准差
cov	协方差矩阵	xcov	互协方差函数估计
corrcoef	相关系数矩阵	xcorr	互相关函数估计
cohere	相关函数平方幅值估计	csd	互谱密度估计
psd	功率谱密度估计	tfe	根据输入—输出估计传递函数
fft	一维快速傅里叶变换	ifft	一维逆快速傅里叶变换
dct	余弦变换	idct	逆余弦变换
recps	计算实倒谱	norm	计算向量或矩阵范数
conv	求卷积	deconv	反卷积
abs	绝对值	angle	求相角
imag	求虚部	real	求实部
rand	均匀分布的随机矩阵	randn	正态分布的随机矩阵
sum	求元素的和	prod	求元素的积
exp	求指数函数	log	自然对数
hann	汉宁窗	hamming	哈明窗

4.1.3 波形基线修正与统计特性检验

总而言之,在进行时间序列建模或线性动态系统辨识之前,必须对随机序列的基本特性进行检验与分析,以便选用适合于不同统计特性的参数估计算法。随机数据预处理的主要任务是消除由一些不确定的因素而引起的数据畸变。在时域上,一般可根据经验或者应用统计方法,如应用相关分析、曲线平滑和数字滤波等方法,剔除一些不应有的高频噪声;还可以利用波形基线修正方法,消除因随机过程参数漂移或其他因素引起的趋势项。在频域上,主要是应用建立在傅里叶分析基础之上的畸变波形反演理论,对随机序列进行修正。畸变波形的反演过程包括下列步骤:① 必要的波形基线修正与滤波。② 傅里叶正变换,幅值和相位修正。③傅里叶逆变换。

下面,重点介绍波形基线的修正方法与随机序列统计特性的检验方法。

一、波形基线修正的作用

(1) 避免累积误差。在分析随机数据时,往往需要进行大量的数值计算,而且可能涉及到数值积分。观测波形基线的移动,即使是微小量,对积分结果的影响也是很大的。

(2) 统一变换基准。在分析随机数据时,利用间接测量方法获取一些无法直接测量的参数、各种参量之间的校核计算等,都有可能涉及到参量的微、积分变换或非线性变换等问题。如果没有统一的基准,就难以正确解释数学变换结果的物理意义。

(3) 消除趋势项。周期大于波形记录长度的波形分量称为趋势项。如果不消除波形的趋势项,则在估计随机序列的功率谱中将会出现很大的畸变,使功率谱的低频分量完全失去真实性。

测量系统(包括传感器)参数的漂移、电子线路中的充放电现象、传感器安装支架的弹性变形、系统中存在的非线性环节等,都有可能造成波形基线的移动。波形基线的移动或附加在波形上的低频分量,都有可能造成波形的趋势项。注意,这种趋势项也可能就是实际测量结果。因此,在消除波形的趋势项之前,必须根据具体情况,仔细分析被测对象的静、动态特性,以避免将实际测量值当作趋势项而被消除掉。

二、消除趋势项

下面,介绍两种常用的趋势项消除法——平均斜率法和最小二乘法。

(1) 平均斜率法。设某一平稳随机过程的连续时间样本记录 $x(t)$ 可表示为

$$x(t) = \bar{x} + \mathcal{K}(t - T/2) + x_{c}(t) \quad (0 \leqslant t \leqslant T) \tag{4.1.25}$$

式中:$\bar{x}$ 为 $x(t)$ 在 $(0,T)$ 上的均值; $x_{c}(t)$ 为修正后的样本记录,其均值和斜率皆为0;$\mathcal{K}$ 为样本 $x(t)$ 对时间 t 的平均斜率:

$$\mathcal{K} = \frac{1}{(T/3)(2T/3)}\left[\int_{2T/3}^{T} x(t)\,\mathrm{d}t - \int_{0}^{T/3} x(t)\,\mathrm{d}t\right] \tag{4.1.26a}$$

对于平稳随机序列 $x_k(k=0,1,\cdots,N-1)$，则有

$$\mathcal{K} = \frac{1}{M(N-M)}\left(\sum_{k=N-M}^{N-1} x_k - \sum_{k=0}^{M-1} x_k\right) \quad (M \leqslant [N/3]) \tag{4.1.26b}$$

（2）最小二乘法。利用 M 阶多项式来拟合观测序列 $x_k(k=0,1,\cdots,N-1)$ 的趋势项：

$$\hat{x}_k = \hat{b}_0 + \sum_{m=1}^{M} \hat{b}_m k^m \tag{4.1.27}$$

令

$$\hat{\boldsymbol{x}} = \begin{bmatrix} \hat{x}_0 \\ \hat{x}_1 \\ \vdots \\ \hat{x}_{N-1} \end{bmatrix}, \boldsymbol{\Phi} = \begin{bmatrix} \boldsymbol{\varphi}_0^{\mathrm{T}} \\ \boldsymbol{\varphi}_1^{\mathrm{T}} \\ \vdots \\ \boldsymbol{\varphi}_{N-1}^{\mathrm{T}} \end{bmatrix} = \begin{bmatrix} 1 & 0 & \cdots & 0 \\ 1 & 1 & \cdots & 1 \\ \vdots & \vdots & & \vdots \\ 1 & (N-1) & \cdots & (N-1)^M \end{bmatrix}, \hat{\boldsymbol{b}} = \begin{bmatrix} \hat{b}_0 \\ \hat{b}_1 \\ \vdots \\ \hat{b}_M \end{bmatrix}$$

则式(4.1.27)可写成矩阵表达形式：

$$\hat{\boldsymbol{x}} = \boldsymbol{\Phi} \cdot \hat{\boldsymbol{b}}$$

为了确定待定系数 $\hat{\boldsymbol{b}}$，构造误差项

$$J(\hat{\boldsymbol{b}}) = \sum_{k=1}^{N} (x_k - \hat{x}_k)^2 = (\boldsymbol{x} - \boldsymbol{\Phi}\hat{\boldsymbol{b}})^{\mathrm{T}}(\boldsymbol{x} - \boldsymbol{\Phi}\hat{\boldsymbol{b}}) \tag{4.1.28}$$

式中：$\boldsymbol{x} = [x_0, x_1, \cdots, x_{N-1}]^{\mathrm{T}}$。根据最小二乘估计算法（式(3.3.82)），可知

$$\hat{\boldsymbol{b}} = (\boldsymbol{\Phi}^{\mathrm{T}}\boldsymbol{\Phi})^{-1}\boldsymbol{\Phi}^{\mathrm{T}}\boldsymbol{x} \tag{4.1.29}$$

例如，当 $M=1$ 时，将 $m=0$ 和 $m=1$ 分别代入式(4.1.29)，可解得 $\hat{b}_0$ 和 $\hat{b}_1$。因此，观测序列 x_k 趋势项可表示为

$$\hat{x}_k = \hat{b}_0 + \hat{b}_1 k \overset{\text{def}}{=} \hat{x}(t)$$

将观测序列 $x_k(k=0,1,\cdots,N-1)$ 记为 $x(t)$，则修正后的波形 $x_c(t)$ 可写成

$$x_c(t) = x(t) - \hat{x}(t) \tag{4.1.30}$$

图 4-3 给出了某一随机过程样本 $x(t)$ 在消除趋势项前、后的波形示意图。

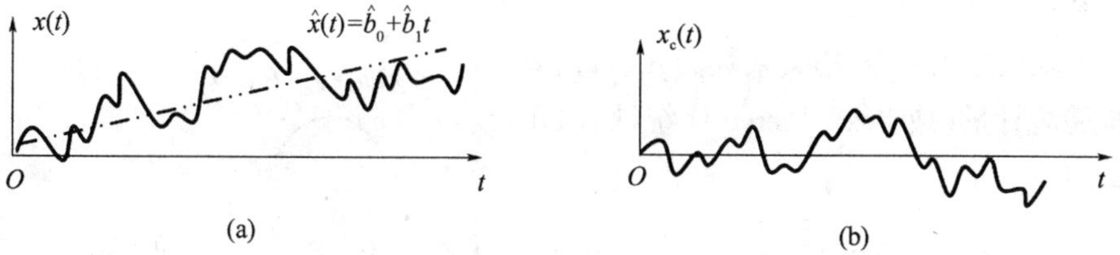

图 4-3　消除趋势项示例

（a）原始波形；（b）消除趋势项后的波形。

MATLAB 工具箱提供多项式拟合函数 polyfit(·),请读者在 MATLAB 平台上输入 help polyfit,查找该函数的用法。

三、统计特性检验

在分析随机信号时,往往先验地认定采样数据 $x(kT_s)(k=0,1,\cdots,N-1;T_s$为采样周期)满足某种假设条件。这些假设是否合理?以及在这些假设前提下,随机数据处理结果是否正确?都应当进行必要的统计检验。

(1) 平稳性检验。最简单的方法是直接研究产生随机序列的现象及其物理特性。若此现象的基本物理因素不随时间变化,就可认为随机序列是平稳的。此外,从记录的时间波形来看,平稳性的重要特征是其均值和方差波动小、波形的峰谷变化均匀、频率结构较为一致。

在此,介绍一种基于分段子序列的平稳性检验方法。其基本原理是:如果随机序列是平稳的,则各子序列的均值和方差皆无显著差异。具体方法如下:

第一步　首先把采样序列 $x_k(k=0,1,\cdots,N-1)$按长度 m 分为 n 个子样本,记为

$$x_{11},x_{12},\cdots,x_{1m};x_{21},x_{22},\cdots,x_{2m};\cdots;x_{n1},x_{n2},\cdots,x_{nm}$$

式中:$x_{ij}=T_s\cdot x[(i+j-2)T_s]=x_i[j](i=1,2,\cdots,n,j=1,2,\cdots,m;m\times n=N)$。

第二步　计算各子样本的均值和方差,并将它们排列成如下两个序列,即

$$\bar{x}_1,\bar{x}_2,\cdots,\bar{x}_n;s_1^2,s_2^2,\cdots,s_n^2$$

第三步　检验各子样本均值和方差序列的波动性。如果均值序列和方差序列的波动较小,则可判断该随机序列 x_k 是平稳的。

(2) 正态性检验。关于正态性检验,简明的方法是估算出随机序列的概率密度,再与正态分布曲线比较。此外,还可以把随机序列标在专用的正态分布图上,若各数据点近似地落在一条直线上,则可判定该随机序列服从正态(高斯)分布。

(3) 独立性检验。理论上,若高斯随机序列 $x_k(k=0,1,\cdots,N-1)$是独立的,则其相关系数 $\rho_x(m)(m=1,m=2,\cdots,M;M\leqslant N-1)$必为零,但这一结论仅当样本容量 N 趋于无穷大时才成立。若用 $\rho_x(\tau)$代表总体相关系数,则不同样本的相关系数 $\rho_x(m)$将围绕 $\rho_x(\tau)$构成一种分布。如果这些不同的样本来自独立的高斯过程,那么,其相关系数的抽样分布近似服从于均值为 0、方差为 $1/N$ 的正态分布。

通常,可根据图 4-4 所示的相关系数 $\rho_x(\tau)$的 χ^2-分布(卡方分布)曲线,对相关系数进行假设检验。

设随机序列 x_k 的相关系数为 $\rho_x(m)$,则 χ^2 检验统计量(或 Box-Pierce Q 统计量)可表示为

$$Q(n)=N\sum_{m=1}^{M}\rho_x^2(m) \quad (4.1.31)$$

式中:M 为相关系数的最大时间位移;N 为

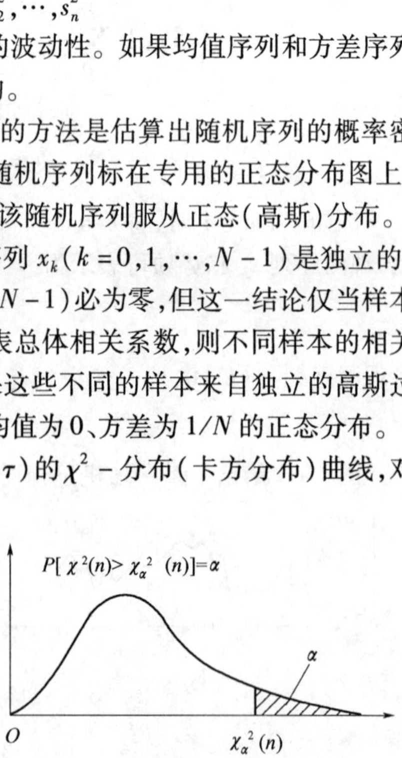

图 4-4　χ^2—分布

样本容量;$n=M-1$ 为 Q 统计量的自由度,在实际应用中,通常取 $n=[N/10]$,或者 $n=[\sqrt{N}]$。

根据期望置信度 α 和自由度 n,从 χ^2 - 分布表查出相应的 $\chi_\alpha^2(n)$ 值,如果

$$Q(n) \leqslant \chi_\alpha^2(n)$$

则判定相关系数 $\rho_x(m)$ 与 0 没有显著的不同,称为不显著;反之,如果

$$Q(n) > \chi_\alpha^2(n)$$

则判定相关系数 $\rho_x(m)$ 显著地异于与 0,它表示该随机序列 x_k 是相关的。

(4) 周期性检验。主要是检验随机序列中是否含有周期或准周期正弦型成分,较为直观的方法是估计随机序列的功率谱。这是因为在含有正弦型分量的频率上,随机序列的功率谱将叠加一个尖峰(即 δ - 函数),它对应于正弦型分量的平均功率(谱密度峰值 × 频率分辨力)。然而,由于窄带随机信号的功率谱也形成尖峰,因此,当难以判断谱密度尖峰的成因时,就应当先用品质因素更高的带通滤波器对随机序列进行滤波,然后估计其功率谱密度。这样,就可以达到抑制窄带随机信号、突显周期信号分量的目的。

除了功率谱密度之外,还有其他特征可用于检验周期分量的存在性。例如,在幅值概率密度分布图中,周期信号分量(如正弦型信号)一般是"盆形"的①;而随机信号则往往是类似于"钟形"的正态分布曲线。此外,相关系数的 χ^2 检验法也可用于识别随机序列中的周期性成分。任何一个具有统计显著性的相关系数,都意味着随机序列中存在某种模型,如线性模型或周期函数。

如果随机序列 x_k 仅含有周期信号成分,则相关系数 $\rho_x(m)$ 与时间位移 m 的关系必定是一条连续的振荡曲线,其周期长度 L 与相关系数 $\rho_x(m)$ 的最大时间位移 M 相对应。例如,若随机序列中含有周期长度为 $L=4$ 的正弦型分量,则对于自由度 $n=M-1=3,7,11,\cdots$,$Q(n)$ 统计量都是显著的,且有 $Q(3)>Q(7)>Q(11)>\cdots$。

如果随机序列 x_k 含有趋势项,则相关系数 $\rho_x(m)$ 与时间位移 m 的关系是线性的。因此,在检验随机序列是否含有周期信号成分之前,应先消除随机序列中的趋势项。附带指出,除了平均斜率法和最小二乘法之外,一阶或二阶差分法(一阶差分法:$z_k=x_k-x_{k-1}$;二阶差分法:$z_k=x_k-2x_{k-1}+x_{k-2}$)也是常用的基线修正方法。

4.2 时间序列模型及其辨识方法

相当多的平稳随机过程都可以看作是线性系统对白噪声激励的响应,按发生时间的先后次序对将该响应进行排列,就可得到"时间序列",它是随机序列的一种特例,许多未知输入过程的采样序列都可视为时间序列。自从 20 世纪 70 年代美国统计学家 Box 和英国统计学家 JenKins 提出时间序列参数模型分析方法以来,在随机信号分析、股市指数趋势预测和气象预报等众多领域中,时间序列分析法都

取得了成效显著的应用。

时间序列的通用模型是“自回归滑动平均模型”(Auto - Regressive Moving Average),记为 ARMA(p,q)。当 $q=0$ 时,称为 p 阶自回归模型(Auto - Regressive, AR),用 AR(p) 表示;而当 $p=0$ 时,则称为 q 阶滑动平均模型(Moving Averrag, MA),用 MA(q) 表示。

4.2.1 自回归时间序列

定义:若零均值时间序列 $x_k(k=0,1,\cdots,N-1)$ 可用 p 阶差分方程描述,则称该时间序列为 p 阶自回归序列,或 $AR(p)$ 序列,即

$$x_k = a_1 x_{k-1} + a_2 x_{k-2} + \cdots + a_p x_{k-p} + e_k \tag{4.2.1}$$

式中:$a_i(i=1,2,\cdots,p)$ 为自回归系数;$e_k \sim N(0,\sigma_e{}^2)$,且 $E[x_{k-i}e_k]=0, \forall 0<i\leqslant p$。

产生 AR(p) 序列的模型结构如图 4-5 所示。在以下讨论中,如无特别声明,均假定时间序列 $x_k(k=0,1,\cdots,N-1)$ 是各态历经的实平稳序列。

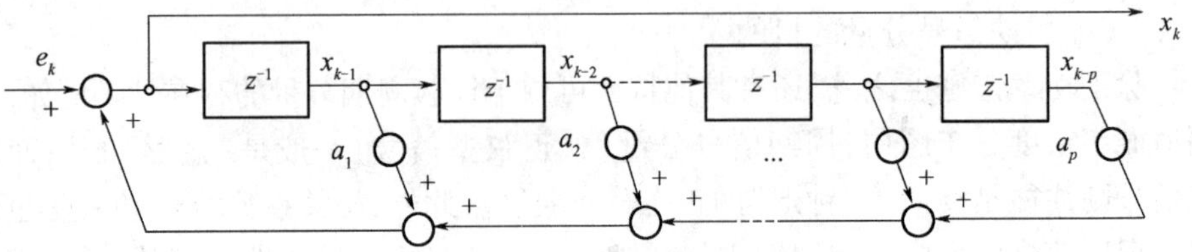

图 4-5 产生 AR(p) 序列的模型结构

一、AR 模型参数的矩估计

在方程式(4.2.1)的等号两边同时右乘以 x_{k-i},得

$$x_k x_{k-i} = a_1 x_{k-1} x_{k-i} + a_2 x_{k-2} x_{k-i} + \cdots + a_p x_{k-p} x_{k-i} + e_k x_{k-i}$$

对上式取期望值,即可得到著名的尤尔-沃尔克(Yule - Walker, YW)方程:

$$\begin{cases} R_i = \sum\limits_{k=1}^{p} a_k R_{i-k} & (i>0) \\ R_0 = \sum\limits_{k=1}^{p} a_k R_{-k} + \sigma_e^2 & (i=0) \end{cases} \tag{4.2.2}$$

式中:R_i 为 x_k 和 x_{k-i} 之间的自相关函数,且有 $R_i=R_{-i}$。若方程式(4.2.2)的等号两边同除以 x_k 的方差($R_0=\sigma_x{}^2$),则有

$$\begin{cases} \rho_i = \sum\limits_{k=1}^{p} a_k \rho_{i-k} & (i>0) \\ \rho_0 = \sum\limits_{k=1}^{p} a_k \rho_k + \left(\dfrac{\sigma_e}{\sigma_x}\right)^2 = 1 & (i=0) \end{cases} \tag{4.2.3}$$

式中:ρ_i 为 x_k 和 x_{k-i} 之间的自相关系数。

将 $i=1,2,\cdots,p$ 代入式(4.2.3)的第一式，得

$$\begin{bmatrix}\rho_1\\ \rho_2\\ \vdots\\ \rho_p\end{bmatrix}=\begin{bmatrix}1 & \rho_1 & \cdots & \rho_{p-1}\\ \rho_1 & 1 & \cdots & \rho_{p-2}\\ \vdots & \vdots & & \vdots\\ \rho_{p-1} & \rho_{p-2} & \cdots & 1\end{bmatrix}\begin{bmatrix}a_1\\ a_2\\ \vdots\\ a_p\end{bmatrix} \tag{4.2.4}$$

由此可解出自回归系数 a_i 的估计值，记为 $\tilde{a}_i(i=1,2,\cdots,p)$。

方程式(4.2.2)～方程式(4.2.4)是 YW 方程的不同表达形式。由于总体相关函数 R_i 是未知的，因而在实际应用中，一般都用样本相关函数来替代总体相关函数。

【例 4-1】 二阶自回归方程——AR(2)模型为

$$x_k = a_1x_{k-1} + a_2x_{k-2} + e_k$$

其他假设与定义式(4.2.1)相同。试求自回归系数 a_1 和 a_2。

解：根据式(4.2.3)，AR(2)序列的 YW 方程为

$$\begin{cases}1 - a_1\rho_1 - a_2\rho_2 = \sigma_e^2/\sigma_x^2 & (i=0)\\ \rho_1 = a_1\rho_0 + a_2\rho_1 & (i=1)\\ \rho_2 = a_1\rho_1 + a_2\rho_0 & (i=2)\\ \rho_i = a_1\rho_{i-1} + a_2\rho_{i-2} & (i>2)\end{cases}$$

解方程组，得

$$\rho_1 = a_1(1-a_2),\rho_2 = a_1^2(1-a_2) + a_2$$

$$\sigma_x^2 = \frac{\sigma_e^2(1-a_2)}{(1+a_2)(1-a_1-a_2)(1+a_1-a_2)}$$

如果已知 ρ_1 和 ρ_2，即可求得 a_1 和 a_2。因为 ${\sigma_x}^2>0,{\sigma_e}^2>0$，故有

$$|a_2|<1,\quad a_2 \pm a_1 < 1$$

二、AR 模型参数的最小二乘估计

将 AR(p)定义式(4.2.1)写成矩阵形式：

$$\boldsymbol{x} = \boldsymbol{\Phi\theta} + \boldsymbol{e}$$

式中：

$$\boldsymbol{x} = \begin{bmatrix}x_p\\ x_{p+1}\\ \vdots\\ x_{N-1}\end{bmatrix},\boldsymbol{\Phi} = \begin{bmatrix}x_{p-1} & x_{p-2} & \cdots & x_0\\ x_p & x_{p-1} & \cdots & x_1\\ \vdots & \vdots & & \vdots\\ x_{N-2} & x_{N-3} & \cdots & x_{N-p-1}\end{bmatrix}$$

$$\boldsymbol{\theta} = [a_1 \quad a_2 \quad \cdots \quad a_p]^{\mathrm{T}} \overset{\mathrm{def}}{=} \boldsymbol{a},\quad \boldsymbol{e} = [e_{p+1} \quad e_{p+2} \quad \cdots \quad e_{N-p}]^{\mathrm{T}}$$

若 $\boldsymbol{\Phi}^{\mathrm{T}}\boldsymbol{\Phi}$ 是非奇异的，则可根据最小二乘估计法(式(3.3.82))确定 AR(p)模型参数的估计值：

$$\hat{\boldsymbol{\theta}}_{\mathrm{LS}}=(\boldsymbol{\Phi}^{\mathrm{T}}\boldsymbol{\Phi})^{-1}\boldsymbol{\Phi}^{\mathrm{T}}\boldsymbol{x}\overset{\mathrm{def}}{=}[\hat{a}_1\quad\hat{a}_2\quad\cdots\quad\hat{a}_p]^{\mathrm{T}} \tag{4.2.5}$$

若将式(4.2.1)视为一步预测方程,则一步最优预测可写成

$$\hat{x}_{k|k-1}=\hat{a}_1x_{k-1}+\hat{a}_2x_{k-2}+\cdots+\hat{a}_px_{k-p}$$

一步预测方差的 ML 估计量可表示为

$$\hat{\sigma}_e^2=\frac{1}{N-p}\sum_{k=p}^{N-1}(x_k-\hat{x}_{k|k-1})^2=\frac{(\boldsymbol{x}-\boldsymbol{\Phi}\hat{\boldsymbol{\theta}}_{\mathrm{LS}})^{\mathrm{T}}(\boldsymbol{x}-\boldsymbol{\Phi}\hat{\boldsymbol{\theta}}_{\mathrm{LS}})}{N-p} \tag{4.2.6}$$

三、AR 模型参数的 LMS 自适应估计

首先介绍 AR(p)模型参数的最大似然估计,然后证明一步预测线性组合器权系数的维纳解恰好是 AR(p)模型参数的最大似然估计。

(1) 在式(4.2.1)中,令 $k=p,p+1,\cdots,N-1$,得到 $N-p$ 个观测序列 x_p,$x_{p+1},\cdots,x_{N-1}$的线性差分方程,即

$$\begin{cases}x_p-a_1x_{p-1}-\cdots-a_px_0=e_p\\x_{p+1}-a_1x_p-\cdots-a_px_1=e_{p+1}\\\qquad\vdots\\x_{2p}-a_1x_{2p-1}-\cdots-a_px_p=e_{2p}\\\qquad\vdots\\x_{N-1}-a_1x_{N-2}-\cdots-a_px_{N-1-p}=e_{N-1}\end{cases} \tag{4.2.7}$$

其含义是:在给定 $\boldsymbol{x}_1=[x_0,x_1,\cdots,x_{p-1}]^{\mathrm{T}}$ 的条件下,观测序列 $\boldsymbol{x}_2=[x_p,x_{p+1},\cdots,x_{N-1}]^{\mathrm{T}}$ 是由偏差序列 $\boldsymbol{e}=[e_p,e_{p+1},\cdots,e_{N-1}]^{\mathrm{T}}$ 的线性变换 $\boldsymbol{x}_2=h(\boldsymbol{e})$ 而得到的。该线性变换的雅克比行列式为

$$\det\left(\frac{\partial\boldsymbol{e}}{\partial\boldsymbol{x}_2}\right)=\begin{bmatrix}1&&&&&0\\-a_1&1&&&&\\\vdots&&\ddots&&&\\-a_p&&\ddots&1&&\\0&-a_p&\ddots&&1&\\\vdots&\ddots&\ddots&&&\ddots\\0&\cdots&0&-a_p&\cdots&-a_1\quad1\end{bmatrix}=1$$

因为 $e_k\sim N(0,\sigma_e{}^2)$,所以 $\boldsymbol{e}=[e_p,e_{p+1},\cdots,e_{N-1}]^{\mathrm{T}}$ 的联合概率密度为

$$p(e_p,\cdots e_{N-1})=(2\pi\sigma_e^2)^{-\frac{N-p}{2}}\exp\left(-\frac{1}{2\sigma_e^2}\sum_{k=p}^{N-1}e_k^2\right) \tag{4.2.8}$$

由式(1.2.38a)和式(4.2.7)可知,观测序列 $\boldsymbol{x}_2$ 的联合概率密度可写成

$$p_X(\boldsymbol{x}_2\mid\boldsymbol{x}_1,\boldsymbol{a},\sigma_e^2)=\left|\det\left(\frac{\partial\boldsymbol{e}}{\partial\boldsymbol{x}_2}\right)\right|p[\boldsymbol{x}_2(\boldsymbol{e})]$$

$$= \frac{1}{(2\pi\sigma_e^2)^{\frac{N-p}{2}}}\exp\left(-\frac{N-p}{2\sigma_e^2}\tilde{x}^2\right) \tag{4.2.9a}$$

式中：

$$\tilde{x}^2 = \frac{1}{N-p}\sum_{k=p}^{N-1} e_k^2 = \frac{1}{N-p}\sum_{k=p}^{N-1}(x_k - a_1 x_{k-1} - \cdots - a_p x_{k-p})^2 \tag{4.2.9b}$$

根据上述讨论，可把式(4.2.9)视为真实参数($\boldsymbol{a}$,σ_e)的似然函数，即

$$L(\boldsymbol{x}_2;\boldsymbol{x}_1,\boldsymbol{a},\sigma_e^2) = \frac{1}{(2\pi\sigma_e^2)^{\frac{N-p}{2}}}\exp\left(-\frac{N-p}{2\sigma_e^2}\tilde{x}^2\right) \tag{4.2.10}$$

对式(4.2.10)取自然对数，得到对数似然函数

$$\ln L(\boldsymbol{x}_2;\boldsymbol{x}_1,\boldsymbol{a},\sigma_e^2) = -\frac{N-p}{2}\ln(2\pi) - \frac{N-p}{2}\ln\sigma_e^2 - \frac{N-p}{2\sigma_e^2}\tilde{x}^2 \tag{4.2.11}$$

最后，按下列步骤进行参数估计：

① 令对数似然函数关于 $a_i(i=1,2,\cdots,p)$ 的偏导数等于0，得

$$\sum_{k=p}^{N-1}(x_k - a_1 x_{k-1} - \cdots - a_p x_{k-p})x_{k-i} = 0 \quad (i = 1,2,\cdots,p)$$

上式可进一步写成

$$\sum_{i=1}^{p} a_i \hat{R}_x[i-m] = \hat{R}_x[m] \quad (m = 1,2,\cdots,p) \tag{4.2.12}$$

式中：

$$\begin{cases} \hat{R}_x[i-m] = \dfrac{1}{N-p}\displaystyle\sum_{k=p}^{N-1} x_{k-i}x_{k-m} \\ \hat{R}_x[i] = \dfrac{1}{N-p}\displaystyle\sum_{k=p}^{N-1} x_{k-i}x_k = \hat{R}_x[-i] \end{cases}$$

当 N 足够大时，上式定义的样本相关函数近似等于总体相关函数 $R_x[i-m]$。显而易见，方程(4.2.12)实际上就是尤尔—沃尔克方程式(4.2.2)的近似表达式。应用数值方法，求解尤尔—沃尔克方程，即可得到 ML 估计量 $\hat{a}_i(i=1,2,\cdots,p)$。

② 令对数似然函数(式(4.2.11))关于 ${\sigma_e}^2$ 的偏导数等于0，可得

$$\sigma_e^2 = \frac{1}{N-p}\sum_{k=p}^{N-1}(x_k - a_1 x_{k-1} - \cdots - a_p x_{k-p})^2 \tag{4.2.13}$$

将 $a_i = \hat{a}_i(i=1,2,\cdots,p)$ 代入式(4.2.13)，即可得到一步预测方差 ${\sigma_e}^2$ 的 ML 估计量 ${\hat{\sigma}_{ML}}^2$。

(2) 考虑图4-6所示的一步预测线性组合器，一步预测偏差为

$$\tilde{x}_{k|k-1} = x_k - \hat{x}_{k|k-1} = x_k - w_{k1}x_{k-1} - \cdots - w_{kp}x_{k-p} \tag{4.2.14}$$

根据 LMS 自适应算法(式(3.3.42))，从 $k=p$ 开始迭代计算权系数：

$$w_{(k+1)i} = w_{ki} + 2\mu e_k x_{k-i} \quad (i = 1,2,\cdots,p) \tag{4.2.15}$$

式中：μ 为自适应常数，通常取 $\mu \leqslant 1/p$。

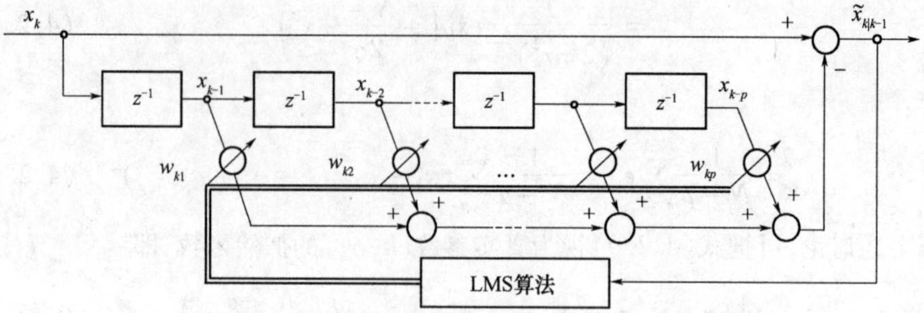

图4-6 用LMS自适应算法估计AR(p)模型参数

在3.3.2节中已经指出,权系数的维纳解 $\boldsymbol{W}_{\text{opt}}=[\hat{w}_{k1},\hat{w}_{k2},\cdots,\hat{w}_{kp}]^{\text{T}}$ 是通过使一步预测的均方误差最小而得到的,即

$$\min J_k = \min E$$

$$W_{opt}\ J(\tilde{x}^2_{k|k-1}) = \min_{\boldsymbol{W}_{\text{opt}}} E[(x_k - \sum_{i=1}^{p}\hat{w}_{ki}x_{k-i})^2]$$

(3) 比较式(4.2.9b)和式(4.2.14)可以看出,当 $a_i=w_{ki}(i=1,2,\cdots,p)$ 时,$\tilde{x}^2$ 正是一步预测偏差的平方和 $\tilde{x}_{k|k-1}{}^2$ 在观测时间长度$(N-p)$上的平均值。不妨假设随机序列$\{\tilde{x}_{k|k-1}{}^2\}$是各态历经的,当$N$足够大时,其时间平均趋近于总体期望值,因而 $\tilde{x}^2$ 又可视为图4-6所示的一步预测的均方误差:

$$\tilde{x}^2 = E[\tilde{x}^2_{k|k-1}] = J_{\text{k}}$$

当选取系数 $a_i=\hat{w}_{ki}(i=1,2,\cdots,p)$ 使一步预测的均方误差 J_{k} 达到最小时,这些系数恰好是AR(p)模型参数的ML估计量 $\hat{a}_i$。换言之,AR(p)模型参数的最大似然估计量与利用线性组合器实现一步最优预测所得到的结果是一致的。

【例4-2】 图4-7给出了在MATLAB/Simulink平台上仿真基于自适应LMS算法的AR参数估计的方框图。其中,nLMS输出的稳态权系数Taps就是参数估计值 $\hat{a}_i(i=1,2,\cdots,n)$;而估计量的方差 $\hat{\sigma}_e{}^2$ 通常按式(4.2.13)计算。

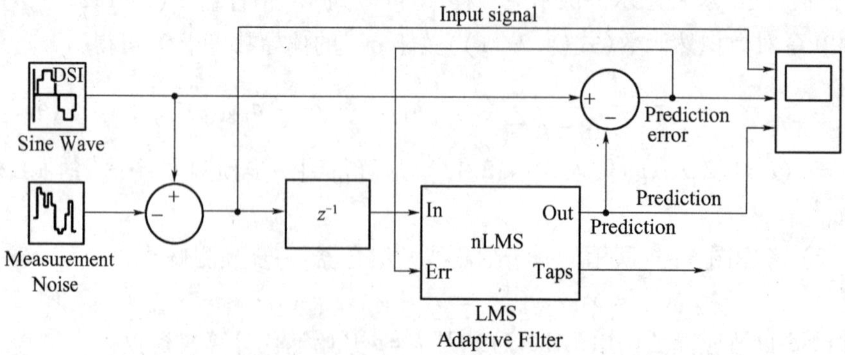

图4-7 用LMS自适应算法实现AR参数估计(Simulink)

利用 LMS 自适应算法来实现 AR(p)模型参数估计有两个优点:①不必求解 Yule – Walker 方程,一旦自适应线性组合器的权系数收敛,即可获得 AR(p)模型参数的最小均方误差估计量;②可应用于跟踪非平稳 AR 序列。只要 AR 序列的时变参数的变化速率,慢于 LMS 自适应算法的收敛速度,就可通过调节权系数,使自适应线性组合器(也称为 LMS 自适应滤波器)的输出准确地跟踪非平稳 AR 序列,进而快速地估计出 AR 序列的时变参数。

虽然 LMS 自适应迭代算法(式(4.2.15))很简单,但在数据容量较大、自回归模型的阶次 p 较高的情况下,计算量却是相当大的。为了更好地解决这一问题,应当考虑以下两个问题:

(1) 如何确定 AR 模型阶次 p?

(2) 如何选择合适的自适应常数 μ ?

关于第一个问题,当时间序列不含有周期分量时,一般取 $p=2$ 或者 $p=3$;当时间序列中包含周期为 L 的信号分量时,取 $p=L$。在 4.2.4 节中,还将详细介绍时间序列模型的定阶准则。

关于第二个问题,1966 年 Widrow 建议在时间序列 $x_k(k=1,0,\cdots,N-1)$中,依次挑选出 p 个最大的序列值,并以这些序列值的平方和的倒数作为自适应常数 μ,即

$$\mu \leqslant 1/\left(\sum_{i=1}^{p} x_i^2\right)_{\max} \tag{4.2.16}$$

如果计算得到的 μ 值依然较大,则应使 $\mu \leqslant 1/p$ 以确保迭代过程不至于发散。

当时间序列 $x_k(k=0,1,\cdots,N-1)$波动很大时,应先对原始序列作归一化处理,然后再按式(4.2.15)迭代回归系数。这种算法的第 k 次迭代步骤为

① 计算 $x_{k-i}(i=1,\cdots,p)$的均方和:

$$s_k = \sqrt{\sum_{i=1}^{p} x_{k-i}^2} \quad (k = p,p+1,\cdots,N-1) \tag{4.2.17}$$

② 将 $x_{k-i}(i=1,2,\cdots,p)$除以 s_k,得到新的时间序列 z_k,即

$$z_{k-i} = x_{k-i}/s_k \quad (k = p,p+1,\cdots,N-1) \tag{4.2.18}$$

③ 在 AR(p)模型中,令 $a_i = w_{ki}$,计算序列 z_k 的一步预测偏差:

$$e_k = z_k - \sum_{i=1}^{p} w_{ki} z_{k-i} \tag{4.2.19}$$

④ 利用自适应 LMS 算法(式(4.2.15))对回归系数进行一次循环迭代:

$$w_{(k+1)i} = w_{ki} + 2\mu e_k z_{k-i} \quad (i = 1,2,\cdots,p) \tag{4.2.20}$$

从 $k=p$ 开始至 $k=N-1$ 完成一次循环迭代运算。如果在一次循环内权系数收敛到某个最优值,则停止迭代运算;否则,可利用原始数据开始新一轮循环迭代计算,直到权系数收敛为止。一般用相邻两次迭代的权系数值的相对偏差作为判定收敛的准则:当

$$\left|\frac{w_{(k+1)i}-w_{ki}}{w_{(k+1)i}}\right| \leqslant \alpha \quad (i=1,2,\cdots,p) \tag{4.2.21}$$

时，则表示第 k 次迭代的权系数 $w_{ki}=\hat{a}_i$ 已经收敛到稳态值（通常取 $\alpha=0.05$）。

4.2.2 滑动平均时间序列

定义：如果零均值时间序列 $x_k(k=0,1,\cdots,N-1)$ 可用 q 阶差分方程描述，则称该时间序列为 q 阶滑动平均序列，或 MA(q) 序列，即

$$x_k = e_k - b_1 e_{k-1} - b_2 e_{k-2} - \cdots - b_q e_{k-q} \tag{4.2.22}$$

式中：$e_k \sim N(0,\sigma_e{}^2)$，且 $E[x_k e_{k-i}]=0(\forall 0< i\leqslant q)$。

产生 MA(q) 序列的模型结构方框图如图 4－8 所示。在实际应用中，常见的 MA(q) 模型一般都是低阶模型（$q\leqslant 3$）。

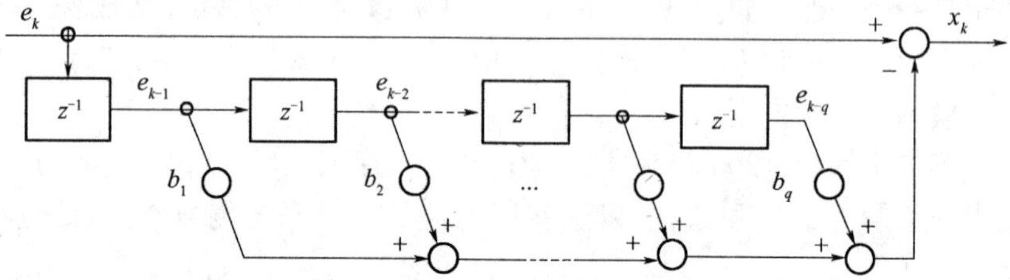

图 4－8 产生 MA(q) 序列的模型结构

一、MA 模型参数的矩估计

差分方程式（4.2.22）的等号两边同时右乘以 x_{k-i}，再取期望值，得

$$R_x[i]=E[x_k x_{k-i}]=E[(e_k - b_1 e_{k-1} - b_2 e_{k-2} - \cdots - b_q e_{k-q}) \times (e_{k-i} - b_1 e_{k-(i+1)} - \cdots - b_{q-i} e_{k-q} - \cdots - b_q e_{k-(q+i)})]$$

已知

$$\begin{cases} E[e_k e_{k-i}] = 0 & (i>q \text{ 或 } i>0) \\ E[e_{k-i} e_{k-i}] = \sigma_e^2 & (i=0,1,\cdots,q) \end{cases}$$

故有

$$R_x[i]=\begin{cases} (-b_i + b_1 b_{i+1} + b_2 b_{i+2} + \cdots + b_{q-i} b_q)\sigma_e^2 & (0\leqslant i\leqslant q) \\ 0 & (i>q) \end{cases} \tag{4.2.23}$$

式中：$b_0=-1$。

定理 4－1：MA(q) 序列的自相关函数系数可表示为

$$\rho_x[i]=\frac{R_x[i]}{R_x[0]}=\begin{cases} 1 & (i=0) \\ \dfrac{-b_i + b_1 b_{i+1} + \cdots + b_{q-i} b_q}{1+b_1^2+b_2^2+\cdots+b_q^2} & (i=1,2,\cdots,q) \\ 0 & (i>q) \end{cases} \tag{4.2.24}$$

也即 MA(q)序列的自相关函数系数具有 q 步截尾的性质。

现在,介绍 MA 模型参数矩估计的 Newton – Raphson 迭代法:通常用下式估计 MA(q)序列 $x_k(k=0,1,\cdots,N-1)$的自相关函数,即

$$\hat{R}_i = \hat{R}_x[i] \approx \frac{1}{N-q}\sum_{k=q}^{N-1} x_k \cdot x_{k-i} \quad (i=0,1,\cdots,q) \tag{4.2.25}$$

将式(4.2.25)代入式(4.2.23),且令

$$c_i = \hat{R}_i/\hat{\sigma}_e^2, z_0 = b_0 = -1, z_i = b_i \quad (i=1,2,\cdots,q) \tag{4.2.26a}$$

就可得到拟合误差函数 f_i 的表达形式,即

$$f_i = \begin{cases} z_0^2 + z_1^2 + \cdots + z_q^2 - c_0 & (i=0) \\ z_0 z_i + z_1 z_{i+1} + \cdots + z_{q-i} z_q - c_i & (i=1,2,\cdots,q) \end{cases} \tag{4.2.26b}$$

如果记

$$\boldsymbol{z} = [z_0, z_1, \cdots, z_q]^{\mathrm{T}}, \boldsymbol{f}(\boldsymbol{z}) = [f_0, f_1, \cdots, f_q]^{\mathrm{T}}$$

那么,MA(q)模型参数矩估计的 Newton – Raphson 迭代算法可表示为

$$\boldsymbol{z}^{(k+1)} = \boldsymbol{z}^{(k)} - [\nabla \boldsymbol{f}^{(k)}(\boldsymbol{z})]^{-1}\boldsymbol{f}^{(k)}(\boldsymbol{z}) \tag{4.2.27}$$

式中:

$$\nabla \boldsymbol{f}^{(k)}(\boldsymbol{z}) = \begin{bmatrix} \frac{\partial f_0}{\partial z_0} & \frac{\partial f_0}{\partial z_1} & \cdots & \frac{\partial f_0}{\partial z_q} \\ \frac{\partial f_1}{\partial z_0} & \frac{\partial f_1}{\partial z_1} & \cdots & \frac{\partial f_1}{\partial z_q} \\ \vdots & \vdots & & \vdots \\ \frac{\partial f_q}{\partial z_0} & \frac{\partial f_q}{\partial z_1} & \cdots & \frac{\partial f_q}{\partial z_q} \end{bmatrix} = \begin{bmatrix} z_0 & z_1 & \cdots & z_q \\ z_1 & \cdots & z_q & \\ \vdots & \iddots & & \\ z_q & & & 0 \end{bmatrix} + \begin{bmatrix} z_0 & z_1 & \cdots & z_q \\ & z_0 & \cdots & z_{q-1} \\ & & \ddots & \vdots \\ 0 & & & z_0 \end{bmatrix} \tag{4.2.28}$$

表示在第 k 次迭代时矩阵 $\boldsymbol{f}(\boldsymbol{z})$的梯度。

归纳起来, MA 参数矩估计的 Newton – Raphson 迭代算法由下列步骤组成:

(1) 初始化:利用式(4.2.25),计算第 k 次迭代时 MA(q)序列的自相关函数 $R_i^{(k)}$,并令初始值 $b_0^{(k)} = -1, b_i^{(k)} = 0, (i=1,2,\cdots,q; k=0)$。

(2) 根据式(4.2.26)和式(4.2.28),分别计算第 k 次迭代时的拟合误差函数 $f_i^{(k)}(i=0,1,\cdots,q)$和梯度 $\nabla \boldsymbol{f}^{(k)}$;

(3) 按式(4.2.27)更新 MA 参数估计向量 $\boldsymbol{z}^{(k+1)}$;

(4) 如果 MA 参数估计向量收敛于某一稳态值,则停止迭代,输出参数估计向量;否则,令 $k+1 \to k$,返回步骤(2),继续迭代运算,直至 MA 参数估计向量收敛为止。

二、MA 模型参数的 LMS 自适应估计

考虑 MA(q)定义式(4.2.22),令

$$\boldsymbol{e}_{k-1} = [e_{k-1}, e_{k-2}, \cdots, e_{k-q}]^{\mathrm{T}}, \boldsymbol{w}_k^{\mathrm{T}} = [b_{k1}, b_{k2}, \cdots, b_{kq}]$$

则有

$$e_k = x_k + \boldsymbol{w}_k^{\mathrm{T}} \boldsymbol{e}_{k-1}$$

由此可得到第 k 次迭代的梯度估计

$$\hat{\boldsymbol{\nabla}}_k = \left[\frac{\partial e_k^2}{\partial b_{k1}} \quad \frac{\partial e_k^2}{\partial b_{k2}} \quad \cdots \quad \frac{\partial e_k^2}{\partial b_{kq}}\right]^{\mathrm{T}}$$

$$= 2e_k \left[\frac{\partial e_k}{\partial b_{k1}} \quad \frac{\partial e_k}{\partial b_{k2}} \quad \cdots \quad \frac{\partial e_k}{\partial b_{kq}}\right]^{\mathrm{T}} = 2e_k \cdot \boldsymbol{e}_{k-1}$$

于是,第 k 次权系数的迭代算法可表示为

$$\boldsymbol{w}_{k+1} = \boldsymbol{w}_k - 2\mu e_k \cdot \boldsymbol{e}_{k-1} \quad (k = q+1, q+2, \cdots, N) \tag{4.2.29}$$

式中:$\boldsymbol{e}_{k-1}$为不可直接测量的噪声,因而在迭代计算前,必须给出它的初始估计值。

类似地,当噪声序列 $e_k(k=0,1,\cdots,N-1)$的波动较大时,应先作归一化处理,然后再迭代计算平滑系数。现将这种算法的第 k 次迭代步骤列写如下:

(1) 求 $e_{k-i}(i=0,1,\cdots,q)$的均方和:

$$s_k = \sqrt{\sum_{i=0}^{q} e_{k-i}^2} \quad (k = q, q+1, \cdots, N-1) \tag{4.2.30}$$

(2) 将 $e_{k-i}(i=0,1,\cdots,q)$除以 s_k,得到归一化噪声序列 $\boldsymbol{\varepsilon}_k$,即

$$\varepsilon_{k-i} = e_{k-i}/s_k \quad (k = q, q+1, \cdots, N-1) \tag{4.2.31}$$

(3) 将式(4.2.29)改写成

$$\boldsymbol{w}_{k+1} = \boldsymbol{w}_k - 2\mu\varepsilon_k \cdot \boldsymbol{\varepsilon}_{k-1} \quad (k = q, q+1, \cdots, N-1) \tag{4.2.32}$$

或者

$$b_{(k+1)i} = b_{ki} + 2\mu\varepsilon_k\varepsilon_{k-i} \quad (k = q, q+1, \cdots, N-1)$$

式中:ε_k 为 k 时刻的归一化噪声序列值。

从 $k=q$ 开始至 $k=N-1$ 完成一次循环迭代运算。如果在某一次循环内权系数收敛到某个最优值,则停止迭代运算;否则,仍然利用原始序列,开始新一轮循环迭代,直到全部权系数均收敛为止。

【例 4-3】 设观测方程为

$$x_k = e_k - b_1 e_{k-1}$$

现有一组观测数据 $x_k(k=0,1,\cdots,N-1)$,要求利用 LMS 自适应算法估计未知参数 b_1。

解:从 $k=q=1$ 开始迭代。假定权系数 w_{k-1}的初始值为 $b_{(1)1}$,e_{k-1}的初始估值为 e_1;观测序列 $x_k(k=0,1,\cdots,N-1)$的均值为 $\bar{x}$。如果记 $\tilde{x}_k = x_k - \bar{x}$,则有

$$e_2 = \tilde{x}_2 + b_{(1)1} e_1$$

当 $k=2$ 时,对噪声序列值 e_1 和 e_2 进行归一化处理,即

$$s_2 = \sqrt{\sum_{i=0}^{q} e_{2-i}^2} = \sqrt{e_2^2 + e_1^2} \quad (q = 1)$$

$$\varepsilon_1 = \frac{e_1}{s_2}, \varepsilon_2 = \frac{e_2}{s_2}$$

利用式(4.2.32)修正权系数,得

$$b_{(2)1} = b_{(1)1} + 2\mu\varepsilon_2\varepsilon_1$$

当 $k=3$ 时,噪声序列值为

$$e_3 = \tilde{x}_3 + b_{(2)1}e_2$$

对噪声序列值 e_2 和 e_3 进行归一化,可得

$$s_3 = \sqrt{\sum_{i=0}^{q} e_{3-i}^2} = \sqrt{e_3^2 + e_2^2}$$

$$\varepsilon_2 = \frac{e_2}{s_3}, \varepsilon_3 = \frac{e_3}{s_3}$$

再次修正权系数:

$$b_{(3)1} = b_{(2)1} + 2\mu\varepsilon_3\varepsilon_2$$

按上述步骤逐次迭代权系数,直至 $b_{(k+1)1}$ 与 $b_{(k)1}$ 无显著差异为止。

4.2.3 自回归滑动平均时间序列

定义:由差分方程

$$\begin{aligned} x_k = {} & a_1x_{k-1} + a_2x_{k-2} + \cdots + a_px_{k-p} + \\ & e_k - b_1e_{k-1} - b_2e_{k-2} - \cdots - b_qe_{k-q} \end{aligned} \tag{4.2.33}$$

描述的零均值时间序列 $x_k(k=0,1,\cdots,N-1)$,称为 ARMA(p,q) 序列。其中,$a_i(i=1,2,\cdots,p)$ 称为自回归系数,$b_j(j=1,2,\cdots,q)$ 称为平滑系数,且有 $P\geqslant q$;噪声序列 $e_k \sim N(0,\sigma_e{}^2)$;$E[x_ke_{k-j}]=0(\forall 0<j\leqslant q)$。

产生 ARMA(p,q) 序列的模型结构如图 4-9 所示。

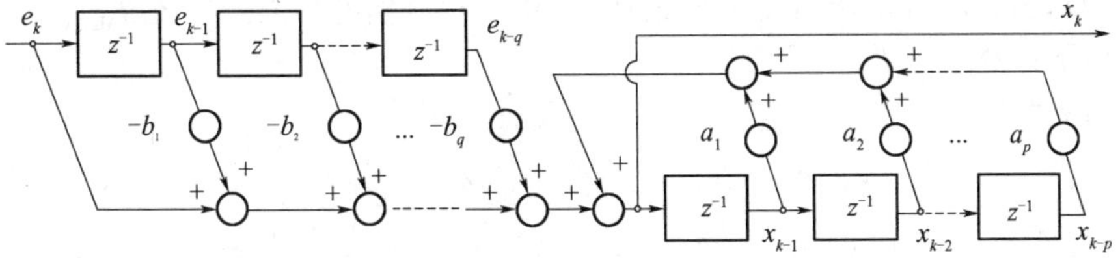

图 4-9 ARMA(p,q)序列的模型结构方框图

一、ARMA 模型参数的矩估计

在方程式(4.2.33)等号两边同时右乘以 x_{k-m}后,再取期望值,得

$$R_x[m] = a_1E[x_{k-1}x_{k-m}] + a_2E[x_{k-2}x_{k-m}] + \cdots + a_pE[x_{k-p}x_{k-m}] +$$

$$E[e_k x_{k-m}] - b_1 E[e_{k-1} x_{k-m}] - \cdots - b_q E[e_{k-q} x_{k-m}] \tag{4.2.34}$$

式中：$\forall m > q$；$E[e_{k-j} x_{k-m}] = 0 (j = 0, 1, \cdots, q)$。故有

$$R_x[m] = a_1 R_x[m-1] + a_2 R_x[m-2] + \cdots + a_p R_x[m-p] \tag{4.2.35}$$

这一方程就是著名的修正 Yule – Walker 方程，简称 MYW 方程。

若用样本相关函数$\hat{R}_x[m]$代替总体相关函数 $R_x[m]$，且令 $m = q+1, q+2, \cdots, q+p$，即可得到 p 个线性方程组，解方程组即可求得自回归系数的估计值 $\hat{a}_i (i = 1, 2, \cdots, p)$。

进一步地，令

$$y_k = x_k - \hat{a}_1 x_{k-1} + \hat{a}_2 x_{k-2} + \cdots + \hat{a}_p x_{k-p}$$

则式(4.2.33)改写成 MA(q)序列的形式，即

$$y_k = e_k - b_1 e_{k-1} - b_2 e_{k-2} - \cdots - b_q e_{k-q} \tag{4.2.36}$$

若记 $R_y[j]$为 MA(q)序列 y_k 的自相关函数，那么，根据式(4.2.23)就可得到

$$\begin{cases} R_y[0] = \sigma_e^2 (b_0^2 + b_1^2 + \cdots + b_q^2) & (b_0 = -1) \\ R_y[j] = \sigma_e^2 (-b_j + b_1 b_{j+1} + \cdots + b_{q-j} b_q) & (j = 1, 2, \cdots, q) \end{cases} \tag{4.2.37}$$

于是，按前面介绍的 MA 模型参数的矩估计法，就可求出 $b_j (j = 1, 2, \cdots, q)$ 的估计值。

二、ARMA 模型参数的最小二乘估计

将 ARMA(p,q)定义式(4.2.33)改写成矩阵形式，即

$$x_k = \boldsymbol{\varphi}_{k-1}^{\mathrm{T}} \boldsymbol{\theta} + e_k \tag{4.2.38}$$

式中：

$$\boldsymbol{\varphi}_{k-1}^{\mathrm{T}} = [x_{k-1}, x_{k-2}, \cdots, x_{k-p}, e_{k-1}, e_{k-2}, \cdots, e_{k-q}]$$
$$\boldsymbol{\theta}_{\mathrm{ARMA}} = [a_1, a_2, \cdots, a_p, -b_1, -b_2, \cdots, -b_q]^{\mathrm{T}}$$

由于 $e_{k-j} (j = 1, 2, \cdots, q)$是不可直接观测的噪声，因此只能用它的估计值 $\hat{e}_{k-j}$ 来代替。通常，可先利用最小二乘法估计 AR(p)模型参数，并计算出 $\hat{e}_{k-j} (j = 1, 2, \cdots, q)$，然后，再利用最小二乘法估计 ARMA($p,q$)模型的未知参数 $\boldsymbol{\theta}_{\mathrm{ARMA}}$。具体步骤如下：

(1) 令

$$\boldsymbol{\theta}_{\mathrm{AR}} = [a_1 \quad \cdots \quad a_p]^{\mathrm{T}}$$

$$\boldsymbol{x} = \begin{bmatrix} x_p \\ x_{p+1} \\ \vdots \\ x_{N-1} \end{bmatrix}, \boldsymbol{\Phi} = \begin{bmatrix} x_{p-1} & x_{p-2} & \cdots & x_0 \\ x_p & x_{p-1} & \cdots & x_1 \\ \vdots & \vdots & & \vdots \\ x_{N-2} & x_{N-3} & \cdots & x_{N-p-1} \end{bmatrix} = \begin{bmatrix} \boldsymbol{\varphi}_{p-1}^{\mathrm{T}} \\ \boldsymbol{\varphi}_p^{\mathrm{T}} \\ \vdots \\ \boldsymbol{\varphi}_{N-2}^{\mathrm{T}} \end{bmatrix}$$

式中：$N > p + q + 1$。

(2) 根据最小二乘法，未知参数 $\boldsymbol{\theta}_{\mathrm{AR}}$的估计值可按式(3.3.82)计算：

$$\hat{\boldsymbol{\theta}}_{\text{AR}} = (\boldsymbol{\Phi}^{\text{T}}\boldsymbol{\Phi})^{-1}\boldsymbol{\Phi}^{\text{T}}x \overset{\text{def}}{=} [\hat{a}_1 \quad \hat{a}_2 \quad \cdots \quad \hat{a}_p]^{\text{T}}$$

（3）按下式计算 e_k 的估计值，即

$$\hat{e}_k = x_k - \boldsymbol{\varphi}_{k-1}^{\text{T}}\hat{\boldsymbol{\theta}}_{\text{AR}} \quad (k = p, p+1, \cdots, N-1)$$

式中：

$$\boldsymbol{\varphi}_{k-1}^{\text{T}} = [x_{k-1}, x_{k-2}, \cdots, x_{k-p}]$$

（4）令

$$\hat{\boldsymbol{\varphi}}_{k-1}^{\text{T}} = [x_{k-1}, x_{k-2}, \cdots, x_{k-p}, \hat{e}_{k-1}, \hat{e}_{k-2}, \cdots, \hat{e}_{k-q}]$$

$$\boldsymbol{\theta}_{\text{ARMA}} = [a_1, a_2, \cdots, a_p, -b_1, -b_2, \cdots, -b_q]^{\text{T}}$$

则式(4.2.38)该写成如下的形式，即

$$x_k = \hat{\boldsymbol{\varphi}}_{k-1}^{\text{T}}\theta_{\text{ARMA}} + e_k \tag{4.2.39}$$

（5）令 $k=p+q, k=p+q+1, \cdots, N-1$，可得

$$\boldsymbol{x} = \begin{bmatrix} x_{p+q} \\ x_{p+q+1} \\ \vdots \\ x_{N-1} \end{bmatrix}, \hat{\boldsymbol{\Phi}} = \begin{bmatrix} x_{p+q-1} & \cdots & x_q & \hat{e}_{p+q-1} & \cdots & \hat{e}_p \\ x_{p+q} & \cdots & x_{q+1} & \hat{e}_{p+q} & \cdots & \hat{e}_{p+1} \\ \vdots & & \vdots & \vdots & & \vdots \\ x_{N-2} & \cdots & x_{N-p-1} & \hat{e}_{N-2} & \cdots & \hat{e}_{N-q-1} \end{bmatrix} = \begin{bmatrix} \hat{\boldsymbol{\varphi}}_{p+q-1}^{\text{T}} \\ \hat{\boldsymbol{\varphi}}_{p+q}^{\text{T}} \\ \vdots \\ \hat{\boldsymbol{\varphi}}_{N-2}^{\text{T}} \end{bmatrix}$$

（6）利用最小二乘估计算法(式(3.3.82))，可获得未知参数 $\boldsymbol{\theta}_{\text{ARMA}}$ 的估计值：

$$\hat{\boldsymbol{\theta}}_{\text{ARMA}} = (\hat{\boldsymbol{\Phi}}^{\text{T}}\hat{\boldsymbol{\Phi}})^{-1}\hat{\boldsymbol{\Phi}}^{\text{T}}\boldsymbol{x} \overset{\text{def}}{=} [\hat{a}_1 \quad \cdots \quad \hat{a}_p \quad -\hat{b}_1 \quad \cdots \quad -\hat{b}_q]^{\text{T}} \tag{4.2.40}$$

一步预测方差的 ML 估计量为

$$\hat{\sigma}_{\text{ML}}^2 = \frac{1}{N-p-q}\sum_{k=p+q}^{N-1}(x_k - \hat{\boldsymbol{\varphi}}_{k-1}^{\text{T}}\hat{\boldsymbol{\theta}}_{\text{ARMA}})^2 \tag{4.2.41}$$

三、ARMA 模型参数的 LMS 自适应估计

当观测序列和偏差序列波动很大时，应先对它们作归一化处理，再利用式(4.2.20)和式(4.2.32)分别对 AR(p)模型参数和 MA(q)模型参数进行递推计算，从而实现对 ARMA(p,q)模型参数($q \leqslant p$)的 LMS 自适应估计，即

$$a_{(k+1)m} = a_{(k)m} + 2\mu\varepsilon_k z_{k-m} \quad (m = 1, 2, \cdots, p; \quad k = p, p+1, \cdots, N-1) \tag{4.2.42}$$

$$b_{(k+1)n} = b_{(k)n} + 2\mu\varepsilon_k\varepsilon_{k-n} \quad (n = 1, 2, \cdots, q; \quad k = q, q+1, \cdots, N-1) \tag{4.2.43}$$

式中：ε_k，z_k 分别为归一化偏差序列和观测序列。在此，观测序列和偏差序列的均方和 s_k 按下式进行计算：

$$s_k = \sqrt{\sum_{n=0}^{q} e_{k-n}^2 + \sum_{m=1}^{p} \tilde{x}_{k-m}^2} \quad (k = p, p+1, \cdots, N-1) \tag{4.2.44}$$

偏差序列 e_k 和零均值观测序列 $\tilde{x}_k = x_k - \bar{x}(k=0,2,\cdots,N-1)$ 按下式进行归一化处理,即

$$\varepsilon_{k-m} = \frac{e_{k-m}}{s_k}, \quad z_{k-m-1} = \frac{x_{k-m-1}}{s_k} \quad (m = 0,1,\cdots,p) \tag{4.2.45}$$

【例 4-4】 设观测方程为

$$x_k = a_1 x_{k-1} + e_k - b_1 e_{k-1} \tag{4.2.46}$$

现用测量仪器获得一组序列 $x_k(k=0,1,\cdots,N-1)$。试应用 LMS 算法估计 ARMA(1,1)的未知参数 a_1 和 b_1。

解:(1) 计算零值序列 $\tilde{x}_k = x_k - \bar{x}(k=0,1,\cdots,N-1)$;令 $k=p=1$。

(2) 假设已知初值为 $\hat{a}_{(1)1}, \hat{b}_{(1)1}$ 和 $\hat{e}_0$,则式(4.2.46)可写成

$$e_1 = \tilde{x}_1 - \hat{a}_{(1)1}\tilde{x}_0 + \hat{b}_{(1)1}\hat{e}_0$$

(3) 为了利用式(4.2.42)和式(4.2.43)更新 ARMA 模型参数,必须对 e_k 和 $\tilde{x}_k$ 进行归一化处理,以加快权系数迭代过程的收敛速度。由式(4.2.44)得到

$$s_1 = \sqrt{e_1^2 + \hat{e}_0^2 + \tilde{x}_0^2}$$

$$\varepsilon_0 = \hat{e}_0/s_1, \varepsilon_1 = e_1/s_1; z_0 = \tilde{x}_0/s_1$$

(4) 更新 ARMA 模型参数:

$$a_{(2)1} = a_{(1)1} + 2\mu\varepsilon_1 z_0, b_{(2)1} = b_{(1)1} + 2\mu\varepsilon_1\varepsilon_0$$

(5) 令 $k=k+1$,根据新的参数 $a_{(2)1}$ 和 $b_{(2)1}$ 计算 e_2:

$$e_2 = \tilde{x}_2 - a_{(2)1}\tilde{x}_1 + b_{(2)1}e_1$$

对 e_2 和 $\tilde{x}_2$ 进行归一化处理,得

$$s_2 = \sqrt{e_1^2 + e_2^2 + \tilde{x}_1^2}$$

$$\varepsilon_1 = e_1/s_2, \varepsilon_2 = e_2/s_2; z_1 = \tilde{x}_1/s_2$$

(6) 返回步骤(4),继续迭代运算,直至被估计参数全部收敛。

4.2.4 时间序列模型的辨识方法

为了识别时间序列的模型,往往需要考察时间序列的自相关系数。在 AR 序列、MA 序列和 ARMA 序列中,只有 MA 序列的自相关函数序列具有 q 步截尾性质,因而根据时间序列的自相关函数是否具有 q 步截尾性质,即可判断该序列是否属于 MA(q)序列。但是,由式(4.2.2)和式(4.2.35)可知,AR 序列和 ARMA 序列的自相关函数都不是截尾的,故无法根据自相关函数的拖尾性质来区分二者。为解决这一问题,有必要引入新的概念。

一、偏相关系数

定义:考虑零均值平稳时间序列 $x_k(k=0,1,\cdots,N-1)$,在给定观测数据 x_{k-1},

$x_{k-2},\cdots,x_{k-i+1}$的前提下,定义 x_k 和 x_{k-i}的条件相关系数为 i 阶偏相关系数,即

$$\psi_{ki} = \frac{E[x_k x_{k-i} \mid x_{k-1},x_{k-2},\cdots,x_{k-i+1}]}{\mathrm{var}(x_k \mid x_{k-1},x_{k-2},\cdots,x_{k-i+1})} \tag{4.2.47}$$

式中:$E[\,\cdot \mid x_{k-1},x_{k-2},\cdots,x_{k-i+1}]$为关于条件概率密度 $p(x_k,x_{k-i}\mid x_{k-1},x_{k-2},\cdots,x_{k-i+1})$的条件期望值,$\mathrm{var}(x_k \mid x_{k-1},x_{k-2},\cdots,x_{k-i+1})$是在给定 $x_{k-1},x_{k-2},\cdots,x_{k-i+1}$条件下 x_k 的方差。

由式(4.2.47)不难看出:

$$\psi_{00} = \frac{E[x_0^2]}{\mathrm{var}(x_0)} = 1,\quad \psi_{11} = \frac{E[x_1 x_0]}{\mathrm{var}(x_1)} = \frac{R_1}{\sigma_1} = \rho_1$$

因为实际计算式(4.2.47)是相当困难的,所以需要对偏相关系数的性质作进一步的讨论,以便得到有用的结论。

二、AR 序列的偏相关系数

设 $x_k(k=0,1,\cdots,N-1)$为任一平稳时间序列,根据 $x_{k-1},x_{k-2},\cdots,x_{k-i}$对 x_k 作一步预测,即

$$x_k = a_{k1}x_{k-1} + a_{k2}x_{k-2} + \cdots + a_{ki}x_{k-i} + e_k \tag{4.2.48}$$

通过使一步预测偏差的均方值

$$J_k = E[(x_k - \sum_{m=1}^{i} a_{km}x_{k-m})^2] \tag{4.2.49}$$

达到最小值,求得未知参数 $a_{km}(m=1,2,\cdots,i)$的估计值。

式(4.2.48)等号两边同乘以 x_{k-i},取条件期望值 $E[\,\cdot \mid x_{k-1},x_{k-2},\cdots,x_{k-i+1}]$,可得

$$\begin{aligned}
&E[x_k x_{k-i} \mid x_{k-1},x_{k-2},\cdots,x_{k-i+1}]\\
&\quad = a_{k1}E[x_{k-1}x_{k-i} \mid x_{k-1},x_{k-2},\cdots,x_{k-i+1}]\\
&\qquad + \cdots + a_{ki}E[x_{k-i}^2 \mid x_{k-1},x_{k-2},\cdots,x_{k-i+1}]\\
&\qquad + E[e_k x_{k-i} \mid x_{k-1},x_{k-2},\cdots,x_{k-i+1}]
\end{aligned}$$

注意到 $x_{k-1},x_{k-2},\cdots,x_{k-i+1}$是给定的观测序列,因而可将其放在条件期望 $E[\,\cdot\,]$之外,即

$$\begin{aligned}
&E[x_k x_{k-i} \mid x_{k-1},x_{k-2},\cdots,x_{k-i+1}]\\
&\quad = a_{k1}x_{k-1}E[x_{k-i} \mid x_{k-1},x_{k-2},\cdots,x_{k-i+1}]\\
&\qquad + \cdots + a_{k(i-1)}x_{k-i+1}E[x_{k-i} \mid x_{k-1},x_{k-2},\cdots,x_{k-i+1}]\\
&\qquad + a_{ki}E(x_{k-i}^2 \mid x_{k-1},x_{k-2},\cdots,x_{k-i+1})\\
&\qquad + E[e_k x_{k-i} \mid x_{k-1},x_{k-2},\cdots,x_{k-i+1}]
\end{aligned}$$

依题意,$E[x_{k-i}]=0$,且 $E[e_k \cdot x_{k-i}]=0(i>1)$,故有

$$\begin{aligned}
&E[x_k x_{k-i} \mid x_{k-1},x_{k-2},\cdots,x_{k-i+1}]\\
&\quad = a_{ki}\mathrm{var}[x_k \mid x_{k-1},x_{k-2},\cdots,x_{k-i+1}]
\end{aligned} \tag{4.2.50}$$

对照式(4.2.47)，可知 $a_{ki}=\boldsymbol{\Psi}_{ki}$。由此得出一个重要的结论：平稳时间序列 x_k 的 i 阶偏相关系数 $\boldsymbol{\Psi}_{ki}$，正是对 AR(i)序列 x_k 作一步预测的最后一项系数 a_{ki}（参见式(4.2.48)）。

$\forall i>1$，用 ψ_{km} 代替式(4.2.49)中的 a_{km}，且令 $\partial J_k/\partial\psi_{km}=0$，可得

$$R_m=\psi_{k1}R_{m-1}+\psi_{k2}R_{m-2}+\cdots+\psi_{ki}R_{m-i}\quad(m=1,2,\cdots,i)\tag{4.2.51}$$

或者

$$\rho_m=\psi_{k1}\rho_{m-1}+\psi_{k2}\rho_{m-2}+\cdots+\psi_{ki}\rho_{m-i}\quad(m=1,2,\cdots,i)\tag{4.2.52}$$

式中：$\rho_0=1$；$\rho_m=\rho_{-m}$。

在式(4.2.52)中，令 $i=k=p(m=1,2,\cdots,p)$，并将其写成矩阵形式，则有

$$\boldsymbol{\rho}_p=\boldsymbol{\Gamma}_p\cdot\boldsymbol{\psi}_p\tag{4.2.53}$$

式中

$$\boldsymbol{\rho}_p=\begin{bmatrix}\rho_1\\ \rho_2\\ \vdots\\ \rho_p\end{bmatrix},\boldsymbol{\Gamma}_p=\begin{bmatrix}1&\rho_1&\cdots&\rho_{p-1}\\ \rho_1&1&\cdots&\rho_{p-2}\\ \vdots&\vdots&&\vdots\\ \rho_{p-1}&\rho_{p-2}&\cdots&1\end{bmatrix},\boldsymbol{\psi}_p=\begin{bmatrix}\psi_{p1}\\ \psi_{p2}\\ \vdots\\ \psi_{pp}\end{bmatrix}$$

显然，$\boldsymbol{\Gamma}_p$ 为 Toeplitz 矩阵。由此可解得偏相关系数：

$$\boldsymbol{\psi}_p=\boldsymbol{\Gamma}_p^{-1}\cdot\boldsymbol{\rho}_p\tag{4.2.54}$$

与 AR(p)序列的 Yule－Walker 方程式(4.2.4)比较，可知 $\psi_{pi}=a_i(i=1,2,\cdots,p)$。

定理 4－2：AR(p)序列的偏相关系数可表示为

$$\begin{cases}\psi_{(p+1)i}=\psi_{pi}=a_i & (i=1,2,\cdots,p)\\ \psi_{ki}=0 & (i=p+1,p+2,\cdots,k;k\geqslant i)\end{cases}\tag{4.2.55}$$

证明：

(1) 计算 AR(p)序列的自相关系数。在式(4.2.3)中，若取 $i=p+1$，则有

$$\rho_{p+1}=a_1\rho_p+a_2\rho_{p-1}+\cdots+a_p\rho_1\tag{4.2.56}$$

在式(4.2.52)中，令 $k=i=p+1,m=1,2,\cdots,p+1$，可得

$$\begin{bmatrix}\rho_1\\ \rho_2\\ \vdots\\ \rho_p\\ \rho_{p+1}\end{bmatrix}=\begin{bmatrix}1&\rho_1&\cdots&\rho_{p-1}&\rho_p\\ \rho_1&1&\cdots&\rho_{p-2}&\rho_{p-1}\\ \vdots&\vdots&&\vdots&\vdots\\ \rho_{p-1}&\rho_{p-2}&\cdots&1&\rho_1\\ \rho_p&\rho_{p-1}&\cdots&\rho_1&1\end{bmatrix}\begin{bmatrix}\psi_{(p+1)1}\\ \psi_{(p+1)2}\\ \vdots\\ \psi_{(p+1)p}\\ \psi_{(p+1)(p+1)}\end{bmatrix}\tag{4.2.57}$$

式(4.2.57)最后一行为

$$\rho_{p+1}=\psi_{(p+1)1}\rho_p+\psi_{(p+1)2}\rho_{p-1}+\cdots+\psi_{(p+1)p}\rho_1+\psi_{(p+1)(p+1)}\tag{4.2.58}$$

(2) 证明 $\psi_{(p+1)(p+1)}=0$。对照式(4.2.56)和式(4.2.58)可知，当 $\psi_{(p+1)i}=\psi_{pi}=a_i(i=1,2,\cdots,p)$时，则必有 $\psi_{(p+1)(p+1)}=0$。

将式(4.2.57)改写成递推计算的形式：

$$\begin{bmatrix} \boldsymbol{\rho}_p \\ \rho_{p+1} \end{bmatrix} = \begin{bmatrix} \boldsymbol{\Gamma}_p & \boldsymbol{\beta}_p \\ \boldsymbol{\beta}_p^{\mathrm{T}} & 1 \end{bmatrix} \begin{bmatrix} \boldsymbol{\psi}_{(p+1)p} \\ \psi_{(p+1)(p+1)} \end{bmatrix} \tag{4.2.59}$$

式中：

$$\boldsymbol{\psi}_{(p+1)p} = [\psi_{(p+1)1}, \psi_{(p+1)2}, \cdots, \psi_{(p+1)p}]^{\mathrm{T}}, \boldsymbol{\beta}_p^{\mathrm{T}} = [\rho_p, \rho_{p-1}, \cdots, \rho_1]$$

解方程式(4.2.59)，得

$$\boldsymbol{\psi}_{(p+1)p} = \boldsymbol{\Gamma}_p^{-1}[\boldsymbol{\rho}_p - \boldsymbol{\beta}_p \psi_{(p+1)(p+1)}] \tag{4.2.60}$$

$$\psi_{(p+1)(p+1)} = \rho_{p+1} - \boldsymbol{\beta}_p^{\mathrm{T}} \boldsymbol{\Gamma}_p^{-1}[\boldsymbol{\rho}_p - \boldsymbol{\beta}_p \psi_{(p+1)(p+1)}] \tag{4.2.61}$$

取变换矩阵

$$\boldsymbol{T} = \begin{bmatrix} 0 & & & 1 \\ & & 1 & \\ & \vdots & & \\ 1 & & & 0 \end{bmatrix}_{k \times k}$$

则有

$$\boldsymbol{T} \cdot \boldsymbol{\Gamma}_p^{-1} \cdot \boldsymbol{T} = \boldsymbol{\Gamma}_p^{-1}; \boldsymbol{\beta}_p = \boldsymbol{T} \cdot \boldsymbol{\rho}_p \tag{4.2.62}$$

将式(4.2.62)代入式(4.2.61)，并利用式(4.2.54)，得

$$\begin{aligned} \psi_{(p+1)(p+1)} &= \rho_{p+1} - \boldsymbol{\beta}_p^{\mathrm{T}} \boldsymbol{\Gamma}_p^{-1}[\boldsymbol{\rho}_p - \boldsymbol{\beta}_p \psi_{(p+1)(p+1)}] \\ &= \rho_{p+1} - \boldsymbol{\rho}_p^{\mathrm{T}} \boldsymbol{T}(\boldsymbol{\Gamma}_p^{-1} \boldsymbol{\rho}_p) + \boldsymbol{\rho}_p^{\mathrm{T}}(\boldsymbol{T} \boldsymbol{\Gamma}_p^{-1} \boldsymbol{T} \boldsymbol{\rho}_p) \cdot \psi_{(p+1)(p+1)} \\ &= \rho_{p+1} - \boldsymbol{\rho}_p^{\mathrm{T}} \boldsymbol{T} \boldsymbol{\psi}_p + \boldsymbol{\rho}_p^{\mathrm{T}} \boldsymbol{\psi}_p \cdot \psi_{(p+1)(p+1)} \end{aligned}$$

经整理，得

$$\psi_{(p+1)(p+1)} = \frac{\rho_{p+1} - \boldsymbol{\rho}_p^{\mathrm{T}} \boldsymbol{T} \boldsymbol{\Psi}}{1 - \boldsymbol{\rho}_p^{\mathrm{T}} \boldsymbol{\psi}} = \frac{\rho_{p+1} - \sum_{i=1}^{p} \psi_{pi} \rho_{p+1-i}}{1 - \sum_{i=1}^{p} \psi_{pi} \rho_i}$$

将 $\psi_{pi} = a_i (i = 1, 2, \cdots, p)$ 代入上式，并利用式(4.2.56)，可知

$$\psi_{(p+1)(p+1)} = \frac{\rho_{p+1} - \sum_{i=1}^{p} a_i \rho_{p+1-i}}{1 - \sum_{i=1}^{p} a_i \rho_i} = 0 \tag{4.2.63}$$

(3) 证明 $\psi_{(p+1)i} = \psi_{pi} = a_i (i = 1, 2, \cdots, p)$。

将式 $\psi_{(p+1)(p+1)} = 0$ 代入式(4.2.60)，且利用式(4.2.54)，就有

$$\boldsymbol{\psi}_{(p+1)p} = \boldsymbol{\Gamma}_p^{-1} \boldsymbol{\rho}_p - \boldsymbol{\Gamma}_p^{-1} \beta_p \psi_{(p+1)(p+1)} = \boldsymbol{\psi}_p \tag{4.2.64}$$

将式(4.2.64)展开，即可得到

$$\psi_{(p+1)i} = \psi_{pi} = a_i \quad (i = 1, 2, \cdots, p)$$

(4) 证明 AR(p)序列的偏相关系数 φ_{ki} 具有 p 步截尾性质。按同样的方法,若在式(4.2.3)中依次取 $i=p+2,p+3,\cdots$;在式(4.2.52)中依次令 $k=p+2,p+3,\cdots$,即可证得

$$\psi_{ki} = a_i = 0 \quad (k \geqslant p+2; i = p+1, p+2, \cdots, k)$$

故式(4.2.55)成立。

【例 4-5】 设 AR(1)序列为

$$x_k = a_1 x_{k-1} + e_k$$

试验证其偏相关系数 $\psi_{22}=0$。

解:根据式(4.2.2),得

$$R_i = a_1 R_{i-1} \quad (i = 1, 2, \cdots)$$

经递推计算得

$$R_i = a_1^i R_0 \quad 或 \quad \rho_i = a_1^i$$

式中:$|a_1|<1$;$i>0$。

在式(4.2.63)中,令 $p=1$,并将 $\rho_i = a_1{}^i (i=1,2)$ 代入,可得

$$\psi_{22} = \frac{\rho_2 - a_1\rho_1}{1 - a_1\rho_1} = \frac{a_1^2 - a_1^2}{1 - a_1^2} = 0$$

根据偏相关系数的定义式(4.2.47),x_k 与 x_{k-2} 之间的偏相关系数 ψ_{22} 是通过 x_{k-1} 而建立的。尽管 $\rho_2 = a_1{}^2 \neq 0$,但因 ρ_1(或 x_{k-1})的影响,故必有 $\psi_{22}=0$。

三、MA 序列和 ARMA 序列的偏相关系数

定理 4-3:任意 MA 序列和 ARMA 序列均可用无穷阶 AR 序列来表示,或用阶数足够大的 AR 序列来近似表示。

证明:考虑 MA(q)序列式(4.2.22),即

$$x_k = \sum_{i=0}^{q} \beta_i e_{k-i} = \beta_k * e_k (\beta_0 = 1, \beta_i = -b_i; 0 < i \leqslant q)$$

对上式两边作 z 变换,得

$$X(z) = B(z)E(z) \tag{4.2.65}$$

式中:$X(z)$,$B(z)$,$E(z)$ 分别为 x_k,β_k 和 e_k 的 z 变换。

设 $B^{-1}(z) \neq 0$,且令

$$B^{-1}(z) \overset{\text{def}}{=} H(z) = 1 + h_1 z^{-1} + h_2 z^{-2} + \cdots$$

代入式(4.2.65),就有

$$E(z) = B^{-1}(z)X(z) = X(z) + h_1 z^{-1} X(z) + h_2 z^{-2} X(z) + \cdots$$

设 $x_k \Leftrightarrow X(z)$,并记 $a_i = -h_i (i = 1, 2, \cdots, \infty)$,即可得到

$$x_k = \sum_{i=0}^{\infty} a_i x_{k-i} + e_k$$

上式表明,任意 MA 序列皆可用无穷阶 AR 序列来表示。由于 ARMA 序列包含了 AR 序列和 MA 序列,故只要对 MA 序列部分应用上述关系,即可证得本命题。

因为无穷阶 AR 序列的偏相关系数是拖尾的,所以 MA 序列和 ARMA 序列的偏相关系数必然也都是拖尾的。

此外,由式(4.2.3)可以看出,AR 序列的自相关系数是拖尾的,而 ARMA 序列包含了 AR 序列,因而 ARMA 序列的自相关系数也是拖尾的。

四、MA 模型和 AR 模型的辨识方法

考察平稳时间序列的自相关系数和偏相关系数:

(1) 当时间序列的偏相关系数 ψ_{ki} 是 p 步截尾时,即当 $k>p$ 时,$\psi_{ki}=0$,就可判定该序列属于 AR(p)序列。

(2) 当时间序列的自相关系数 ρ_i 是 q 步截尾时,亦即当 $i>q$ 时,$\rho_i=0$,则可确定该序列属于 MA(q)序列。

(3) 当时间序列的自相关系数 ρ_i 和偏相关系数步 ψ_{ki} 都是拖尾时,就可断定该序列属于 ARMA(p,q)序列,其中 p 和 q 为待定的模型阶次。

现将识别时间序列 MA(q)模型和 AR(p)模型的一般步骤列写如下:

(1) 去均值或趋势项,得到零均值平稳时间序列 $x_k(k=1,2,\cdots,N)$。

(2) 估计样本 x_k 的自相关系数

$$\hat{\rho}_i = \frac{\hat{R}_x(i)}{\hat{\sigma}_x^2} = \frac{N-1}{N-i-1}\frac{\sum\limits_{k=1}^{N-i} x_{k+i}\cdot x_k}{\sum\limits_{k=1}^{N} x_k^2 - \bar{x}^2} \quad (i=0,1,\cdots,N/4)$$

(3) 判断 $\hat{\rho}_i$ 是否 q 步截尾,如果答案是肯定,则可判定该序列是 MA(q)序列,否则进入下一步。

(4) 由初始条件 $\psi_{11}=\rho_1$,按式(4.2.54)计算时间序列的偏相关函数,即

$$\boldsymbol{\psi}_k = \boldsymbol{\Gamma}_k^{-1}\cdot\boldsymbol{\rho}_k$$

式中

$$\boldsymbol{\rho}_k = \begin{bmatrix}\rho_1\\ \rho_2\\ \vdots\\ \rho_k\end{bmatrix},\boldsymbol{\Gamma}_k = \begin{bmatrix}1 & \rho_1 & \cdots & \rho_{k-1}\\ \rho_1 & 1 & \cdots & \rho_{k-2}\\ \vdots & \vdots & & \vdots\\ \rho_{k-1} & \rho_{k-2} & \cdots & 1\end{bmatrix},\boldsymbol{\psi}_k = \begin{bmatrix}\psi_{k1}\\ \psi_{k2}\\ \vdots\\ \psi_{kk}\end{bmatrix}$$

当 $k\geqslant p+1$ 时,判断偏相关函数是否满足如下条件:

$$\begin{cases}\psi_{pi} = a_i & (i=1,2,\cdots,p)\\ \psi_{ki} = 0 & (i=p+1,p+2,\cdots,k)\end{cases}$$

如果答案是肯定的,则可判定该序列是 AR(p)序列,否则就判为 ARMA 序列。

【例 4-6】 设 AR(2)序列为

$$x_k = 1.2x_{k-1} - 0.55x_{k-2} + e_k$$

式中：$e_k \sim N(0,1)$，$k=0,1,\cdots,N-1$。试计算该序列的自相关性系数和偏相关系数。

解：下面用 MATLAB 语言编写计算程序。

```
% 计算相关系数 r=ρ i 和偏相关系数 Q=ψpi
N=200;i = 1:N;
randn('state',0); e=randn(size(i));
x(2)=0;x(1)=0;
for i=3:length(e)
    x(i)=1.2*x(i-1)-0.55*x(i-2)+e(i);
end
R=xcorr(x,N/4,'unbiased');    % 估计自相关函数
M=length(R)-1;
r=R(M/2+1:M)/R(M/2+1);         % 计算相关系数ρ(i),R(0)=R(M/2+1);
r1=r(2:M/2);                   % ρ 赋值
r2=r(1:M/2-1);
A=toeplitz(r2',r2);            % Γ 赋值
Q=inv(A)*r1';                  % 计算偏相关系数 ψpi
figure(1); plot(r);grid
figure(2); plot(Q);grid
% ----------------------------------------
```

图 4-10 给出了例 4-6 中 AR(2) 序列的自相关系数 ρ_i，从图 4-10 中可见，AR(2) 序列的自相关系数不是 2 步截尾的。

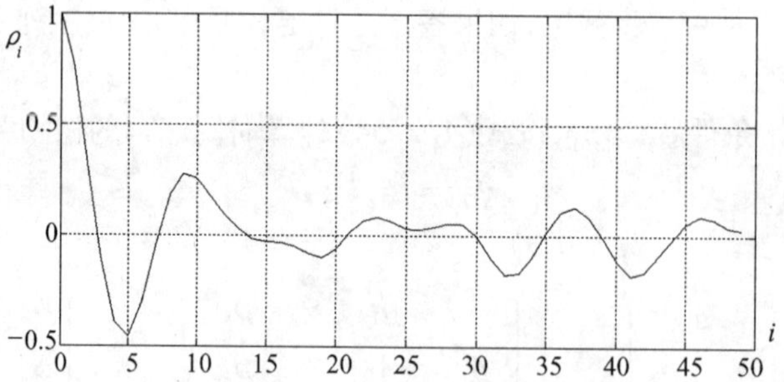

图 4-10　AR(2) 序列的自相关系数

图 4-11 给出了 AR(2) 序列的偏相关系数 ψ_{pi}，其中 $\psi_{p1}=\psi_{21}=a_1=1.1893$，约等于 1.2；$\psi_{p2}=\psi_{22}=a_2=-0.5142$，接近于 -0.55；其余的偏相关系数均很小，证实了 AR(2) 具有 2 步截尾的性质。

五、ARMA 模型阶次的确定

根据时间序列自相关系数和偏相关系数的截尾性质，可分别确定 MA(q) 模型和 AR(p) 模型的阶次。对于 ARMA(p,q) 模型阶次的确定 ($P \geqslant q$)，可根据日本学者赤池(Akaike)提出的最终预测误差准则(Final Prediction Error, FPE)、AIC 信息

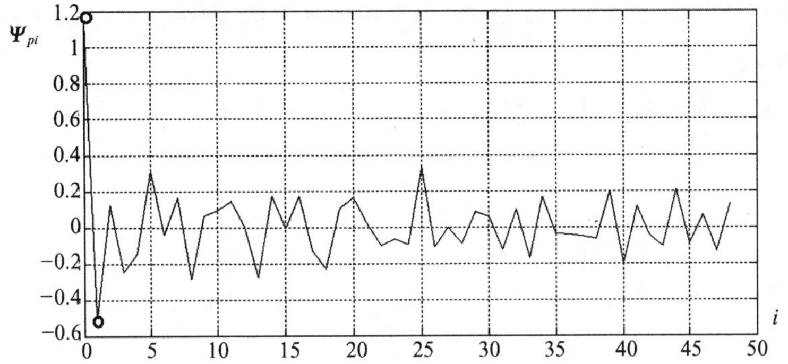

图 4-11　AR(2)序列的偏相关系数

量准则(Akaike Information Criterion,AIC),其中,应用最广的是 AIC 准则。

(1) FPE 准则。其基本思路是选择某一整数对(p_0,q_0),使最终预测误差达到最小值,从而确定 ARMA 模型的阶次(p_0,q_0)。在此,最终预测误差的表达式为

$$\mathrm{FPE}(p,q) = \hat{\sigma}_{\mathrm{ML}}^2(p,q)\left(\frac{N+p+q+1}{N-p-q-1}\right) \quad (p+q=1,2,\cdots,K) \tag{4.2.66}$$

式中:$\hat{\sigma}_{\mathrm{ML}}^2(p,q)$为一步预测方差 ML 估计量,参见式(4.2.41);N 为数据样本的容量;K 为 ARMA 模型真实阶次 $p+q$ 的某个上界,且有 $K<N$。

由于上式右边第二项括号内的数值随着 p 和 q 的增加而增大,而第一项$\hat{\sigma}_{\mathrm{ML}}^2(p,q)$则随着 p 和 q 增加而减小,因此,$\mathrm{FPE}(p,q)$必有一个最小值,与此相对应的阶次就是 ARMA 模型最佳阶次(p_0,q_0)。

(2) AIC 准则。其基本思路是选择某一整数对(p_0,q_0),使 AIC 信息量达到最小值,从而确定 ARMA 模型的阶次(p_0,q_0)。其中,AIC 信息量的计算公式为

$$\mathrm{AIC}(p,q) = \ln[\hat{\sigma}_{\mathrm{ML}}^2(p,q)] + \frac{2(p+q+1)}{N} \quad (p+q=1,2,\cdots,K) \tag{4.2.67}$$

式(4.2.67)等号右边的第二项随着 p 和 q 的增加而增大,第一项则随着 p 和 q 的增加而减小,故必定存在某一整数对(p_0,q_0),使得 $\mathrm{AIC}(p_0,q_0)$达到最小值。

附带指出,当 $N\to\infty$ 时,$\mathrm{FPE}(p,q)$与 $\mathrm{AIC}(p,q)$是等价的。

六、时间序列模型的统计检验

时间序列模型确定之后,还需要进一步检验该模型的普适性。通常检验偏差序列 e_k 是否属于白噪声序列,也即,利用所建立的 ARMA(p,q)模型对历史数据进行一步递推预测,计算出偏差序列估值 $\hat{e}_k$ $(k=0,1,\cdots,N-1)$ 的自相关系数 $\rho_m(m=1,2,\cdots,M)$,并验证 Box-Pierce 统计量

$$Q = N\sum_{m=1}^{M}\rho_m^2 \tag{4.2.68}$$

是否服从$\chi_{\alpha}^{2}(M-p-q)$分布。在此，通常取$\alpha=0.05$，$M\approx[N/4]$，$p+q\leqslant[N/10]$（或$[\sqrt{N}]$）。

根据置信度α和统计量Q的自由度$M-p-q$，从χ^{2}－分布表查出$\chi_{\alpha}^{2}(M-p-q)$值，如果

$$Q\leqslant\chi_{\alpha}^{2}(M-p-q) \tag{4.2.69}$$

则判定检验统计量Q不显著，即e_k是不相关序列，模型辨识结果正确；反之，则判定检验统计量Q是显著的，亦即e_k是相关序列，模型辨识结果不正确。

4.3 ARX 模型的最小二乘估计

在3.3.3节中，介绍了线性静态模型参数的最小二乘估计算法。在这一节中，将进一步介绍线性动态模型参数的最小二乘估计和模型阶次的辨识方法。

4.3.1 ARX 模型的辨识方法

考虑带有输入控制的自回归模型（Auto－Regressive with eXtra inputs, ARX）：

$$A(z)y_k = z^{-\mathrm{d}}B(z)u_k + e_k \tag{4.3.1a}$$

式中：

$$\begin{cases}A(z) = 1 + a_1z^{-1} + a_2z^{-2} + \cdots + a_nz^{-n}\\ B(z) = b_1z^{-1} + b_2z^{-2} + \cdots + b_mz^{-m}\end{cases} \tag{4.3.1b}$$

正整数d是模型的输出延迟量，且有$n\geqslant m+\mathrm{d}$；e_k是白噪声序列；u_k和y_k分别是模型的输入、输出序列。将式(4.3.1)写成差分方程（一步预测）的形式，就有

$$\begin{aligned}y_k &= -a_1y_{k-1} - a_2y_{k-2} - \cdots - a_ny_{k-n} + \\ &\quad b_1u_{k-d-1} + b_1u_{k-d-2} + \cdots + b_mu_{k-d-m} + e_k\\ &= \boldsymbol{\varphi}_{k-1}^{\mathrm{T}}\boldsymbol{\theta} + e_k\end{aligned} \tag{4.3.2}$$

式中：

$$\boldsymbol{\varphi}_{k-1}^{\mathrm{T}} = [-y_{k-1}, -y_{k-2}, \cdots, -y_{k-n}, u_{k-\mathrm{d}-1}, u_{k-d-2}, \cdots, u_{k-\mathrm{d}-m}]$$

$$\boldsymbol{\theta} = [a_1, a_2, \cdots, a_n, b_1, \cdots, b_m]^{\mathrm{T}}$$

要求根据$N(N\gg n+m+1)$个数据对$[y_k, u_k]$来估计未知参数$\boldsymbol{\theta}$。

令$k=1,2,\cdots, N$，则式(4.3.2)可写成矩阵形式：

$$\boldsymbol{y}_N = \boldsymbol{\Phi}_{N-1}\cdot\boldsymbol{\theta} + \boldsymbol{e}_N \tag{4.3.3}$$

式中：

$$\boldsymbol{y}_N = [y_1 \quad y_2 \quad \cdots \quad y_N]^{\mathrm{T}}\boldsymbol{\Phi}_{N-1} = [\boldsymbol{\varphi}_0^{\mathrm{T}} \quad \boldsymbol{\varphi}_1^{\mathrm{T}} \quad \cdots \quad \boldsymbol{\varphi}_{N-1}^{\mathrm{T}}]^{\mathrm{T}}, \boldsymbol{e}_N = [e_1 \quad e_2 \quad \cdots \quad e_N]^{\mathrm{T}}$$

将以上各式代入式(3.3.82)，即可得ARX模型参数的最小二乘估计，即

$$\hat{\boldsymbol{\theta}}_{\mathrm{LS}} = (\boldsymbol{\Phi}_{N-1}^{\mathrm{T}}\boldsymbol{\Phi}_{N-1})^{-1}\boldsymbol{\Phi}_{N-1}^{\mathrm{T}}\boldsymbol{y}_N \tag{4.3.4}$$

注意，在输入—输出观测数据对向量$\boldsymbol{\varphi}_{k-1}$中，一般令

$$\begin{cases} y_{k-i} = 0 & (k-i \leqslant 0, i = 1,2,\cdots,n) \\ u_{k-d-j} = 0 & (k-\mathrm{d}-j \leqslant 0, j = 1,2,\cdots,m) \end{cases}$$

此外，要求观测数据的个数 $N \gg n+m+1$，不仅可以保证($\boldsymbol{\Phi}^{\mathrm{T}}\boldsymbol{\Phi}$)非奇异，而且还可以降低模型噪声序列 e_k 的影响，从而改善参数估计的精度。

【例 4-7】 考虑如下单输入—单输出系统

$$y_k - 1.5y_{k-1} + 0.7y_{k-2} = 0.3u_{k-1} + 0.2u_{k-2} + 0.5u_{k-3} + e_k$$

要求应用 MATLAB 函数(idsim, rarx)进行系统仿真与参数估计。

解：MATLAB 程序如下：

```
A=[ 1 1.5 0.7];                                % a0 =1,a1 = -1.5,a2 =0.7
B=[ 0 0.3 0.2 0.5];                            % b0 =0,b1 =0.3,b2 =0.2,b3 =0.5
th0=arx2th(A,B,1,1);                           % ARX 模型
e=randn(200,1);u=idinput(200,'prbs');          % 产生高斯噪声和伪随机信号
y=idsim([u e],th0);                            % 理想模型仿真
z=[y u];                                       % 构造输入—输出数据对[z]
na=2;nb=3;nk=1                                 % ARX 模型的阶次
[thm,yhat]=rarx(z,[na nb nk],'ng',0.1);        % 根据输入—输出数据对[z]辨识ARX
                                                 模型参数
plot(y,'-');grid;hold on                       % 作图,ARX 模型仿真曲线
plot(yhat,':') ;hold off                       % 作图,系统辨识结果(输出曲线)
% -----------------------------------------
```

例 4-7 的参数估计结果 thm 为

$$\hat{a}_1 = -1.3798, \hat{a}_2 = 0.7039; \hat{b}_1 = 0.3007, \hat{b}_1 = 0.1170, \hat{b}_3 = 0.4243$$

图 4-12 给出了理想模型的输出曲线 y 和参数估计模型的输出曲线 yhat。

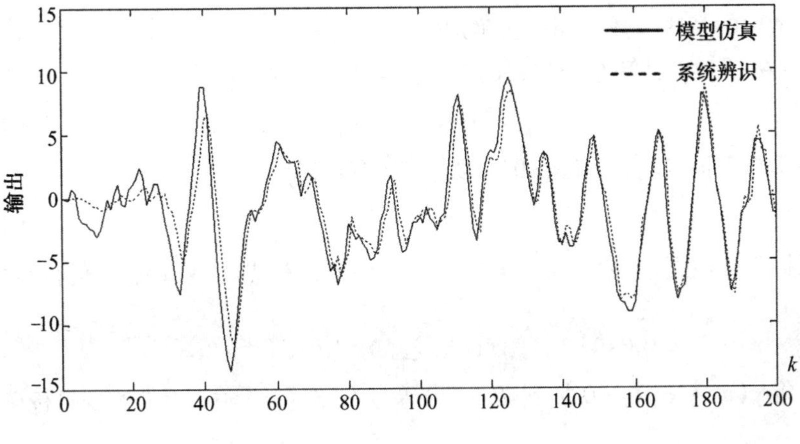

图 4-12 理想模型与参数估计模型的输出曲线

一、开环模型参数的可辨识条件

为了正确辨识动态系统的数学模型，要求系统本身是稳定的，且输入 $u(t)$ 必须满足持续激励条件，也即输入 $u(t)$ 的频谱必须包含足够丰富(Sufficient Rich)的频率成分，以保证充分激励出系统的所有振型，从而使输出 $y(t)$ 含有系统的主要信息。在满足一定的条件下，正弦型扫频信号、白噪声和伪随机双极性序列都可以构成系统的持续激励信号。

对于式(4.3.1)所示的 ARX 模型，为了获得多项式未知参数$[a_1, a_2, \cdots, a_n]$和$[b_1, b_2, \cdots, b_m]$的渐近无偏估计量，ARX 模型的噪声序列 e_k 和输入序列 u_k 应满足如下条件：

(1) e_k 是白噪声序列。

(2) u_k 的均值 $\bar{u}$ 和协方差矩阵 $\boldsymbol{C}_u$ 有界；且满足$(m+1)$阶持续激励条件，即

$$\boldsymbol{C}_u = \begin{bmatrix} C_u[0] & C_u[1] & \cdots & C_u[m] \\ C_u[1] & C_u[0] & \cdots & C_u[m-1] \\ \vdots & \vdots & & \vdots \\ C_u[m] & C_u[m-1] & \cdots & C_u[0] \end{bmatrix}$$

是实对称正定矩阵。

(3) u_k 与 e_k 独立。

在进行动态系统辨识时，大都采用伪随机双极性序列作为系统的输入 u_k。只要选择恰当的模型阶次，利用 LS 估计法一般可获得未知参数的精确估计量。如果观测数据波动较大，则应采用适当的方法对观测数据进行预处理，否则，将会严重影响参数估计结果的精确性。

二、闭环模型参数的可辨识条件

如果系统的输入序列 u_k 是通过输出序列 y_k 的反馈来得到的，就有可能造成系统模型中的某些参数不能被正确地估计出来。

【例 4-8】 已知某一过程的数学模型为

$$y_k = -ay_{k-1} + bu_{k-1} + e_k \tag{4.3.5}$$

假定使用具有恒定增益 $\alpha(\alpha>0)$的线性反馈调节器

$$u_k = \alpha y_k \tag{4.3.6}$$

要求根据观测数据 y_k 和 $u_{k-1}(k=1,2,\cdots, N)$确定模型参数 a 和 b，使得目标函数

$$J(a,b) = \sum_{k=1}^{N} e_k^2 = \sum_{k=1}^{N} (y_k + ay_{k-1} - bu_{k-1})^2$$

最小。将 $\gamma(u_k+\alpha y_k)=0$ 加到 $J(a, b)$等号右端的括号中，不会改变目标函数值，故有

$$J(a,b) = \sum_{k=1}^{N} [y_k + (a-\alpha\gamma)y_{k-1} - (b+\gamma)u_{k-1}]^2$$

$$= J(a + \alpha\gamma, b - \gamma) \quad (\gamma = \text{常数})$$

这说明使 $J(a,b)$ 达到最小的解 $(\hat{a},\hat{b})$ 不是唯一的。因此,有必要进一步讨论:采用何种线性反馈调节器,才能唯一地估计出过程模型的未知参数?

考虑图 4-13 所示的反馈控制系统框图,过程(被控对象)的通用模型可表示为

$$y_k = -\sum_{i=1}^{n} a_i y_{k-i} + \sum_{i=1}^{m} b_i u_{k-i-d} + e_k \quad (n \geqslant m) \tag{4.3.7}$$

式中:d 为系统对输入响应的延迟量;$a_i(i=1,2,\cdots,n)$,$b_i(i=1,2,\cdots,m)$ 为待估计的过程模型参数;e_k 为白噪声;u_k 为由某一线性反馈调节器产生的控制变量:

$$u_k = -\sum_{i=1}^{p} c_i u_{k-i} + \alpha \sum_{j=0}^{q} d_j y_{k-j} \tag{4.3.8}$$

其中:α 为常数;$c_i(i=1,2,\cdots,p)$,$d_j(j=0,1,\cdots,q)$ 为已知的调节器参数,且 $d_0 = 1$。为了方便起见,通常假定参考输入 $r_k=0$,故有 $\varepsilon_k = y_k$。

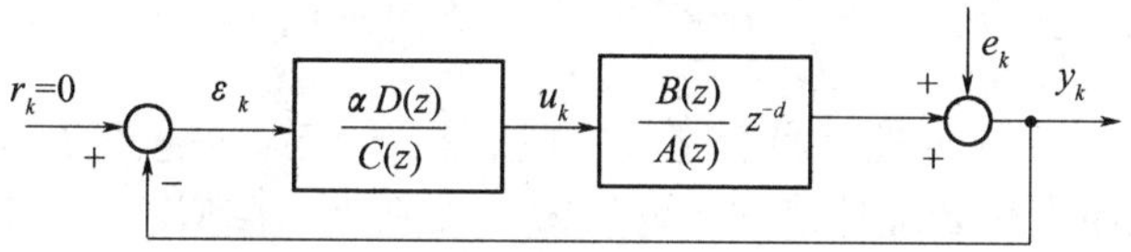

图 4-13 反馈控制系统框图(参考输入 $r_k=0$)

定理 4-4(在闭环系统中,过程模型参数的可识别条件): 在图 4-13 所示的反馈控制系统中,假设

$$A(z) = 1 + a_1 z^{-1} + \cdots + a_n z^{-n}, B(z) = b_1 z^{-1} + \cdots + b_m z^{-m}$$

$$C(z) = 1 + c_1 z^{-1} + \cdots + c_r z^{-p}, D(z) = 1 + d_1 z^{-1} + \cdots + d_q z^{-q}$$

那么,过程模型参数 $a_i(i=1,2,\cdots,n)$ 和 $b_j(j=1,2,\cdots,m)$ 的可识别条件为

$$p \geqslant m - d, q \geqslant n - d \tag{4.3.9}$$

关于这一结论的证明,读者可参阅参考文献[13,14]。

【例 4-9】 在例 4-8 中,已知 $n=m=1,d=0$;对照式(4.3.6)和式(4.3.8)可知,$p=q=0$。故有 $p<m-d=1$,$q<n-d=1$,不满足闭环系统的过程模型参数可识别条件。

但是,若采用下列线性调节器方程:

$$u_k = -c_1 u_{k-1} - y_k - d_1 y_{k-1} \tag{4.3.10}$$

则有 $p=m-d=1$,$q=n-d=1$。因此,由式(4.3.5)和式(4.3.10)所描述闭环控制系统满足过程模型参数可识别条件。

三、ARX 模型阶次的确定

在前面所讨论中,均假设 ARX 模型阶次是已知的,而实际模型的阶次往往是未知的。下面,简要介绍 ARX 模型阶次的识别方法。

将 ARX 模型表达式(4.3.1)改写成

$$y_k = -a_1 y_{k-1} - a_2 y_{k-2} - \cdots - a_n y_{k-n} + b_1 u_{k-1} + b_2 u_{k-2} + \cdots + b_n u_{k-n} + e_k \tag{4.3.11}$$

式中:阶次 n 是未知的。对于时间延迟系统,式(4.3.11)也是适用的。例如,当 $d=2$时,可以推断参数 b_1 和 b_2 的最小二乘估计量必然接近于0。

目前用于确定此类模型阶次的主要方法有:

(1) 奥斯特罗姆(Åström) F 检验法。设 $J_p{}^N$ 和 $J_q{}^N$ 分别是根据 N 个观测数据对 p 阶和 q 阶 ARX 模型参数进行最小二乘估计所得到的一步预测偏差的平方和,即

$$\begin{aligned} \boldsymbol{J}_n^N &= \boldsymbol{e}^{\mathrm{T}}\boldsymbol{e} \\ &= (\boldsymbol{y}_N - \boldsymbol{\Phi}_{N-1} \cdot \hat{\boldsymbol{\theta}}_{\mathrm{LS}})^{\mathrm{T}}(\boldsymbol{y}_N - \boldsymbol{\Phi}_{N-1} \cdot \hat{\boldsymbol{\theta}}_{\mathrm{LS}}) \quad (n = p,q) \end{aligned} \tag{4.3.12}$$

用 F 统计量

$$F = \frac{J_p^N - J_q^N}{J_q^N} \times \frac{N-q}{q-p} \sim F(q-p, N-q) \tag{4.3.13}$$

来检验模型阶次的显著性。具体检验方法是:给定某一置信度 α(通常取 $\alpha=0.05$),查 F 分布表得到临界值 F_α。若 $F \leqslant F_\alpha$,则表示模型阶次 p 和 q 没有显著差异,通常取较小的阶次作为 ARX 模型的阶次;如果 $F > F_\alpha$,则表示模型阶次 p 和 q 显著不同,一般认为偏差平方和较小的模型阶次更接近于真实的模型阶次。在这种情况下,需要改变模型阶次 p 或 q,重新计算并检验 F 统计量,直至模型阶次 p 和 q 没有显著差异为止。

(2) 最终预测误差和赤池信息准则。赤池提出用最终预报误差

$$\mathrm{FPE}(n) = J_n^N \times \left(\frac{N+n}{N-n}\right) \tag{4.3.14a}$$

或赤池信息量

$$\mathrm{AIC}(n) = \ln[J_n^N] + \frac{2n}{N-n} \tag{4.3.14b}$$

来确定 ARX 模型的阶次。由于式(4.3.14)等号右边的第一项 $J_n{}^N$ 随着 n 的增大而减小,而右边的第二项则随着 n 的增大而增大,因而必定存在某一整数对 n,使 FPE(n)或 AIC(n)达到最小值,与此相对应的阶次就是 ARX 模型的最佳阶次。

显而易见,当 $N\to\infty$ 时,FPE(n)与 AIC(n)是等价的。

与线性静态模型参数估计一样,为了检验所选择的 ARX 模型是否恰当,在进行动态模型辨识时,可保留一组输入—输出数据对作为检验数据集,待辨识出 ARX 模型后,用这组数据对来验证所得的 ARX 模型的普适性或泛化能力。

4.3.2 递推最小二乘估计

前面所介绍的最小二乘法是一种批数据处理算法,但在实际的控制过程中,测

量装置将不断提供新的输入—输出数据对。如果希望利用这些新的数据来改善ARX模型参数的估计精度,那么,就应当采用递推估计算法，以避免观测数据矩阵 $\boldsymbol{\Phi}$ 的行数的不断“膨胀”,从而达到减少计算量和节省计算机内存空间的目的。

一、无限记忆递推最小二乘估计

为了简化符号,在以下推导中均用 $\hat{\boldsymbol{\theta}}$代替$\hat{\boldsymbol{\theta}}_{\mathrm{LS}}$。重新考虑式(4.3.1)所示的ARX模型：

$$y_k = \boldsymbol{\varphi}_{k-1}^{\mathrm{T}}\boldsymbol{\theta} + e_k \tag{4.3.15}$$

其中

$$\boldsymbol{\varphi}_{k-1}^{\mathrm{T}} = [-y_{k-1}, -y_{k-2}, \cdots, -y_{k-n}, u_{k-d-1}, u_{k-d-2}, \cdots, u_{k-d-m}]$$
$$\boldsymbol{\theta} = [a_1, a_2, \cdots, a_n, b_1, b_2, \cdots, b_m]^{\mathrm{T}}$$

在式(4.3.15)中,令 $k=1,2,\cdots,N$,则有

$$\boldsymbol{y}_N = \boldsymbol{\Phi}_{N-1}\cdot\boldsymbol{\theta} + \boldsymbol{e}_N \tag{4.3.16}$$

式中：

$$\boldsymbol{y}_N = \begin{bmatrix} y_1 \\ y_2 \\ \vdots \\ y_N \end{bmatrix}, \boldsymbol{\Phi}_{N-1} = \begin{bmatrix} \boldsymbol{\varphi}_0^{\mathrm{T}} \\ \boldsymbol{\varphi}_1^{\mathrm{T}} \\ \vdots \\ \boldsymbol{\varphi}_{N-1}^{\mathrm{T}} \end{bmatrix}, \boldsymbol{e}_N = \begin{bmatrix} e_1 \\ e_2 \\ \vdots \\ e_N \end{bmatrix}$$

根据最小二乘算法(式(3.3.82)), N 时刻未知参数 $\boldsymbol{\theta}$ 的LS估计量可表示为

$$\hat{\boldsymbol{\theta}}_N = [\boldsymbol{\Phi}_{N-1}^{\mathrm{T}}\boldsymbol{\Phi}_{N-1}]^{-1}\boldsymbol{\Phi}_{N-1}^{\mathrm{T}}\boldsymbol{Y}_N \tag{4.3.17}$$

令 $\boldsymbol{\Phi}_N$ 和 $\boldsymbol{Y}_{N+1}$分别是 $N+1$ 时刻的观测数据对矩阵和模型输出向量,即

$$\boldsymbol{\Phi}_N = \begin{bmatrix} \boldsymbol{\Phi}_{N-1} \\ \boldsymbol{\varphi}_N^{\mathrm{T}} \end{bmatrix}_{(N+1)\times(n+m)}, \boldsymbol{Y}_{N+1} = \begin{bmatrix} \boldsymbol{y}_N \\ y_{N+1} \end{bmatrix}_{(N+1)\times 1} \tag{4.3.18}$$

于是, $N+1$ 时刻的最小二乘估计量了表示为

$$\hat{\boldsymbol{\theta}}_{N+1} = [\boldsymbol{\Phi}_N^{\mathrm{T}}\boldsymbol{\Phi}_N]^{-1}\boldsymbol{\Phi}_N^{\mathrm{T}}\boldsymbol{Y}_{N+1}$$

将式(4.3.18)代入上式,可得

$$\begin{aligned}\hat{\boldsymbol{\theta}}_{N+1} &= (\boldsymbol{\varphi}_N\boldsymbol{\varphi}_N^{\mathrm{T}} + \boldsymbol{\Phi}_{N-1}^{\mathrm{T}}\boldsymbol{\Phi}_{N-1})^{-1}(\boldsymbol{\varphi}_N y_{N+1} + \boldsymbol{\Phi}_{N-1}^{\mathrm{T}}\boldsymbol{y}_N) \\ &= (\boldsymbol{\varphi}_N\boldsymbol{\varphi}_N^{\mathrm{T}} + \boldsymbol{P}_{N-1}^{-1})^{-1}(\boldsymbol{\varphi}_N y_{N+1} + \boldsymbol{\Phi}_{N-1}^{\mathrm{T}}\boldsymbol{y}_N) \\ &= \boldsymbol{P}_N(\boldsymbol{\varphi}_N y_{N+1} + \boldsymbol{\Phi}_{N-1}^{\mathrm{T}}\boldsymbol{y}_N)\end{aligned} \tag{4.3.19}$$

式中：

$$\boldsymbol{P}_{N-1} = [(\boldsymbol{\Phi}_{N-1}^{\mathrm{T}}\boldsymbol{\Phi}_{N-1})^{-1}]_{N\times N}, \boldsymbol{P}_N = (\boldsymbol{P}_{N-1}^{-1} + \boldsymbol{\varphi}_N\boldsymbol{\varphi}_N^{\mathrm{T}})^{-1}$$

根据矩阵求逆公式(式(3.1.35)),$\boldsymbol{P}_N$ 可表示为

$$\boldsymbol{P}_N = (\boldsymbol{P}_{N-1}^{-1} + \boldsymbol{\varphi}_N\boldsymbol{\varphi}_N^{\mathrm{T}})^{-1}$$

$$= \boldsymbol{P}_{N-1} - \frac{\boldsymbol{P}_{N-1}\boldsymbol{\varphi}_N\boldsymbol{\varphi}_N^{\mathrm{T}}\boldsymbol{P}_{N-1}}{1 + \boldsymbol{\varphi}_N^{\mathrm{T}}\boldsymbol{P}_{N-1}\boldsymbol{\varphi}_N}$$

$$= (\boldsymbol{I}_{N\times N} - \boldsymbol{K}_N\boldsymbol{\varphi}_N^{\mathrm{T}})\boldsymbol{P}_{N-1} \tag{4.3.20}$$

式中:

$$\boldsymbol{K}_N = \frac{\boldsymbol{P}_{N-1}\boldsymbol{\varphi}_N}{1 + \boldsymbol{\varphi}_N^{\mathrm{T}}\boldsymbol{P}_{N-1}\boldsymbol{\varphi}_N} \tag{4.3.21}$$

并称之为增益向量。将式(4.3.20)和式(4.3.21)代入式(4.3.19),即可得到

$$\begin{aligned}
\hat{\boldsymbol{\theta}}_{N+1} &= (\boldsymbol{P}_{N-1} - \boldsymbol{K}_N\boldsymbol{\varphi}_N^{\mathrm{T}}\boldsymbol{P}_{N-1})(\boldsymbol{\Phi}_{N-1}^{\mathrm{T}}\boldsymbol{y}_N + \boldsymbol{\varphi}_N y_{N+1}) \\
&= \hat{\boldsymbol{\theta}}_N + \boldsymbol{P}_{N-1}\boldsymbol{\varphi}_N y_{N+1} - \boldsymbol{K}_N\boldsymbol{\varphi}_N^{\mathrm{T}}\hat{\boldsymbol{\theta}}_N - \boldsymbol{K}_N\boldsymbol{\varphi}_N^{\mathrm{T}}\boldsymbol{P}_{N-1}\boldsymbol{\varphi}_N y_{N+1} \\
&= \hat{\boldsymbol{\theta}}_N - \boldsymbol{K}_N\boldsymbol{\varphi}_N^{\mathrm{T}}\hat{\boldsymbol{\theta}}_N + (\boldsymbol{P}_{N-1}\boldsymbol{\varphi}_N - K_N\boldsymbol{\varphi}_N^{\mathrm{T}}\boldsymbol{P}_{N-1}\boldsymbol{\varphi}_N)y_{N+1} \\
&= \hat{\boldsymbol{\theta}}_N + \boldsymbol{K}_N(y_{N+1} - \boldsymbol{\varphi}_N^{\mathrm{T}}\hat{\boldsymbol{\theta}}_N)
\end{aligned} \tag{4.3.22}$$

推导中利用了最小二乘算法(式(3.3.82))。式(4.3.22)表明,新的估计量$\hat{\boldsymbol{\theta}}_{N+1}$等于前一时刻的估计量 $\hat{\boldsymbol{\theta}}_N$ 与修正量 $\boldsymbol{K}_N(y_{N+1} - \boldsymbol{\varphi}_N^{\mathrm{T}}\hat{\boldsymbol{\theta}}_N)$之和,这是一切递推公式的共同特征。如果令

$$\hat{y}_{N+1|N} = \boldsymbol{\varphi}_N^{\mathrm{T}} \cdot \hat{\boldsymbol{\theta}}_N \tag{4.3.23}$$

表示利用 N 时刻的估计量$\hat{\boldsymbol{\theta}}_N$ 来预测 $N+1$ 时刻的输出量 y_{N+1},那么递推估计所提供的新息

$$\tilde{y}_{N+1} = y_{N+1} - \hat{y}_{N+1|N} \tag{4.3.24}$$

就是一步预测偏差。由此可见,修正量的大小与一步预测偏差 $\tilde{y}_{N+1}$成正比,而各个修正分量的权则由增益向量 $\boldsymbol{K}_N$ 决定。

在启动上述递推算法是($k=1$),必须预先确定初值 $\hat{\boldsymbol{\theta}}_1$ 和 $\boldsymbol{P}_0$。在工程上,一般令

$$\hat{\boldsymbol{\theta}}_1 = \boldsymbol{0}_{n+m}, \boldsymbol{P}_0 = \sigma_e^2\boldsymbol{I}_{N\times N} \tag{4.3.25a}$$

式中:$\sigma_{\mathrm{e}}{}^2 \gg 1$。然后,根据当前时刻($k=k+1$)的观测数据对向量 $\boldsymbol{\varphi}_k$ 进行循环递推运算:

$$\begin{cases}
\boldsymbol{K}_k = \boldsymbol{P}_{k-1}\boldsymbol{\varphi}_k/(1 + \boldsymbol{\varphi}_k^{\mathrm{T}}\boldsymbol{P}_{k-1}\boldsymbol{\varphi}_k) \\
\boldsymbol{P}_k = (\boldsymbol{I}_{N\times N} - \boldsymbol{K}_k\boldsymbol{\varphi}_k^{\mathrm{T}})\boldsymbol{P}_{k-1} \\
\hat{\boldsymbol{\theta}}_{k+1} = \hat{\boldsymbol{\theta}}_k + \boldsymbol{K}_k(y_{k+1} - \boldsymbol{\varphi}_k^{\mathrm{T}}\hat{\boldsymbol{\theta}}_k)
\end{cases} \tag{4.3.25b}$$

直至$\hat{\boldsymbol{\theta}}_{k+1}\hat{\boldsymbol{\theta}}_k \approx \boldsymbol{0}$ 为止。从数学上看,尽管按式(4.3.25a)确定初值的初始偏差较大,但相应的修正作用也较大,因此这种递推算法的效率较高。

此外,还可以先取得 $k=N>m+n+1$ 组观测数据对矩阵 $\boldsymbol{\Phi}_{N-1}$,事先计算出

$$\hat{\boldsymbol{\theta}}_N = [\boldsymbol{\Phi}_{N-1}^{\mathrm{T}}\boldsymbol{\Phi}_{N-1}]^{-1} = \boldsymbol{P}_{N-1}\boldsymbol{\Phi}_{N-1}^{\mathrm{T}}\boldsymbol{y}_N \tag{4.3.25c}$$

式中：$\boldsymbol{P}_{N-1} = [\boldsymbol{\Phi}_{N-1}{}^{\mathrm{T}}\boldsymbol{\Phi}_{N-1}]^{-1}$，再根据当前时刻（$k = k+1$）的观测数据对向量 $\boldsymbol{\varphi}_k$，按式（4.3.25b）进行递推运算。

现在考察增益向量 $\boldsymbol{K}_k$ 在递推运算过程的变化规律。

已知 $\boldsymbol{P}_{N-1} = [\boldsymbol{\Phi}_{N-1}^{\mathrm{T}}\boldsymbol{\Phi}_{N-1}]^{-1}$，如果观测数据对矩阵 $\boldsymbol{\Phi}_{N-1}$ 的行数 N 大于被估计参数的数目，而且输入—输出数据对向量 $\boldsymbol{\varphi}_{N-1}$ 含有足够的“信息”（满足充分激励条件），则（$\boldsymbol{\Phi}_{N-1}{}^{\mathrm{T}}\boldsymbol{\Phi}_{N-1}$）通常是正定的，且（$\boldsymbol{\Phi}_{N-1}^{\mathrm{T}}\boldsymbol{\Phi}_{N-1}$）/ N（$N\to\infty$） 可视为非奇异的常数阵，故有

$$\lim_{N\to\infty}\boldsymbol{P}_{N-1} = \lim_{N\to\infty}\frac{1}{N}\left(\frac{1}{N}\boldsymbol{\Phi}_{N-1}^{\mathrm{T}}\boldsymbol{\Phi}_{N-1}\right)^{-1} = 0$$

由式（3.3.88）可知，估计误差将随着迭代次数 k（$k = N+1, N+2, \cdots$）的增多而逐渐递减，这意味着 LS 估计量最终将收敛于参数空间的最优点。

事实上，在白噪声或在高信噪比条件下，递推最小二乘估计是一种既简便又有效的算法。在递推过程中，虽然这种算法不保存先前数据，但先前数据却一直在起作用。因此，递推最小二乘法又称为具有无限增长记忆的递推最小二乘法。

二、限定记忆递推最小二乘估计

递推最小二乘法适用于估计定常 ARX 模型或平稳过程中的未知参数。对于时变系统或非平稳过程，由于参数的时变信息更多地体现在当前的观测数据中，而与先前观测数据的关系逐渐减弱，因此利用全部数据对来计算的增益向量 $\boldsymbol{K}_k$，反而削弱了递推过程跟踪时变参数的能力。为解决这一问题，可采用如下所述的方法：

（1）当怀疑观测数据发生显著变化时，应把当前时刻 k 的 $\boldsymbol{P}_{k-1}$ 设置为 $\boldsymbol{P}_0$，重新进行递推估计，这是因为 LS 算法能快速地收敛到当前的最优参数。

（2）对先前数据引入遗忘因子 λ，逐渐削弱它们在参数递推估计过程中的影响。为此，可引入加权目标函数：

$$\begin{aligned} J(\boldsymbol{\theta}) &= \boldsymbol{e}_N^{\mathrm{T}}\boldsymbol{W}_{N-1}\boldsymbol{e}_N \\ &= (\boldsymbol{y}_N - \boldsymbol{\Phi}_{N-1}\hat{\boldsymbol{\theta}}_N)^{\mathrm{T}}\boldsymbol{W}_{N-1}(\boldsymbol{y}_N - \boldsymbol{\Phi}_{N-1}\hat{\boldsymbol{\theta}}_N) \end{aligned} \tag{4.3.26}$$

式中：

$$\boldsymbol{W}_{N-1} = \mathrm{diag}\{\lambda^{N-1}, \lambda^{N-2}, \cdots, 1\} \tag{4.3.27}$$

式中：$0 < \lambda \leqslant 1$。显然，当 $\lambda = 1$ 时，式（4.3.18）就退化为无限记忆递推最小二乘法。

由式（3.3.86）可知，在 N 时刻未知参数 $\boldsymbol{\theta}$ 的 LS 估计量为

$$\hat{\boldsymbol{\theta}}_N = [(\boldsymbol{\Phi}_{N-1}^{\mathrm{T}}\boldsymbol{W}_{N-1}\boldsymbol{\Phi}_{N-1})^{-1}(\boldsymbol{\Phi}_{N-1}^{\mathrm{T}}\boldsymbol{W}_{N-1})]\boldsymbol{y}_N \tag{4.3.28}$$

每当取得一个新数据，就对加权矩阵 $\boldsymbol{W}_N$ 乘以 λ。于是，在 $N+1$ 时刻未知参数 $\boldsymbol{\theta}$ 的 LS 估计量就可写成

$$\begin{aligned}\hat{\boldsymbol{\theta}}_{N+1} &= \left(\begin{bmatrix}\boldsymbol{\Phi}_{N-1}\\ \boldsymbol{\varphi}_N^{\mathrm{T}}\end{bmatrix}^{\mathrm{T}}\begin{bmatrix}\lambda \boldsymbol{W}_{N-1} & 0\\ 0 & 1\end{bmatrix}\begin{bmatrix}\boldsymbol{\Phi}_{N-1}\\ \boldsymbol{\varphi}_N^{\mathrm{T}}\end{bmatrix}\right)^{-1}\begin{bmatrix}\boldsymbol{\Phi}_{N-1}\\ \boldsymbol{\varphi}_N^{\mathrm{T}}\end{bmatrix}^{\mathrm{T}}\begin{bmatrix}\lambda \boldsymbol{W}_{N-1} & 0\\ 0 & 1\end{bmatrix}\begin{bmatrix}\boldsymbol{y}_N\\ y_{N+1}\end{bmatrix}\\ &= (\lambda \boldsymbol{\Phi}_{N-1}^{\mathrm{T}}\boldsymbol{W}_{N-1}\boldsymbol{\Phi}_{N-1} + \boldsymbol{\varphi}_N\boldsymbol{\varphi}_N^{\mathrm{T}})^{-1}[(\lambda\boldsymbol{\Phi}_{N-1}^{\mathrm{T}}\boldsymbol{W}_{N-1})\boldsymbol{y}_N + \boldsymbol{\varphi}_N y_{N+1}]\\ &= (\lambda \boldsymbol{P}_{N-1}^{-1} + \boldsymbol{\varphi}_N\boldsymbol{\varphi}_N^{\mathrm{T}})^{-1}[(\lambda\boldsymbol{\Phi}_{N-1}^{\mathrm{T}}\boldsymbol{W}_{N-1})\boldsymbol{y}_N + \boldsymbol{\varphi}_N y_{N+1}]\\ &= \boldsymbol{P}_N[(\lambda\boldsymbol{\Phi}_{N-1}^{\mathrm{T}}\boldsymbol{W}_{N-1})\boldsymbol{y}_N + \boldsymbol{\varphi}_N y_{N+1}]\end{aligned}\tag{4.3.29}$$

式中：

$$\boldsymbol{P}_{N-1} = [\boldsymbol{\Phi}_{N-1}^{\mathrm{T}}\boldsymbol{W}_{N-1}\boldsymbol{\Phi}_{N-1}]^{-1}, \boldsymbol{P}_N = (\lambda\boldsymbol{P}_{N-1}^{-1} + \boldsymbol{\varphi}_N\boldsymbol{\varphi}_N^{\mathrm{T}})^{-1}$$

根据矩阵求逆公式(式(3.1.35))，$\boldsymbol{P}_N$ 可表示为

$$\begin{aligned}\boldsymbol{P}_N &= (\lambda\boldsymbol{P}_{N-1}^{-1} + \boldsymbol{\varphi}_N\boldsymbol{\varphi}_N^{\mathrm{T}})^{-1}\\ &= \frac{1}{\lambda}\left(\boldsymbol{P}_{N-1} - \frac{\boldsymbol{P}_{N-1}\boldsymbol{\varphi}_N\boldsymbol{\varphi}_N^{\mathrm{T}}\boldsymbol{P}_{N-1}}{\lambda + \boldsymbol{\varphi}_N^{\mathrm{T}}\boldsymbol{P}_{N-1}\boldsymbol{\varphi}_N}\right)^{-1}\\ &= \frac{1}{\lambda}(\boldsymbol{I}_{N\times N} - \boldsymbol{K}_N\boldsymbol{\varphi}_N^{\mathrm{T}})\boldsymbol{P}_{N-1}\end{aligned}\tag{4.3.30}$$

式中：

$$\boldsymbol{K}_N = \frac{\boldsymbol{P}_{N-1}\boldsymbol{\varphi}_N}{\lambda + \boldsymbol{\varphi}_N^{\mathrm{T}}\boldsymbol{P}_{N-1}\boldsymbol{\varphi}_N}\tag{4.3.31}$$

称为增益向量。将式(4.3.30)和式(4.3.31)代入式(4.3.29)，就有

$$\begin{aligned}\hat{\boldsymbol{\theta}}_{N+1} &= \frac{1}{\lambda}(\boldsymbol{P}_{N-1} - \boldsymbol{K}_N\boldsymbol{\varphi}_N^{\mathrm{T}}\boldsymbol{P}_{N-1})[(\lambda\boldsymbol{\Phi}_{N-1}^{\mathrm{T}}\boldsymbol{W}_{N-1})\boldsymbol{y}_N + \boldsymbol{\varphi}_N y_{N+1}]\\ &= \hat{\boldsymbol{\theta}}_N - \boldsymbol{K}_N\boldsymbol{\varphi}_N^{\mathrm{T}}\hat{\boldsymbol{\theta}}_N + \frac{1}{\lambda}(\boldsymbol{P}_{N-1}\boldsymbol{\varphi}_N - \boldsymbol{K}_N\boldsymbol{\varphi}_N^{\mathrm{T}}\boldsymbol{P}_{N-1}\boldsymbol{\varphi}_N)\boldsymbol{y}_{N+1}]\\ &= \hat{\boldsymbol{\theta}}_N + \boldsymbol{K}_N(y_{N+1} - \boldsymbol{\varphi}_N^{\mathrm{T}}\hat{\boldsymbol{\theta}}_N)\end{aligned}\tag{4.3.32}$$

由于遗忘因子 λ 的作用是将“老”的数据逐渐从“记忆”中去掉，因而将这种算法称为“渐消记忆”法，或称为带有遗忘因子的递推最小二乘法。

在启动上述递推算法时($k=1$)，必须先确定初值 $\hat{\boldsymbol{\theta}}_1$ 和 $\boldsymbol{P}_0$。在工程上，一般令

$$\hat{\boldsymbol{\theta}}_1 = \boldsymbol{0}_{n+m}, \boldsymbol{P}_0 = \sigma_e^2\boldsymbol{I}_{N\times N}\tag{4.3.33a}$$

式中：${\sigma_e}^2 \gg 1$。然后，根据当前时刻($k=k+1$)的观测数据对 $\boldsymbol{\varphi}_k$ 进行循环递推运算：

$$\begin{cases}\boldsymbol{K}_k = \boldsymbol{P}_{k-1}\boldsymbol{\varphi}_k/(\lambda + \boldsymbol{\varphi}_k^{\mathrm{T}}\boldsymbol{P}_{k-1}\boldsymbol{\varphi}_k)\\ \boldsymbol{P}_k = (\boldsymbol{I}_{N\times N} - \boldsymbol{K}_k\boldsymbol{\varphi}_k^{\mathrm{T}})\boldsymbol{P}_{k-1}/\lambda\\ \hat{\boldsymbol{\theta}}_{k+1} = \hat{\boldsymbol{\theta}}_k + \boldsymbol{K}_k(y_{N+1} - \boldsymbol{\varphi}_k^{\mathrm{T}}\hat{\boldsymbol{\theta}}_k)\end{cases}\tag{4.3.33b}$$

直至 $\hat{\boldsymbol{\theta}}_{k+1}$ 与 $\hat{\boldsymbol{\theta}}_k$ 无限接近为止。

与无限记忆递推最小二乘法一样，也可先根据 $k=N$ 时刻所获得的观测数据矩阵 $\boldsymbol{\Phi}_{N-1}$，计算出

$$\begin{cases}\boldsymbol{P}_{N-1}=(\boldsymbol{\Phi}_{N-1}^{\mathrm{T}}\boldsymbol{W}_{N-1}\boldsymbol{\Phi}_{N-1})^{-1}\\ \hat{\boldsymbol{\theta}}_N=[(\boldsymbol{\Phi}_{N-1}^{\mathrm{T}}\boldsymbol{W}_{N-1}\boldsymbol{\Phi}_{N-1})^{-1}\boldsymbol{\Phi}_{N-1}^{\mathrm{T}}\boldsymbol{W}_{N-1}]\boldsymbol{y}_N\end{cases} \tag{4.3.33c}$$

然后，再根据当前时刻（$k=k+1$）的观测数据对 $\boldsymbol{\varphi}_k$，按式（4.3.33b）进行循环递推运算。

关于 λ 的选取，一般可根据经验或通过实验来确定的，取值范围大约在[0.95，0.99]之间。如果参数随时间的变化较大，则应选取较小的 λ 值，使最新数据有较大的权重；反之亦然。然而，倘若 λ 值取得太小，就有可能使递推过程产生急剧波动而增大估计误差。

【例4-10】 设某一过程的初始模型为

$$(1+0.8z^{-1})y_k=0.5z^{-1}u_k$$

采样300次后变为

$$(1+0.6z^{-1})y_k=0.3z^{-1}u_k$$

试用两组模拟数据，一组不考虑噪声，一组是带观测噪声的数据，分别采用不同的遗忘因子，对时变模型

$$(1+a_kz^{-1})y_k=b_kz^{-1}u_k$$

进行参数估计，并讨论估计结果。

解：应用MATLAB中的rarx函数进行带遗忘因子 λ 的系统辨识算法。

具体程序如下：

```
e = randn(300,1);
u = idinput(300,'prbs');              % 产生高斯噪声和伪随机信号
A1 = [1 0.8];B1 = [0 0.5];             % 模型参数
th0 = arx2th(A1,B1,1,1);              % arx 模型
y1 = idsim([u e],th0);                % 初始 arx 模型仿真
A2 = [1 0.6];B2 = [0 0.3];             % 采样 300 次后的模型参数
th0 = arx2th(A2,B2,1,1);              % 采样 300 次后的 arx 模型
y2 = idsim([u e],th0);                % 采样 300 次后的 arx 模型仿真
for k = 1:300
    y(k,1) = ((300 - k)/300) * y1(k,1) + (k/300) * y2(k,1);
                                      % 利用 y1 和 y2 构造时变模型
end
z = [y u];na = 1;nb = 1;nk = 1;       % 产生输入 - 输出数据对[z],确定模型的阶次
[thm,yhat] = rarx(z,[na nb nk],'ff',0.97);
                                      % 带遗忘因子 λ = 0.97 的 ARX 模型参数辨识
plot(thm(:,1),'-');grid               % 作图,时变系统的 a(k)输出曲线
hold on;plot(thm(:,2),':')            % 作图,时变系统的 b(k)输出曲线
% ----------------------------------
```

从仿真结果(图 4 - 14)可以看出,采用带遗忘因子 λ 的递推 LS 算法能较好地跟踪系统时变参数的变化。作为课外练习,请读者完成本例题的其余部分。

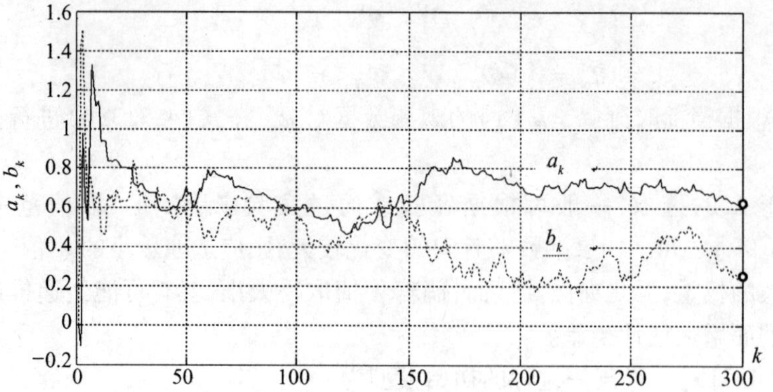

图 4 - 14　例 4 - 10 时变 ARX 模型参数辨识结果

4.3.3　广义最小二乘估计

在上述推导中,事先假定了模型表达式(4.3.1)中的观测噪声 e_k 是白噪声。如果观测噪声是有色噪声,记为 ε_k,则式(4.3.1)可表示为

$$A(z)y_k = z^{-d}B(z)u_k + \varepsilon_k \tag{4.3.34}$$

在工程上,有色噪声 ε_k 往往可视为白噪声 e_k 通过成型滤波器 $C(z)$ 而产生,通常用差分方程来表示,即

$$\varepsilon_k = [1 + C(z)]e_k = e_k + c_1 e_{k-1} + \cdots + c_l e_{k-l} \tag{4.3.35}$$

式中:l 为成型滤波器的阶次。将式(4.3.35)代入式(4.3.34),并写成差分方程的形式,就有

$$\begin{aligned} y_k = &- a_1 y_{k-1} - a_2 y_{k-2} - \cdots - a_n y_{k-n} + \\ & b_1 u_{k-d-1} + b_2 u_{k-d-2} + \cdots + b_m u_{k-d-m} + \\ & c_1 e_{k-1} + c_2 e_{k-2} + \cdots + c_l e_{k-l} + e_k \end{aligned} \tag{4.3.36}$$

式(4.3.36)称为带有输入控制的自回归滑动平均模型(Auto - Regressivie Moving Average with eXtra inputs, ARMAX)。因为白噪声序列 e_k 是不可测量的,所以只能设法用估计值 $\hat{e}_k$ 取代真实的 e_k。具体步骤如下:

(1) 在初始估计时,先将式(4.3.34)中的有色噪声序列 ε_k 视为白噪声序列 e_k,应用基本最小二乘法求出一步预估量 $\hat{\boldsymbol{y}}_{N|N-1} = \boldsymbol{\Phi}_{N-1}\hat{\theta}_{ARX}$,再按下式计算 e_k 的估计值,即

$$\hat{\boldsymbol{e}}_N = \boldsymbol{y}_N - \boldsymbol{\Phi}_{N-1} \cdot \hat{\boldsymbol{\theta}}_{\text{ARX}} \tag{4.3.37}$$

式中:

$$\boldsymbol{y}_N = [y_1, y_2, \cdots, y_N]^{\mathrm{T}}, \boldsymbol{\Phi}_{N-1} = [\boldsymbol{\varphi}_0^{\mathrm{T}}, \boldsymbol{\varphi}_1^{\mathrm{T}}, \cdots, \boldsymbol{\varphi}_{N-1}^{\mathrm{T}}]^{\mathrm{T}}, \hat{\boldsymbol{e}}_N = [\hat{e}_1, \hat{e}_2, \cdots, \hat{e}_N]^{\mathrm{T}}$$

$$\boldsymbol{\varphi}_k^{\mathrm{T}} = [-y_{k-1}, y_{k-2}, \cdots, -y_{k-n}, u_{k-d-1}, u_{k-d-2}, \cdots, u_{k-d-m}]$$

$$\hat{\boldsymbol{\theta}}_{\mathrm{ARX}} = [\hat{a}_1, \hat{a}_2, \cdots, \hat{a}_n, \hat{b}_1, \hat{b}_2, \cdots, \hat{b}_m]^{\mathrm{T}}$$

(2) 完成了上述步骤后,就可以将 ARMAX 模型(式(4.3.36))写成

$$y_k = \hat{\boldsymbol{\varphi}}_{k-1}^{\mathrm{T}} \boldsymbol{\theta}_{\mathrm{ARMAX}} + e_k \tag{4.3.38}$$

式中:

$$\hat{\boldsymbol{\varphi}}_{k-1}^{\mathrm{T}} = [-y_{k-1}, -y_{k-2}, \cdots, -y_{k-n+1}, u_{k-d-1}, u_{k-d-2}, \cdots, u_{k-d-m}, \hat{e}_{k-1}, e_{k-2}, \cdots, \hat{e}_{k-l}]$$

$$\boldsymbol{\theta}_{\mathrm{ARMAX}} = [a_1, a_2, \cdots, a_n, b_1, b_2, \cdots, b_m, c_1, c_2, \cdots, c_l]^{\mathrm{T}}$$

于是,可按前面介绍的无限记忆递推最小二乘估计公式(式(4.3.25)),或限定记忆递推最小二乘估计公式(式(4.3.33)),来估计 ARMAX 模型的参数,即

$$\hat{\boldsymbol{\theta}}_{\mathrm{ARMAX}} = [\hat{a}_1, \hat{a}_2, \cdots, \hat{a}_n, \hat{b}_1, \hat{b}_2, \cdots, \hat{b}_m, \hat{c}_1, \hat{c}_2, \cdots, \hat{c}_l]^{\mathrm{T}}$$

在递推计算过程中, $k+1$ 时刻的观测数据对 的估计值$\hat{\boldsymbol{\varphi}}_k$ 按下式更新:

$$\hat{\boldsymbol{\varphi}}_k^{\mathrm{T}} = [-y_k, -y_{k-1}, \cdots, -y_{k-n+1}, u_{k-d}, u_{k-d-1}, \cdots, u_{k-d-m+1}, \hat{e}_k, \hat{e}_{k-1}, \cdots, \hat{e}_{k-l+1}] \tag{4.3.39a}$$

式中:

$$\hat{e}_k = y_k - \hat{\boldsymbol{\varphi}}_{k-1}^{\mathrm{T}} \hat{\boldsymbol{\theta}}_{k,\mathrm{ARMAX}} \tag{4.3.39b}$$

以上介绍的广义最小二乘法,又称为增广矩阵法。在应用广义最小二乘法进行参数估计时,观测数据的容量同样必须大于或等于被估计参数的数目,即 $N \geqslant n+m+l+1$。除此之外,还有许多其他方法,如辅助变量法、极大似然法等,皆可用于估计 ARMAX 模型的参数。不过,由于广义最小二乘法计算速度较快,因而多用于实时性要求较高的场合。

值得指出,在许多工程应用中,递推 LS 算法是由字长有限的微处理器或数字信号处理器来实现的,而有限字长将可能影响数值的稳定性。换言之,在递推 LS 算法的迭代过程中,有可能出现数值的不稳定现象,即

$$\boldsymbol{K}_N \boldsymbol{\varphi}_N^{\mathrm{T}} < 0 \quad 或 \quad \boldsymbol{P}_{N-1} < 0$$

为了避免产生这种现象,最常用的方法是对 $\boldsymbol{P}_{N-1}$ 采用 U-D 分解法(在 MATLAB 中,矩阵的奇异值分解函数为 ldl),以保证在递推过程中始终保持 $\boldsymbol{P}_N$ 的非负定性。为此,把矩阵 $\boldsymbol{P}_{N-1}$ 分解为

$$\boldsymbol{P}_{N-1} = \boldsymbol{U}_{N-1} \boldsymbol{D}_{N-1} \boldsymbol{U}_{N-1}^{\mathrm{T}}$$

式中:$\boldsymbol{U}$ 为对角元素全为 1 的上三角矩阵;$\boldsymbol{D}$ 为对角矩阵。这种分解只需要实时修正 $\boldsymbol{U}$,而无需修正 $\boldsymbol{P}_{N-1}$,就能保证 $\boldsymbol{P}_{N-1}$ 的非负定性。关于 U-D 分解的计算步骤可参考文献[22]。

附带指出,MATLAB 提供了 ARX 模型和 ARMA 模型的最小二乘估计函数 arx 和 armax。

本章小结

本章重点内容包括随机数据预处理、随机序列基本统计特性的估计算法、时间序列模型和动态控制系统的辨识方法，以及闭环系统中过程模型参数的可识别条件。尽管本章列举了各种模型参数估计算法的一些应用实例，似乎理论与实践可以融为一体，但仍然存在着如何用简化的模型来描述复杂的过程，并转化为实用技术的典型问题。

在工程上，如果能够用适当的算法对随机数据进行预处理，然后建立物理意义明确的，且大致符合现实的理想化数学模型，往往可以收到意想不到的效果。对于初学者而言，需要通过大量的系统仿真与实验验证，方能体会到这其中的奥妙。

现将本章的知识要点汇集如下：

(1) 未经数据检验、修正和反演等数据预处理，而直接根据采样数据进行计算分析或者建立数据源的数学模型，往往会得到错误的结论，有时甚至有可能把已经被“扭曲”的采样数据的处理结果加以推广应用。为避免出现这种意外的状况，在介绍时间序列建模和动态系统辨识之前，有必要熟悉随机随机数据预处理的基本方法。

畸变波形的反演过程包括① 必要的波形基线修正与滤波；② 傅里叶正变换，幅值和相位修正；③ 傅里叶逆变换。

随机数据统计特性检验包括平稳性的检验、正态性检验、独立性检验和周期性检验。

(2) 以采样周期 T_s 对实平稳随机信号 $x(t)$ 进行采样与量化，在一系列时刻 kT_s 上得到一系列采样数据 $x(kT_s)$。采样数据 $x(kT_s)$ 乘以采样周期 T_s 所得到的离散时间序列 $x_k = T_s x(kT_s) = x[k]$ $(k=0,1,\cdots,N-1)$，称为随机序列(Random Sequences)。

(3) 随机序列的样本均值和方差是其分布中心和分散性的基本度量。在随机数据预处理中，一般都要计算这两个参量，以便于检验随机序列的平稳性。

(4) 相关函数可用于检测随机序列的周期分量；互相关函数可用来检验两个随机序列的相似性。根据维纳－辛钦公式，分别对相关函数或互相关函数进行傅里叶变换，即可得到一元随机序列 $x_k(k=0,1,\cdots,N-1)$ 的谱密度估计 $S_x(\omega_n)$，或二元随机序列 x_k 和 $y_k(k=0,1,\cdots,N-1)$ 的互谱密度估计 $S_{xy}(\omega_n)$，其中 $\omega_n = 2\pi n/N(n=0,1,2,\cdots,N-1)$。

(5) 功率谱密度揭示了平稳随机序列的频率结构。在随机信号与系统科学中，利用傅里叶变换分析信号的功率谱是最常用的数学方法。

随机序列 $x_k(k=0,1,\cdots,N-1$；采样周期 $T_s=1$ 个时间单位)的平均谱密度为

$$S_x(\omega_n) = \lim_{N\to\infty}\frac{E[|X_n|^2]}{N} \quad (n=0,1,\cdots,N-1)$$

式中：X_n 为随机序列 x_k 的离散傅里叶变换；功率倒频谱(Cepstrum)则定义为

$$CP_x[m] = \lim_{N\to\infty} \frac{|\mathrm{DFT}[|\lg S_x(\omega_n)|]|^2}{N} \quad (m = 0,1,\cdots,N-1)$$

式中：m 为倒数字频率；DFT 表示离散傅里叶变换。倒频谱 $CP_x[m]$ 的倒数字频率 m 与自相关函数 $R_x(\tau)$ 的时间因次 τ 是一样的。

(6) 概率密度的估计常常被忽略，这是因为在分析随机信号时，通常先验地假定数据源服从正态分布。然而，在一些场合下，随机序列很可能严重偏离正态分布。如果在正态性检验时发现确实存在这种偏离，则必须估计出随机序列的概率密度函数。

(7) 相当多的平稳随机过程都可视为线性系统对白噪声激励的输出响应，按发生时间的先后次序对将该输出响应进行排列，就可得到时间序列。

如果零均值时间序列 x_k 可用 p 阶差分方程描述，则称该时间序列为 p 阶自回归序列，或 AR(p)序列，即

$$x_k = a_1 x_{k-1} + a_2 x_{k-2} + \cdots + a_p x_{k-p} + e_k$$

式中：$a_i(i=1,2,\cdots,p)$为自回归系数；$e_k \sim N(0,\sigma_e^2)$，且 $E[x_{k-l}e_k]=0(\forall 0< l\leqslant p)$。

如果零均值时间序列 x_k 可用 q 阶差分方程描述，则称该时间序列为 q 阶滑动平均序列，或 MA(q)序列，即

$$x_k = e_k - b_1 e_{k-1} - b_2 e_{k-2} - \cdots - b_q e_{k-q}$$

式中：$e_k \sim N(0,\sigma_e^2)$，且 $E[x_k e_{k-i}]=0(\forall 0< i\leqslant q)$。

如果零均值时间序列 x_k 可用下列差分方程描述，则称为 ARMA(p,q)序列，即

$$\begin{aligned} x_k =& a_1 x_{k-1} + a_2 x_{k-2} + \cdots + a_p x_{k-p} + \\ & e_k - b_1 e_{k-1} - b_2 e_{k-2} - \cdots - b_q e_{k-q} \end{aligned}$$

式中：$a_i(i=1,2,\cdots,p)$为自回归系数；$b_j(j=1,2,\cdots,q)$为平滑系数；$p\geqslant q$；噪声序列 $e_k \sim N(0,\sigma_e^2)$，且 $E[x_k e_{k-j}]=0(\forall 0< j\leqslant q)$。

任意 MA 序列和 ARMA 序列均可用无穷阶 AR 序列来表示，或用阶数足够大的 AR 序列来近似表示。

(8) 考虑零均值平稳时间序列 $x_k(k=0,1,\cdots,N-1)$，在给定观测数据 x_{k-1}，$x_{k-2},\cdots,x_{k-i+1}$的前提下，定义 x_k 和 x_{k-i}的条件相关系数为 i 阶偏相关系数，即

$$\psi_{ki} = \frac{E[x_k x_{k-i} | x_{k-1},x_{k-2},\cdots,x_{k-i+1}]}{\mathrm{var}(x_k | x_{k-1},x_{k-2},\cdots,x_{k-i+1})}$$

式中：$E[\cdot | x_{k-1},x_{k-2},\cdots,x_{k-i+1}]$为关于条件概率密度 $p(x_k,x_{k-i}| x_{k-1},x_{k-2},\cdots,x_{k-i+1})$的条件期望值；$\mathrm{var}(x_k | x_{k-1},x_{k-2},\cdots,x_{k-i+1})$是关于条件概率密度 $p(x_k | x_{k-1},x_{k-2},\cdots,x_{k-i+1})$的方差。

考察平稳时间序列的自相关系数和偏相关系数：当时间序列的偏相关系数 ψ_{ki} 是 p 步截尾时，即当 $k>p$ 时，$\psi_{ki}=0$，就可判定该序列属于AR(p)序列；当时间序列的自相关系数 ρ_i 是 q 步截尾时，亦即当 $i>q$ 时，$\rho_i=0$，则可判定该序列属于

MA(q)序列;当时间序列的自相关系数ρ_i和偏相关系数步ψ_{ki}都是拖尾时,就可断定该序列属于 ARMA(p,q)序列,其中p,q为待定的模型阶次。

(9) 根据时间序列自相关系数和偏相关系数的截尾性质,可分别确定 MA(q)模型和 AR(p)模型的阶次。对于 ARMA(p,q)模型阶次的确定($p \geqslant q$),可根据日本学者赤池提出的最终预测误差准则(Final Prediction Error,FPE)、AIC 信息量准则(Akaike Information Criterion,AIC),其中应用最广的是 AIC 准则。

① FPE 准则。其基本思路是选择某一整数对(p_0,q_0),使最终预测误差达到最小值,从而确定 *ARMA* 模型的阶次(p_0,q_0)。在此,最终预测误差的表达式为

$$\mathrm{FPE}(p,q) = \hat{\sigma}_{\mathrm{ML}}^2(p,q)\left(\frac{N+p+q+1}{N-p-q-1}\right) \quad (p+q=1,2,\cdots,K)$$

式中:$\hat{\sigma}_{\mathrm{ML}}{}^2(p,q)$为一步预测方差估计量,参见式(4.2.41);$N$为数据样本的容量;$K$为 ARMA 模型真实阶次$p+q$的某个上界;$K<N$。由于上式右边第二项括号内的数值随着$p$和$q$的增加而增大,而第一项$\hat{\sigma}_{\mathrm{ML}}{}^2(p,q)$则随着$p$和$q$增加而减小,因此,FPE($p,q$)必有一个最小值,与此相对应的阶次就是 ARMA 模型最佳阶次(p_0,q_0)。

② AIC 准则。其基本思路是选择某一整数对(p_0,q_0),使 AIC 信息量达到最小值,从而确定 ARMA 模型的阶次(p_0,q_0)。其中,AIC 信息量的计算公式为

$$\mathrm{AIC}(p,q) = \ln[\hat{\sigma}_{\mathrm{ML}}^2(p,q)] + \frac{2(p+q+1)}{N} \quad (p+q=1,2,\cdots,K)$$

由于上式等号右边的第二项随着p和q的增加而增大,而第一项则随着p和q的增加而减小,故而必定存在某一整数对(p_0,q_0),使得 AIC(p_0,q_0)达到最小值。

(10) 带有输入控制的自回归模型(Auto – Regressive with eXtra inputs, ARX)可表示为

$$A(z)y_k = z^{-d}B(z)u_k + e_k$$

式中:

$$A(z) = 1 + a_1z^{-1} + a_2z^{-2} + \cdots + a_nz^{-n}$$

$$B(z) = b_1z^{-1} + b_2z^{-2} + \cdots + b_mz^{-m}$$

正整数d为模型对输入响应的延迟量,且有$n \geqslant m+d$;e_k为白噪声序列;u_k,y_k分别为模型的输入、输出序列。

对于 ARX 模型 ,为了获得多项式未知参数$[a_1, a_2,\cdots, a_n]$和$[b_1, b_2,\cdots, b_m]$的渐近无偏估计量,ARX 模型的噪声序列e_k和输入序列u_k应满足充分激励条件:

① e_k是白噪声序列。

② u_k的均值和协方差矩阵$\boldsymbol{C}_u$有界;且满足$(m+1)$阶持续激励条件,即

$$\boldsymbol{C}_u = \begin{bmatrix} C_u[0] & C_u[1] & \cdots & C_u[m] \\ C_u[1] & C_u[0] & \cdots & C_u[m-1] \\ \vdots & \vdots & & \vdots \\ C_u[m] & C_u[m-1] & \cdots & C_u[0] \end{bmatrix}$$

是实对称正定矩阵。

③ u_k 与 e_k 独立。

在系统辨识专题中，大都采用伪随机双极性序列作为系统的输入 u_k。只要选择恰当的模型阶次，LS 估计法总可以精确地估计出未知参数。如果观测数据波动较大，则应采用适当的方法对观测数据进行预处理，否则，将严重影响 ARX 模型参数估计的精确性。

(11) 将 ARX 模型改写成

$$y_k = -a_1 y_{k-1} - a_2 y_{k-2} - \cdots - a_n y_{k-n} + b_1 u_{k-1} + b_2 u_{k-2} + \cdots + b_n u_{k-n} + e_k$$

式中：阶次 n 为未知数。

目前，用于确定此类模型阶次的主要方法有：

① 奥斯特罗姆(Åström)F 检验法。设 $J_p^{\ N}$ 和 $J_q^{\ N}$ 分别是根据 N 个观测数据对 p 阶和 q 阶 ARX 模型参数进行最小二乘估计所得到的一步预测偏差的平方和，即

$$J_n^N = \boldsymbol{e}^{\mathrm{T}}\boldsymbol{e} = (\boldsymbol{y}_N - \boldsymbol{\Phi}_{N-1} \cdot \hat{\boldsymbol{\theta}}_{\mathrm{LS}})^{\mathrm{T}}(\boldsymbol{y}_N - \boldsymbol{\Phi}_{N-1} \cdot \hat{\boldsymbol{\theta}}_{\mathrm{LS}}) \quad (n = p, q)$$

用统计量

$$F = \frac{J_p^N - J_q^N}{J_q^N} \times \frac{N-q}{q-p} \sim F(q-p, N-q)$$

来检验模型阶次的显著性。具体检验方法是：给定某一置信度 α(通常取 $\alpha = 0.05$)，查 F 分布表得到临界值 F_α。若 $F \leqslant F_\alpha$，则表示模型阶次 p 和 q 没有显著差异，通常取较小的阶次作为 ARX 模型的阶次；如果 $F > F_\alpha$，则表示模型阶次 p 和 q 显著不同，一般认为偏差平方和较小的模型阶次更接近于真实的模型阶次。在这种情况下，需要改变模型阶次 p 或 q，重新计算并检验 F 统计量，直至模型阶次 p 和 q 没有显著差异。

② 最终预测误差和赤池信息准则。赤池提出用最终预报误差

$$\mathrm{FPE}(n) = \left(\frac{N+n}{N-n}\right) \times J_n^N$$

或赤池信息量

$$\mathrm{AIC}(n) = \frac{2n}{N-n} + \ln[J_n^N]$$

来确定 ARX 模型的阶次。由于式(4.3.14)等号右边的第二项 $J_n^{\ N}$ 随着 n 的增大而减小，而右边的第一项则随着 n 的增大而增大，因而必定存在某一整数对 n，使 FPE(n)或 AIC(n)达到最小值，与此相对应的阶次就是 ARX 模型的最佳阶次。

(12) 过程(被控对象)的一般模型是

$$y_k = -\sum_{i=1}^{n} a_i y_{k-i} + \sum_{i=1}^{m} b_i u_{k-i-d} + e_k \quad (n \geqslant m)$$

式中:d 为系统对输入响应的延迟量;$a_i(i=1,2,\cdots,n)$,$b_i(i=1,2,\cdots,m)$为待估计过程模型参数;e_k 为白噪声;u_k 为由某一线性调节器产生的控制变量,即

$$u_k = -\sum_{i=1}^{p} c_i u_{k-i} + \alpha \sum_{j=0}^{q} d_j y_{k-j}$$

式中:$c_i(i=1,2,\cdots,p)$,$d_j(j=0,1,\cdots,q)$为已知的调节器参数;$d_0=1$;α 为常数。那么,过程模型参数 a_i 和 b_j 可识别条件为

$$p \geqslant m-d, q \geqslant n-d$$

(13) 对于 ARX 模型和 ARMAX 模型的参数估计方法,还有许多其他算法,如辅助变量算法、极大似然算法等 [13]。但由于递推最小二乘法和广义最小二乘法具有算法简单、收敛速度快的特点,因此,最小二乘递推算法得到了最广泛的应用。

习 题

4-1 为了使观测数据能够真实地反映观测对象的静、动态特性,必须根据实际观测数据建立数据源的数学模型。这种提法是否正确?请举例说明之。

4-2 对同一观测对象进行测量,是否可以用两种或两种以上不同类型的传感器来验证观测数据的正确性?请举例说明之。

4-3 请简要叙述随机数据预处理的目的。

4-4 实信号 $x(t)$ 和 $y(t)$ 的相似度 c_{xy} 定义为

$$c_{xy} = \frac{1}{\sqrt{E_x E_y}} \int_{-\infty}^{\infty} y(t) x(t) \mathrm{d}t$$

式中:E_x,E_y 分别为信号 $x(t)$ 和 $y(t)$ 的能量。试举例说明互相关函数(或互相关系数)可用来检验两个随机序列的相似性。

4-5 考虑表 P4-1 给出的时间序列值和卡方分布表 P4-2。要求:

(1) 计算并画出原始数据的自相关系数,检验原始数据的独立性和周期性;

(2) 计算并画出原始数据的一阶和二阶差分序列的自相关系数,检验原始数据去除趋势项后的独立性和周期性。

表 P4-1(习题 4-5)

序列号 k	序列值 x_k	序列号 k	序列值 x_k	序列号 k	序列值 x_k
1	2.44	5	19.58	9	55.70
2	5.20	6	26.99	10	67.36
3	8.97	7	35.95	11	79.63
4	13.88	8	45.86	12	92.13

表 P4－2　$P\{\chi^2(n) > \chi^2_{0.05}(n)\} = 0.05$

n	1	2	3	4	5	6	7	8	9	10
$\chi^2_\alpha(n)$	3.841	5.991	7.815	9.488	11.071	12.592	14.067	15.507	16.919	18.307

4－6　设 $x(t)$ 是一零均值的平稳随机过程，其自相关函数的前三个值分别为

$$R_x[0] = 2, R_x[1] = 0, R_x[2] = -1$$

在这种情况下，是否能用 ARMA(1,1) 来拟合该随机过程？

4－7　试推导 MA(2) 模型

$$x_k = e_k + b_1 e_{k-1} + b_2 e_{k-2}$$

的自相关系数表达式，并说明它是一随时间衰减的数列。

4－8　分别考虑表 P4－3 和表 P4－4 所给出的时间序列值。

表 P4－3（习题 4－8）

序列号 k	序列值 x_k	序列号 k	序列值 x_k	序列号 k	序列值 x_k
0	4.200	7	1.700	14	7.960
1	5.800	8	2.020	15	6.780
2	6.900	9	2.710	16	5.070
3	7.620	10	3.630	17	5.040
4	5.570	11	5.180	18	6.020
5	3.340	12	7.110	19	7.610
6	2.000	13	8.260	20	10.320

表 P4－4（习题 4－8）

序列号 k	序列值 x_k	序列号 k	序列值 x_k	序列号 k	序列值 x_k
0	10.5	7	9.8	14	8.8
1	10.1	8	9.7	15	8.4
2	8.8	9	9.5	16	9.6
3	9.9	10	10	17	10.2
4	11.3	11	8.9	18	10.6
5	12.2	12	8.2	19	11.1
6	11.3	13	10.2	20	4.7

要求：

(1) 剔除野点或奇异项、消除波形基线漂移和波形趋势项（如果存在）；

(2) 分别检验这两个时间序列的基本特性——平稳性、独立性、正态性和周期性；

(3) 分别建立这两个时间序列的数学模型。

4-9 试证明式(4.2.33)描述的 ARMA(p,q)模型的一步预测方差的 ML 估计量为

$$\hat{\sigma}_{\mathrm{ML}}^{2}=\frac{1}{N-p-q}\sum_{k=p+q}^{N-1}(x_{k}-\hat{\boldsymbol{\varphi}}_{k-1}^{\mathrm{T}}\hat{\boldsymbol{\theta}}_{\mathrm{ARMA}})^{2}$$

4-10 如何利用时间序列的基本概念来构建基于时间序列模型的微弱信号检测系统?请举例说明实现此类检测系统的具体步骤。

提示:将检测系统(可视为线性系统)对白噪声序列的响应,并建立时间序列模型。当检测系统的输入不再是白噪声时,检测系统的输出与时间序列模型的预测响应(参见第三章线性均方估计),必然存在较大的误差。

4-11 已知过程的数学模型为

$$y_k=-a_1y_{k-1}+b_1u_{k-1}+e_k$$

式中:e_k 为白噪声序列。试构造一组仿真数据对,利用递推最小二乘法估计参数 a_1 和 b_1,并画出算法流程图。

4-12 重新考虑习题 4-11。假设采用负反馈比例-微分(PD)调节器

$$u_k=-d_1y_{k-1}-d_2y_{k-2}$$

试判定该闭环系统是否满足未知参数 a_1 和 b_1 可识别条件。

4-13 在 MATLAB 平台中,键入 demos 并回车,在弹出窗口(左侧)的 Help Navigator 栏上选择 demos 标签,找到 Toolboxes→Tutorials on Linear Model Identification。然后,阅读下列文档:

(1) Data and Model Objects in the System Identification Toolbox;

(2) Model Structure Selection: Determining Model Order and Input Delay;

(3) A Comparison of Various Model Identification Methods: Estimating ARX Models。

要求:从上述文档中摘录、并运行用于辨识 ARX 模型参数的 MATLAB 命令。

第五章　谱估计与小波分析

对某一平稳过程的样本序列或某一时间序列的模型参数进行傅里叶变换,并画出功率谱图,称为功率谱估计。功率谱估计是一种十分重要的随机信号分析方法,这是因为功率谱揭示了被分析信号的能量在频率轴的分布情况(频谱结构)。功率谱估计算法可分为两大类:一类是非参数化方法(或称为经典谱分析法),它直接对采样序列进行傅里叶变换,并给出其平均功率谱密度;另一类是参数化方法(或称为现代谱分析法),它是一种基于时间序列模型参数的谱估计方法。

傅里叶变换方法适用于分析具有缓慢时变特征的随机信号。但在工程上,常常会遇到非平稳信号——随机信号的某些统计量不仅是时间的函数而且可能随时间而快速变化。例如,运动目标的回波、自然界的风声、雨声、海浪声和一些动物发出的音调等等,都是调频信号。对于频谱特性随时间而发生显著变化的调频信号(或称为瞬变信号),只能用瞬时谱来描述其时变特征。然而,由于傅里叶变换的对象是全局数据(或模型参数),而不是与时间参量关联的局域数据(或时变模型参数),因此所得到的功率谱不提供某一频率分量发生时刻的信息。这就促使人们去寻找一种联合时域和频域的二维分析方法——时频信号分析方法,来研究非平稳信号的瞬时频谱。

本章主要介绍平稳随机序列的功率谱估计和时频信号的小波分析方法。

5.1　功率谱估计

本节介绍功率谱估计的傅里叶变换方法——经典谱估计和现代谱估计。1807年,傅里叶在一篇关于热学理论问题的论文中宣称:由任意有限长波形定义的函数,都可以表示为各次谐波分量(级数)之和。这个观点得到了拉普拉斯、拉格朗日等法国数学家的充分肯定。但由于该论断缺乏坚实的数学基础和普遍性,因此,拉格朗日在肯定傅里叶级数的新颖性的同时,也对此提出了质疑。出现这种矛盾是不足为奇的,因为纯数学家所考虑的是理论的“普适性”问题,而物理学家(或者工程师)则注重于理论的“实用性”问题。1928 年狄里赫利(Dirichlet)证明了傅里叶观点的正确性,但附加了一些约束条件。从此以后,很多科学家为此方法做了推广和应用。特别是自从 1965 年柯立 - 图基(Cooley - Tukey)的快速傅里叶变换(FFT)问世以来,随着高性能 A/D、D/A 转换器和高速数字信号处理器的使用,现在已能实现高速、高精度、被称为具有“实时性”的谱分析了。

5.1.1 非参数化谱估计

经典谱估计的物理概念明确、计算方法简单。不过,这种方法隐含假设了观测数据与观测区间之外的数据是不相关的,因而功率谱估计值与真实情况有较大的差异;此外,其频谱分辨力取决于观测数据的长度,为了提高频谱分辨力,往往需要在观测数据的末端强制补零。

零均值实平稳随机序列 $x_k(k=0,1,2,\cdots,N-1)$ 的单边功率谱为

$$G_x(\omega_n)=\frac{2}{T}E|X_n|^2=\frac{2}{NT_s}E|X_n|^2\overset{\text{def}}{=}\frac{2}{N}E|X_n|^2 \tag{5.1.1}$$

式中:T 为采样序列 x_k 的持续时间;T_s 为采样周期(通常令 $T_s=1$ 个时间单位);$\omega_n=2\pi n/N$;X_n 与序列 x_k 构成离散傅里叶变换对,即

$$\begin{cases}x_k=\dfrac{1}{N}\displaystyle\sum_{n=0}^{N-1}X_n\exp\left(\mathrm{j}\,\dfrac{2\pi k}{N}n\right)\\ X_n=\displaystyle\sum_{k=0}^{N-1}x_k\exp\left(-\mathrm{j}\,\dfrac{2\pi n}{N}k\right)\end{cases}\quad(k,n=0,1,\cdots,N-1) \tag{5.1.2}$$

注意,按式(5.1.2)计算出的 X_n 的实际频率应为 n/T_s(单位:Hz)($n=0,1,2,\cdots,N/2-1$;N 通常取为2的整数幂;T_s 为采样周期,单位:s)。

二元零均值实平稳随机序列 x_k 和 $y_k(k=0,1,2,\cdots,N-1)$ 的单边互谱密度可表示为

$$G_{xy}(\omega_n)=\frac{2}{N}E(X_nY_n^*)\quad(n=0,1,\cdots,N-1) \tag{5.1.3}$$

式中:X_n,Y_n 分别为 x_k 和 y_k 的傅里叶系数。

一、离散傅里叶变换的物理含义

在时域上,以采样周期 $T_s=1$ 个时间单位对非限时限带的任意波形 $x(t)$ 进行采样,得到采样信号 $x_s(t)=p(t)x(t)$,如图5-1(c)左边所示;在频域上,设 $x(t)$ 的频谱为 $X(f)$,$p(t)$ 的频谱为 $D(nf_s)$,则采样信号的频谱为 $X_s(f)=X(f)*D(nf_s)$,卷积的结果产生了频谱混叠现象,如图5-1(c)右边所示。类似地,当用矩形窗函数 $w(t)$ 对无限长波形 $x(t)$ 进行截断时,其频谱将产生皱波效应(Ripple Effect)和渗漏效应(Leakage Effect),如图5-1(e)所示。在此,渗漏效应和皱波效应是指,用窗函数 $w(t)$ 对非限时信号 $x(t)$ 进行截断时,由于矩形窗函数频谱 $W(f)$ 除了主瓣之外还存在等间隔旁瓣,如图5-1(d)所示,因此,截断信号 $x_{sw}(t)=w(t)x_s(t)$ 的幅值谱 $|X_{sw}(f)|=|X_s(f)*W(f)|$ 将产生"拖尾"和"皱褶"现象。

此外,在频域上,以采样周期 f_0 对连续频谱 $X_{sw}(f)$ 进行采样,得到 $X_{sw}(f)\cdot D(nf_0)$,如图5-1(d)右边所示;在时域上,得到以周期 $T_0=1/f_0$ 对采样截断信号 $x_{sw}(t)$ 进行周期延拓的信号 $x_{sw}(t)*p_0(t)$ 如图5-1(d)左边所示。显然,当且仅当 T_0 大于或等于窗函数 $w(t)$ 的宽度时,在时域上才不会发生混叠现象,这就是著名的频域采样定理。

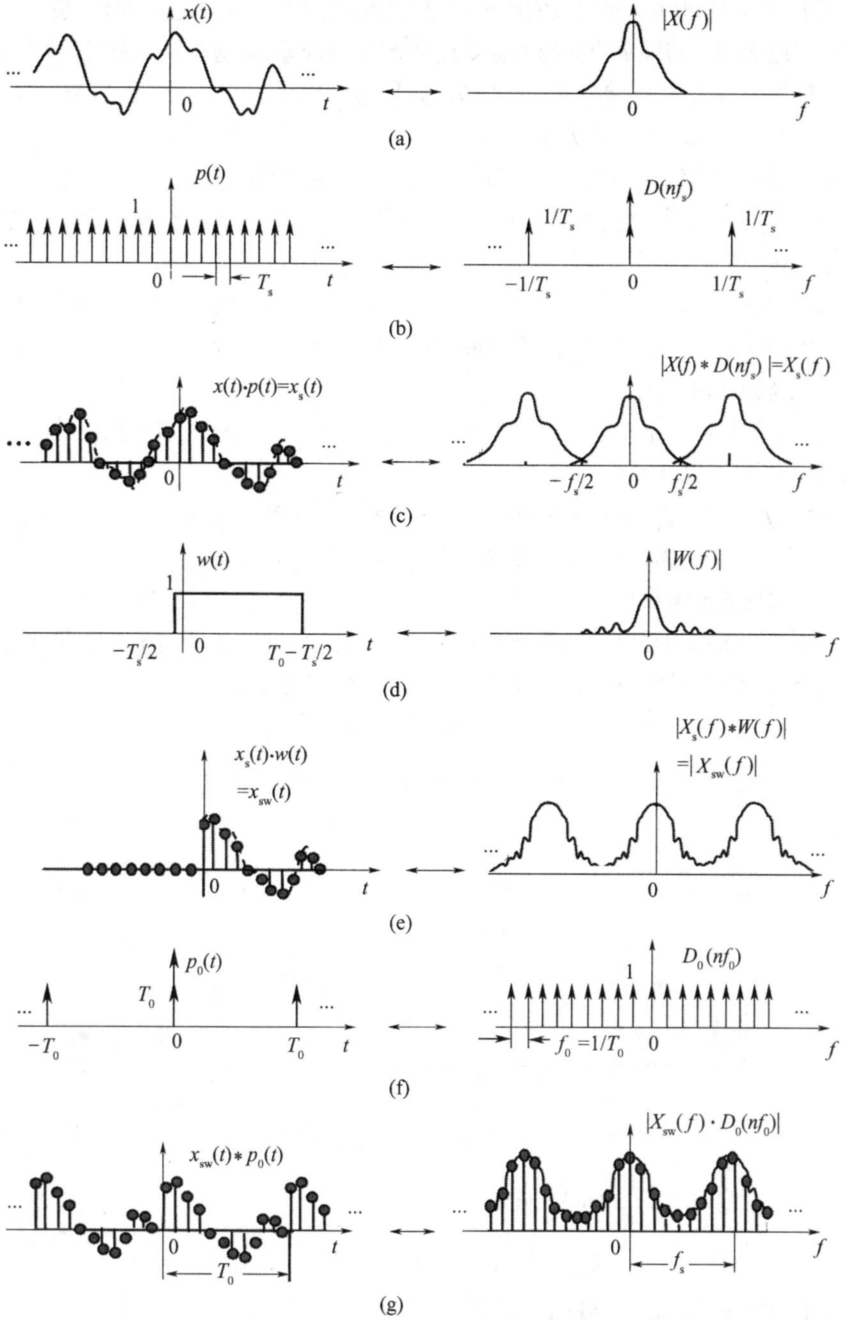

图 5－1　傅里叶变换的数值计算

(a) 任意波形及其幅值谱(傅里叶变换对)；(b) 时域采样脉冲与频域周期延拓脉冲(傅里叶变换对)；
(c) 任意波形采样后及其产生的混叠效应；(d) 矩形窗函数及其幅值谱(傅里叶变换对)；
(e)加窗采样信号及其产生的频谱渗漏效应；(f) 时域周期延拓脉冲与频域采样脉冲(傅里叶变换对)；
(g)加窗采样信号的周期延拓与幅值谱采样数据。

综上所述,傅里叶变换的数值计算结果与理论值之间的差异是由混叠、皱波和渗漏效应共同造成的。如果希望抑制混叠效应所产生的误差,就应当在采样器的输入端插入一个抗混叠滤波器,并减少采样周期 T_s;如果还希望减小信号截断后所带来的误差,则应当精心选择窗函数的形状和长度。

对于持续时间较长的变频波形进行傅里叶变换时,必须考虑如下几个问题:

(1) 窗的位置(数据窗的位置)。即选择哪一段波形进行频谱分析,而不至于漏掉感兴趣的频率分量。

(2) 窗的宽度。波形的截取长度是否是主频周期的整数倍。对于简谐波通常选取由一个周期或几个周期组成的一段波形;对于任意波形,则应依据经验和理论分析的结果,合理地确定窗的宽度。

(3) 窗的形状。常见的窗函数有矩形、三角型和梯形窗函数,以及渗漏效应较小的汉宁窗函数和哈明窗函数。

(4) 共轭对称性。利用实序列 x_k 傅里叶系数的周期共轭对称性,即 $X(k) = X*(N-k)(k=0,1,\cdots,N/2)$,可以减少离散傅里叶变换的计算量。

二、常见的窗函数

为了减小离散傅里叶变换的皱波效应,应采用边缘逐渐下降而不是阶跃变化的窗函数。下面介绍几种常用的窗函数(图 5-2)的数学表达式:

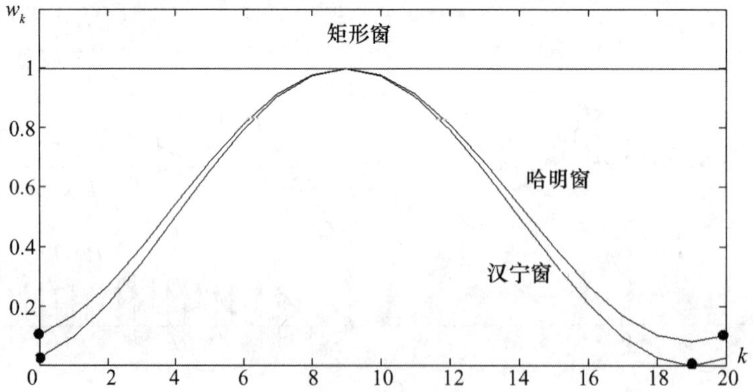

图 5-2 矩形、汉宁和哈明窗函数($N=21$)

(1) 矩形窗(Rectangular Window):

$$w_k = 1 \overset{\text{def}}{=} wr_k \quad (0 \leqslant k \leqslant N-1) \tag{5.1.4}$$

(2) 汉宁窗(Hanning Window):

$$w_k = \frac{1}{2}\left(1 - \cos\frac{2\pi k}{N-1}\right) \overset{\text{def}}{=} wn_k \quad (0 \leqslant k \leqslant N-1) \tag{5.1.5}$$

(3) 哈明窗(Hamming Window)

$$w_k = 0.54 - 0.46\cos\frac{2\pi k}{N-1} \overset{\text{def}}{=} wm_k \quad (0 \leqslant k \leqslant N-1) \tag{5.1.6}$$

矩形窗、汉宁窗和哈明窗的幅频特性曲线如图5-3所示。从图5-3中可见,非矩形窗函数具有较小旁瓣,因此,采用非矩形窗函数来截断随机数据,所得到的傅里变换的幅值谱的皱波幅值较小。但是,非矩形窗函数的主瓣较宽,这将使傅里变换结果的拖尾现象较为严重,从而导致较为严重的频谱泄漏现象。

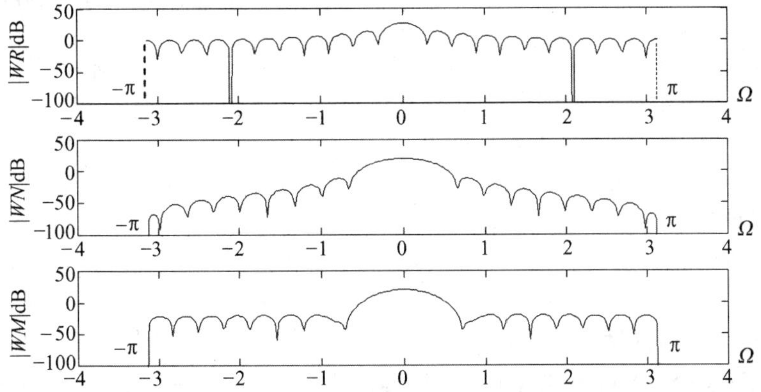

图5-3 矩形窗(wr)、汉宁窗(wn)和哈明窗(wm)的幅频特性曲线

【例5-1】 设信号的上限频率$f_c = 1250\text{Hz}$,试用快速傅里叶变换(FFT)对该信号进行频谱分析,要求频率分辨力$\Delta f \leqslant 5\text{Hz}$。

解:(1) 频率分辨力Δf与信号的最小持续时间T_0的关系为

$$T_0 = 1/\Delta f = 0.2(\text{s})$$

(2) 信号的最大采样周期T_s由上限频率确定,即

$$T_s \leqslant \frac{1}{2f_c} = \frac{1}{2 \times 1250} = 0.4 \times 10^{-3}(\text{s})$$

(3) 离散傅里叶变换的序列长度N应满足:

$$N \geqslant T_0/T_s = 500$$

因为FFT要求N必须是2的整次幂,所以选取$N = 512 = 2^9$。

【例5-2】 应用加窗平均周期图法估计某一平稳信号的功率谱。MATLAB程序如下:

```
                                        % 应用加窗平均周期图法求功率谱
clf;
N=1024;Ns=256;                          % DFT 变换点数为 Ns=256
f1=0.05;f2=0.12;                        % 信号的最高频率为 f2=0.12Hz
n=[0:N-1];                              % 采样周期为 Ts=1s;fs>2f2
en=randn(1,N);                          % 随机白噪声
xn=sin(2*pi*f1*n)+3*cos(2*pi*f2*n)+en;
                                        % 信号+噪声
W=hanning(Ns);                          % 汉宁窗函数
Sx1=abs(fft(W.*xn(1:Ns)',Ns).^2)./norm(W)^2;
```

```
                                                % 第一段数据功率谱除以窗函数功率
Sx2 = abs(fft(W.*xn(Ns+1:2*Ns)',Ns).^2)/norm(W)^2;
                                                % 第二段数据功率谱除以窗函数功率
Sx3 = abs(fft(W.*xn(2*Ns+1:3*Ns)',Ns).^2)/norm(W)^2;
                                                % 第二段数据功率谱除以窗函数功率
Sx4 = abs(fft(W.*xn(3*Ns+1:4*Ns)',Ns).^2)/norm(W)^2;
                                                % 第二段数据功率谱除以窗函数功率
Sx = 10*log10((Sx1+Sx2+Sx3+Sx4)/4);            % 四段幅值谱的平均值
f = (0:length(Sx)-1)/length(Sx);               % 频率坐标为 f = n/(NsTs), Ts = 1s
figure(1);plot(f,Sx);grid;
xlabel('频率');
ylabel('功率'(dB))
% -------------------------------------------------------
```

例 5-2 程序的运行结果如图 5-4 所示，其峰值频率分别位于 $f_1 = 0.05$Hz 和 $f_2 = 0.12$Hz；图 5-4 右边的两个功率谱峰值所在的频率分别是前两个功率谱峰值的摺叠频率（以 $n = N_s/2 - 1$ 为中心，中心频率为 $f_m = 0.5$Hz）。

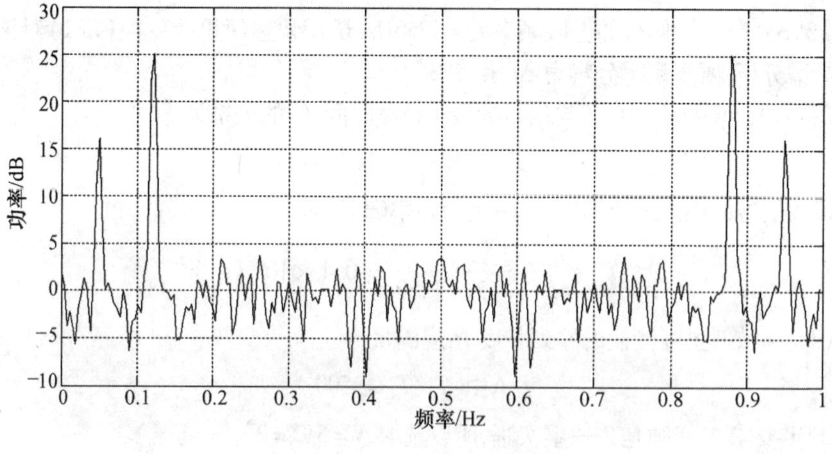

图 5-4 无重叠加窗的信号功率谱

5.1.2 参数化谱估计

基于时间序列模型参数的谱估计方法，称为参数化谱估计（或现代谱估计）。主要内容包括 AR 谱估计、MA 谱估计和 ARMA 谱估计。该方法的主要特点是假定观测数据是时间序列，它充分利用了时间序列模型的信息，因此，即使观测数据的数量很少，也能获得很高的频谱分辨力；该方法的不足之处是需要事先建立时间序列的数学模型。

一、AR 谱估计

根据式(4.2.1)，AR(p)序列 x_k 满足下列的 p 阶差分方程：

$$x_k - a_1x_{k-1} - a_2x_{k-2} - \cdots - a_px_{k-p} = e_k \tag{5.1.7}$$

式中：e_k 为高斯白噪声序列，$e_k \sim N(0,\sigma_e^2)$。对式(5.1.7)进行离散时间傅里叶变换(DTFT)，且记 $\mathrm{DTFT}(x_k)=X(\mathrm{e}^{\mathrm{j}\Omega})$，$\mathrm{DTFT}(e_k)=E(\mathrm{e}^{\mathrm{j}\Omega})$，则有

$$X(\mathrm{e}^{\mathrm{j}\Omega})(1 - a_1\mathrm{e}^{-\mathrm{j}\Omega} - a_2\mathrm{e}^{-\mathrm{j}2\Omega} - \cdots - a_p\mathrm{e}^{-\mathrm{j}p\Omega}) = E(\mathrm{e}^{\mathrm{j}\Omega})$$

式中：$\Omega=\omega T_s$，为数字频率(rad)；ω 为实际频率(rad/s)；T_s 为采样周期(s)。如果把上式看作以 e_k 为输入、x_k 为输出的线性滤波器，则有

$$H(\mathrm{e}^{\mathrm{j}\Omega}) = \frac{X(\mathrm{e}^{\mathrm{j}\Omega})}{E(\mathrm{e}^{\mathrm{j}\Omega})} = \frac{1}{1-\sum_{n=1}^{p}a_n\mathrm{e}^{-\mathrm{j}\Omega n}} \overset{\mathrm{def}}{=} H(\Omega) \tag{5.1.8}$$

式中：$H(\Omega)$为线性滤波器的频率传递函数。根据线性系统的功率传递函数，若记输入序列 e_k 的功率谱为 $N(\Omega)$，则输出序列 x_k 的功率谱 $S_x(\Omega)$可表示为

$$S_x(\Omega) = N(\Omega)\,|\,H(\Omega)\,|^2 = \frac{\sigma_e^2}{|\,1-\sum_{n=1}^{p}a_n\mathrm{e}^{-\mathrm{j}\Omega n}\,|^2} \tag{5.1.9}$$

将 AR(p)模型参数估计值 $\hat{a}_n(n=1,2,\cdots,p)$和噪声功率估计值 $\hat{\sigma}_e^2$ 代入式(5.1.9)中相应的项，即可得到 AR(p)序列 x_k 的 AR 谱估计：

$$\hat{S}_x(\Omega) = \frac{\hat{\sigma}_e^2}{|\,1-\sum_{n=1}^{p}\hat{a}_n\mathrm{e}^{-\mathrm{j}\Omega n}\,|^2} \tag{5.1.10}$$

若令 $\hat{\sigma}_e^2=1$，则式(5.1.10)可写成

$$Q_x(\Omega) = \frac{1}{|\,1-\sum_{n=1}^{p}\hat{a}_n\mathrm{e}^{-\mathrm{j}\Omega n}\,|^2} \tag{5.1.11}$$

称为 AR(p)序列 x_k 的归一化 AR 谱估计。

下面，介绍 AR 谱估计的几种实现方法：

(1) Levinson 递推算法。针对 AR(p)序列的 Yule - Walker 方程，Levinson - Durbin 提出了一种高效的参数递推估计法，其运算量的数量级仅为 p^2。该算法的基本原理是：首先以 AR(0)和 AR(1)模型参数作为初始条件，计算出 AR(2)模型参数；然后，根据这些参数递推计算 AR(3)模型参数，直到获得 AR(p)模型的全部参数为止。如何导出 AR(k)($k=1,2,\cdots,p$)模型参数的通用递推计算公式，是 Levinson 递推算法的关键所在。

考虑 AR(1)序列：

$$x_k = a_{11}x_{k-1} + e_k$$

式中：a_{11}为 AR(1)模型的自回归系数参数；$e_k \sim N(0,\sigma_1^2)$，且 $E[x_{k-1}e_k]=0$。

根据式(4.2.2)，AR(1)模型的 Yule - Walker 矩阵方程可表示为

$$\begin{bmatrix} R_x[0] & R_x[1] \\ R_x[1] & R_x[0] \end{bmatrix} \begin{bmatrix} 1 \\ a_{11} \end{bmatrix} = \begin{bmatrix} \sigma_1^2 \\ 0 \end{bmatrix}$$

解方程得

$$a_{11} = -\frac{R_x[1]}{R_x[0]}, \sigma_1^2 = (1 - |a_{11}|^2) R_x[0] \tag{5.1.12}$$

将 AR(2)序列表示为

$$x_k = a_{21} x_{k-1} + a_{22} x_{k-2} + e_k$$

式中:a_{21},a_{22}为 AR(2)模型的自回归系数参数;$e_k \sim N(0, \sigma_2{}^2)$,且 $E[x_{k-m} e_k] = 0$ $(m = 1,2)$。类似地,可列出 AR(2)模型的 Yule - Walker 矩阵方程:

$$\begin{bmatrix} R_x[0] & R_x[1] & R_x[2] \\ R_x[1] & R_x[0] & R_x[1] \\ R_x[2] & R_x[1] & R_x[0] \end{bmatrix} \begin{bmatrix} 1 \\ a_{21} \\ a_{22} \end{bmatrix} = \begin{bmatrix} \sigma_2^2 \\ 0 \\ 0 \end{bmatrix}$$

解得

$$a_{22} = -\frac{R_x[0] R_x[2] - R_x^2[1]}{R_x^2[0] - R_x^2[1]} = -\frac{R_x[2] + a_{11} R_x[1]}{\sigma_1^2}$$

$$a_{21} = -\frac{R_x[0] R_x[1] - R_x[1] R_x[2]}{R_x^2[0] - R_x^2[1]} = a_{11} + a_{22} a_{11}$$

以此类推,可导出 AR(k)模型($k = 1,2,\cdots,p$)参数的递推计算公式,即

$$a_{kk} = -\frac{R_x[k] + \sum_{i=1}^{k-1} a_{(k-1)i} R_x[k-i]}{\sigma_{k-1}^2} \tag{5.1.13a}$$

$$a_{ki} = a_{(k-1)i} + a_{kk} a_{(k-1)(k-i)} \quad (i = 1,2,\cdots,k-1) \tag{5.1.13b}$$

$$\sigma_k^2 = (1 - |a_{kk}|^2) \sigma_{k-1}^2 \quad \sigma_0^2 = R_x[0] \tag{5.1.13c}$$

现将 Levinson - Durbin 递推算法的步骤列写如下:

① 估计 AR(k)序列的自相关函数,$k = 1,2,\cdots,p$;

② 根据式(5.1.12)得到初始的 a_{11} 和 $\sigma_1{}^2$ 值;

③ 按式(5.1.13)进行参数递推估计,求出 AR(k)的全部参数值 a_{kk},a_{km} 和 $\sigma_k{}^2$ $(k = 2,3,\cdots,p; m = 1,2,\cdots,k-1)$。

【例 5 - 3】 设观测序列为

$$x_k = 10\sin(44\pi \cdot k) + 10\sin(50\pi \cdot k) + e_k (k = 1,2,\cdots,155)$$

式中:e_k 为功率为 1 的高斯白噪声。试用 Levinson 递推算法估计序列 x_k 的功率谱。

解:MATLAB 程序如下:

```
f1 =22;f2 =25;                                  % 信号频率 f1,f2;
Fs =100; N =155;                                % 采样频率 Fs,序列点数 N;
k =0:1/Fs:N/Fs;
x =10 * sin(2 * pi * f1 * k) +10 * sin(2 * pi * f2 * k) +randn(size(k));
                                                % xk序列
R =zeros(1,N +1);                               % 相关函数初始化,R0 = R(1)
% 估计 xk的相关函数
for m =1:N +1
      RXm =0;
      for k =1:N +2 -m
          RX =x(k +m -1) * x(k);
          RXm = RXm + RX;
      end
      R(m) =RXm/N;
end
  a =zeros(N +1,N +1); sigma2 =zeros(1,N +1);% 参数 ak 和估计量方差 σk^2
  FPE =zeros(1,N +1);                           % 最终预测误差准则 FPE
% 计算一阶 AR 模型的未知参数
      sigma2(1) =R(1); a(1,1) = -R(2)/R(1);
      sigma2(2) =(1 -(abs(a(1,1)))^2) * sigma2(1);
      FPE =sigma2(2) * (N +2)/(N -2);           % 一阶 AR 模型的最终预测误差 FPE
% Levinson 递推算法
      for k =2:N
      RXk =0;
      for m =1:k -1
          aRX =a(k -1,m) * R(k -m +1);
          RXk =RXk +aRX;
      end
      a(k,k) = -(R(k +1) +RXk)/sigma2(k);
      for m =1:k -1
          a(k,m) =a(k -1,m) +a(k,k) * a(k -1,k -m);
      end
      sigma2(k +1) =(1 -(abs(a(k,k))^2)) * sigma2(k);
    FPE(k) =sigma2(k +1) * (N +k +1)/(N -k -1);
                                                % k 阶 AR 模型的最终预测误差 FPE
    end
% 确定 AR 模型阶次
min =FPE(1);
for k =2:N
      if FPE(k) <min
          min =FPE(k);
```

```
        p = k;
    end
end
disp('输出模型阶次 p');
disp(p);
disp('输出 AR(p)模型参数 a');
for k = 1:p
    disp(a(p,k));
end
disp('估计量协方差 sigma2');
disp(sigma2(p+1));
% AR 谱估计
H = 0; W = 0:0.01:pi;
for k = 1:p
    H = H + a(p,k).*exp(-j*k*W);
end
Sx = sigma2(p+1)./((abs(1+H)).^2);
f = W*Fs/(2*pi);                          % 将角频率转化为频率
figure(1);
plot(f,10*log10(Sx));grid                 % 打印对数功率谱
% ---------------------------------------------
```

在本例中,利用 Levinson 递推算法来估计 AR 序列的模型参数,并利用最终预测误差 FPE 来确定 AR 序列的模型阶次,其结果如表 5－1 所列;AR 序列的功率谱估计结果如图 5－5 所示。

表 5－1　例 5－3 的估计结果

AR 模型阶次 p	AR 模型参数 $\hat{a}_k$	估计量方差 $\hat{\sigma}_e{}^2$
12	－0.3033, 0.9832, －0.1884, －0.0461, －0.2366, 0.1536 －0.1829, 0.1086, －0.0714, 0.0439, －0.2047, 0.1573	6.0037

(2) Burg 算法:Levinson 递推算法给出的 AR 谱估计是一种基本算法,但也是 AR 谱估计方法中频率分辨力最低的一种算法,该问题一直困扰着 Levinson 算法的实际应用,直到 1967 年 Burg 提出自相关延拓算法才得以解决。Burg 指出,自相关延拓的数目可以是无限的,全部反映正确的自相关函数,且根据自相关延拓算法确定的时间序列 $x_k(k=0,1,\cdots,N-1)$ 具有最大谱熵。因此,基于自相关延拓算法的参数化谱估计,称为最大熵谱估计(Maximum Entropy Spectral Estimation, MESE)。

AR(p)模型参数的 Burg 递推估计算法的基本思路是:使 AR(p)序列的前、后向预测偏差(图 5－6)的平均功率最小。前向预测偏差定义为

$$f_{pk} = x_k - \sum_{i=1}^{p} a_{pi} x_{k-i} \tag{5.1.14}$$

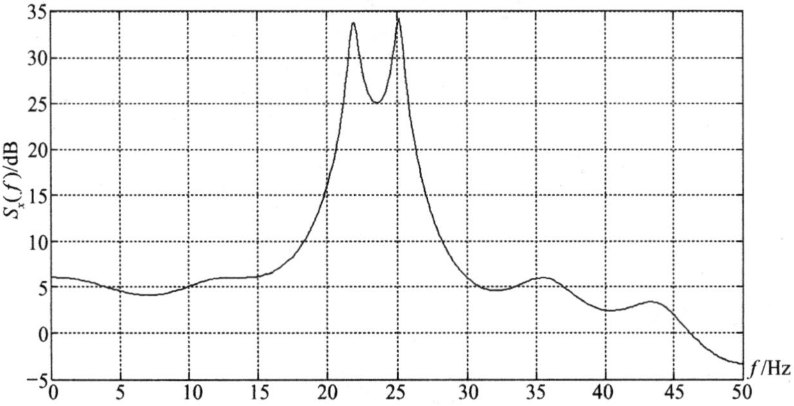

图 5－5　利用 Levinson 递推算法估计 AR 功率谱

它表示用实序列 $x_{k-i}(i=1,2,\cdots,p)$ 预测 x_k 所产生的偏差；后向预测偏差定义为

$$g_{pk}=x_{k-p}-\sum_{i=1}^{p}a_{pi}x_{k-p+i}\tag{5.1.15}$$

式(5.1.15)表示用实样本序列 $x_{k-p+i}(i=1,2,\cdots,p)$ 预测 x_{k-p} 所产生的偏差。

前、后向预测偏差的存在如下递推关系：

$$\begin{cases}f_{pk}=f_{(p-1)k}+K_p\cdot g_{p-1(k-1)}\\ g_{pk}=g_{(p-1)(k-1)}+K_p\cdot f_{(p-1)k}\end{cases}\tag{5.1.16}$$

式中：$K_p=a_{pp}$，为反射系数。实序列 $x_k(k=0,1,\cdots,N-1)$ 的前、后向预测偏差的平均功率定义为

$$\sigma_p^2=\frac{1}{2}\sum_{k=p}^{N-1}(f_{pk}^2+g_{pk}^2)\tag{5.1.17}$$

将式(5.1.16)代入式(5.1.17)，并令 $\partial\sigma_p^2/\partial K_p=0$，即可解得

$$K_p=\frac{-2\sum\limits_{k=p}^{N-1}f_{(p-1)k}\cdot g_{(p-1)(k-1)}}{\sum\limits_{k=p}^{N-1}\left[f_{(p-1)k}^2+g_{(p-1)(k-1)}^2\right]}\tag{5.1.18}$$

式中：$p=1,2,\cdots$。这表明，当反射系数 $K_p=a_{pp}$ 按式(5.1.18)选取时，AR(p)序列的前、后向预测偏差(图 5－6)的平均功率最小。归纳起来，Burg 算法的递推步骤如下：

① 计算预测偏差的功率的初始值和前、后向预测偏差的初始值：

$$\sigma_0^2=\frac{1}{N}\sum_{k=0}^{N-1}x_k^2=R_x[0],f_{0k}=g_{0k}=x_k,p=1\tag{5.1.19}$$

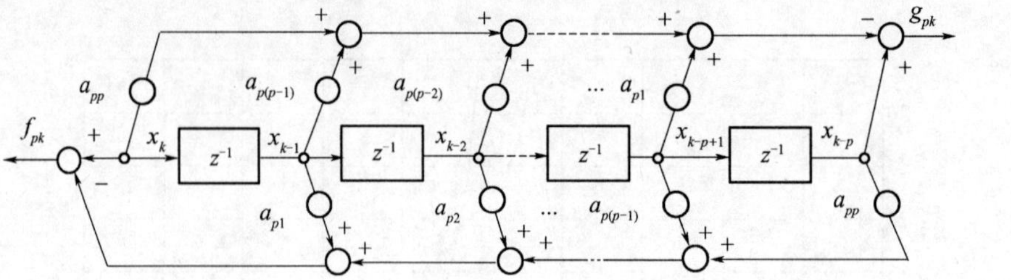

图 5-6　AR(p)序列的前、后向预测偏差

② 求反射系数:

$$K_p = \frac{-2\sum_{k=0}^{N-1} f_{(p-1)k} \cdot g_{(p-1)(k-1)}}{\sum_{k=p}^{N-1}\left[f_{(p-1)k}^2 + g_{(p-1)(k-1)}^2\right]} \tag{5.1.20}$$

③ 按 Levinson 递推算法,计算前向预测系数:

$$\begin{cases} a_{pi} = a_{(p-1)i} + K_p a_{(p-1)(p-i)} \\ a_{pp} = K_p \end{cases} \quad (i = 1,2,\cdots,p-1) \tag{5.1.21}$$

④ 计算预测偏差的功率:

$$\begin{cases} \sigma_p^2 = (1 - a_{pp}^2)\sigma_{p-1}^2 \\ \sigma_0^2 = R_x(0) \end{cases} \tag{5.1.22}$$

⑤ 按递推公式(式(5.1.16))计算前、后向预测偏差:

$$\begin{cases} f_{pk} = f_{(p-1)k} + K_p \cdot g_{(p-1)(k-1)} \\ g_{pk} = K_p \cdot f_{(p-1)k} + g_{(p-1)(k-1)} \end{cases} \tag{5.1.23}$$

⑥ 令 $p+1 \to p$,重复步骤② ~ ⑤,直至预测偏差的功率 ${\sigma_p}^2$ 不再显著减小。

附带指出,MATLAB 信号处理工具箱提供了提供了 AR 模型参数估计的 levinson 函数和最大熵谱估计函数 pburg。

二、MA 谱估计

根据式(4.2.22),MA(q)序列 x_k 满足下列的 q 阶差分方程

$$x_k = e_k - b_1 e_{k-1} - b_2 e_{k-2} - \cdots - b_q e_{k-q} \tag{5.1.24}$$

与 AR 谱估计一样,如果把式(5.1.24)看作以 e_k 为输入、x_k 为输出的滤波器方程,则该滤波器的频率传递函数为

$$H(\mathrm{e}^{\mathrm{j}\Omega}) = \frac{X(\mathrm{e}^{\mathrm{j}\Omega})}{W(\mathrm{e}^{\mathrm{j}\Omega})} = 1 - \sum_{m=1}^{q} b_m \mathrm{e}^{-\mathrm{j}\Omega m} \stackrel{\mathrm{def}}{=} H(\Omega)$$

式中:$X(\mathrm{e}^{\mathrm{j}\Omega}) = \mathrm{DTFT}(x_k)$;$W(\mathrm{e}^{\mathrm{j}\Omega}) = \mathrm{DTFT}(e_k)$。根据随机序列通过线性系统时输入—输出功率谱之间的关系,MA(q)序列 x_k 的功率谱 $S_x(\Omega)$ 可表示为

$$S_x(\Omega) = N(\Omega) | H(\Omega) |^2 = \sigma_e^2 | 1 - \sum_{m=1}^{q} b_m \mathrm{e}^{-\mathrm{j}\Omega m} |^2 \tag{5.1.25}$$

式中：$N(\Omega)$为服从$N(0,\sigma_e^{\ 2})$分布的白噪声序列e_k的功率谱。

按4.2.2节介绍的MA模型参数估计算法，不难求出参数估计量$\hat{b}_m(m=1,2,\cdots,q)$和噪声功率估计值$\hat{\sigma}_e^{\ 2}$。将这些估计量代入式(5.1.25)中相应的项，就可得到

$$\hat{S}_x(\Omega) = \hat{\sigma}_e^2 | 1 - \sum_{m=1}^{q} \hat{b}_m \mathrm{e}^{-\mathrm{j}\Omega m} |^2 \tag{5.1.26}$$

三、ARMA 谱估计

根据式(4.2.33)，ARMA(p,q)序列x_k满足下列差分方程

$$x_k = a_1 x_{k-1} + a_2 x_{k-2} + \cdots + a_p x_{k-p} + e_k - b_1 e_{k-1} - b_2 e_{k-2} - \cdots - b_q e_{k-q} \tag{5.1.27}$$

综合AR(p)和MA(q)谱估计的求法，可直接写出ARMA(p,q)序列的谱估计表达式：

$$\hat{S}_x(\Omega) = \frac{\hat{\sigma}_e^2 | 1 - \sum_{m=1}^{q} \hat{b}_m \mathrm{e}^{-\mathrm{j}\Omega m} |^2}{| 1 - \sum_{n=1}^{p} \hat{a}_n \mathrm{e}^{-\mathrm{j}\Omega n} |^2} \tag{5.1.28}$$

式中：$\hat{a}_n(n=1,2,\cdots,p)$，$\hat{b}_m(m=1,2,\cdots,q)$和$\hat{\sigma}_e^{\ 2}$分别为ARMA$(p,q)$模型参数估计量和噪声功率估计量。

四、AR 谱估计的性能指标

在目标探测技术领域中，为了实现对目标谱线的跟踪，通常将谱估计器的输出接入二维显示器，其水平轴表示频率，纵轴代表时间，借以显示功率谱的不同频率分量随时间变化的历程，这种图形称为时－频信号分析图。对谱线跟踪的基本要求是：①谱线估计精度高，这是因为估计精度对于检测目标运动参数有直接的影响；②分辨力良好。特别是当谱线具有时变性质时，观测时间不能取得太长，因而要求谱估计器应具有较高的分辨力。

定理4－3已指出，MA模型和ARMA模型都可用阶次足够高的AR模型来逼近，故通常用AR谱估计来近似替代MA或ARMA谱估计。为此，在下面讨论中，仅简要介绍AR谱估计的性能指标。

(1) AR谱的测频精度。关于AR谱的测频精度，迄今为止尚无通用的理论分析方法，一般都采用模拟或仿真的方法进行精度分析。然而，仅就测频精度而言，AR谱估计器并不比传统的功率谱估计方法优越。在大信噪比条件下，二者的测频精度大致相同，都趋于CR下限[3]，即

$$[CR]_{f_s} = \frac{3}{2\pi^2 T^3 (A^2/2)/(2N_0)} = \frac{3}{2\pi^2 T^3 (\mathrm{SRN})} \tag{5.1.29}$$

式中：观测时间为$[-T/2,T/2]$；$2N_0=\sigma_e^2/B$ 为单边功率谱中单位带宽(Hz)内含有的噪声功率；B 为噪声 e 的带宽，$e\sim N(0,\sigma_e^2)$；A 频率为 f_s 的正弦信号的幅值；$(A^2/2)/(2N_0)$ 为单位带宽内的信噪比(SNR)。注意，频率估计量的方差与观测时间的参考点有关。若观测区间取为$[0,T]$，频率估计量方差下限 CR 还应乘以 4。

(2) 谱线分辨力。在任意两个相邻频率 f_1 和 f_2 的中心点 $f_c=(f_1+f_2)/2$，如果谱估计器的输出恰好等于

$$\hat{S}_x(f_c)=\frac{1}{2}[\hat{S}_x(f_1)+\hat{S}_x(f_2)] \tag{5.1.30}$$

则这两个相邻频率的正弦信号分量就是可分辨的。谱线分辨力定义为两个相邻频率频谱的可分辨频率间隔，即

$$\Delta f=|f_1-f_2| \tag{5.1.31}$$

周期图谱估计器的平均归一化分辨力 Δf 约等于 $0.86/N$(N 为离散傅里叶变换的点数)；当 $p\times \text{SNR}>10$ 时，AR(p)谱估计的频率分辨力由经验公式给出[3]：

$$\Delta f\approx\frac{1.03}{p[(p+1)(\text{SNR})]^{0.31}} \tag{5.1.32}$$

式中：SNR 为输入信号的信噪比。由此可见，若能设法提高输入过程的信噪比，即可大大改善 AR 谱估计器的分辨力。

5.1.3 特殊 ARMA 模型与皮萨连柯谱估计

在谱线检测与跟踪问题中，输入序列 x_k 含有背景噪声成分 e_k 和 M 个正弦波成分，如图 5-7 所示。其中，M 个正弦波往往不具有简谐关系，因而应用经典傅里叶方法分析这种信号很难获得高的频率分辨力。下面证明，当 e_k 为高斯白噪声时，可用基于 ARMA 模型的谱估计方法——皮萨连柯(Pisarenko)谱估计，精确地检出各个正弦信号分量的频率。

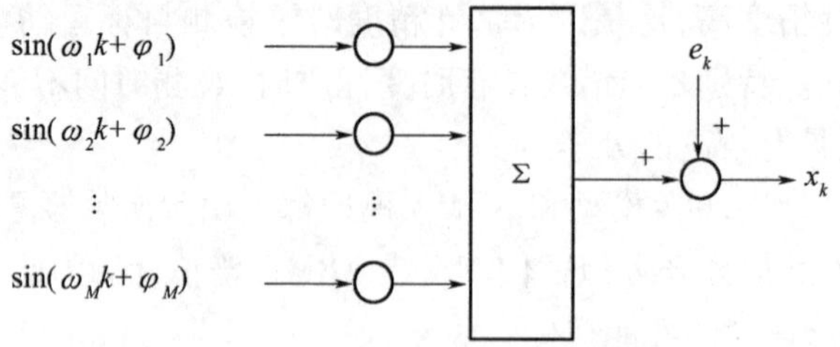

图 5-7 背景噪声加正弦波模型

一、特殊的 ARMA 模型

假设某一正弦波序列的幅值为 A、数字频率为 Ω，即

$$s_k=A\sin(\Omega k+\varphi_k) \tag{5.1.33}$$

并假定初始相位 φ_k 是在$(-\pi,\pi)$区间内均匀分布的独立随机变量，它的一次实现

为常量。

将式(5.1.33)代入三角恒等式

$$A\sin(\Omega k+\varphi_k)+A\sin[\Omega(k-2)+\varphi_k]$$
$$=2A\cos\Omega\cdot\sin[\Omega(k-1)+\varphi_k]$$

得到二阶差分方程

$$s_k-2\cos\Omega\cdot s_{k-1}+s_{k-2}=0$$

取 z 变换，且记 $X_s(z)=Z[s_k]$，就有

$$(1-2\cos\Omega\cdot z^{-1}+z^{-2})X_s(z)=0$$

其特征多项式为

$$1-2\cos\Omega\cdot z^{-1}+z^{-2}=0$$

求解该特征多项式，得到一对共轭复数根：

$$z_{1,2}=\cos\Omega\pm \mathrm{j}\sin\Omega=\exp(\pm \mathrm{j}\Omega)$$

由此可确定正弦信号分量的数字频率，即

$$\Omega_i=\arctan\left[\frac{\mathrm{Im}(z_i)}{\mathrm{Re}(z_i)}\right]\quad(i=1,2)\tag{5.1.34}$$

一般取有物理意义的正频率值作为特征方程的解。

对于 M 个不同频率的实正弦信号分量，可根据下列特征多项式

$$\prod_{i=1}^{M}(z-z_i)(z-z_i^*)=\sum_{i=0}^{2M}a_iz^{2M-i}=\sum_{i=0}^{2M}a_iz^i=0\tag{5.1.35}$$

的根 $z_i(i=1,2,\cdots,2M)$ 来确定它们的频率。

式中：$|z_i|=1$；$a_k=a_{2M-k}(0\leqslant k\leqslant M)$；$a_0=1$。

与式(5.1.35)对应的差分方程是

$$s_k+\sum_{i=1}^{2M}a_is_{k-i}=0\tag{5.1.36}$$

具有这种特性的时间序列称为可预测过程，又称为退化的 AR 序列。

当输入序列 x_k 是受到白噪声 e_k"污染"的 M 个实正弦波之和时，则有

$$x_k=s_k+e_k=-\sum_{i=1}^{2M}a_is_{k-i}+e_k$$

以 $(x_{k-i}-e_{k-i})$ 代替上式中的 s_{k-i}，得

$$x_k+\sum_{i=1}^{2M}a_ix_{k-i}=e_k+\sum_{i=1}^{2M}a_ie_{k-i}\tag{5.1.37}$$

这表明含噪的正弦波过程 x_k 是一个特殊的 ARMA$(2M,2M)$ 序列，如图 5-8 所示。

与非参数化谱估计比较，基于特殊 ARMA 模型的谱估计具有两个明显的优点：①M 个正弦波即使不具有简谐关系，模型也是精确的；②当根据 N 个观测数据 $x_k(k=0,1,\cdots,N-1)$ 估计出 $2M$ 个参数 $a_i(i=1,2,\cdots,2M)$ 后，由这些参数估计量

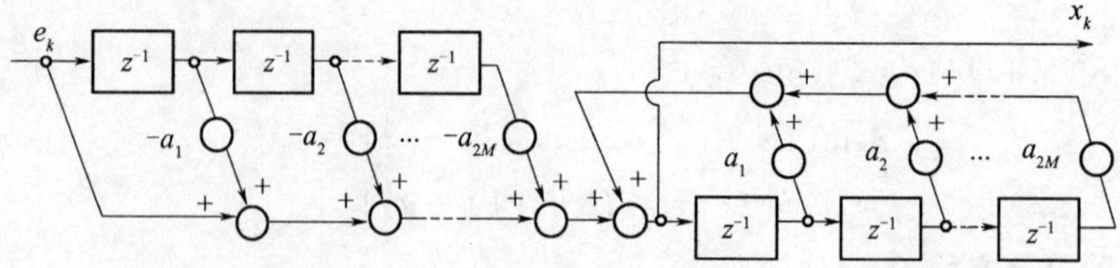

图 5-8　与图 5-7 信号模型相对应的特殊 ARMA 模型

所构成的 ARMA 模型便可自动地产生观测数据以外的数据，因而，没有必要像非参数化傅里叶分析那样需要对数据进行周期延拓，或者强制规定观测区间以外的数据为 0。这种自然的周期延拓，相当于增加了有效数据的长度，因此具有较高的频率分辨力。

二、皮萨连柯谱估计算法

将式(5.1.37)写成向量形式：

$$\boldsymbol{x}^{\mathrm{T}}\boldsymbol{a} = \boldsymbol{e}^{\mathrm{T}}\boldsymbol{a} \tag{5.1.38}$$

式中：$\boldsymbol{x}=[x_k,x_{k-1},\cdots,x_{k-2M}]^{\mathrm{T}}$；$\boldsymbol{a}=[1,a_1,a_2,\cdots,a_{2M}]^{\mathrm{T}}$；$e=[e_k,e_{k-1},\cdots,e_{k-2M}]^{\mathrm{T}}$。

用向量 $\boldsymbol{x}$ 左乘以式(5.1.38)的等号两边，并取数学期望，得

$$E[\boldsymbol{x}\boldsymbol{x}^{\mathrm{T}}]\boldsymbol{a} = E[\boldsymbol{x}\boldsymbol{e}^{\mathrm{T}}]\boldsymbol{a} \tag{5.1.39}$$

设 $e_k \sim N(0,\sigma_e^2)$，且记 $E[x_k x_{k-m}] = R_x[m]$，则有

$$\boldsymbol{R}_x = E[\boldsymbol{x}\boldsymbol{x}^{\mathrm{T}}] = \begin{bmatrix} R_x[0] & R_x[-1] & \cdots & R_x[-2M] \\ R_x[1] & R_x[0] & \cdots & R_x[-2M+1] \\ \vdots & \vdots & & \vdots \\ R_x[2M] & R_x[2M-1] & \cdots & R_x[0] \end{bmatrix} = \boldsymbol{R}_x^{\mathrm{T}}$$

$$E[\boldsymbol{x}\boldsymbol{e}^{\mathrm{T}}] = E[(\boldsymbol{s}+\boldsymbol{e})\boldsymbol{e}^{\mathrm{T}}] = E[\boldsymbol{e}\boldsymbol{e}^{\mathrm{T}}] = \sigma_e^2\boldsymbol{I}$$

式中：$\boldsymbol{s}=[s_k,s_{k-1},\cdots,s_{k-2M}{}^{\mathrm{T}}]$。将上述关系代入式(5.1.39)，得

$$\boldsymbol{R}_x\boldsymbol{a} = \sigma_e^2\boldsymbol{a} \tag{5.1.40}$$

式(5.1.10)表明，${\sigma_e}^2$ 是自相关矩阵 $\boldsymbol{R}_x$ 的特征值，而 $\boldsymbol{a}$ 则是对应于 ${\sigma_e}^2$ 的特征向量。当已知 $\boldsymbol{R}_x$ 时，由式(5.1.40)可解得 ARMA 模型的参数向量 $\boldsymbol{a}$，进而得到式(5.1.37)的特征方程：

$$z^{2M} + a_1 z^{2M-1} + \cdots + a_{2M-1}z + a_{2M} = 0 \tag{5.1.41}$$

由此可解得 $2M$ 个特征根 $z_i(i=1,2,\cdots,2M)$。前面已指出，这些特征根的模 $|z_i|=1$，它们与 M 个正弦波的正数字频率 Ω_i 所对应的 M 个根为

$$z_i = \exp(\mathrm{j}\Omega_i)$$

在求解出 M 个正弦信号的频率之后，就可确定它们的功率。这是因为

$$R_x[0] = \sigma_e^2 + \sum_{i=1}^{M}\sigma_i^2$$

$$R_x[m] = \sigma_e^2\delta_{0m} + \sum_{i=1}^{M}\sigma_i^2\cos(m\Omega)_i \quad (m = 1,2,\cdots,M) \tag{5.1.42}$$

式中：δ_{0m}为克罗内克函数（$\delta_{00}=1;\delta_{0m}=0,m\neq 0$）；${\sigma_i}^2,\Omega_i$ 分别为第 i 个正弦信号分量的功率和数字频率；且假设 $\cos(m\Omega_i)=0(m>M)$。将式(5.1.42)写成矩阵的形式，就有

$$\begin{bmatrix} \cos\Omega_1 & \cos\Omega_2 & \cdots & \cos\Omega_M \\ \cos2\Omega_1 & \cos2\Omega_2 & \cdots & \cos2\Omega_M \\ \vdots & \vdots & & \vdots \\ \cos M\Omega_1 & \cos M\Omega_2 & \cdots & \cos M\Omega_M \end{bmatrix}\begin{bmatrix} \sigma_1^2 \\ \sigma_2^2 \\ \vdots \\ \sigma_M^2 \end{bmatrix} = \begin{bmatrix} R_x[1] \\ R_x[2] \\ \vdots \\ R_x[M] \end{bmatrix} \tag{5.1.43}$$

由此可解得 M 个正弦信号分量的功率 ${\sigma_i}^2(i=1,2,\cdots,M)$。

现将皮萨连柯谱估计的步骤归纳如下：

（1）计算 N 个观测数据 $x_k(k=0,1,\cdots,N-1)$ 的自相关矩阵 $\boldsymbol{R}_x$，得

$$\boldsymbol{R}_x = \begin{bmatrix} R_x[0] & R_x[1] & \cdots & R_x[2M] \\ R_x[1] & R_x[0] & \cdots & R_x[2M-1] \\ \vdots & \vdots & & \vdots \\ R_x[2M] & R_x[2M-1] & \cdots & R_x[0] \end{bmatrix}$$

由式(5.1.40)可知，只要计算出 $\boldsymbol{R}_x$ 的最小特征值 $\lambda_{\min}$，即可确定 ${\sigma_e}^2$（通常令${\sigma_e}^2=\lambda_{\min}$）。

（2）解方程组 $\boldsymbol{R}_x\boldsymbol{a}={\sigma_e}^2\boldsymbol{a}$，所得的 $\boldsymbol{a}$ 就是 ARMA 模型参数的估计值。

（3）求特征方程：

$$1 + a_1z + a_2z^2 + \cdots + a_{2M}z^{2M} = 0$$

的根 $z_i,{z_i}^*(i=1,2,\cdots,2M)$，并将这些根记为

$$z_i = \exp(\mathrm{j}\Omega_i),z_i^* = \exp(-\mathrm{j}\Omega_i) \quad (i = 1,2,\cdots,M)$$

由此可确定各个正弦波的正数字频率 Ω_i。

（4）解方程组：

$$\begin{bmatrix} \cos\Omega_1 & \cos\Omega_2 & \cdots & \cos\Omega_M \\ \cos2\Omega_1 & \cos2\Omega_2 & \cdots & \cos2\Omega_M \\ \vdots & \vdots & & \vdots \\ \cos M\Omega_1 & \cos M\Omega_2 & \cdots & \cos M\Omega_M \end{bmatrix}\begin{bmatrix} \sigma_1^2 \\ \sigma_2^2 \\ \vdots \\ \sigma_M^2 \end{bmatrix} = \begin{bmatrix} R_x[1] \\ R_x[2] \\ \vdots \\ R_x[M] \end{bmatrix}$$

可得 M 个正弦信号分量的功率 ${\sigma_i}^2(i=1,2,\cdots,M)$。

理论上，上述步骤是严格和准确的，所得到的谱估计具有无限的分辨力。然而，应用皮萨连柯谱估计方法会遇到一系列困难。其主要原因是无法事先知道输入序列 x_k的自相关函数 $R_x[m]$，因而必须用自相关函数的估计值$\hat{R}_x[m]$来代替真

实的 $R_x[m]$；其次，当谱线根数 M 未知时，或者在噪声是有色的条件下，也会带来估计误差；第三，确定最小特征值 $\lambda_{\min}$ 和解方程式(5.1.43)的计算量较大。

幸运的是皮萨连柯谱估计与实际广泛应用的 AR 谱估计有密切的关系。如前所述，ARMA(p,q)模型可用阶次 n 足够高的 AR 模型来近似，特别是在大信噪比的情况下，可用 AR(p)来逼近 ARMA(p,q)。由此还引申出两个推论：①对于大信噪比随机序列 x_k，AR 谱估计趋近于皮萨连柯谱估计；②如果能预先借助于某种噪声功率抵消法，人为地提高输入随机序列 x_k 的信噪比，就可通过 AR 谱估计近似地实现皮萨连柯谱估计。

三、皮萨连柯谱估计的实用算法

(1) 噪声功率抵消法。为了提高 AR 谱估计的分辨力，Marple 提出了一种噪声功率抵消迭代算法[3]。具体步骤如下：

① 利用傅里叶变换，直接估计随机序列 x_k 的功率谱。若序列 x_k 含有 M 个正弦波，则可粗略地给出 M 个峰值数字频率估计值 $\hat{\Omega}_1,\hat{\Omega}_2,\cdots,\hat{\Omega}_M$。

② 将上述频率估值代入式(5.1.42)，得到 M 个线性方程：

$$\sum_{i=1}^{M}\sigma_i^2\cos(m\Omega_i) = R_x[m] \quad (m = 1,2,\cdots,M)$$

式中：$R_x[m]$ 可能是已知的，也可能是通过估计得到的。

③ 求出各谐波信号功率的估值 $\hat{\sigma}_m^2$ 后，再从输入总功率 $R_x[0]$ 中减去全部信号功率的估计值，即可得到噪声功率的估值：

$$\hat{\sigma}_e^2 = R_x[0] - \sum_{i=1}^{M}\hat{\sigma}_i^2$$

④ 从输入自相关矩阵 $\boldsymbol{R}_x$ 的主对角线元素 $R_x[0]$ 中减去一部分噪声功率的估值，如 $0.1\hat{\sigma}_e{}^2$，得到一次迭代后的新的自相关矩阵：

$$\boldsymbol{R}_x^{(1)} = \| R_x[i-m] - 0.1\cdot\sigma_e^2\delta_{im} \| = \| R_x^{(1)}[i-m] \|$$

⑤ 利用 Yule-Walker 方程的近似表达式(4.2.12)

$$\sum_{i=1}^{M} a_i\hat{R}_x[i-m] = \hat{R}_x[m] \quad (m = 1,2,\cdots,M)$$

求出 AR(M)模型参数估计量 $\hat{a}_i(i=1,2,\cdots,M)$。

⑥ 利用式(5.1.10)计算 AR 谱，得到 M 个新的峰值频率估值。

重复步骤②~⑥，不断迭代，直至出现某次迭代后的剩余噪声功率，反而大于上一次迭代后的剩余噪声功率。这时，可取上一次迭代结果作为最终估计值。

(2) 多重信号分类算法(Multiple Signal Classification，MUSIC)。设观测数据 x_k $(k=0,1,\cdots,N-1)$是由 M 个复正弦分量和加性白噪声 e_k 所组成的，其中，复正弦分量的振幅和频率分别为 A_m 和 $\Omega_m(m=1,2,\cdots,M)$。如果定义：

$$\boldsymbol{A} = [A_1,A_2,\cdots,A_M]^{\mathrm{T}}$$

$$\boldsymbol{s}_m = [1,\mathrm{e}^{\mathrm{j}\Omega_m},\cdots,\mathrm{e}^{\mathrm{j}\Omega_m(N-1)}]^{\mathrm{T}},\boldsymbol{S} = [\boldsymbol{s}_1,\boldsymbol{s}_2,\cdots,\boldsymbol{s}_M]$$

$$\boldsymbol{x} = [x_0, x_1, \cdots, x_{N-1}]^{\mathrm{T}}, \boldsymbol{e} = [e_0, e_1, \cdots, e_{N-1}]^{\mathrm{T}}$$

则有

$$\boldsymbol{x} = \boldsymbol{SA} + \boldsymbol{e} \tag{5.1.44}$$

于是,观测数据 $x_k(k=0,1,\cdots,N-1)$ 的自相关矩阵可表示为

$$\begin{aligned}\boldsymbol{R}_x &= E[\boldsymbol{x}\cdot\boldsymbol{x}^{\mathrm{H}}] = E[(\boldsymbol{SA}+\boldsymbol{e})\cdot(\boldsymbol{SA}+\boldsymbol{e})^{\mathrm{H}}] \\ &= \boldsymbol{S}E[\boldsymbol{AA}^{\mathrm{H}}]\boldsymbol{S}^{\mathrm{H}} + \sigma_e^2\boldsymbol{I} \\ &= \boldsymbol{SPS}^{\mathrm{H}} + \sigma_e^2\boldsymbol{I}\end{aligned} \tag{5.1.45}$$

式中:$\boldsymbol{P}$ 为 M 个复正弦型分量幅度 $A_i(i=1,2,\cdots,M)$ 的自相关矩阵;${\sigma_e}^2$ 为白噪声 e_k 的功率。若 M 个复正弦型分量彼此不相关,则 $M\times M$ 相关维矩阵 $\boldsymbol{P}$ 是满秩、正定的。但因矩阵 $\boldsymbol{S}$ 的秩为 M,故 $N\times N$ 维矩阵 $\boldsymbol{SPS}^{\mathrm{H}}$ 必定是奇异的($N>M$)。

若将矩阵 $\boldsymbol{SPS}^{\mathrm{H}}$ 的特征值和相应的特征向量(N 列向量)分别记为 $\lambda_k, \boldsymbol{v}_k(k=0,1,\cdots,N-1)$,不妨假设 λ_k 已经按非增的顺序排列,则最后($N-M$)个特征值 λ_k 必等于0,即

$$(\boldsymbol{SPS}^{\mathrm{H}})\boldsymbol{v}_k = \lambda_k\boldsymbol{v}_k = 0 \quad (k = M, M+1, \cdots, N-1)$$

由于 $\boldsymbol{P}$ 是正定的,故上式等价于

$$\boldsymbol{S}^{\mathrm{H}}\boldsymbol{v}_k = 0 \quad (k = M, M+1, \cdots, N-1) \tag{5.1.46}$$

根据这一正交关系,可求出 M 个正弦型信号分量的数字频率 $\Omega_m(m=1,2,\cdots,M)$。于是,观测数据 x_k 的功率谱估计可表示为

$$P_{MU}(\Omega) = \frac{1}{\sum\limits_{k=M}^{N-1} |\boldsymbol{v}_k^{\mathrm{H}}\boldsymbol{s}|^2} \tag{5.1.47}$$

式中:$\boldsymbol{s} = [1, \mathrm{e}^{\mathrm{j}\Omega}, \cdots, \mathrm{e}^{\mathrm{j}\Omega(N-1)}]^{\mathrm{T}}$。

由式(5.1.47)可知,当 $\Omega=\Omega_m(m=1,2,\cdots,M)$ 时,$P_{MU}(\Omega_m)$ 将会出现无限大的峰值。实际上,只能根据观测数据 $x_k(k=0,1,\cdots,N-1)$ 来计算总体自相关函数 $\boldsymbol{R}_x$ 的估计值 $\hat{\boldsymbol{R}}_x$,并根据 $\hat{\boldsymbol{R}}_x$(而不是 $\boldsymbol{SPS}^{\mathrm{H}}$)来计算特征值 λ_k 和特征向量 $\boldsymbol{v}_k(k=1,2,\cdots,N-1)$,进而确定($N-M$)个对应于最小特征值 λ_k 的特征向量 $\boldsymbol{v}_k(k=M,M+1,\cdots,N-1)$。因此之故,$P_{MU}(\Omega_m)$ 的峰值必然有限的。

根据 $P_{MU}(\Omega_m)$ 的 M 个峰值位置找到 Ω_m,即可确定矩阵 $\boldsymbol{S}$。于是,每个正弦型信号分量的真实功率(矩阵 $\boldsymbol{P}$ 对角线上的诸元素)就可根据式(5.1.45)来确定。即

$$\begin{cases}\boldsymbol{SPS}^{\mathrm{H}} = \boldsymbol{R}_x - \sigma_e^2\boldsymbol{I} \\ \boldsymbol{P} = (\boldsymbol{S}^{\mathrm{H}}\boldsymbol{S})^{-1}\boldsymbol{S}^{\mathrm{H}}(\boldsymbol{R}_x - \sigma_e^2\boldsymbol{I})\boldsymbol{S}(\boldsymbol{S}^{\mathrm{H}}\boldsymbol{S})^{-1}\end{cases} \tag{5.1.48}$$

MATLAB 信号处理工具箱提供了与上述算法相应的谱估计函数 pmisuc。

四、皮萨连柯谱估计的应用

当空间存在多个信号源时,常常需要对这些空间信号进行分离,以便于跟踪或

检测感兴趣的空间信号，抑制那些被认为是干扰的空间信号。为此，需要使用传感器阵列来检出多个空间信号。对传感器阵列检出的空间信号进行分析与估计，称为阵列信号处理。

功率谱密度给出了信号功率在频率轴上的分布（即信号的频率结构）。由于阵列信号处理的主要任务是估计信号的空间参数（如目标信号的方位角），所以将功率谱密度的概念在空间域加以延伸和推广，进而得到空间谱的概念，就显得十分必要。

将描述信号能量与空间参数之间关系的分布图称为空间谱。20 世纪 80 年代以来，随着高速微处理器技术的飞速发展，空间谱估计算法在雷达、声纳、地震勘测和射电天文学等领域中得到了普遍应用。

（1）波束形成器。考察在空间传播的 M 个水声信号源，它们均为窄带信号 s_m（$m=1,2,\cdots,M$）。现将 N 个全向传感器（水听器）沿直线或圆周排列构成传感器阵列，用于检出这些信号。为方便起见，在此假定各个传感器（称为阵元）以间隔 d 沿直线排列组成线阵，如图 5－9 所示。

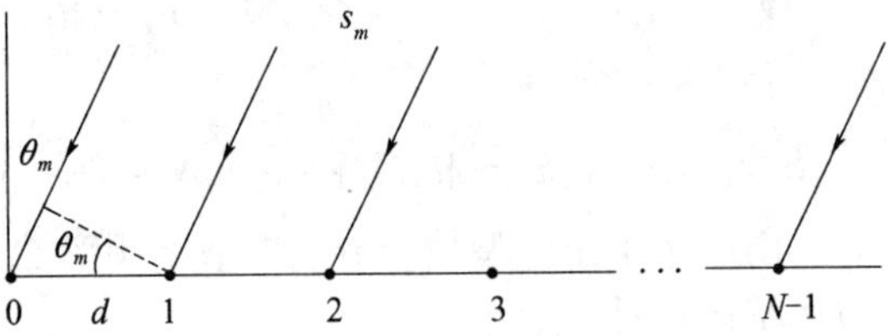

图 5－9　等距线阵与远场信号

由于窄带信号的包络变化缓慢，因此，在等间隔线阵中的各阵元都接收到同一信号的包络。当信号 s_m 与阵元的距离足够远时，信号 s_m 到达各阵元的波前为平面波，并称之为远场信号。不言而喻，远场信号 s_m 到达各阵元的方位角均为 θ_m。若以阵元 0 作为参考阵元，将它所接收到的信号记为 s_m，则其他阵元接收到的信号相对于参考阵元存在时间延迟（或时间超前）。设信号 s_m 到达阵元 1 因传播延时而引起的相位差为 $\omega_m T_d$（ω_m 为信号 s_m 的频率，T_d 为相对于阵元 0 的传播延时或超前）。为方便叙述起见，通常记 $\omega_m T_d=\Omega_m$，在此，Ω_m 称为两个相邻阵元之间的相位差（可视为远场信号 s_m 的数字频率）。由图 5－9 可以看出，方位角 θ_m 与相位差 Ω_m 之间的关系为

$$\Omega_m = 2\pi \frac{d}{\lambda}\sin\theta_m \quad (m = 1,2,\cdots,M)$$

式中：λ 为信号 s_m 的波长；d 为两个相邻阵元的间距。注意，d 应满足“半波长”条件，即 $d\leqslant\lambda/2$，否则，相位差 Ω_m 有可能大于 π 而产生方向模糊[11]。显然，对于等间距线阵而言，阵元（$N-1$）接收的信号与参考阵元之间的相位差为（$N-1$）Ω_m。为了形成阵列波束——敏感某一方向 θ_m 的入射平面波 s_m，对各阵元信号分别作适当的延迟补偿后再相加，当经补偿后的各个信号具有同相位时，阵列输出的信号将

达到最大值(即阵列增益最大),此时入射平面波 s_m 的方位角 θ_m,即为阵列波束的方向。通常,将补偿各阵元信号相位使阵列增益到达最大值的信号处理器,称为波束形成器。

(2) 空间功率谱。根据上述分析可知,如果存在 M 个入射波 $s_m(m=1,2,\cdots,M)$,则需要先估计出各个入射波 s_m 的相位差 Ω_m(可视为数字频率),才能确定各个入射波 s_m 的方位角 θ_m。

在前面介绍的多重信号分类算法(MUSIC)中,若观测数据 $x_k(k=0,1,\cdots,N-1)$是传感器阵列中第 k 个阵元的接收信号,则式(5.1.47)定义的函数 $P_{MU}(\Omega_m)$就表示 x_k 的功率谱在空间参数轴 $\Omega_m(m=1,2,\cdots,M)$上的分布,进而分辨出来自 M 个不同方位的空间信号,故称之为多重信号分类法。

5.1.4 非高斯时间序列双谱估计

定义:在非高斯白噪声序列 ε_k 激励下线性系统的响应序列 x_k,称为非高斯时间序列。

定义:对于任意常数 m 和 n,零均值非高斯时间序列 x_k 的三阶矩(或三阶累积量)定义为

$$c_{3x}[m,n]=E[x_{k+m}\cdot x_{k+n}\cdot x_k]$$
$$(m=0,1,\cdots,M-1;n=0,1,\cdots,N-1) \qquad (5.1.49)$$

其二维离散时间傅里叶变换

$$C_x(\Omega_1,\Omega_2)=\sum_{m=0}^{M-1}\sum_{n=0}^{N}c_{3x}[m,n]\exp[-\mathrm{j}(m\Omega_1+n\Omega_2)] \qquad (5.1.50)$$

称为非高斯时间序列 x_k 的双谱。

式中:$\Omega_1=2\pi m/M$;$\Omega_2=2\pi n/N$。

一、参数化双谱估计

倘若按上述定义直接估计非高斯时间序列 x_k 的双谱,不仅计算量大、频率分辨力低,而且往往还需要大容量的数据样本。因此,在实际应用中,往往采用基于模型(AR,MA,ARMA)参数的双谱估计算法。参数化双谱估计算法的优点是:即使观测序列 x_k 的长度较短,仍能获得较高的频率分辨力,而且还能提供观测序列 x_k 的相位信息。

(1) 非高斯 AR 序列的双谱估计。设观测序列 x_k 是因果稳定的非高斯AR(p)时间序列,即

$$\sum_{i=0}^{p}a_ix_{k-i}=\varepsilon_k \quad (a_0=1) \qquad (5.1.51)$$

式中:$\varepsilon_k(k=1,2,\cdots)$为零均值非高斯白噪声,其方差为 $E[\varepsilon_k{}^2]=\sigma_\varepsilon^2$,三阶矩为 $E[\varepsilon_k{}^3]=\beta\neq 0$,且 x_k 与 ε_k 独立。非高斯 AR(p)模型的 z 传递函数可表示为

$$H(z)=\frac{1}{A(z)}=\frac{1}{1+\sum_{i=1}^{p}a_i z^{-i}} \tag{5.1.52}$$

如果 AR 模型是稳定的,也即特征方程 $A(z)=0$ 的全部根都位于 z 平面上的单位圆内,且非高斯噪声 ε_k 是三阶平稳的,则 x_k 必是三阶平稳序列,且其三阶累积量满足如下递推方程:

$$c_{3x}[-m,-n]+\sum_{i=1}^{p}a_i c_{3x}[i-m,i-n]=\beta\delta_{mn} \tag{5.1.53}$$

式中:δ_{mn}为克罗内克函数; m,n 均为正整数。

下面,简要介绍非高斯 AR(p)模型参数估计的一般方法。

在式(5.1.53)中,令 $m=n=0,1,\cdots,p$,得

$$\boldsymbol{c}_{3x}\boldsymbol{a}=\boldsymbol{b} \tag{5.1.54a}$$

式中:$\boldsymbol{c}_{3x}$为以 AR(p)模型对非高斯白噪声激励的响应序列 $x_k(k=0,1,\cdots,N-1)$ 的三阶累积矩为元素所构成的矩阵,即

$$\boldsymbol{c}_{3x}=\begin{bmatrix} c_{3x}[0,0] & c_{3x}[1,1] & \cdots & c_{3x}[p,p] \\ c_{3x}[-1,-1] & c_{3x}[0,0] & \cdots & c_{3x}[p-1,p-1] \\ \vdots & \vdots & & \vdots \\ c_{3x}[-p,-p] & c_{3x}[-p+1,-p+1] & \cdots & c_{3x}[0,0] \end{bmatrix} \tag{5.1.54b}$$

且有

$$\boldsymbol{a}=[1,a_1,a_2,\cdots,a_p]^{\mathrm{T}},\boldsymbol{b}=[\beta,0,0,\cdots,0]^{\mathrm{T}} \tag{5.1.54c}$$

从式(5.1.54)可以看出,AR 双谱估计的关键是确定 $2p+1$ 个三阶累积矩 $\boldsymbol{c}_{3x}$。具体计算步骤如下:

① 将长度为 N 的实随机序列 x_k 分成长度为 M 的 K 个子序列,即 $N=KM$。通常建议采用段与段之间有 1/2 数据互相重叠。

② 先计算出各序列 $x_k^{(i)}(i=1,2,\cdots,K)$ 的三阶累积矩,即

$$c_{3x}^{(i)}[m,n]=\frac{1}{M}\sum_{k=M_1}^{M_2}x_{k+m}^{(i)}x_{k+n}^{(i)}x_k^{(i)}\quad(i=1,2,\cdots,K) \tag{5.1.55}$$

式中:$M_1=\max(1,1-m,1-n)$;$M_2=\min(M,M-m,M-n)$。然后,计算 K 个子序列三阶矩估计量的平均值,并将视为非高斯时间序列 x_k 的三阶矩估计量:

$$c_{3x}[m,n]=\frac{1}{K}\sum_{i=1}^{K}c_{3x}^{(i)}[m,n] \tag{5.1.56}$$

③ 估计非高斯白噪声序列 ε_k 的三阶矩 $\beta=E[\varepsilon_k{}^3]$,并将式(5.1.56)代入式(5.1.54),即可得到

$$\boldsymbol{c}_{3x}\boldsymbol{a}=\boldsymbol{b} \tag{5.1.57}$$

由此可解得非高斯 AR 模型的参数估计量 $\hat{\boldsymbol{a}}$。

④ 根据已知的参数向量 $\hat{\boldsymbol{a}}$ 进行双谱估计[9,25]，得

$$C_x(\Omega_1,\Omega_2) = \beta \cdot \hat{H}(\Omega_1) \cdot \hat{H}(\Omega_2) \cdot \hat{H}^*(\Omega_1+\Omega_2) \qquad (5.1.58a)$$

式中：$\Omega_1 = 2\pi m/(p+1)$；$\Omega_2 = 2\pi n/(p+1)$。且有

$$\hat{H}(\Omega) = \hat{H}(z)\mid_{z=e^{j\Omega}} = \frac{1}{\sum_{i=0}^{p} \hat{a}_i e^{-j\Omega i}} \quad (\mid \Omega \mid \leqslant \pi) \qquad (5.1.58b)$$

双谱估计量的幅频特性和相频特性分别由下式确定：

$$\mid C_x(\Omega_1,\Omega_2) \mid = \mid \beta \mid \cdot \mid \hat{H}(\Omega_1) \mid \cdot \mid \hat{H}(\Omega_2) \mid \cdot \mid \hat{H}(\Omega_1+\Omega_2) \mid \qquad (5.1.59)$$

$$\varphi_x(\Omega_1,\Omega_2) = \hat{\varphi}_H(\Omega_1) + \hat{\varphi}_H(\Omega_2) - \hat{\varphi}_H(\Omega_1+\Omega_2) \mid \qquad (5.1.60)$$

应当指出，在对非高斯 AR(p)序列进行双谱估计时，必须注意如下几个问题：

① 观测序列必须是三阶矩平稳的各态历经随机序列。

② 在一般情况下，$\boldsymbol{c}_{3x}$不是对称、正定的矩阵。

③ 在进行双谱估计时，并非一定要进行分段处理，但若要检测正弦型信号是否发生相位耦合，则必须进行分段处理。

④ 利用二阶矩方法求得的非高斯 AR 模型参数不能用于双谱估计。

⑤ AR 双谱估计同样会遇到模型阶次的选择问题，而前面介绍的 AIC 或 FPE 定阶准则不再适用于确定非高斯 AR 模型的阶次。针对非高斯 AR 模型的定阶问题和参数估计问题，参考文献[15]给出了用 MATLAB 语言编写的 arorder 和 arrcest 子程序。

(2) 非高斯 MA 序列双谱估计。设观测序列 x_k 是一 q 阶非高斯 MA 过程：

$$x_k = \sum_{i=0}^{q} b_i \varepsilon_{k-i} \quad (b_0 = 1) \qquad (5.1.61)$$

式中：ε_k 为均值为零、方差为 σ_ε^2 的非高斯白噪声序列；$E[\varepsilon_k^3] = \beta \neq 0$，且 x_k 与 ε_k 独立。

非高斯 MA 序列 x_k 的三阶累积矩规定为

$$c_{3x}[m,n] = E[x_{k+m} \cdot x_{k+n} \cdot x_k] = \beta \cdot \sum_{k=0}^{q} b_{k+m} \cdot b_{k+n} \cdot b_k \qquad (5.1.62)$$

当 $k=0, m=q, n=i$ 时，式(5.1.62)可简化为

$$c_{3x}[q,i] = \beta \cdot b_q \cdot b_i \cdot b_0 = \beta \cdot b_q \cdot b_i \qquad (5.1.63a)$$

进一步地，令 $i=0$，则有

$$c_{3x}[q,0] = \beta \cdot b_q \cdot b_0 = \beta \cdot b_q \qquad (5.1.63b)$$

由式(5.1.63a)和式(5.1.63b)，可求出非高斯 MA 模型的参数估计量：

$$\hat{b}_i = \frac{c_{3x}[q,i]}{c_{3x}[q,0]} \quad (i = 0,1,\cdots,q) \qquad (5.1.64)$$

并称之为非高斯 MA 模型参数的闭式解。一旦确定了 q 个参数$\hat{b}_i$,对三阶累积矩(5.1.62)进行二维离散时间傅里叶变换,即可得到 MA(q)序列的双谱估计[9,25]:

$$C_x(\Omega_1,\Omega_2)| = \beta\cdot\hat{H}(\Omega_1)\cdot\hat{H}(\Omega_2)\cdot\hat{H}^*(\Omega_1+\Omega_2)| \qquad (5.1.65a)$$

式中:

$$\Omega_1 = 2\pi m/(q+1),\Omega_2 = 2\pi n/(q+1) \quad (m,n = 0,1,\cdots,q)$$

$$\hat{H}(\Omega) = \sum_{k=0}^{q}\hat{b}_k\exp(-\mathrm{j}\Omega k) \qquad (5.1.65b)$$

参考文献[15]提供了非高斯 MA 序列双谱估计的 MATLAB 子程序 maorder 和 maest。

(3) 非高斯 ARMA 序列双谱估计。设零均值观测序列 x_k 是因果稳定的非高斯 ARMA(p,q)序列,且满足:

$$\sum_{i=0}^{p}a_i x_{k-i} = \sum_{i=0}^{q}b_i\varepsilon_{k-i}(a_0 = 1,b_0 = 1) \qquad (5.1.66)$$

式中:ε_k 为一均值为零、方差为 $E[\varepsilon_k{}^2]=\sigma_\varepsilon^2$ 的非高斯白噪声序列;$E[\varepsilon_k{}^3]=\beta\neq 0$,且 ε_k 与 x_k 相互独立。

类似于非高斯 AR(p)序列和 MA(q)序列双谱估计的求法,非高斯 ARMA(p,q)序列 x_k 的双谱可表示为[9,15]

$$C_x(\Omega_1,\Omega_2) = \beta\cdot\hat{H}(\Omega_1)\cdot\hat{H}(\Omega_2)\cdot\hat{H}^*(\Omega_1+\Omega_2) \qquad (5.1.67a)$$

式中:

$$\hat{H}(\Omega) = \sum_{k=0}^{q}\hat{b}_k\mathrm{e}^{-\mathrm{j}\Omega k}/\sum_{k=0}^{p}\hat{a}_k\mathrm{e}^{-\mathrm{j}\Omega k} \qquad (5.1.67b)$$

下面,讨论非高斯 ARMA(p,q)模型参数 $\hat{a}_k$ 和$\hat{b}_k$ 的估计算法。

将式(5.1.67)改写成

$$C_x(\Omega_1,\Omega_2) = \frac{\beta\cdot\hat{B}(\Omega_1)\cdot\hat{B}(\Omega_2)\cdot\hat{B}^*(\Omega_1+\Omega_2)}{\hat{A}(\Omega_1)\cdot\hat{A}(\Omega_2)\cdot\hat{A}^*(\Omega_1+\Omega_2)} \qquad (5.1.68a)$$

式中:

$$\hat{B}(\Omega) = \sum_{k=0}^{q}\hat{b}_k\mathrm{e}^{-\mathrm{j}\Omega k},\hat{A}(\Omega) = \sum_{k=0}^{p}\hat{a}_k\mathrm{e}^{-\mathrm{j}\Omega k} \qquad (5.1.68b)$$

若记

$$\begin{aligned}C_A(\Omega_1,\Omega_2) &= \hat{A}(\Omega_1)\cdot\hat{A}(\Omega_2)\cdot\hat{A}^*(\Omega_1+\Omega_2)\\ &= \sum_m\sum_n c_{3A}[m,n]\exp[-\mathrm{j}(m\Omega_1+n\Omega_2)]\end{aligned} \qquad (5.1.69)$$

则有

$$C_x(\Omega_1,\Omega_2)\cdot C_A(\Omega_1,\Omega_2)=\beta\cdot\hat{B}(\Omega_1)\cdot\hat{B}(\Omega_2)\cdot\hat{B}^*(\Omega_1+\Omega_2) \quad (5.1.70)$$

比较式(5.1.61)、式(5.1.65)和式(5.1.69)可推知，c_{3A}表示满足下列差分方程的序列的三阶累积矩，即

$$x_k^{(A)}=\sum_{i=0}^{p}a_i\varepsilon'_{k-i}\quad(a_0=1)$$

式中：$E[\varepsilon'^3_k]=1$，故有

$$c_{3A}[m,n]=\sum_{k=0}^{p}a_{k+m}\cdot a_{k+n}\cdot a_k \quad (5.1.71)$$

将式(5.1.70)写成时域上的卷积形式，并利用式(5.1.68b)，就有

$$\sum_{i=0}^{p}\sum_{j=0}^{q}c_{3A}[i,j]\cdot c_{3x}[m-i,n-j]=0\quad(m,n>q) \quad (5.1.72)$$

假设已知非高斯 ARMA(p,q)序列 x_k 的三阶累积矩 $c_{3x}[m,n]$，那么根据式(5.1.72)便可确定各个系数 $c_{3A}[m,n]$。

类似于 MA 模型参数的计算方法(式(5.1.64))，可得

$$\hat{a}_j=\frac{\hat{c}_{3A}[p,j]}{\hat{c}_{3A}[p,0]}\quad(j=0,1,\cdots,p) \quad (5.1.73)$$

将这些参数估计值代入式(5.1.71)，并计算 $c_{3A}[i,j]$的二维离散时间傅里叶变换，即可求出 $C_A(\Omega_1,\Omega_2)$。

同样，根据卷积定理，式(5.1.70)的时域表达形式可写成

$$\sum_{j=0}^{p}\sum_{i=0}^{p}\left\{\sum_{k=0}^{p}\hat{a}_{k+i}\cdot\hat{a}_{k+j}\cdot\hat{a}_k\cdot c_{3x}[m+k-j,n+k-i]\right\}=c_{3B}[m,n] \quad (5.1.74)$$

式中：

$$c_{3B}[m,n]=\beta\cdot\sum_{i=0}^{q}b_{i+m}\cdot b_{i+n}\cdot b_i \quad (5.1.75)$$

推导中利用了式(5.1.65)和式(5.1.62)。类似于式(5.1.73)的求法，可知

$$\hat{b}_i=\frac{c_{3B}[q,i]}{c_{3B}[q,0]}\quad(i=0,1,\cdots,q) \quad (5.1.76)$$

最后，将式(5.1.73)和式(5.1.76)代入式(5.1.67)，便可得到非高斯 ARMA(p,q)序列的双谱估计。参考文献[15]提供了非高斯 ARMA(p,q)序列的双谱估计的 MATLAB 函数 armats，bisspect 和 armaps，分别用于 ARMA(p,q)模型参数的估计与定阶。

二、双谱估计的应用

本节介绍双谱估计在随机信号与系统领域中的典型应用：信号相位信息的提

取、时延估计和微弱信号检测。

1. 提取相位信息

双谱估计的一个重要特点是保留了信号的相位信息。如果非高斯序列 y_k 是由非高斯 ARMA 模型产生的，则可通过估计系统 $H(\Omega)$ 的相频特性来确定序列 y_k 的相位特征 φ_y。

例如，根据式(5.1.67)，可得

$$B_y(\Omega_1,\Omega_2) == \beta \cdot \hat{H}(\Omega_1) \cdot \hat{H}(\Omega_2) \cdot \hat{H}(-\Omega_1-\Omega_2)$$

式中：

$$\hat{H}(\Omega) = |\hat{H}(\Omega)| \exp[\mathrm{j}\hat{\varphi}_H(\Omega)]$$
$$B_y(\Omega_1,\Omega_2) = |B_y(\Omega_1,\Omega_2)| \exp[\mathrm{j}\varphi_y(\Omega_1,\Omega_2)]$$

由此可推出下列关系：

$$\varphi_y(\Omega_1,\Omega_2) = \hat{\varphi}_H(\Omega_1) + \hat{\varphi}_H(\Omega_2) - \hat{\varphi}_H(\Omega_1+\Omega_2)$$

于是，采用如下所述的迭代方法，即可求出相位 φ_y。

设 N 为观测序列 y_k 的长度，则有 $\Omega_1 = 2\pi m/N, \Omega_2 = 2\pi n/N$。于是，可用离散时间序号来表示上述相位关系：

$$\varphi_y[m,n] = \hat{\varphi}_H[m] + \hat{\varphi}_H[n] - \hat{\varphi}_H[m+n]$$

令 $\varphi_H[0]=0$ 作为初始条件，可得到下列迭代方程：

$$\begin{cases}
\varphi_y[1,1] = 2\hat{\varphi}_H[1] - \hat{\varphi}_H[2] \\
\varphi_y[1,2] = \hat{\varphi}_H[1] + \hat{\varphi}_H[2] - \hat{\varphi}_H[3] \\
\quad\vdots \\
\varphi_y[1,N-1] = \hat{\varphi}_H[1] + \hat{\varphi}_H[N-1] - \hat{\varphi}_H[N] \\
\varphi_y[2,2] = 2\hat{\varphi}_H[2] - \hat{\varphi}_H[4] \\
\varphi_y[2,3] = \hat{\varphi}_H[2] + \hat{\varphi}_H[3] - \hat{\varphi}_H[5] \\
\quad\vdots \\
\varphi_y[N/2,N/2] = 2\hat{\varphi}_H[N/2] - \hat{\varphi}_H[N]
\end{cases}$$

用矩阵方程表示，就有

$$\boldsymbol{\varphi}_y = \boldsymbol{A}\hat{\boldsymbol{\varphi}}_H \tag{5.1.77}$$

式中：

$$\boldsymbol{\varphi}_y = \{\varphi_y[1,1],\varphi_y[1,2],\cdots,\varphi_y[2,2],\varphi_y[2,3],\cdots,\varphi_y[N/2,N/2]\}^{\mathrm{T}}$$
$$\hat{\boldsymbol{\varphi}}_H = \{\hat{\varphi}_H[1],\hat{\varphi}_H[2],\cdots,\hat{\varphi}_H[N]\}^{\mathrm{T}}$$

$$
\boldsymbol{A}=\begin{bmatrix}
2 & 1 & 0 & 0 & 0 & \cdots & 0 & 0\\
1 & 1 & -1 & 0 & 0 & \cdots & 0 & 0\\
1 & 0 & -1 & 0 & 0 & \cdots & 0 & 0\\
\vdots & \vdots & \vdots & \vdots & \vdots & & \vdots & \vdots\\
1 & 0 & 0 & 0 & 0 & \cdots & 1 & -1\\
0 & 2 & 0 & -1 & 0 & \cdots & 0 & 0\\
0 & 1 & 1 & 0 & -1 & \cdots & 0 & 0\\
0 & 0 & 0 & 0 & 0 & \cdots & 0 & -1
\end{bmatrix}
$$

容易验证,$\mathrm{rank}(\boldsymbol{A})=N-1$。解方程式(5.1.77),可求得 $N-1$ 个相位估计量 φ_y。

2. 时延估计

在雷达和声纳应用中,延时估计是一个重要课题。例如,在对目标进行定位时,可以通过估计两个水听器信号的延时量来估计目标的方位。设两个水听器的记录分别为

$$
\begin{cases}
x_1(t) = s(t) + e_1(t)\\
x_2(t) = s(t-T_{\mathrm{d}}) + e_2(t)
\end{cases}
$$

式中:$s(t)$为目标信号;T_{d} 为接收信号的延时时间;e_1,e_2 为高斯噪声,且与 $s(t)$不相关。

利用相关分析法对时延参数 T_{d} 进行估计,得

$$
R_{12}(\tau) = E[x_1(t+\tau)x_2(t)] = R_{\mathrm{s}}(\tau - T_{\mathrm{d}}) + R_{\mathrm{e}}(\tau)
$$

由上式可见,当 $\tau=T_{\mathrm{d}}$ 时,$R_{12}(\tau)$最大。因此,可根据 $R_{12}(\tau)$的峰值位置来确定时延参数 T_{d}。然而,当输入过程的信噪比很低时,则 $R_{12}(\tau)$有可能不会出现尖峰。在这种情况下,就无法根据 $R_{12}(\tau)$的峰值来确定时延参数 T_{d} 了。

为解决这一问题,可采用三阶累积量分析法。对水听器接收信号进行离散化,可得到三阶累积量和三阶混合累积量:

$$
\begin{cases}
c_{3x}^{(1)}[m,n] = E[x_{k+m}^{(1)}\cdot x_{k+n}^{(1)}\cdot x_k^{(1)}]\\
c_{3x}^{(2)}[m,n] = E[x_{k+m}^{(2)}\cdot x_{k+n}^{(2)}\cdot x_k^{(2)}]
\end{cases}
$$

其双谱可分别表示为

$$
\begin{cases}
C_1(\Omega_1,\Omega_2) \overset{\mathrm{def}}{=} C_{\mathrm{s}}(\Omega_1,\Omega_2)\\
C_2(\Omega_1,\Omega_2) = C_{\mathrm{s}}(\Omega_1,\Omega_2)\exp(\mathrm{j}D\Omega_1)
\end{cases}
$$

式中:$D=[T_{\mathrm{d}}/T_{\mathrm{s}}]$;$T_{\mathrm{s}}$ 为信号 $x(t)$的采样周期;x_k 为采样序列。故有

$$
\frac{C_2(\Omega_1,\Omega_2)}{C_1(\Omega_1,\Omega_2)} = \exp(D\Omega_1) \overset{\mathrm{def}}{=} A(\Omega_1,\Omega_2)
$$

对上式取二维傅里叶逆变换,得

$$
\begin{aligned}
a_m &= \frac{1}{(2\pi)^2}\int_{-\infty}^{\infty}\int_{-\infty}^{\infty}\exp(\mathrm{j}D\Omega_1)\exp[\mathrm{j}(m\Omega_1+n\Omega_2)]\mathrm{d}\Omega_1\mathrm{d}\Omega_2\\
&= A_0\delta_{m-D}
\end{aligned}
$$

式中：A_0 为常数。显然，根据序列 a_m 出现尖峰的时刻即可确定时延参数 D。

3. 信号检测

考虑式(2.3.1)所示的“二择一”随机信号检测问题：

$$\begin{cases} H_0: x(t) = e(t) & \text{噪声} \\ H_1: x(t) = s(t) + e(t) & \text{含有目标信号} \end{cases}$$

式中：$e(t)$为非高斯噪声；$s(t)$为实信号，且二者不相关。对上式进行双谱估计，可得

$$\begin{cases} H_0: C_x(\Omega_1, \Omega_2) = 0 \\ H_1: C_x(\Omega_1, \Omega_2) = C_s(\Omega_1, \Omega_2) \end{cases}$$

因此，只要 $s(t)$的双谱估计值足够大，即使在信噪比很低的情况下，仍能获得高的检测概率。

5.2 小 波 变 换

首先考察利用声纳进行谱线检测与跟踪时的一种典型工作情况。在图5-10(a)中，A 是目标舰艇，它以恒定速度 v 运动，B 是一静止的声纳浮标(水听器)；A 与 B 之间的距离 r_k 随时间 k 而变化(在此，假定采样周期为 $T_s = 1$ 个时间单位)。令水听器的位置在目标舰航线上的投影点为 O，且以目标舰到达 O 点的时刻作为时间原点，则航线(AO)与距离线(AB)夹角的余弦可表示为

$$\cos\theta_k = -\frac{vk}{r_k}$$

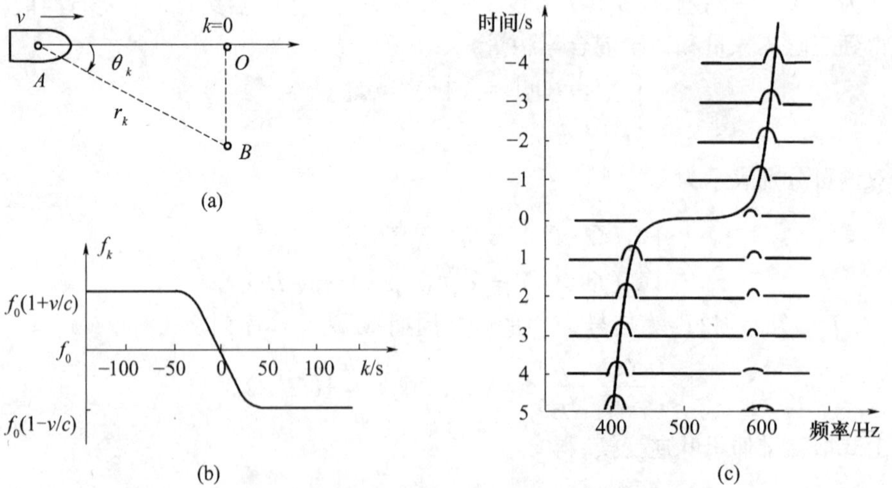

图5-10 由多普勒效应引起的接收信号的频移

(a) 目标舰 A 相对于水听器 B 的运动；(b) 接收信号瞬时频率的变化状态；(c) 时—频变化曲线。

根据运动信号的多普勒效应,水听器信号的瞬时频率为

$$f_k = f_0\left(1 + \frac{v\cos\theta_k}{c}\right) = f_0\left(1 - \frac{v^2 k}{cr_k}\right)$$

式中:f_0 为目标舰辐射谱线的频率。

图 5-10(b)和图 5-10(c)分别给出了瞬时频率 f_k 随时间 k 变化的情况和相应的时—频变化曲线。从图中可见,当目标距离越近时,水听器信号的瞬时频率随时间变化的速率越快,因而必须密切监视目标舰并采取必要的对抗措施。毫无疑义,如果没有适当的方法来处理快速变化的信号,那么时频曲线中间的过渡部分(图 5-10(c))将变得模糊不清。这样,声纳系统就丧失了信号检测能力,更谈不上锁定敌方目标。

由于信号的傅里叶分析方法只能揭示信号的频谱结构而不含有时间信息,因而无法应用于分析非平稳信号(如调频信号)。为此,盖博(Dennis Gabor)于 1946 年首先引进了短时傅里叶变换(Short - Time Fourier Transform, STFT)的概念。STFT 的基本思路是:把信号划分成许多小的时间间隔,用傅里叶变换分析每一时间间隔的频谱。具体实现方法是:先对信号 $x(t)$ 施加一个实滑动窗 $w(t-\tau)$ 再作傅里叶变换,即

$$\mathrm{STFT}_x(\omega,\tau) = \int x(t)w(t-\tau)\mathrm{e}^{-\mathrm{j}\omega t}\,\mathrm{d}t$$

式中:τ 为移位因子;ω 为角频率。

在这个变换中,$w(t)$ 起着限时作用,随着移位因子 τ 的变化,$w(t)$ 所确定的“时间窗”在 t 轴上移动,逐段分析 $x(t)$ 的频谱,因此 $\mathrm{STFT}_x(\omega,\tau)$ 大致反映了信号 $x(t)$ 在时刻 $t=\tau$ 的频率成分 $\omega(\tau)$,如图 5-11 所示。当信号在滑动窗上展开时,就可以在 $[\tau-\Delta t/2, \tau+\Delta t/2]$ 和 $[\omega-\Delta\omega/2, \omega+\Delta\omega/2]$ 的时频区域上显示出其瞬时频谱。一般把时频区域称为窗口,Δt 和 $\Delta\omega$ 分别称为窗口的时宽和频宽,用于表示时频分析的分辨力。

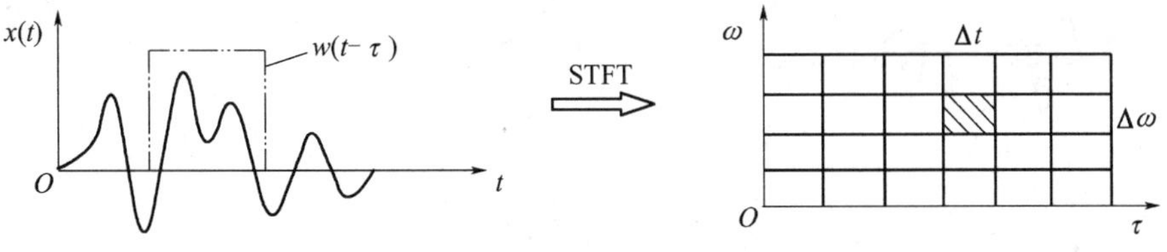

图 5-11 短时傅里叶变换的时频特点

在实际应用中,希望窗 $w(t)$ 是一个“窄”的时间函数,以便于细致观察 $x(t)$ 在时宽 Δt 区间内的变化状况;基于同样的理由,还希望 $w(t)$ 的频带 $\Delta\omega$ 也很窄,以仔细观察 $x(t)$ 在频带 $\Delta\omega$ 区间内的频谱。毫无疑问,时频窗口越窄,STFT 分析的时间分辨力越高。然而,海森伯格(Heienberg)的测不准原理(Uncertainty Principle)[16] 指出:Δt 和 $\Delta\omega$ 是相互制约的,两者不可能都达到任意小。事实上,窗口面

积 S 满足不等式

$$S = \Delta t \times \Delta\omega \geqslant \frac{1}{2}$$

当且仅当时间窗 $w(t)$ 是高斯函数时，等号才成立。

【例 5-4】 假定 $w(t)$ 是高斯型的，当 $\tau=0$ 时，有

$$w(t) = \exp(-t^2/T)$$

对于固定频率 $\omega=\omega_0>0$，调频信号及其傅里叶变换分别为

$$\psi(t) = \exp\left(-\frac{t^2}{T}\right)\exp(\mathrm{j}\omega_0 t)$$

$$\Psi(\omega) = \sqrt{\pi T}\exp\left[-\frac{T}{4}(\omega-\omega_0^2\right]$$

由于 ω_0 只影响调频信号 $\psi(t)$ 的复指数因子，因此，从时域上看，当 ω_0 变为 $2\omega_0$ 时，$\psi(t)$ 的包络不变，只是包络线下的谐波频率发生了变化，如图 5-12(a) 所示；从频域上看，当 ω_0 变为 $2\omega_0$ 时，频谱 $\Psi(\omega)$ 的中心频率变成 $2\omega_0$，但带宽仍保持不变。综上所述，当窗函数 $w(t)$ 选定后，时频分辨力也随之确定，这表明 STFT 仅具有单一的时频分辨力，如图 5-12(b) 所示。

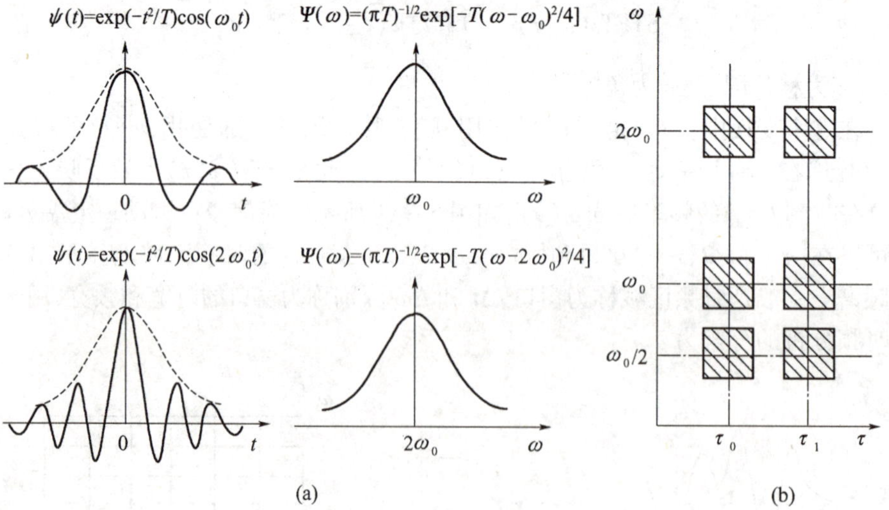

图 5-12 STFT 的分析特点

(a) 不同频率具有相同的带宽；(b) 不同频率的时频分辨力。

在实际遇到的问题中，当非平稳信号的波形发生剧烈变化时，其主频是高频，要求分析工具应具有高的时域分辨力，因而必须选取"窄"的窗函数 $w(t)$，以增强其时域分辨力；反之，如果非平稳信号的波形变化比较平缓，则要求分析工具应具有高的频域分辨力，故应当选择适当"宽"的窗函数 $w(t)$，使之具有"窄"的谱宽，以提高其频域分辨力。由于 STFT 的时频分辨力是固定的，因此不能兼顾这两方

面的要求。为此,人们希望有一种新的数学变换,它能根据非平稳信号的主频变化而"自适应"地调整窗函数 $w(t)$ 的宽度。

5.2.1 连续小波变换

定义:设 $x(t) \in L^2(R)$,$\psi(t)$ 是基本小波或母小波(Mother Wavelet)函数,则称下式为函数 $x(t)$ 的连续小波变换(Continuous Wavelet Transform,CWT),即

$$\begin{aligned} WT_x(a,b) &= < x(t), \psi_{ab}(t) > \\ &= \frac{1}{\sqrt{a}} \int x(t) \psi^* \left(\frac{t-b}{a} \right) \mathrm{d}t \end{aligned} \tag{5.2.1}$$

式中:$a>0$,为尺度因子;b 为时间位移(或平移参数),其值可正可负;符号 $<\cdot>$ 表示内积;基本小波 $\psi(t)$ 经过时间移位和尺度伸缩后而生成的小波

$$\psi_{ab}(t) = \frac{1}{\sqrt{a}} \psi\left(\frac{t-b}{a} \right) \tag{5.2.2}$$

称为 $\psi(t)$ 的生成小波。

一、连续小波变换的特点

(1) 基本小波 $\psi(t)$ 可以是实(或复)信号,特别是解析信号。例如:

$$\begin{aligned} \psi(t) &= \exp\left(-\frac{t^2}{T} \right) \exp(\mathrm{j}\omega_0 t) \\ &= \exp\left(-\frac{t^2}{T} \right) \cos(\omega_0 t) + \mathrm{j} \exp\left(-\frac{t^2}{T} \right) \sin(\omega_0 t) \end{aligned}$$

便是解析信号——其虚部是实部的希尔伯特(Hilbert)变换。对于本例,有

$$\psi(t) = \exp(-t^2/T)\cos(\omega_0 t) + \mathrm{j}[\exp(-t^2/T)\cos(\omega_0 t)] * \frac{1}{\pi t}$$

式中:$*$ 表示卷积。

(2) 尺度因子 a 的作用是改变基本小波 $\psi(t)$ 的宽度。例如,a 越大,$\psi(t/a)$ 越宽,反之亦然;平移参数 b 表示小波在时间轴上的位移量。对于一个持续时间 t 有限的小波,图 5-13 给出了 $\psi(t)$ 与 $\psi_{ab}(t)$ 之间的关系,以及在不同尺度 a 下小波分析区间的变化情况。不难看出,小波的持续时间随尺度因子 a 的增大而加宽,幅度则与 $a^{1/2}$ 成反比。

(3) 因子 $1/\sqrt{a}$ 的作用是保持生成小波 $\psi_{ab}(t)$ 在各种尺度 a 下的能量不变。

(4) 式(5.2.1)所定义的内积,往往被不严格地解释为卷积。这是因为

$$\text{内积:} < x(t), \psi(t-b) > = \int x(t) \psi^*(t-b) \mathrm{d}t$$

$$\text{卷积:} x(t) * \psi^*(t) = \int x(\tau) \psi^*(t-\tau) \mathrm{d}\tau \overset{\text{def}}{=} \int x(t) \psi^*(b-t) \mathrm{d}t$$

两式相比,区别仅在于 $\psi(t-b)$ 变成 $\psi(b-t) = \psi[-(t-b)]$,记为 $\check{\psi}(t-b)$,它表

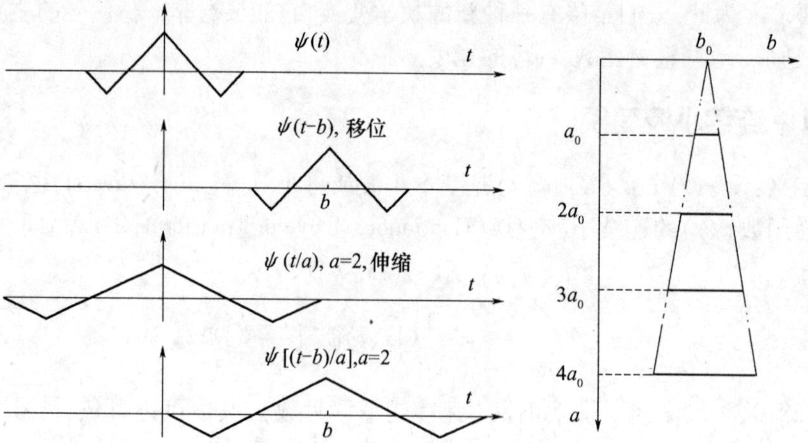

图 5-13　小波的位移与伸缩及不同尺度 a 下小波分析区间的变化

示 $\psi(t-b)$ 的首尾对调。如果 $\psi(t)$ 是关于 $t=0$ 的对称函数，则二者的计算结果是完全一样的；对于非对称函数 $\psi(t)$，在计算方法上也没有本质区别，即

$$< x(t),\psi(t-b) > = x(t) * \psi^*(-t)$$

定理 5-1：　考虑连续小波变换

$$WT_x(a,b) = < x(t),\psi_{ab}(t) > = \frac{1}{\sqrt{a}}\int x(t)\psi^*\left(\frac{t-b}{a}\right)\mathrm{d}t$$

如果基本小波 $\psi(t)$ 的傅里叶变换 $\Psi(\omega)$ 是带通函数，那么 $WT_x(a,b)$ 在频域上可表示为

$$WT_x(a,b) = \frac{\sqrt{a}}{2\pi}\int X(\omega)\Psi^*(a\omega)\mathrm{e}^{\mathrm{j}\omega b}\mathrm{d}\omega \tag{5.2.3}$$

证明：根据傅里叶变换的性质，可知

$$x(t) * \psi^*(-t) \Leftrightarrow X(\omega)\cdot\Psi^*(\omega)$$

故有

$$WT_x(a,b) = \frac{1}{\sqrt{a}}x(t) * \psi^*\left(-\frac{t}{a}\right) \Leftrightarrow \sqrt{a}X(\omega)\cdot\Psi^*(a\omega)$$

于是

$$WT_x(a,b) = \mathrm{F}^{-1}\{\sqrt{a}X(\omega)\Psi^*(a\omega)\} = \frac{\sqrt{a}}{2\pi}\int_{-\infty}^{\infty}X(\omega)\Psi^*(a\omega)\mathrm{e}^{\mathrm{j}\omega b}\mathrm{d}\omega$$

当 $\Psi(\omega)$ 是带通函数时，上式中的积分项是有限值。

对于品质因数 Q 较大的带通函数 $\Psi(\omega)$，例如，在频率 ω_0/a 附近 $\Psi^*(a\omega)$ 的幅值较大、带宽较窄，可见小波变换具有表征信号 $X(\omega)$ 在频率 ω_0 附近的局部性质的能力。

小波变换与常用的数学变换（傅里叶变换和拉普拉斯变换等）的区别在于它没有固定的核函数，而且基本小波还必须满足一定的条件，才能保证逆小波变换的存在。

定理 5-2：设 $\psi(t)\in L^2(R)$，$\psi(t)$ 的傅里叶变换为 $\Psi(\omega)$，当 $\Psi(\omega)$ 满足容许条件（Admissible Condition）时，即

$$C_\psi = \int_R \frac{|\Psi(\omega)|^2}{\omega}\mathrm{d}\omega < \infty \tag{5.2.4}$$

才能由小波变换 $\mathrm{WT}_x(a,b)$ 反演出原函数 $x(t)$，即

$$x(t) = \frac{1}{C_\psi}\int_0^\infty \frac{\mathrm{d}a}{a^2}\int_\infty^\infty WT_x(a,b)\frac{1}{\sqrt{a}}\psi^*\left(\frac{t-b}{a}\right)\mathrm{d}b \tag{5.2.5}$$

证明：已知

$$\begin{cases} WT_x(a,b) = <x(t),\psi_{ab}(t)> = \dfrac{\sqrt{a}}{2\pi}\displaystyle\int X(\omega)\Psi^*(a\omega)\mathrm{e}^{\mathrm{j}\omega b}\mathrm{d}\omega \\ \dfrac{1}{\sqrt{a}}\psi^*\left(\dfrac{t'-b}{a}\right) = <\psi_{ab}^*(t),\delta(t-t')> = \dfrac{1}{2\pi}\displaystyle\int \Psi_{ab}(\omega')\mathrm{e}^{\mathrm{j}\omega' t'}\mathrm{d}\omega' \end{cases}$$

式中：

$$\Psi_{ab}(\omega') = F[\psi_{ab}^*(t)] = \sqrt{a}\Psi(a\omega')\mathrm{e}^{-\mathrm{j}\omega' b}$$

故有

$$\begin{aligned} &\int WT_x(a,b)\frac{1}{\sqrt{a}}\psi^*\left(\frac{t'-b}{a}\right)\mathrm{d}b \\ &= \frac{a}{(2\pi)^2}\int\int\left[\int X(\omega)\Psi^*(\alpha\omega)\Psi(\alpha\omega')\mathrm{e}^{-\mathrm{j}\omega' t'}\mathrm{e}^{\mathrm{j}(\omega-\omega')b}\mathrm{d}b\right]\mathrm{d}\omega\mathrm{d}\omega' \\ &= \frac{a}{2\pi}\int\left[\int X(\omega)\Psi^*(a\omega)\Psi(\alpha\omega')\mathrm{e}^{\mathrm{j}\omega' t'}\delta(\omega'-\omega)\mathrm{d}\omega\right]\mathrm{d}\omega' \\ &= \frac{a}{2\pi}\int X(\omega)|\Psi(a\omega)|^2\mathrm{e}^{\mathrm{j}\omega t'}\mathrm{d}\omega \end{aligned}$$

上式两边乘以 a^{-2}，再对 a 积分，得

$$\begin{aligned} &\int_0^\infty \frac{\mathrm{d}a}{a^2}\int WT_x(a,b)\frac{1}{\sqrt{a}}\psi^*\left(\frac{t'-b}{a}\right)\mathrm{d}b \\ &= \frac{1}{2\pi}\int\left[\int_0^\infty \frac{|\Psi(a\omega)|^2}{a\omega}\mathrm{d}(a\omega)\right]X(\omega)\mathrm{e}^{\mathrm{j}\omega t'}\mathrm{d}\omega \\ &= C_\psi <x(t),\delta(t-t')> = C_\psi x(t') \end{aligned}$$

推导中利用了容许条件（式(5.2.4)）。方程两边同除以 C_ψ，即可得到式(5.2.5)。

由容许条件（式(5.2.4)）可以推断：用作基本小波 $\psi(t)$ 的函数至少必须满足

$$\Psi(\omega)|_{\omega=0} = \int\psi(t)\mathrm{d}t = 0 \tag{5.2.6}$$

这表明 $\psi(t)$ 是零均值、正负交替的振荡波形，这正是 $\psi(t)$ 被命名为“小波”的缘由。不难推断，只有当小波 $\psi(t)$ 的频谱 $\Psi(\omega)$ 具备带通特性时，才能满足容许条件(式(5.2.4))。

【例 5-5】 高斯型小波 $\psi(t)$ 称为 Morlet 小波，即

$$\psi(t) = \exp\left(-\frac{t^2}{T}\right)\exp(\mathrm{j}\omega_0 t)$$

其傅里叶变换为

$$\Psi(\omega) = F[\psi(t)] = \sqrt{\pi T}\exp\left[-\frac{T}{4}(\omega-\omega_0)^2\right]$$

如图 5-14(a)所示。由于 $\Psi(\omega)$ 是中心频率在 ω_0 处的高斯型函数，因此它可用于表征 $X(\omega)$ 在 ω_0 附近的局部性质。

如果采用不同的尺度伸缩因子 a，$\Psi(a\omega)$ 的中心频率和带宽都将发生变化。例如，当 $a=2$ 时，$\psi(t/2)$ 的傅里叶变换为

$$\mathrm{F}[\psi(t/2)] = 2\Psi(2\omega) = 2\sqrt{\pi T}\exp\left[-T\left(\omega-\frac{\omega_0}{2}\right)^2\right]$$

或者

$$\Psi(2\omega) = \sqrt{\pi T}\exp\left[-T\left(\omega-\frac{\omega_0}{2}\right)^2\right]$$

由此可见，$\Psi(2\omega)$ 的中心频率下移到 $\omega_0/2$。此外，$\Psi(\omega)$ 的带宽比例系数为 $2/T^{1/2}$，而 $\Psi(2\omega)$ 的带宽比例系数为 $1/T^{1/2}$，也即前者的带宽是后者的 2 倍。因此，二者的品质因数是一样的，如图 5-14(b)所示。

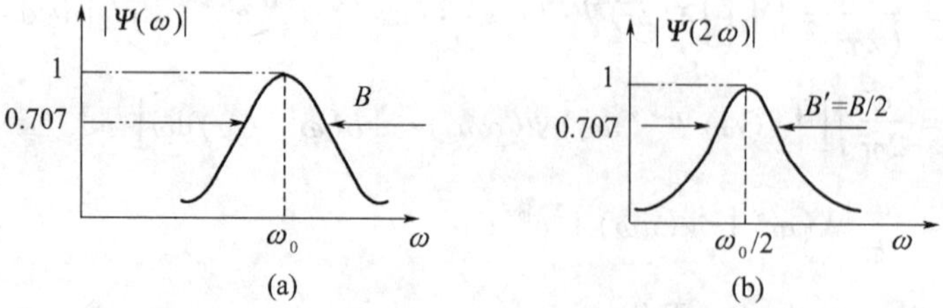

图 5-14 尺度伸缩时小波函数的品质因数不变

(a) $Q=\omega_0/B$；(b) $Q'=(\omega_0/2)/(B/2)=Q$。

综上所述，从频域上看，用不同的尺度作小波变换，相当于用一组中心频率不同的带通滤波器组对信号进行滤波。带通滤波器组既可用于分解信号，也可用于检测信号(其作用相当于调谐)。

图 5-15(a)给出了不同尺度下小波函数的时频特性。当 a 值小于 1 时，$\psi(t/a)$ 变“窄”，因而在时轴上的观测范围小，可以“细致观察”时域波形的变化；而在频域上相当于用中心频率为 $\omega_0/a>\omega_0$，带宽为 $B/a>B$ 的“宽带”小波对信号的频谱作低分辨力分析。当 a 值大于 1 时，$\psi(t/a)$ 变“宽”，时轴上的观测范围大，可

以“初略观察”时域波形；而在频域上相当于用中心频率 $\omega_0/a<\omega_0$，带宽 $B/a<B$ 的“窄带”小波对频谱作高分辨力分析。尽管分析频率有高有低，但在各个分析频段内小波频谱的品质因数 Q 却是恒定的。

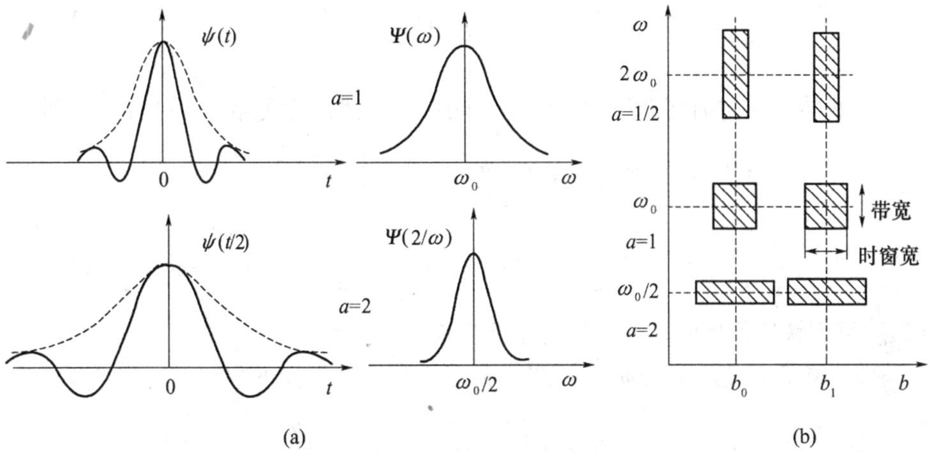

图 5-15 小波变换的分析特点

(a) 不同尺度下小波函数的时频特性；(b) 不同尺度的时频分辨力。

图 5-15(b)所示的小波分析特点恰好能满足工程应用的需求。对于高频信号，当然要求在时域上有较高的时间分辨力，而在频域上的频率分辨力则允许相应地降低，因此可用“窄”的小波 $\psi(t/a)$(a 较小)来“仔细观察”时域波形；与之对应的频谱 $\Psi(a\omega)$ 的频带 B 则较“宽”，故其频率分辨力较低。反之，对于低频信号，则希望提高频域上的分辨力，而时域的分辨力可以降低要求，因而可用“宽”的小波 $\psi(t/a)$(a 较大)来“粗略观察”时域波形；而与之相应的频谱 $\Psi(a\omega)$ 的宽度 B 则较“窄”，因此其频率分辨力较高。简而言之，小波变换是一种时频窗口面积固定，但形状可变的“自适应”波形分析工具：在低频部分具有较高的频率分辨力和较低的时间分辨力，而在高频部分则具有较高的时间分辨力和较低的频率分辨力。

正因为小波变换具有这种自动调整时域和频域“视野”的特点，并保持各个分析频段的品质因数的不变性，所以被誉为“数学显微镜”。

【例 5-6】 某一直升机齿轮箱上的早期损伤的特征是，在伴随振动信号上产生一个可变周期的非平稳扰动信号(读者可按此特征构造一组有物理意义的数据)。然而，在故障早期，不一定能观测到明显的故障征兆。为了提取发生故障的特征信号，可应用小波变换对信号进行分析。假定选取高斯型小波函数，即

$$\psi(t) = \exp(-\sigma^2 t^2)\exp(\mathrm{j}\omega_0 t) \tag{5.2.7}$$

其频谱 $\Psi(\omega)$ 为

$$\Psi(\omega) = \frac{\sqrt{\pi}}{\sigma}\exp\left[-\frac{1}{4\sigma^2}(\omega-\omega_0)^2\right] \tag{5.2.8}$$

由此可见,振荡频率 ω_0 位于小波频带的中央。因为所选择的小波满足 $\psi(-t)=\psi^*(t)$,根据小波变换的定义和卷积定理,可得到如下傅里叶变换对:

$$WT_x(s,b)=x(t)*\sqrt{s}\psi^*(-st)=\sqrt{s}x(t)*\psi(st)$$
$$\Leftrightarrow\frac{1}{\sqrt{s}}X(\omega)\cdot\Psi\left(\frac{\omega}{s}\right)$$

注意,在此参数 s 与前面介绍的小波函数的尺度 a 成反比关系。上式还可写成

$$WT_x(s,b)=\frac{1}{\sqrt{s}}\mathrm{F}^{-1}\left[X(\omega)\cdot\Psi\left(\frac{\omega}{s}\right)\right]$$
$$=\sqrt{\frac{\pi}{s}}\frac{1}{\sigma}\mathrm{F}^{-1}\left[X(\omega)\cdot\exp\left[-\frac{1}{4(s\sigma)^2}(\omega-s\omega_0)^2\right]\right.\quad(5.2.9)$$

这表明可用快速傅里叶变换来实现小波变换。

考虑式(5.2.7),小波 $\psi(t)$ 的半功率宽度可通过解如下方程而得到,即

$$|\exp(-\sigma^2t^2)\exp(\mathrm{j}\omega_0t)|=\frac{\sqrt{2}}{2}$$

解得 $|t|=0.5888/\sigma$。按同样的方法,由式(5.2.8)可求得小波频谱 $\Psi(\omega)$ 的半功率带宽,$\omega_b=|\omega-\omega_0|=1.1774\sigma$。

当尺度因子取为 s 时($s>0$),$\psi(st)$ 的半功率宽度变为 $|t|=0.5888/(s\sigma)$,相应地,$\Psi(\omega/s)$ 的半功率带宽则变成 $|\omega-s\omega_0|=1.1774\sigma s$。显然,随着 s 增大,小波 $\psi(st)$ 的波形变窄,而小波幅值谱 $\Psi(\omega/s)$ 的频带变宽。因此,如果采用固定的中心频率 ω_0,则必然会使相邻尺度的两个小波的幅值谱重叠率增大,从而造成不必要的冗余,如图 5-16(a)所示。为解决这一问题,可将 ω_0 表示为尺度因子 s 的线性函数,亦即,取 $\omega_0=c+ds$,其中 c 和 d 为待定常数。

下面讨论常数 c 和 d 的确定方法。不言而喻,不同尺度的小波簇的频谱必须覆盖被分析信号的频谱,才不会丢失信号所携带的有用信息。如果事先已确定 $\sigma=20$,且尺度因子 s 取为 $s=1,2,\cdots,M$,则小波簇的中心频率 ω_0 和信号的截止频率 ω_c 应当满足方程组:

$$\begin{cases}\omega_0(s)=c+sd\\ \omega_c=M(c+Md+\omega_b)\end{cases}\quad(s=1,2,\cdots,M)\qquad(5.2.10)$$

不妨假设 $\omega_0(1)=4,\omega_c=1000,M=10$,解方程组(5.2.10)得,$c=-4,d=8$。图 5-16(b)给出了各小波频谱的中心频率 $\omega_0(s)$ 随尺度因子 s 变化的情况。

为了用计算机程序实现式(5.2.9),应将其转化为离散傅里叶变换的形式:

$$WT_x(m,n)=\frac{1}{N\sqrt{m}}\sum_{n=0}^{N-1}X(n)\Psi\left(\frac{n}{m}\right)\exp\left(\mathrm{j}\frac{2\pi mn}{N}\right)$$
$$(m=s=1,2,\cdots,M;N=2^M)\qquad(5.2.11)$$

如果在低频正弦波上突然加入具有中、高频特征的噪声(此类间断点称为第一类

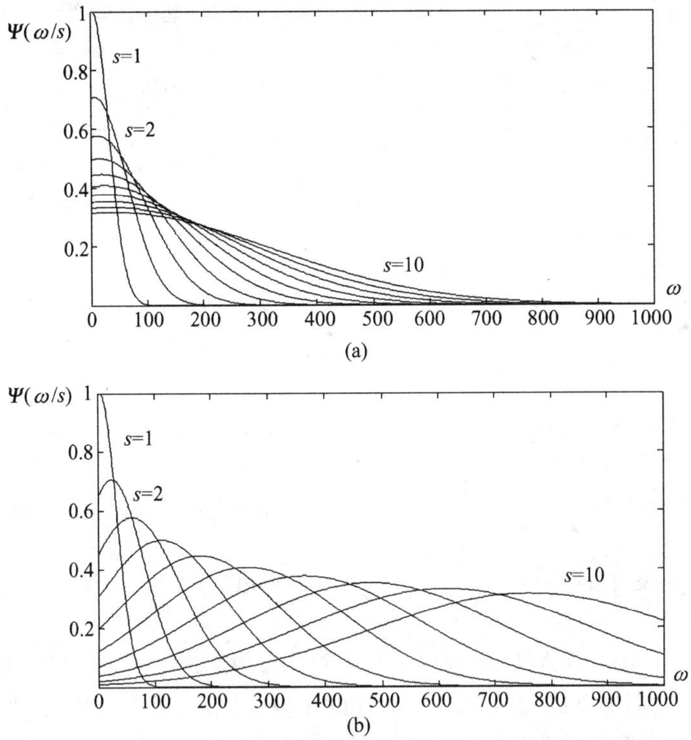

图 5－16　小波的频带宽度随尺度 s 的增加而变宽

(a) ω_0 为常数；(b) $\omega_0 = c + ds$。

间断点)来模拟齿轮箱振动信号,那么小波分析的目的就是确定噪声加入的时刻。对 N 个采样点作 M 次快速傅里叶变换(FFT),即可获得对应于不同尺度 m 的小波变换 $WT_x(m,n)$[记为 $d_n^{(m)}$]与时间 n 的分布曲线;也可获得 $M \times N$ 像素的两维等高线 $WT_x(m,n)$(MATLAB 函数 contour)分布图,其中,m 轴表示频率,n 轴表示时间。

MATLAB 程序清单如下:

```
                                        % 利用快速傅里叶逆变换实现小波变换
Omegc =1000; sigma =20; M =3;c = -3;d =8;
Fs =500;T =1.024;                       % 采样频率 fs =500Hz,信号持续时间 T
t =0:1/Fs:T -1/Fs; L = length(t);
signal = sin(Omegc * t);                % 正弦信号持续时间 T
noise = zeros(1,L);                     % 噪声序列初始化
t1 =T/2:1/Fs:T -1/Fs; L1 = length(t1); % 从 T/2 =0.512 时刻加入噪声
w =0.1 * randn(1,L1);
noise(L - L1 +1:L) =w;
x = signal + noise;
figure(1);
subplot(4,1,1); plot(t,x);              % 输出原始信号 x
```

```
X = fft(x,L);                                   % 对 x 作快速傅里叶变换
for s = 1:M
     Omeg0 = c + d * s                          % 计算线性频移
    for n = 1:L
      psi(n) = exp( -(n - s * Omeg0)^2 / (4 * s * sigma)^2);
                                                % 计算小波函数的幅频特性
   end
    WTx(s,:) = ((pi/s)^0.5/sigma) * ifft(X.* psi);
                                                % 计算小波变换 WTx
end
subplot(412);
plot(t,abs(WTx(1,:)));                          % 输出尺度 s =1(a =1)的 | d_n^(3) |
subplot(413);
plot(t,abs(WTx(2,1:)));                         % 输出尺度 s =2(a =1/2)的 |d_n^(2) |
subplot(414);
plot(t,abs(WTx(3,1:)));                         % 输出尺度 s =3(a =1/3)的 | d_n^(1) |
% ----------------------------------------
```

图 5-17 给出了 MATLAB 程序的仿真结果。从原始信号 $x(t)$ 中,难以分辨加入噪声的时刻,但经不同参数 $m=s=1/a$ 的小波变换后,参数 s 越大(如 $s=3$),尺度 a 越小,时域视野“窄”而分析频率“宽”,因此,在时域波形 $|d_n^{(3)}|$ 上可清晰地检出在原始信号 $x(t)$ 中加入噪声的时刻;当尺度 s 越小(如 $s=1$),尺度 a 越大,时域视野“宽”而分析频率“窄”,使在时域波形 $|d_n^{(1)}|$ 上只能粗略地观察噪声加入前后波形的变化。

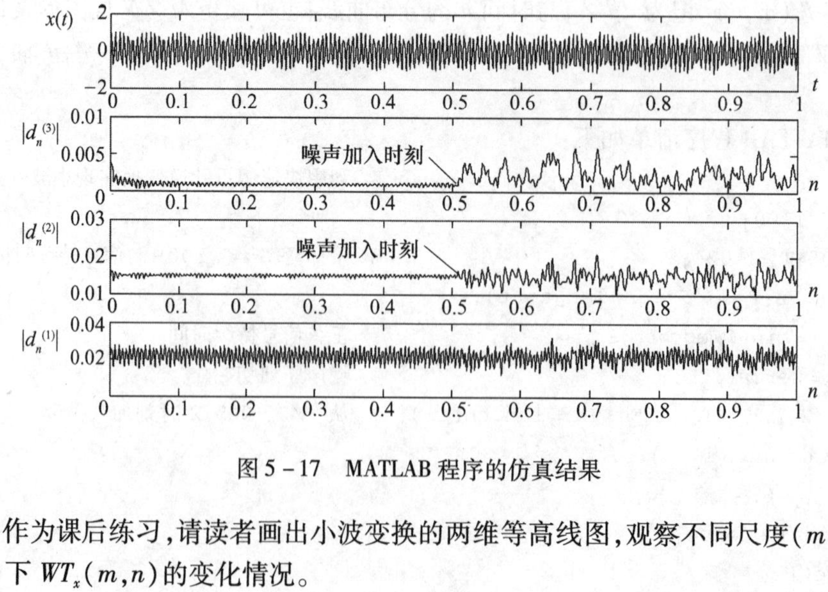

图 5-17　MATLAB 程序的仿真结果

作为课后练习,请读者画出小波变换的两维等高线图,观察不同尺度($m=s=1/a$)下 $WT_x(m,n)$ 的变化情况。

二、连续小波变换的基本性质

连续小波变换具有以下重要性质：

性质1（线性）：如果 $x(t)$ 的 CWT 为 $WT_x(a,b)$，$y(t)$ 的 CWT 为 $WT_y(a,b)$，则有

$$\mathrm{CWT}[k_1x(t)+k_2y(t)]=k_1WT_x(a,b)+k_2WT_y(a,b)$$

式中：k_1,k_2 为任意常数；a 为尺度因子；b 为时间位移参数。

性质2（平移不变性）：如果 $x(t)$ 的 CWT 是 $WT_x(a,b)$，则 $x(t-t_0)$ 的小波变换为

$$\mathrm{CWT}[x(t-t_0)]=WT_x(a,b-t_0)$$

这说明 $x(t)$ 的时移 t_0 对应于 $WT_x(a,b)$ 的时间位移参数 b 的平移。

根据小波的定义，即可证得性质1 和性质2。

性质3（伸缩共变性）：如果 $x(t)$ 的 CWT 是 $WT_x(a,b)$，则 $x(kt)$ 的小波变换为

$$\mathrm{CWT}[x(kt)]=\frac{1}{\sqrt{k}}WT_x(ka,kb)\quad(k>0)$$

证明：令 $x'(t)=x(kt)$，则有

$$\begin{aligned}WT_{x'}(a,b)&=\frac{1}{\sqrt{a}}\int x(kt)\psi*\left(\frac{t-b}{a}\right)\mathrm{d}t\overset{t'=kt}{=}\frac{1}{k\sqrt{a}}\int x(t')\psi*\left(\frac{t'/k-b}{a}\right)\mathrm{d}t'\\&=\frac{1}{\sqrt{k}}\left[\frac{1}{\sqrt{ka}}\int x(t')\psi*\left(\frac{t'-kb}{ka}\right)\mathrm{d}t'\right]\\&=\frac{1}{\sqrt{k}}WT_x(ka,kb)\end{aligned}$$

该性质表明当信号 $x(t)$ 的形状按某一倍数伸缩时，其小波变换将分别在 (a,b) 轴上按同一比例进行伸缩而不至于发生失真现象，这正是小波变换被誉为“数学显微镜”的缘故。

性质4（自相似性）：对应于不同尺度因子 a 和不同时间位移参数 b 的连续小波变换是自相似的。

证明：由于小波族 $\psi_{ab}(t)$ 是同一基本小波 $\psi(t)$ 经过伸缩和平移而获得的，而连续小波又具有平移不变性和伸缩共变性，所以在不同的 (a,b) 点上的连续小波变换具有自相似性，即性质4 成立。

性质5（冗余性）：连续小波变换中存在信息表述的冗余度（Redundancy）。连续小波变换的冗余性实际上也是自相似性和伸缩共变性的直接反映，它表现在以下两个方面：

(1) 由连续小波变换恢复原信号的反演公式不是唯一的，这与傅里叶变换是不一样的。

(2) 小波变换的核函数，即小波族 $\psi_{ab}(t)$ 存在多种可能的选择。

在不同的 (a,b) 点上的小波变换的自相似性，给正确解释小波变换结果带来可困难。为此，应尽量设法减小小波变换的冗余度，这正是当前小波分析理论的主

要研究课题之一。

三、常用的小波函数

(1) Haar 小波。Haar 函数是最简单的小波，它定义为

$$\psi(t) = \begin{cases} 1 & (0 \leqslant t \leqslant 1/2) \\ -1 & (1/2 \leqslant t < 1) \\ 0 & (\text{其他}) \end{cases} \tag{5.2.12}$$

在 MATLAB 平台上，输入 waveinfo('haar') 命令，即可显示出 Haar 函数的主要性质。

(2) Morlet 小波。Morlet 函数是高斯包络下的单频复正弦函数，即

$$\begin{cases} \psi(t) = \exp(-t^2/2)\exp(\mathrm{j}\omega_0 t) \\ \Psi(\omega) = \sqrt{2\pi}\exp[-(\omega-\omega_0)^2] \end{cases} \tag{5.2.13}$$

在 MATLAB 平台上，输入命令 waveinfo('morl')，可显示该函数的主要性质。

(3) Mexican Hat 小波。mexh 函数为

$$\begin{cases} \psi(t) = (1-t^2)\exp(-t^2/2) \\ \Psi(\omega) = \omega^2\exp(-\omega^2/2) \end{cases} \tag{5.2.14}$$

它是高斯函数的二阶倒数，其波形像墨西哥帽。mexh 函数在时域和频域上都有很好的局部化分析能力，并满足容许条件。

(4) DOG(Difference of Gaussion)小波。DOG 函数是两个不同尺度的高斯函数之差：

$$\begin{cases} \psi(t) = \exp(-t^2/2) - 0.5\exp(-t^2/8) \\ \Psi(\omega) = \sqrt{2\pi}[\exp(-\omega^2/2) - \exp(-2\omega^2)] \end{cases} \tag{5.2.15}$$

它同样满足容许条件。该小波虽未收入 MATLAB 工具箱中，但也是一个常用的小波函数。

在 MATLAB 小波工具箱中，还给出了 Daubechies(db$N$)小波系，其中，$N=1,2,\cdots,10$；Coiflet(coif$N$)小波系，$N=1,2,\cdots,5$；SymletsA(sym$N$)小波系，$N=2,3,\cdots,8$。读者可自行查阅这些小波函数的性质。

5.2.2 连续小波变换的离散化

当编写计算机程序来实现信号的小波变换时，或者应用小波变换来重构信号时，必须对连续小波作离散化处理。因此，有必要讨论连续小波 $\psi_{ab}(t)$ 和连续小波变换 $WT_x(a,b)$ 的离散化问题。为了使小波变换具有可变的时间、频率分辨力，需要改变尺度因子 a 和时间位移参数 b 的大小，以充分利用小波变换所特有“变焦距”功能来分析非平稳信号。因此，连续小波和连续小波变换的离散化都是针对参数 a 和 b 进行的，而不是针对时间变量 t，这与我们习以为常的连续时间信号的

离散化处理方法是不同的。

一、离散小波变换

定义：如果连续小波函数的尺度因子 a 和连续平移参数 b 分别取为

$$a = a_0^m, \quad b = ka_0^m b_0 \quad (m,k \in Z, a_0 > 1)$$

则离散小波 $\psi_{mk}(t)$ 可写成

$$\psi_{mk}(t) = a_0^{-m/2}\psi(a_0^{-m}t - kb_0) \tag{5.2.16}$$

与之对应的离散小波变换(Discrete Wavelet Transform,DWT)就可表示

$$C_{mk} \overset{\text{def}}{=} WT_x(m,k) = < x(t), \psi_{mk}(t) > = \int_{-\infty}^{\infty} x(t)\psi_{mk}^*(t)\mathrm{d}t \tag{5.2.17}$$

式中：C_{mk} 为离散小波系数。

将式(5.2.16)和式(5.2.17)代入反演公式(式(5.2.5))，得到离散化信号重构公式：

$$x(t) = c\sum_{m=-\infty}^{\infty}\sum_{k=-\infty}^{\infty} C_{mk}\cdot\psi_{mk}(t) \tag{5.2.18}$$

式中：c 为与信号无关的常数，一般取 $c=1$。

在实际应用中，最常见的情况是取 $a_0=2$ 和 $b_0=1$，此时，每个坐标(或称为网格点)对应的尺度因子 a 为 2^m，平移参数 b 为 $2^m k$。随着 m 的增加，采样间隔成倍扩大。如果采用对数坐标，并以 ln2 为坐标单位，则 (a,b) 的离散值可用图 5－18 表示。此时 $\psi_{mk}(t)$ 变为

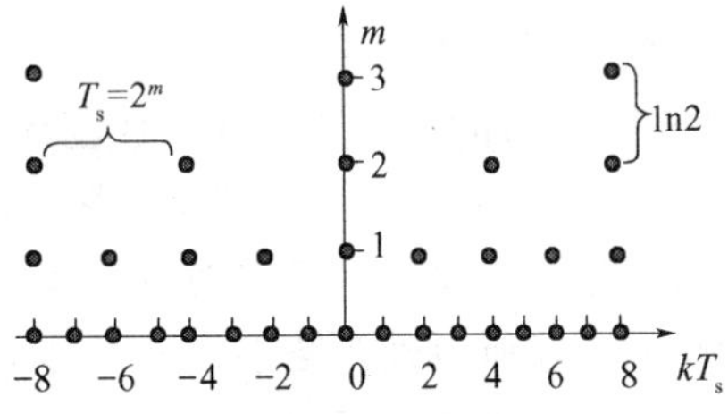

图 5－18　$a-b$ 平面的二进制动态采样网格点

$$\psi_{mk}(t) = 2^{-m/2}\varphi(2^{-m}t - k) \quad (k \in Z) \tag{5.2.19}$$

称为二进制小波(Dyadic Wavelet)。

显然，应用二进制小波对信号进行分析同样具有变焦距的作用。在 m 尺度下，小波 $\psi_m(t)=\psi(t/2^m)$ 的宽度是 $\psi(t)$ 的 2^m 倍，它对应于所要观测的信号 $x(t)$ 的某一区域。若要观测信号 $x(t)$ 更小的细节，就需要减小 m 值；反之，若只是想粗略了解信号的概貌，则应增大 m 值。不言而喻，连续小波变换的离散化，不影响其特有的“数学显微镜”的功能。

二、数据初始化与尺度栅格的细化

1. 初始化问题

当对有限长观测数据 x_k 进行小波分解时，数据两端的小波分析精度必定受到影响。为此，需要对观测数据的边界进行预先处理。

常用的数据初始化方法有以下几种：

（1）常数延拓。取新的无限序列

$$x_k = \begin{cases} x_k & (k = 0,1,\cdots,M-1) \\ c & (k < 0; k > M-1) \end{cases} \tag{5.2.20}$$

式中：c 为任意常数。一般令常数 c 等于原信号 $x(t)$ 的平均值 $\bar{x}$，以保留原序列的统计特征。

（2）对称延拓。序列取为

$$\cdots,x_2,x_1,x_0,x_0,x_1,x_2,\cdots,x_{M-2},x_{M-1},x_{M-1},x_{M-2},\cdots \tag{5.2.21}$$

或者

$$\cdots,x_2,x_1,x_0,x_1,x_2,\cdots,x_{M-2},x_{M-1},x_{M-2},\cdots \tag{5.2.22}$$

（3）周期延拓。其要求给定的有限序列的首末两个数据是相等的，或者二者相差不大，即 $x_0 \approx x_{M-1}$。由此生成的无限序列式可表示为

$$\cdots,x_{M-2},x_{M-1},x_0,x_1,x_2,\cdots,x_{M-2},x_{M-1},x_0,x_1,x_2,\cdots \tag{5.2.23}$$

当 x_0 与 x_{M-1} 相差较大时，可先对有限序列进行对称延拓生成新的有限序列，即

$$x_0,x_1,x_2,\cdots,x_{M-2},x_{M-1},x_{M-1},x_{M-2},\cdots,x_2,x_1,x_0 \tag{5.2.24}$$

然后，再对该序列进行周期延拓。

2. 尺度栅格的细化

当对观测数据进行小波分析时，分辨力是按尺度 $a=2^m$ 增长的，数据的点数每经一级分解都要作一次二抽取（图 5-19），从而使下一级小波变换的输入数据减半，m 越大，下级输入的点数越稀，以至于难以看清波形变化的全貌（参见 5.4.2 节）。此外，在进行声学分析、信号特征提取或模式分类时，以 $a_0=2$ 为基，逐次进行小波变换所得到的结果就显得过于粗糙了，故要求在更细致的尺度上进行小波分析。为解决这一问题，可采取如下措施：

令 $a=2^{m-n/M}$，只要计算出 $a=2^{n/M}(n=0,1,\cdots,M-1)$ 各点上的小波变换，就可以对每一结果采用尺度 $a=2^m$ 进行离散小波变换。图 5-19 给出了 $M=3$ 情况下的尺度细化结果，其中同一标号的输出属于同一组。

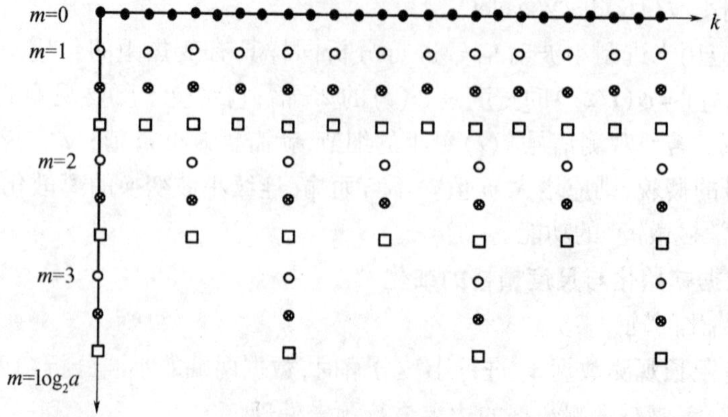

图 5-19　尺度栅格的细化

5.3 快速小波变换的理论框架

在5.2节中，已经指出小波变换的特点：当尺度 a 较大时，时域视野宽而分析频率窄，因此在时域上仅能对波形作粗略观察（低分辨力），而在频域上则可对波形的频谱作细致观察（高分辨力）；当尺度 a 较小时，波形的时频分辨力则与之相反。但无论哪种情况，在不同尺度下小波频谱的品质因数皆保持不变。这种通过调整尺度因子 a 来实现不同分辨力的信号分析方法是小波分析的独特优点，称为多分辨力分析（Multi - resolution Analysis）。

1988年S. Mallat应用空间的概念形象地说明了多分辨力小波分析的特性，给出了正交小波的构造方法和基于正交小波变换的快速算法——Mallat算法，当前这种算法已推广应用于非正交小波变换。Mallat算法在小波分析中的地位相当于FFT在经典傅里叶变换的地位，它使小波变换的实时计算成为现实。

5.3.1 多分辨力信号分解

关于信号的多分辨力小波分析，可以用分解树来表示，图5－20给出了三层信号分解（多分辨力）的情况。其基本概念是：首先用空间 V_0 来表示原始信号空间，并将其分解为低频部分 V_1 和高频部分 W_1，然后，仅对低频部分 V_1 继续进行分解，高频部分 W_1 保持不变。这样，随着分解层次的增加，信号的细节将逐渐呈现出来。对于三层分解树，信号空间的分解关系为

$$V_0 = V_3 \oplus W_3 \oplus W_2 \oplus W_1$$

式中：$\oplus$表示空间的直和算法。

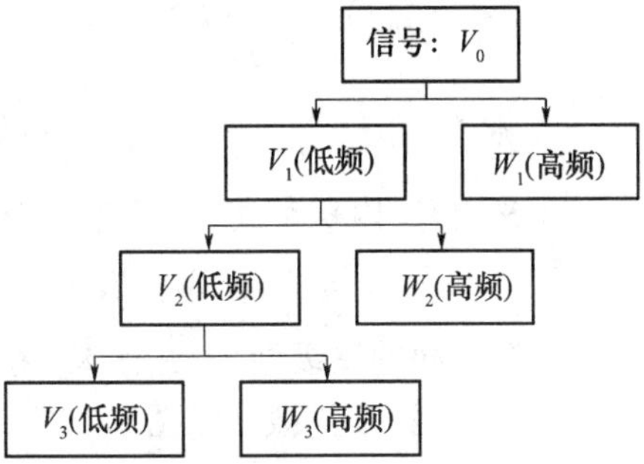

图5－20 信号空间的三层分解结构

这种分解也可视为是对信号空间的剖分。剖分的目的是要构造一个在频率上逼近于内积空间 $L^2(R)$ 的正交基小波基，这些具有不同频率分辨力的正交小波基相当于频带各异的带通滤波器。因此，可以从函数空间集或正交滤波器组的角度来理解多分辨力信号分解的基本概念。

下面，先从正交滤波器组出发，定性地介绍多分辨力的概念，然后从函数空间分解的角度进一步阐释这一概念。

一、多分辨力信号分解与小波变换

考虑图5－20所示的二分解情况，Mallat从函数空间的多分辨力分解概念出发，在小波变换与多分辨力信号分解之间建立了联系。其基本思路是：将待分析函数 $x(t) \in L^2(R)$ 看成是由一系列低通函数 $\varphi(t)$ 逐级逼近的极限，而且，在逐级逼近 $x(t)$ 时 $\varphi(t)$ 也作相应的逐级伸缩。换言之，就是用一系列不同分辨力的低通平滑函数 $\varphi(t)$ 来逼近待分析函数 $x(t)$，这就是"多分辨力"名称的由来。

定义：如果低通函数 $\varphi(t)\in V_0$，其整数位移集合 $\{\varphi(t-k)\mid k\in Z\}$ 构成空间 V_0 中归一化正交基，即

$$<\varphi(t-k),\varphi(t-k')>=\delta(k-k') \tag{5.3.1a}$$

且有

$$\Phi(\omega)\mid_{\omega=0}=\int\varphi(t)\mathrm{d}t=1 \tag{5.3.1b}$$

则称 $\varphi(t)$ 为尺度函数(Scaling Function)。

关于标准尺度函数 $\varphi(t)$ 的构造，Mallat 于 1989 年证明了如下重要结论：

定理 5－3：令 $V_m(m\in Z)$ 是 $L^2(R)$ 空间的多分辨力逼近子空间，则存在一个标准正交函数(尺度函数)$\varphi(t)\in V_0$，使得集合

$$\{\varphi_{mk}(t)=2^{-m/2}\varphi(2^{-m}t-k)\}\quad(\forall k\in Z) \tag{5.3.2}$$

必定构成 V_m 上的归一化正交基。

证明：当 $m=0$ 时，$\varphi(t)\in V_0$，由式(5.3.1a)可知

$$<\varphi_{0k}(t),\varphi_{0k'}(t)>=<\varphi(t-k),\varphi(t-k')>=\delta(k-k')$$

当 $m\neq0$ 时，由式(5.3.2)和式(5.3.1a)可得

$$<\varphi_{mk}(t),\varphi_{mk'}(t)>=2^{-m}\int\varphi(t/2^m-k)\varphi^*(t/2^m-k')\mathrm{d}t$$

$$\overset{t'=t/2^m}{=}\int\varphi(t'-k)\varphi^*(t'-k')\mathrm{d}t'=\delta(k-k')$$

定义：将实内积空间 $L^2(R)$ 作逐级二分解产生一组逐级包含的子空间，即

$$\cdots,V_0=V_1\oplus W_1,V_1=V_2\oplus W_2,\cdots,V_m=V_{m+1}\oplus W_{m+1},\cdots \tag{5.3.3}$$

称为函数空间的逐级划分，并称 V_m 为 $L^2(R)$ 空间的多分辨力逼近子空间。

函数空间的逐级划分(图 5－20)不仅具有完整性(逼近性)和包容性，即

$$\begin{cases}\bigcup\limits_{m=-\infty}^{\infty}V_m=L^2(R),\ \bigcap\limits_{m>N}V_m=\{0\}\quad(1\ll N\in Z)\\ V_0=W_1\oplus W_2\oplus\cdots\oplus W_N\oplus V_N,\cdots\supset V_{-1}\supset V_0\supset V_1\supset\cdots\end{cases} \tag{5.3.4}$$

而且还具有位移不变性和二尺度伸缩性，亦即 $\forall k\in Z$，当 $\varphi(t)\in V_m$ 时，下列式子皆成立：

$$\varphi(t-k)\in V_m,\varphi(t/2)\in V_{m+1},\varphi(2t)\in V_{m-1} \tag{5.3.5}$$

这种划分方式保证了空间 V_m 与空间 W_m 的正交性以及各子空间 W_m 之间的正交性，即

$$V_m\perp W_m,W_m\perp W_n\quad(m\neq n) \tag{5.3.6}$$

下面，对各子空间内的结构作进一步分析。

(1) 子空间 V_0。对于任意的函数 $x(t)\in L^2(R)$，用 $P_0[x(t)]$ 表示 $x(t)$ 在 V_0 上的投影。由于 $\varphi(t)$ 的整数集合 $\varphi(t-k)$ 是 V_0 的归一化正交基，故 V_0 中的任何函数必可表示为 $\{\varphi_{0k}\mid k\in Z\}$ 的线性组合，即

$$P_0[x(t)] = \sum_k < x(t), \varphi_{0k}(t) > \varphi_{0k}(t) \stackrel{\text{def}}{=} \sum_k x_k^{(0)} \varphi_{0k}(t) \quad (5.3.7)$$

式中：

$$x_k^{(0)} = < x(t), \varphi_{0k}(t) > \quad (k = 1, 2, \cdots)$$

一般将 $P_0[x(t)]$ 称为 $x(t)$ 在 V_0 子空间中的最佳离散逼近函数，也就是 $x(t)$ 在分辨力 $m=0$ 下的粗糙像；$x_k^{(0)}$ 称为在分辨力 $m=0$ 下的尺度系数。

（2）子空间 V_1。根据尺度函数的伸缩性，如果 $\varphi(t) \in V_0$，则必有 $\varphi(t/2) \in V_1$。根据定理 5－3 可知，如果 $\{\varphi_{0k}(t) \mid k \in Z\}$ 是 V_0 的归一化正交基，则 $\{\varphi_{1k}(t) \mid k \in Z\}$ 必定是 V_1 中归一化正交基：

$$< \varphi_{1k}(t), \varphi_{1k'}(t) > = \delta(k - k') \quad (5.3.8)$$

于是，V_1 上的任意函数 $P_1[x(t)]$，必可以表示为 $\{\varphi_{1k}(t) \mid k \in Z\}$ 的线性组合：

$$P_1[x(t)] = \sum_k < x(t), \varphi_{1k}(t) > \varphi_{1k}(t) \stackrel{\text{def}}{=} \sum_k x_k^{(1)} \varphi_{1k}(t) \quad (5.3.9)$$

类似地，将 $P_1[x(t)]$ 称为 $x(t)$ 在 V_1 子空间中的最佳离散逼近函数，也就是 $x(t)$ 在分辨力 $m=1$ 下的粗糙像；$x_k^{(1)}(k=1,2,\cdots)$ 称为在分辨力 $m=1$ 下的尺度系数。

（3）子空间 W_1。如果在子空间 W_0 中能找到一个带通函数 $\psi(t) \in L^2(R)$，由它生成的函数簇定义为

$$\psi_{mk}(t) = 2^{-m/2}\psi(2^{-m}t - k) \quad (\forall m, k \in Z) \quad (5.3.10)$$

其整数集合 $\{\psi_{0k}(t) = \psi(t-k) \mid k \in Z\}$ 构成 W_0 中的归一化正交基，那么，根据二尺度伸缩性，必有 $\psi(t/2) \in W_1$，且 $\{\psi_{1k}(t) = 2^{-1/2}\psi(t/2 - k) \mid k \in Z\}$ 构成 W_1 中归一化正交基，即

$$< \psi_{1k}(t), \psi_{1k'}(t) > = \delta(k - k') \quad (5.3.11a)$$

于是，W_1 中的任意函数必可表示为 $\{\psi_{1k}(t) \mid k \in Z\}$ 的线性组合。又因为 $\psi(t)$ 是带通函数，即

$$\Psi(\omega)\mid_{\omega=0} = \int \psi(t)\mathrm{d}t = 0 \quad (5.3.11b)$$

故又称之为小波函数。

将 V_0 和 V_1 两级相邻的平滑逼近函数之差，记为 $D_1[x(t)]$，即

$$D_1[x(t)] = P_0[x(t)] - P_1[x(t)]$$

由图 5－20 可知，$D_1[x(t)] \in W_1$，也即

$$D_1[x(t)] = \sum_k < x(t), \psi_{1k}(t) > \psi_{1k}(t) \stackrel{\text{def}}{=} \sum_k d_k^{(1)} \psi_{1k}(t) \quad (5.3.12)$$

式中

$$d_k^{(1)} = < x(t), \psi_{1k}(t) > = WT_x(1, k)$$

表示在分辨力 $m=1$ 下的小波系数[参见离散小波变换的定义式(5.2.17)]。

显然，$D_1[x(t)]$ 反映了 V_0 和 V_1 这两级平滑逼近函数之间的细节差异，故称为细节函数。上述讨论很容易推广到 V_{m-1} 与 V_m，W_m 之间的一般表达式。这样，便把多分辨力信号分析和小波变换联系起来了。

定理 5-4：对于任意的 $m,k\in Z$，如果集合

$$\{\varphi_{mk}(t)=2^{-m/2}\varphi(2^{-m}t-k)\},\quad \{\psi_{mk}(t)=2^{-m/2}\psi(2^{-m}t-k)\}$$

分别是 V_m 和 W_m 的归一化正交基，则有

$$P_{m-1}[x(t)]=P_m[x(t)]+D_m[x(t)] \tag{5.3.13a}$$

式中：

$$\begin{cases}P_{m-1}[x(t)]=\sum\limits_k x_k^{(m-1)}\varphi_{(m-1)k}(t), & x_k^{(m-1)}=<x(t),\varphi_{(m-1)k}(t)> \\ P_m[x(t)]=\sum\limits_k x_k^{(m)}\varphi_{mk}(t) & x_k^{(m)}=<x(t),\varphi_{mk}(t)> \\ D_m[x(t)]=\sum\limits_k d_k^{(m)}\psi_{mk}(t) & d_k^{(m)}=WT_x(m,k)=<x(t),\psi_{mk}(t)>\end{cases} \tag{5.3.13b}$$

式(5.3.13)表明，任何分辨力级别下的粗糙像，都可以表示为更高一级分辨力下的粗略像与“细节”函数之和，这正是快速正交小波变换算法的基本理论框架。

二、用正交滤波器组实现信号分解

利用理想低通滤波器 H_0 和理想高通滤波器 H_1，将原始信号 $x(t)$ 的采样序列 x_k 的频谱 $X(\mathrm{e}^{\mathrm{j}\Omega})$（正频率部分）分解成频带在$[0,\pi/2]$的低频部分 V_1 和频带在$[\pi/2,\pi]$的高频部分 W_1，如图 5-21 所示。根据分离系统（参见 1.5.2 节）的频率特性可知，这样处理后的两路输出信号必定正交，故将滤波器 H_0 和 H_1 称为正交滤波器组（Quadrature Filter Bank）；若将原始输入信号 $x(t)$ 记为 $P_0[x(t)]\in V_0$，就有 $V_0=V_1\oplus W_1$。

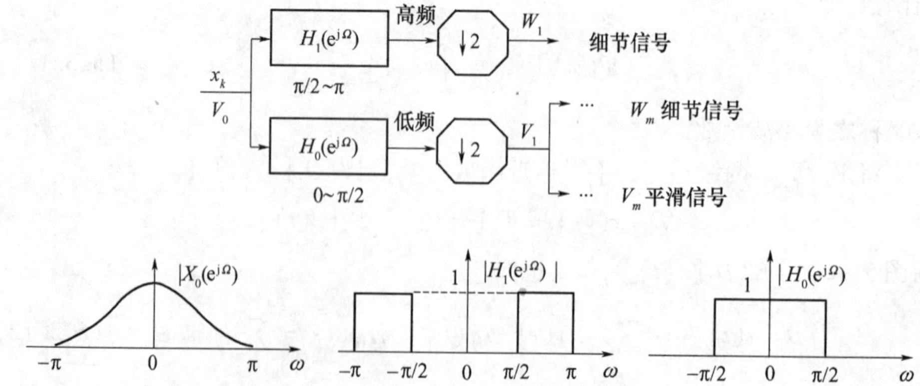

图 5-21 用正交滤波器组实现信号分解

采用上述方法，对信号进行正交分解可引伸出如下结论：

(1) 各级滤波器组的一致性。各级正交滤波器组都是 H_0 和 H_1，这是因为滤波器是根据数字频率 Ω 设计的。例如，假定第一级低通滤波器 H_0 输入信号 $x(t)$ 的采样周期为 T_s，其实际带宽为 $0\sim\omega_b$，H_0 输出信号的实际频带为 $\omega_b/2$（1/2 高频部分通过 H_1）。若以奈奎斯特采样周期 $T_s=\pi/\omega_b$ 进行采样，则 H_0 的数字频带应为 $\Omega_b=T_s\omega_b/2 \ =0\sim\pi/2$。由于 H_0 输出信号的实际频带为 $\omega_b/2$，因此，采样速率减半而不会出现混叠现象。在图 5－21 中，用下采样符号（↓2）表示“二抽一”环节（采样速率减半），即每隔一个样本抽样一次，组成长度缩短 1/2 的新样本。按同样方法对 H_0 的输出信号进行分解，可知第二级低通滤波器输出信号的实际频带为 $\omega_b/4$，采样周期为 $2T_s$，故第二级低通滤波器的数字频带仍然是 $\Omega_b=0\sim\pi/2$，亦即 $\Omega_b=(\omega_b/4)\times 2T_s=\omega_b T_s/2$，于是，第二级低通滤波器仍然可采用 H_0。以此类推，可知各级滤波器组都是由理想低通滤波器 H_0 和理想高通滤波器 H_1 构成的。

如果将原始信号 $x(t)$ 的频谱空间（$0\sim\pi$）定义为 V_0，那么经第一次分解后，V_0 被划分成两个子空间：V_1（频带 $0\sim\pi/2$）和 W_1（频带 $\pi/2\sim\pi$）；经第二级分解后，V_1 又被划分成两个子空间：V_2（频带 $0\sim\pi/4$）和 W_2（频带 $\pi/4\sim\pi/2$）……。图 5－22给出了各级分解信号的频带宽度及其中心频率：每一级分解都把该级输入信号的频谱分解成一个低频部分和一个高频部分，而且各级滤波器组都是一样的。于是，这种空间划分同样可表示为图 5－20 所示的分解树形式，即

$$V_0 = V_1 \oplus W_1, V_1 = V_2 \oplus W_2, \cdots, V_{m-1} = V_m \oplus W_m$$

式中：W_m 为反映 V_{m-1}空间的高频子空间；V_m 为反映 V_{m-1}空间的低频子空间（$m=1,2,\cdots$）。由此可导出如下关系：

$$\begin{cases} V_0 = W_1 \oplus W_2 \oplus \cdots \oplus W_m \oplus V_m \\ V_0 \supset V_1 \supset V_2 \supset \cdots \supset V_m \end{cases} \tag{5.3.14}$$

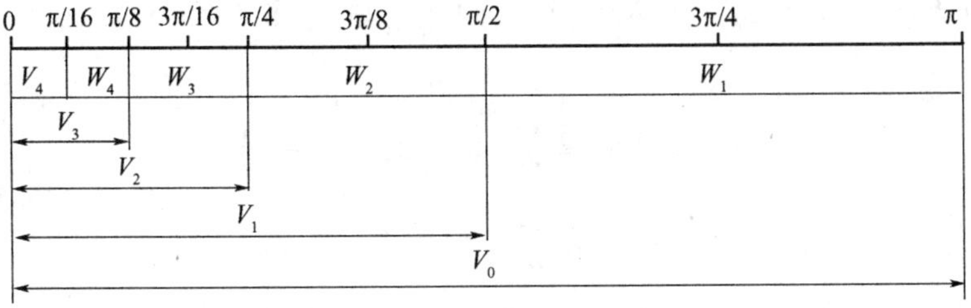

图 5－22　信号逐级分解及各级分解信号的中心频率

采用这种“由粗及精”的信号分解方法，各级分解都可使用相同的正交滤波器组，从而减少了滤波器设计与实现的工作量。不过，这种分解也有不足之处：分辨力愈高，滤波器的输出延迟愈长，数据量愈少。

(2) 各带通空间 W_m 品质因数的恒定性。从图 5－22 可见，W_1 空间的中心频

率为$3\pi/4$，带宽为$\pi/2$；W_2空间的中心频率为$3\pi/8$，带宽为$\pi/4$。与W_1空间的相应值比较，W_2空间的中心频率和带宽均减少了1/2，可见W_2与W_1的品质因数是相同。以此类推，可知各带通空间W_m的品质因数Q是相等的。

三、信号重构

信号重构是信号分解的逆过程，其步骤如图5-23所示。首先对每一支路的样本序列作“二插一”处理（在每两个相邻的样本之间插入一个0，相当于采样周期减小1倍，用上采样符号“↑2”来表示），使样本长度增加1倍，从而恢复“二抽一”前的序列长度。然后，通过各级理想滤波器G_0和G_1（参见5.3.2节）平滑、相加后输出样本波形。从时域上看，理想滤波器将各个样本乘以插值函数（sinc函数）后再移位求和，从而恢复原始信号。

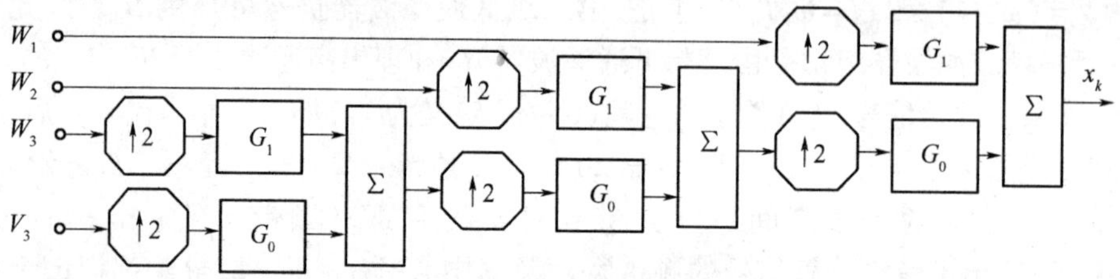

图5-23　用正交滤波器组重构信号

四、正交滤波器组与$\varphi(t)$和$\psi(t)$的关系

在前面讨论中，已将多分辨力小波分析与尺度函数$\varphi(t)$和小波函数$\psi(t)$联系起来了。现在，进一步讨论尺度函数$\varphi(t)$和小波函数$\psi(t)$的主要性质，进而建立尺度函数$\varphi(t)$和小波函数$\psi(t)$与正交滤波器组H_0和H_1之间的关系，为实现基于正交滤波器组的快速小波变换提供理论依据。

1. 二尺度差分方程

定理5-5：考虑任意两相邻空间的二划分（$V_{m-1}\rightarrow V_m$和W_m）。令各子空间基函数分别为$\varphi_{(m-1)k}(t)$，$\varphi_{mk}(t)$和$\psi_{mk}(t)$，则V_{m-1}与V_m，W_m之间存在如下二尺度差分关系：

$$\begin{cases}\varphi\left(\dfrac{t}{2^m}\right)=\sqrt{2}\sum\limits_k \breve{h}_{0k}\cdot\varphi\left(\dfrac{t}{2^{m-1}}-k\right)\\ \psi\left(\dfrac{t}{2^m}\right)=\sqrt{2}\sum\limits_k \breve{h}_{1k}\cdot\varphi\left(\dfrac{t}{2^{m-1}}-k\right)\end{cases}\tag{5.3.15}$$

式中：$\breve{h}_{0k}$，$\breve{h}_{1k}$为归一化正交基的线性组合的权重，即

$$\begin{cases}\breve{h}_{0k}=<\varphi_{10}(t),\varphi_{0k}(t)>=\breve{h}_0[k]\\ \breve{h}_{1k}=<\psi_{10}(t),\varphi_{0k}(t)>=\breve{h}_1[k]\end{cases}\tag{5.3.16}$$

且有

$$\sum_k \breve{h}_{0k}=\sqrt{2},\ \sum_k \breve{h}_{1k}=0\tag{5.3.17}$$

证明:先证明式(5.3.15)。因为

$$\begin{cases}\varphi_{m0}(t) = 2^{-m/2}\varphi\left(\dfrac{t}{2^m}\right) \in V_m \in V_{m-1} \\ \psi_{m0}(t) = 2^{-m/2}\psi\left(\dfrac{t}{2^m}\right) \in W_m \in V_{m-1}\end{cases} \tag{5.3.18}$$

所以 $\varphi_{m0}(t)$ 和 $\psi_{m0}(t)$ 皆可以表示为 V_{m-1} 空间中的归一化正交基 $\varphi_{(m-1)k}(t)$ 的线性组合,即

$$\varphi_{m0}(t) = \sum_k \breve{h}_{0k}\varphi_{(m-1)k}(t) \tag{5.3.19}$$

$$\psi_{m0}(t) = \sum_k \breve{h}_{1k}\varphi_{(m-1)k}(t) \tag{5.3.20}$$

将式(5.3.18)分别代入式(5.3.19)和式(5.3.20),经整理,即可证得式(5.3.15)。

再证明式(5.3.16)。式(5.3.19)等号两边对 $\varphi_{(m-1)k}(t)$ 作内积,得到

$$\begin{aligned}\breve{h}_{0k} &= <\varphi_{m0}(t), \varphi_{(m-1)k}(t)> \\ &= \int 2^{-m/2}\varphi(t/2^m)\cdot 2^{-(m-1)/2}\varphi^*(t/2^{m-1}-k)\mathrm{d}t \\ &\overset{t'=t/2^{m-1}}{=} \int 2^{-1/2}\varphi(t'/2)\cdot\varphi^*(t'-k)\mathrm{d}t' \\ &= <\varphi_{10}(t), \varphi_{0k}(t)>\end{aligned}$$

利用 $\varphi_{(m-1)k}(t)$ 的归一化正效性(定理5-3),即可得到

$$\breve{h}_{0k} = <\varphi_{m0}(t), \varphi_{(m-1)k}(t)> = <\varphi_{10}(t), \varphi_{0k}(t)>$$

类似地,可证得

$$\breve{h}_{1k} = <\psi_{m0}(t), \varphi_{(m-1)k}(t)> = <\psi_{10}(t), \varphi_{0k}(t)>$$

最后证明式(5.3.17)。二尺度差分关系存在于任意两相邻分辨力 $m-1$ 与 m 之间,当 $m=1$ 时,式(5.3.15)变成:

$$\begin{cases}\varphi(t/2) = \sqrt{2}\sum_k \breve{h}_{0k}\varphi(t-k) \\ \psi(t/2) = \sqrt{2}\sum_k \breve{h}_{1k}\varphi(t-k)\end{cases} \tag{5.3.21}$$

式(5.3.21)两边分别对 t 积分,得

$$\int\varphi(t/2)\mathrm{d}t \overset{t'=t/2}{=} 2\int\varphi(t')\mathrm{d}t' = 2 \leftrightarrow \sqrt{2}\sum_k \breve{h}_{0k}\int\varphi(t-k)\mathrm{d}t = \sqrt{2}\sum_k \breve{h}_{0k}$$

$$\int\psi(t/2)\mathrm{d}t \overset{t'=t/2}{=} 2\int\psi(t')\mathrm{d}t' = 0 \leftrightarrow \sqrt{2}\sum_k \breve{h}_{1k}\int\varphi(t-k)\mathrm{d}t = \sqrt{2}\sum_k \breve{h}_{1k}$$

由于箭头两边表达式相等,故式(5.3.17)成立。

【例 5-7】 图 5-24 所示的方脉冲是具有低通特性的尺度函数 $\varphi(t)$，它满足

$$<\varphi(t-k),\varphi(t-k')>=\delta(k-k') \quad (k,k'\in Z)$$

因此，$\{\varphi_{0k}(t)\mid k\in Z\}$ 构成空间 V_0 上的一组归一化正交基。从图 5-24 中可以看出，$\varphi(t/2)$ 与 $\varphi(t)$ 之间存在如下关系：

$$\varphi\left(\frac{t}{2}\right)=\varphi(t)+\varphi(t-1)=\sqrt{2}\left[\frac{1}{\sqrt{2}}\varphi_{00}(t)+\frac{1}{\sqrt{2}}\varphi_{01}(t)\right]$$

比照式(5.3.15)中的第一式($m=1$)可知：$\breve{h}_{00}=\breve{h}_{01}=1/\sqrt{2}$，$\breve{h}_{0k}=0(k>1)$。

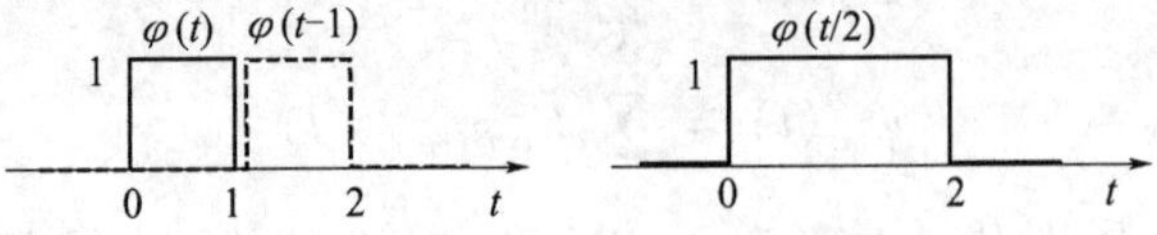

图 5-24 二尺度差分关系示例

2. 基于正交滤波器组的信号分解

定理 5-6：设序列 $x_k{}^{(0)}\in V_0$，则 $x_k{}^{(0)}$ 的离散平滑逼近序列 $x_k{}^{(1)}\in V_1$ 可表示为

$$x_k^{(1)}=\sum_n \breve{h}_{0,n-2k}x_n^{(0)}=\sum_n \breve{h}_0[n-2k]x_n^{(0)} \quad (k=0,1,\cdots) \tag{5.3.22}$$

而 $x_k{}^{(0)}$ 的离散细节序列 $d_k{}^{(1)}\in W_1$(即小波变换)则可表示为

$$d_k^{(1)}=\sum_n \breve{h}_{1,n-2k}x_n^{(0)}=\sum_n \breve{h}_1[n-2k]x_n^{(0)} \quad (k=0,1,\cdots) \tag{5.3.23}$$

式中：$\breve{h}_{0k}$，$\breve{h}_{1k}$ 由式(5.3.16)给出。

证明：为了方便起见，不妨假设序列 $x_k{}^{(0)}$、尺度函数 $\varphi(t)$ 和小波函数 $\psi(t)$ 都是实函数，这样，在计算内积时就不必考虑它们之间的次序。

令 $m=1$，利用 $\{\varphi_{mk}(t)\}$ 集合的归一化正交性(定理 5-3)，由式(5.3.13b)中的第二式可得

$$x_k^{(1)}=<P_1[x(t)],\varphi_{1k}(t)>$$

将式(5.3.13a)代入上式，并利用 $D_1x(t)$ 与 $\varphi_{1k}(t)$ 正交性(参见正交性原理)，就有

$$\begin{aligned}x_k^{(1)}&=<P_0[x(t)]-D_1[x(t)],\varphi_{1k}(t)>\\&=<P_0[x(t)],\varphi_{1k}(t)>=<\sum_n x_n^{(0)}\varphi_{0n}(t),\varphi_{1k}(t)>\\&=<\sum_n \varphi_{0n}(t),\varphi_{1k}(t)>x_n^{(0)}\end{aligned} \tag{5.3.24}$$

式中：

$$\begin{aligned}<\varphi_{0n}(t),\varphi_{1k}(t)>&=\frac{1}{\sqrt{2}}\int\varphi(t-n)\varphi\left(\frac{t}{2}-k\right)\mathrm{d}t\\&\overset{t'/2=t/2-k}{=}\frac{1}{\sqrt{2}}\int\varphi\left(\frac{t'}{2}\right)\varphi[(t'-(n-2k)]\mathrm{d}t\\&=<\varphi_{10}(t'),\varphi_{0,n-2k}(t')>=\breve{h}_0[n-2k]\end{aligned} \tag{5.3.25}$$

将式(5.3.25)代入式(5.3.24),便可得式(5.3.22)。类似地,可证得式(5.3.23)。

推论1:根据式(5.3.22)和式(5.3.23)可导出如图5-25所示的信号分解的结构框图。它表示由 V_0 到 V_1, W_1 的分解过程,其中,下支路表示式(5.3.22),上支路表示式(5.3.23);$h_0[k]=\breve{h}_0[-k]$ 和 $h_1[k]=\breve{h}_1[-k]$ 分别表示正交滤波器组 H_0 和 H_1 的单位脉冲响应函数。

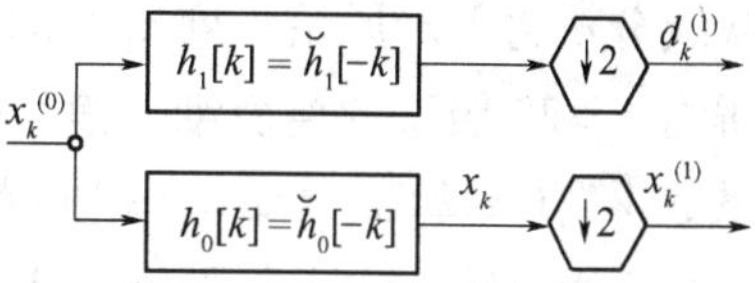

图5-25 信号分解结构图

证明:仅证明下支路 $x_k^{(1)}$。由图5-25可知,滤波器 $h_0[k]=\breve{h}_0[-k]$ 的输出为

$$x'_k = x_k^{(0)} * h_0[k] = \sum_n x_n^{(0)} \cdot h_0[k-n]$$

二抽取后的输出为

$$x_k^{(1)} = x'_{2k} = \sum_n x_n^{(0)} \cdot h_0[2k-n] = \sum_n x_n^{(0)} \cdot \breve{h}_0[n-2k]$$

类似地,可证明 $d_k^{(1)}$ 支路。

推论2:对序列 $x_k^{(1)}$ 继续分解(从 V_1 到 V_2 和 W_2 的分解),解可得到 $x_k^{(2)}$ 和 $d_k^{(2)}$,并且正交滤波器组的单位脉冲响应函数仍然保持不变,如图5-26所示。

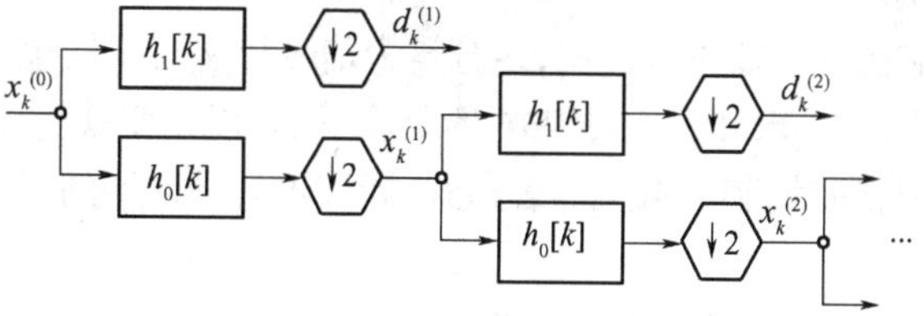

图5-26 信号分解的二分树结构图

证明:仿照前面推导步骤,可得

$$\begin{cases} x_k^{(2)} = \sum_n <\varphi_{1n}(t), \varphi_{2k}(t)> x_n^{(1)} \\ \mathrm{d}_k^{(2)} = \sum_n <\varphi_{1n}(t), \psi_{2k}(t)> x_n^{(1)} \end{cases} \tag{5.3.26}$$

因为

$$\begin{aligned} <\varphi_{1n}(t), \varphi_{2k}(t)> &= \left(\frac{1}{\sqrt{2}}\right)^3 \int \varphi\left(\frac{t}{2}-n\right)\varphi\left(\frac{t}{2^2}-k\right)\mathrm{d}t \\ &\overset{t'=t/2}{=} \int \frac{1}{\sqrt{2}}\varphi\left(\frac{t'}{2}-k\right)\varphi(t'-n)\,\mathrm{d}t' = <\varphi_{0n}(t), \varphi_{1k}(t)> \end{aligned} \tag{5.3.27}$$

所以,由式(5.3.25)和式(5.3.26)可得

$$x_k^{(2)} = \sum_n \breve{h}_0[n-2k]x_n^{(1)} = \sum_n h_0[2k-n]x_n^{(1)}$$

同理可证得

$$<\varphi_{1n}(t), \psi_{2k}(t)> = <\varphi_{0n}(t), \psi_{1k}(t)>$$

$$\mathrm{d}_k^{(2)} = \sum_n \breve{h}_1[n-2k]x_n^{(1)} = \sum_n h_1[2k-n]x_n^{(1)}$$

可见,由式(5.3.26)导出的第 2 级正交滤波器组的单位脉冲响应函数仍然为 $h_0[k]$ 和 $h_1[k]$。类似地,对于第 m 级正交滤波器组的单位脉冲响应函数也有相同结论,这与前面分析结果是一样的[参见图 5-21, $H_i(e^{j\Omega}) = \text{DTFT}\{h_i[k]\}, i=0,1$]。

在图 5-26 中,各级 $x_k^{(m)}$ 代表分辨力 $a=2^m$ 级下的离散概貌序列,也就是在 m 级分辨力下对原始序列 $x_k^{(0)}$ 的平滑逼近,称为 m 级尺度系数;各级 $d_k^{(m)}$ 代表分辨力 $a=2^m$ 级下的离散细节信号,或者是对 $x_k^{(0)}$ 进行小波变换所得到的 m 级小波系数 $WT_x(m,k)$。只要 $h_0[k]$ 和 $h_1[k]$ 已知,就可以按照图 5-26 所示的结构,由 $x_k^{(0)}$ 逐级计算 $x_k^{(m)}, d_k^{(m)}$ $(m=1,2,\cdots;k=0,1,\cdots)$,其计算量远远低于应用数值积分法直接进行小波变换。

5.3.2 双通道信号分解的理想重构条件

在这一节里,重点介绍双通道信号分解的理想重构条件。在此基础上,推导出双正交滤波器组与尺度函数和小波函数的内在联系,为设计双正交滤波器组或根据双正交滤波器的频率特性求解尺度函数和小波函数奠定理论基础。

一、插值与抽取

从图 5-21 和图 5-23 可以看出,多分辨力信号分解与重构包含了滤波、下采样(插值)、上采样(抽取)、求和等四种基本环节。下面,以 z 变换为主要数学工具,详细推导插值与抽取在时域和频域上的表达式、滤波器与采样器的等效易位关系。

1. 插值

图 5-27 给出了插值符号及其含义。

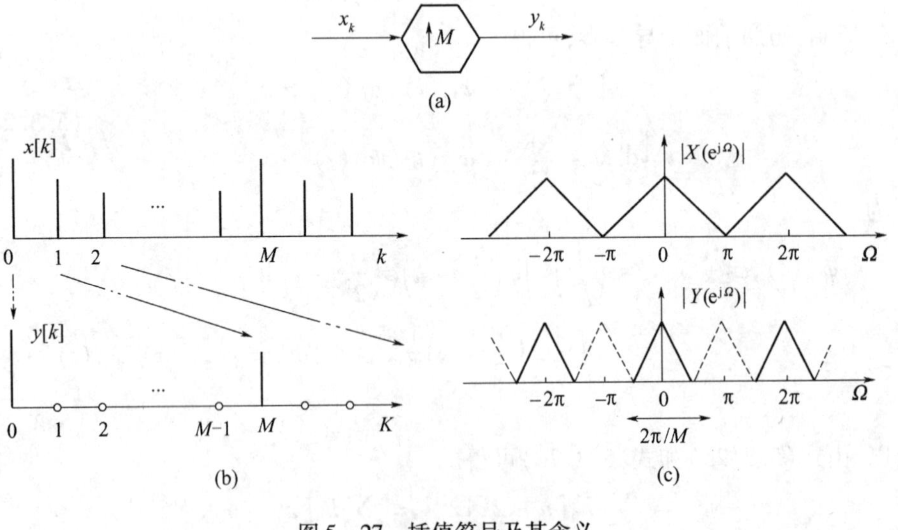

图 5-27 插值符号及其含义

(a) 插值的符号; (b) 插值的含义; (c) 插值的含义。

定理 5-7:离散序列 $x[k]$ 经 M 插值后得到的新序列 $y[k], k=0,1,\cdots$,其间隔是原序列的 M 倍,即

$$y[k] = \begin{cases} x[k/M] & (k/M \in Z) \\ 0 & (\text{其他}) \end{cases} \quad (k = 0,1,\cdots) \tag{5.3.28}$$

其频带是原序列的 1/M 倍：

$$Y(z) = X(z^M),Y(\mathrm{e}^{\mathrm{j}\Omega}) = X(\mathrm{e}^{\mathrm{j}M\Omega}) \tag{5.3.29}$$

式中：$x[k](X\Leftrightarrow z)$；$y[k]\Leftrightarrow(Y(z)$；$z=\mathrm{e}^{(\mathrm{j}\Omega)}$。

证明：根据 z 变换的定义，有

$$Y(z) = \sum_k x[k/M]z^{-k} \overset{n=k/M}{=} \sum_n x[n](z^M)^{-n} = X(z^M)$$

在上式中，令 $z=\mathrm{e}^{(\mathrm{j}\Omega)}$，即可证得本命题。

在变换式(5.3.29)中，z^M 表示经 M 点插值后，新序列 $y[k]$ 的间隔是原序列 $x[k]$ 的 M 倍；而原序列 $x[k]$ 的频带宽度，经 M 点插值后相应地压缩了 M 倍。因此，只要原始信号的采样速率满足采样定理，插值后就不可能发生频谱混叠现象。

2. 抽取

图 5-28 表示“M 抽一”的符号及 $M=2$ 时的抽样序列。

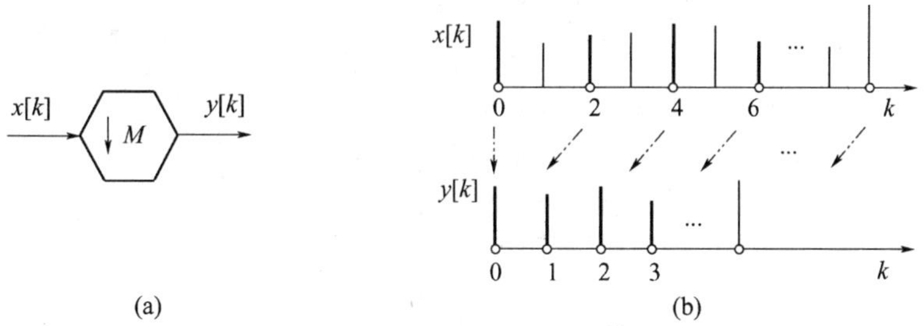

图 5-28 M 抽取的符号与含义

(a)抽取的符号；(b)抽取的含义。

定理 5-8：在离散时间序列 $x[k]$ 中，每间隔 M 个时刻抽取 1 个数据所得到的新序列为

$$y[k] = x[Mk] \tag{5.3.30}$$

其频带比原序列扩展了 M 倍，且满足如下关系：

$$\begin{cases} Y(z) = \dfrac{1}{M}\displaystyle\sum_{m=0}^{M-1} X(W^m z^{1/M}) \\ Y(\mathrm{e}^{\mathrm{j}\Omega}) = \dfrac{1}{M}\displaystyle\sum_{m=0}^{M-1} X(\mathrm{e}^{\mathrm{j}(\Omega-2m\pi)/M}) \end{cases} \tag{5.3.31}$$

式中：$x[k]\Leftrightarrow X(z)$；$y[k]\Leftrightarrow Y(z)$；$W=\mathrm{e}^{-\mathrm{j}2\pi/M}$。

证明：根据 z 变换的定义，得

$$Y(z) = \sum_k y[k]z^{-k} = \sum_k x[Mk]z^{-k}$$

$$\overset{n=Mk}{=} \sum_{n} x[n](1^{1/M}z^{1/M})^{-n} = \sum_{n} x[n](\mathrm{e}^{-\mathrm{j}2\pi m/M}z^{1/M})^{-n}$$

式中：$1=\mathrm{e}^{-\mathrm{j}2\pi m}(m=0,1,\cdots,M-1)$。对于每个 m 值都有一个 $Y(z)$ 与之对应，记为 $Y_m(z)$，故有

$$Y(z) = \frac{1}{M}\sum_{m=0}^{M-1} Y_m(z) = \frac{1}{M}\sum_{m=0}^{M-1} X(W^m z^{1/M}) \quad (W = \mathrm{e}^{-\mathrm{j}2\pi/M})$$

将 $z=\mathrm{e}^{\mathrm{j}\Omega}$ 代入上式，即可证得本命题。

特别地，当 $M=2$ 时，式(5.3.30)和式(5.3.31)可分别写成

$$y[n] = x[2n] \tag{5.3.32a}$$

$$\begin{cases} Y(z) = \dfrac{X(z^{1/2}) + X(-z^{1/2})}{2} \\ Y(\mathrm{e}^{\mathrm{j}\Omega}) = \dfrac{X(\mathrm{e}^{\mathrm{j}\Omega/2}) + X[\mathrm{e}^{\mathrm{j}(\Omega/2-\pi)}]}{2} \end{cases} \tag{5.3.32b}$$

相应项的频谱如图 5-29 所示。

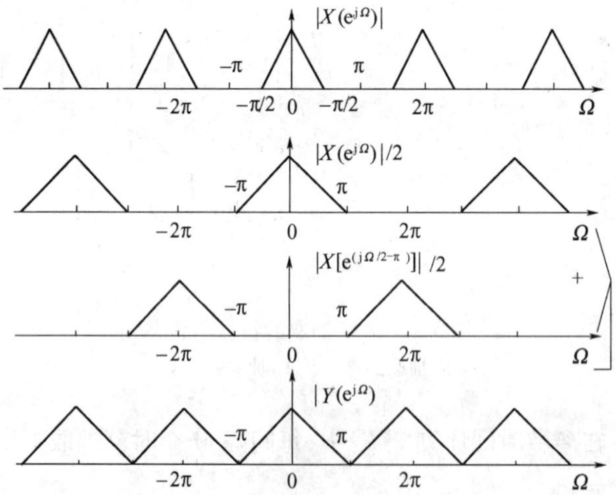

图 5-29　二抽取时的频谱特性

就归一化频谱而言，抽取后所得到的新序列 $y[k]$ 的频带扩大了 M 倍，而且是 M 个相位差均为 $2\pi/M$ 的原序列 $x[k]$ 频谱的平均和。除非原序列频谱的数字频带 $B \leqslant \pi/M$，否则，新序列 $y[k]$ 将会产生频谱混叠现象。

3. 等效易位与分解

在多分辨力信号分析中，经常会遇到滤波器与采样器之间的等效易位与等效分解问题。例如，图 5-30 给出了这二者之间的等效易位关系与等效分解关系（$M=2$）。这些关系很容易由 z 变换的定义推导出来。

在此，仅证明图 5-30(a)中所示的第一种易位关系。作为练习，请读者自行证明图 5-30 中所示的其他等效易位关系和等效分解关系。

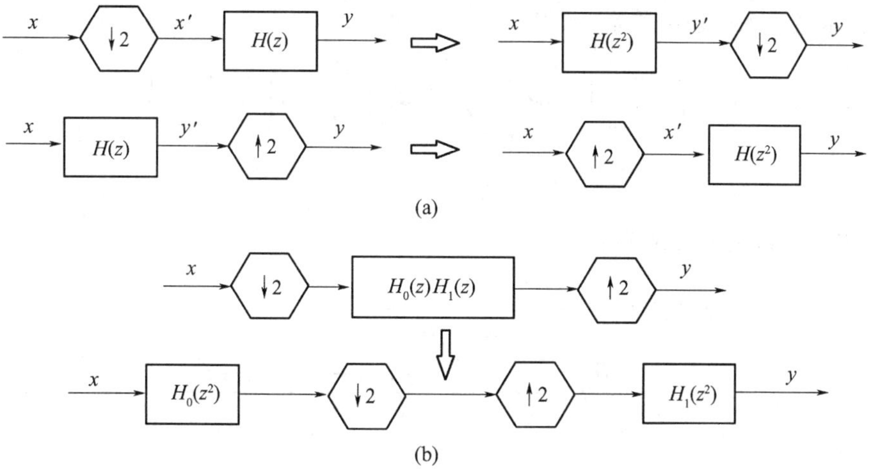

图 5 – 30　易位、分解及其等效框图

(a) 两种等效易位；(b) 等效分解。

根据式(5.3.32b)，图 5 – 30(a)的左边存在如下关系：

$$\begin{cases} X'(z) = [X(z^{1/2} + X(-z^{1/2})]/2 \\ Y(z) = H(z)[X(z^{1/2}) + X(-z^{1/2})]/2 \end{cases} \tag{5.3.33}$$

而在图 5 – 30(a)的右边，则有

$$\begin{cases} Y'(z) = H(z^2)X(z) \\ Y(z) = H(z)[X(z^{1/2}) + X(-z^{1/2})]/2 \end{cases} \tag{5.3.34}$$

由式(5.3.33)和式(5.3.34)可见，左右两边的输出是相等的。

4. 多级串联的滤波器和抽样器

图 5 – 31 给出了 K 级串联的滤波器和抽样器的等效易位关系。在后面介绍的信号分解多孔算法(参见 5.4 节)，将应用到这一等效易位关系。

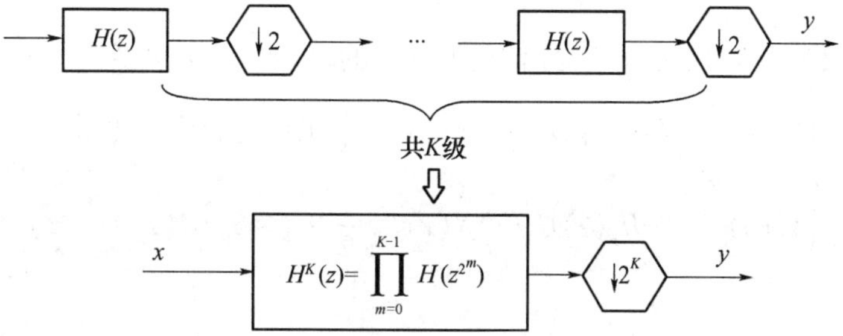

图 5 – 31　多级滤波器和抽样器串联

【例 5-8】 基于滤波器组的信号分解与信号重构的典型支路如图 5-32 所示，试求其输入—输出关系。

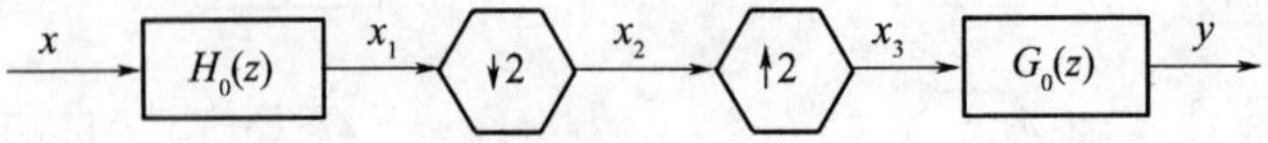

图 5-32　典型的信号分解与重构支路

解：由式(5.3.32b)可得

$$X_2(z) = \frac{X_1(z^{1/2}) + X_1(-z^{1/2})}{2} = \frac{H_0(z^{1/2})X(z^{1/2}) + H_0(-z^{1/2})X(-z^{1/2})}{2}$$

根据式(5.3.29)，则有

$$Y(z) = G_0(z)X_3(z) = G_0(z)X_2(z^2) = \frac{1}{2}G_0(z)H_0(z)X(z) + \frac{1}{2}G_0(z)H_0(-z)X(-z) \qquad (5.3.35)$$

在式(5.3.35)的最后一个等式中，右边第一项是希望的输出，后一项是二抽取后由 $X(-z)$ 而引起的映像，它有可能会引发频谱混叠现象。

二、双通道信号分解的理想重构条件

图 5-33 是基于 Mallat 算法的双通道信号分解与重构的典型环节。现以该环节为基础，推导信号分解的理想重构条件。

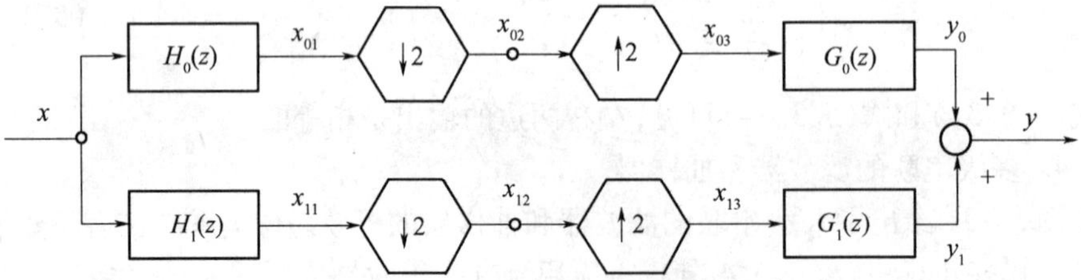

图 5-33　基于双通道滤波器组的信号分解与重构支路

根据式(5.3.35)，可直接写出上、下支路的输入—输出关系：

$$\begin{cases} Y_0(z) = \dfrac{1}{2}H_0(z)G_0(z)X(z) + \dfrac{1}{2}H_0(-z)G_0(z)X(-z) \\ Y_1(z) = \dfrac{1}{2}H_1(z)G_1(z)X(z) + \dfrac{1}{2}H_1(-z)G_1(z)X(-z) \end{cases}$$

故有

$$Y(z) = Y_0(z) + Y_1(z) = \frac{1}{2}[H_0(z)G_0(z) + H_1(z)G_1(z)]X(z) +$$

$$\frac{1}{2}[H_0(-z)G_0(z)+H_1(-z)G_1(z)]X(-z) \tag{5.3.36}$$

对于任意的整数 m,只要图 5-33 所示的典型环节的输入—输出满足:

$$y[k]=x[k-m] \quad 或 \quad Y(z)=z^{-m}X(z)$$

那么,重构信号除波形滞后之外不存在任何失真现象。这种典型环节多级串联后,只是在各通道上引入额外的时间延迟,而不会导致波形失真。

现在的问题是,为了确保重构信号不失真,各个滤波器组之间应满足何种关系。

由例 5-8 和图 5-33 可知,二抽取所产生的映像 $X(-z)$ 是引起混叠现象的主要原因。由式(5.3.36)可知,为消除这一影响,应当令 $X(-z)$ 前面的因子为 0,并称之为抗混叠条件:

$$H_0(-z)G_0(z)+H_1(-z)G_1(z)=0 \tag{5.3.37a}$$

为了使 $Y(z)$ 成为 $X(z)$ 的纯延时信号,应当令 $X(z)$ 前面的因子为纯延时因子,并称之为纯延时条件,即

$$H_0(z)G_0(z)+H_1(z)G_1(z)=cz^{-m} \tag{5.3.37b}$$

式中:c 为任意常数,不妨令 $c=2$;m 为整数;当各级滤波器的单位脉冲响应序列的长度都等于 M 时,可取 $m=M$。

式(5.3.37)所表示的抗混叠条件和纯延时条件,共同构成了双通道多分辨力信号分解的理想重构条件(Perfect Reconstruction,PR)。

定理 5-9:若分解滤波器组 $H_i(z)$ 与重构滤波器组 $G_i(z)$ $(i=0,1)$ 满足如下交叉关系:

$$\begin{cases}G_0(z)=H_1(-z) \quad 或 \quad g_0[k]=(-1)^k h_1[k]\\ G_1(z)=-H_0(-z) \quad 或 \quad g_1[k]=-(-1)^k h_0[k]\end{cases} \tag{5.3.38}$$

则它们必然满足理想的抗混叠条件(式(5.3.27a)),且滤波器组 $H_i(z)$ 与 $G_i(z)$ $(i=0,1)$ 的单位脉冲响应序列 $h_1[k]$ 和 $g_0[k]$ 之间、$h_0[k]$ 和 $g_1[k]$ 之间存在如下交叉的双正交关系:

$$\begin{cases}<g_0[k],\breve{h}_1[k-2n+1]>=0\\ <g_1[k],\breve{h}_0[k-2n+1]>=0\end{cases} \tag{5.3.39}$$

式中:$\breve{h}_i[k]$ 为 $h_i[k]$ $(i=0,1)$ 的时序反转,即 $\breve{h}[k]=h[M-k]$;M 为序列 $h_i[k]$ 的长度。

定理 5-9 表明,$\breve{h}_1[k]$ 与 $g_0[k]$ 的奇数时间位移正交;$\breve{h}_0[k]$ 与 $g_1[k]$ 的奇数时间位移正交。因此,称式(5.3.39)为抗混叠双正交条件(Bi-orthogonal Condition)。

证明:仅证明式(5.3.39)中的第一式。

将式(5.3.38)中第一式等号两边同乘以 $H_1(z)$,得

$$G_0(z)H_1(z) = H_1(-z)H_1(z) \overset{\text{def}}{=} H(z)$$

式中：$H(z)=H_1(-z)\times H_1(z)=H(-z)$，故有

$$H(z) = \frac{1}{2}[H(z)+H(-z)] = \frac{1}{2}\{\sum_k h[k]z^{-k} + \sum_k (-1)^k h[k]z^{-k}\}$$

由此可见，$H(z)$的奇次项为0，也即 $G_0(z)H_1(z)$只有偶次项而无奇次项。根据卷积定理，有

$$\begin{aligned} G_0(z)H_1(z) &\Leftrightarrow \sum_m g_0[m]\cdot h_1[k-m] \\ &\overset{k=2n-1}{=} \langle g_0[m], \breve{h}_1[m-2n+1]\rangle = 0 \end{aligned}$$

式中：n 为任意整数。同理，可证得式(5.3.39)中的第二式。

在满足理想的抗混叠条件（式(5.3.38)）下，式(5.3.37b)可改写为

$$T(z) = H_0(z)H_1(-z) - H_0(-z)H_1(z) = 2z^{-m} \tag{5.3.40}$$

式中：$T(z)$为在理想重构条件下，图 5－33 所示的双通道信号分解与重构系统的脉冲传递函数，即 $T(z)=Y(z)/X(z)$。

定理 5－10：在理想重构条件下，双通道信号分解与重构系统 $T(z)$的时延值 m 只能是奇数；且同一支路上的分解滤波器组 $H_i(z)$与重构滤波器组 $G_i(z)$（$i=0,1$）存在如下归一化双正交关系：

$$\begin{cases} \langle g_0[k-2n+1], \breve{h}_0[k-2n+1]\rangle = \delta(k-2n+1) \\ \langle g_1[k-2n+1], \breve{h}_1[k-2n+1]\rangle = \delta(k-2n+1) \end{cases} \quad (\forall n \in Z) \tag{5.3.41}$$

证明：先证明 m 只能是奇数。

令 $P(z)=H_0(z)H_1(-z)$，则式(5.3.40)可改写成

$$T(z) = P(z) - P(-z) = 2z^{-m}$$

假设在 $P(z)$多项式中 z^{-k}的系数为 $p[k]$，则上式可表示为

$$\begin{aligned} T(z) &= \sum_k p[k]z^{-k} - \sum_k p[k](-z)^{-k} \\ &= \sum_k [1-(-1)^k]p[k]z^{-k} = 2z^{-m} \end{aligned}$$

显然，$P(z)$与 $P(-z)$相减后的偶数项将自动抵消，故 m 必为奇数。同时上式还表明：$P(z)$只能有一个非零的奇次项，即

$$p[k] = \delta(k-m) \overset{m=2n-1}{=} \delta(k-2n+1)$$

满足该条件的 $P(z)$，称为可行的(valid)$P(z)$。

再证明归一化正交关系式(5.3.41)中的第一式。

由式(5.3.38)可知

$$P(z) = H_0(z)H_1(-z) = H_0(z)G_0(z)$$
$$= \delta(k-m)z^{-m} \Leftrightarrow h_0[k] * g_0[k]$$

利用卷积与内积的关系,得

$$G_0(z)H_0(z) \Leftrightarrow < g_0[k], \breve{h}_0[k-m] > = \delta(k-m)z^{-m}$$

已知 m 为奇数,因此,$\forall\ n \in Z$,必有

$$< g_0[k-2n+1], \breve{h}_0[k-2n+1] > = \delta(k-2n+1)$$

类似地,可证得式(5.3.41b)中的第二式。

三、双正交滤波器组与 $\varphi(t)$ 和 $\psi(t)$ 的关系

考虑图 5-33 所示的双通道信号分解与重构的典型环节。由二尺度差分方程式(5.3.15)和式(5.3.16)可知,尺度函数 $\varphi(t-k)$ 与 $\breve{h}_{0k}$、小波函数 $\psi(t-k)$ 和尺度函数 $\varphi(t-k)$ 与 $\breve{h}_{1k}$ 相关联;根据式抗混叠条件(式(5.3.38)),不难看出 $\breve{\psi}(t-k)$ 和 $\breve{\psi}(t-k)$ 与 g_{0k},$\breve{\psi}(t-k)$ 与 g_{1k} 相关联。

由式(5.3.41)可推知:同一支路上的尺度函数和小波函数的存在归一化双正交关系

$$\begin{cases} < \breve{\psi}(t-k), \varphi(t-k') > = \delta(k-k') \\ < \breve{\varphi}(t-k), \psi(t-k') > = \delta(k-k') \end{cases} \tag{5.3.42}$$

类似地,根据式(5.3.39)可以证明:两个支路上的尺度函数与小波函数之间存在交叉的正交关系:

$$\begin{cases} < \breve{\psi}(t-k), \psi(t-k') > = 0 \\ < \breve{\varphi}(t-k), \varphi(t-k') > = 0 \end{cases} \tag{5.3.43}$$

综上所述,经严格推导可得到如下一些重要的关系:

(1) 二尺度差分方程:

$$\varphi\left(\frac{t}{2}\right) = \sqrt{2}\sum_k \breve{h}_{0k}\varphi(t-k), \quad \breve{\psi}\left(\frac{t}{2}\right) = \sqrt{2}\sum_k g_{0k}\,\breve{\varphi}(t-k)$$

$$\psi\left(\frac{t}{2}\right) = \sqrt{2}\sum_k \breve{h}_{1k}\varphi(t-k), \breve{\varphi}\left(\frac{t}{2}\right) = \sqrt{2}\sum_k g_{1k}\,\breve{\varphi}(t-k)$$

式中:

$$\breve{h}_{0k} = < \varphi_{10}(t), \varphi_{0k}(t) >, \quad \breve{h}_{1k} = < \psi_{10}(t), \varphi_{0k}(t) >$$

$$g_{0k} = < \breve{\psi}_{10}(t), \breve{\varphi}_{0k}(t) >, \quad g_{1k} = < \breve{\varphi}_{10}(t), \breve{\varphi}_{0k}(t) >$$

(2) 脉冲响应函数的总和:

$$\sum_k \breve{h}_{0k} = \sqrt{2}, \quad \sum_k \breve{h}_{1k} = 0$$

$$\sum_k g_{0k} = 0, \quad \sum_k g_{1k} = \sqrt{2}$$

(3) 频域关系式：令

$$H_0(\Omega) = H_0(e^{j\Omega}) = \sum_k h_{0k} e^{-jk\Omega}, \quad H_1(\Omega) = H_1(e^{j\Omega}) = \sum_k h_{1k} e^{-jk\Omega}$$

$$G_0(\Omega) = G_0(e^{j\Omega}) = \sum_k g_{0k} e^{-jk\Omega}, \quad G_1(\Omega) = G_1(e^{j\Omega}) = \sum_k g_{1k} e^{-jk\Omega}$$

则二尺度关系的频域形式为

$$\Phi(\Omega) = H_0\left(\frac{\Omega}{2}\right)\Phi\left(\frac{\Omega}{2}\right), \quad \breve{\Psi}(\Omega) = G_0\left(\frac{\Omega}{2}\right)\breve{\Phi}\left(\frac{\Omega}{2}\right)$$

$$\Psi(\Omega) = H_1\left(\frac{\Omega}{2}\right)\Phi\left(\frac{\Omega}{2}\right), \quad \breve{\Phi}(\Omega) = G_1\left(\frac{\Omega}{2}\right)\breve{\Phi}\left(\frac{\Omega}{2}\right)$$

式中：$\Phi(\Omega)$，$\Psi(\Omega)$分别为尺度函数$\varphi(t)$和小波函数$\psi(t)$的离散时间傅里叶变换（DTFT）。

(4) 频域初值与终值：

$$H_0(\Omega)|_{\Omega=0} = G_1(\Omega)|_{\Omega=0} = \sqrt{2}, \quad H_0(\Omega)|_{\Omega=\pi} = G_1(\Omega)|_{\Omega=\pi} = 0$$
$$H_1(\Omega)|_{\Omega=0} = G_0(\Omega)|_{\Omega=0} = 0, \quad H_1(\Omega)|_{\Omega=\pi} = G_0(\Omega)|_{\Omega=\pi} = \sqrt{2}$$

(5) 递推关系：

$$\begin{cases} \Phi(\Omega) = \prod_{m=1}^{\infty} H'_0\left(\frac{\Omega}{2^m}\right), \breve{\Psi}(\Omega) = G'_0\left(\frac{\Omega}{2}\right)\prod_{m=2}^{\infty} G'_1\left(\frac{\Omega}{2^m}\right) \\ \Psi(\Omega) = H'_1\left(\frac{\Omega}{2}\right)\prod_{m=2}^{\infty} H'_0\left(\frac{\Omega}{2^m}\right), \quad \breve{\Phi}(\Omega) = \prod_{m=1}^{\infty} G'_1\left(\frac{\Omega}{2^m}\right) \end{cases} \tag{5.3.44}$$

式中：$H(\Omega)/\sqrt{2} = H'(\Omega)$；$G(\Omega)/\sqrt{2} = G'(\Omega)$。

5.4 快速小波变换的实现与应用

下面，首先介绍几种常用双正交滤波器组的设计方法。然后，讨论利用双正交滤波器组实现 Mallat 算法应当考虑的问题。最后，简要介绍通过双正交滤波器组求解尺度函数和小波函数的算法。

5.4.1 双正交滤波器组的设计方法

基于双正交滤波器组的多分辨力信号分解或重构算法的主要优点是：不仅分解滤波器组和重构滤波器组都具有线性相位，而且二者均可用不同长度的横向滤波器来近似。目前，常用的双正交滤波器组的设计方法主要有如下两大类：

一、半带滤波器

通过半带滤波器来设计双正交滤波器组是一种简单的途径。这种设计方法仅要求考虑双通道信号分解与重构（图 5-33）的抗混叠条件，即

$$G_0(z) = H_1(-z), G_1(z) = -H_0(-z) \tag{5.4.1a}$$

或者

$$g_0[k] = (-1)^k h_1[k], \quad g_1[k] = -(-1)^k h_0[k] \tag{5.4.1b}$$

和纯延时条件：

$$H_0(z)G_0(z) + H_1(z)G_1(z) = 2z^{-m} \tag{5.4.2}$$

由式(5.4.1a)可得

$$H_1(z)G_1(z) = -H_0(-z)G_0(-z) \tag{5.4.3}$$

如果令

$$P(z) = H_0(z)G_0(z) \tag{5.4.4}$$

则式(5.4.2)就可表示为

$$T(z) = P(z) - P(-z) = 2z^{-m} \tag{5.4.5}$$

式中：$T(z)$为双通道信号分解与重构系统的脉冲传递函数。

半带滤波器$P(z)$是一种关于$\pi/2$镜像对称的偶对称横向滤波器，它的偶次项系数皆为零，奇数项可根据具体要求进行设计[17,18]。在此，仅给出一种按拉格朗日插值公式确定的半带滤波器$P(z)$系数：

$$p_{2k-1} = \frac{(-1)^{k+N-1}\prod_{n=1}^{2N}(N+1/2-n)}{(N-k)!(N-1+k)!(2k-1)} \quad (k = 1,2,\cdots,N) \tag{5.4.6}$$

式中：$P(z)$的单位脉冲响应序列的长度为$M = 4N-1$。

例如，当$N=4$时，$M=15$。按式计算(5.4.6)可得到如表5-2所列的半带滤波器$P(z)$的系数(即单位脉冲响应序列)。

表5-2 按拉格朗日插值公式确定的半带滤波器系数

k	0	±1	±2	±3	±4	±5	±6	±7
p_k	1/2	1225/4096	0	-245/4096	0	49/4096	0	-5/4096

【例5-9】 已知

$$G_0(z) = \frac{1}{4}(z + 2 + z^{-1}) = \left(\frac{z + z^{-1}}{2}\right)^2$$

要求根据长度$N=15$的半带滤波器$P(z)$，求解滤波器$H_0(z)$的表达式。

解：由式(5.4.4)，得

$$H_0(z) = \frac{P(z)}{G_0(z)}$$

分解结果如表5-3所列。因为$P(z)$和$G_0(z)$的系数都是对称的，所以$H_0(z)$的系数也必然是对称的，于是$G_0(z)$和$H_0(z)$都具有线性相位。$G_0(z)$和$H_0(z)$确定后，就可根据式(5.4.1)计算出$G_1(z)$和$H_1(z)$。

表 5-3　例 5-9 的分解结果

k	0	±1	±2	±3	±4	±5	±6
$g_0[k]$	1/2	1/4	0	0	0	0	0
$h_0[k]$	700/1024	324/1024	-123/1024	-78/1024	94/1024	4/1024	-5/1024

工程中常采用加窗和优化方法来设计横向半带滤波器，具体步骤如下：

(1) 按式(5.4.6)计算半带滤波器系数 p_k；

(2) 根据设计要求和滤波器特性，选择窗函数 w_k 及其宽度 N；

(3) 计算 $Z[p_k \cdot w_k]$，检验其性能指标是否满足要求。

二、按正规性条件设计滤波器组

按正规性条件设计的数字滤波器组 $G_0(z)$ 和 $H_0(z)$，必须满足理想重构条件（式(5.3.37)）和正规性条件（Regularity Condition）[18]，下面列举一些设计示例：

1. 采用 B 样条函数

$\forall K \in Z$，当 N 和 $N' \geqslant K$，且均为偶数时，取

$$\begin{cases} G_0(\mathrm{e}^{\mathrm{j}\Omega}) = \left(\cos\dfrac{\Omega}{2}\right)^{N'} \overset{\text{def}}{=} G_0(\Omega) \\ H_0(\mathrm{e}^{\mathrm{j}\Omega}) = \left(\cos\dfrac{\Omega}{2}\right)^{N} \displaystyle\sum_{k=0}^{K-1} C_{K-1-k}^{k}\left(\sin^2\dfrac{\Omega}{2}\right)^{k} \overset{\text{def}}{=} H_0(\Omega) \end{cases} \tag{5.4.7}$$

当 N 和 N' 均为奇数时，取

$$\begin{cases} G_0(\mathrm{e}^{\mathrm{j}\Omega}) = \mathrm{e}^{-\mathrm{j}\Omega/2}\left(\cos\dfrac{\Omega}{2}\right)^{N'} \overset{\text{def}}{=} G_0(\Omega) \\ H_0(\mathrm{e}^{\mathrm{j}\Omega}) = \mathrm{e}^{-\mathrm{j}\Omega/2}\left(\cos\dfrac{\Omega}{2}\right)^{N} \displaystyle\sum_{k=0}^{K-1} C_{K-1-k}^{k}\left(\sin^2\dfrac{\Omega}{2}\right)^{k} \overset{\text{def}}{=} H_0(\Omega) \end{cases} \tag{5.4.8}$$

式中：N，N' 分别为 $G_0(\Omega)$ 和 $H_0(\Omega)$ 的阶次；二项式系数由下式给出：

$$C_{K-1+k}^{k} = \binom{K-1+k}{k} = \frac{(K-1+k)!}{k!(K-1)!} \quad (0! = 1)$$

表 5-4 是不同 N 和 N' 的组合下所得到的 $G_0(z)$ 和 $H_0(z)$（令 $z = \mathrm{e}^{\mathrm{j}\Omega}$，即可得到滤波器的频率特性 $G_0(\mathrm{e}^{\mathrm{j}\Omega})$ 和 $H_0(\mathrm{e}^{\mathrm{j}\Omega})$）。由表 5-4 中可见，滤波器 $G_0(z)$ 和 $H_0(z)$ 的系数都是以 2 的整次幂为分母的简单分数，因而特别易于编写计算机程序来实现信号的小波分解或重构。

一旦得到 G_0 和 H_0，便可根据式(5.4.1)求出 G_1 和 H_1。按该方法设计的滤波器组(H_0,H_1)和(G_0,G_1)，称为在双正交条件下满足正规性要求的互补滤波器组（Complementary Filter Bank）。

表 5-4　样条滤波器[表列值 $\times\sqrt{2}$]

N	$G_0(z)$	N'	$H_0(z)$
1	$(1+z)/2$	1	$(1+z)/2$
		3	$(-z^{-2}+z^{-1}+8+8z+z^2-z^3)/16$
		5	$(3z^{-4}-3z^{-3}-22z^{-2}+22z^{-1}+128+128z+22z^2-22z^3-3z^4+3z^5)/256$
2	$(z^{-1}+2+z)/4$	2	$(-z^{-2}+2z^{-1}+6+2z-z^2)/8$
		4	$(3z^{-4}-6z^{-3}-16z^{-2}+38z^{-1}+90+38z-16z^2-6z^3+3z^4)/128$
		6	$(-5z^{-6}+10z^{-5}+34z^{-4}-78z^{-3}-123z^{-2}+324z^{-1}+700+324z-123z^2-78z^3+34z^4+10z^5-5z^6)/1024$
3	$(z^{-1}+3+3z+z^2)/8$	1	$(-z^{-1}+3+3z-z^2)/4$
		3	$3z^{-3}-9z^{-2}-7z^{-1}+45+45z-7z^2-9z^3+3z^4)/64$
		5	$(-5z^{-5}+15z^{-4}+19z^{-3}-97z^{-2}-26z^{-1}+350+350z-26z^2-97z^3+19z^4+15z^5-5z^6)/512$

2. 滤波器长度接近相等

表 5-5 给出了 $N=K=4$, $N'=K=5$ 的部分结果，此时滤波器 G_0 和 H_0 的系数不再是简单的分数。

表 5-5　长度接近相等的样条滤波器系数[表列值 $\times\sqrt{2}$]

N, N'	k	$h_0[k]$	$g_0[k]$
4	0	0.557 543 526 229	0.602 949 018 236
	±1	0.295 635 881 557	0.266 864 118 443
	±2	-0.028 771 763 114	-0.078 223 266 529
	±3	-0.045 635 881 557	-0.016 864 118 443
	±4	0	0.026 748 757 411
5	0	0.636 046 869 922	0.520 897 409 718
	±1	0.337 150 822 538	0.244 379 838 485
	±2	-0.066 117 805 605	-0.038 511 714 155
	±3	-0.096 666 153 049	0.005 620 161 515
	±4	-0.001 905 629 356	0.028 063 009 296
	±5	0.009 515 330 511	0

3. 接近于正交基的双正交滤波器

Burt-Adelson 构造了一种双正交滤波器组，表 5-6 给出了其单位脉冲响应序列。

此例表明，对称且接近正交的滤波器组确实存在，由此导出的双正交关系接近于理想正交关系,而且保持双正交关系的一切良好性质。

表5-6 Burt 双正交滤波器系数

(第三列为正交滤波器系数)[表列值 $\times\sqrt{2}$]

k	$h_0[k]$	$g_0[k]$	$h_0[k]$(正交)
-3	0	-0.010 714 285 714	0
-2	-0.05	-0.053 571 428 571	-0.051 429 728 471
-1	0.25	0.260 714 285 714	0.238 929 728 471
0	0.6	0.607 142 857 143	0.602 859 456 942
1	0.25	0.260 714 285 714	0.272 140 543 058
2	-0.05	-0.053 571 428 571	-0.051 429 972 847
3	0	-0.010 714 285 714	-0.11 070 271 529

参考文献[18]给出了接近于正交的双正交滤波器组的一种设计方法。选择

$$H_0(\Omega) = \left(\cos\frac{\Omega}{2}\right)^{2K}\left[\sum_{k=0}^{K-1} C_{K-1-k}^{k}\left(\sin\frac{\Omega}{2}\right)^{2k} + \alpha\left(\sin\frac{\Omega}{2}\right)^{2K}\right] \tag{5.4.9}$$

式中:α 为待定的常数。具体计算步骤如下:

(1) 求 α, 使

$$\left|\int_{-\pi}^{\pi}\left[1 - |H_0(\Omega)|^2 - |H_0(\Omega+\pi)|^2\right]\mathrm{d}\Omega\right| \tag{5.4.10}$$

最小。例如,对于 $K=1,2,3$,相应的 α 值分别为:0.861,3.328,13.113。

(2) 若 α 值是无理数,则应改用分数表示。在本例中,当 $K=1$ 时,$\alpha=4/5$;当 $K=2$ 时,$\alpha=16/5$;当 $K=2$ 时,$\alpha=13$。确定了 α 值之后,即可求出 $H_0(\Omega)$。

(3) 类似地,要求滤波器 $G_0(\Omega)$ 也能被因式 $(\cos\Omega/2)^{2K}$ 整除,令

$$G_0(\Omega) = \left(\cos\frac{\Omega}{2}\right)^{2K} Q_K\left(\sin^2\frac{\Omega}{2}\right) \tag{5.4.11}$$

式中:$Q_k(x)$ 为 x 的 $3K-1$ 次多项式,即

$$Q_K(x) = \sum_{k=0}^{3K-1} C_{3K-1+k}^{k} x^k + O(x^{3K}) \tag{5.4.12}$$

当 $K=2$ 和 3 时,分别得到

$$Q_2(x) = 1 + 2x + \frac{14}{5}x^2 + 8x^3 - \frac{8024}{455}x^4 + \frac{3776}{455}x^5$$

$$Q_3(x) = 1 + 3x + 6x^2 + 7x^3 + 30x^4 + 42x^5 - \frac{1721516}{6075}x^6 + \frac{1921766}{6075}x^7$$

表5-7给出了当 $K=2$ 和 3 时,滤波器 $G_0(z)$ 和 $H_0(z)$ 的单位脉冲响应序列。

表 5-7　接近正交的双正交滤波器系数

（第三列为正交滤波器系数）[表列值 $\times\sqrt{2}$]

K	k	$h_0[k]$	$g_0[k]$	k	$h_0[k]$		
2	0	0.575	0.575 291 985 6044			0	0.574 682 393 857
	-1	0.281	0.286 392 513 736	-1	0.273 021 046 535	1	0.294 867 193 696
	-2	-0.05	-0.052 305 116 758	-2	-0.047 639 590 310	2	-0.054 085 607 092
	-3	-0.031	-0.039 723 557 692	-3	-0.029 320 137 980	3	-0.042 026 480 461
	-4	0.0125	0.015 925 480 769	-4	0.011 587 596 739	4	0.016 744 410 163
	-5	0	0.003 837 568 681	-5	0	5	0.003 967 883 613
	-6	0	-0.001 266 311 813	-6	0	6	-0.001 289 203 356
	-7	0	-0.000 506 524 725	-7	0	7	-0.000 509 505 399
3	0	0.563	0.560 116 167 736			0	0.561 285 256 870
	-1	0.293	0.296 144 908 701	-1	0.286 503 335 274	1	0.302 983 571 773
	-2	-0.047	-0.047 005 100 329	-2	-0.043 220 763 560	2	-0.050 770 140 755
	-3	-0.049	-0.055 220 135 661	-3	-0.046 507 764 479	3	-0.058 196 250 762
	-4	0.019	0.021 983 637 555	-4	0.016 583 560 479	4	0.024 434 094 321
	-5	0.006	0.010 536 373 594	-5	0.005 503 126 709	5	0.011 229 240 962
	-6	-0.003	-0.005 725 661 541	-6	-0.002 682 418 671	6	-0.006 369 601 011
	-7	0	-0.001 774 953 991	-7	0	7	-0.001 820 458 916
	-8	0	0.000 736 056 355	-8	0	8	0.000 790 205 101
	-9	0	0.000 339 274 308	-9	0	9	0.000 329 665 175
	-10	0	-0.000 047 015 908	-10	0	10	0.000 050 192 775
	-11	0	-0.000 025 466 950	-11	0	11	-0.000 024 465 734

5.4.2　时间栅格加密与多孔算法

利用双正交滤波器组来实现 Mallat 算法，除了具有前面讨论的优点之外，还可显著地减少离散小波变换的计算量。不过，按图 5-26 进行信号分解的最初输入 $x_k^{(0)}$，它是 $x(t)$ 在 V_0 空间上投影 $P_0[x(t)]$ 的离散概貌信号，即

$$x_k^{(0)} = \int x(t)\cdot\varphi(t-k)\,\mathrm{d}t$$
$$= \sum_n x[n]\cdot\varphi(n-k)\quad (k=0,1,2,\cdots) \tag{5.4.13}$$

通常应按式(5.4.13)计算 $x_k^{(0)}$，而不是直接把原信号 $x(t)$ 的采样序列 x_k 作为初始输入 $x_k^{(0)}$。因此，在对有限长序列 x_k 进行分解时，序列两端的数据精度必定受到影响。为了避免出现这一问题，可按 5.2.2 节所介绍的数据初始化方法对序列的边界进行处理。

一、时间栅格加密

按图 5-26 进行信号分解，序列的点数每经一级分解都要作一次二抽取，从而使下一级的输入序列的点数减半。信号分解的级数 m 愈大，序列 $x_k^{(m)}$ 和 $d_k^{(m)}$ 的

点数愈稀，以至于难以看清其波形变化的全貌。为解决这一问题，考虑采样图5－34所示的信号分解过程。其基本思路：把图5－34(a)基本环节中 $h_1[k]$ 后面的二抽取环节取消，使输出包含了细节信号(也即小波变换)的奇偶分量；把 $h_0[k]$ 后面的二抽取过程改为交替切换过程，分成两路输出，送到下一级去，如图5－34(b)中的基本环节C。将基本环节C逐级组合起来，便得到图5－34(c)所示处理方法，其中，各级基本环节C的输出在离散栅格上的相应位置用相同的符号表示。

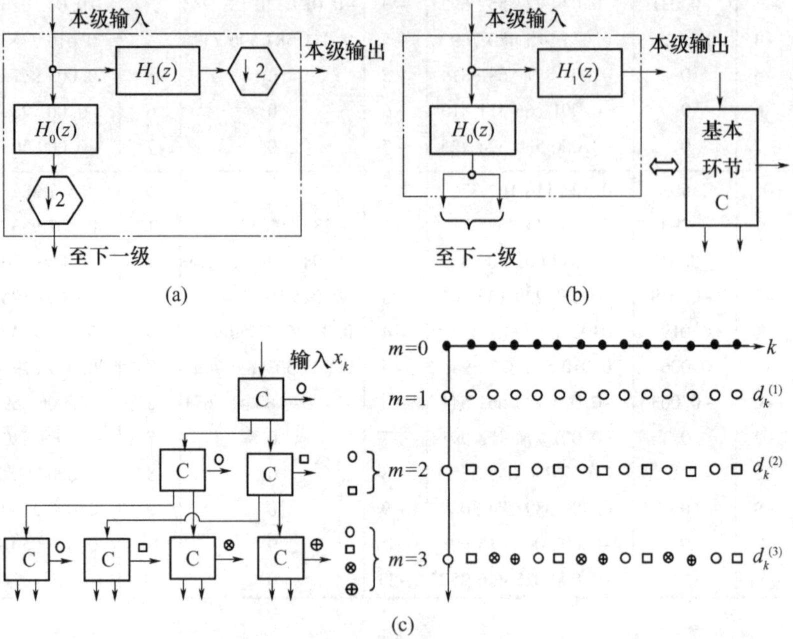

图5－34　信号分解过程

(a) Mallat算法的基本环节；(b) 取消二抽取的基本环节C；

(c) 由基本环节C构成的Mallat算法。

二、Mallat多孔算法

图5－35所示的信号分解过程等效于图5－26所示的基于二分树结构的Mallat算法。在图5－26中，如果舍掉二抽取环节，则可得到如图5－35所示的各级

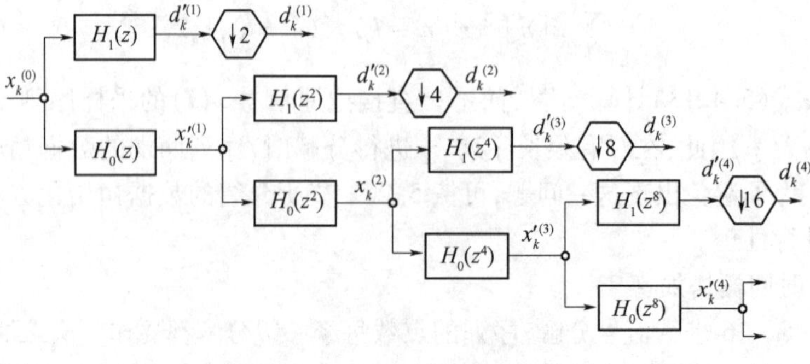

图5－35　信号分解的多孔算法

抽取前的细节函数 $d'^{(1)}_k, d'^{(2)}_k, \cdots$，其实质相当于将图 5-34(c) 中各栅格点的小波变换全部计算出来。由于 $H(z^M)$ 的含义是在单位脉冲响应函数 $h[k]$ 序列的两点之间插入 $M=2^m-1$ 个零值，所以这种算法等同于在 $h_0[k]$ 和 $h_1[k]$ 的栅格点之间插入相应个数的零值后，再与被分解信号作卷积运算，故称之为多孔算法（Porous Algorithm）。

现将多孔算法的伪码程序列写如下：

信号分解：$m=0$

While $m<K$

$$d_k^{(m+1)} = x_k^{(m)} * h_1^{(m)}[k]$$

$$x_k^{(m+1)} = x_k^{(m)} * h_0^{(m)}[k]$$

$m=m+1$

end of while

注意，$h^{(m)}[k]$ 表示 $h[k]$ 序列的相邻两项之间插入 $M=2^m-1$ 个 0。

信号重构：$m=M$

while $m>0$

$$x_k^{(m(1)} = x_k^{x(m)} * g_0^{(m)}[k] + d_k^{(m)} * g_1^{(m)}[k]$$

$m=m-1$

end of while

在此，$g^{(m)}[k]$ 同样表示在 $g[k]$ 序列的相邻两项之间插入了 $M=2^m-1$ 个 0。

基于离散栅格的快速小波变换算法——Mallat 算法，引出了多采样率滤波器组的概念和基于双正交滤波器组的多分辨力信号分析方法，不但丰富了小波变换的内涵，而且可根据双正交滤波器组的设计表格，进行快速小波变换，从而使 Mallat 算法的实现变得更加简单便捷。

【例 5-10】 应用多孔算法，采用表 5-7（$K=2$）双正交滤波器组 $h_0[k]$ 和 $g_0[k]$ 对数据 leleccum 进行三层分解。

MATLAB 程序清单如下：

```
% 装载原始的一维信号
  load leleccum; s = leleccum(1:3920); % MATLAB 附带的数据包
  Ls = length(s);
% 画出原始波形
  figure(1);
  subplot(511);plot(s);
% 用表 5 -7(K =2)双正交滤波器组系数 h0,g0 进行快速小波变换
  h0 =[ 0,0,0,0.011587596739, -0.029320137980, -0.047639590310,0.273021046535,...
      0.574682393857,0.294867193696, -0.054085607092, -0.042026480461,0.016744410163,...
      0.003967883613,-0.001289203356, -0.00050950599];
  g0 =[ -0.000506524725, -0.001266311813,0.003837568681,0.015925480769,
      -0.039723557692,...-0.052305116758,0.286392513736,0.5752919856044,
      0.286392513736,-0.052305116758, ... -0.039723557692,0.015925480769,
```

```
    0.003837568681, -0.001266311813, -0.000506524725];
% 当m=0时,由式(5.4.1)得:G0(z)=H1(-z);h1(k)=(-1)^n×g0(k)
  h1=[0.000506524725, -0.001266311813, -0.003837568681, 0.015925480769,
    0.039723557692,... -0.052305116758, -0.286392513736, 0.5752919856044,
     -0.286392513736, 0.052305116758, ...
   0.039723557692, 0.015925480769, -0.003837568681, -0.001266311813, 0.000506524725];
% 用h0,h1进行第一层系数分解
  ca1=conv(s,h0)*2^0.5;                          % 低频部分
  cd1=conv(s,h1)*2^0.5;                          % 高频部分
% 画出第一层高频cd1
  Ld1=length(cd1);
  k=1:2:Ld1;                                     % 二抽取
  subplot(512);plot(k/2,cd1(k));
% 用h2_0,h2_1进行第二层系数分解
  h2_0=dyadup(h0,2);                             % dyadup:对h0进行二插值
  h2_1=dyadup(h1,2);                             % dyadup:对h1进行二插值y
  ca2=conv(ca1,h2_0)*2^0.5;
  cd2=conv(ca1,h2_1)*2^0.5;
% 画出第二层高频小波系数cd2
  Ld2=length(cd2);
  k=1:4:Ld2;                                     % 四抽取
  subplot(513);plot(k/4,cd2(k));
% 用h4_0,h4_1进行第三层系数分解
  h4_0=dyadup(h2_0,2);                           % dyadup:对h2_0进行二插值
  h4_1=dyadup(h2_1,2);                           % dyadup:对h2_1进行二插值
  ca3=conv(ca2,h4_0)*2^0.5;
  cd3=conv(ca2,h4_1)*2^0.5;
% 画出第二层高频小波系数cd3和低频小波系数ca3
  Ld3=length(cd2);
  k=1:8:Ld3;                                     % 八抽取
  subplot(514);plot(k/8,cd3(k));
  subplot(515);plot(k/8,ca3(k));
% ---------------------------------------
```

输出结果如图5-36所示。对照图5-20所示的分解树,可知s对应于信号空间V_0;ca_3对应于信号子空间V_3,而cd_1,cd_2和cd_3则分别对应于信号子空间W_1,W_2和W_3。

5.4.3 尺度函数与小波函数的求解

在实际应用中,通常希望多分辨力信号分解与重构算法中所采用的尺度函数和小波函数具有如下性质:

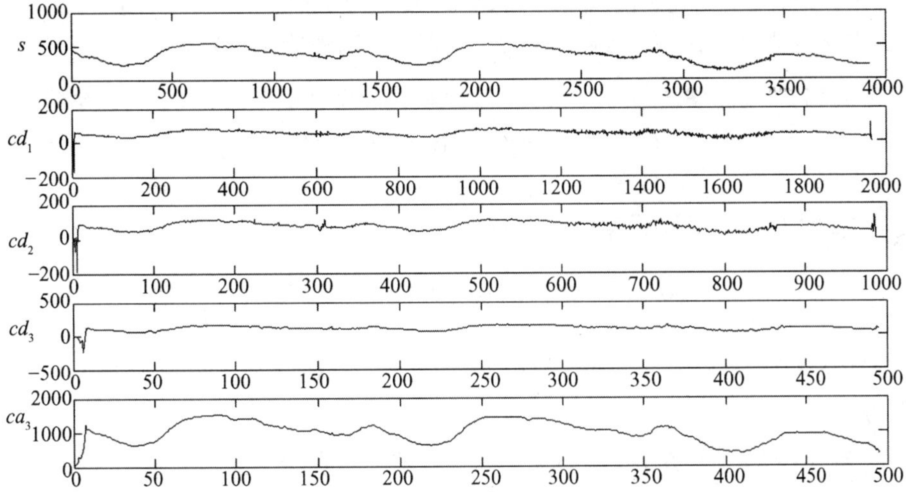

图 5－36　用表 5－7 双正交滤波器组系数($K=2$)对原始信号 s 进行三层分解

(1) 紧支撑。如果尺度函数和小波函数是紧支撑的,则正交滤波器组 $H_i(\Omega)$ 和 $G_i(\Omega)$ $(i=0,1)$ 就是有限冲激响应(横向)滤波器,在进行信号分解时,求和计算是有限项求和,这显然有利于数字实现。如果它们不是紧支撑的,则希望滤波器组 $H_i(\Omega)$ 和 $G_i(\Omega)$ 的单位脉冲响应是快速衰减的,以使得滤波器组 $H_i(\Omega)$ 和 $G_i(\Omega)$ 可以用横向滤波器合理地近似。

(2) 对称性。如果尺度函数和小波函数是对称的,则滤波器组 $H_i(\Omega)$ 和 $G_i(\Omega)$ 就具有广义的线性相位,否则,信号通过滤波器后将发生相位的畸变。在许多应用中,要求滤波器必须具有线性相位,因此,应当尽量选择具有对称性的尺度函数和小波函数。

(3) 光滑性。小波越光滑,小波分析的局域性就越好。当利用小波变换进行信号压缩时,小波的光滑性直接影响到压缩后信号的质量。例如,令小幅值的小波系数 $d_k^{(m)}$ 为零,再将与这些系数所对应的分量从原函数中除去,就可以实现信号压缩。但如果小波不光滑,则压缩后的信号(如图像)与原信号之间差异就很容易分辨出来。

(4) 正交性。利用多项式来逼近信号时,正交基是最佳的基函数,因此,使用正交尺度函数作为基底所获得的信号展开式是最佳的。

业已证明,Haar 小波是唯一同时具有紧支撑、对称性和正交性的实值小波,但它不具有光滑性。

在离散小波变换的 Mallat 算法中,正交滤波器组的系数 $h_0[k]$ 和 $h_1[k]$ 是主要参数。然而,前面讨论的滤波器组设计方法并没有考虑到尺度函数和小波函数的形状。在 Mallat 算法中,究竟采用了什么形状的尺度函数和小波函数是一个值得研究的问题,尤其是这二者是否满足上述的紧支撑、对称性、正交性和光滑性,对于小波分析的应用和正确解释小波变换结果的物理意义都是十分重要的因素。

下面，首先举例说明由 $h_0[k]$ 求尺度函数 $\varphi(t)$ 的解析方法，然后给出计算 Burt 双正交滤波器系数 $g_0[k]$ 和 $h_0[k]$（表 5-6）的频率特性的 MATLAB 程序，并根据式(5.3.44)递推计算与 $g_0[k]$ 和 $g_1[k]$ 相对应的尺度函数 $\breve{\varphi}(t)$ 和小波函数 $\breve{\psi}(t)$。当然，也可根据 $h_0[k]$ 和 $h_1[k]$ 递推计算 $\varphi(t)$ 和 $\psi(t)$。

一、由 $h_0[k]$ 求尺度函数 $\varphi(t)$

考虑式(5.3.44)中的第一式，即

$$\Phi(\Omega) = \prod_{m=1}^{\infty} H'_0\left(\frac{\Omega}{2^m}\right)$$

式中：$H'_0(\Omega) = H_0(\Omega)/\sqrt{2}$。在特殊情况下，利用该递推公式可以得到尺度函数的解析解。

【例 5-11】 设 $H_0(z) = (1 + z^{-1})/\sqrt{2}$，试求相应的尺度函数 $\varphi(t)$（在此，t 取离散值）。

解：令 $z = e^{j\Omega}$，$H_0(z)$ 可改写成

$$H_0(\Omega) = \sqrt{2}e^{-j\Omega}\cos\left(\frac{\Omega}{2}\right) \quad 或 \quad H'_0(\Omega) = e^{-j\Omega}\cos\left(\frac{\Omega}{2}\right)$$

将 $H'_0(\Omega)$ 代入 $\Phi(\Omega)$ 的递推关系式，得

$$\Phi(\Omega) = \prod_{m=1}^{\infty} H'_0\left(\frac{\Omega}{2^m}\right) = \prod_{n=1}^{\infty} \exp\left(-\frac{j\Omega}{2^m}\right)\prod_{i=1}^{\infty}\cos\left(\frac{\Omega}{2^m}\right) = e^{-j\Omega}\frac{\sin\Omega}{\Omega}$$

取傅里叶反变换即可得到 $\varphi(t)$。

二、尺度函数和小波函数的数值计算

在多数情况下是无法得到尺度函数 $\varphi(t)$ 的解析表达式，这时只能根据由递推关系式导出的 z 变换关系，通过对 $h_0[k]$ 作迭代数值卷积来求解 $\varphi(t)$。由图 5-31 可见，$H_0(z)$ 后接的 K 级串联"二抽取"环节，等价于一个等效滤波器串联 2^K 个抽样器，即

$$H^{(K)}(z) = \prod_{m=0}^{K-1} H'_0(z^{2^m})$$

如果 $H_0(z)$ 的单位脉冲响应序列 $h_0[k]$ 的原长度为 L，经 K 级串联处理后，其长度将变成 $L' = 2^{K-1}(L+1)$。若将长度为 L' 的 $h_0^{(K)}[k]$ 压缩至 L，则当 $L' \to \infty$ 时，$h_0^{(K)}[k]$ 将近似成为一个连续的波形。下面，介绍具体求解步骤：

(1) 直接计算卷积。设滤波器 $H_0(z)$ 的采样周期为 $T_s = 1s$，其单位脉冲响应序列为

$$h_0[k] = \sqrt{2}\{1,3,3,1\}/8$$

当 $K = 2$ 时，$H^{(2)}(z) = H_0(z)H_0(z^2)$。根据卷积定理，得

$$h^{(2)}[k] = h_0[k] * h_0^{(2)}[k]$$

$$= \left(\frac{\sqrt{2}}{8}\right)^2 \{1,3,3,1\} * \{1,0,3,0,3,0,1\}$$

$$= \left(\frac{\sqrt{2}}{8}\right)^2 \{1,3,6,10,12,12,10,6,3,1\}$$

当 $K=3$ 时，$H^{(3)}(z) = H^{(2)}(z) H_0(z^4)$，故有

$$h^{(3)}[k] = h^{(2)}[k] * h_0^{(4)}[k]$$

$$= \left(\frac{\sqrt{2}}{8}\right)^3 h^{(2)}[k] * \{1,0,0,0,3,0,0,0,3,0,0,0,1\}$$

$$= \left(\frac{\sqrt{2}}{8}\right)^3 \{1,3,6,10,15,21,28,36,42,48,48,42,36,28,21,15,10,6,3,1\}$$

（2）压缩。把 $h^{(K)}[k]$ 连成一条阶梯曲线，再把曲线基底压缩回 $0 \sim L-1$ 内，形成新的曲线 $f^{(K)}(t)$。具体做法是：在 $t=0 \sim (L-1)T_s$ 之内，以步长为 $1/2^{K-1}$ 画出 $h^{(K)}[k]$ 曲线（$k=0 \sim L'$），即可得到

$$f^{(K)}(t) = 2^{K/2} h_k^{(K)}$$

归一化因子 $2^{K/2}$ 的引入是因为 $H_0(z)$ 与 $H'_0(z)$ 相差 $\sqrt{2}$ 倍。

（3）计算连续尺度函数 $\varphi(t)$ 。当 $K \to \infty$ 时，$f^{(K)}(t)$ 趋近于连续尺度函数 $\varphi(t)$。在实际计算时，只要经过若干次迭代，$f^{(K)}(t)$ 便可收敛于 $\varphi(t)$。

【例 5-12】 计算 Burt 双正交滤波器组系数（表 5-6）的频率特性，并递推计算与之对应的尺度函数与小波函数。MATLAB 程序清单如下：

```
   w=0:0.01:pi;   % Ω=-pi:0.01:pi;
% h0 表示低通滤波器系数，b0 表示相应时间延迟序列；g0 表示重构滤波器系数，a0 相应时间延迟序列。
  h0=[0 -0.05 0.25 0.6 0.25 -0.05 0];k0=[6:-1:0];          % 表 6-5
  g0=[-0.010714285714 -0.053571428571 0.260714285714 0.607142857143
    0.260714285714… -0.053571428571 -0.010714285714];k1=[6:-1:0];
                                                            % 表 6-5
% 当 m=0 时，由式(5.4.1)得：g1(n)=-(-1)^n×h0(n)
  g1=[0 0.05 0.25 -0.6 0.25 0.05 0];k0=[6:-1:0];
% 计算频率特性
    e1=exp(-j*w'*k1);                  % exp(-jΩk1)
    G0=e1*g0';                         % 重构滤波器
    e0=exp(-j*w'*k0);
    G1=e0*g1';                         % 分解滤波器(低通)
    L=length(g0);                      % 滤波器长度
    m=9;                               % 迭代次数
    g0=2^0.5*g0; g1=2^0.5*g1;          % 双正交滤波器系数
    phĩ=g1; psĩ=g0;                    % 给递推计算赋初值,phi:尺度函数;psi:小波函数
% K 级迭代算法，参见式(5.3.44)
```

```
  % phi~(K) = g1(z^(2^0)) * g1(z^(2^1)) * … * g1(z(2^(K-1))) % 尺度函数,在
    此,"*"表示卷积
  % psi~(K) = g1(z^(2^0)) * g1(z^(2^1)) * … * g1(z(2^(K-2))) * g0(z(2^(K
    -1))) % 小波函数
  % psi~(K) = phi~(K-1) * g1(z(2^(K-1)))
  if m >= 2
     for i = 2:m
        g0 = dyadup(g0,2);  % dyadup:二插值函数,新数列的偶数项为零,长度为
                                (2L-1)
        g1 = dyadup(g1,2);
        psi = conv(phi,g0);  % 卷积计算
        phi = conv(phi,g1);
     end
  end
  figure(1);
  subplot(121); plot(w/pi,abs(G0)); % 滤波器 G0 的频率特性;
  subplot(122); plot(w/pi,abs(G1)); % 滤波器 G1 的频率特性;
% 曲线压缩
  figure(2);
% 尺度函数 phi;
  subplot(121);
  plot([-(L-1/length(phi))/2:L/length(phi):(L-1/length(phi))/2], -
1.4142^m*phi);
% 小波函数 psi;
  subplot(122);
  plot([-(L-1/length(psi))/2:L/length(psi):(L-1/length(psi))/2],1.
  4142^m*psi);
% ---------------------------------------
```

图 5-37 是例 5-12 的运行结果。其中,图 5-37(a)和图 5-37(b)分别是 Burt 双正交滤波器 G_0 和 G_1 的归一化幅频特性;图 5-37(c)和图 5-37(d)分别是与 Burt 双正交滤波器 G_0 和 G_1 相对应的、经过曲线压缩后的尺度函数 $\tilde{\varphi}(t)$ 和小波函数 $\tilde{\psi}(t)$ 。

5.4.4 小波变换的应用实例

小波变换是一种时—频信号分析方法,特别适合于检测叠加在平稳过程中的微弱信号。近 20 年来,小波分析方法已经广泛应用于信号的奇异性检测、信号消噪处理、含噪信号趋势项识别、信号局部频率提取、信号自相似性检测等技术专题,特别是在雷达、声纳等光电探测等军事技术领域中,取得了卓有成效的应用。

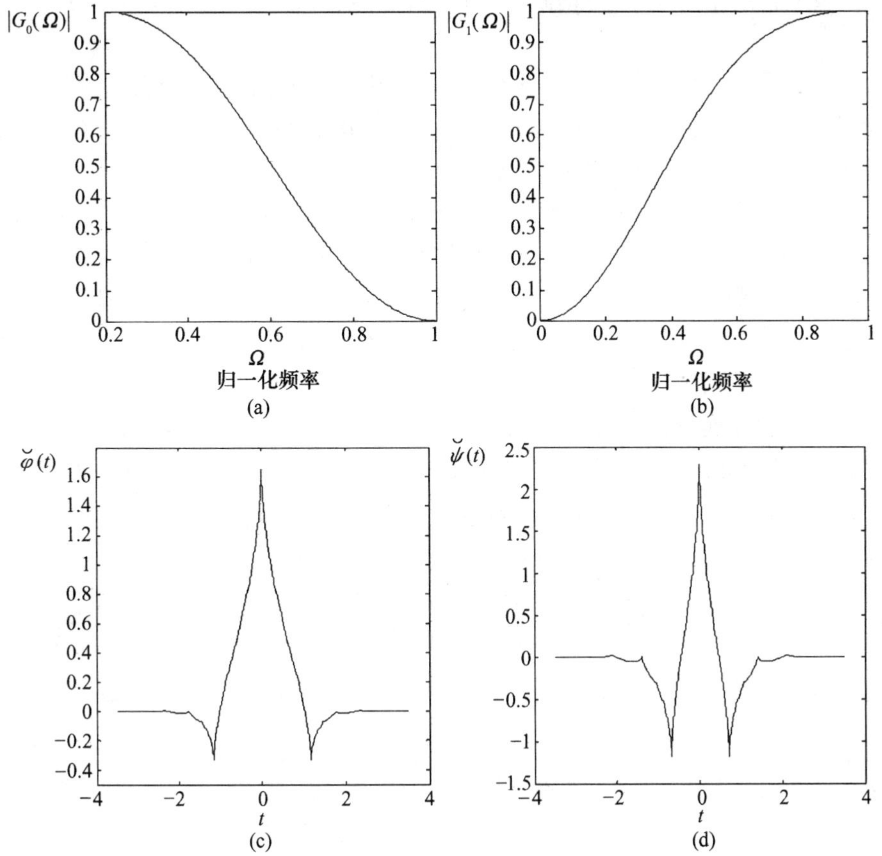

图 5-37 Burt 双正交滤波器组的幅频特性及其相应的尺度函数和小波函数

(a) $G_0(\Omega)$的幅频特性；(b) $G_1(\Omega)$的幅频特性；(c) 尺度函数的波形；(d) 小波函数的波形。

一、信号奇异性检测

信号中的奇异点及不规则的突变部分往往携带有比较重要的信息。例如，机器故障的征兆通常表现为输出信号的突变，因此，对突变点的检测与识别在故障诊断中起着非常关键的作用。长期以来，傅里叶变换一直是研究信号奇异性的主要工具，但它只能确定整段数据是否存在奇异点，而难以确定奇异点发生的时刻及其分布情况。而小波变换恰恰具有空间局部化的特性，因而成为继快速傅里叶变换之后又一功能强大的信号分析工具。

在数学上，常用李普希兹(Lipschitz)指数来描述函数的局部奇异性。

定义：设 n 是一个非负整数，$n \leqslant \alpha \leqslant n+1$，如果存在着两个常数 A 和 $\beta(>0)$ 以及 n 次多项式 $x_n(\beta)$，使得 $\forall \beta \leqslant \beta_0$，均有

$$|x(t_0+\beta)-x_n(\beta)| \leqslant A|\beta|^{\alpha} \tag{5.4.14}$$

则称函数 $x(t)$ 在点 t_0 的李普希兹指数为 α，简记为 L_α。如果上式对所有的 $t_0 \in (a,b)$ 均成立，且 $t_0+\beta \in (a,b)$，则称 $x(t)$ 在 (a,b) 上具有一致的李普希兹指数。

定义:如果函数 $x(t)$ 在 t_0 点的李普希兹指数为 $L_\alpha<1$,则称 $x(t)$ 在 t_0 点是奇异的。

信号奇异性分两种情况:一种是在某一时刻上信号幅值发生突变,称为第一类间断点;另一种是在某一时刻上信号幅值是连续的,但它的一阶微分产生突变,且一阶微分不连续,称为第二类间断点。

从式(5.4.14)不难看出,函数 $x(t)$ 在 t_0 点的李普希兹指数 L_α 刻画了 $x(t)$ 在该点的正则性:L_α 越大,$x(t)$ 越光滑,反之亦然。若 $x(t)$ 在 t_0 点连续可微,则 $x(t)$ 在该点的李普希兹指数为 $L_\alpha=1$;若 $x(t)$ 在 t_0 点可微,且导数有界但不连续,则 $x(t)$ 在该点的李普希兹指数仍为 $L_\alpha=1$。若 $x(t)$ 在 t_0 点不连续但有界,则 $x(t)$ 在该点的李普希兹指数为 $L_\alpha=0$。

利用小波变换分析函数 $x(t)$ 的局部奇异性时,小波系数取决于 $x(t)$ 在 t_0 点领域内的特性和小波变换的尺度,因此定义小波变换的局部奇异性是必要的。

定义:设 $x(t)\in L^2(R)$,小波函数的傅里叶变换 $\Psi(\omega)$ 是连续可微的实函数,且具有 n 阶消失矩(n 为整数),即

$$\Psi_0(\omega)=\frac{\Psi(\omega)}{\omega^{n+1}},\quad \Psi_0(\omega)\mid_{\omega=0}\neq 0$$

$\forall\varepsilon,K>0$(二者均为常数),当 $|t-t_0|<\varepsilon$ 时,如果 $x(t)$ 的小波变换满足

$$|WT_x(s,t)|\leqslant Ks^\alpha \tag{5.4.15}$$

则称 α 为小波变换在 t_0 点上的奇异性指数(仍记为 L_α)。

定义:$\forall\varepsilon>0$(ε 为常数),当 $|t-t_0|<\varepsilon$ 时,如果

$$|WT_x(s,t)|\leqslant WT_x(s,t_0)| \tag{5.4.16}$$

则称 t_0 为小波变换在尺度 s 下的局部极大值点。

1. 检测第一类间断点

在例 5-6 中,信号的不连续性缘于在低频正弦信号中突然加入高频噪声。小波分析的目的是确定高频噪声加入的时刻。

2. 检测第二类间断点

【例 5-13】 设某一信号是由两个独立的指数信号光滑连接而形成的,在两个指数函数的连接处形成了第二类间断点。试利用小波分析的方法,确定该间断点的位置。

解:在外观上,给定的信号是一条光滑曲线,但在信号的连接处,该曲线的一阶微分存在突变。选择恰当形式的小波变换,如 Daubechies(db$N$)小波系($N=2,3,\cdots,10$),往往能够检测出这种间断点。

MATLAB 程序清单如下:

```
% 利用 Daubechies(db N)小波系进行小波分析,检测第二类间断点。
  clear;
  T=2;Fs=100;                              % 信号持续时间,采样频率
```

```
    t = 0:1/Fs:T - 1/Fs;                  % 时间坐标
    s1 = exp(t);s2 = exp(4 * t);          % 两个独立的指数函数
    s = [s1,s2];                          % 第二个指数函数连接在第一个指数函数的末端
    ts = 0:1/Fs:2 * T - 1/Fs;             % 信号 s 的时间坐标;
    subplot(5,1,1),plot(ts,s);            % 画出信号 s
    ds = diff(s);ds = [0,ds];             % 计算信号 s 的一阶微分并显示;
    subplot(5,1,2),plot(ts,ds);
    [C,L] = wavedec(s,2,'db3');           % 用 db3 小波分解信号到第二层;
    ca2 = wrcoef('a',C,L,'db3',2);        % 对分解结构[C, L]中的第二层低频小波系数进
                                            行重构并显示
    subplot(5,1,3),plot(t,ca2);
    cd2 = wrcoef('d',C,L,'db3',2);        % 对分解结构[C, L]中的第二层高频小波系数进
                                            行重构并显示
    subplot(5,1,4),plot(ts,cd2);
    cd1 = wrcoef('d',C,L,'db3',1);        % 对分解结构[C, L]中的第一层低频小波系数进
                                            行重构并显示
    subplot(5,1,5),plot(ts,cd1);
% -----------------------------------
```

图 5-38 给出了例 5-13 程序的运行结果。从图 5-38 中可以看出:微分函数 ds(t)、小波系数 cd_2 和 cd_1 都清晰地显示出第二类间断点出现的时刻($t=2$s)。在此,选用了 db3 小波函数。仿真试验表明:选择 db1 小波无法检出间断点的位置。

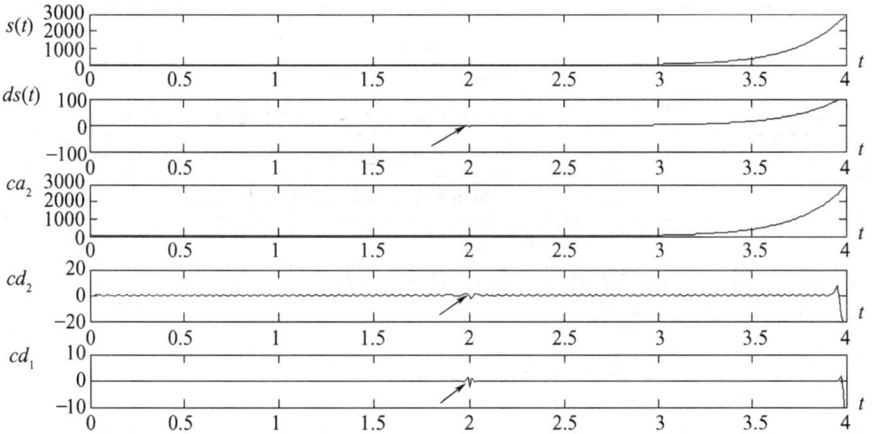

图 5-38　用 db3 小波分解信号 $s(t)$ 以检测第二类间断点

二、信号消噪

在工程应用中,信号往往具有低频特征和平稳性,而噪声的频率则具有较高的频率。因此,当对输入波形 $x(t)$ 进行小波分解时,噪声通常包含在最高频层的系数 cd_1 中。为了达到消除噪声的目的,一般可选择适当的阈值对小波变换的高频

小波系数进行处理，并根据处理结果来重构信号。一个有规则的信号往往可用小波分解的低频小波系数和若干个高频小波系数来精确地逼近，故小波变换也常常应用于信号压缩。

信号消噪过程可分为三个步骤进行：

(1) 小波分解：选择一个小波并确定分解层次 K，对输入波形 $x(t)$ 进行 K 层小波分解。

(2) 阈值的量化：为每一层高频小波系数选择一个阈值，并根据阈值的进行量化处理。

(3) 信号重构：根据小波的第 K 层低频小波系数和经过量化处理的第 $1\sim K$ 层高频小波系数，重构输入波形 $x(t)$。

在这三个步骤中，最关键的部分是如何选取恰当的阈值和小波系数的量化处理方法。MATLAB 小波变换工具箱提供了信号消噪函数 wden 和 wdencmp，具体用法如下：

wden 函数的用法：wden 函数的调用方式是

$$xd = \text{wden}(x, \text{tptr}, \text{sorh}, \text{scal}, K, \text{wav}) \qquad (5.4.17)$$

式中：xd 为对输入波形 $x(t)$ 进行消噪处理后所得到的信号；tptr 为指定阈值选取的规则，它有四种选项，具体说明见表 5－8；sorh 为指定选择软阈值（sorh ='s'）或硬阈值（sorh ='h'）；scal 为阈值尺度的比例，它有三种模式，如表 5－9 所列；K 为小波分解的层数；wav 为指定小波函数。

表 5－8　参数 tprp 的四种选项

tprp 的选项	阈值选择规则
'rigrsure'	采用 Stein 无偏风险估计（Unbiased Risk Estimate，SURE）进行阈值选择
'sqtwolog'	固定阈值形式，其值为 sqrt {2 * log[length(x)]}
'heursure'	启发式阈值选择
'minimaxi'	应用极大极小值原理进行选择选择

【例 5－14】 计算给定标准高斯白噪声 $x(t)$ 的四种阈值的大小。

MATLAB 程序清单如下：

```
x=randn(1,1000);
thr1=thselect(x,'rigrsure')
thr2=thselect(x,'sqtwolog')
thr3=thselect(x,'heursure')
thr4=thselect(x,'minimaxi')
% ----------------------------------------
```

运行结果是：

```
thr1 =2.7316;thr2 =3.7169;thr3 =3.7169;thr4 =2.2163。
```

在本例中 $x(t)$ 是一标准高斯白噪声，故希望每一种方法都能调小高频小波系数中的大部分数值。对于 rigrsure 和 minimaxi 的阈值选择规则(thr1,thr4)仅保存了大约3%的高频小波系数;对于另外两种阈值选择规则(thr2,thr3),所有高频小波系数的数值都变成了零,因而有可能把有用的高频特征信号当作噪声而被消除掉。

表5-9 参数 scal 的三种选项

scal 的选项	模式
'one'	基本模式(不改变阈值尺度)
'sln'	未知尺度的基本模式(根据第一层高频小波系数对噪声层次进行一次估计,据此改变阈值的尺度)
'mln'	非白噪声的基本模式(在各小波分解层上分别估计噪声的层次,并改变阈值尺度)

wdencmp 函数的用法:wdencmp 函数可直接对一维输入(或二维输入)进行消噪或压缩处理,具体实现方法如上所述。不过,用户可利用该函数选择自己的量化方案。请读者在 MATLAB 输入"hel Pwdencmp",以便了解该函数的功能及其调用方式。

一般而言,小波分解的第一层高频小波系数 cd1 将反映出输入序列 x_k 的高频成分,而小波分解的最后一层低频小波系数和高频小波系数则反映出输入序列 x_k 的低频成分。

噪声在小波分解具有下列基本属性:

(1) 如果被分析序列 x_k 是一个平稳的零均值白噪声序列,那么,各层小波系数是互不相关的。

(2) 如果 x_k 是高斯噪声序列,则各层小波系数是独立的,且全部服从高斯分布。

(3) 如果 x_k 是一个平稳、有色的零均值高斯噪声序列,则各层小波系数也是平稳、有色的高斯序列。

通常,人们感兴趣的问题是:如何选择小波,才能使原先相关的有色噪声序列的各层小波系数是解相关的(De - correlate)。这个问题迄今尚未完全解决。需要指出的是,由于小波系数的解相关性取决于被处理的噪声序列的统计特性,因此,即使确实存在这样的小波系数,倘若不具备有色噪声序列的先验知识,仍然有可能得不到预期的结果。

(4) 如果 x_k 是一个零均值 ARMA 序列,则对于每一小波分解尺度的级别 m,小波系数 $C_{mk}(k \in Z)$ 也是零均值 ARMA(p,q)序列,其特性取决于小波分解尺度的级别 m。

(5) 如果 x_k 是某一噪声序列,且已知它的相关系数 ρ_x,则可通过计算小波系数序列 C_{mk} 和 $C_{mk'}$ 的相关系数来比较二者之间的相似性;如果已知 x_k 序列功率谱,那么,同样可以计算出 $C_{mk}(k \in Z)$ 的功率谱,以及不同尺度级别 m 和 m' 下的互谱密度。

【例5-15】 利用测量仪器监测某电网的电压值,要求利用小波分析方法对含有噪声的采样数据进行消噪处理。

解:利用小波变换进行消噪处理的主要方法有三种:

(1) 强制消噪处理:先令各层小波分解的高频小波系数全部为零,再重构信号。这种方法的优点是简单,但有可能丢失原始信号携带的有用信息。

(2) 默认阈值消噪处理:先用 ddencmp 函数产生的默认阈值,再调用 wdencmp 函数进行消噪处理。

(3) 给定软(或硬)阈值消噪处理:在实际的消噪过程中,往往是根据经验公式或先验知识来确定阈值,这比默认阈值更符合实际情况。在确定阈值之后,可调用 wthresh 函数对高频小波系数进行量化处理。

下面,给出三种消噪处理方法的 MATLAB 程序及其消噪处理效果。

MATLAB 程序清单如下:

```
% 利用'db1'小波进行消噪处理
 load leleccum;                            % 装入 MATLAB 提供的原始数据
 x = leleccum(1:3920);Ls = length(x);
 figure(1);subplot(221);plot(x);grid;      % 画出原始数据波形
 [C,L] = wavedec(x,3,'db1');               % 采样 db1 小波对原始数据 x 进行三层分解
 ca3 = appcoef(C,L,'db1',3);               % 提取小波分解的低频小波系数;
 cd3 = detcoef(C,L,3);                     % 提取小波分解的第三层高频小波系数;
 cd2 = detcoef(C,L,2);                     % 提取小波分解的第二层高频小波系数;
 cd1 = detcoef(C,L,1);                     % 提取小波分解的第一层高频小波系数;
% 强制消噪处理
 cdd3 = zeros(1,length(cd3));
 cdd2 = zeros(1,length(cd2));
 cdd1 = zeros(1,length(cd1));
 C1 = [ca3,cdd3,cdd2,cdd1];                % 高频小波系数均为 0 的小波分解结构 C1
 x1 = waverec(C1,L,'db1');                 % 对[C1,L]分解结构进行重构
 subplot(222);plot(x1);grid;               % 画出强制消噪后的波形 x1
% 默认阈值消噪处理
 [thr,sorh,keepapp] = ddencmp('den','wv',x);
                                           % 用 ddencmp 函数获取 x 的默认阈值
 x2 = wdencmp('gbl',C,L,'db1',3,thr,sorh,keepapp);
                                           % 用 wdencmp 函数实现[C,L]的消噪过程
 subplot(223);
 plot(x2);grid;                            % 画出默认阈值消噪后的波形 x2
% 给定软阈值消噪处理
 cd1_s = wthresh(cd1,'s',1.456);           % 第一层高频小波系数的阈值取为 1.456
```

```
cd2_s =wthresh(cd2,'s',1.832);          % 第二层高频小波系数的阈值取为 1.832
cd3_s =wthresh(cd3,'s',2.786);          % 第三层高频小波系数的阈值取为 2.782
C2 =[ca3,cd3_s,cd2_s,cd1_s];            % 高系数采用软阈值的小波分解结构 C2
x3 =waverec(C2,L,'db1');                % 对[C2,L]分解结构进行重构
subplot(224);
plot(x3);grid;                          % 画出给定软阈值消噪处理后波形 x3
```

图 5-39 给出了例 5-15 程序的运行结果。从图中可见,与默认阈值和给定阈值消噪处理效果比较,强制消噪处理后的波形更为光滑,但它有可能失去原始信号中携带的有用成分。尽管如此,在解决实际问题中,大多倾向于采用默认阈值或给定阈值消噪处理方法。

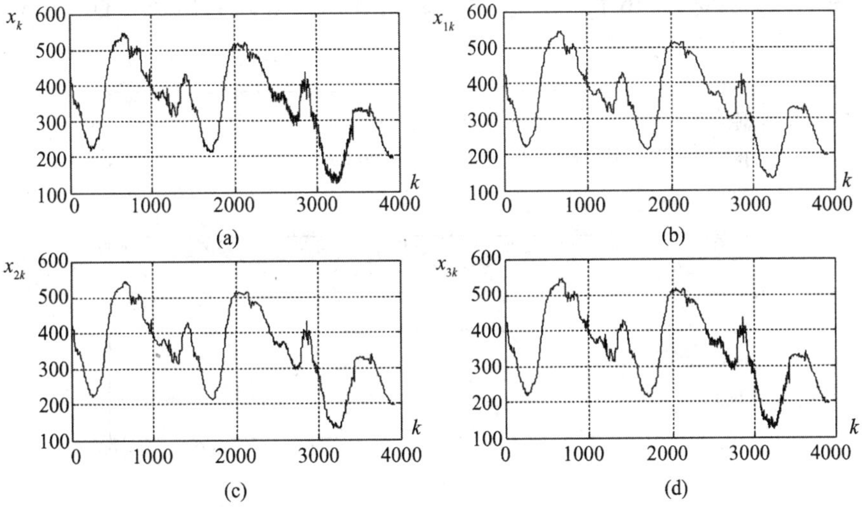

图 5-39　原始信号及三种小波消噪处理结果

(a) 原始信号; (b) 强制消噪; (c) 默认阈值消噪; (d) 给定阈值消噪。

三、信号压缩

与信号消噪过程类似,信号压缩也分为三个步骤进行:

(1) 对信号进行小波分解。

(2) 小波分解的每一层(1 ~ K)高频小波系数都可选择不同的阈值,并根据硬阈值的大小对小波系数进行量化处理。

(3) 利用量化后的小波系数重构信号。

信号压缩与信号消噪的不同之处仅在于第二步。通常采用如下两种信号压缩方法:其一,先对信号进行不同尺度的小波分解,然后选用全局阈值对小波系数进行量化处理,保留绝对值最大的小波系数;其二,根据每一层小波分解后的结果来决定该层的阈值,因而每一层的阈值是不同的。

【例 5-16】　利用小波变换对某一含噪信号(数据包 leleccum)进行压缩处理。

MATLAB 程序清单如下：

```
load leleccum;                              % 装入 MATLAB 原始数据
x = leleccum(2600:3100);Ls = length(x);     % 取一段数据
[C,L] = wavedec(x,3,'db3');                 % 用 db3 小波分解到第三层
thr = 35;                                   % 选用全局阈值进行数据压缩
xd = wdencmp('gbl',C,L,'db3',3,thr,'h',1);  % 用硬阈值 thr = 35 进行阈值量化处理
subplot(211); plot(x);
subplot(212); plot(xd);
% ----------------------------------------
```

图 5－40 是例 5－16 程序的运行结果，从图中可以看出，压缩后的信号 xd_k 保留了原信号 x_k 的基本特征。

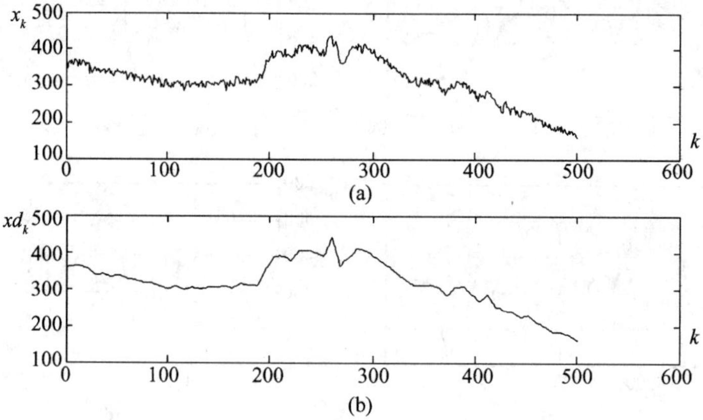

图 5－40　原始序列及其压缩处理结果

(a) 原始序列；(b) 压缩后的序列。

四、信号分量的提取与抑制

信号中的低频分量通常可视为信号的变化趋势。在小波分析中，趋势项对应于最大尺度下的低频小波系数。从时域上看，随着尺度因子的增加，小波变换的时间分辨力随之降低，这有助于突显信号的缓慢变化趋势；从频域上看，随着分解层次的增加，低频小波系数中的高频成分将逐渐减少，因而余下的部分就是信号的趋势项。

在工程应用中，有时需要提取或抑制合成信号中某些频段的信号分量。由于不同尺度因子的小波分析具有不同的时频分辨力，因而小波分解能够区分开不同频率的信号成分。当需要抑制某一频段的信号成分时，可令某些小波系数 $C_{mk}=0$，再利用其余的小波系数进行信号重构。

【例 5－17】　设某一斜坡信号因被有色噪声污染而被“淹没”，试利用小波分析法提取斜坡趋势项。

解：采用 db3 小波进行七层分解，随着层次的升高，低频小波系数就能更加清晰地反映出趋势项成分。

MATLAB 程序清单如下：

```
load cnoislop;                                    % 装载被分析信号
x = cnoislop;Ls = length(x);
[C,L] = wavedec(x,7,'db3');                       % 用 db3 小波分解到第七层
subplot(411);plot(x);                             % 显示原始信号
% 对分解结构[C,L]中的 7,4,1 层低频小波系数进行重构,并显示结果
ca7 = wrcoef('a',C,L,'db3',7);
ca4 = wrcoef('a',C,L,'db3',4);
ca1 = wrcoef('a',C,L,'db3',1);
subplot(412);plot(ca7);
subplot(413);plot(ca4);
subplot(414);plot(ca1);
% ----------------------------------------
----------------------------------------
```

图 5－41 是例 5－17 程序输出结果。从图 5－41 中可见，高层次的低频小波系数能够清晰地反映出原信号中的趋势项成分，而低层次的低频小波系数尽管也能够反映出趋势项，但它仍然含有噪声成分。

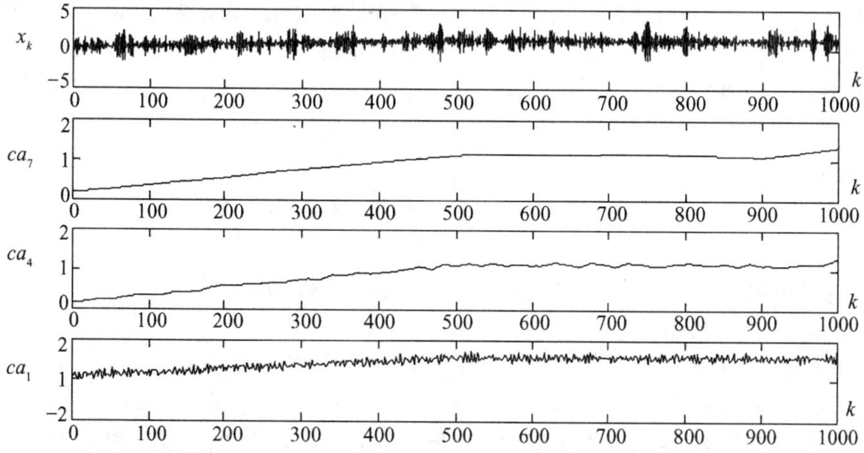

图 5－41　应用小波分析法提取含噪信号中的趋势项

【例 5－18】　给定一个含有噪声的正弦型输入序列（数据包 sumsin），请用小波分析法对信号中的高频成分进行抑制。

解：首先进行小波分解，通过令第三层、第四层的高频小波系数为 0 来抑制位于时间段[400,600]内的高频成分，同时，对第二层高频小波系数的第 500 点进行放大（在本例中令第二层高频小波系数等于 4）；然后根据修改后的小波系数进行信号合成。

MATLAB 程序清单如下：

```
load sumsin;                                      % 装载被分析信号
```

```
    x = sumsin(1:1000);
    w = 'coif3';maxlev = 4;
    [C,L] = wavedec(x,maxlev,w);
    newc = wthcoef('d',C,L,[3,4]);            % 第三、四层的高频小波系数置0
% 将第一层的高频小波系数在原始信号的时间段[400,600]内的系数置0,对其他系数进行衰减,并给出第% 一层小波系数两端点的索引
    m = maxlev +1;
    st = sum(L(1:m-1)) +1;                    % 求出第一层系数的初始点
    last = st + L(m) -1;                      % 求出第一层系数的最后一点
    indd1 = st:last;
    newc(indd1) = C(indd1)/3;                 % 第一层系数衰减3倍
    indd1 = st +400/2 : st +600/2;            % 第一层时间段[400,600]/2^k索引(k=1)
    newc(indd1) = zeros(size(indd1));         % 将第一层的高频小波系数在区间[400,600]内置0;
    m = maxlev;st = sum(L(1:m-1)) +1;         % 第二层高频小波系数起始点
    newc(st +500/2^2) =4;                     % 第二层高频小波系数的第500点处的值置为4;
    synth = waverec(newc,L,w);                % 根据修改后的分解结构[newc,L]进行信号重构
    subplot(221);
    plot(x);                                  % 显示原始信号 x
    subplot(222);
    plot(C);                                  % 显示小波系数 C_mk
    subplot(223);
    plot(synth);                              % 显示重构信号 x'
    subplot(224);
    plot(newc);                               % 显示修改后的分解结构 C'_mk
% ----------------------------------------
```

图5-42是例5-18程序的运行结果。注意:在本例中,各层小波分解的低频尺度系数的数目与高频小波系数不完全一样,因此,在图5-42(d)中修改后的小波系数发生了错位。

五、信号自相似性检测

从整体上看,一些曲线或曲面的结构可能很复杂;而从局部上看,它们则可视为简单的直线或平面。与之相反,一些几何对象,不论是从宏观角度还是从微观角度来观察,都不是近似的直线或平面,它们总有更细的细节,这就是"分形"问题。分形最突出的特征是在不同尺度下,其几何特征呈现出自相似性。例如,对海岸线进行观测,不论在多大尺度下,它的边缘总是曲曲折折的。自从20世纪80年代初期提出分形理论后,在短短的二三十年间,它已经广泛应用于几何量测量、图像处理、模式识别等诸多领域中。

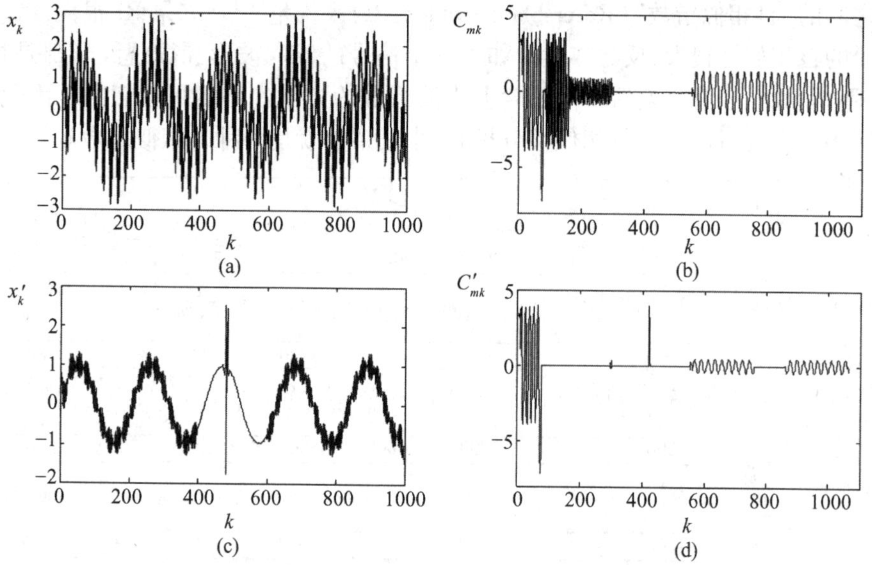

图 5-42 应用小波分析方法抑制高频噪声

(a) 原始序列 x; (b) 小波系数;(c) 高频噪声被抑制后的信号; (d) 修改后的小波系数。

除了几何问题之外,分形理论的另一个重要专题是具有分形特征的时间过程,即“分形信号”(Fractal Signal)或“自相似信号”(Self - similar Signal)。分形的严格数学定义比较抽象,在此,仅举一个简单例子,说明如何应用小波分析方法检测信号的自相似性,使读者能够粗略地了解自相似信号的基本概念。

【例 5-19】 给定一个经过反复迭代而得到的具有分形特征的合成信号(数据包 vonkoch),试用小波分析法检测该信号的自相似性。

解:利用一维连续小波对该信号进行分解,可清晰地反映不同尺度上小波系数(曲线)的相似性。

MATLAB 程序清单如下:

```
load vonkoch;                          % 装入原始信号;
x = vonkoch;
subplot(611);
plot(x);                               % 显示原始信号
w = cwt(x,[60:10:100],'coif3');        % 分解尺度为 60 ~100,以 10 递增
for k = 1:7
    subplot(612 + k - 1);
    plot(w(k,:));                      % 显示小波系数
end
% ---------------------------------------------------
```

图 5-43 给出了例 5-19 程序的运行结果。从图中可见,在不同尺度上,各层小波系数的波形是近似相同的。这种波形形似性,可通过计算信号与各层小波系

数之间的“自相似指数”(Resemblance Index,RI)来衡量[19]。如果RI很大,就表示信号的自相似性很大,反之亦然。如果一个信号的宏观波形和微观波形都是相似的,那么,经过小波变换后不同尺度上小波系数的波形也必然是相似的。因此,当应用小波变换对信号进行相似性分析时,小波系数就是一种自相似指数。

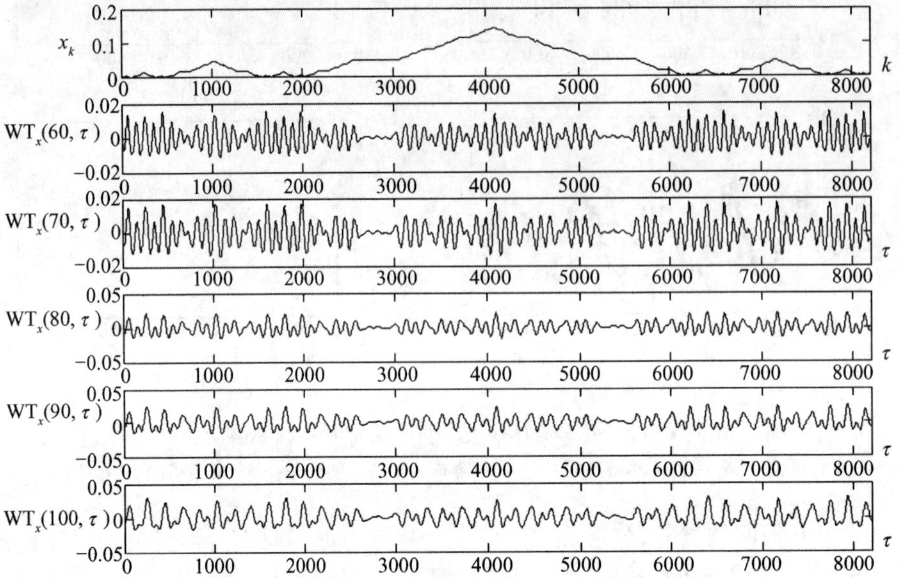

图5-43 应用小波分析方法分析信号的自相似性

表5-10~表5-14给出了MATLAB一维小波变换的常用函数。

表5-10 一维小波分解函数

函数名	功 能
cwt	一维连续小波变换
dwt	单尺度一维离散小波变换
dwtper	单尺度一维离散小波变换(周期性)
wavedec	多尺度一维小波分解(多分辨分析函数)

表5-11 一维小波重构函数

函数名	功 能
idwt	单尺度一维离散小波逆变换
idwtper	单尺度一维离散小波重构(周期性)
waverec	多尺度一维小波重构
upwlev	单尺度一维小波分解的重构
wrcoef	对一维小波系数进行单支重构
upcoef	一维系数的直接小波重构

表 5-12　一维小波分解结构应用函数

函数名	功　　能
detcoef	提取一维小波变换高频小波系数
appcoef	提取一维小波变换低频小波系数

表 5-13　噪声函数

函数名	功　　能
wnoise	产生含噪声的测试函数数据
wnoisest	估计一维小波系数的标准偏差

表 5-14　一维小波消噪和压缩函数

函数名	功　　能
thselect	信号消噪的阈值选择
wthresh	进行软阈值或硬阈值处理
wthcoef	一维信号的小波系数阈值处理
wden	用小波进行一维信号的自动消噪
ddencmp	获取在消噪或压缩过程中的默认阈值(软或硬)、熵标准
wdencmp	用小波进行信号的消噪和压缩

本章小结

首先,详细介绍了基于傅里叶变换的非参数谱估计和参数化谱估计。然后,简要介绍了非高斯时间序列的双谱估计。最后,重点介绍了小波变换、多分辨力小波分析的理论框架和基于双正交滤波器组的快速小波变换,并给出了几种常用的双正交滤波器组的设计方法,以及快速小波变换在信号处理领域中的应用实例。

现将本章的知识要点汇集如下:

(1) 一元零均值实平稳随机序列 $x_k(k=0,1,2,\cdots,N-1)$ 的单边功率谱 $G_x(\omega_n)$ 为

$$G_x(\omega_n) = \frac{2}{N}E|X_n|^2 \quad (n=0,1,\cdots,N-1)$$

对于二元零均值实平稳随机序列 x_k 和 $y_k(k=0,1,2,\cdots,N-1)$,其互谱密度可表示为

$$G_{xy}(\omega_n) = \frac{2}{N}E[X_n \cdot Y_n^*] \quad (n=0,1,\cdots,N-1)$$

式中:X_n,Y_n 分别为序列 x_k 和 y_k 的傅里叶系数;$\omega_n=2\pi n/T$;T 为采样序列 x_k 的持续时间。

离散傅里叶变换的"皱波效应"和"渗漏效应"是指,用窗函数 $w(t)$ 对非限时

信号 $x(t)$ 进行截断时，截断信号的幅值谱所产生“皱褶”和“拖尾”现象。

若以采样速率 T_0 对截断信号的频谱进行采样，当且仅当采样速率 T_0 大于或等于窗函数 $w(t)$ 的宽度时，在时域上才不会发生混叠现象，这就是著名的频域采样定理。

离散傅里叶变换结果与理论值之间的差异是由混叠、皱波和渗漏效应共同造成的。如果希望抑制混叠效应所产生的偏差，就应当在采样器的输入端插入一个抗混叠滤波器，并减少采样周期 T_s；如果还希望减小信号截断后所带来的偏差，则应当精心选择窗函数 $w(t)$ 的形状和长度。

(2) 参数化谱估计内容包括 AR 谱估计、MA 谱估计和 ARMA 谱估计。其主要特点是假定观测数据是时间序列，并充分利用了时间序列模型的信息，因而即使是很短的观测数据也能获得很高的频谱分辨力；其不足之处是要求事先建立时间序列的数学模型。

设 AR(p)模型参数估计值为 $\hat{a}_i\,(i=1,2,\cdots,p)$，噪声功率估计值为 $\hat{\sigma}_e^{\ 2}$，则 AR(p)序列 x_k 的 AR 谱估计可表示为

$$\hat{S}_x(\Omega)=\frac{\hat{\sigma}_e^2}{\left|1-\sum_{i=1}^{p}\hat{a}_i\mathrm{e}^{-\mathrm{j}\Omega i}\right|^2}$$

式中：$\Omega=\omega T_s$，为数字频率(rad)；ω 为实际频率(rad/s)；T_s 为采样周期(s)。

设 MA(q)模型参数估计值为 $\hat{b}_m\,(m=1,2,\cdots,q)$，噪声功率的估计值为 $\hat{\sigma}_e^2$。则 MA(q)序列 x_k 的 MA 谱估计可表示为

$$\hat{S}_x(\Omega)=\hat{\sigma}_e^2\left|1-\sum_{m=1}^{q}\hat{b}_m\mathrm{e}^{-\mathrm{j}\Omega m}\right|^2$$

设 ARMA(p,q)模型的参数估计值为 $\hat{a}_i\,(i=1,2,\cdots,p)$，$\hat{b}_m\,(m=1,2,\cdots,q)$，噪声功率的估计值为 $\hat{\sigma}_e^{\ 2}$，则 ARMA(p,q)序列 x_k 的 ARMA 谱估计可表示为

$$\hat{S}_x(\Omega)=\frac{\hat{\sigma}_e^2\left|1-\sum_{m=1}^{q}\hat{b}_m\mathrm{e}^{-\mathrm{j}\Omega m}\right|^2}{\left|1-\sum_{i=1}^{p}\hat{a}_i\mathrm{e}^{-\mathrm{j}\Omega i}\right|^2}$$

在上述谱估计表达式中，若令 $\hat{\sigma}_e^{\ 2}=1$，就可得到归一化的参数化谱估计。

(3) 在非高斯白噪声序列 ε_k 激励下，线性系统的响应序列 x_k 称为非高斯时间序列。

对于任意常数 m 和 n，零均值非高斯时间序列 x_k 的三阶矩(或三阶累积量)定义为

$$c_{3x}[m,n]=E[x_{k+m}\cdot x_{k+n}\cdot x_k]\quad(m=0,1,\cdots,M-1;n=0,1,\cdots,N-1)$$

其二维离散时间傅里叶变换

$$C_x(\Omega_1,\Omega_2)=\sum_{m=0}^{M-1}\sum_{n=0}^{N}c_{3x}[m,n]\exp[-\mathrm{j}(m\Omega_1+n\Omega_2)]$$

称为非高斯时间序列 x_k 的双谱，其中，$\Omega_1 = 2\pi m/M$，$\Omega_2 = 2\pi n/N$。

(4) 由于傅里叶分析方法只能揭示信号的频谱结构而不含有时间信息，因而无法应用于分析非平稳信号(如调频信号)。这就促使人们去寻找一种联合时域和频域的二维分析方法——时频信号分析方法，其中，小波变换是当前应用最广泛的时频分析方法。

设 $x(t) \in L^2(R)$，$\psi(t)$是基本小波或母小波(Mother Wavelet)函数，则称下式为平方可积函数 $x(t)$的连续小波变换(Continuous Wavelet Transform，CWT)，即

$$WT_x(a,b) = < x(t), \psi_{ab}(t) > = \frac{1}{\sqrt{a}} \int x(t) \psi^* \left(\frac{t-b}{a} \right) dt$$

式中：a 为尺度因子($a>0$)；b 为时间位移(或平移参数)，其值可正可负；符号 $<\cdot>$表示内积；基本小波 $\psi(t)$经过时间移位和尺度伸缩后而生成的小波

$$\psi_{ab}(t) = \frac{1}{\sqrt{a}} \psi\left(\frac{t-b}{a} \right)$$

称为 $\psi(t)$的生成小波。

小波分析的显著特点是：当尺度因子 a 小于 1 时，由于在时域上小波函数变窄，在频域上其频谱变宽，且中心频率向高频方向移动，因而在时域上可以“细致观察”信号波形的变化状态，但在频域上却只能“粗略观测”高频信号的频谱。反之，当尺度因子 a 大于 1 时，小波函数变“宽”，时轴上的观测范围大，可以“初略观察”时域波形；在频域上其频谱变窄，且中心频率向低频方向移动，因此，可以“细致观察”低频信号的频谱。尽管分析频率有高有低，但在各个分析频段内小波频谱的品质因数 Q 却是恒定的。亦即，小波变换是一种时频窗口面积固定，但形状可变的“自适应”波形分析工具：在低频部分具有较高的频率分辨力和较低的时间分辨力，而在高频部分则具有较高的时间分辨力和较低的频率分辨力。正因为小波变换具有这种自动调整时域和频域“视野”的特点，并保持各个分析频段的品质因数的不变性，故而被誉为“数学显微镜”。

(5) S. Mallat 应用空间的概念形象地说明了多分辨力小波分析的特性，并给出了正交小波的构造方法和基于正交小波变换的快速算法——Mallat 算法。Mallat 从函数空间的多分辨力分解的概念出发，在小波变换与多分辨力信号分解之间建立了联系。其基本思路是：将待分析函数 $x(t) \in L^2(R)$看成是一系列尺度函数逐级逼近的极限，而且在逐级逼近时 $\varphi(t)$也作相应的逐级伸缩。换言之，就是用一系列不同分辨力的尺度函数 $\varphi(t)$来逼近待分析函数 $x(t)$，这就是“多分辨力”名称的由来。在实时信号处理中，大多采用双正交滤波器组来实现 Mallat 算法。

图 5-33 给出了双通道信号分解与重构的典型环节。由此可导出双正交滤波器组来实现 Mallat 算法的抗混叠条件：

$$H_0(-z)G_0(z)+H_1(-z)G_1(z)=0$$

和纯延时条件：

$$H_0(z)G_0(z)+H_1(z)G_1(z)=cz^{-m}$$

式中：c 为任意常数，不妨令 $c=2$；m 为整数，当各滤波器的单位脉冲响应序列的长度都等于 M 时，可取 $m=M$。抗混叠条件和纯延时条件共同构成了双通道多分辨力信号分解的理想重构条件（Perfect Reconstruction，PR）。

（6）小波分析是一门发展迅速的新兴应用数学分支，自 20 世纪 80 年代后期 S. Mallat 和 I. Daubechies 等学者把这一理论应用于信号处理技术领域，快速小波变换已经成为继 FFT 之后又一个强有力的随机信号分析工具。

习 题

5-1 设某信号为

$$x(t)=e^{-1000|t|}$$

（1）试求 $x(t)$ 的傅里叶变换 $X(j\omega)$，并绘制 $X(j\omega)$ 曲线；

（2）假设分别以采样频率为 $f_s=5000\text{Hz}$ 和 $f_s=1000\text{Hz}$ 对该信号进行采样，得到一组采样序列 x_k，说明采样频率对序列 x_k 频率特性 $X(e^{j\Omega})$ 的影响。

5-2 假设平稳随机过程 $x(t)$ 和 $y(t)$ 满足下列离散差分方程

$$x_k-ax_{k-1}=e_k,\quad y_k-ay_{k-1}=x_k+v_k$$

式中：$|a|<1$；$e_k,v_k\sim N(0,\sigma^2)$ 分布，且二者互不相关。试求随机序列 y_k 的功率谱。

5-3 已知某一线性系统的单位脉冲相应函数为

$$h(t)=\begin{cases}e^{-t} & (t\geqslant 0)\\ 0 & (\text{其他})\end{cases}$$

假定输入 $x(t)$ 是一零均值的高斯白噪声，其功率谱为 $S_x(f)=N_0$，试求该线性系统输出响应 $y(t)$ 的功率谱和协方差函数。

5-4 请分别用 Levinson 递推算法和 Burg 算法估计信号

$$x(t)=\cos(2\pi f_1 t)+\cos(2\pi f_2 t)+\cos(2\pi f_3 t)+e(t)$$

的功率谱。

式中：$f_1=150\text{Hz}$；$f_2=200\text{Hz}$；$f_3=210\text{Hz}$；$e(t)$ 为方差为 0.1 的白噪声过程。

5-5 分别考虑表 P5-1 和表 P5-2 所给出的时间序列值。

（1）已知表 p5-1 所给出序列的数学模型为

$$x_k=1.20x_{k-1}-0.55x_{k-2}+e_k$$

式中：e_k 为均值为零、方差为 0.5 的高斯白噪声。试分别按 DFT 和 AR 谱估计方法，估计该时间序列的功率谱，并比较二者的异同之处。

(2) 已知表 P5－2 所给出序列的数学模型为

$$x_k = e_k - 0.72e_{k-1}$$

式中:e_k 为均值为零、方差为 0.7 的高斯白噪声。试分别按 DFT 和 AR 谱估计方法,估计该时间序列的功率谱,并比较二者的异同之处。

表 P5－1（习题 5－5）

序列号 k	序列值 x_k	序列号 k	序列值 x_k	序列号 k	序列值 x_k
0	4.200	7	1.700	14	7.960
1	5.800	8	2.020	15	6.780
2	6.900	9	2.710	16	5.070
3	7.620	10	3.630	17	5.040
4	5.570	11	5.180	18	6.020
5	3.340	12	7.110	19	7.610
6	2.000	13	8.260	20	10.320

表 P5－2(习题 5－5)

序列号 k	序列值 x_k	序列号 k	序列值 x_k	序列号 k	序列值 x_k
0	10.5	7	9.8	14	8.8
1	10.1	8	9.7	15	8.4
2	8.8	9	9.5	16	9.6
3	9.9	10	10	17	10.2
4	11.3	11	8.9	18	10.6
5	12.2	12	8.2	19	11.1
6	11.3	13	10.2	20	4.7

5－6 设观测方程为

$$x_k = 6\sin(0.4\pi k) + \sin(0.43\pi k) + e_k \quad (k = 0,1,\cdots,127)$$

式中:e_k 为均值为零、方差为 1 的高斯白噪声。试用最小二乘法估计随机序列 x_k 的 AR 模型参数(模型阶次分别取 4 和 6);并分别用 DFT 和 AR 谱估计方法,估计正弦信号分量的频率及其统计结果(均值和方差)。

5－7 设输入过程为白噪声加三个频率非常接近的正弦信号分量,其信噪比均为 10dB,且观测数据的容量为 256。试分别用 AR 谱估计算法和基于功率噪声抵消的 AR 谱估计算法,估计正弦信号的频率,并比较二者的估计精度。

5－8 考虑图 5－33 所示的典型双通道滤波器组及其与之对应的尺度函数和小波函数。请考虑如下两个问题:

(1) 已知同一支路上的尺度函数与小波函数存在双正交关系,即

$$\begin{cases} \langle \breve{\varphi}(t-k), \psi(t-k') \rangle = 0 \\ \langle \breve{\psi}(t-k), \varphi(t-k') \rangle = 0 \end{cases}$$

试根据二尺度差分方程,证明两个支路上的滤波器组之间存在如下交叉的双正交关系:

$$\begin{cases} < g_0[n-2k+1], \breve{h}_1[n-2k'+1] > = 0 \\ < g_1[n-2k+1], \breve{h}_0[n-2k'+1] > = 0 \end{cases}$$

(2) 已知两个支路上的尺度函数和小波函数存在归一化交叉的双正交关系:

$$\begin{cases} < \breve{\varphi}(t-k), \varphi(t-k') > = \delta(k-k') \\ < \breve{\psi}(t-k), \psi(t-k') > = \delta(k-k') \end{cases}$$

试根据二尺度差分方程,证明同一支路上的滤波器组之间存在下列归一化双正交关系:

$$\begin{cases} < g_0[n-2k+1], \breve{h}_0[n-2k'+1] > = \delta(k-k') \\ < g_1[n-2k+1], \breve{h}_1[n-2k'+1] > = \delta(k-k') \end{cases}$$

5-9 请在 MATLAB 平台上运行例 5-6、例 5-10、例 5-12、例 5-13~例 5-19中的小波程序。要求从表 5-5、表 5-6 或表 5-7 选择滤波器组系数,重新编写小波变换程序,并比较修改前、后小波变换程序的运行结果。

5-10 灰色关联度理论的实质是:根据样本序列与参考序列之间的相似度来确定二者的相关程度。该理论特别适合于分析小样本序列的关联性。设参考序列为 $r[k]$,采样序列 $y_i[k]$($k=0,1,\cdots,N-1;i=1,2,\cdots,M$);$r[k]$ 与 $y_i[k]$之间的灰色关联系数 $\boldsymbol{\gamma}_i[k]$及灰色关联度 $\boldsymbol{\gamma}_i$ 分别定义为

$$\boldsymbol{\gamma}_i[k] = \frac{d_{\min}[k] + \boldsymbol{\beta} \cdot d_{\max}[k]}{d_i[k] + \boldsymbol{\beta} \cdot d_{\max}[k]}, \boldsymbol{\gamma}_i = \frac{1}{N}\sum_{k=0}^{N-1}\boldsymbol{\gamma}_i[k]$$

式中:$\boldsymbol{\beta}$ 为分辨力系数,一般取 $\boldsymbol{\beta}=0.5$;且有

$$d_i[k] = | y_i[k] - r[k] |$$

$$d_{\min}[k] = \min_i d_i[k], d_{\max}[k] = \max_i d_i[k]$$

现假设某一传感器系统的激励信号为 $r_k = \cos(k\Omega)$,输出信号为 $y_k = (A_k + e_k)\cos(k\Omega) + v_k$,其中,$A_k$ 为因被测物理量的改变而产生的超低频序列;e_k 和 v_k 均为白噪声序列,并假设 y_k 是信噪比小于 0dB 的微弱信号。

(1) 试问能否用数字滤波器抑制附加在输出序列 y_k 上的噪声序列 $e_k\cos(k\Omega)$? 请解释之。

(2) 请构造一随机序列 y_k($k=0,1,\cdots,N-1$),将 y_k 分解成 M 个尺度下的小波系数 $y_i[k]$($i=1,2,\cdots,M$),并按上述方法计算 r_k 和 $y_i[k]$的灰色关联度 $\boldsymbol{\gamma}_i$。然后,设定某个阈值 K,当 $\boldsymbol{\gamma}_i \leqslant K$ 时,删去 i 尺度下的小波系数 $y_i[k]$,利用余下的小波系数 $y_m[k]$($m \neq i$)进行信号重构。

(3) 分别计算重构信号 $\hat{y}_k$ 和随机序列 y_k 与参考序列 r_k 的相关系数,并分析

仿真结果。

(4) 根据上述讨论结果,能否得出这样结论:利用上述小波分解和灰色关联度算法可以从非完全加性噪声中检出微弱信号?

5-11 在 MATLAB 平台上,键入 demos,在 Help Navigator 栏上选择 demos 标签,在菜单选择 Blocksets→Signal Processing→Wavelets。试运行该菜单中所列出的两个短时傅里叶变换程序和四个小波变换程序,并分析仿真结果。

第六章 最优滤波与状态估计

在第三、四章中，讨论了基于先验知识和线性模型的参数估计问题，介绍了随机信号与系统模型参数的多种最优估计算法。在这一章里，将讨论另外两类估计问题：其一，利用线性最小均方估计，从含噪信号中检出信号的波形——波形估计；其二，已知数据源（或过程）的状态空间模型（状态方程和观测方程），利用卡尔曼递推算法，估计状态空间模型的状态。在实际应用中，通常将波形与状态估计理论统称为最优滤波理论。

6.1 维纳滤波器

线性均方估计和线性最小均方估计算法不仅为设计最优线性滤波器提供了数学工具，同时也为检验波形估计的方差是否达到最小值提供了理论判据。在这一节里，主要介绍波形估计的基本概念和最优线性滤波器的设计方法。

6.1.1 波形估计的基本概念

定义：设观测方程为

$$y(t) = s(t) + e(t) \quad (0 \leqslant t \leqslant T)$$

式中：$e(t)$为观测噪声；T为观测波形的截取长度。将观测样本$y(t)$输入到线性滤波器，其输出称为被测信号$s(t)$的波形估计。

根据线性滤波器的不同用途，一般将波形估计分为：

(1) 由观测样本$y(t)$得到信号$s(t)$的估计$\hat{s}(t)$，称为滤波；

(2) 由观测样本$y(t)$得到信号$s(t)$的估计$\hat{s}(t+\tau)(\tau>0)$，称为预估（外推）；

(3) 由观测样本$y(t)$和$y(\tau)$得到$s(t)$的估计$\hat{s}(t+\tau)(\ t\ <\tau<\tau)$，称为平滑（内插）。

【例6-1】 设零均值的实平稳过程的样本为$s(t)$，要求根据$s(t)$的当前值预估$t+\tau$时刻的未来值$s(t+\tau)$，并使预估偏差的均方值最小。

解：这是滤波问题。根据线性均方估计理论，令

$$\hat{s}(t+\tau) = as(t)$$

式中：$\tau>0$。选择适当系数a，使得波形估计偏差的均方值最小，即

$$\min_a\{E[\tilde{s}^2(t+\tau)]\} = \min_a\{E[s(t+\tau) - \hat{s}(t+\tau)]^2\}$$

上式取最小值的条件是，样本 $s(t)$ 与估计偏差 $\tilde{s}(t+\tau)$ 正交（正交性原理），亦即

$$
\begin{aligned}
E[\tilde{s}(t+\tau)\cdot s(t)] &= E\{[s(t+\tau)-as(t)]\cdot s(t)\}\\
&= R_s(\tau)-aR_s(0)=0
\end{aligned}
$$

由此解得

$$
a = R_s(\tau)/R_s(0)
$$

式中：$R_s(\tau)$ 为样本 $s(t)$ 的自相关函数。波形估计偏差的均方值为

$$
\begin{aligned}
E[\tilde{s}^2(t+\tau)] &= E\{[s(t+\tau)-\hat{s}(t+\tau)]^2\}\\
&= E\{[s(t+\tau)-as(t)]\cdot[s(t+\tau)-as(t)]\}\\
&= E\{[s(t+\tau)-as(t)]\cdot s(t+\tau)\}\\
&= R_s(0)-aR_s(\tau)
\end{aligned}
$$

推导中等号右边第三个等式利用了正交性原理。上式的物理意义是容易理解的：$s(t)$ 与 $s(t+\tau)$ 的相关系数 a 越大，即二者的关联度越大，那么预估偏差的均方值就越小。

【例 6-2】 设零均值实平稳过程的样本为 $s(t)$，要求根据 $s(t)$ 及其导数 $s'(t)$ 的当前值来预估 $t+\tau$ 时刻的未来值 $s(t+\tau)$，并使估计偏差的均方值最小。

解：这是预测问题。根据线性均方估计理论，$t+\tau$ 时刻的估计值可表达式为

$$
\hat{s}(t+\tau) = as(t)+bs'(t)
$$

由正交性原理可知，当估计偏差的均方值最小时，就有

$$
\begin{cases}
E\{[s(t+\tau)-as(t)-bs'(t)]\cdot s(t)\}=0\\
E\{[s(t+\tau)-as(t)-bs'(t)]\cdot s'(t)\}=0
\end{cases}
$$

考虑到 $s(t)$ 与 $s'(t)$ 正交，即

$$
R_{s's}(0) = E[s'(t)s(t)] = R_{ss'}(0) = 0
$$

故有

$$
R_s(\tau)-aR_s(0)=0,R_{ss'}(\tau)-bR_{s'}(0)=0
$$

解方程组得

$$
a = R_s(\tau)/R_s(0),\quad b = R_{ss'}(\tau)/R_{s'}(0)
$$

将上述结果代入 $\hat{s}(t+\tau)$ 的表达式，得

$$
\hat{s}(t+\tau) = s(t)R_s(\tau)/R_s(0)+s'(t)R_{ss'}(\tau)/R_{s'}(0)
$$

由此可求得预估偏差的均方值，即

$$
\begin{aligned}
E[\tilde{s}^2(t+\tau)] &= E\{[s(t+\tau)-\hat{s}(t+\tau)]^2\}\\
&= E\{[s(t+\tau)-as(t)-bs'(t)]s(t+\tau)\}\\
&= R_s(0)-aR_s(\tau)-bR_{s'}(\tau)
\end{aligned}
$$

推导中等号右边第二个等式利用了正交性原理，即 $\hat{s}(t+\tau)$ 分别与 $s(t)$ 和 $s'(t)$ 正交。

【例 6-3】 已知零均值实平稳过程的样本 $s(t)$ 的两个端点的数值为 $s(0)$ 和 $s(T)$，试求在 $(0,T)$ 区间内的任意时刻 t 样本 $s(t)$ 的表达式。

解：这是平滑问题。根据线性均方估计理论，被估计信号可表示为

$$\hat{s}(t) = as(0) + bs(T), \quad t \in (0,T)$$

当估计偏差的均方值最小时，下列式中成立（正交性原理）：

$$\begin{cases} E\{[s(t) - as(0) - bs(T)] \cdot s(0)\} = 0 \\ E\{[s(t) - as(0) - bs(T)] \cdot s(T)\} = 0 \end{cases}$$

故有

$$\begin{cases} R_s(t) - aR_s(0) - bR_s(T) = 0 \\ R_s(T-t) - aR_s(T) - bR_s(0) = 0 \end{cases}$$

解联立方程，得

$$\begin{cases} a = \dfrac{R_s(0)R_s(t) - R_s(T-t)R_s(T)}{R_s^2(0) - R_s^2(T)} \\ b = \dfrac{R_s(0)R_s(T-t) - R_s(t)R_s(T)}{R_s^2(0) - R_s^2(T)} \end{cases}$$

将参数 a 和 b 代入 $\hat{s}(t)$ 的表达式，即得到平滑估计结果。波形估计偏差的均方值为

$$\begin{aligned} E[\tilde{s}^2(t)] &= E\{[s(t) - as(0) - bs(T)]^2\} \\ &= E\{[s(t) - as(0) - bs(T)]s(t)\} \\ &= R_s(0) + aR_s(t) - bR_s(T-t) \end{aligned}$$

6.1.2 连续时间维纳滤波器

1949 年 Nobert Weiner 提出了维纳滤波器的概念，它是一种波形估计方差达到最小的最优线性滤波器。在此，首先推导最优线性滤波器的维纳—霍夫（Wiener-Hopf）方程，然后讨论最优线性滤波器的物理可实现问题，最后简要说明波形估计与似然比检测系统的关系。

一、波形的线性均方估计

定义：设线性连续时间滤波器的输入波形为 $x(t) = s(t) + e(t)$，输出波形为 $\hat{s}(t)$，其中 $s(t)$ 是零均值实平稳过程的样本，$e(t)$ 是零均值随机噪声。当波形估计偏差 $\tilde{s}(t) = s(t) - \hat{s}(t)$ 的均方值 $E[s^{-2}(t)]$ 达到最小时，就称 $\hat{s}(t)$ 为信号 $s(t)$ 的线性均方估计，而相应的滤波器则称为连续时间维纳滤波器（Wiener Filter），其频率传递函数记为 $H_{opt}(\omega)$。

图 6-1 线性连续时间滤波器

考虑图 6-1 所示的线性连续时间滤波器 $H(\omega)$。设有输入波形为 $x(t) = s(t) + e(t)$，其中 $s(t)$ 是零均值平稳过程的样本，$e(t)$ 是零均值随机噪声。当 $x(t)$ 通过某一线

性连续滤波器(以下简称为系统)时,系统响应为 $\hat{s}(t)$。现在的问题是,系统的频率传递函数 $H(\omega)$ 应如何选取,才能使波形估计偏差的均方值

$$E[\tilde{s}(t)] = E\{[s(t) - \hat{s}(t)]^2\} \tag{6.1.1}$$

最小。

求解式(6.1.1),可直接导出维纳滤波器的脉冲响应序列。但因为滤波器通常是用其频率特性来表示的,所以在频域内求解更为方便。为此,考虑式(6.1.1)的积分表达形式:

$$\frac{1}{T}\int_{t-T}^{t} E\{[s(t) - \hat{s}(t)]^2\}\,\mathrm{d}t = E\left\{\frac{1}{T}\int_{t-T}^{t}[s(t) - \hat{s}(t)]^2\mathrm{d}t\right\} \tag{6.1.2}$$

式中:T 为样本 $s(t)$ 的持续时间。因为被积函数是非负的,所以使式(6.1.1)达到最小值,等价于式(6.1.2)取最小值。

利用周期函数的帕塞瓦尔公式,式(6.1.2)可进一步表示为

$$E\left\{\frac{1}{T}\int_{t-T}^{t}[s(t) - \hat{s}(t)]^2\mathrm{d}t\right\} = 2\sum_{n=1}^{\infty} E\{|X_s(\omega_n) - \hat{X}_s(\omega_n)|^2\} \tag{6.1.3}$$

式中:$X_s(\omega)$,$X_{\hat{s}}(\omega)$ 分别为 $s(t)$ 和 $\hat{s}(t)$ 在区间 $(t-T,t)$ 上的傅里叶系数。

于是,上述问题就转化为求解 $X_s(\omega)$ 的线性均方估计 $X_{\hat{s}}(\omega)$,也即使波形估计偏差 $\widetilde{X}_s(\omega)$ 的均方值

$$E[|\widetilde{X}_s(\omega)|^2] = E[|X_s(\omega) - \hat{X}_s(\omega)|^2] \tag{6.1.4}$$

达到最小。

设输入样本 $x(t)$ 的傅里叶变换为 $X(\omega)$,则图 6-1 所示的线性滤波器 $H(\omega)$ 的输出为

$$\hat{X}_s(\omega) = H(\omega)X(\omega) \tag{6.1.5}$$

当波形估计偏差 $\widetilde{X}_s(\omega_n)$ 的均方值最小时,将 $H(\omega)$ 记为 $H_{\mathrm{opt}}(\omega)$。由正交性原理可知

$$\begin{aligned} E[\widetilde{X}_s(\omega)X^*(\omega)] &= E\{[X_s(\omega) - H_{\mathrm{opt}}(\omega)X(\omega)]X^*(\omega)\} \\ &= P_{sx}(\omega) - H_{\mathrm{opt}}(\omega)P_x(\omega) = 0 \end{aligned} \tag{6.1.6}$$

式中:

$$P_{sx}(\omega) = E[X_s(\omega)X^*(\omega)] \quad P_x(\omega) = E[|X(\omega)|^2]$$

解方程式(6.1.6),即可得到在频域上波形线性均方估计的 Wiener-Hopf 方程:

$$H_{\mathrm{opt}}(\omega) = P_{sx}(\omega)/P_x(\omega) \tag{6.1.7}$$

式(6.1.7)正是连续时间维纳滤波器的频率传递函数。

记噪声 $e(t)$ 的傅里叶系数为 $X_e(\omega)$,当噪声 $e(t)$ 与信号 $s(t)$ 不相关时,就有

$$P_{sx}(\omega) = E\{X_s(\omega)[X_s(\omega) + X_e(\omega)]^*\}$$

$$= E[X_s(\omega)X_s^*(\omega)] = P_s(\omega)$$

$$P_x(\omega) = E\{[X_s(\omega) + X_e(\omega)]\cdot[X_s(\omega) + X_e(\omega)]^*\}$$

$$= E[|X_s(\omega)|^2] + E[|X_e(\omega)|^2 = P_s(\omega) + P_e(\omega)$$

将这一结果代入式(6.1.7),即可得到

$$H_{opt}(\omega) = \frac{P_s(\omega)}{P_s(\omega) + P_e(\omega)} \tag{6.1.8}$$

利用限时限带平稳过程功率谱密度与傅里叶系数之间的关系式(2.2.13):

$$\begin{cases} S(\omega) = T\cdot E[|X_s(\omega)|^2] = T\cdot P_s(\omega) \\ N(\omega) = T\cdot E[|X_e(\omega)|^2] = T\cdot P_e(\omega) \end{cases}$$

式(6.1.8)还可进一步表示为

$$H_{opt}(\omega) = \frac{S(\omega)}{S(\omega) + N(\omega)} \tag{6.1.9}$$

式中:$S(\omega)$为信号$s(t)$的功率谱密度;$N(\omega)$为噪声$e(t)$的功率谱。

二、维纳滤波器的物理可实现问题

任何在物理上可实现的系统都具有因果性。如果用单位脉冲响应序列$h(t)$来描述系统的因果性,则有$h(t)=0(t<0)$。在推导维纳滤波器的频率传递函数时,并未给出关于物理可实现的约束条件。为了阐明这一问题,考虑无约束维纳滤波器的频率传递函数:

$$H_{opt}(\omega) = \frac{S(\omega)}{N(\omega) + S(\omega)}$$

不妨假设噪声是白的,即$N(\omega)$为常数,且信号功率谱$S(\omega)$是限带的,如

$$S(\omega) = \frac{A}{\omega^2 + \omega_0^2}$$

式中:A,ω_0 均为常数。在这种情况下,维纳滤波器的频率传递函数可表示为

$$H_{opt}(\omega) = \frac{B}{\omega^2 + a^2} = C\left(\frac{1}{a + j\omega} + \frac{1}{a - j\omega}\right)$$

式中:B,a,C 皆为常数。对上式求傅里叶反变换,得到维纳滤波器的脉冲响应函数:

$$h_{opt}(t) = c[e^{-at}1(t) + e^{at}1(-t)] = ce^{-a|t|}$$

式中:$1(t)$为单位阶跃函数。图6-2给出了$h_{opt}(t)$的曲线,由此可知该维纳滤波器是非因果的。

无约束维纳滤波器的频率传递函数$H_{opt}(\omega)$经过部分分式展开后,一般都具有如下形式的项:

$$\frac{1}{b - j\omega} \quad 或 \quad \frac{1}{(b - j\omega)^r}$$

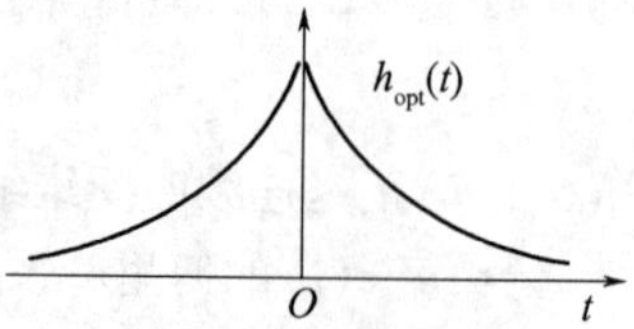

图6-2 非因果维纳滤波器示例

式中：b 为具有正实部的某一复数，记为 $b=\sigma+j\omega_0$；r 为正整数。这些项的傅里叶反变换 $h_{opt}(t)$ 均含有这样的因子：

$$1(-t)\cdot e^{-\sigma t}\cdot e^{-j\omega_0 t}\neq 0$$

这表明当 $t<0$ 时，$h_{opt}(t)\neq 0$，亦即 $h_{opt}(t)$ 在物理上是不可实现的。

三、谱分解

下面，介绍利用功率谱因式分解（简称谱分解）近似实现无约束维纳滤波器的方法。

设实平稳过程样本 $x(t)$ 的傅里叶系数为 $X(\omega)$，其平均功率 $P_x(\omega)=E[|X(\omega)|^2]$ 是非负的有理分式函数，且有 $P_x(\omega)=P_x{}^*(\omega)$，故 $P_x(\omega)$ 的零、极点必定是共轭成对出现的，即

$$P_x(\omega)=\left[\sqrt{k_G}\frac{(j\omega+\beta_1)\cdots(j\omega+\beta_q)}{(j\omega+\alpha_1)\cdots(j\omega+\alpha_p)}\right]\left[\sqrt{k_G}\frac{(-j\omega+\beta_1)\cdots(-j\omega+\beta_q)}{(-j\omega+\alpha_1)\cdots(-j\omega+\alpha_p)}\right]$$

式中：k_G 为 $P_x(\omega)$ 的前置系数；$\alpha_n(n=1,2,\cdots,p)$，$\beta_m(m=1,2,\cdots,q)$ 分别为 $P_x(\omega)$ 的零点、极点，通常约定 $P_x(\omega)$ 无相同的零点、极点；对于实际的观测样本 $x(t)$，总有 $q\leqslant p$。

在复变量 $s=\sigma+j\omega$ 平面上，令 $P_x(\omega)$ 在左半 s 平面上的零点、极点所组成因式为 $P_x^+(\omega)$，在右半 s 平面上的零点、极点所组成因式为 $P_x^-(\omega)$，并将 $P_x(\omega)$ 在 $j\omega$ 轴上的零点、极点对半分配给 $P_x^+(\omega)$ 和 $P_x^-(\omega)$。这样一来，$P_x(\omega)$ 就可分解成

$$P_x(\omega)=P_x^+(\omega)\cdot P_x^-(\omega) \tag{6.1.10}$$

为了使无约束维纳滤波器是稳定和物理可实现的，取（参见式(1.5.34)）

$$[S(\omega)+N(\omega)]^{1/2}=T\cdot P_x^+(\omega) \tag{6.1.11}$$

式中：T 为观测样本 $x(t)=s(t)+e(t)$ 的持续时间；$s(t)$ 为零均值平稳过程（信号）；$e(t)$ 为零均值随机噪声，且 $s(t)$ 和 $e(t)$ 不相关。类似地，可选择

$$S^{1/2}(\omega)=T\cdot P_s^+(\omega) \tag{6.1.12}$$

于是，因果、稳定维纳滤波器的频率传递函数（式(6.1.9)）就可以表示为

$$H_{opt}(\omega)=\frac{S(\omega)}{S(\omega)+N(\omega)}=\left[\frac{P_s^+(\omega)}{P_x^+(\omega)}\right]^2 \tag{6.1.13}$$

四、匹配滤波器与维纳滤波器

将似然比检测系统（图 2－5(b)）重画成如图 6－3 所示的结构。从式(6.1.9)和图 6－3 可见，图中 A 点处的波形恰好是输入过程 $x(t)$ 经过两个串联白化滤波器之后的线性均方估计。这一结果的物理意义是：虽然白化滤波器增大了输入噪声的等效谱宽，但它的输出波形仍有可能失真。因此，在白化滤波器之后还应当串接一个维纳滤波器，才能获得输入波形的最小均方误差估计。

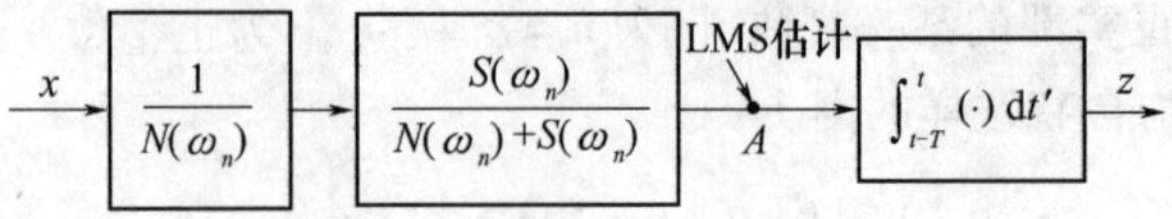

图 6-3　最佳检测与波形估计的关系

6.1.3　离散时间维纳滤波器

在实际应用中,维纳滤波器一般是离散时间滤波器而不是连续时间滤波器,其原因是现代维纳滤波器几乎都是数字的。为此,本节将依次对维纳滤波问题展开讨论:首先,阐述线性数字滤波器的基本概念;其次,推导无约束维纳数字滤波器的数学表达式;最后,介绍物理可实现的维纳数字滤波器的香农—伯德(Shannon - Bode)实现方法。

一、数字滤波器

1. 单边数字滤波器

图 6-4 给出了一个因果线性数字滤波器的方框图。该滤波器的输出是 y_k,它是当前输入 x_k 及其延迟 x_{k-i} 的加权和,k 是离散时间变量。通常把这种滤波器称为横向数字滤波器,其脉冲响应序列为 $h_i(i=0,1,\cdots,n-1)$。

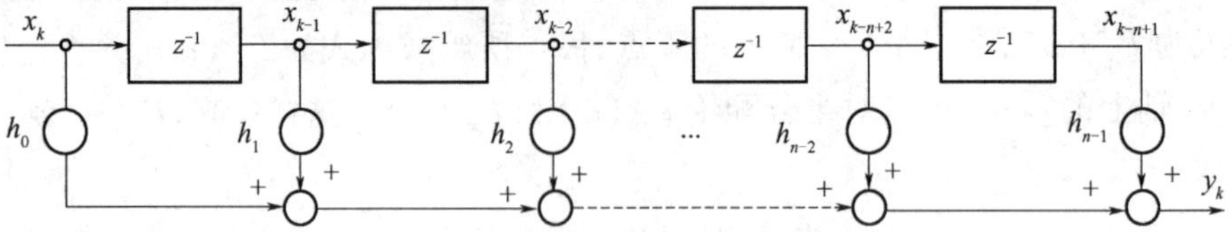

图 6-4　单边线性数字滤波器

单边数字滤波器的输出 y_k 可以表示为输入 x_k 和滤波器脉冲响应序列 $h_i = h[i]$ 的卷积,即

$$y_k = \sum_{i=0}^{n-1} h_i x_{k-i} \overset{\text{def}}{=} h_k * x_k \tag{6.1.14}$$

根据 z 变换的定义,输入 x_k 的 z 变换可表示为

$$X(z) = \sum_{k=-\infty}^{\infty} x_k z^{-k} \tag{6.1.15}$$

同样,输出 y_k 的 z 变换为

$$Y(z) = \sum_{k=-\infty}^{\infty} y_k z^{-k} = \sum_{k=-\infty}^{\infty} \left(\sum_{i=0}^{n-1} x_{k-i} h_i \right) z^{-i} z^{-(k-i)} \tag{6.1.16}$$

如果 $X(z)$ 和 $Y(z)$ 在 z 域上有一绝对的公共收敛区域,则可交换式(6.1.16)的求和次序,故有

$$Y(z) = \left(\sum_{i=0}^{n-1} h_i z^{-i} \right) \cdot \left[\sum_{k=-\infty}^{\infty} x_{k-i} z^{-(k-i)} \right] = H(z) \cdot X(z) \tag{6.1.17}$$

式中：$H(z)$ 为滤波器的脉冲传递函数，它是滤波器脉冲响应序列 h_i 的 z 变换。与连续线性系统一样，两个序列在时域上的卷积对应于这两个序列 z 变换的乘积。

2. 双边数字滤波器

在式(6.1.17)中，如果数字滤波器的单位脉冲响应序列 h_i 是双边(非因果)的，则其输出序列的 z 变换可以表示为

$$Y(z) = \left(\sum_{i=-\infty}^{\infty} h_i z^{-i}\right) \cdot \left[\sum_{k=-\infty}^{\infty} x_{k-i} z^{-(k-i)}\right] = H(z) \cdot X(z) \qquad (6.1.18)$$

式中：含有因子 z 的项代表时间超前，而含有因子 z^{-1} 的项则代表时间延迟。就实时性而言，滤波器的超前响应在物理上是不可实现的。不过，可以通过对单位脉冲响应序列 h_i 进行截断和延时，来近似地实现这种滤波器的选频特性。例如，在横向滤波器的基本输入端后面插入一个延时网络，其延时量大于横向滤波器超前单元的预估步数，使脉冲响应序列 h_i 的主要部分落在 $i>0$ 的范围之内。

3. 脉冲功率传递函数

利用维纳—辛钦公式，推导数字滤波器的脉冲功率传递函数。假设单边数字滤波器输入序列 $x_k(k=0,1,\cdots,N)$ 是各态遍历的，则有

$$R_x[m] = E[x_{k+m} \cdot x] = \lim_{N\to\infty} \frac{1}{2N+1} \sum_{k=0}^{N} x_{k+m} \cdot x_k \qquad (6.1.19)$$

在 1.4 节中已经指出，只要 N 足够大，时间相关函数近似等于总体相关函数。

类似地，单边横向数字滤波器的输入—输出之间的互相关函数可表示为

$$R_{yx}[m] = E[y_k \cdot x_{k-m}] = R_{xy}[-m] \qquad (6.1.20)$$

将式(6.1.14)代入式(6.1.20)，可得

$$\begin{aligned} R_{yx}[m] &= E[(\sum_{i=0}^{\infty} h_i x_{k-i}) x_{k-m}] = \sum_{i=0}^{\infty} h_i E[x_{k-i} x_{k-m}] \\ &= \sum_{i=0}^{\infty} h_i R_x[m-i] = h_m * R_x[m] \end{aligned} \qquad (6.1.21)$$

等号两边取 z 变换，就有

$$S_{yx}(z) = H(z) \cdot S_x(z) \qquad (6.1.22)$$

式中：$S_{yx}(z) = Z\{R_{yx}[m]\}$；$S_x(z) = Z\{R_x[m]\}$。此外，单边数字滤波器输出序列的自相关函数是

$$\begin{aligned} R_y[m] &= E[y_k \cdot y_{k-m}] = E[\sum_{i=0}^{\infty} h_i x_{k-i} \sum_{j=0}^{\infty} h_j x_{k-m-j}] \\ &= \sum_{i=0}^{\infty} \sum_{j=0}^{\infty} h_i h_j E[x_{k-i} \cdot x_{k-m-j}] \\ &= \sum_{j=0}^{\infty} h_j \sum_{i=0}^{\infty} h_i R_x[m+j-i] = \sum_{j=0}^{\infty} h_j R_{yx}[m+j] \end{aligned}$$

上式中最后一个等式利用了式(6.1.21)的结果。为了将上式写成卷积的形式,令

$$\breve{h}_j = h_{-j} \quad 或 \quad \breve{h}_{-j} = h_j$$

则有

$$R_y[m] = \sum_{j=0}^{\infty} h_j R_{yx}[m+j] = \sum_{j=0}^{\infty} \breve{h}_{-j} R_{yx}[m+j]$$

$$\overset{k=-j}{=} \sum_{k=0}^{-\infty} \breve{h}_k R_{yx}[m-k] = \breve{h}_m * R_{yx}[m] = h_{-m} * R_{yx}[m] \quad (6.1.23)$$

将式(6.1.21)代入式(6.1.23),得

$$R_y[m] = h_{-m} * h_m * R_x[m] \quad (6.1.24)$$

式(6.1.24)等号两边取 z 变换,即可得到

$$S_y(z) = H(z^{-1}) \cdot H(z) \cdot S_x(z) \quad (6.1.25)$$

式中:脉冲响应序列 h_m 的纵轴(时间原点)镜像 h_{-m} 的 z 变换为

$$\sum_{m=-\infty}^{\infty} h_{-m} z^{-m} = \sum_{k=-\infty}^{\infty} h_k z^k = H(z^{-1})$$

在式(6.1.25)中,数字滤波器的脉冲功率传递函数 $H(z^{-1})H(z)$ 与线性连续时间系统的功率传递函数 $|H(\omega)|^2$[参见式(1.5.63)]是极为相似的,它是在假设系统是因果($h_i=0, i<0$)的前提下推导出来的。对于非因果系统($h_i \neq 0, i<0$),同样可以得出类似的结果。

二、无约束维纳数字滤波器

定理 6-1:设双边最优线性滤波器的单位脉冲响应序列为 $h_{\text{opt}}[i]$,滤波器对双边输入序列 x_k 的输出响应为 $y_{\text{MMSE}}[k]$,估计偏差 $\varepsilon_{k\_\text{opt}}$ 为

$$\varepsilon_{k\_\text{opt}} = d_k - y_{\text{MMSE}}[k] = d_k - \sum_{i=-\infty}^{\infty} h_{\text{opt}}[i] x_{k-i} \quad (6.1.26\text{a})$$

式中:d_k 为最优线性滤波器的期望响应,则滤波器输出的最小均方误差估计量 $y_{\text{MMSE}}[k]$ 与估计偏差 $\varepsilon_{k\_\text{opt}}$ 互为正交:

$$E\{\varepsilon_{k\_\text{opt}} \cdot y_{\text{MMSE}}[k]\} = 0 \quad (6.1.26\text{b})$$

证明:假设线性滤波器的双边单位脉冲响应序列为 h_k,根据卷积和定理,其输出为

$$y_k = \sum_{i=-\infty}^{\infty} h_i x_{k-i}$$

估计偏差为

$$\varepsilon_k = d_k - y_k = d_k - \sum_{i=-\infty}^{\infty} h_i x_{k-i}$$

以均方误差(MSE)作为目标函数 $J_k = E[\varepsilon_k^{\ 2}]$,令 J_k 对 h_j 的偏导数等于 0,得到下列正则方程:

$$\frac{\partial J_k}{\partial h_j} = -2E[(d_k - \sum_{i=-\infty}^{\infty} h_i x_{k-i})x_{k-j}] = 0 \quad (\text{全部} j \in Z) \tag{6.1.27}$$

将满足式(6.1.27)的 h_i 记为 $h_{opt}[i]$，即可求得最小均方误差估计量 $y_{MMSE}[k]$ 和估计偏差 ε_{k_opt}。

由式(6.1.26a)和式(6.1.27)可推知：ε_{k_opt} 与 x_{k-i} 正交(全部 i)。因为 $y_{MMSE}[k]$ 可以表示为 x_{k-i}(全部 i)的线性组合，所以 ε_{k_opt} 与 $y_{MMSE}[k]$ 正交。

定义：考虑图6-5所示的双边横向滤波器 $H(z)$。图中 x_k，y_k 和 d_k 分别为滤波器的输入、输出和期望响应。如果滤波器输出的均方误差 $E[\varepsilon_k^2]$ 达到最小值 J_{min}，则称该横向滤波器 $H(z)$ 为无约束维纳数字滤波器，记为 $H_{opt}(z)$ 或 $h_{opt}[i]$。

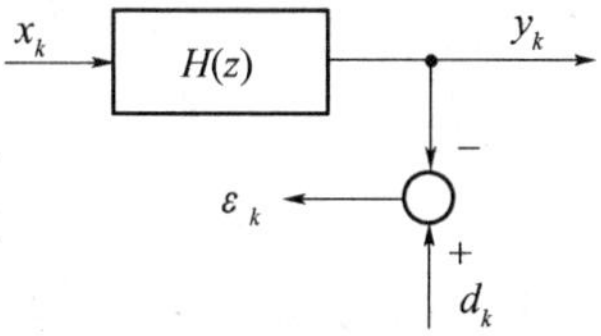

图6-5 双边维纳数字滤波器

在下面的讨论中，ε_k 定义为无约束维纳数字滤波器的期望响应 d_k 与输出 $y_{MMSE}[k]$(仍记为 y_k)之差：

$$\varepsilon_k = d_k - y_k \tag{6.1.28}$$

注意，d_k 是虚拟的期望响应而非真实信号，并假定滤波器的期望响应 d_k 和双边输入 x_k 的二阶矩都是已知的。

根据定理6-1与卷积和公式，得到

$$\begin{aligned} E[\varepsilon_k y_k] &= E\{(d_k - \sum_{i=-\infty}^{\infty} h_{opt}[i]x_{k-i}) \cdot (\sum_{i=-\infty}^{\infty} h_{opt}[i]x_{k-i})\} \\ &= \sum_{i=-\infty}^{\infty} h_{opt}[i]E[d_k x_{k-i}] - \sum_{i=-\infty}^{\infty} h_{opt}[i] \sum_{m=-\infty}^{\infty} h_{opt}[m]E[x_{k-m}x_{k-i}] \\ &= \sum_{i=-\infty}^{\infty} h_{opt}[i]\{R_{dx}[i] - \sum_{m=-\infty}^{\infty} h_{opt}[m]R_x[i-m]\} = 0 \end{aligned} \tag{6.1.29}$$

因此，对于各个时刻 i，下式成立

$$R_{dx}[i] = \sum_{m=-\infty}^{\infty} h_{opt}[m]R_x[i-m] = h_{opt}[i] * R_x[i] \tag{6.1.30}$$

这正是著名的无约束 Wiener - Hopf 方程。式(6.1.30)等号两边取 z 变换，得

$$H_{opt}(z) = S_{dx}(z)/S_x(z) \tag{6.1.31}$$

此外，维纳数字滤波器输出 y_k 的最小均方误差可表示为

$$\begin{aligned} J_{min} &= \min_{h_{opt}} E[(d_k - y_k)^2] = E\{(d_k - \sum_{i=-\infty}^{\infty} h_{opt}[i]x_{k-i})^2\} \\ &= E[d_k^2] + \sum_{i=-\infty}^{\infty} h_{opt}[i] \sum_{m=-\infty}^{\infty} h_{opt}[m]E[x_{k-m}x_{k-i}] - 2\sum_{i=-\infty}^{\infty} h_{opt}[i]E[d_k x_{k-i}] \\ &= R_d[0] + \sum_{i=-\infty}^{\infty} h_{opt}[i] \sum_{m=-\infty}^{\infty} h_{opt}[m]R_x[i-m] - 2\sum_{i=-\infty}^{\infty} h_{opt}[i]R_{dx}[i] \end{aligned}$$

将 Wiener - Hopf 方程式(6.1.30)代入上式，就有

$$J_{\min} = R_d[0] - \sum_{i=-\infty}^{\infty} h_{\text{opt}}[i]R_{dx}[i] \tag{6.1.32}$$

【例 6-4】 考虑图 6-6 所示的无约束维纳数字滤波器。假设有一实际波形 s_k 受到加性高斯白噪声 e_k 的污染,且已知 $E[e_k \cdot s_k]=0, e_k \sim N(0,2/3)$,对于任意时刻 i,s_k 的自相关函数为

$$R_s[i] = \frac{10}{27}\left(\frac{1}{2}\right)^{|i|}$$

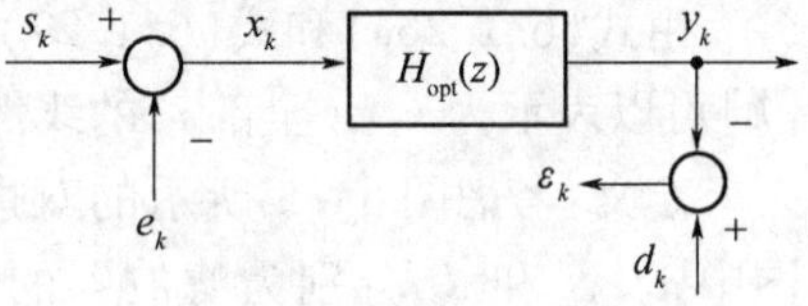

图 6-6 无约束维纳数字滤波器

试求该滤波器的脉冲传递函数 $H_{\text{opt}}(z)$。

解:依题意,期望响应为 $d_k = s_k$,且有

$$H_{\text{opt}}(z) = S_{dx}(z)/S_x(z)$$

式中:$S_{dx}(z)$,$S_x(z)$分别为互相关函数 $R_{dx}[i]$和自相关函数 $R_x[i]$的 z 变换。

已知双边维纳数字滤波器 $H_{\text{opt}}(z)$的输入为

$$x_k = s_k + e_k$$

根据卷积和定理,其输出可表示为

$$y_k = \sum_{i=-\infty}^{\infty} h_{\text{opt}}[i]x_{k-i}$$

式中:$h_{\text{opt}}[i]$为 $H_{\text{opt}}(z)$的 单位脉冲响应序列。根据已知条件,x_k 的自相关函数可写成

$$R_x[i] = R_s[i] + R_e[i] = \frac{10}{27}\left(\frac{1}{2}\right)^{|i|} + \frac{2}{3}\delta_i \tag{6.1.33}$$

式中:$R_e[i]$为高斯白噪声序列 e_k 的自相关函数;$R_s[i]$为实际波形 s_k 的自相关函数。根据维纳—辛钦公式,对 $R_e[i]$取 z 变换可得 e_k 的脉冲功率谱密度函数:

$$S_e(z) \overset{\text{def}}{=} N(z) = \frac{2}{3} \tag{6.1.34}$$

对 $R_s[i]$取 z 变换得到 s_k 的脉冲功率谱密度函数,即

$$S_s(z) \overset{\text{def}}{=} S(z) = \sum_{i=-\infty}^{\infty}\left[\frac{10}{27}\left(\frac{1}{2}\right)^{|i|}\right]z^{-i} \tag{6.1.35}$$

为了计算式(6.1.35),考虑具有绝对值指数的几何级数的通式

$$\sum_{i=-\infty}^{\infty}[Ar^{|i|}]z^{-i} = A(1 + rz^{-1} + r^2z^{-2} + \cdots) + A(1 + rz + r^2z^2 + \cdots) \tag{6.1.36}$$

式中:等号右边的两个和式都是几何级数。如果 z 取值满足下列条件

$$|rz^{-1}| < 1 \quad 或 \quad |z| > r$$

则第一个级数是绝对收敛的;当 z 取值满足下列条件

$$|rz| < 1 \quad 或 \quad |z| < \frac{1}{r}$$

时，第二个级数也是绝对收敛的。

由此可知，式(6.1.36)收敛区域是 $r<|z|<1/r$，且有

$$\sum_{i=-\infty}^{\infty}[Ar^{|i|}]z^{-i}=\frac{A}{1-rz^{-1}}+\frac{Arz}{1-rz}=\frac{A(1-r^2)}{(1-rz^{-1})(1-rz)} \quad (6.1.37)$$

利用式(6.1.37)，可直接给出式(6.1.35)中等比级数表达式：

$$S(z)=\frac{5/18}{(1-z/2)(1-z^{-1}/2)} \quad (6.1.38)$$

其收敛区间为 $1/2<|z|<2$。

对式(6.1.33)进行 z 变换，并利用式(6.1.34)和式(6.1.38)，得

$$S_x(z)=S(z)+N(z)=\frac{20-6z-6z^{-1}}{18(1-z/2)(1-z^{-1}/2)} \quad (6.1.39)$$

已知 s_k 与噪声 e_k 不相关，故有

$$R_{dx}[i]=R_{dx}[i]=E[(s_k+e_k)s_{k-i}]=R_s[i]$$

和

$$S_{dx}(z)=Z\{R_{dx}[i]\}=Z\{R_s[i]\}=S(z) \quad (6.1.40)$$

将式(6.1.39)和式(6.1.40)代入式(6.1.31)，可得

$$H_{\text{opt}}(z)=\frac{S_{dx}(z)}{S_x(z)}=\frac{S(z)}{S(z)+N(z)} \quad (6.1.41)$$

将上述计算结果代入式(6.1.41)，经简单代数运算，得

$$H_{\text{opt}}(z)=\frac{5/18}{\left(1-\frac{1}{3}z^{-1}\right)\left(1-\frac{1}{3}z\right)} \quad (6.1.42)$$

与式(6.1.37)比较，凭直观就能求出式(6.1.42)的逆 z 变换：

$$h_{\text{opt}}[i]=Z^{-1}[H_{\text{opt}}(z)]=\frac{5}{16}\left(\frac{1}{3}\right)^{|i|} \quad (\text{全部 } i\in Z)$$

此即无约束维纳滤波器的单位脉冲响应序列。

最后，将 $R_d[0]=R_s[0]$、$R_{dx}[i]=R_s[i]$ 和 $h_{\text{opt}}[i]$ 代入式(6.1.32)，即可得到

$$\begin{aligned}J_{\min}&=R_d[0]-\sum_{i=-\infty}^{\infty}h_{\text{opt}}[i]R_{dx}[i]\\&=\frac{10}{17}-\sum_{i=-\infty}^{\infty}\frac{5}{16}\left(\frac{1}{3}\right)^{|i|}\cdot\frac{10}{27}\left(\frac{1}{2}\right)^{|i|}=\frac{5}{24}\end{aligned}$$

波形估计量 y_k 的最小均方误差 $J_{\min}$（平均功率）与期望响应 d_k 的平均功率 $R_s[0]$ 之比为

$$\frac{J_{\min}}{R_s[0]}\times 100\%=\frac{5/24}{10/27}\times 100\%=56.25\%$$

尽管这个比值相当大,但这已经是无约束维纳数字滤波器所能得到的最好结果。

三、因果维纳数字滤波器的实现

设线性系统的单位脉冲响应序列为 $h[i]$,如果 $h[i]=0(i<0)$,则该系统称为因果系统。根据这一概念,由式(6.1.30)可推知,具有因果约束的 Wiener – Hopf 方程可写成

$$\begin{cases} R_{dx}[m] = \sum_{i=0}^{\infty} h_{\text{opt}}[i]R_x[m-i] & (i \geqslant 0) \\ h_{\text{opt}}[i] = 0 & (i < 0) \end{cases} \tag{6.1.43}$$

与无约束 Wiener – Hopf 方程式(6.1.30)不同,式(6.1.43)对 $h_{\text{opt}}[i]$ 增加了因果约束条件。

为了获得一个更加简洁的因果维纳数字滤波器的表达式,先讨论一个特例。假设因果维纳数字滤波器的输入序列 x_k 为均值为0、方差为1的白噪声序列,即

$$R_x[m] = \delta_m$$

式中:k 为任意整数,则式(6.1.43)可简化为

$$\begin{cases} R_{dx}[m] = \sum_{i=0}^{\infty} h_{\text{opt}}[i]\delta(m-i) = h_{\text{opt}}[m] & (m \geqslant 0) \\ h_{\text{opt}}[m] = 0 & (m < 0) \end{cases} \tag{6.1.44}$$

用同一白噪声作为输入,无约束 Wiener – Hopf 方程为

$$R_{dx}[m] = \sum_{i=0}^{\infty} h_{\text{opt}}[i]\delta(m-i) = h_{\text{opt}}[m] \quad (\text{全部 } m \in Z) \tag{6.1.45}$$

由式(6.1.44)和式(6.1.45)可见,当维纳数字滤波器的输入是白噪声序列时,具有因果约束的维纳解与无约束的维纳解是相同的,二者的区别仅在于有无因果约束条件。因此,在白噪声输入下,先求出无约束数字滤波器的双边维纳解 $h_{\text{opt}}[i]$(全部 i),然后将非因果部分删掉,即令 $h_{\text{opt}}[i]=0(i<0)$,余下的部分就是因果数字滤波器的维纳解 $h_{\text{opt}}[i](i \geqslant 0)$。但是,对于非白噪声输入,式(6.1.44)、式(6.1.45)皆不成立,故不能采用这种方法。为了解决这一问题,香农—伯德提出了如图6-7所示的因果维纳滤波器的实现方法:先对输入序列进行"白化"处理,再按无约束 Wiener – Hopf 方程式(6.1.31)设计一个后续滤波器 $H_{\text{P}}(z)$,最后,去掉 $H_{\text{P}}(z)$ 中非因果部分,余下的就是后续因果滤波器 $H_{\text{PC}}(z)$。

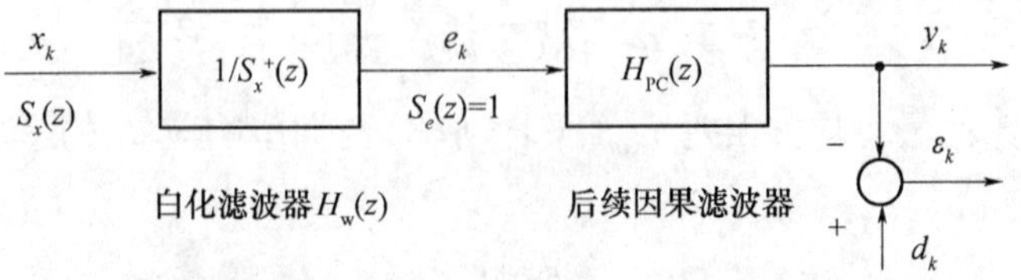

图6-7 因果维纳数字滤波器的香农—伯德实现方法

1. 白化滤波器

利用实输入序列 x_k 的自相关函数 $R_x[m]$ 及其 z 变换 $S_x(z)$ 的某些先验知识，总可以设计出合适的白化数字滤波器。

对于实输入序列 x_k，其自相关函数 $R_x[m]$ 是实对称的，即 $R_x[m]=R_x[-m]$，故它的 z 变换 $S_x(z)$ 也具有对称性，即

$$S_x(z) = S_x(z^{-1}) \tag{6.1.46}$$

进一步假设若 $S_x(z)$ 是一个有理函数，则 $S_x(z)$ 必存在如下形式的对称性：

$$S_x(z) = k_G \frac{(1-az^{-1})(1-az)(1-bz^{-2})(1-bz^2)\cdots}{(1-\alpha z^{-1})(1-\alpha z)(1-\beta z^{-2})(1-\beta z^2)\cdots} \tag{6.1.47}$$

式中：k_G 为 $S_x(z)$ 的前置系数。不妨假设全部参数$(a,b,\cdots;\alpha,\beta,\cdots)$的幅值都小于1，如若不然，也即，当 $S_x(z)$ 包含 z 平面单位圆上的零点、极点时，可令这些零点、极点都离开单位圆，然后再用一种极限过程将这些零点、极点放回到单位圆上。

$S_x(z)$ 包含两类因式：一类因式的零点、极点位于 z 平面单位圆内，记为 $S_x^+(z)$；另一类因式的零点、极点位于 z 平面单位圆之外，记为 $S_x^-(z)$。于是式(6.1.47)就可表示为

$$S_x(z) = S_x^+(z)\cdot S_x^-(z) \tag{6.1.48}$$

式中：

$$S_x^+(z) = \sqrt{k_G}\frac{(1-az^{-1})(1-bz^{-2})\cdots}{(1-\alpha z^{-1})(1-\beta z^{-2})\cdots}$$

$$S_x^-(z) = \sqrt{k_G}\frac{(1-az)(1-bz^2)\cdots}{(1-\alpha z)(1-\beta z^2)\cdots}$$

且有

$$S_x^+(z) = S_x^-(z^{-1}),\ S_x^+(z^{-1}) = S_x^-(z) \tag{6.1.49}$$

定理 6-2：设实输入序列 x_k 的自相关函数 $R_x[m]$，且 $Z\{R_x[m]\}=S_x(z)$，则白化滤波器的脉冲传递函数可表示为

$$H_w(z) = 1/S_x^+(z) \tag{6.1.50}$$

式中：$S_x^+(z)$ 为由有理多项式 $S_x(z)$ 中零点上、极点位于 z 平面单位圆内的所有因式组成的。

证明：只要证明对于任意的输入序列 x_k，白化滤波器 $H_w(z)=1/S_x^+(z)$ 的响应序列 e_k 是白噪声即可。设白化滤波器的输出序列为 e_k，自相关函数为 $R_e[m]$。根据式(6.1.25)，并利用式(6.1.49)，$R_e[m]$ 的 z 变换为

$$S_e(z) = H_w(z^{-1})\cdot H_w(z)\cdot S_x(z) = \frac{1}{S_x^-(z)}\cdot\frac{1}{S_x^+(z)}\cdot S_x(z) = 1$$

上式表明，e_k 的脉冲功率谱密度函数 $S_e(z)$ 等于常数，令 $z=e^{j\Omega}$，则有 $S_e(e^{j\Omega})=1$，这说明 e_k 是白噪声序列。因为 $S_x^+(z)$ 的零点、极点全部位于 z 平面上的单位圆

内,所以白化滤波器 $H_w(z)$ 是因果、稳定的。只要已知输入序列 x_k 的功率谱 $S_x(e^{j\Omega})$,设计这种滤波器一般是比较容易的。

2. 后续滤波器

因为后续滤波器的输入是白噪声,所以在设计时可先不考虑它的因果性。当确定了非因果最优后续滤波器的脉冲响应序列 $h_P[i]$ 之后,再消除其脉冲响应序列中的非因果部分,余下的部分就是后续因果滤波器的脉冲响应序列,记为 $h_{PC}[i]$。

由无约束维纳数字滤波器的 Wiener – Hopf 方程式(6.1.31)可推知,后续滤波器的脉冲传递函数可表示为

$$H_P(z) = \frac{S_{dx}(z)}{S_x(z)} \cdot S_x^+(z) = \frac{S_{dx}(z)}{S_x^-(z)} \tag{6.1.51}$$

对式(6.1.51)进行逆 z 变换,得到后续滤波器的单位脉冲响应序列 $h_P[i]$(全部 i)。若除去非因果部分,余下的部分 $h_P[i]$($i \geqslant 0$)就是后续因果滤波器 $h_{PC}[i]$。对 $h_{PC}[i]$ 取 z 变换,即可得到后续因果滤波器的脉冲传递函数:

$$H_{PC}(z) = \left[\frac{S_{dx}(z)}{S_x^-(z)}\right]_+ \tag{6.1.52}$$

根据图 6 – 7,因果维纳数字滤波器的 Shonnon – Bode 实现的最终表达式可写成

$$H_{opt\_C}(z) = \frac{1}{S_x^+(z)} \cdot \left[\frac{S_{dx}(z)}{S_x^-(z)}\right]_+ \tag{6.1.53}$$

【例 6 – 5】 重新考虑例 6 – 4。对式(6.1.39)进行因式分解,得

$$S_x(z) = \frac{(1 - z/3)(1 - z^{-1}/3)}{(1 - z/2)(1 - z^{-1}/2)} = S_x^+(z) \cdot S_x^-(z)$$

式中:

$$\begin{cases} S_x^+(z) = \dfrac{1 - z^{-1}/3}{1 - z^{-1}/2} \\ S_x^-(z) = \dfrac{1 - z/3}{1 - z/2} \end{cases} \tag{6.1.54}$$

在例 6 – 4 中,已知

$$S_{dx}(z) = \frac{5/18}{(1 - z/2)(1 - z^{-1}/2)}$$

将已知条件代入式(6.1.51),得到后续滤波器的脉冲传递函数,即

$$H_P(z) = \frac{S_{dx}(z)}{S_x^-(z)} = \frac{5/18}{(1 - z^{-1}/2)(1 - z/3)}$$

$$= \frac{z^{-1}/6}{1 - z^{-1}/2} + \frac{1/3}{1 - z/3}$$

$$= \sum_{m=1}^{\infty}\left(\frac{1}{3}\right)(2z)^{-m}] + \sum_{m=0}^{\infty}\left(\frac{1}{3}\right)\left(\frac{z}{3}\right)^{m}] \tag{6.1.55}$$

因此,$H_P(z)$可简化为

$$H_P(z) = \sum_{m=1}^{\infty}\left(\frac{1}{3}\right)(2z)^{-m} + \sum_{m=-\infty}^{0}\left(\frac{1}{3}\right)\left(\frac{z}{3}\right)^{-m}$$

进一步地,去掉上式等号右边的第二项中非因果项,保留常数项 1/3,即可得到因果、稳定和最优的后续数字滤波器的脉冲传递函数:

$$H_{PC}(z) = \frac{1}{3} + \frac{1}{6}z^{-1} + \frac{1}{12}z^{-2} + \cdots = \frac{1/3}{1 - z^{-1}/2} \tag{6.1.56}$$

将式(6.1.54)和式(6.1.56)代入式(6.1.53),就有

$$H_{opt\_C}(z) = \frac{1}{S_x^+(z)}\left[\frac{S_{dx}(z)}{S_x^-(z)}\right]_+ = \frac{1/3}{1 - z^{-1}/3}$$

$$= \sum_{i=0}^{\infty}\left(\frac{1}{3}\right)(3z)^{-m} \tag{6.1.57}$$

其脉冲响应序列 $h_{opt_C}[i]$如图 6-8 所示。

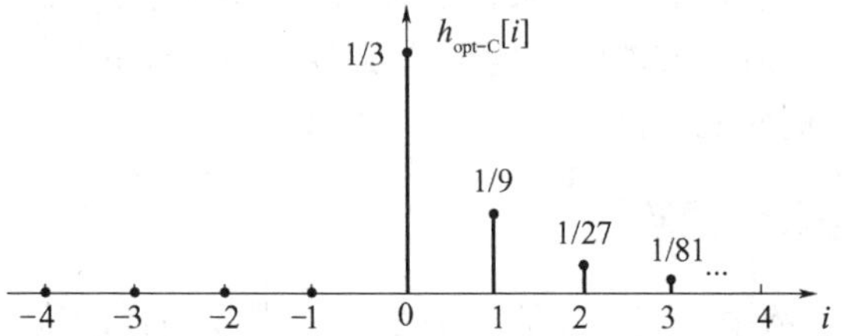

图 6-8　因果稳定维纳数字滤波器的单位脉冲响应序列

这是一个与无约束维纳数字滤波器差异较大的结果。可想而知,因果、稳定的维纳数字滤波器的性能不会比无约束维纳滤波器更好。为了证实这一结论,需要比较二者波形估计偏差的均方值。

由式(6.1.57)可知

$$h_{opt\_C}[i] = \frac{1}{3}\left(\frac{1}{3}\right)^{i} \quad (i \geqslant 0)$$

将 $h_{opt_C}[i]$代入式(6.1.32),得

$$J_{min} = R_d[0] - \sum_{i=-\infty}^{\infty} h_{opt\_C}[i]R_{dx}[i] \tag{6.1.58}$$

式中:

$$R_d[i] = R_s[i] \quad 和 \quad R_{dx}[i] = R_s[i] = \frac{10}{27}\left(\frac{1}{2}\right)^{|i|}$$

将以上式子代入式(6.1.58),就有

$$J_{\min} = \frac{10}{27} - \sum_{i=0}^{\infty} \frac{1}{3} \times \frac{10}{27} \times \left(\frac{1}{6}\right)^i = \frac{6}{27}$$

波形估计的最小均方误差 $J_{\min}$(即平均功率)与期望响应的平均功率 $R_s[0]$之比为

$$\frac{J_{\min}}{R_s[0]} \times 100\% = \frac{6/27}{10/27} \times 100\% = 60\%$$

这一结果例 6-4 中比无约束维纳滤波器(56.25%)更差。由此可见,为了使维纳数字滤波器具有因果性,在波形估计精度上付出了代价。

6.2 自适应横向数字滤波器

前面已经指出,为了得到数字滤波器输入样本 x_k 中实际波形 s_k 的最小均方误差估计 $y_{\mathrm{MMSE}}[k]$,必须使输入样本 x_k 通过因果、稳定的维纳数字滤波器。而设计维纳数字滤波器的前提条件是,需要事先知道输入样本 x_k 和实际波形 s_k 的二阶矩。然而,在工程实际中,这个先验知识往往不是现成的,再加上输入过程的统计特性一般是时变的,这就希望设计一种具有自适应功能的滤波器——能够根据输入样本的非平稳性,实时地调整滤波器的结构参数,使滤波器的脉冲响应特性渐近收敛于维纳解。自适应滤波器的结构形式很多,在此,仅介绍一种结构最简单、应用最广泛的自适应横向滤波器。

6.2.1 LMS 自适应滤波器

定义:如果横向数字滤波器能够按最小均方误差估计准则自动地调整结构参数,使其单位脉冲响应序列逐渐收敛于维纳解,则称为 LMS 自适应滤波器。

设在 k 时刻,横向滤波器的脉冲响应序列 $h_k[i]$仅在 $i \in [0, p-1]$范围内具有显著值,其中,p 为正整数。又设输入过程的第 k 个样本为 $x[k-i]$($i=0,1,\cdots,p-1$),则横向滤波器的响应 $y[k]$可表示为

$$y[k] = \sum_{i=0}^{p-1} h_k[i] x[k-i] \quad (k = 0,1,2,\cdots,N-1)$$

如果记

$$x[k-i] \overset{\text{def}}{=} x_{k-i}, h_k[i] \overset{\text{def}}{=} w_{ki}, y[k] \overset{\text{def}}{=} y_k$$

则有

$$y_k = \sum_{i=0}^{p-1} w_{ki} \cdot x_{k-i} = \boldsymbol{W}_k^{\mathrm{T}} \boldsymbol{x}_k \quad (k = 0,1,2,\cdots,N-1) \qquad (6.2.1)$$

式中:

$$\boldsymbol{x}_k = [x_k, x_{k-1}, \cdots, x_{k-p+1}]^{\mathrm{T}}, \boldsymbol{W}_k^{\mathrm{T}} = [w_{k0}, w_{k1}, \cdots, w_{k(p-1)}]$$

分别为第 k 次迭代时横向滤波器的输入向量和权向量,其结构可用图 6-9 来表示。通常取横向滤波器的长度为 $p=[N/4]$,或者 $p=[N^{1/2}]$。

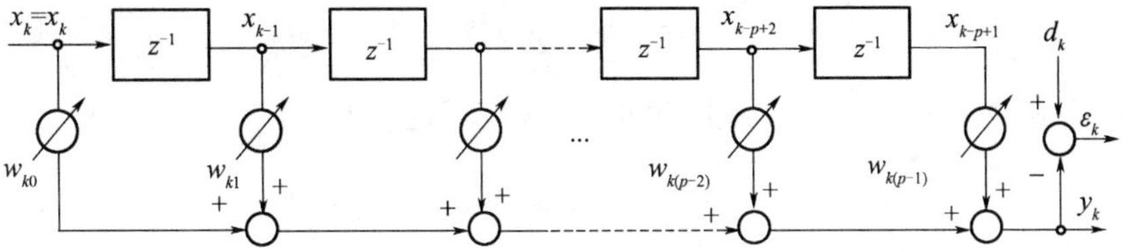

图 6－9　LMS 自适应滤波器

若输入向量 $\boldsymbol{x}_k$ 和期望响应 d_k 都是各态遍历的实平稳过程，则第 k 次输出偏差为

$$\varepsilon_k = d_k - y_k = d_k - \boldsymbol{W}_k^{\mathrm{T}} \boldsymbol{x}_k = d_k - \boldsymbol{x}_k^{\mathrm{T}} \boldsymbol{W}_k \tag{6.2.2}$$

均方误差(MSE)为

$$J_k = E[\varepsilon_k^2] = E[\mathrm{d}_k^2] - 2\boldsymbol{R}_{dx}^{\mathrm{T}} \cdot \boldsymbol{W}_k + \boldsymbol{W}_k^{\mathrm{T}} \boldsymbol{R}_x \boldsymbol{W}_k \tag{6.2.3}$$

式中：$\boldsymbol{R}_{dx}$ 为期望响应 d_k 与输入向量 $\boldsymbol{x}_k$ 之间的互相关函数；$\boldsymbol{R}_x$ 为输入向量 $\boldsymbol{x}_k$ 的自相关矩阵，且假设 $\boldsymbol{R}_x$ 是对称的正定(或半正定)矩阵，即

$$\boldsymbol{R}_{dx} = E[d_k \boldsymbol{x}_k] = E\begin{bmatrix} d_k x_k \\ \vdots \\ d_k x_{k-p+1} \end{bmatrix}$$

$$\boldsymbol{R}_x = E[\boldsymbol{x}_k \boldsymbol{x}_k^{\mathrm{T}}] = E\begin{bmatrix} x_k x_k & \cdots & x_k x_{k-p+1} \\ \vdots & & \vdots \\ x_{k-p+11} x_k & \cdots & x_{k-p+1} x_{k-p+1} \end{bmatrix}$$

由于已经假定输入序列 x_k 与期望响应序列 d_k 都是平稳的，因此它们的二阶矩与时序 k 无关，故下标 k 可以略去；但偏差序列 ε_k 的二阶矩 J_k 是随时序 k 而变化的，其原因在于权向量 $\boldsymbol{W}_k$ 是随输入样本 $\boldsymbol{x}_k$ 而变化的。

根据式(3.3.42)，可得到一种类似于最速下降法的权向量迭代算法，称之 LMS 自适应滤波算法，即

$$\boldsymbol{W}_{k+1} = \boldsymbol{W}_k + 2\mu \varepsilon_k \boldsymbol{x}_k \tag{6.2.4}$$

式中：要求自适应常数 μ 满足下式，以确保自适应过程的稳定性，即

$$0 < \mu < \frac{1}{\lambda_{\max}} \quad 或 \quad 0 < \mu < \frac{1}{\mathrm{tr}\boldsymbol{R}_x}$$

自适应过程就是连续不断地调节横向滤波器的权系数 $\boldsymbol{W}_k$，以寻找 J_k“曲面”的“底部”——权系数的维纳解，即

$$\boldsymbol{W}_{\mathrm{opt}} = \boldsymbol{R}_x^{-1} \boldsymbol{R}_{dx} \tag{6.2.5}$$

在实际应用中，可在随机序列 $x_k(k=0,1,\cdots,N-1)$ 中依次挑选出 M 个最大值，然后将其平方和的倒数作为自适应常数 μ。1966 年 Widrow 将这一关系表示为

$$\mu \leqslant 1/(\sum_{k=0}^{M-1} x_k^2)_{\max} \tag{6.2.6}$$

根据式(3.3.55),自适应过程的时间常数可表示为

$$\tau_{q\mathrm{mse}} = \frac{1}{4\mu\lambda_q} \quad (q = 0,1,\cdots,p-1) \tag{6.2.7}$$

式中:λ_q 为输入自相关矩阵 $\boldsymbol{R}_x$ 的第 q 个特征值。

此外,式(3.3.72)给出了由梯度噪声所引起的自适应过程的过调量,即

$$O_{\mathrm{sw}} = \mu\sum_{q=0}^{p-1}\lambda_q = \mu p\lambda_{\mathrm{ave}} \tag{6.2.8}$$

式中:λ_{ave}为输入自相关矩阵 $\boldsymbol{R}_x$ 的 p 个特征值的平均值。在工程上,一般要求 $O_{\mathrm{sw}} \leqslant 25\%$。

由式(6.2.7)可知,LMS 自适应滤波器的迭代过程的时间常数与输入自相关矩阵的特征值成反比,这意味着较小的特征值对应于较慢的自适应速度。另外,式(6.2.8)表明,尽管较大的特征值对应于较小的时间常数,但却有可能导致大的过调量 O_{sw},从而影响自适应过程的稳定性。由这两个矛盾可以得出结论:当输入自相关矩阵 $\boldsymbol{R}_x$ 具有相同的特征值(输入是白噪声样本)时,自适应过程具有最佳的收敛特性。

图 6-9 还可作为基本单元,用于实现具有特定功能的自适应系统。图 6-10 给出了利用 LMS 自适应滤波器实现的 d 步线性预估器的方框图。在最小均方误差意义下,LMS 自适应滤波器把经延迟的输入 x_{k-d}尽可能地变换为未延迟的输入 x_k。如果将 LMS 自适应滤波器的权系数全部复制到一个辅助滤波器(与横向滤波器具有完全相同的抽头延时线结构)内,再将未经延时的输入 x_k 加到该辅助滤波器上,则其输出 $\hat{x}_{k+d}$一定是输入 x_k 的 d 步最小均方误差预估量。

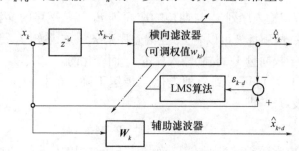

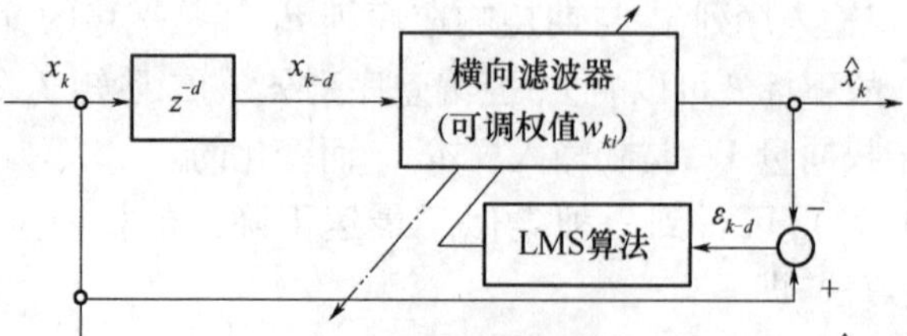

图 6-10 利用 LMS 自适应滤波器实现 d 步预测

下面讨论 LMS 自适应滤波器的改进算法。当输入序列 $x_k(k=0,1,\cdots,N-1)$ 波动很大时,可先对原始序列作归一化处理,然后按 LMS 自适应算法(式(6.2.4))进行迭代计算。第 k 次迭代步骤如下:

(1) 求 $x_{k-q}(q=0,1,\cdots,p-1)$的加权平方和:

$$P_k = (1-\gamma)\sum_{q=1}^{p-1} x_{k-q}^2 + \gamma x_k^2 \quad (k = p,p+1,\cdots,N-1) \tag{6.2.9}$$

式中：$\gamma \in (0,1]$，一般选择接近于 1。

(2) 将 $x_{k-q}(q=0,1,\cdots,p-1)$ 除以 $P_k^{1/2}$，得到新的时间序列 z_k，即

$$z_{k-1} = x_{k-1}/\sqrt{P_k + \alpha^2} \quad (0 < \alpha \ll 1; 1 = 0, q, \cdots, p-1) \tag{6.2.10}$$

(3) 利用 LMS 自适应算法（式(6.2.4)）对回归系数进行一次循环迭代：

$$\boldsymbol{W}_{k+1} = \boldsymbol{W}_k + 2\mu\varepsilon_k \boldsymbol{z}_k \tag{6.2.11}$$

【例 6-6】 下列程序是应用 MATLAB 语言编写的归一化 LMS 自适应算法程序，运行结果如图 6-11 所示。

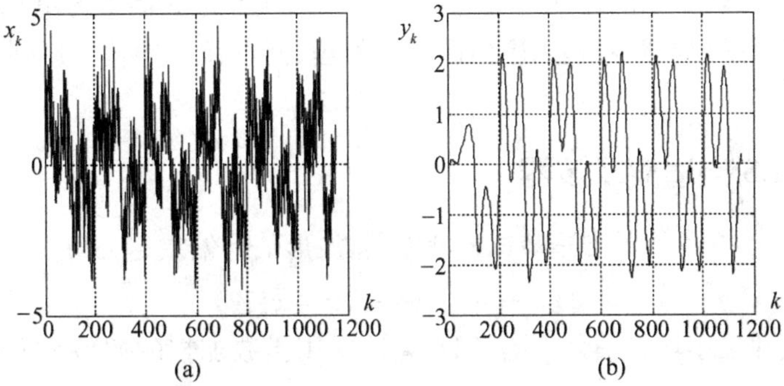

图 6-11　功率归一化 LMS 自适应滤波器的输入—输出波形

(a) 原始波形；(b) 滤波器输出波形。

```
% 基于改进算法的 LMS 自适应滤波器(MATLAB 程序)
fc =0.005;fp =0.015;                      % 信号的最高频率 fc
signal =sin(2 * pi * fp * [0:N -1]) +square(2 * pi * fc * [0:N -1]);d =sig-
nal;                                      % 期望信号
noise =100 * randn(1,N);                  % 高斯噪声
p =1/(2 * fc);N =10 * p;                  % 横向滤波器阶次,输入数据长度
mu =0.005;gamma =0.95                     % 自适应增益常数μ;归一化递推常数γ
W =zeros(1,p);                            % 生成初始滤波器权向量
P =zeros(1,N);                            % 生成功率权向量
x =signal +noise;                         % 滤波器的实际输入信号
% LMS 递推运算
for k =1:length(x) -p;                    % 输入数据长度 - 横向滤波器的阶次
  P(k) =(1 -gamma) * sum(x(k:k +p -1). * x(k:k +p -1)) +gamma * ((x(k +
p)^2));                                   % 递推计算功率
  z(k +p) =x(p +k)/(P(k) +delta)^0.5;          % 归一化处理
  y(k) =sum(W. * fliplr(z(k +1:k +p)));        % 计算横向滤波器的输出
  e(k) =d(k) -y(k);                            % 计算偏差
  W =W +2 * mu * e(k). * fliplr(z(k +1:k +p)); % 权系数迭代——Widrow 算法
end
```

```
    k =1:length(x) -p;
    subplot(1,2,1);plot(k,x(k));grid;hold on
    subplot(1,2,2);plot(k,y(k));grid
% -----------------------------------------
```

应当指出,当输入序列 x_k 的自相关矩阵 $\boldsymbol{R}_x$ 的特征值分散程度增大时,将使LMS迭代过程变得很慢,有时甚至慢到了不可接受的程度。为解决这一问题,应当设法使输入自相关矩阵正交化。这种改进的算法主要分为两类:第一类是递推最小二乘(Recursive Least Squares,RLS)算法,它利用既往的输入数据来递推估计自相关矩阵,以降低当前输入数据的相关性;第二类是通过离散傅里叶变换(DFT)或离散余弦变换(DCT)对输入序列进行预处理,使变换后的输入序列是互为正交的序列。

6.2.2 RLS自适应滤波器

考虑图6-9所示的自适应横向滤波器,波形估计偏差定义为

$$\varepsilon_k = d_k - y_k = d_k - \boldsymbol{x}_k^{\mathrm{T}}\boldsymbol{W}_k$$

与一般的线性最小均方估计不同,RLS算法使用指数加权的偏差平方和作为代价函数,即

$$J_k(\boldsymbol{W}_k) = \sum_{i=0}^{k}\lambda^{k-i}\varepsilon_k^2 = \sum_{i=0}^{k}\lambda^{k-i}(d_k - \boldsymbol{x}_k^{\mathrm{T}}\boldsymbol{W}_k)^2 \tag{6.2.12}$$

式中:加权因子 λ 称为遗忘因子,$0<\lambda<1$。在实际应用中,一般选择 λ 接近于1,其作用是对靠近第 k 次迭代的估计偏差加比较大的权,而对远离第 k 次迭代的估计偏差加较小的权。

式(6.2.5)给出了LMS自适应滤波器的权系数的维纳解,即

$$\boldsymbol{W}_{\mathrm{opt}} = \boldsymbol{R}_x^{-1}\boldsymbol{R}_{dx}$$

在每个采样点,RLS算法是基于自相关矩阵 $\boldsymbol{R}_x$ 和互相关函数 $\boldsymbol{R}_{dx}$ 的所有过去的数据递推地估计当前的 $\boldsymbol{R}_x$ 和 $\boldsymbol{R}_{dx}$,然后通过求逆矩阵公式来更新权向量。具体处理方法如下:

记 $\boldsymbol{R}=\boldsymbol{R}_x$,$\boldsymbol{Q}=\boldsymbol{R}_{dx}$,在第 k 次迭代时,用以下二式近似替代 $\boldsymbol{R}_k$ 和 $\boldsymbol{Q}_k$,即

$$\boldsymbol{R}_k = \sum_{i=0}^{k}\lambda^{k-i}\boldsymbol{x}_i\boldsymbol{x}_i^{\mathrm{T}} = \lambda\boldsymbol{R}_{k-1} + \boldsymbol{x}_k\boldsymbol{x}_k^{\mathrm{T}} \tag{6.2.13}$$

$$\boldsymbol{Q}_k = \sum_{i=0}^{k}\lambda^{k-i}d_i\boldsymbol{x}_i = \lambda\boldsymbol{Q}_{k-1} + d_k\boldsymbol{x}_k \tag{6.2.14}$$

于是,当 $k\to\infty$ 时,权系数向量的最优解(维纳解 $\boldsymbol{W}_{\mathrm{opt}}$)可表示为

$$\boldsymbol{W}_k = \boldsymbol{R}_k^{-1}\boldsymbol{Q}_k \tag{6.2.15}$$

利用矩阵求逆公式(式(3.1.35)),且记逆矩阵 $\boldsymbol{R}_k^{-1}=\boldsymbol{P}_k$,则由式(6.2.13)可得

$$\boldsymbol{P}_k = \boldsymbol{R}_k^{-1} = (\lambda \boldsymbol{R}_{k-1} + \boldsymbol{x}_k \boldsymbol{x}_k^{\mathrm{T}})^{-1}$$
$$= \frac{1}{\lambda}\left(\boldsymbol{P}_{k-1} - \frac{\boldsymbol{P}_{k-1}\boldsymbol{x}_k\boldsymbol{x}_k^{\mathrm{T}}\boldsymbol{P}_{k-1}}{\lambda + \boldsymbol{x}_k^{\mathrm{T}}\boldsymbol{P}_{k-1}\boldsymbol{x}_k}\right) = \frac{1}{\lambda}(\boldsymbol{I} - \boldsymbol{K}_k\boldsymbol{x}_k^{\mathrm{T}})\boldsymbol{P}_{k-1} \qquad (6.2.16)$$

式中：$\boldsymbol{K}_k$ 为增益向量，定义为

$$\boldsymbol{K}_k = \frac{\boldsymbol{P}_{k-1}\boldsymbol{x}_k}{\lambda + \boldsymbol{x}_k^{\mathrm{T}}\boldsymbol{P}_{k-1}\boldsymbol{x}_k} \qquad (6.2.17)$$

将式(6.2.16)和式(6.2.14)代入式(6.2.15)，经简单代数运算，即可得到权系数的迭代公式，即

$$\boldsymbol{W}_k = \boldsymbol{W}_{k-1} + \boldsymbol{K}_k\varepsilon_k \qquad (6.2.18)$$

其中

$$\varepsilon_k = d_k - \boldsymbol{x}_k^{\mathrm{T}}\boldsymbol{W}_{k-1}$$

RLS 算法与 LMS 算法不同之处在于：LMS 算法的偏差（$\varepsilon_k = d_k - \boldsymbol{W}_k{}^{\mathrm{T}}\boldsymbol{x}_k$）是后验计算的，它仅仅与当前的权向量 $\boldsymbol{W}_k$ 有关；RLS 算法的偏差（$\varepsilon_k = d_k - \boldsymbol{W}_{k-1}{}^{\mathrm{T}}\boldsymbol{x}_k$）则是由先前的权向量 $\boldsymbol{W}_{k-1}$ 来确定的。综上所述，可以得到 RLS 算法如下：

(1) 初始化：$\boldsymbol{W}_0 = 0$，$\boldsymbol{P}_0 = \mu^{-1}\boldsymbol{I}$，其中 μ 是很小的正常数。

(2) 迭代计算：$k = 1,2,\cdots$

$$\varepsilon_k = d_k - \boldsymbol{x}_k^{\mathrm{T}}\boldsymbol{W}_{k-1} \qquad (6.2.19)$$

$$\begin{cases} \boldsymbol{K}_k = \boldsymbol{P}_{k-1}\boldsymbol{x}_k / (\lambda + \boldsymbol{x}_k^{\mathrm{T}}\boldsymbol{P}_{k-1}\boldsymbol{x}_k) \\ \boldsymbol{P}_k = \dfrac{1}{\lambda}(\boldsymbol{I} - \boldsymbol{K}_k\boldsymbol{x}_k^{\mathrm{T}})\boldsymbol{P}_{k-1} \\ \boldsymbol{W}_k = \boldsymbol{W}_{k-1} + \boldsymbol{K}_k\varepsilon_k \end{cases} \qquad (6.2.20)$$

当输入序列波动较大时，初值由下式决定：

$$\boldsymbol{P}_0 = \boldsymbol{R}_0^{-1} = \left[\sum_{i=-(p-1)}^{0} \lambda^{-i}\boldsymbol{x}_i\boldsymbol{x}_i^{\mathrm{T}}\right]^{-1}$$

自相关矩阵的递推表达式(6.2.13)可改写成

$$\boldsymbol{R}_k = \sum_{i=1}^{k} \lambda^{k-i}\boldsymbol{x}_i\boldsymbol{x}_i^{\mathrm{T}} + \boldsymbol{R}_0$$

在上式中，通常希望输入相关矩阵的初值 $\boldsymbol{R}_0$ 所起的作用很小，因此不妨用很小的对角矩阵来近似 $\boldsymbol{R}_0$，即

$$\boldsymbol{R}_0 = \mu\boldsymbol{I}$$

这就是为什么选取 $\boldsymbol{P}_0 = \mu^{-1}\boldsymbol{I}$ 的缘由。

从以上分析可见，RLS 算法的自适应常数 μ 是隐含在初始的逆自相关矩阵（$\boldsymbol{P}_0 = \boldsymbol{R}_0^{-1}$）之中的，因而被称为一种由矩阵 $\boldsymbol{P}_k$ 控制的、具有最优学习率 μ 的 LMS 自适应算法。这种算法不但具有较快的收敛速率，而且对输入自相关矩阵的特征值分散程度不敏感；但也付出了增大计算量的代价，有时还可能遇到逆矩阵 $\boldsymbol{P}_k$ 不

稳定的问题。

6.2.3 DFT/DCT 自适应滤波器

图 6-12 给出了基于傅里叶变换(DFT)/余弦变换(DCT)的自适应横向滤波器,通常称之为 DFT/LMS(或 DCT/LMS)自适应滤波器。

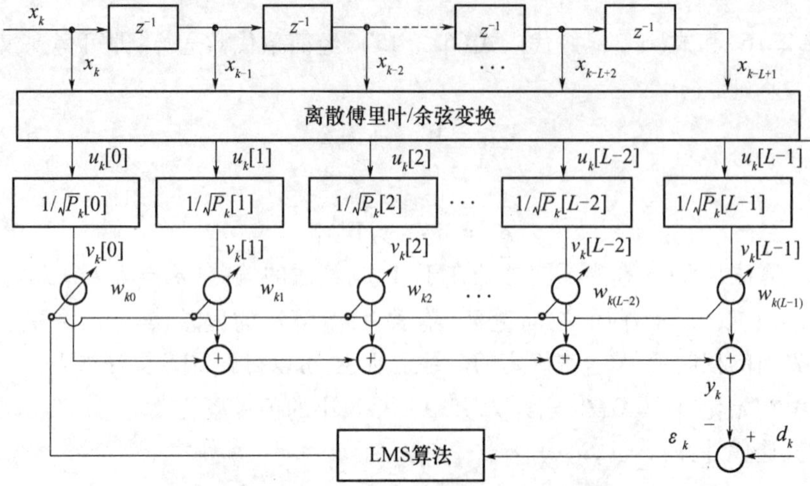

图 6-12 DFT/DCT 自适应横向滤波器

DFT/LMS(或 DCT/LMS)自适应算法由下列步骤构成:首先,对横向滤波器的抽头延迟信号进行傅里叶变换或余弦变换;然后,对变换后的数据作归一化处理,以减小它们的分散性;最后,将归一化数据(等功率信号)输入到横向数字滤波器,并应用 LMS 算法调整横向数字滤波器的权值。

现将 DFT/LMS(或 DCT/LMS)自适应算法的第 k 次迭代步骤列写如下:

(1) 离散 DFT/DCT:

$$u_k[m] = \sum_{i=0}^{L-1} T_L(m,i)x_{k-i} \quad (m = 0,1,\cdots,L-1) \tag{6.2.21}$$

式中:

$$T_L(m,i) = F_L(m,i) = \frac{1}{\sqrt{L}}\exp\left(-\frac{\mathrm{j}2\pi mi}{L}\right) \quad (\mathrm{DFT}) \tag{6.2.22a}$$

或者

$$T_L(m,i) = C_L(m,i) = \sqrt{\frac{2}{L}}K_m\cos\left[\frac{m(i+1/2)\pi}{L}\right] \quad (\mathrm{DCT}) \tag{6.2.22b}$$

其中,当 $m=0$ 时,$K_m=1/\sqrt{2}$;否则,$K_m=1$。

（2）功率归一化：

$$v_k[m]=\frac{u_k[m]}{\sqrt{P_k[m]+\alpha}}\quad(m=0,1,\cdots,L-1)\tag{6.2.23}$$

式中：$0<\alpha\ll 1$。功率 $P_k[m]$ 按下式进行递推估计：

$$P_k[m]=\gamma P_{k-1}[m]+(1-\gamma)\mid u_k[m]\mid^2\quad(m=0,1,\cdots,L-1)\tag{6.2.24}$$

$\gamma\in[0,1]$，一般选择接近于1。

（3）LMS 滤波算法

$$\varepsilon_k=d_k-\sum_{m=0}^{L-1}v_k[m]w_{km}\tag{6.2.25}$$

$$\begin{cases}w_{(k+1)m}=w_{km}+\mu\varepsilon_k v_k^*[m]\quad(\mathrm{DFT})\\ w_{(k+1)m}=w_{km}+2\mu\varepsilon_k v_k[m]\quad(\mathrm{DCT})\end{cases}\quad(m=0,1,\cdots,L-1)\tag{6.2.26}$$

式中：标量参数 μ 为自适应常数；v_k^* 为 v_k 的复共轭。

应当指出，在实际应用中，DCT/LMS 算法的性能（超调量和收敛速度）远比 DFT/LMS 以及其他类似算法的性能好。另外，DCT/LMS 算法较 DFT/LMS 算法更优越还在于，前者是实数运算而后者是复数运算。

一、复 LMS 算法

对于 DFT/LMS 算法，由于线性组合器的输入 v_k 是复数，因此 LMS 算法中涉及复数的乘加运算，即

$$v_k[m]=\mathrm{Re}\{v_k[m]\}+\mathrm{jIm}\{v_k[m]\}\overset{\mathrm{def}}{=}v_{\mathrm{R}k}[m]+\mathrm{j}v_{\mathrm{I}k}[m]$$

$$w_{km}=\mathrm{Re}[w_{km}]+\mathrm{jIm}[w_{km}]\overset{\mathrm{def}}{=}w_{\mathrm{R}km}+\mathrm{j}w_{\mathrm{I}km}$$

$$y_k=\sum_{m=0}^{L-1}w_{km}v_k[m]=\boldsymbol{W}_k^{\mathrm{T}}\boldsymbol{V}_k$$

故有

$$\varepsilon_k=d_k-y_k=d_k-\boldsymbol{V}_k^{\mathrm{T}}\boldsymbol{W}_{\mathrm{R}k}-\mathrm{j}\boldsymbol{V}_k^{\mathrm{T}}\boldsymbol{W}_{\mathrm{I}k}$$

式中

$$\boldsymbol{W}_{*k}=[w_{*k0},\cdots,w_{*k(L-1)}]^{\mathrm{T}};\boldsymbol{V}_k=\{v_k[0],\cdots,v_k[L-1]\}^{\mathrm{T}}$$

下标 * 代表实部 R 或虚部 I。对于权向量 $\boldsymbol{W}_k$ 的实部 $\boldsymbol{W}_{\mathrm{R}k}$ 和虚部 $\boldsymbol{W}_{\mathrm{I}k}$，可分别用实 LMS 算法，参见式（3.3.41）和（3.3.42），使它们各自沿着瞬时误差曲面 J_k 上的负梯度方向变化

$$\boldsymbol{W}_{\mathrm{R}(k+1)}=\boldsymbol{W}_{\mathrm{R}k}-\mu\hat{\nabla}_{\mathrm{R}},\boldsymbol{W}_{\mathrm{I}(k+1)}=\boldsymbol{W}_{\mathrm{I}k}-\mu\hat{\nabla}_{\mathrm{I}}$$

式中，梯度估值的实部为

$$\begin{aligned}\hat{\nabla}_{\mathrm{R}}&=\left\{\frac{\partial(\varepsilon_k\varepsilon_k^*)}{\partial w_{\mathrm{R}k0}},\cdots,\frac{\partial(\varepsilon_k\varepsilon_k^*)}{\partial w_{\mathrm{R}k(L-1)}}\right\}^{\mathrm{T}}\\&=-\varepsilon_k\boldsymbol{V}_k^*-\varepsilon_k^*\boldsymbol{V}_k\end{aligned}$$

虚部为

$$\hat{\nabla}_{\mathrm{I}} = \left\{\frac{\partial(\varepsilon_k \varepsilon_k^*)}{\partial w_{\mathrm{I}k(0)}}, \cdots, \frac{\partial(\varepsilon_k \varepsilon_k^*)}{\partial w_{\mathrm{I}k(L-1)}}\right\}^{\mathrm{T}}$$
$$= \mathrm{j}(\varepsilon_k \boldsymbol{V}_k^* - \varepsilon_k^* \boldsymbol{V}_k)$$

合并以上二式,可得

$$\boldsymbol{W}_{k+1} = \boldsymbol{W}_k - \mu[\hat{\nabla}_{\mathrm{R}} + \mathrm{j}\,\hat{\nabla}_{\mathrm{I}}] = \boldsymbol{W}_k + 2\mu\varepsilon_k \boldsymbol{V}_k^*$$

二、选频特性

在介绍 DFT/DCT 的频率传递函数之前,先回顾一下等比数列 $a_k = \alpha \cdot q^k$ ($q \leqslant 1, k = m, m+1, \cdots, M$)的计算公式:

$$\sum_{k=m}^{M} a_k = \sum_{k=m}^{M} \alpha q^k = \frac{\alpha q^m(1 - q^{M-m+1})}{1 - q} \tag{6.2.27}$$

DFT/DCT 的实质是对时域上的输入向量 $\boldsymbol{x}_k = [x_k, x_{k-1}, \cdots, x_{k-L+1}]^{\mathrm{T}}$ 作线性变换,进而得到频域上的向量$\{u_k[0], u_k[1], \cdots, u_k[L-1]\}^{\mathrm{T}}$。二者皆用单位脉冲响应 $h_m[i] = T_L(m, i)$来表征,相应的频率传递函数为

$$H_m(\Omega) = \sum_{i=0}^{L-1} h_m[i]\,\mathrm{e}^{-\mathrm{j}\Omega i} \tag{6.2.28}$$

对于 DFT,将式(6.2.22a)的第一式代入式(6.2.28),得

$$H_m^{\mathrm{DFT}}(\Omega) = \sqrt{\frac{1}{L}} \cdot \frac{1 - \mathrm{e}^{-\mathrm{j}\Omega L}}{1 - \mathrm{e}^{-\mathrm{j}\Omega}\mathrm{e}^{-\mathrm{j}2\pi m/L}} \tag{6.2.29}$$

这是一个中心频率为 $2\pi m/L \in [0, 2\pi]$ 的数字带通滤波器,如图 6-13 所示($m = 5$,第 5 次谐波分量)。例如,对于 L 点 DFT,在时刻 k 将输入 x_k 分解成 L 个处于不同频段的成分。若 DFT 样本的幅频特性 $|H_m(\Omega)|$ 是理想的,则 DFT 输出的各个分量是完全不相关的,但因 $|H_m(\Omega)|$ 存在旁瓣,故由一个频段过渡到另一个频段存在边缘泄漏,因此输出信号仍然存在一定的相关性。不过,随着 DFT 的维数 L 的增大,边缘泄漏的幅值将会减小。

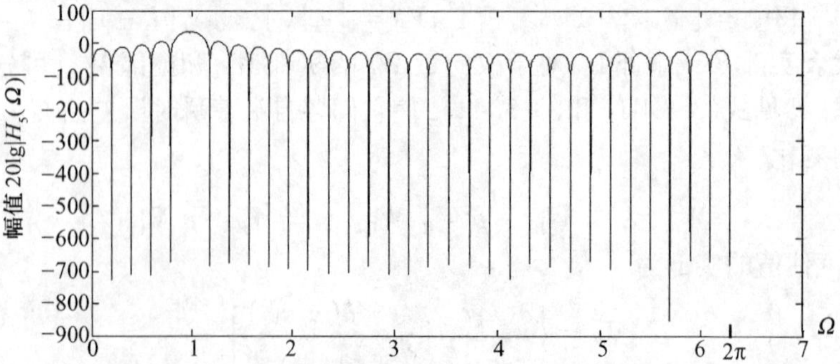

图 6-13　32×32 点 DFT 幅频特性 20lg$|H_5\Omega)|$

类似地，DCT 的频率传递函数可表示为

$$H_m^{\mathrm{DCT}}(\Omega) = \sqrt{\frac{2}{L}}K_m\cos\left(\frac{m\pi}{2L}\right)\frac{(1-\mathrm{e}^{-\mathrm{j}\Omega})[1-(-1)^m\mathrm{e}^{-\mathrm{j}\Omega L}]}{1-2\cos(\pi m/L)\mathrm{e}^{-\mathrm{j}\Omega}+\mathrm{e}^{-2\mathrm{j}\Omega}} \tag{6.2.30}$$

它同样是一带通滤波器组，如图 6-14 所示($m=5$，第 5 次谐波分量)，但各个滤波器具有不同的中心频率、不同的主瓣和旁瓣、不同的泄漏特性。虽然 DCT 的频率特性与 DFT 不一样，但二者都是信号解相关的便捷工具。

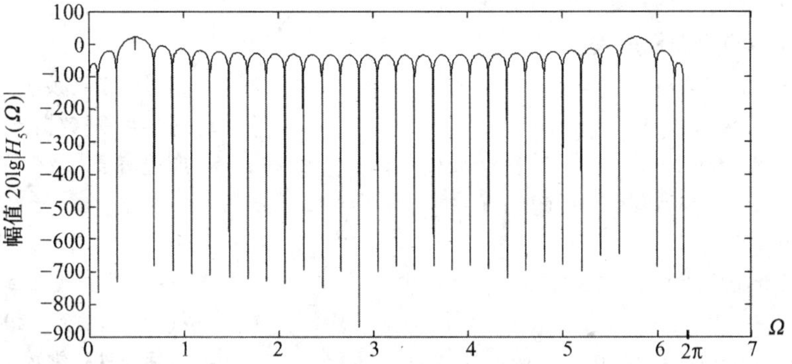

图 6-14　32×32 点 DCT 幅频特性 $20\lg|H_5(\Omega)|$

三、计算代价

与其他信号解相关算法比较，由于 DFT/DCT 都可以按 $O(L)$ 次进行递推运算，因而 DFT/LMS 和 DCT/LMS 算法具有计算量少的优点。对于 DFT，从 $k=L$ 开始迭代递推算法：

$$\begin{aligned} u_k[m] &= \sum_{i=0}^{L-1}\mathrm{e}^{-\mathrm{j}2\pi m(k-i)/L}x_{k-i} = \mathrm{e}^{-\mathrm{j}2\pi mk/L}(x_k - x_{k-L}) + \sum_{i=1}^{L}\mathrm{e}^{-\mathrm{j}2\pi m(k-i)/L}x_{k-i} \\ &\overset{i=n+1}{=} \sum_{n=0}^{L-1}\mathrm{e}^{-\mathrm{j}2\pi m(k-1-n)/L}x_{k-1-n} + \mathrm{e}^{-\mathrm{j}2\pi mk/L}(x_k - x_{k-L}) \\ &= u_{k-1}[m] + \mathrm{e}^{-\mathrm{j}2\pi mk/L}(x_k - x_{k-L}) \end{aligned} \tag{6.2.31}$$

可见，$u_k[m]$可以根据由 $u_{k-1}[m]$递推得到，故称之为滑动-DFT 算法。

与此类似，DCT 也可按 $O(L)$ 次递推运算，即

$$u_k^{\mathrm{DCT}}[m] = u_{k-1}^{\mathrm{DCT}}[m]\cos\left(\frac{\pi m}{L}\right) - u_k^{\mathrm{DST}}[m]\sin\left(\frac{\pi m}{L}\right) + \sqrt{\frac{2}{L}}\cos\left(\frac{\pi m}{2L}\right)[x_k - (-1)^m x_{k-L}] \tag{6.2.32a}$$

$$u_k^{\mathrm{DST}}[m] = u_{k-1}^{\mathrm{DST}}[m]\cos\left(\frac{\pi m}{L}\right) - u_k^{\mathrm{DCT}}[m]\sin\left(\frac{\pi m}{L}\right) + \sqrt{\frac{2}{L}}\sin\left(\frac{\pi m}{2L}\right)[x_k - (-1)^m x_{k-L}] \tag{6.2.32b}$$

式中：$u_k^{\mathrm{DCT}}[m]$为 DCT 的第 m 个输出(第 m 次谐波分量)；$u_k^{\mathrm{DST}}[m]$为 DST(离散

正弦变换)的第 m 个输出。这种交错递推运算方法,称为滑动 - DCT 算法。

此外,功率估计 $P_k[m]$ 和权系数 w_{km} 的迭代算法也是 $O(L)$ 次的,故整个算法都是 $O(L)$ 次的。由于 DCT 是实数运算,而 DFT 是复数运算,因而滑动 - DCT 的算法优于滑动 - DFT。

【例 6-7】 运行三个 MATLAB 程序:时域 LMS 算法(例 6-6)、DFT/LMS 算法和 DCT/LMS 算法。要求变更横向滤波器的长度 L 和自适应常数 μ,比较分析三者的运行结果(留给读者自行完成)。

(1) DFT/LMS 算法:

```
f1 =10; f2 =5;                                   % 信号的最高频率 fc = f1
Fs =10 * f1;t = 0:1/Fs:2;                        % 采样频率;数据长度
d = square(2 * pi * t * f1) + cos(2 * pi * t * f2);  % 期望信号
en =100 * randn(size(t));
x = d + en
N = length(t);L = 128;                            % 滤波器长度 L≥信号周期
                                                   (Fs/f1,Fs/f2)
mu =0.005;eps =0.01;gamma =0.95;                  % 自适应迭代常数
W = zeros(1,L); v = zeros(1,L); P = zeros(1,L);X = zeros(1,L);
                                                  % 数组初始化
% 递推计算初值
X = fft(x(1:L));                                  % 取 L 点数据作 FFT
P = X. * conj(X);                                 % 计算功率初值
% 自适应迭代计算
for n =1:length(x) - L
  for k =1:L
    X(k) = X(k) + (exp( - j * 2 * pi * (k - 1) * k/L)) * (x(k + L - 1) - x(k));
                                                  % 滑动 - DFT
    v(k) = X(k)/(P(k) + eps)^0.5;                 % 归一化 DFT 系数
  end
  P = gamma * P + (1 - gamma) * X(k). * conj(X);  % 功率递推计算
  y(n) = sum(W. * fliplr(v));                     % 滤波器输出
  e(n) = d(n) - y(n);                             % 偏差
  W = W + mu * e(n). * fliplr(conj(v));           % 权系数迭代
end
figure(1)
n =1:length(x) - L;
subplot(1,2,1);
plot(n,x(n));grid on;                             % 作图
subplot(1,2,2); plot(n,y(n));grid off
% ---------------------------------------
```

图 6-15 给出了 MATLAB 程序(DFT/LMS)的运行结果。

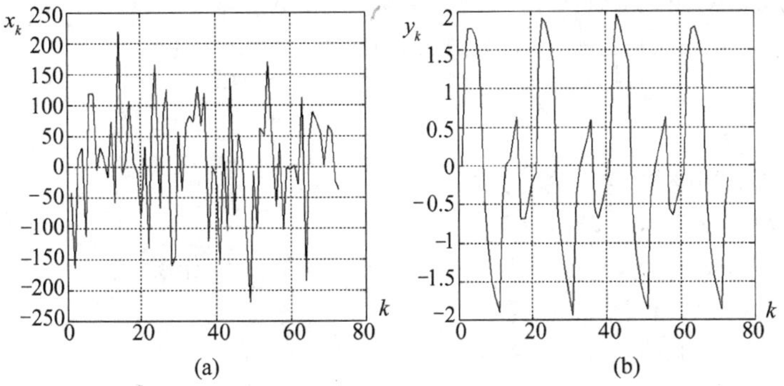

图 6-15　DFT/LMS 自适应滤波器的输入—输出波形

(a) 原始信号(信噪比 -40dB)；(b)自适应滤波后的信号。

(2) DCT/LMS 算法：

```
f1 =10; f2 =5; Fs =10 * f1; t = 0:1/Fs:2;          % 信号的最高频率 fc = f1; 采样频率;数据长度
d = square(2 * pi * t * f1) + cos(2 * pi * t * f2);  % 期望信号
en =100 * randn(size(t));
x = d + en
N = length(t);L =128;                               % 滤波器长度 L≥信号周期(Fs/f1,Fs/f2)
mu = 0.0003;eps = 0.01;gamma = 0.95;                 % 自适应迭代常数
W = zeros(1,L);v = zeros(1,L);P = ones(1,L);U1 = zeros(1,L);U2 = zeros(1,L);
% 递推计算初值
U1 = dct(x(1:L));                                   % DCT
P = U1 .* U1;                                       % 计算功率初值
U2 = dst(x(1:L));                                   % DST
% 自适应迭代计算
for n =1:length(x) - L
for k =1:L
    U1(k) = U1(k) * cos(pi * (k -1) / L) - U2(k) * sin(pi * (k -1) /L)...
             + (2 / L)^0.5 * cos(pi * (k - 1) /2 * M) * (x(k + L) - ( -1)^
             (k -1) * x(k));                        % 滑动 - DCT
    U2(k) = U2(k) * cos(pi * (k -1) / L) - U1(k) * sin(pi * (k -1) /L)... +
            (2/M)^0.5 * sin(pi * (k -1) /2 * L) * (x(k + L) - ( -1)^(k -1) * x(k));
    v(k) = U1(k) /(P(k) + eps)^0.5;                 % 归一化 DCT 系数
end
P = gamma * P + (1 - gamma) * U1^2;                 % 功率递推计算
```

```
    y(n) = sum(W. * fliplr(v));
    e(n) = d(n) - y(n);
        W = W + 2 * mu * e(n) . * fliplr(v);
end
   figure(2)
   n = 1:length(x) - L;
   subplot(1,2,1);
   plot(n,x(n));grid on;                          % 作图
   subplot(1,2,2);
   plot(n,y(n));grid off
% ---------------------------------------------------------------
```

图 6－16 给出了 MATLAB 程序(DCT/LMS)的运行结果。

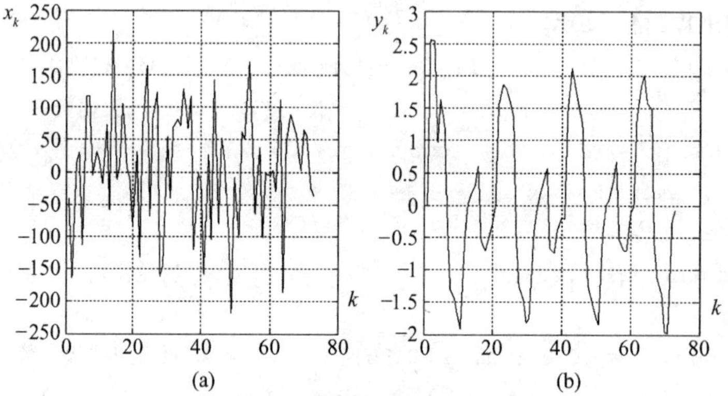

图 6－16 DCT/LMS 自适应滤波器的输入—输出波形

(a) 原始信号(信噪比 -40dB); (b) 自适应滤波后的信号。

6.2.4 约束 LMS 自适应滤波器

考虑图 6－17,在许多应用场合中期望响应 d_k 往往是不知道的,因而无法应用 LMS 算法。若令 $d_k=0$,则 LMS 算法最终将使滤波器输出 y_k 和权系数 $w_{ki}(i=0,1,\cdots,p-1)$ 都调整到接近于 0,这就不能达到保持信号、抑制噪声的目的。那么,是否可以通过对横向滤波器的权系数施加某种约束来解决这一问题呢?

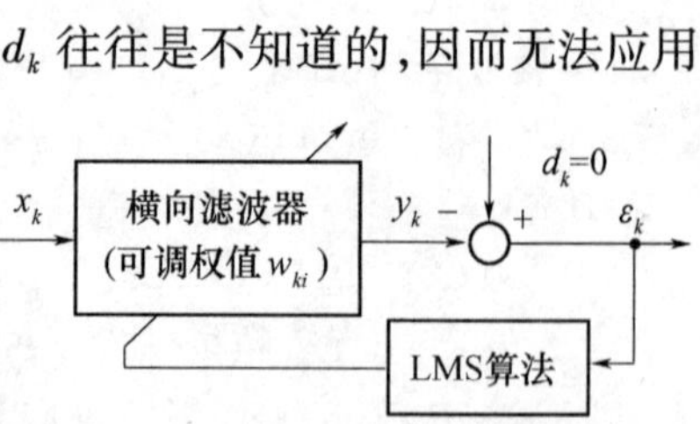

图 6－17 LMS 自适应滤波器的方框图

从下面讨论中可见,对于多通道 LMS 自适应滤波器,这种约束算法是存在的。

一、多通道 LMS 自适应滤波器

现以图 6－18 所示的多通道自适应滤波器为例,讨论如何对 $M \times L$ 权系数施

加某些约束,使得在利用 LMS 算法调整各权系数时,信号不至于被抑制。这种带有权系数约束的 LMS 算法,称为约束 LMS 算法。

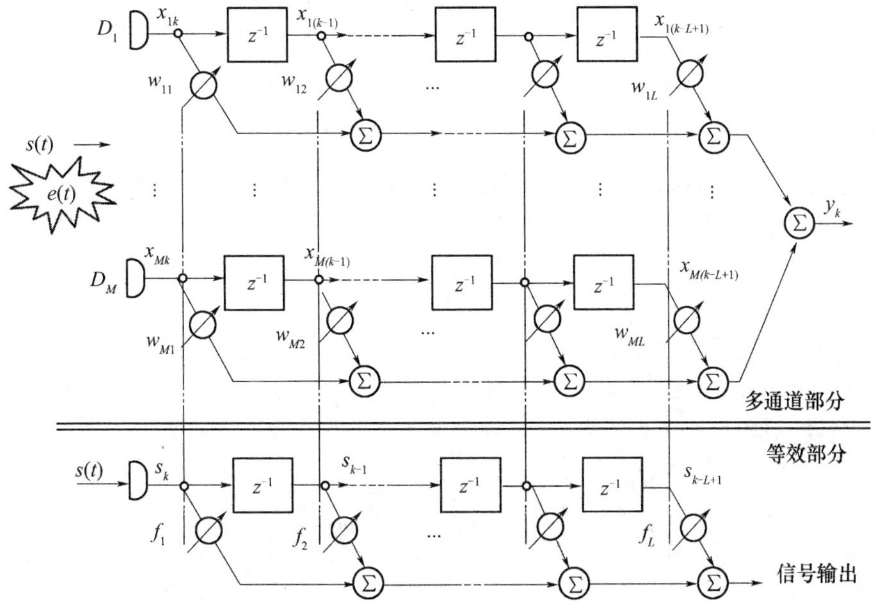

图 6-18 多通道自适应滤波器及其等效的单通道自适应滤波器

设水听器 $D_1, D_2, \cdots, D_M$ 的输出端通过信号匹配网络进行相位补偿(图中未画出采样器和匹配网络),使得从单一方向来的平面波 $s(t)$ 同相地作用在多通道横向滤波器的各个输入端。显然,平面波 $s(t)$ 的采样信号 s_k 的某一相位状态将同时出现在各路横向滤波器的第一个抽头上,并且平行地向后面的各抽头移动。由此可立即看出,就信号 s_k 而言,整个多通道自适应滤波器等效于一个单通道自适应横向滤波器,后者的任意第 i 个抽头上的权重 f_i 等于前者第 i 个垂直列上各个抽头上的权重之和,即

$$f_i = w_{1i} + \cdots + w_{Mi} = \sum_{m=1}^{M} w_{mi} \quad (i = 1, 2, \cdots, L)$$

只要适当选取一组固定的权值 $f_1, f_2, \cdots, f_L$,就可以使多通道自适应滤波器对信号 s_k 的频率传递函数具有所希望的任意形式。

【例 6-8】 在图 6-18 所示的等效滤波器中,令等效抽头的第一个权值 f_1 等于 1,其余权值为 0,就可使多通道 LMS 自适应滤波器的输出信号与输入信号完全相同,即

$$f_i = \begin{cases} 1 & (i = 1) \\ 0 & (i \neq 1) \end{cases} \tag{6.2.33}$$

或表示成更为形象的形式

$$\begin{bmatrix} w_{11} & w_{12} & \cdots & w_{1L} \\ w_{21} & w_{22} & \cdots & w_{2L} \\ \vdots & \vdots & & \vdots \\ w_{M1} & w_{M2} & \cdots & w_{ML} \end{bmatrix}$$
$$\begin{matrix} \downarrow & \downarrow & & \downarrow \\ 1 & 0 & \cdots & 0 \end{matrix}$$

上式箭头所指的数值,表示在整个迭代过程中对垂直列上各个权值的约束。当全部 $M \times L$ 个权系数满足该约束条件时,就有

$$\sum_{i=1}^{L} f_i \cdot s_{k-i+1} = s_k$$

由此可见,该自适应滤波器对信号的频率传递函数等于1(无失真)。

【例6-9】 当要求通道 LMS 自适应滤波器是物理可实现时,延时量可取横向滤波器总延时量 LT_s(T_s 为采样周期)的1/2。不妨设 L 为奇数,于是有

$$\begin{bmatrix} w_{11} & \cdots & w & w_{1(L+1)/2} & w & \cdots & w_{1L} \\ w_{21} & \cdots & w & w_{2(L+1)/2} & w & \cdots & w_{2L} \\ \vdots & & \vdots & \vdots & \vdots & & \vdots \\ w_{M1} & \cdots & w & w_{M(L+1)/2} & w & \cdots & w_{ML} \end{bmatrix}$$
$$\begin{matrix} \downarrow & & \downarrow & \downarrow & \downarrow & & \downarrow \\ 0 & \cdots & 0 & 1 & 0 & \cdots & 0 \end{matrix}$$

或者

$$f_i = \begin{cases} 1 & (i = (L+1)/2) \\ 0 & (i \neq (L+1)/2) \end{cases} \tag{6.2.34}$$

这时,自适应滤波器的输出为

$$\sum_{i=1}^{L} f_i \cdot s_{k-i+1} = s_{k-(L-1)/2}$$

显而易见,为了使信号在权系数迭代过程中不被抑制,在自适应调整权值时必须施加某种约束,使之不全为0。在前面的两个例子中,对 $f_i(i=1,1,\cdots,L)$ 施加了 L 个约束方程,剩余的 $M\times(L-1)$ 个权系数(自由度)可按 LMS 算法加以调节。因为采用这种约束算法,信号经过滤波器后仅仅延时一段时间而无失真现象,故称为信号延时无失真约束算法。

基于信号无失真约束 LMS 算法的多通道 LMS 自适应滤波器(见例6-8)可用图6-19来表示。在期望响应 $d_k=0$ 的情况下,$y_k=-\varepsilon_k$,因此使估计偏差 ε_k 的功率最小,等价于使输出 y_k 的功率最小。由于 y_k 包含了信号和噪声两种成分,其中信号因受到式(6.2.33)的约束而不会失真,因而调整权系数使 y_k 的功率最小,相当于使滤波器输出的噪声功率最小。为此,将图6-19所示的自适应滤波器称为"信号无失真最小噪声估计器"。

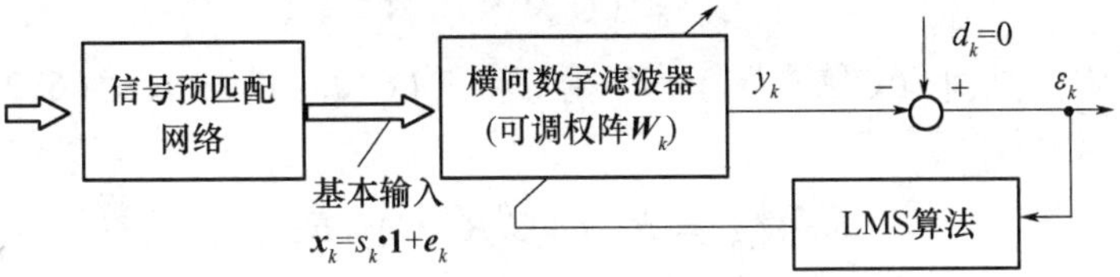

图 6-19　信号无失真约束最小噪声估计器

二、约束 LMS 算法

重新考虑图 6-18 所示的结构和例 6-9，假定在第 i 列所有权之和等于某一数值 f_i，即

$$\boldsymbol{C}_i^{\mathrm{T}}\boldsymbol{W}_k = f_i \quad (i = 1,2,\cdots,L) \tag{6.2.35}$$

式中：$\boldsymbol{W}_k$ 为 $LM\times 1$ 维列权向量，且有

$$\boldsymbol{W}_k = [\underbrace{w_{11}\cdots w_{M1}}_{(1)}\ \underbrace{w_{12}\cdots w_{M2}}_{(2)}\cdots\ \underbrace{w_{1i}\cdots w_{Mi}}_{i}\cdots\ \underbrace{w_{1L}\cdots w_{ML}}_{L}]^{\mathrm{T}}$$

$\boldsymbol{C}_i$ 为 $LM\times 1$ 维列向量，即

$$\boldsymbol{C}_i = [\underbrace{0\cdots0}_{(1)}\ \underbrace{0\cdots0}_{(2)}\cdots\ \underbrace{0\cdots0}_{(i-1)}\ \underbrace{1\cdots1}_{(i)}\cdots\ \underbrace{0\cdots0}_{(L)}]^{\mathrm{T}}$$

在增加了信号无失真的 L 个约束条件后，多通道自适应滤波器器噪声功率最小就等效于使总的平均输出功率最小，即

$$\min_{\boldsymbol{W}_k} J_k = \min_{\boldsymbol{W}_k} E(y_k^2) = \min_{\boldsymbol{W}_k} \boldsymbol{W}_k^{\mathrm{T}} E[\boldsymbol{x}_k\cdot\boldsymbol{x}_k^{\mathrm{T}}]\boldsymbol{W}_k = \boldsymbol{W}_{\mathrm{opt}}^{\mathrm{T}}\boldsymbol{R}_x\boldsymbol{W}_{\mathrm{opt}} \tag{6.2.36}$$

其中

$$\boldsymbol{x}_k = [\underbrace{x_{1k}\cdots x_{Mk}}_{(1)}\ \underbrace{x_{1(k-1)}\cdots x_{M(k-1)}}_{(2)}\cdots\ \underbrace{x_{1(i-1)}\cdots x_{M(i-1)}}_{(i)}\cdots\ \underbrace{x_{1(L-1)}\cdots w_{M(L-1)}}_{(L)}]^{\mathrm{T}}$$

约束条件为

$$\boldsymbol{C}^{\mathrm{T}}\boldsymbol{W}_k = \boldsymbol{F} \tag{6.2.37}$$

式中：$LM\times L$ 维矩阵 $\boldsymbol{C}$ 和 $L\times 1$ 维向量 $\boldsymbol{F}$ 分别为

$$\boldsymbol{C} = [\boldsymbol{C}_1,\boldsymbol{C}_2,\cdots,\boldsymbol{C}_L],\boldsymbol{F} = [f_1,f_2,\cdots,f_L]^{\mathrm{T}}$$

最佳权向量解 $\boldsymbol{W}_{\mathrm{opt}}$ 可用拉格朗日乘子法求得。选取待定的 $L\times 1$ 维拉格朗日乘子向量 $\boldsymbol{\lambda}$，构造目标函数：

$$J_k = \frac{1}{2}\boldsymbol{W}_k^{\mathrm{T}}\boldsymbol{R}_x\boldsymbol{W}_k + \boldsymbol{\lambda}_k^{\mathrm{T}}(\boldsymbol{F} - \boldsymbol{C}^{\mathrm{T}}\boldsymbol{W}_k) \tag{6.2.38}$$

求目标函数关于权向量的梯度，得

$$\nabla(J_k) = \frac{\partial J_k}{\partial \boldsymbol{W}_k} = \boldsymbol{R}_x\boldsymbol{W}_k - \boldsymbol{C}\boldsymbol{\lambda}_k = 0 \tag{6.2.39}$$

令式(6.2.39)等于 0，可得使 J_k 最小的权向量解（即维纳解）：

$$\boldsymbol{W}_{\mathrm{opt}} = \boldsymbol{R}_x^{-1}\boldsymbol{C}\boldsymbol{\lambda}_k \tag{6.2.40}$$

式(6.2.40)等号的两边左乘以 $\boldsymbol{C}^{\mathrm{T}}$，并利用约束条件式(6.2.37)，解得

$$\boldsymbol{\lambda}_k = (\boldsymbol{C}^{\mathrm{T}}\boldsymbol{R}_x^{-1}\boldsymbol{C})^{-1}\boldsymbol{F} \tag{6.2.41}$$

当 $\boldsymbol{R}_x$ 是正定矩阵时，$(\boldsymbol{C}^{\mathrm{T}}\boldsymbol{R}_x{}^{-1}\boldsymbol{C})^{-1}$ 存在。将式(6.2.41)代入式(6.2.40)，即可得到

$$\boldsymbol{W}_{\mathrm{opt}} = \boldsymbol{R}_x^{-1}\boldsymbol{C}(\boldsymbol{C}^{\mathrm{T}}\boldsymbol{R}_x^{-1}\boldsymbol{C})^{-1}\boldsymbol{F} \tag{6.2.42}$$

类似于无约束 LMS 算法，约束 LMS 算法的权向量迭代公式可写成：

$$\boldsymbol{W}_{k+1} = \boldsymbol{W}_k - \mu \cdot \nabla(J_k) = \boldsymbol{W}_k - \mu \cdot (\boldsymbol{R}_x\boldsymbol{W}_k - \boldsymbol{C}\boldsymbol{\lambda}_k) \tag{6.2.43}$$

式中：μ 为自适应常数。在式(6.2.43)的等号两边左乘以 $\boldsymbol{C}^{\mathrm{T}}$，且令 $\boldsymbol{C}^{\mathrm{T}}\boldsymbol{W}_{k+1} = \boldsymbol{F}$，可解得第 k 步迭代运算的拉格朗日乘子向量 $\boldsymbol{\lambda}_k$，即

$$\boldsymbol{\lambda}_k = (\boldsymbol{C}^{\mathrm{T}}\boldsymbol{C})^{-1}\boldsymbol{C}^{\mathrm{T}}\boldsymbol{R}_x\boldsymbol{W}_k + \frac{1}{\mu}(\boldsymbol{C}^{\mathrm{T}}\boldsymbol{C})^{-1}(\boldsymbol{F} - \boldsymbol{C}^{\mathrm{T}}\boldsymbol{W}_k) \tag{6.2.44}$$

将此结果代入式(6.2.43)，就有

$$\begin{aligned}\boldsymbol{W}_{k+1} &= \boldsymbol{W}_k - \mu[\boldsymbol{I} - \boldsymbol{C}(\boldsymbol{C}^{\mathrm{T}}\boldsymbol{C})^{-1}\boldsymbol{C}^{\mathrm{T}}]\boldsymbol{R}_x\boldsymbol{W}_k + \\ &\quad \boldsymbol{C}(\boldsymbol{C}^{\mathrm{T}}\boldsymbol{C})^{-1}(\boldsymbol{F} - \boldsymbol{C}^{\mathrm{T}}\boldsymbol{W}_k) \\ &\overset{\mathrm{def}}{=} \boldsymbol{B} + \boldsymbol{K}(\boldsymbol{W}_k - \mu\boldsymbol{R}_x\boldsymbol{W}_k)\end{aligned} \tag{6.2.45}$$

式中：

$$\boldsymbol{B} = \boldsymbol{C}(\boldsymbol{C}^{\mathrm{T}}\boldsymbol{C})^{-1}\boldsymbol{F}, \boldsymbol{K} = \boldsymbol{I} - \boldsymbol{C}(\boldsymbol{C}^{\mathrm{T}}\boldsymbol{C})^{-1}\boldsymbol{C}^{\mathrm{T}}$$

方程式(6.2.45)是一种需要已知输入相关矩阵 $\boldsymbol{R}_x$ 的确定性约束梯度下降算法。然而，在一般情况下，$\boldsymbol{R}_x$ 是未知的。因此，在第 k 次迭代时，通常用输入过程的瞬时相关值 $\boldsymbol{x}_k \cdot \boldsymbol{x}_k^{\mathrm{T}}$ 来近似代替 $\boldsymbol{R}_x$。于是，式(6.2.45)改写为

$$\begin{cases}\boldsymbol{W}_0 = \boldsymbol{B} \\ \boldsymbol{W}_{k+1} = \boldsymbol{W}_0 + \boldsymbol{K}(\boldsymbol{W}_k - \mu \cdot y_k\boldsymbol{x}_k)\end{cases} \tag{6.2.46}$$

式中：$y_k = \boldsymbol{W}_k{}^{\mathrm{T}}\boldsymbol{x}_k$ 为第 k 次迭代时横向滤波器的输出。

式(6.2.46)正是约束 LMS 自适应算法的最终表达式。该算法的每一步迭代皆满足约束条件 $\boldsymbol{C}^{\mathrm{T}}\boldsymbol{W}_{k+1} = \boldsymbol{F}$，且仅仅用到横向滤波器各个延迟抽头的输入序列 $\boldsymbol{x}_k$ 及其输出序列 y_k，而无须估计输入数据的自相关矩阵 $\boldsymbol{R}_x$，因而大大简化了自适应迭代过程。不过，与无约束 LMS 算法比较，因需事先计算向量 $\boldsymbol{B}$ 和 $\boldsymbol{K}$ 以及向量乘积项，故其运算量仍有一定的增加。

对于平稳输入过程，Moschner 利用 Senne 的方法，给出了由权值噪声所引起失调量的变化范围[21]：当自适应常数 μ 满足下式时，即

$$0 < \mu < \frac{1}{\kappa_{\max} + \mathrm{tr}(\boldsymbol{K}\boldsymbol{R}_x\boldsymbol{K})/2} \tag{6.2.47}$$

约束 LMS 算法的过调节量 O_{sw} 的变化范围为

$$\frac{\mu \cdot \mathrm{tr}(\boldsymbol{K}\boldsymbol{R}_x\boldsymbol{K})/2}{1 - \mu[\kappa_{\min} + \mathrm{tr}(\boldsymbol{K}\boldsymbol{R}_x\boldsymbol{K})/2]} \leqslant O_{\mathrm{sw}} \leqslant \frac{\mu \cdot \mathrm{tr}(\boldsymbol{K}\boldsymbol{R}_x\boldsymbol{K})/2}{1 - \mu[\kappa_{\max} + \mathrm{tr}(\boldsymbol{K}\boldsymbol{R}_x\boldsymbol{K})/2]} \tag{6.2.48}$$

式中：κ_{min}，κ_{max}分别为$\boldsymbol{KR}_x\boldsymbol{K}$的最小和最大非零特征根。

6.3 自适应滤波器的应用实例

LMS 自适应滤波器可视为一个基本功能单元，它含有一个输入端、一个输出端和一个特别的偏差输入端。这一基本单元与其他单元组合在一起，可以建构各种自适应系统，如 LMS 自适应噪声抵消器、LMS 自适应预估器、自适应谱线增强器和自适应逆控制器等。

6.3.1 自适应噪声抵消器

在图 6－19 中，为了使滤波器获得尽可能大的输出信噪比，可把基本输入向量 $\boldsymbol{x}_k$ 的各个分量相加后作为期望响应 d_k，如图 6－20 所示。如果 LMS 算法不受约束，则滤波器的输出 y_k 将趋近于期望响应 d_k 所包含的噪声成分与信号成分之和，因而自适应过程既对噪声成分又对信号成分起抑制作用，这显然达不到预期的滤波效果。

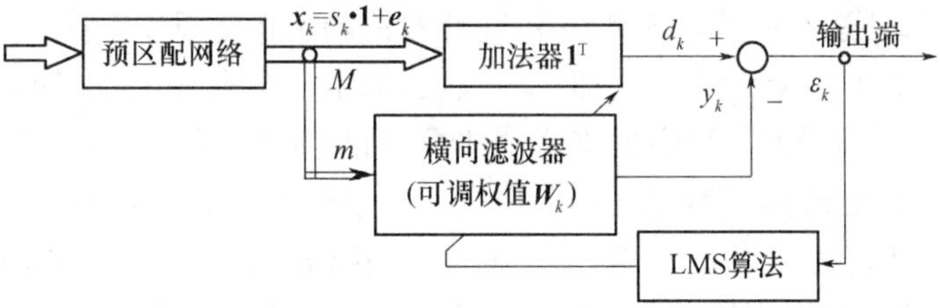

图 6－20　无约束 LMS 自适应噪声抵消器

然而，在一定的约束条件下，如仅从 M 路的基本输入中取出 m 路（$1\leqslant m<M$）作为自适应滤波器组的输入，且当 m 较小时，那么自适应过程对噪声的抵消作用将超过对信号的抵消作用。

一、多通道自适应噪声抵消器

为了使图 6－20 所示的结构只抑制噪声而不抵消信号，最简捷的办法是使横向滤波器的输出 y_k 仅含有噪声成分，为此必须对横向滤波器的权系数施加某种约束，亦即需要设计一个信号禁止约束的 LMS 自适应滤波器。参见图 6－18 所示的权系数，在约束条件下

$$\begin{bmatrix} w_{11} & w_{12} & \cdots & w_{1L} \\ w_{21} & w_{22} & \cdots & w_{2L} \\ \vdots & \vdots & & \vdots \\ w_{m1} & w_{m2} & \cdots & w_{mL} \end{bmatrix}$$

$$\begin{matrix} \downarrow & \downarrow & & \downarrow \\ 0 & 0 & \cdots & 0 \end{matrix} \qquad (f_k=0)$$

亦即，当$f_k=0(k=1,2,\cdots,L)$时，自适应横向滤波器对信号成分s_k的响应必然为零。这是因为已经事先假设M个水听器的输出含有完全相同的信号成分s_k，而噪声成分e_k则是互相独立的随机过程，所以当施加上述L个约束时，滤波器的输出y_k将只含有噪声成分。在这种情况下，由于图6-20中加法器的输出d_k包含了放大M倍的信号成分，而滤波器的输出y_k则不包含信号成分，两者相减后，放大M倍的信号成分将无失真地出现在输出端。再者，LMS算法是通过调节剩余的$m(L-1)$个权系数，使比较器输出ε_k的功率最小。由于ε_k包含了一个不失真信号成分和一个噪声成分，故ε_k的功率最小意味着输出噪声的功率最小。综上所述，带信号禁止约束的LMS自适应噪声抵消器就是"信号无失真最小噪声估计器"。

采用信号禁止约束LMS算法的权系数迭代规则，通常比无约束算法复杂得多。这就提出一个问题：能否在自适应滤波器中只采用无约束LMS算法，仍能实现信号无失真最小噪声估计器的功能？

考虑图6-21所示结构。图中对横向滤波器的权系数施加零列约束，即将L条横向滤波器延时线抽头的第一列或第一、二列的权值皆取为零，其余的权系数按无约束LMS算法进行调节。零列约束LMS算法的工作原理如下：

(1) 在采用单零列约束时，横向滤波器的输出仅含有除第一列抽头以外的信号和噪声。假设信号的功率谱足够宽，也即不同时刻信号的"相关时间"甚小于相邻抽头之间的延迟时间，换言之，其余抽头上的信号$s_{k-i}(i\neq0)$与第一列抽头上的信号s_k是不相关的。但由于第一列抽头上的信号成分s_k正是期望响应d_k（图6-18），所以自适应横向滤波器将不会抵消s_k，而只抵消与d_k不相关的噪声e_k，从而实现了信号无失真最小噪声的估计。

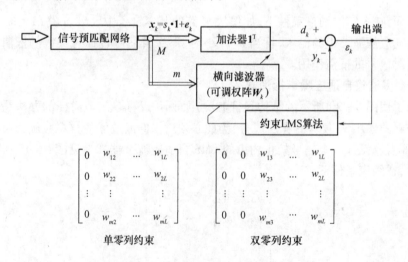

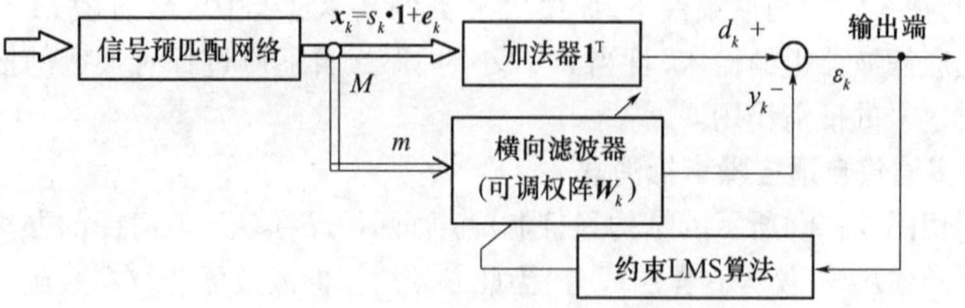

$$\begin{bmatrix} 0 & w_{12} & \cdots & w_{1L} \\ 0 & w_{22} & \cdots & w_{2L} \\ \vdots & \vdots & & \vdots \\ 0 & w_{m2} & \cdots & w_{mL} \end{bmatrix} \qquad \begin{bmatrix} 0 & 0 & w_{13} & \cdots & w_{1L} \\ 0 & 0 & w_{23} & \cdots & w_{2L} \\ \vdots & \vdots & \vdots & & \vdots \\ 0 & 0 & w_{m3} & \cdots & w_{mL} \end{bmatrix}$$

单零列约束　　　　双零列约束

图6-21　零列约束LMS自适应噪声抵消器

(2) 如果第二列抽头上的信号成分 s_{k-1} 与期望响应 $d_k=s_k$ 具有相关性,则可令第二列抽头上的权系数也取 0 值,这就是双零列约束。

零列约束 LMS 算法实际上比无约束 LMS 算法还要简单,这是因为它较后者少用了若干权系数,而权系数的迭代规则是相同的。然而,必须指出,这种结构要求信号的相关时间要小于抽头之间的延迟时间,否则期望响应信号将被部分抵消,从而就退化为次优滤波器了。为解决这一问题,可结合正交自适应滤波算法,如 DCT/LMS 算法,进而使零列约束 LMS 算法达到最佳的效果。

现在考虑多通道 LMS 自适应滤波器的物理可实现问题。虽然非因果维纳滤波器不能直接用 LMS 自适应滤波器实时地加以实现,但在许多情况下,可以采用延时方式来解决这一问题。例如,可在自适应噪声抵消器的基本输入端后面插入一个延时网络,延时量 k 倍于横向滤波器延时单元的延时量 T_s,如图 6-22(a) 所示。当 $k=0$ 时,图 6-22(a) 就是前面讨论的结构(图 6-21);当 $kT_s=(L-1)T_s/2$ 时,就能得到图 6-22(b) 所示的最佳单位脉冲响应序列。若延时量 $(L-1)T_s/2$ 足够长,则其最佳脉冲响应序列的主要部分就将落在 $t>0$ 范围之内,这时,图 6-22(a) 所示的结构就是一个近似的因果系统。

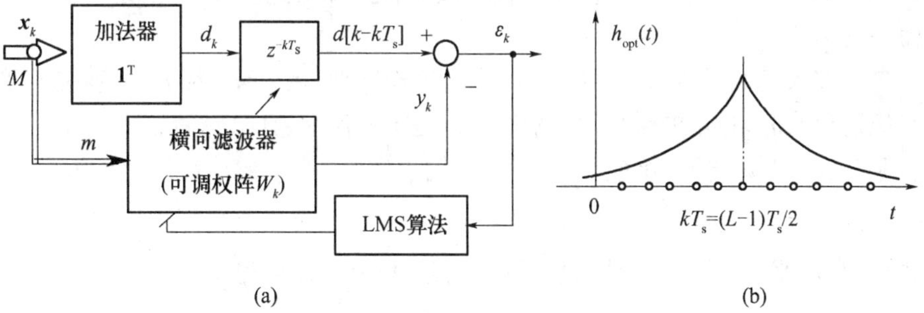

图 6-22 通过延时实现多通道 LMS 自适应噪声抵消器

(a) d_k 被延时的噪声抵消器;(b) 被延时的 $h_{opt}(t)$。

二、单通道自适应噪声抵消器

在随机信号与系统科学中,如何将从加性噪声中检出信号是一个常见的问题。针对此类问题,可应用经典方法加以解决——采用最优线性滤波器进行滤波,如图 6-23(a) 所示。最优滤波的目的是要使信号 s 无失真地通过,而抑制掉噪声 n_0。然而,当信号与噪声具有重叠的功率谱时,一部分噪声仍然会出现在输出端。

解决此类问题的另一种方法是采用自适应噪声消除器,如图 6-23(b) 所示。其中,放大器 A 的输出含有信号 s 和加性噪声 n_0,作为本系统的原始输入;放大器 B 的输出 n_1 作为系统的噪声参考输入,并假定 n_1 与 n_0 是相关的。

在图 6-23(b) 中,自适应横向滤波器的输入为参考噪声 n_1,输出为 y_k;原始输入 $s+n_0$ 是滤波器的期望响应 d_k,而噪声抵消器的输出是二者的偏差 ε_k。一般而

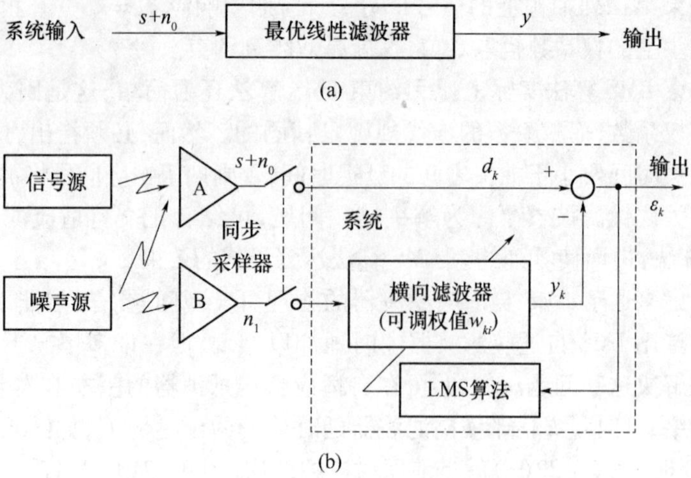

图 6-23 信号与噪声的分离方法

(a) 经典方法；(b) 自适应噪声抵消方法。

言，自适应噪声抵消器的性能优于最优滤波器，这是因为前者的噪声是被减掉而不是滤除的缘故。

自适应噪声抵消器(以下简称系统)的工作原理：用 s_k，n_{0k}和 n_{1k}分别表示零均值平稳过程 s，n_0 和 n_1 的采样序列，则 y_k 也是零均值平稳序列；假设 s_k 与 n_{0k}，n_{1k}和 y_k 皆不相关，但 n_{0k}与 n_{1k}相关。于是，系统输出为

$$\varepsilon_k = s_k + n_{0k} - y_k \tag{6.3.1}$$

将式(6.3.1)平方后取期望值，且利用上述假设条件，即可得出

$$\begin{aligned} E[\varepsilon_k^2] &= E[s_k^2] + E[(n_{0k} - y_k)^2] + 2E[s_k((n_{0k} - y_k)] \\ &= E[s_k^2] + E[(n_{0k} - y_k)^2] \end{aligned} \tag{6.3.2}$$

在自适应迭代过程中，由于调整权系数序列 w_{ki}使 $E[\varepsilon_k{}^2]$逐渐变小，并不会影响到信号的平均功率 $E[s_k{}^2]$，因此系统的最小输出功率可表示为

$$\min_{W_{\text{opt}}} E[\varepsilon_k^2] = E[s_k^2] + \min_{W_{\text{opt}}} \{E[(n_{0k} - y_k)^2]\} \tag{6.3.3}$$

这表明滤波器输出 y_k 恰好是加性噪声 n_{0k}的最小均方误差(MMSE)估计量。

此外，由式(6.3.1)可知，当 $E[(n_{0k} - y_k)^2]$最小时，$E[(\varepsilon_k - s_k)^2]$也最小。可见，对于给定的系统结构和给定的参考输入，调节横向滤波器的权系数使系统的输出功率最小，就相当于使系统的输出 ε_k 是信号 s_k 的最小均方误差估计量。这是因为使 $E[\varepsilon_k{}^2]$最小等价于使 $E[(n_{0k} - y_k)^2]$最小，亦即，系统输出的总功率最小等价于使系统输出的噪声功率最小。鉴于在系统输出中信号成分 s_k 的功率是不变的，因此，系统输出的平均功率 $E[\varepsilon_k{}^2]$最小就相当于系统的输出信噪比达到了最大值。

三、基于自适应陷波器的噪声抵消器

图6－24给出了自适应噪声抵消器应用于设计心电图仪(Electrocardiograph，ECG)的实例。已知来自50Hz交流电源的磁感应、电源线与接地回路之间的电流噪声都将对心电图仪的输出产生干扰。

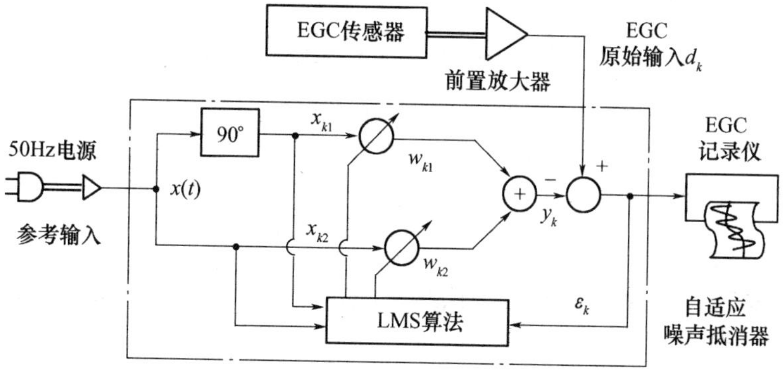

图6－24　消除心电图中的50Hz电源干扰(采样器未画出)

EGC的原始输入d_k来自前置放大器；50Hz的参考输入$x(t)$取自电源插座。自适应滤波器含有两个可变系数w_{k1}，w_{k2}和两个参考输入端x_{k1}，x_{k2}。其中，x_{k2}是$x(t)$的采样信号(图中未画出采样器)，x_{k1}是$x(t)$经90°相移后的采样信号。将这两路输入经加权相加后构成滤波器的输出y_k；原始输入d_k减去滤波器输出y_k既是心电图仪的输出ε_k，又是调节滤波器权系数的偏差量。不论参考输入的幅值和相位以何种形式改变，总可以选取恰当的权值组合以达到消噪的目的。在此，因为参考输入是单频谐波，所以采用两个可变的权系数就足够了。

假定参考输入是频率为f_0、初始相位为φ的正弦型信号，即

$$x(t) = A\cos(2\pi f_0 t + \varphi) \tag{6.3.4}$$

在图6－24中，第一个权系数w_{k1}的输入x_{k1}是将参考输入移相90°后进行采样而得到的，而第二个权系数w_{k2}的输入x_{k2}则是直接对参考输入进行采样，故二者可分别表示为

$$\begin{cases} x_{k1} = A\sin(k\Omega_0 + \varphi) \\ x_{k2} = A\cos(k\Omega_0 + \varphi) \end{cases} \tag{6.3.5}$$

式中：$\Omega_0 = 2\pi f_0 T_s$；T_s为采样周期。若采用LMS自适应算法对权系数的进行迭代，就有

$$\begin{cases} w_{(k+1)1} = w_{k1} + 2\mu\varepsilon_k x_{k1} \\ w_{(k+1)2} = w_{k2} + 2\mu\varepsilon_k x_{k2} \end{cases} \tag{6.3.6}$$

图6－25给出了该算法的信号流程框图。下面，先计算以偏差ε_k为输入(C点)，以到y_k为输出(G点)的开环传递函数，在求出以d_k为输入，以偏差ε_k为输出的脉冲传递函数$\Phi(z)$。

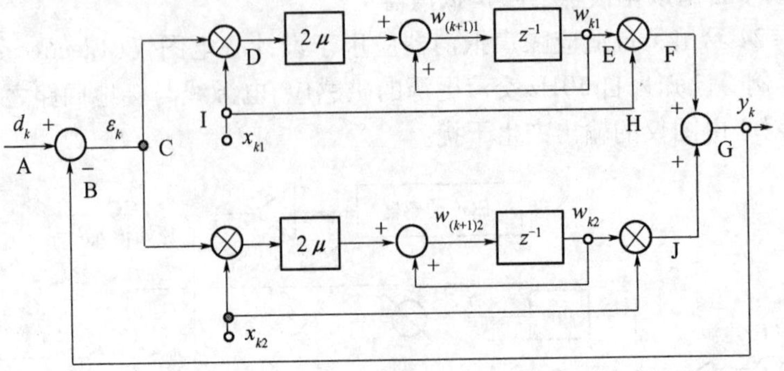

图 6－25　图 6－24 所示系统的信号流程

将 G 点到 B 点的反馈回路断开，且假定 C 点在时刻 $k=m$ 的输入是一个单位脉冲函数：

$$\varepsilon_k = \delta_{k-m}$$

图 6－25 中，上支路经过一个乘法器到达 D 点。因为乘法器的另一个乘数(I 点)是正弦信号，所以 D 点的信号为

$$h_1[k] = A\sin(k\Omega_0 + \varphi) \cdot \delta_{k-m} = \begin{cases} A\sin(m\Omega_0 + \varphi) & (k = m) \\ 0 & (k \neq m) \end{cases}$$

从 D 点到 E 点是一个具有脉冲传递函数为的数字积分器，即

$$H_2(z) = 2\mu/(z-1)$$

其单位脉冲响应为

$$h_2[k] = 2\mu \cdot 1_{k-1}$$

式中：1_k 为单位阶跃序列。于是，E 点的信号就可写成

$$w_{k1} = h_1[k] * h_2[k] = 2\mu A \sum_{n=-\infty}^{\infty} \sin(n\Omega_0 + \varphi) \cdot \delta_{n-m} \cdot 1_{k-n+1} = 2\mu A\sin(m\Omega_0 + \varphi) \cdot 1_{k-m+1}$$

与 H 点的乘法因子 x_{k1} 相乘，即可得到 F 点的信号：

$$y_{k1} = 2\mu A^2 \sin(m\Omega_0 + \varphi)\sin(k\Omega_0 + \varphi) \cdot 1_{k-m+1} \tag{6.3.7}$$

按类似方法也可求得 J 点的信号：

$$y_{k2} = 2\mu A^2 \cos(m\Omega_0 + \varphi) \cdot \cos(k\Omega_0 + \varphi) \cdot 1_{k-m+1} \tag{6.3.8}$$

式(6.3.7)与式(6.3.8)之和就是 G 点的输出，即

$$y_k = y_{k1} + y_{k2} = 2\mu A^2 \cdot \cos[(k-m)\Omega_0] \cdot 1_{k-m+1} \tag{6.3.9}$$

显然，y_k 是时间$(k-m)$的函数。不妨令 $m=1$，则可得从 C 点到 G 点的单位脉冲响应：

$$y_k = 2\mu A^2 \cdot \cos[(k-1)\Omega_0] \cdot 1_k$$

对上式取 z 变换,得到信号流图从 C 点到 G 点的开环脉冲传递函数:

$$H(z) = 2\mu A^2\left(\frac{1}{z} \cdot \frac{1 - z^{-1}\cos\Omega_0}{z^{-2} - 2z^{-1}\cos\Omega_0 + 1}\right)$$

$$= 2\mu A^2 \cdot \frac{z - \cos\Omega_0}{z^2 - 2z\cos\Omega_0 + 1} \tag{6.3.10}$$

从系统的稳定性条件可知,开环传递函数 $H(z)$ 是不稳定的。为此,将 G 点到 B 点的反馈回路闭合,构成以 d_k 为参考输入、ε_k 为输出的闭环系统,其脉冲传递函数为

$$\Phi(z) = \frac{1}{1 + H(z)} = \frac{z^2 - 2z\cos\Omega_0 + 1}{z^2 - 2(\cos\Omega_0 - \mu A^2)z + 1 - 2\mu A^2\cos\Omega_0} \tag{6.3.11}$$

通常将 $\Phi(z)$ 称为偏差脉冲传递函数,其零点位于 z 平面单位圆上的参考频率 Ω_0 处,即

$$z_{1,2}^{(z)} = \exp(\pm \mathrm{j}\Omega_0) \tag{6.3.12}$$

其极点位于

$$z_{1,2}^{(p)} = \cos\Omega_0 - \mu A^2 \pm \mathrm{j}\sqrt{\sin^2\Omega_0 - (\mu A^2)^2} \tag{6.3.13}$$

当 $\mu A^2 \ll 1$ 时,互为共轭的两个极点均在单位圆内,故闭环系统是稳定的。

由式(6.3.13)可知,两个共轭复数极点与坐标原点的径向距离约为$(1 - 2\mu A^2\cos\Omega_0)^{1/2}$,近似等于$(1 - \mu A^2\cos\Omega_0)$;两个共轭复数极点与正实轴的夹角约为

$$\pm \arctan\left[\frac{\sin\Omega_0}{(1 - 2\mu A^2)\cos\Omega_0}\right] \approx \pm \Omega_0 \tag{6.3.14}$$

这意味着零点、极点的角度几乎是相等的。

图 6-26 给出了闭环幅频特性 $|\Phi(\mathrm{e}^{\mathrm{j}\Omega})|$ 的求解方法。设对于任意的数字频率 Ω, r_1 和 r_2 分别为两个零点到 Ω 的距离,d_1 和 d_2 分别为两个极点到 Ω 的距离,则闭环幅频特性可近似地表示为

$$|\Phi(\mathrm{e}^{\mathrm{j}\Omega})| = \frac{r_1 r_2}{d_1 d_2} \approx \frac{r_1}{d_1}$$

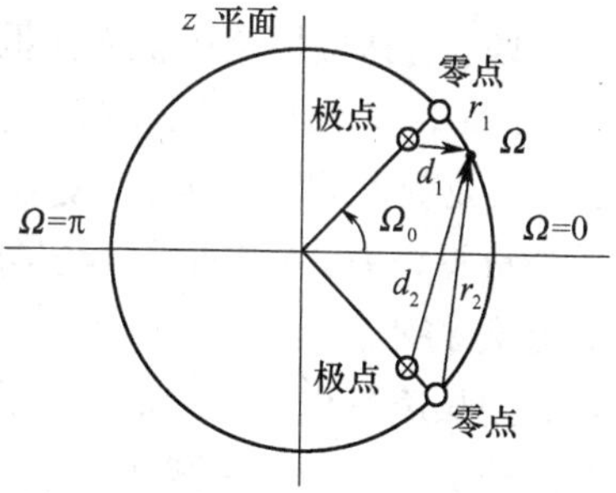

图 6-26　$\Phi(z)$ 的零点、极点分布

图 6-27 给出了闭环脉冲传递函数 $\Phi(z)$ 的零点、极点位置。因为零点、极点之间的距离约为 $\mu A^2\cos\Omega_0$。所以单位圆上的两个半功率点之间的弧长为 $2\mu A^2\cos\Omega_0$。C 此外,由于零点在单位圆上,故在 $\Omega = \Omega_0$ 处 $|\Phi(\mathrm{e}^{\mathrm{j}\Omega})|$ 接近于 0,从而形成了以零为最小值的倒三角形“凹口”,其斜率取决于极点和零点的接近程度。

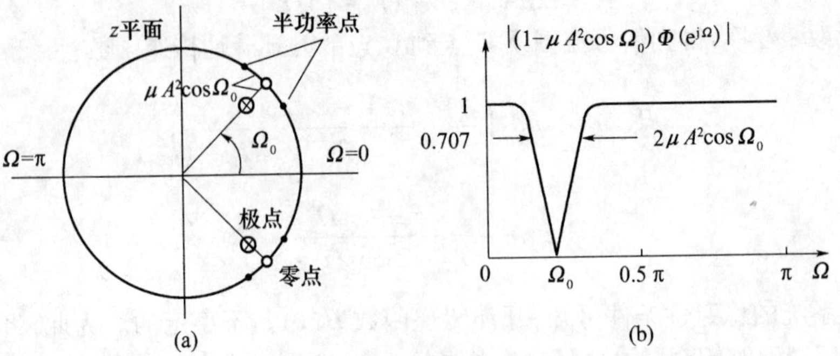

图6-27 自适应噪声抵消器的零点、极点位置及其幅频特性

(a) 零极点位置；(b) 幅频特性。

于是，闭环幅频特性$|\Phi(e^{j\Omega})|$的半功率带宽($r_1/d_1=\sqrt{2}/2$，-3dB)可表示为

$$BW=2\mu A^2\cos\Omega_0(\text{rad})=\frac{\mu A^2\cos\Omega_0}{\pi T_s}(\text{Hz}) \tag{6.3.15}$$

“凹口”的尖锐度通常用“品质因数”来表征：

$$Q\overset{\text{def}}{=}\frac{\Omega_0}{BW}=\frac{\Omega_0}{2\mu A^2\cos\Omega_0} \tag{6.3.16}$$

上述分析表明，当输入是正弦型信号时，单频自适应噪声抵消器等效于一个稳定的陷波器。即使参考频率发生缓慢的变化，自适应过程也能调整到噪声对消所需的相位关系。

在实际应用中，LMS自适应陷波器在零点处的幅值远远低于固定滤波器，因此它具有更好的滤波效果。在实际应用中，还可将LMS自适应陷波器的“凹口”位置放在零频处，这样它就成为自适应高通滤波器。不难推断，自适应高通滤波器仅需要一个实权，就能用于抵消原始输入信号中所包含的直流成分或低频漂移分量。

四、自适应周期干扰噪声抵消器

图6-28给出了无外部参考输入的周期干扰噪声抵消器的原理框图。其中，延迟d必须取得足够大，以使参考输入中的宽带信号分量和原始输入中的宽带信号分量不相关；但周期噪声经延时后仍然彼此相关。因此，周期干扰噪声抵消器的输出y_k将不含有原始输入中可预估的周期噪声分量，但含有不可预估的分量——与周期噪声不相关的宽带信号分量。

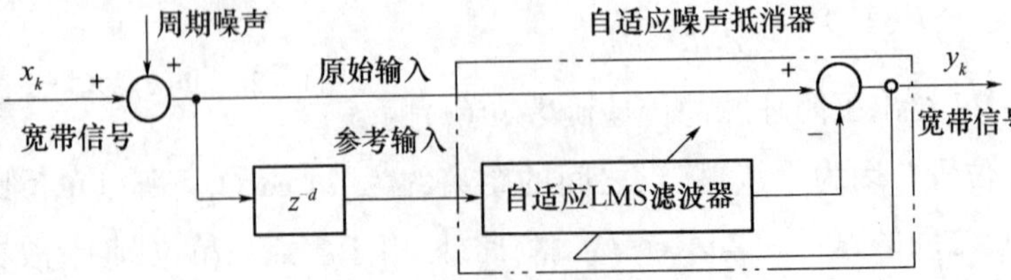

图6-28 LMS自适应周期干扰噪声抵消器

6.3.2 自适应谱线增强器

对图 6－28 所示的结构稍加改变,即可构成如图 6－29 所示的 LMS 自适应调谐滤波器——从宽带噪声中提取单一周期信号。在图 6－29 中,d 步线性预估器(图 6－10)的原始输入 x_k 是受到宽带噪声 e_k 污染的周期信号;其输出不再是预估偏差 ε_{k-d},而是 LMS 自适应滤波器的输出 y_k。当 e_k 是白噪声时,LMS 自适应滤波器的输出 y_k 最终将收敛于维纳解;特别地,当延迟 d 不等于采样周期 T_s 的整数倍时,延迟前后的噪声分量 e_k 与 e_{k-d}是互不相关的。

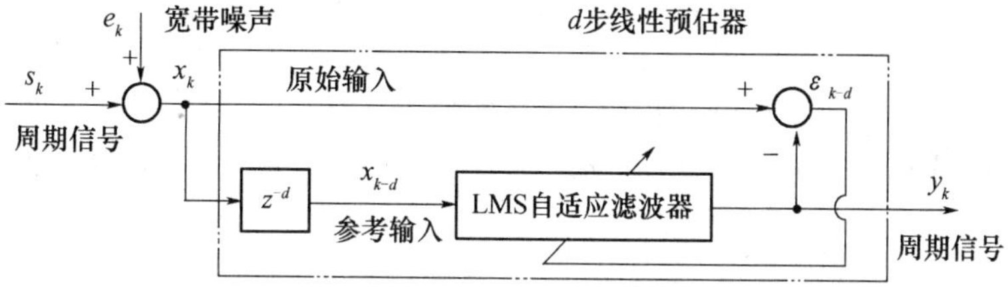

图 6－29　LMS 自适应调谐滤波器

在工程应用中,延迟时间 d 的选择不一定要求是采样周期 T_s 的非整数倍,因为实际采用的 LMS 自适应滤波器是有限长因果滤波器。不妨假设输入 x_k 的相关时间为 q 个采样间隔,这相当于假设噪声序列 e_k 可用 q 阶 MA 模型描述。因此,当延时量 $d>q$ 时,参考输入 x_{k-d}中的噪声分量 e_{k-d}与基本输入 x_k 中的噪声分量 e_k 是互不相关的。

由于与 e_k 不相关的 e_{k-d}不能用来构成对 e_k 的合理估计,延时后的噪声分量 e_{k-d}只能使预估器的 d 步预估偏差 ε_{k-d}增大。于是,LMS 自适应滤波器必然最大限度地抑制 e_{k-d},以减小 ε_{k-d}的均方值,此外,对于输入中的正弦型信号分量而言,延时 d 仅仅引入简单的相移,只要恰当地调整预估器的权值序列以补偿这些相移,就能保证预估器的增益接近于 1,从而使正弦型信号分量得以顺利通过预估器,因此,d 步预估偏差 ε_{k-d}只含有噪声成分。

现在,介绍自适应调谐滤波器的工作原理:假设输入的周期信号 s_k 为

$$s_k = A\cos(\Omega_0 k + \varphi) \tag{6.3.17}$$

且 s_k 与白噪声 e_k 互不相关。不妨设 e_k 的自相关函数为

$$R_e[m] = \frac{A^2}{2}\cdot\delta_m$$

式中:m 为时间位移。设 L 为横向滤波器的长度,则信号的自相关函数可用下式估计

$$R_s[m] = \frac{1}{L}\sum_{k=0}^{L-1} s_{k+m}\cdot s_k = \frac{A^2}{2}\cos(m\Omega_0)\quad (L\to\infty)$$

根据式(6.1.31),维纳滤波器的频率传递函数可表示为

$$H_{opt}(z)|_{z=e^{j\Omega}} = \frac{S_{dx}(z)}{S_x(z)}|_{z=e^{j\Omega}} \tag{6.3.18}$$

式中：

$$S_x(e^{j\Omega}) = \sum_{m=-\infty}^{\infty} R_x[m]e^{-j\Omega m} = \sum_{m=-\infty}^{\infty} \{R_s[m] + R_e[m]\}e^{-j\Omega m}$$

将 $R_e[m]$ 和 $R_s[m]$ 的表达式代入上式，得

$$\begin{aligned} S_x(e^{j\Omega}) &= \frac{A^2}{2}\sum_{m=-\infty}^{\infty}\cos(m\Omega_0)e^{-j\Omega m} + \frac{A^2}{2}\sum_{m=-\infty}^{\infty}\delta_m e^{-j\Omega m} \\ &= \frac{A^2\pi}{2}\sum_{m=-\infty}^{\infty}[\delta(\Omega+\Omega_0-2n\pi)+\delta(\Omega-\Omega_0-2n\pi)] + \frac{A^2}{2} \end{aligned} \tag{6.3.19}$$

由于 LMS 自适应滤波器的参考输入为 x_{k-d}，期望响应为 $d_k = x_k$，故有

$$R_{dx}[m] = E[d_{k+m}x_{k-d}] = R_x[m+d] = R_s[m+d] + R_e[m+d]$$

当延时 d 不是采样周期 T_s 的整数倍时，未延迟与延迟后的噪声互不相关，故有

$$\begin{aligned} S_{dx}(e^{j\Omega}) &= \sum_{m=-\infty}^{\infty} R_x[m+d]e^{-j\Omega m} = \sum_{m=-\infty}^{\infty} R_s[m+d]e^{-j\Omega m} \\ &= \frac{A^2}{2}\sum_{m=-\infty}^{\infty}[\cos(m+d)\Omega_0]e^{-j\Omega m} \\ &= \frac{A^2\pi}{2}\sum_{m=-\infty}^{\infty}e^{-j\Omega_0 d}[\delta(\Omega+\Omega_0-2n\pi) + e^{j\Omega_0 d}\delta(\Omega-\Omega_0-2n\pi)] \end{aligned} \tag{6.3.20}$$

将式(6.3.19)和式(6.3.20)代入式(6.3.18)，得

$$\begin{aligned} H_{opt}(e^{j\Omega}) &= \sum_{n=-\infty}^{\infty}\pi[e^{-j\Omega_0 d}\delta(\Omega+\Omega_0-2n\pi) + e^{j\Omega_0 d}\delta(\Omega-\Omega_0-2n\pi)] \\ &= \sum_{m=-\infty}^{\infty}\cos[(m+d)\Omega_0]e^{-j\Omega m} \end{aligned} \tag{6.3.21}$$

因此，对于长度为 L 的自适应横向滤波器而言，自适应过程收敛后的最佳权值序列为

$$h_{opt}[i] = \cos[(i+\mathrm{d})\Omega_0] \overset{\text{def}}{=} w_{opt}[i] \quad (i = 0,1,\cdots,L-1) \tag{6.3.22}$$

由式(6.3.21)可见，自适应调谐滤波器的频率传递函数 $H_{opt}(e^{j\Omega})$ 是一个在 $\Omega = \pm\Omega_0$ 处幅度为 π、相移为 $\Omega_0 d$ 的脉冲函数；与之对应的单位脉冲响应函数 $h_{opt}[i]$ 则是一个与信号 s_k 同频率的正弦型信号，故称之为自适应调谐滤波器。对于单频正弦型信号，时延表现为相移，因此该滤波器的维纳解是可以实现的。

对于原始输入是受到宽带干扰的多个正弦型信号波的情况，LMS 自适应调谐滤波器仍然可在各正弦型信号的频率点上形成尖锐的谐振峰，因而自适应调谐滤波器又称为自动信号搜索器。这意味着，在图 6－29 中，如果输入 x_k 是 M 个正弦型信号分量加有色噪声，输出是 LMS 自适应滤波器权值序列 $w_{opt}[i]$ 的傅里叶变

换，或者是输出 y_k 的傅里叶变换（图 6－30），则可用于检测噪声中极低电平的多个正弦型信号。因此，通常将图 6－30 所示的系统称为自适应谱线增强器（Adaptive Line Enhancement，ALE）。当未知正弦型信号分量具有一定的带宽或被调制时，ALE 的性能优于经典的 FFT 谱分析仪。

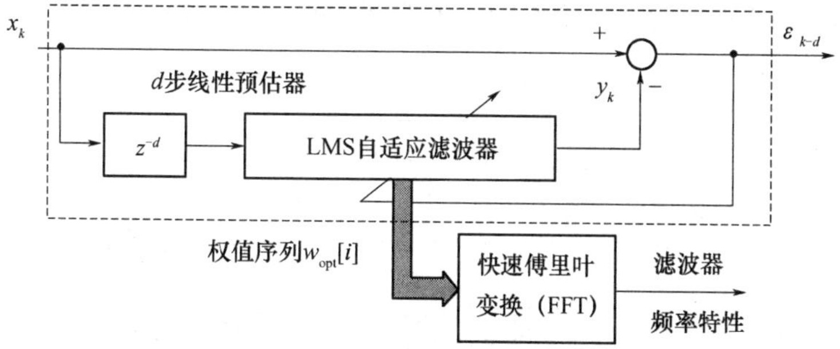

图 6－30　LMS 自适应谱线增强器

假设 ALE 的幅频特性的峰值为 P，由式（6.3.22）可知，按正弦规律波动的各个权值序列 $w[i]$ 的幅值应为 P/L。因此，谱线增强器的均方误差可以表示为

$$\begin{aligned}\text{MSE} &= \sigma_e^2 + \sum_{i=0}^{L-1} E\{w[i]\cdot e_k\}^2 + \frac{A^2}{2}(P-1)^2 \\ &= \sigma_e^2\left(1+\frac{P^2}{2L}\right) + \frac{A^2}{2}(P-1)^2 \end{aligned} \tag{6.3.23}$$

式中：${\sigma_e}^2$ 为白噪声 e_k 的功率；$A^2/2$ 为正弦型信号分量 s_k 的功率。

在式（6.3.23）的最后一个等式中，第一项为输入噪声与输入噪声经过滤波器后的平均噪声功率之和；第二项为正弦型信号经过滤波器后的功率超调量。令式（6.3.23）对 P 的导数为 0，即可得到使均方误差（MSE）达到最小的最佳 P 值（记为 P_{opt}），即

$$P_{opt} = \frac{A^2L}{A^2L+\sigma_e^2} = \frac{2L\cdot\text{SNR}}{2L\cdot\text{SNR}+1}$$

式中：SNR $=A^2/(2{\sigma_e}^2)$ 为输入信噪比。由此可见，在大信噪比情况下，P_{opt} 接近于 1；而在小信噪比情况下，P_{opt} 小于 1。通过增加横向滤波器长度 L，可使 P_{opt} 接近于 1。

综上所述，自适应谱线增强器既能够自动地调谐，使线性预估器的频率传递函数在各个正弦型信号分量的谐振频率上形成尖峰（峰值 P 近似等于 1），同时又能够最大限度地抑制噪声，这正是它被命名为 ALE 的缘由。ALE 的输出 y_k 或权值序列 $w_{opt}[i]$ 的频谱都能相当好地反映出各正弦型信号分量的频谱分布规律。因而，在实际应用中，不论是直接对 y_k 作经典谱分析，还是按式（5.1.11）进行 AR 谱估计，都能检出输入序列 x_k 的谱线。

自从 1975 年 Widrow 等学者提出 LMS 自适应谱线增强器的概念以来，ALE 已经广泛应用于瞬时谱估计、功率谱分析、窄带信号检测和窄带噪声抑制等技术领域。

6.3.3　自适应逆系统模拟器

考虑图 6－31 所示的系统方框图。其中，输入信号 $x(t)$ 同时施加到 LMS 自适

应滤波器和待建模的未知系统上，并将未知系统的输出 $y(t)$ 作为 LMS 自适应滤波器的期望响应 $d(t)$。由于未知系统是连续时间系统，因此，必须利用同步采样器将连续时间信号 $x(t)$ 和 $y(t)$ 转换为离散时间序列 x_k 和 d_k。根据 LMS 自适应算法，利用偏差 ε_k 的平方来调节权系数，当自适应滤波器和未知系统的输出非常接近时，就可认为 LMS 自适应滤波器的单位脉冲响应序列（权系数）正是未知系统的单位脉冲响应序列。

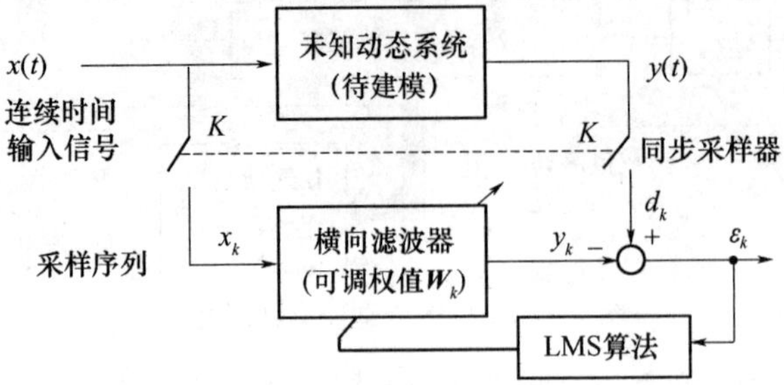

图 6-31　基于 LMS 自适应滤波器的未知系统模拟器

利用 LMS 自适应滤波器不仅可以辨识未知系统 $G(z)$ 的单位脉冲响应序列，而且还可以模拟未知系统 $G(z)$ 的逆模型。在此，逆模型是指其脉冲传递函数 $H(z)$ 是未知系统 $G(z)$ 的倒数，即 $H(z)=1/G(z)$。在检测技术和控制工程领域中，逆模型（也称为逆系统）都得到了普遍应用。例如，为了补偿信号传输通道的频率色散效应（群延时是频率的函数），即信道的线性失真，将逆系统的单位脉冲响应序列视为"信道均衡"滤波器放在接收器的输入端，就可以起到"解卷积"作用（到达接收机输入端的信号波形是原始波形与信道的卷积），从而恢复出原始输入的波形。又如，利用被控系统的逆模型作为前馈控制器与被控系统串联，可以获得传递函数等于 1 的理想随动系统。

一、最小相位系统的逆模型

下面，证明图 6-32 给出的基于 LMS 自适应滤波器的未知系统逆模拟器 $H(z)$ 的无约束维纳解为

$$H_{\text{opt}}(z) = \frac{1}{G(z)} \tag{6.3.24}$$

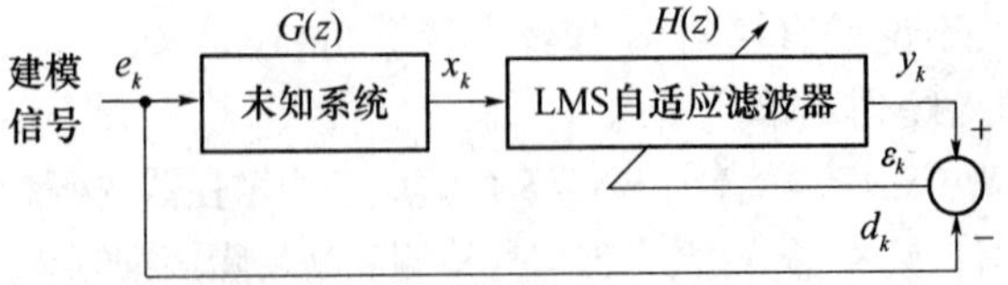

图 6-32　LMS 自适应逆系统模拟器

证明:假设所采用的建模信号是白噪声序列 e_k,具有单位功率,即它的自相关函数的 z 变换等于1。由式(6.1.25),未知系统输出 x_k 的自相关函数 $R_x[m]$ 的 z 变换为

$$S_x(z) = Z\{R_x[m]\} = G(z^{-1})G(z) \tag{6.3.25}$$

在图6-32中,$H(z)$的期望响应序列 d_k 就是建模信号本身 e_k。d_k 与 $H(z)$的 x_k 之间的互相关函数可表示为

$$R_{dx}[m] = R_{xd}[-m] = E[(\sum_{n=0}^{\infty} g_n e_{k-m-n})d_k]$$

$$\overset{d_k=e_k}{=} \sum_{n=0}^{\infty} g_n E(e_{k-m-n}e_k)$$

$$= \sum_{n=0}^{\infty} g_n \delta[m+n] = g_{-m}$$

式中:g_m 为未知系统 $G(z)$的单位脉冲响应序列。对上式的等号两边取 z 变换,得

$$S_{dx}(z) = Z\{R_{dx}[m]\} = Z[g_{-m}] = G(z^{-1})$$

由式(6.1.31)可知,未知系统逆模型的脉冲传递函数 $H(z)$的维纳解为

$$H_{\text{opt}}(z) = \frac{S_{dx}(z)}{S_x(z)} = \frac{G(z^{-1})}{G(z)G(z^{-1})} = \frac{1}{G(z)}$$

由此可见,当自适应过程收敛时,无约束 LMS 自适应滤波器的维纳解 $H_{\text{opt}}(z)$ 趋近于未知系统脉冲传递函数 $G(z)$的倒数。然而,由于过程噪声(在图6-32中未画出)和未知系统 $G(z)$的输出序列 x_k 一起作为 LMS 自适应滤波器的输入,这不仅影响到自适应权值迭代过程的稳定性,而且也影响到权值序列的维纳解。此外,在图6-32所示的 LMS 自适应逆模拟器中,通常要求未知系统 $G(z)$是一个稳定的最小相位系统,否则,LMS 自适应滤波器将存在稳定问题。

【例6-10】 设某系统的脉冲传递函数为

$$G(z) = \frac{1+0.5z^{-1}}{1-z^{-1}+0.75z^{-2}} \tag{6.3.26}$$

显然,该系统过程是因果、稳定的;由于系统的零点位于 z 平面上的单位圆内部,因此它又是最小相位系统。于是,按图6-32给出的逆系统 $H(z)$的维纳解同样是因果稳定的系统:

$$H_{\text{opt}}(z) = \frac{1}{G(z)} = \frac{1-z^{-1}+0.75z^{-2}}{1+0.5z^{-1}} \tag{6.3.27}$$

按长除法可将 $H_{\text{opt}}(z)$展开成

$$H_{\text{opt}}(z^{-1}) = 1-1.5z^{-1}+1.5z^{-2}-0.75z^{-3}+\cdots \tag{6.3.28}$$

式(6.3.28)是一个无限长单位脉冲响应序列 $h_{\text{opt}}[i]$的 z 变换。

由此可知,用图6-32所示的 LMS 自适应逆模拟器来实现 $1/G(z)$,只要 LMS

自适应滤波器的权值序列的维纳解 $w_{opt}[i]$(即 $h_{opt}[i]$)足够长,就可以忽略不计的 $H_{opt}(z)$ 与逆模型 $1/G(z)$ 之间的差异。

二、非最小相位系统的逆模型

【例 6-11】 考虑某一系统的脉冲传递函数

$$G(z)=\frac{1+2z^{-1}}{1-z^{-1}+0.75z^{-2}} \tag{6.3.29}$$

这是一个因果、稳定的非最小相位系统。该系统的逆模型为

$$H(z)=\frac{1}{G(z)}=\frac{1-z^{-1}+0.75z^{-2}}{1+2z^{-1}} \tag{6.3.30}$$

由于 $H(z)$ 的极点位于 z 平面的单位圆外,因而它是不稳定的。若按图 6-32 所示方法来建立该系统的逆模型,LMS 自适应滤波器的权值序列将不可能收敛于维纳解 $h_{opt}[i]$。幸运的是,有一种方法可以解决这个问题,这就是双边 z 变换理论。

利用长除法,$H(z)$ 可以展成两种形式:

$$\begin{cases} H_1(z)=\dfrac{1-z^{-1}+0.75z^{-2}}{1+2z^{-1}}=1-3z^{-1}+\dfrac{27}{4}z^{-2}+\dfrac{27}{2}z^{-3}+27z^{-4}+\cdots \\ H_2(z)=\dfrac{0.75z^{-2}-z^{-1}+1}{2z^{-1}+1}=\dfrac{3}{8}z^{-1}-\dfrac{11}{16}+\dfrac{27}{32}z-\dfrac{27}{64}z^{2}+\dfrac{27}{128}z^{3}+\cdots \end{cases} \tag{6.3.31}$$

第一种展开式 $H_1(z)$ 对应于因果但不稳定的逆,这显然不是预期的结果。第二种展开式 $H_2(z)$ 对应于非因果但至少是稳定的逆。

在图 6-32 所示的结构中,因果的 LMS 自适应滤波器不可能得到非因果系统的维纳解。然而,第二种展开式 $H_2(z)$ 的前两项是因果的(可实现),如果余下的那些项相对较小,那么,就能够用前两项来近似 $H_2(z)$。不过,本例不属于这种情况,但这一思路是有启发性的。为此,先考察本例的因果维纳解,然后,再按照这一思路给出非最小相位系统逆模拟器的实现方法。

考虑图 6-33 所示的逆系统模拟器。假设建模用的信号是均值为 0、方差为 1 的白噪声。根据香农—伯德方法,因果系统 $G(z)$ 的逆模型 $H(z)$ 是由一个白化滤波器 $H_w(z)$ 和一个后续因果滤波器 $H_{PC}(z)$ 共同组成的。

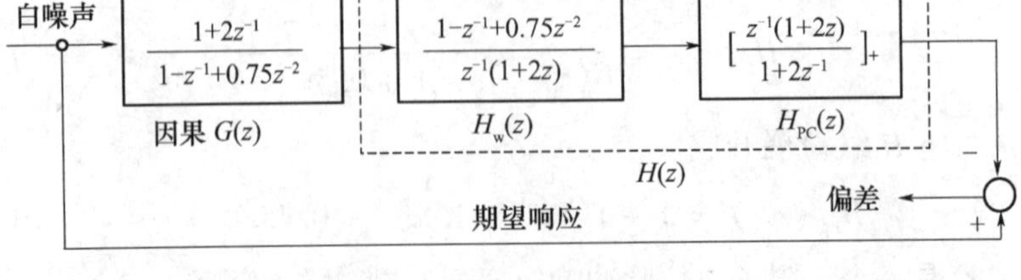

图 6-33 逆模型维纳解 $H_{opt}(z)$ 的香农—伯德实现方法

根据式(6.1.25)，因果系统 $G(z)$ 的脉冲功率传递函数可表示为

$$S(z)=G(z)G(z^{-1})=\frac{(1+2z^{-1})(1+2z)}{(1-z^{-1}+0.75z^{-2})(1-z+0.75z^{2})} \tag{6.3.32}$$

根据式(6.1.50)，白化滤波器的脉冲传递函数为

$$H_{\mathrm{w}}(z)=\frac{1}{S^{+}(z)}=\frac{1-z^{-1}+0.75z^{-2}}{z^{-1}(1+2z)} \tag{6.3.33}$$

由图6-33可直接看出，为了使 $H(z)=1/G(z)$，后续滤波器的脉冲传递函数 $H_{\mathrm{P}}(z)$（暂不考虑它的因果性）应当是未知系统 $G(z)$ 与白化滤波器 $H_{\mathrm{w}}(z)$ 乘积的逆，即

$$H_{\mathrm{P}}(z)=\frac{1}{G(z)\cdot H_{\mathrm{w}}(z)}=\frac{z^{-1}(1+2z)}{(1+2z^{-1})} \tag{6.3.34}$$

现在的问题是，如何确定与 $H_{\mathrm{P}}(z)$ 对应的因果、稳定的脉冲响应序列。将式(6.3.34)展开，得

$$H_{\mathrm{P}}(z)=\frac{z^{-1}(1+2z)}{(1+2z^{-1})}=\frac{1}{2}+\frac{3}{4}z-\frac{3}{8}z^{2}+\frac{3}{16}z^{3}-\cdots \tag{6.3.35}$$

尽管式(6.3.35)是稳定的，但是除第一项外，其余各项都对应于一个非因果的脉冲序列。如果去掉非因果部分，就有

$$H_{\mathrm{PC}}(z)=\left[\frac{z^{-1}(1+2z)}{(1+2z^{-1})}\right]_{+}=\frac{1}{2} \tag{6.3.36}$$

于是，由图6-33可以直接给出逆系统 $H(z)$ 的因果维纳解，即

$$H_{\mathrm{opt\_C}}(z)=H_{\mathrm{w}}(z)H_{\mathrm{PC}}(z)=\frac{1-z^{-1}+0.75z^{-2}}{4+2z^{-1}} \tag{6.3.37}$$

可以证明，该维纳解的最小均方误差是0.75。与方差为1的白噪声相比，误差率高达75%，这主要原因是强制非最小相位系统瞬时地对输入做出响应。由此可推断，若容许输出响应延迟，应该可以获得较好的结果。

重新考虑例6-11。将延时环节 z^{-d} 包含在图6-33所示系统的期望响应的路径中，得到图6-34所示的带有延时环节的LMS自适应逆模拟器——用LMS自适应滤波器 $H_{d}(z)$ 取代图6-33中的白化滤波器 H_{w} 和后续因果滤波器 H_{PC}。因此，当自适应过程收敛时，就有

$$H_{d\_\mathrm{opt}}(z)\approx\frac{1}{z^{-d}G(z)}\overset{\mathrm{def}}{=}\frac{1}{G_{d}(z)}$$

式中：$G_{d}(z)=G(z)z^{-d}$。

下面，对照图6-33，分析带有延时环节的LMS自适应逆模拟器的工作原理。

假设未知系统 $G(z)$ 及其输入均保持不变，则式(6.3.33)给出的白化滤波器 $H_{\mathrm{w}}(z)$ 仍然不变。鉴于LMS自适应滤波器 $H_{d}(z)$ 与未知系统 $G(z)$ 的乘积将自适

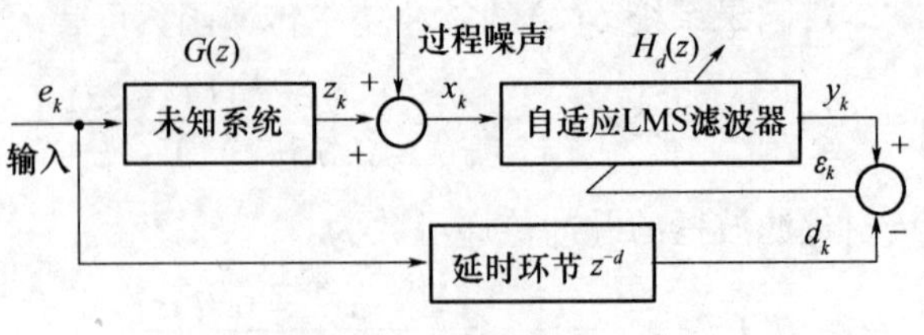

图 6-34　带有延时环节的 LMS 自适应逆模拟器

应地对延时环节 z^{-d} 进行最小均方误差估计，故有

$$H_P(z) \cdot z^{-d} = \frac{z^{-d}}{G(z) \cdot H_w(z)} = z^{-d}\left(\frac{1}{2} + \frac{3}{4}z - \frac{3}{8}z^2 + \frac{3}{16}z^3 - \cdots\right) \tag{6.3.38}$$

不难看出，因果项的数目为 $1+d$。令 $d=4$，则有

$$H_P(z) \cdot z^{-4} = \frac{1}{2}z^{-4} + \frac{3}{4}z^{-3} - \frac{3}{8}z^{-2} + \frac{3}{16}z^{-1} - \frac{3}{32} + \cdots \tag{6.3.39}$$

根据式(6.3.33)和式(6.3.34)，LMS 自适应滤波器 $H_d(z)$ 的因果维纳解就可表示为

$$\begin{aligned} H_{d\_opt}(z) &= H_w(z)H_P(z)z^{-d} \\ &= \frac{1 - z^{-1} + 0.75z^{-2}}{2 + z^{-1}} \frac{z^{-(1+d)}(1+2z)}{(1+2z^{-1})} \quad (d \geqslant 4) \end{aligned} \tag{6.3.40}$$

可以证明，当 $d=4$ 时，逆模型输出 y_k 的最小均方误差约为 0.003，这个误差是很小的。如果 d 取得更大，则式(6.3.39)中将包含更多的项，这就有可能得到更为理想的非最小相位系统的逆，但也随之增大逆模型输出 y_k 的延时量。

综上所述，增加延时量 d，降低了因果维纳滤波器(逆模型) $H_{d\_opt}(z)$ 输出 y_k 的最小均方误差，这个结论对于任何非最小相位系统都是成立的。然而，上述分析是基于这样的假设：逆模型 $H_{d\_opt}(z)$ 不仅是因果的，而且具有无限长脉冲响应序列。倘若其单位脉冲响应序列是因果和有限长的，那么延时量 d 就只能在一定的范围内取值。

6.4　状 态 估 计

1960 年前后，卡尔曼(Kalman)等学者提出了最优线性递推滤波器——Kalman 滤波器，实际上，递推最小二乘法就是 Kalman 滤波器的一个特例。与整段滤波的维纳滤波器不同，Kalman 滤波器是采用分段递推滤波的方法，在这一点上，它与 LMS 自适应滤波器是一致的。但是，进行 Kalman 滤波的前提条件是，必须建立描述过程的状态空间模型，而维纳滤波器和 LMS 自适应滤波器则不需要任何先验的数学模型。

在第二章中业已指出：在给定观测值 $\boldsymbol{y}$ 的条件下，未知参数（或状态）$\boldsymbol{x}$ 的最小均方误差（MMSE）估计量由条件期望值给出，即 $\hat{\boldsymbol{x}}(\boldsymbol{y}) = E[\boldsymbol{x}|\boldsymbol{y}]$。在本章中，将根据这一结论，并应用定理 2－3、定理 2－4 和定理 2－5 分别推导 Kalman 预估算法和 Kalman 滤波算法。

6.4.1 一步最优预估

考虑某一离散时间随机过程，它由描述过程动态特性的状态方程和描述过程输出的观测方程共同表示：

（1）状态方程为

$$\boldsymbol{x}_{k+1} = \boldsymbol{\Phi}_k \boldsymbol{x}_k + \boldsymbol{e}_k \tag{6.4.1a}$$

式中：$\boldsymbol{x}_k$ 为 $n \times 1$ 维不可直接测量的向量，表示在 k 时刻的过程状态；$\boldsymbol{\Phi}_k$ 为从 k 时刻到 $k+1$ 时刻的 $n \times n$ 维过程状态转移矩阵；$\boldsymbol{e}_k$ 为 k 时刻的 $n \times 1$ 维过程噪声向量。

（2）观测方程为

$$\boldsymbol{y}_k = \boldsymbol{H}_k \boldsymbol{x}_k + \boldsymbol{v}_k \tag{6.4.1b}$$

式中：$\boldsymbol{y}_k$ 为 k 时刻的 $m \times 1$ 维可直接测量的输出向量；$\boldsymbol{H}_k$ 为 k 时刻的 $m \times n$ 维观测矩阵；$\boldsymbol{v}_k$ 为 k 时刻的 $m \times 1$ 维观测噪声向量。

对状态空间模型表达式（6.4.1）假设如下：

① 对于线性定常系统，$\boldsymbol{\Phi}_k$ 和 $\boldsymbol{H}_k$ 皆为常数矩阵，分别用 $\boldsymbol{\Phi}$ 和 $\boldsymbol{H}$ 表示。

② $\boldsymbol{e}_k$ 与 $\boldsymbol{v}_k$ 都是高斯白噪声序列：$\boldsymbol{e}_k \sim N(0, \boldsymbol{R}_e)$；$\boldsymbol{v}_k \sim N(0, \boldsymbol{R}_v)$，$\boldsymbol{R}_v$ 正定，且

$$E[\boldsymbol{e}_k \boldsymbol{v}_m^{\mathrm{T}}] = 0 \quad (k \neq m) \tag{6.4.2}$$

③ 初始状态 $\boldsymbol{x}_0 \sim N(\boldsymbol{\mu}_0, \boldsymbol{C}_0)$，且 $\boldsymbol{x}_0$ 与 $\boldsymbol{e}_k, \boldsymbol{v}_k$ 互相独立，即

$$E[(\boldsymbol{x}_0 - \boldsymbol{\mu}_0)\boldsymbol{e}_k^{\mathrm{T}}] = 0 \quad (k > 0) \tag{6.4.3a}$$

$$E[(\boldsymbol{x}_0 - \boldsymbol{\mu}_0)\boldsymbol{v}_k^{\mathrm{T}}] = 0 \quad (k > 0) \tag{6.4.3b}$$

因为 $\boldsymbol{x}_0, \boldsymbol{e}_k$ 和 $\boldsymbol{v}_k$ 都是高斯向量，而 $\boldsymbol{x}_k$ 和 $\boldsymbol{y}_k$ 分别是它们的线性组合，故后者也是高斯向量。

④ 容许估计量 $\hat{\boldsymbol{x}}_{p|k}$：利用直到 k 时刻的全部输出向量（$\boldsymbol{y}_0, \boldsymbol{y}_1, \cdots, \boldsymbol{y}_k$）对 p 时刻的过程状态 $\boldsymbol{x}_p$ 进行递推计算所得到的估计量，表示为

$$\hat{\boldsymbol{x}}_{p|k} = E(\boldsymbol{x}_p | \boldsymbol{y}_0, \boldsymbol{y}_1, \cdots, \boldsymbol{y}_k) \overset{\mathrm{def}}{=} E(\boldsymbol{x}_p | \boldsymbol{Y}_k) \tag{6.4.4}$$

式中：观测向量集 $\boldsymbol{Y}_k$ 为由输出向量（$\boldsymbol{y}_0, \boldsymbol{y}_1, \cdots, \boldsymbol{y}_k$）所组成的列向量：

$$\boldsymbol{Y}_k = [\boldsymbol{y}_0^{\mathrm{T}}, \boldsymbol{y}_1^{\mathrm{T}}, \cdots, \boldsymbol{y}_k^{\mathrm{T}}]^{\mathrm{T}}$$

定理 6－3（卡尔曼预估定理）：由状态空间模型表达式（6.4.1）描述的离散时间随机过程，其状态的一步最优预估量可表示为

$$\hat{\boldsymbol{x}}_{k+1|k} = \boldsymbol{\Phi}\hat{\boldsymbol{x}}_{k|k-1} + \boldsymbol{K}_{k|k-1}(\boldsymbol{y}_k - \boldsymbol{H}\hat{\boldsymbol{x}}_{k|k-1}) \tag{6.4.5}$$

式中：$\boldsymbol{K}_{k|k-1}$为一步预估增益矩阵，且有

$$\boldsymbol{K}_{k|k-1} = \boldsymbol{\Phi}\boldsymbol{P}_{k|k-1}\boldsymbol{H}^{\mathrm{T}}(\boldsymbol{H}\boldsymbol{P}_{k|k-1}\boldsymbol{H}^{\mathrm{T}} + \boldsymbol{R}_v)^{-1} \tag{6.4.6}$$

其中：

$$\boldsymbol{P}_{k|k-1} = E[\tilde{\boldsymbol{x}}_{k|k-1} \cdot \tilde{\boldsymbol{x}}_{k|k-1}^{\mathrm{T}}] = E[(\boldsymbol{x}_k - \hat{\boldsymbol{x}}_{k|k-1})(\boldsymbol{x}_k - \hat{\boldsymbol{x}}_{k|k-1})^{\mathrm{T}}] \tag{6.4.7}$$

称为一步预估状态的协方差矩阵，且有

$$\boldsymbol{P}_{k+1|k} = (\boldsymbol{\Phi} - \boldsymbol{K}_{k|k-1}\boldsymbol{H})\boldsymbol{P}_{k|k-1}\boldsymbol{\Phi}^{\mathrm{T}} + \boldsymbol{R}_e \tag{6.4.8}$$

上述递推计算公式的初始状态、初始协方差矩阵和初始一步预估增益矩阵分别为

$$\hat{\boldsymbol{x}}_{0|-1} \overset{\mathrm{def}}{=} \hat{\boldsymbol{x}}_0 = \boldsymbol{\mu}_{x_0} \overset{\mathrm{def}}{=} \boldsymbol{\mu}_0, \boldsymbol{P}_{0|-1} \overset{\mathrm{def}}{=} \boldsymbol{P}_0 = \boldsymbol{C}_{x_0}, \boldsymbol{K}_{0|-1} \overset{\mathrm{def}}{=} \boldsymbol{K}_0 \tag{6.4.9}$$

证明：(1)证明式(6.4.5)和式(6.4.6)。根据定理2-5，得

$$\begin{aligned}\hat{\boldsymbol{x}}_{k+1|k} &= E[\boldsymbol{x}_{k+1} \mid \boldsymbol{Y}_k] = E[\boldsymbol{x}_{k+1} \mid \boldsymbol{y}_k, \boldsymbol{Y}_{k-1}] \\ &= E[\boldsymbol{x}_{k+1} \mid \tilde{\boldsymbol{y}}_{k|k-1}, \boldsymbol{Y}_{k-1}]\end{aligned} \tag{6.4.10}$$

式中：滤波器输出的一步预估偏差$\tilde{\boldsymbol{y}}_{k|k-1}$称为$\boldsymbol{y}_k$的新息过程(Innovation Process)：

$$\begin{aligned}\tilde{\boldsymbol{y}}_{k|k-1} &= \boldsymbol{y}_k - \hat{\boldsymbol{y}}_{k|k-1} \\ &= \boldsymbol{y}_k - E[(\boldsymbol{H}\boldsymbol{x}_k + \boldsymbol{v}_k) \mid \boldsymbol{Y}_{k-1}] \\ &= \boldsymbol{H}\boldsymbol{x}_k + \boldsymbol{v}_k - \boldsymbol{H}\hat{\boldsymbol{x}}_{k|k-1} = \boldsymbol{H}\tilde{\boldsymbol{x}}_{k|k-1} + \boldsymbol{v}_k\end{aligned} \tag{6.4.11}$$

其中：$\tilde{\boldsymbol{x}}_{k|k-1} = \boldsymbol{x}_k - \hat{\boldsymbol{x}}_{k|k-1}$，称为状态的一步预估偏差。推导中利用了向$\boldsymbol{v}_k$与$\boldsymbol{Y}_{k-1}$的独立性，即

$$E[\boldsymbol{v}_k \mid \boldsymbol{Y}_{k-1}] = E[\boldsymbol{v}_k] = 0$$

根据定理2-4和定理2-3，式(6.4.10)可改写成

$$\begin{aligned}\hat{\boldsymbol{x}}_{k+1|k} &= E[\boldsymbol{x}_{k+1} \mid \boldsymbol{Y}_{k-1}] + E[\boldsymbol{x}_{k+1} \mid \tilde{\boldsymbol{y}}_{k|k-1}] - \boldsymbol{\mu}_{x[k+1]} \\ &= E[\boldsymbol{x}_{k+1} \mid \boldsymbol{Y}_{k-1}] + \boldsymbol{C}_{x\tilde{y}}\boldsymbol{C}_y^{-1}\tilde{\boldsymbol{y}}_{k|k-1} \\ &= E[(\boldsymbol{\Phi}\boldsymbol{x}_k + \boldsymbol{e}_k) \mid \boldsymbol{Y}_{k-1}] + \boldsymbol{C}_{x\tilde{y}}\boldsymbol{C}_y^{-1}\tilde{\boldsymbol{y}}_{k|k-1} \\ &= \boldsymbol{\Phi}\hat{\boldsymbol{x}}_{k|k-1} + \boldsymbol{C}_{x\tilde{y}}\boldsymbol{C}_{\tilde{y}}^{-1}\tilde{\boldsymbol{y}}_{k|k-1} = \boldsymbol{\Phi}\hat{\boldsymbol{x}}_{k|k-1} + \boldsymbol{K}_{k|k-1}(\boldsymbol{y}_k - \boldsymbol{H}\hat{\boldsymbol{x}}_{k|k-1})\end{aligned} \tag{6.4.12}$$

式中：

$$\begin{aligned}\boldsymbol{C}_{x\tilde{y}} &= E[(\boldsymbol{x}_{k+1} - \boldsymbol{\mu}_{x[k+1]}) \cdot \tilde{\boldsymbol{y}}_{k|k-1}^{\mathrm{T}}] \\ &= E[(\boldsymbol{\Phi}\boldsymbol{x}_k + \boldsymbol{e}_k - \boldsymbol{\mu}_{x[k+1]})(\boldsymbol{H}\tilde{\boldsymbol{x}}_{k|k-1} + \boldsymbol{v}_k)^{\mathrm{T}}] \\ &= \boldsymbol{\Phi}E[\boldsymbol{x}_k \cdot \tilde{\boldsymbol{x}}_{k|k-1}^{\mathrm{T}}]\boldsymbol{H}^{\mathrm{T}} \\ &= \boldsymbol{\Phi}E[(\hat{\boldsymbol{x}}_{k|k-1} + \tilde{\boldsymbol{x}}_{k|k-1})\tilde{\boldsymbol{x}}_{k|k-1}^{\mathrm{T}}]\boldsymbol{H}^{\mathrm{T}} \\ &= \boldsymbol{\Phi}\boldsymbol{P}_{k|k-1}\boldsymbol{H}^{\mathrm{T}} \\ \boldsymbol{C}_{\tilde{y}} &= E[\tilde{\boldsymbol{y}}_{k|k-1} \cdot \tilde{\boldsymbol{y}}_{k|k-1}^{\mathrm{T}}] \\ &= E[(\boldsymbol{H}\tilde{\boldsymbol{x}}_{k|k-1} + \boldsymbol{v}_k)(\boldsymbol{H}\tilde{\boldsymbol{x}}_{k|k-1} + \boldsymbol{v}_k)^{\mathrm{T}}] \\ &= \boldsymbol{H}\boldsymbol{P}_{k|k-1}\boldsymbol{H}^{\mathrm{T}} + \boldsymbol{R}_v\end{aligned}$$

$$K_{k|k-1} = C_{x\tilde{y}}C_{\tilde{y}}^{-1} = \Phi P_{k|k-1}H^{T}(HP_{k|k-1}H^{T} + R_{v})^{-1}$$

在上述推导过程中，利用了式(6.4.1)~式(6.4.3)。

(2) 证明式(6.4.8)。先计算状态的一步预估偏差 $\tilde{x}_{k+1|k}$，然后计算 $P_{k+1|k}$。状态的一步预估偏差为

$$\begin{aligned}\tilde{x}_{k+1|k} &= x_{k+1} - \hat{x}_{k+1|k} \\ &= \Phi x_k + e_k - [\Phi\hat{x}_{k|k-1} + K_{k|k-1}(y_k - H\hat{x}_{k|k-1})] \\ &= \Phi x_k + e_k - [\Phi\hat{x}_{k|k-1} + K_{k|k-1}(H\tilde{x}_{k|k-1} + v_k)] \\ &= (\Phi - K_{k|k-1}H)\tilde{x}_{k|k-1} + e_k - K_{k|k-1}v_k \end{aligned} \tag{6.4.13}$$

推导中利用了式(6.4.12)。

根据式(6.4.7)和式(6.4.13)，得

$$\begin{aligned}P_{k+1|k} &= E[\tilde{x}_{k+1|k} \cdot \tilde{x}_{k+1|k}^{T}] \\ &= E\{[(\Phi - K_{k|k-1}H)\tilde{x}_{k|k-1} + e_k - K_{k|k-1}v_k] \cdot [\cdot]^{T}\} \\ &= (\Phi - K_{k|k-1}H)P_{k|k-1}(\Phi - K_{k|k-1}H)^{T} + R_e + K_{k|k-1}R_vK_{k|k-1}^{T} \\ &= (\Phi - K_{k|k-1})HP_{k|k-1}\Phi^{T} + R_e \end{aligned} \tag{6.4.14}$$

式中：[·]为 $\tilde{x}_{k+1|k}$的具体表达式(6.4.13)。

(3) 确定初值。先根据式(6.4.5)和式(6.4.6)计算初始状态的一步预估，即

$$\begin{aligned}\hat{x}_{1|0} &= \Phi\hat{x}_0 + K_{0|-1}(y_0 - H\hat{x}_0) \\ &= \Phi\hat{x}_0 + \Phi P_{0|-1}H^{T}(HP_{0|-1}H^{T} + R_v)^{-1}(y_0 - H\hat{x}_0)\end{aligned} \tag{6.4.15}$$

再根据定理2-3求出一步预估状态的另一种表达式：

$$\begin{aligned}\hat{x}_{1|0} &= \mu_{x_1} + C_{x_1y_0} \times C_{y_0}^{-1} \times (y_0 - \mu_{y_0}) \\ &= \mu_{x_1} + E[x_1 - \mu_{x_1}(y_0 - \mu_{y_0})^{T}] \times \{E[y_0 - \mu_{y_0}(y_0 - \mu_{y_0})^{T}]\}^{-1} \cdot (y_0 - \mu_{y_0}) \\ &= \mu_{x_1} + E\{[\Phi(x_0 - \mu_{x_0}) + e_0] \cdot [H(x_0 - \mu_{x_0}) + v_0]^{T}\} \times \\ &\quad E\{[H(x_0 - \mu_{x_0}) + v_0][H(x_0 - \mu_{x_0}) + v_0]^{T}\}^{-1} \cdot (y_0 - \mu_{y_0}) \\ &= \Phi\mu_{x_0} + \Phi C_{X_0}H^{T}(HC_{x_0}H^{T} + R_v)^{-1}(y_0 - H\mu_{x_0}) \\ &= \Phi\hat{x}_0 + \Phi P_{0|-1}H^{T}(HP_{0|-1}H^{T} + R_v)^{-1}(y_0 - H\hat{x}_0) \\ &= \Phi\hat{x}_0 + K_{0|-1}(y_0 - H\hat{x}_0)\end{aligned} \tag{6.4.16}$$

对照式(6.4.15)和式(6.4.16)可知，按式(6.4.9)选择初值是正确的。

一步最优预估是一种递推算法，其计算流程如图6-35所示。具体计算步骤如下：

① 利用给定的初值 P_0，按式(6.4.6)和式(6.4.8)递推计算任意时刻的 $K_{k|k-1}$ 和 $P_{k+1|k}$。因上述计算与测量数据无关，故可预先计算并存入计算机备用，以节省在线计算时间。

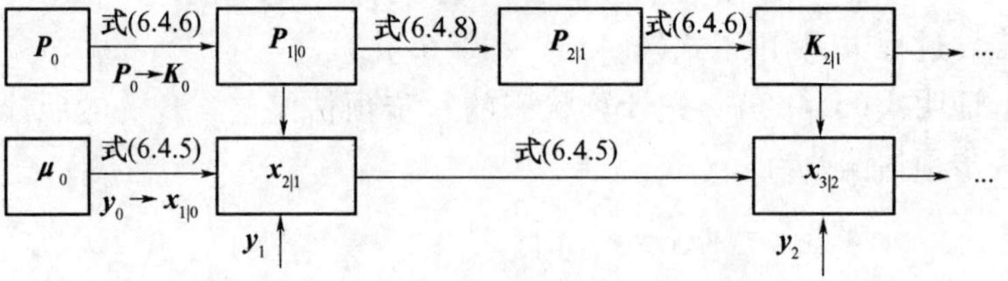

图 6－35　一步最优预估计算流程

② 利用给定的初值$\boldsymbol{\mu}_0$、任意时刻 k 的测量数据 $\boldsymbol{y}_k$ 和事先算出的 $\boldsymbol{K}_{k|k-1}$ 及 $\boldsymbol{P}_{k+1|k}$，按式(6.4.5)计算任意时刻 k 的一步预估量 $\hat{\boldsymbol{x}}_{k+1|k}$。

【例 6－12】 已知离散时间系统的状态方程为

$$x_{k+1} = 0.6x_k + 2u_k + e_k$$

观测方程为

$$y_k = 3x_k + v_k$$

式中：$x_0 \sim N(5,10)$，$e_k \sim N(5,10)$，$v_k \sim N(1,2)$，且这三者互相独立；u_k 为控制量。若已测得 $y_0 = 14$，试求状态的一步预估值 $\hat{x}_{1|0}$。

解：在本例中，给定系统与式(6.4.1)所描述的状态方程的区别在于加入了控制量 Γu_k，且观测噪声 v_k 的均值 $\boldsymbol{\mu}_v$ 不为零。令 $\hat{x}_0 = \boldsymbol{\mu}_{x0}$，$C_{x0} = P_0$，$k = 0$，利用式(6.4.12)、式(6.4.6)和式(6.4.9)，经与前面类似的推导，可得

$$\hat{x}_{1|0} = \Phi\mu_{x0} + \Gamma u_0 + K_0\tilde{y}_0$$

其中：

$$\tilde{y}_0 = y_0 - H\mu_{x_0} - \mu_v, K_0 = \Phi P_0 H(H^2 P_0 + R_v)^{-1}$$

利用已知数据：$\mu_{x0} = 5$，$P_0 = 10$，$\Phi = 0.6$，$H = 3$，$\Gamma = 2$，$\mu_v = 5$，$R_v = 2$，$y_0 = 14$，得到

$$K_0 = 18/92 \approx 0.2$$

$$\hat{x}_{1|0} = 0.6 \times 5 + 2u_0 + 0.2(14 - 3 \times 5 - 1) = 2.6 + 2u_0$$

6.4.2 卡尔曼滤波器

定理 6－4（卡尔曼滤波定理）：离散时间状态空间模型表达式(6.4.1)的最优滤波满足下列递推方程

$$\hat{\boldsymbol{x}}_{k+1} = \boldsymbol{\Phi}\hat{\boldsymbol{x}}_k + \boldsymbol{K}_{k+1}(\boldsymbol{y}_{k+1} - \boldsymbol{H}\boldsymbol{\Phi}\hat{\boldsymbol{x}}_k) \tag{6.4.17}$$

式中：$\hat{\boldsymbol{x}}_k$ 为 k 时刻的状态估值；$\boldsymbol{K}_{k+1}$为滤波增益矩阵，且有

$$\boldsymbol{K}_{k+1} = \boldsymbol{P}_{k+1|k}\boldsymbol{H}^{\mathrm{T}}(\boldsymbol{H}\boldsymbol{P}_{k+1|k}\boldsymbol{H}^{\mathrm{T}} + \boldsymbol{R}_v)^{-1} \tag{6.4.18}$$

式中：$\boldsymbol{P}_{k+1|k}$为一步预估状态 $\hat{\boldsymbol{x}}_{k+1|k}$的协方差矩阵：

$$\boldsymbol{P}_{k+1|k} = E[(\boldsymbol{x}_{k+1} - \hat{\boldsymbol{x}}_{k+1|k})(\boldsymbol{x}_{k+1} - \hat{\boldsymbol{x}}_{k+1|k})^{\mathrm{T}}] = \boldsymbol{\Phi}\boldsymbol{P}_k\boldsymbol{\Phi}^{\mathrm{T}} + \boldsymbol{R}_e \tag{6.4.19}$$

如果定义 $\boldsymbol{P}_k$ 为 k 时刻状态估值 $\hat{\boldsymbol{x}}_k$ 的协方差矩阵，则 $\boldsymbol{P}_{k+1}$可表示为

$$\boldsymbol{P}_{k+1} = E[(\boldsymbol{x}_{k+1} - \hat{\boldsymbol{x}}_{k+1})(\boldsymbol{x}_{k+1} - \hat{\boldsymbol{x}}_{k+1})^{\mathrm{T}}] = (\boldsymbol{I} - \boldsymbol{K}_{k+1}\boldsymbol{H})\boldsymbol{P}_{k+1|k} \tag{6.4.20}$$

递推过程的初值为

$$\hat{\boldsymbol{x}}_0 = E(\boldsymbol{x}_0) = \boldsymbol{\mu}_0, \quad \boldsymbol{P}_0 = \boldsymbol{C}_{x_0} \tag{6.4.21}$$

在以上各式中,相关符号的意义和统计特性已在6.4.1小节给出。

证明:分四步进行证明。

(1) 确定$\hat{\boldsymbol{x}}_{k+1}$的递推公式和$\boldsymbol{K}_{k+1}$。由定理2-5、定理2-4和定理2-3,得

$$\begin{aligned}\hat{\boldsymbol{x}}_{k+1} &= E[\boldsymbol{x}_{k+1} \mid \boldsymbol{Y}_{k+1}] = E[\boldsymbol{x}_{k+1} \mid \boldsymbol{Y}_k, \tilde{\boldsymbol{y}}_{k+1|k}] \\ &= E[\boldsymbol{x}_{k+1} \mid \boldsymbol{Y}_k] + E[\boldsymbol{x}_{k+1} \mid \tilde{\boldsymbol{y}}_{k+1|k}] - \boldsymbol{\mu}_{x(k+1)} \\ &= \boldsymbol{\Phi}\hat{\boldsymbol{x}}_k + \boldsymbol{C}_{x\tilde{y}}\boldsymbol{C}_{\tilde{y}}^{-1}\tilde{\boldsymbol{y}}_{k+1|k}\end{aligned} \tag{6.4.22}$$

式中:

$$\begin{aligned}\tilde{\boldsymbol{y}}_{k+1|k} &= \boldsymbol{y}_{k+1} - \hat{\boldsymbol{y}}_{k+1|k} = y_{k+1} - \boldsymbol{H\Phi}\hat{\boldsymbol{x}}_k \\ &= \boldsymbol{H}\tilde{\boldsymbol{x}}_{k+1|k} + \boldsymbol{v}_{k+1}\end{aligned} \tag{6.4.23}$$

称为$\boldsymbol{y}_{k+1}$的新息过程,且有

$$E[\tilde{\boldsymbol{y}}_{k+1|k}] = 0$$

和

$$\begin{aligned}\boldsymbol{C}_{\tilde{y}} &= E[\tilde{\boldsymbol{y}}_{k+1} \cdot \tilde{\boldsymbol{y}}_{k+1|k}^{\mathrm{T}}] \\ &= E[(\boldsymbol{H}\tilde{\boldsymbol{x}}_{k+1|k} + \boldsymbol{v}_k)(\boldsymbol{H}\tilde{\boldsymbol{x}}_{k+1|k} + \boldsymbol{v}_k)^{\mathrm{T}}] \\ &= \boldsymbol{HP}_{k+1|k}H^{\mathrm{T}} + \boldsymbol{R}_v\end{aligned} \tag{6.4.24}$$

以及

$$\begin{aligned}\boldsymbol{C}_{x\tilde{y}} &= E[(\boldsymbol{x}_{k+1} - \boldsymbol{\mu}_{x[k+1]})\tilde{\boldsymbol{y}}_{k+1|k}^{\mathrm{T}}] \\ &= E[(\boldsymbol{x}_{k+1} - \boldsymbol{\mu}_{x[k+1]})(\boldsymbol{H}\tilde{\boldsymbol{x}}_{k+1|k} + \boldsymbol{v}_{k+1})^{\mathrm{T}}] \\ &= E[\boldsymbol{x}_{k+1} \cdot \tilde{\boldsymbol{x}}_{k+1|k}^{\mathrm{T}}]\boldsymbol{H}^{\mathrm{T}} \\ &= E[(\hat{\boldsymbol{x}}_{k+1} + \tilde{\boldsymbol{x}}_{k+1|k}) \cdot \tilde{\boldsymbol{x}}_{k+1|k}^{\mathrm{T}}]\boldsymbol{H}^{\mathrm{T}} \\ &= \boldsymbol{P}_{k+1|k}\boldsymbol{H}^{\mathrm{T}}\end{aligned} \tag{6.4.25}$$

令

$$\boldsymbol{K}_{k+1} = \boldsymbol{C}_{x\tilde{y}}\boldsymbol{C}_{\tilde{y}}^{-1} \tag{6.4.26}$$

即可得式(6.1.18)。将式(6.4.26)和式(6.4.23)代入式(6.4.22),可证得式(6.4.17)。

(2) 确定$\boldsymbol{P}_{k+1|k}$。直接计算状态的一步预估偏差

$$\tilde{\boldsymbol{x}}_{k+1|k} = \boldsymbol{x}_{k+1} - \hat{\boldsymbol{x}}_{k+1|k} = \boldsymbol{\Phi}\tilde{\boldsymbol{x}}_k + \boldsymbol{e}_k \tag{6.4.27}$$

的协方差矩阵,即可证得式(6.4.19)。

(3) 确定$\boldsymbol{P}_{k+1}$。根据式(6.4.17),$k+1$时刻的状态估值偏差可表示为

$$\begin{aligned}\tilde{\boldsymbol{x}}_{k+1} &= \boldsymbol{x}_{k+1} - \hat{\boldsymbol{x}}_{k+1} = \boldsymbol{x}_{k+1} - \boldsymbol{\Phi}\hat{\boldsymbol{x}}_k - \boldsymbol{K}_{k+1}(\boldsymbol{y}_{k+1} - \boldsymbol{H\Phi}\hat{\boldsymbol{x}}_k) \\ &= \boldsymbol{x}_{k+1} - [\boldsymbol{\Phi}\hat{\boldsymbol{x}}_k + \boldsymbol{K}_{k+1}(\boldsymbol{Hx}_{k+1} + \boldsymbol{v}_{k+1} - \boldsymbol{H\Phi}\hat{\boldsymbol{x}}_k)]\end{aligned}$$

$$= (\boldsymbol{I} - \boldsymbol{K}_{k+1}\boldsymbol{H})(\boldsymbol{x}_{k+1} - \boldsymbol{\Phi}\hat{\boldsymbol{x}}_k) - \boldsymbol{K}_{k+1}\boldsymbol{v}_{k+1}$$

$$= (\boldsymbol{I} - \boldsymbol{K}_{k+1}\boldsymbol{H})\tilde{\boldsymbol{x}}_{k+1|k} - \boldsymbol{K}_{k+1}\boldsymbol{v}_{k+1} \tag{6.4.28}$$

于是,就有

$$\boldsymbol{P}_{k+1} = E[\tilde{\boldsymbol{x}}_{k+1} \cdot \tilde{\boldsymbol{x}}_{k+1}^{\mathrm{T}}]$$

$$= (\boldsymbol{I} - \boldsymbol{K}_{k+1}\boldsymbol{H})\boldsymbol{P}_{k+1|k}(\boldsymbol{I} - \boldsymbol{K}_{k+1}\boldsymbol{H})^{\mathrm{T}} + \boldsymbol{K}_{k+1}\boldsymbol{R}_v\boldsymbol{K}_{k+1}^{\mathrm{T}}$$

$$= (\boldsymbol{I} - \boldsymbol{K}_{k+1}\boldsymbol{H})\boldsymbol{P}_{k+1|k}$$

推导中利用了式(6.4.19)。

(4) 确定初值。不难验证,按式(6.4.21)选取初值是合理的。

最优滤波是一种递推算法,其计算流程如图 6-36 所示。具体计算步骤如下:

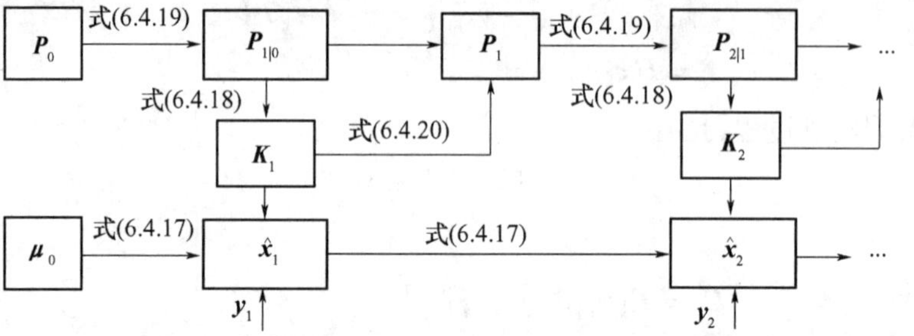

图 6-36　一步最优预测计算流程图

① 利用初值 $\boldsymbol{P}_0$,按式(6.4.19)、式(6.4.18)和(6.4.20)递推计算任意时刻 k 的 $\boldsymbol{P}_{k+1|k}$、$\boldsymbol{K}_{k+1}$ 和 $\boldsymbol{P}_{k+1|k}$。由于上述计算与测量数据无关,故可预先计算并存入计算机备用。

② 利用初值 $\boldsymbol{\mu}_0$、测量数据 $\boldsymbol{y}_k$,以及事先算出的 $\boldsymbol{P}_{k+1|k}$、$\boldsymbol{K}_{k+1}$ 和 $\boldsymbol{P}_{k+1|k}$,按式(6.4.17)计算任意时刻 k 的状态估值 $\hat{\boldsymbol{x}}_k(k=1,2,\cdots)$。

附带指出,以一步最优预估和最优滤波算法为基础,可导出状态的 p 步最优预估和 p 步预估偏差的表达式:

$$\hat{\boldsymbol{x}}_{k+p|k} = \boldsymbol{\Phi}\hat{\boldsymbol{x}}_{k+p-1|k} \tag{6.4.29}$$

$$\boldsymbol{P}_{k+p|k} = \boldsymbol{\Phi}\boldsymbol{P}_{k+p-1|k}\boldsymbol{\Phi}^{\mathrm{T}} + \boldsymbol{R}_e \tag{6.4.30}$$

按式(6.4.29)和式(6.4.30)分别递推计算,就有

$$\hat{\boldsymbol{x}}_{k+p|k} = \boldsymbol{\Phi}^{p-1}\hat{\boldsymbol{x}}_{k+1|k} = \boldsymbol{\Phi}^p\hat{\boldsymbol{x}}_k \tag{6.4.31}$$

$$\boldsymbol{P}_{k+p|k} = \boldsymbol{\Phi}^{p-1}\boldsymbol{P}_{k+1|k}(\boldsymbol{\Phi}^{\mathrm{T}})^{p-1} + \sum_{i=0}^{p-2}\boldsymbol{\Phi}^i\boldsymbol{R}_e(\boldsymbol{\Phi}^{\mathrm{T}})^i$$

$$= \boldsymbol{\Phi}^p\boldsymbol{P}_k(\boldsymbol{\Phi}^{\mathrm{T}})^p + \sum_{i=0}^{p-1}\boldsymbol{\Phi}^i\boldsymbol{R}_e(\boldsymbol{\Phi}^{\mathrm{T}})^i \tag{6.4.32}$$

6.4.3　卡尔曼滤波器的应用示例

本节通过若干实例说明离散型卡尔曼滤波算法的具体应用,附带讨论卡尔曼

滤波器的稳定性问题。

一、卡尔曼滤波算法的具体应用

【例 6-13】 设信号模型的状态方程和观测方程分别为

$$\boldsymbol{x}_{k+1} = \boldsymbol{\Phi}\boldsymbol{x}_k + \boldsymbol{e}_k = \begin{bmatrix} 1 & 1 \\ 0 & 1 \end{bmatrix}\boldsymbol{x}_k + \boldsymbol{e}_k$$

$$y_k = \boldsymbol{H}\boldsymbol{x}_k + v_k = \begin{bmatrix} 1 & 0 \end{bmatrix}\boldsymbol{x}_k + v_k$$

式中：$\boldsymbol{e}_k, \boldsymbol{v}_k$ 分别为与 $\boldsymbol{x}_0$ 不相关的零均值白噪声序列，且有

$$\boldsymbol{R}_e = \begin{bmatrix} 0 & 0 \\ 0 & 1 \end{bmatrix},\quad \sigma_{vk}^2 = 2 + (-1)^{k+1} = \boldsymbol{R}_v$$

初始状态的协方差矩阵为

$$\boldsymbol{P}_0 = \begin{bmatrix} 10 & 0 \\ 0 & 10 \end{bmatrix}$$

协方差矩阵 $\boldsymbol{P}_k$ 与状态增益矩阵 $\boldsymbol{K}_k$ 可根据卡尔曼滤波公式(式(6.4.19)和(6.4.20))以及式(6.4.18)递推求出。当 $k=0$ 时，得

$$\boldsymbol{P}_{1|0} = \boldsymbol{\Phi}\boldsymbol{P}_0\boldsymbol{\Phi}^{\mathrm{T}} + \boldsymbol{R}_e = \begin{bmatrix} 20 & 10 \\ 10 & 11 \end{bmatrix}$$

$$\boldsymbol{K}_1 = \boldsymbol{P}_{1|0}\boldsymbol{H}^{\mathrm{T}}(\boldsymbol{H}\boldsymbol{P}_{1|0}\boldsymbol{H}^{\mathrm{T}} + \boldsymbol{R}_v)^{-1} = \begin{bmatrix} 0.9524 \\ 0.4762 \end{bmatrix}$$

$$\boldsymbol{P}_1 = (\boldsymbol{I} - \boldsymbol{K}_1\boldsymbol{H})\boldsymbol{P}_{1|0} = \begin{bmatrix} 0.9520 & 0.4760 \\ 0.4800 & 6.2380 \end{bmatrix}$$

当 $k=1$ 时，计算得

$$\boldsymbol{P}_{2|1} = \boldsymbol{\Phi}\boldsymbol{P}_1\boldsymbol{\Phi}^{\mathrm{T}} + \boldsymbol{R}_e = \begin{bmatrix} 8.1460 & 6.7140 \\ 6.7180 & 7.2380 \end{bmatrix}$$

$$\boldsymbol{K}_2 = \boldsymbol{P}_{2|1}\boldsymbol{H}^{\mathrm{T}}[\boldsymbol{H}\boldsymbol{P}_{2|1}\boldsymbol{H}^{\mathrm{T}} + \boldsymbol{R}_v]^{-1} = \begin{bmatrix} 0.73 \\ 0.61 \end{bmatrix}$$

$$\boldsymbol{P}_2 = [\boldsymbol{I} - \boldsymbol{K}_2\boldsymbol{H}]\boldsymbol{P}_{2|1} = \cdots$$

类似地，可分别计算出 $k=2,3,\cdots$ 的各个结果。

【例 6-14】 飞机相对于雷达做径向匀速直线运动，通过测量飞机与雷达之间的距离，估计下一时刻飞机的距离、速度和加速度。假设

(1) 从时刻 $k=2\mathrm{s}$ 开始测量，测量周期为 $T_s=2\mathrm{s}$；

(2) 飞机与雷达之间的距离为 x_k，径向速度为 v_k，径向加速度为 a_k；

(3) 已知

$$\begin{cases} E[x_0] = 0, & \mathrm{var}(x_0) = 8(\mathrm{km})^2 \\ E[v_0] = 0, & \mathrm{var}(v_0) = 10(\mathrm{km/s})^2 \\ E[a_0] = 0.2(\mathrm{km/s^2}), & \mathrm{var}(a_0) = 5(\mathrm{km/s^2})^2 \end{cases}$$

(4) 忽略外界噪声序列 $\boldsymbol{e}_k$ 对飞机飞行过程的影响;

(5) 观测噪声序列 γ_k 是零均值白噪声序列,且与 x_k, v_k 和 a_k 都不相关,其协方差函数为 $\mathrm{cov}(\gamma_k, \gamma_l) = 0.15\delta_{kl}(\mathrm{km})^2$。

在获得距离观测值 y_k 的情况下(表 6-1),试求状态 x_k, v_k 和 a_k 的估计值及其均方误差,进而求出各个状态的一步预估值。

表 6-1 例 6-14 中的观测数 据 y_k(单位:km)

k	1	2	3	4	5
y_k	0.36	1.56	3.64	6.44	10.5
k	6	7	8	9	10
y_k	14.8	20.0	25.2	32.2	40.4

解:建立信号的状态空间模型。根据运动学原理,飞机运动的状态方程可表示为

$$\boldsymbol{x}_{k+1} = \begin{bmatrix} x_{k+1} \\ v_{k+1} \\ a_{k+1} \end{bmatrix} = \begin{bmatrix} 1 & T_s & T_s^2/2 \\ 0 & 1 & T_s \\ 0 & 0 & 1 \end{bmatrix} \begin{bmatrix} x_k \\ v_k \\ a_k \end{bmatrix} = \boldsymbol{\Phi x}_k$$

注意到 $\boldsymbol{e}_k = 0$。因为仅仅直接测量飞机与雷达之间的距离,所以观测方程可写成

$$y_k = [1 \quad 0 \quad 0]\boldsymbol{x}_k + \gamma_k = \boldsymbol{H}\boldsymbol{x}_k + \gamma_k$$

(1) 利用如下一组离散型卡尔慢滤波递推公式

$$\begin{cases} \boldsymbol{P}_{k+1|k} = \boldsymbol{\Phi P}_k \boldsymbol{\Phi}^{\mathrm{T}} + \boldsymbol{R}_e \\ \boldsymbol{K}_{k+1} = \boldsymbol{P}_{k+1|k}\boldsymbol{H}^{\mathrm{T}}(\boldsymbol{H P}_{k+1|k}\boldsymbol{H}^{\mathrm{T}} + \boldsymbol{R}_\gamma)^{-1} \\ \hat{\boldsymbol{x}}_{k+1} = \boldsymbol{\Phi}\hat{\boldsymbol{x}}_k + \boldsymbol{K}_{k+1}[\boldsymbol{y}_{k+1} - \boldsymbol{H\Phi}\hat{\boldsymbol{x}}_k] \\ \boldsymbol{P}_{k+1} = (\boldsymbol{I} - \boldsymbol{K}_{k+1}\boldsymbol{H})\boldsymbol{P}_{k+1|k} \end{cases} \quad (k = 0,1,\cdots,9) \quad (6.4.33)$$

初始条件为

$$\hat{\boldsymbol{x}}_0 = E[\boldsymbol{x}_0] = \begin{bmatrix} 0 \\ 0 \\ 0.2 \end{bmatrix}, \boldsymbol{P}_0 = \boldsymbol{C}_{x_0} = \begin{bmatrix} 8 & 0 & 0 \\ 0 & 10 & 0 \\ 0 & 0 & 5 \end{bmatrix}$$

和 $\boldsymbol{R}_e = 0, \boldsymbol{R}_\gamma = E(\gamma_k^2) = 0.15(\mathrm{km})^2$。按式(6.4.33)可求得状态估值 $\hat{\boldsymbol{x}}_{k+1}$ 及其协方差矩阵 $\boldsymbol{P}_{k+1}$。

(2) 状态一步预估的初始条件为

$$\hat{\boldsymbol{x}}_{0|-1} = \hat{\boldsymbol{x}}_0 = E[\boldsymbol{x}_0], \boldsymbol{P}_{0|-1} = \boldsymbol{C}_{x_0} = \boldsymbol{P}_0$$

按离散型卡尔曼一步预估递推公式

$$\begin{cases} \boldsymbol{K}_{k|k-1} = \boldsymbol{\Phi P}_{k|k-1}\boldsymbol{H}^{\mathrm{T}}(\boldsymbol{H P}_{k|k-1}\boldsymbol{H}^{\mathrm{T}} + \boldsymbol{R}_\gamma)^{-1} \\ \hat{\boldsymbol{x}}_{k+1|k} = \boldsymbol{\Phi}\hat{\boldsymbol{x}}_{k|k-1} + \boldsymbol{K}_{k|k-1}(\boldsymbol{y}_k - \boldsymbol{H}\hat{\boldsymbol{x}}_{k|k-1}) \\ \boldsymbol{P}_{k+1|k} = (\boldsymbol{\Phi} - \boldsymbol{K}_{k|k-1}\boldsymbol{H})\boldsymbol{P}_{k|k-1}\boldsymbol{\Phi}^{\mathrm{T}} + \boldsymbol{R}_e \end{cases} \quad (k = 0,1,\cdots,9) \quad (6.4.34)$$

可算出一步预估值 $\hat{\boldsymbol{x}}_{k+1|k}$ 及其协方差矩阵 $\boldsymbol{P}_{k+1|k}$。

(3) 比较式(6.4.33)和式(6.4.34)可知

$$\hat{\boldsymbol{x}}_{k+1|k}=\boldsymbol{\Phi}\hat{\boldsymbol{x}}_k \quad (k=0,1,\cdots,9)$$

【例 6-15】 在过程状态和输出均为标量的情况下,与式(6.4.1)对应的有关参数为

$$\boldsymbol{\Phi}=\phi,\boldsymbol{H}=h,\boldsymbol{R}_e=\sigma_e^2,\boldsymbol{R}_v=\sigma_v^2$$

相应的最优滤波公式可改写成

$$\begin{cases}P_{k+1|k}=\phi^2P_k+\sigma_e^2\\ K_{k+1}=P_{k+1|k}h/(h^2P_{k+1|k}+\sigma_v^2)\\ \hat{x}_{k+1}=\phi\hat{x}_k+K_{k+1}(y_{k+1}-h\hat{x}_k)\\ P_{k+1}=(1-K_{k+1}h)P_{k+1|k}\end{cases}$$

初始条件为

$$\hat{x}_0=E[x_0],P_0=\mathrm{var}(x_0)$$

同理,一步最优预估公式可表示成

$$\begin{cases}K_{k|k-1}=\phi P_{k|k-1}h/(h^2P_{k|k-1}+\sigma_v^2)\\ \hat{x}_{k+1|k}=\phi\hat{x}_{k|k-1}+K_{k|k-1}(y_k-h\hat{x}_{k|k-1})\\ P_{k+1|k}=(\phi-K_{k|k-1}h)P_{k|k-1}\phi+\sigma_e^2\end{cases}$$

初始条件为

$$\hat{x}_{0|-1}=\hat{x}_0=E[x_0],P_{0|-1}=P_0=\mathrm{var}(x_0)$$

二、卡尔曼滤波算法的稳定性

卡尔曼滤波算法的初值选为

$$\hat{\boldsymbol{x}}_0=E[\boldsymbol{x}_0]=\boldsymbol{\mu}_0,\boldsymbol{P}_0=E[(\boldsymbol{x}_0-\boldsymbol{\mu}_0)(\boldsymbol{x}_0-\boldsymbol{\mu}_0)^{\mathrm{T}}]$$

对于拟研究的实际过程,往往并不确切地知道初始状态的统计特性,故初值的选取带有很大的随意性。这就引出一个问题:滤波初值的选取对递推算法会产生怎样的影响。例如:是否初值偏差足够小,就能确保递推结果接近于最优值。或者,无论怎样选取初值,只要时间充分长,就能保证此后的递推结果可任意趋近于最优值。这些问题涉及递推滤波算法的稳定性问题。下面,直接给出用于判别卡尔曼滤器稳定性的两个重要结论:

(1) 如果给定的线性状态空间模型是可控(当状态空间方程含有控制变量时)和可观测的,那么卡尔曼滤波器一定是渐进稳定的。

(2) 若卡尔曼滤波器是渐进稳定的,则协方差矩阵 $\boldsymbol{P}_k$ 和滤波增益 $\boldsymbol{K}_{k+1}$ 都将随着 k 的增大而趋于某个稳态值。

根据第一个结论,通过判定状态空间模型的可控性和可观测性,就可预知卡尔曼滤波器是否稳定。这是因为卡尔曼滤波器是一种基于状态空间模型的递推滤波

器，若给定的状态方程不能从初始状态转移到下一时刻的状态（不可控），就得不到状态的预估值；而若不能通过输出数据来确定（不可观测）初始状态，则无法根据观测数据集 $\boldsymbol{Y}_k$ 进行最优估计。换言之，卡尔曼滤波器就不可能是渐近稳定的。

注意，由于本节所讨论的问题没有涉及到控制变量，因此，只需判别状态方程中的上一个时刻的状态能否转移到下一时刻的状态，以及状态空间模型是否具有可观测性。然而，无论状态空间模型是否包含控制变量，状态空间模型都必须是稳定的。

由第二个结论可知，估计量的协方差不可能为零，而是趋近于某个常数。这样，就不至于对估计精度要求过高，同时也不至于耽心估计误差会越来越大。

三、克服递推滤波发散的方法

在实际应用中，由最优滤波得到的状态估计值与真实状态之间必然存在差异，而这种差异有可能大大超过理论计算所允许的范围，甚至会出现这样的现象——尽管理论计算的方差很小，但实际估值偏差却趋于无穷大。出现这种发散现象的主要原因是：

（1）状态空间模型不准确或不符合实际情况，由此引起的发散现象称为滤波发散；

（2）递推计算是在有限字长计算机上实现的，每步递推均有舍入误差，使滤波估计的协方差矩阵逐渐失去正定性、对称性，进而导致发散，通常称为计算发散。

克服滤波发散和计算发散主要有如下几类方法，这些方法都是以从“最优”滤波退化至“次优”滤波为代价来保证 Kalman 滤波器的稳定性。

第一类方法：限制滤波器增益 $\boldsymbol{K}_k$ 的减小以防止滤波与观测分离。包括① 直接增加增益矩阵 $\boldsymbol{K}_k$；② 限制协方差矩阵 $\boldsymbol{P}_k$ 的增加；③ 人为地增大过程噪声的方差 $\boldsymbol{R}_e$。

第二类方法：在滤波过程中加大最新观测数据的作用，也即只利用离当前时刻最近的 N 个观测数据，而把以前的数据全部去掉，其中 N 是预先设置的记忆长度。这种方法称为“限定记忆滤波法”。

第三类方法：针对协方差阵 $\boldsymbol{P}_k$ 随时间增加可能失去对称性和非负定性，采取一些特殊的措施以避免引起计算发散问题。例如，可采用协方差矩阵 $\boldsymbol{P}_k$ 的 $U-D$ 分解算法，以确保 $\boldsymbol{P}_k$ 的对称性和正定性，进而保证卡尔曼递推滤波过程的稳定性。

6.4.4 广义卡尔曼滤波器

前面讨论的最优估计问题，一律假设过程噪声 $\boldsymbol{e}_k$ 和观测噪声 $\boldsymbol{v}_k$ 都是高斯白噪声序列。然而，实际过程噪声大多是有色噪声——不同时刻的两个噪声序列是彼此相关的。在这种情况下的卡尔曼滤波算法，称为广义卡尔曼滤波器。

在这节里所考虑的有色噪声是一种时间序列——线性系统在白噪声序列激励下的响应序列，这种相关的噪声序列涵盖了许多实际应用场合。

一、成型滤波器

定义：假设零均值噪声序列 $\boldsymbol{e}_k$ 的协方差矩阵

$$\boldsymbol{R}_e[k,m] = E[\boldsymbol{e}_k\boldsymbol{e}_m^{\mathrm{T}}] \tag{6.4.35}$$

是正定的。如果噪声序列 $\boldsymbol{e}_k$ 由如下差分方程(或状态方程)描述：

$$\boldsymbol{e}_{k+1} = \boldsymbol{\Phi}_e\boldsymbol{e}_k + \boldsymbol{\eta}_k \tag{6.4.36}$$

式中：$\boldsymbol{\eta}_k$ 为独立于 $\boldsymbol{e}_k$ 的白噪声序列；$\boldsymbol{\Phi}_e$ 为相应维数的噪声状态转移矩阵，则称方程式(6.4.36)为噪声序列 $\boldsymbol{e}_k$ 的成型滤波器。

定理 6-5：设零均值序列 $\boldsymbol{e}_k$ 由成型滤波器(式(6.4.36))描述，其协方差矩阵为 $\boldsymbol{R}_e[k,m]$，$\boldsymbol{\eta}_k$ 是独立于 $\boldsymbol{e}_k$ 的白噪声序列，则下列方程成立：

(1) $\boldsymbol{\eta}_k$ 的均值为零，即

$$E[\boldsymbol{\eta}_k] = 0 \tag{6.4.37}$$

(2) 噪声状态转移矩阵 $\boldsymbol{\Phi}_e$ 为

$$\boldsymbol{\Phi}_e = \boldsymbol{R}_e[k+1,k]\cdot\boldsymbol{R}_e^{-1}[k] \tag{6.4.38}$$

(3) $\boldsymbol{\eta}_k$ 的协方差矩阵为

$$\boldsymbol{R}_\eta[k] = \boldsymbol{R}_e[k+1] - \boldsymbol{R}_e[k+1,k]\cdot\boldsymbol{R}_e^{-1}[k]\cdot\boldsymbol{R}_e[k+1,k] \tag{6.4.39}$$

二、过程噪声为有色噪声的最优滤波

设某一过程的状态空间模型和成型滤波器可分别表示为

$$\begin{cases}\boldsymbol{x}_{k+1} = \boldsymbol{\Phi}\boldsymbol{x}_k + \boldsymbol{e}_k \\ \boldsymbol{y}_k = \boldsymbol{H}\boldsymbol{x}_k + \boldsymbol{v}_k\end{cases} \tag{6.4.40}$$

$$\boldsymbol{e}_{k+1} = \boldsymbol{\Phi}_e\boldsymbol{e}_k + \boldsymbol{\eta}_k \tag{6.4.41}$$

式中：$\boldsymbol{x}_k$ 为 $n\times1$ 维状态向量，初值 $\boldsymbol{x}_0$ 服从 $N(\boldsymbol{\mu}_0,\boldsymbol{C}_0)$ 分布；$\boldsymbol{\Phi}$ 为 $n\times n$ 维状态转移矩阵；$\boldsymbol{e}_k$ 为 $n\times1$ 维过程有色噪声向量，服从 $N(\boldsymbol{0},\boldsymbol{R}_e)$ 分布；$\boldsymbol{y}_k$ 为 $m\times1$ 维观测向量；$\boldsymbol{H}$ 为 $m\times n$ 维观测矩阵；$\boldsymbol{v}_k$ 为 $m\times1$ 维观测白噪声向量，服从 $N(\boldsymbol{0},\boldsymbol{R}_v)$ 分布；$\boldsymbol{\Phi}_e$ 为 $n\times n$ 维成型滤波器的状态转移矩阵；$\boldsymbol{\eta}_k$ 为 $n\times1$ 维白噪声向量。

假设 $\boldsymbol{x}_k$，$\boldsymbol{e}_k$ 和 $\boldsymbol{v}_k$ 两两相互独立；$\boldsymbol{\eta}_k$ 与 $\boldsymbol{v}_k$ 和 $\boldsymbol{x}_k$ 互相独立。由于 $\boldsymbol{x}_0$，$\boldsymbol{e}_k$ 和 $\boldsymbol{v}_k$ 是高斯向量，而 $\boldsymbol{x}_k$ 和 $\boldsymbol{y}_k$ 可分别表示为它们的线性组合，故 $\boldsymbol{x}_k$ 和 $\boldsymbol{y}_k$ 也是高斯向量。由定理 6-5 可知，以下方程成立：

$$\boldsymbol{\Phi}_e = \boldsymbol{R}_e[k+1,k]\cdot\boldsymbol{R}_e^{-1}[k] \tag{6.4.42}$$

$$\boldsymbol{\mu}_\eta = E[\boldsymbol{\eta}_k] = 0 \tag{6.4.43}$$

$$\boldsymbol{R}_\eta[k] = \boldsymbol{R}_e[k+1] - \boldsymbol{R}_e[k+1,k]\cdot\boldsymbol{R}_e^{-1}[k]\cdot\boldsymbol{R}_e[k,k+1] \tag{6.4.44}$$

现在，介绍利用扩充状态向量法求解最优滤波问题。考虑由过程状态方程和成型滤波器所组成的扩充状态方程，即

$$\boldsymbol{x}_{k+1}^{\mathrm{p}} = \boldsymbol{\Phi}^{\mathrm{p}}\boldsymbol{x}_k^{\mathrm{p}} + \boldsymbol{e}_k^{\mathrm{p}} \tag{6.4.45a}$$

式中

$$\boldsymbol{x}_k^{\mathrm{p}} = \begin{bmatrix} \boldsymbol{x}_k \\ \boldsymbol{e}_k \end{bmatrix}, \quad \boldsymbol{\Phi}^{\mathrm{p}} = \begin{bmatrix} \boldsymbol{\Phi} & \boldsymbol{I} \\ \boldsymbol{0} & \boldsymbol{\Phi}_e \end{bmatrix}$$

$$\boldsymbol{e}_k^{\mathrm{p}} = \begin{bmatrix} \boldsymbol{0} \\ \boldsymbol{\eta}_k \end{bmatrix}, E[\boldsymbol{e}_k^{\mathrm{p}}] = \boldsymbol{0}, \boldsymbol{R}_e^{\mathrm{p}} = \begin{bmatrix} \boldsymbol{0} & \boldsymbol{0} \\ \boldsymbol{0} & \boldsymbol{R}_\eta \end{bmatrix}$$

式中:上标 p 表示所考虑的有色噪声 $\boldsymbol{e}_k$ 是过程噪声。相应地,扩充状态 $\boldsymbol{x}_k^{\mathrm{p}}$ 的观测方程可写成

$$\boldsymbol{y}_k = \boldsymbol{H}^{\mathrm{p}} \boldsymbol{x}_k^{\mathrm{p}} + \boldsymbol{v}_k \tag{6.4.45b}$$

式中:$\boldsymbol{H}^{\mathrm{p}}$ 为相应维数的行向量,即

$$\boldsymbol{H}^{\mathrm{p}} = [\boldsymbol{H} \quad \boldsymbol{0}]$$

不难验证,$\boldsymbol{e}_k{}^{\mathrm{p}}$ 与 $\boldsymbol{v}_k$ 独立。假设 $\boldsymbol{\eta}_k$ 是服从 $N(\boldsymbol{0},\boldsymbol{R}_\eta)$ 分布的白噪声,则扩充状态空间模型(式(6.4.45))符合卡尔曼滤波器定理 6-4 的要求。故可按递推方程组(式(6.4.17) ~ 式(6.4.21))进行最优滤波,其初始条件为

$$\hat{\boldsymbol{x}}_0^{\mathrm{p}} = \begin{bmatrix} \boldsymbol{\mu}_0 \\ \boldsymbol{\Phi}_e \quad \boldsymbol{\mu}_0 \end{bmatrix}, \boldsymbol{P}_0^{\mathrm{p}} = \begin{bmatrix} \boldsymbol{C}_0 & \boldsymbol{0} \\ \boldsymbol{0} & \boldsymbol{R}_e \end{bmatrix} \tag{6.4.46}$$

三、观测噪声为有色噪声的最优滤波

设某一过程状态方程为

$$\boldsymbol{x}_{k+1} = \boldsymbol{\Phi} \boldsymbol{x}_k + \boldsymbol{e}_k \tag{6.4.47a}$$

观测方程为

$$\boldsymbol{y}_k = \boldsymbol{H} \boldsymbol{x}_k + \boldsymbol{v}_k \tag{6.4.47b}$$

式中:$\boldsymbol{v}_k$ 为有色噪声,且有

$$\boldsymbol{v}_{k+1} = \boldsymbol{\Phi}_v \boldsymbol{v}_k + \boldsymbol{\eta}_k \tag{6.4.48}$$

假设 $\boldsymbol{v}_k \sim N(\boldsymbol{0},\boldsymbol{R}_v)$,$\boldsymbol{\eta}_k \sim N(\boldsymbol{0},\boldsymbol{R}_\eta)$,根据定理 6-5,$\boldsymbol{\Phi}_v$ 和 $\boldsymbol{R}_\eta$ 可分别表示为

$$\boldsymbol{\Phi}_v = \boldsymbol{R}_v[k,k+1] \cdot \boldsymbol{R}_v^{-1}[k] \tag{6.4.49}$$

$$\boldsymbol{R}_\eta[k] = \boldsymbol{R}_v[k+1] - \boldsymbol{R}_v[k+1,k] \cdot \boldsymbol{R}_v^{-1}[k] \cdot \boldsymbol{R}_v[k,k+1] \tag{6.4.50}$$

与前面的处理方法相类似,将过程状态方程和成型滤波器结合在一起,得到扩充的状态方程:

$$\boldsymbol{x}_{k+1}^{\mathrm{o}} = \boldsymbol{\Phi}^{\mathrm{o}} \boldsymbol{x}_k^{\mathrm{o}} + \boldsymbol{e}_k^{\mathrm{o}} \tag{6.4.51a}$$

式中

$$\boldsymbol{x}_k^{\mathrm{o}} = \begin{bmatrix} \boldsymbol{x}_k \\ \boldsymbol{v}_k \end{bmatrix}, \boldsymbol{\Phi}^{\mathrm{o}} = \begin{bmatrix} \boldsymbol{\Phi} & \boldsymbol{I} \\ \boldsymbol{0} & \boldsymbol{\Phi}_v \end{bmatrix}$$

$$\boldsymbol{e}_k^{\mathrm{o}} = \begin{bmatrix} \boldsymbol{e}_k \\ \boldsymbol{\eta}_k \end{bmatrix}, E(\boldsymbol{e}_k^{\mathrm{o}}) = \boldsymbol{0}, \boldsymbol{R}_e^{\mathrm{o}}[k] = \begin{bmatrix} \boldsymbol{R}_e[k] & \boldsymbol{R}_{e\eta}[k] \\ \boldsymbol{R}_{\eta e}[k] & \boldsymbol{R}_\eta[k] \end{bmatrix}$$

相应地,扩充状态 $\boldsymbol{x}_k^{\mathrm{o}}$ 的观测方程可表示为

$$\boldsymbol{y}_k = [\boldsymbol{H} \quad \boldsymbol{I}]\boldsymbol{x}_k^{\circ} = \boldsymbol{H}^{\circ}\boldsymbol{x}_k^{\circ} \tag{6.4.51b}$$

式中

$$\boldsymbol{H}^{\circ} = [\boldsymbol{H} \quad \boldsymbol{I}]$$

在以上各式中,上标 o 表示所考虑有色噪声 $\boldsymbol{v}_k$ 是观测噪声,其他条件和假设如前所述。

扩充状态空间模型(式(6.4.51))符合最优滤波定理 6-4 的要求,故可按递推方程组(式(6.4.17)~式(6.4.21))进行最优滤波,其初始条件为

$$\hat{\boldsymbol{x}}_0^{\circ} = \begin{bmatrix} \boldsymbol{\mu}_0 \\ \boldsymbol{0} \end{bmatrix}, \boldsymbol{P}_0^{\circ} = \begin{bmatrix} \boldsymbol{C}_0 & \boldsymbol{0} \\ \boldsymbol{0} & \boldsymbol{R}_{\eta} \end{bmatrix} \tag{6.4.52}$$

如果过程噪声和观测噪声都是有色噪声,则扩充状态向量的形式为$[\boldsymbol{x}_k, \boldsymbol{e}_k, \boldsymbol{v}_k]^{\mathrm{T}}$,这时扩充状态空间模型应包含两个成型滤波器。这个问题留给读者自行解决,此不赘述。

四、模型噪声与观测噪声相关的最优滤波

考虑由状态空间模型(式(6.4.40))描述的随机过程。假设状态初值 $\boldsymbol{x}_0 \sim N(\boldsymbol{\mu}_0, \boldsymbol{C}_0)$;过程白噪声 $\boldsymbol{e}_k \sim N(\boldsymbol{0}, \boldsymbol{R}_e)$,观测白噪声 $\boldsymbol{v}_k \sim N(\boldsymbol{0}, \boldsymbol{R}_v)$,$\boldsymbol{e}_k$ 和 $\boldsymbol{v}_k$ 分别与 $\boldsymbol{x}_0$ 互相独立,但 $\boldsymbol{v}_k$ 与 $\boldsymbol{e}_k$ 是相关的。令扩充噪声向量 $\boldsymbol{z}_k = [\boldsymbol{e}_k{}^{\mathrm{T}}, \boldsymbol{v}_k{}^{\mathrm{T}}]^{\mathrm{T}}$,其协方差矩阵为

$$\begin{aligned} \boldsymbol{R}_z[k,m] &= E\left\{\begin{bmatrix} \boldsymbol{w}_k \\ \boldsymbol{v}_m \end{bmatrix}[\boldsymbol{e}_k^{\mathrm{T}} \quad \boldsymbol{v}_m^{\mathrm{T}}]\right\} \\ &= \begin{bmatrix} \boldsymbol{R}_e[k] & \boldsymbol{R}_{ev}[k,m] \\ \boldsymbol{R}_{ve}[k,m] & \boldsymbol{R}_v[k] \end{bmatrix} \end{aligned} \tag{6.4.53}$$

在这种情况下,下列定理成立。

定理 6-6:考虑由状态空间模型表达式(6.4.40)描述的随机过程。设过程噪声 $\boldsymbol{e}_k$ 与观测噪声 $\boldsymbol{v}_k$ 相关,已知条件如前所述,则最优滤波满足如下一组递推方程:

$$\begin{cases} \boldsymbol{P}_{k+1|k} = \boldsymbol{\Phi}\boldsymbol{P}_k\boldsymbol{\Phi}^{\mathrm{T}} + \boldsymbol{R}_e \\ \boldsymbol{K}_{k+1} = [\boldsymbol{P}_{k+1|k}\boldsymbol{H}^{\mathrm{T}} + \boldsymbol{R}_{ev}[k,k+1] \cdot (\boldsymbol{H}\boldsymbol{P}_{k+1|k}\boldsymbol{H}^{\mathrm{T}} + \boldsymbol{R}_v)^{-1} \\ \hat{\boldsymbol{x}}_{k+1} = \boldsymbol{\Phi}\hat{\boldsymbol{x}}_k + \boldsymbol{K}_{k+1}(\boldsymbol{y}_{k+1} - \boldsymbol{H}\boldsymbol{\Phi}\hat{\boldsymbol{x}}_k) \\ \boldsymbol{P}_{k+1} = (\boldsymbol{I} - \boldsymbol{K}_{k+1}\boldsymbol{H})\boldsymbol{P}_{k+1|k} \end{cases} \tag{6.4.54}$$

初始条件为

$$\hat{\boldsymbol{x}}_0 = \boldsymbol{\mu}_0, \boldsymbol{P}_0 = \boldsymbol{C}_0 \tag{6.4.55}$$

表 6-2 给出了本章所涉及的 MATLAB 波形与状态估计函数。

表 6-2 MATLAB 波形与状态估计的部分函数

功 能	LMS 自适应算法	自适应 RLS 算法	滤波算法	卡尔曼滤波算法
函数名	Adaptfilt. lms	Adaptfilt. rls	filter	kalman

本 章 小 结

简要介绍了波形估计的基本概念、信号检测与波形估计的关系、连续时间维纳滤波器和维纳数字滤波器的设计与实现。详尽介绍了 LMS 自适应滤波器、RLS 自适应滤波器、FFT/LMS 自适应滤波器、DCT/LMS 自适应滤波器、约束 LMS 自适应滤波器算法，以及自适应横向滤波器在自适应噪声抵消器、自适应预估器、自适应谱线增强和系统辨识等专题中的应用。最后，利用多维高斯条件概率密度的有关定理，证明了卡尔曼预估器和卡尔曼滤波器算法；扼要介绍了广义卡尔曼滤波器的概念。

对于初学者而言，只有通过大量的 MATLAB 仿真实验——精心构造具有物理意义的仿真数据，并细致分析最优波形或状态估计算法的仿真结果，才能切实理解和熟练掌握这些理论方法的精髓。特别是在微弱信号检测技术领域中，如果能够建立大致符合实际情况的随机信号或随机系统模型，并选用恰如其分的最优滤波或状态估计算法，就能够从噪声中检出极其微弱的信号。

现将本章的知识要点汇集如下：

(1) 根据线性滤波器的不同用途，一般将波形估计分为：

由观测样本 $y(t)$ 得到信号 $s(t)$ 的估计 $\hat{s}(t)$，称为滤波；

由观测样本 $y(t)$ 得到信号 $s(t)$ 的估计 $\hat{s}(t+\tau)(\tau>0)$，称为预估(外推)；

由观测样本 $y(t)$ 和 $y(\tau)$ 得到 $s(t)$ 的估计 $\hat{s}(t+\tau)(\ t\ <\tau<\tau)$，称为平滑(内插)。

(2) 设线性连续时间滤波器的输入波形为 $x(t)=s(t)+e(t)$，输出波形为 $\hat{s}(t)$，其中 $s(t)$ 是零均值实平稳过程的样本，$e(t)$ 是零均值随机噪声。当波形估计偏差 $\tilde{s}(t)=s(t)-\hat{s}(t)$ 的均方值 $E[\tilde{s}(t)]$ 达到最小时，就称 $\hat{s}(t)$ 为信号 $s(t)$ 的最小均方误差估计量，而相应的滤波器则称为连续型维纳滤波器(Wiener filter)，其频率传递函数记为 $H_{\mathrm{opt}}(\omega)$。

连续型维纳滤波器(最优线性滤波器)在频域上的 Wiener - Hopf 方程可表示为

$$H_{\mathrm{opt}}(\omega)=\frac{P_{sx}(\omega)}{P_{x}(\omega)}$$

式中：

$$P_{sx}(\omega)=E[X_s(\omega)X^*(\omega)],\quad P_x(\omega)=E[|X(\omega)|^2]$$

其中：$X_s(\omega)$，$X(\omega)$ 分别为 $s(t)$ 和 $x(t)$ 在区间 $(t-T,t)$ 上的傅里叶系数。

(3) 设双边横向滤波器 $H_{\mathrm{opt}}(z)$ 的输入为 x_k，输出为 y_k。若波形估计偏差 ε_k 的均方值最小，则称该横向滤波器为无约束(双边)维纳数字滤波器，记为 $H_{\mathrm{opt}}(z)$ 或 $h_{\mathrm{opt}}[i]$。

无约束维纳数字滤波器的 Wiener－Hopf 方程可表示为

$$H_{\text{opt}}(z) = S_{dx}(z)/S_x(z)$$

式中：$S_{dx}(z)$，$S_x(z)$ 分别为 $R_{dx}[i]$ 和 $R_x[i]$ 的 z 变换；x_k，d_k 分别为无约束维纳数字滤波器的输入样本和期望响应。

因果维纳数字滤波器的 Shonnon－Bode 实现形式为

$$H_{\text{opt\_C}}(z) = \frac{1}{S_x^+(z)} \cdot \left[\frac{S_{dx}(z)}{S_x^-(z)}\right]_+$$

式中：$S_x^+(z)$ 为 $S_x(z)$ 中零点位于 z 平面上单位圆内部的因式；$S_x^-(z)$ 为 $S_x(z)$ 中零点位于 z 平面单位圆外部的因式。

（4）如果横向滤波器能够按最小均方误差估计准则自动地调整结构参数，使其单位脉冲响应序列逐渐收敛于维纳解，则称为 LMS 自适应滤波器。

在 k 时刻，LMS 自适应滤波器的响应 y_k 可表示为

$$y_k = \sum_{i=0}^{p-1} w_{ki} \cdot x_{k-i} = \boldsymbol{W}_k^{\mathrm{T}} \boldsymbol{x}_k$$

式中：

$$\boldsymbol{x}_k = [x_k, x_{k-1}, \cdots, x_{k-p+1}]^{\mathrm{T}}, \boldsymbol{W}_k^{\mathrm{T}} = [w_{k0}, w_{k1}, \cdots, w_{k(p-1)}]$$

分别表示第 k 次迭代时横向滤波器的输入向量和权向量。通常取横向滤波器的长度为 $p=[N/4]$，或者 $p=[N^{1/2}]$（其中 N 为输入序列 x_k 的样本容量）。若输入向量 $\boldsymbol{x}_k$ 和期望响应序列 d_k 都是各态遍历的实平稳过程，则第 k 次滤波器的输出偏差为

$$\varepsilon_k = d_k - y_k = d_k - \boldsymbol{W}_k^{\mathrm{T}} \boldsymbol{x}_k = d_k - \boldsymbol{x}_k^{\mathrm{T}} \boldsymbol{W}_k$$

权系数的自适应迭代算法为

$$\boldsymbol{W}_{k+1} = \boldsymbol{W}_k + 2\mu\varepsilon_k \boldsymbol{x}_k$$

式中：要求自适应常数 μ 满足下式，以确保自适应过程的稳定性，即

$$0 < \mu < \frac{1}{\lambda_{\max}} \quad 或 \quad 0 < \mu < \frac{1}{\mathrm{tr}\boldsymbol{R}_x}$$

式中：$\lambda_{\max}$ 为输入自相关矩阵 $\boldsymbol{R}_x$ 的 p 个特征值中的最大值。自适应过程就是连续不断地调节横向滤波器的权系数 $\boldsymbol{W}_k$，以寻找“误差曲面”的“底部”，也即权系数的维纳解：

$$\boldsymbol{W}_{\text{opt}} = \boldsymbol{R}_x^{-1} \boldsymbol{R}_{dx}$$

由权向量梯度噪声所引起的自适应过程的过调量为

$$O_{\text{sw}} = \mu \cdot \sum_{q=0}^{p-1} \lambda_q = \mu \cdot p\lambda_{\text{ave}}$$

式中：λ_{ave} 为自相关矩阵 $\boldsymbol{R}_x$ 的 p 个特征值的平均值。在工程上，一般要求 $O_{\text{sw}} \leqslant 25\%$。

当输入自相关矩阵 $\boldsymbol{R}_x$ 的特征值分散程度增大时，将使 LMS 算法的迭代过程

变得很慢，有时甚至慢到了不可接受的程度。为解决这一问题，应当设法使输入自相关矩阵正交化。这种改进的算法主要分为两类：第一类是递推最小二乘(Recursive Least Squares，RLS)算法，它利用既往的输入数据来递推计算输入自相关矩阵，以降低当前输入数据的相关性；第二类是通过离散傅里叶变换(DFT)或离散余弦变换(DCT)对输入序列进行预处理，使变换后的输入序列是互不相关的。

(5) 卡尔曼等学者提出了最优线性递推滤波器——Kalman 滤波器，实际上，递推最小二乘法就是 Kalman 滤波器的一个特例。与整段滤波的维纳滤波器不同，Kalman 滤波器是采用分段递推滤波的方法，在这一点上，它与 LMS 自适应滤波器是一致的。但是，进行 Kalman 滤波的前提条件是，必须建立描述过程的状态空间模型，而维纳滤波和 LMS 自适应滤波则不需要事先建立过程的数学模型。

习　题

6－1　设样本函数为

$$x(t) = s(t) + e(t)$$

式中：信号 $s(t)$ 和加性噪声 $e(t)$ 是统计独立的，且均值皆为 0；其自相关函数分别是

$$R_s(\tau) = \frac{1}{2}\mathrm{e}^{-|\tau|}, R_e(\tau) = \delta(\tau) + \mathrm{e}^{-|\tau|}$$

试求：

(1) 双边维纳滤波器和估计量 $\hat{s}(t)$ 的最小均方误差；

(2) 因果维纳滤波器和估计量 $\hat{s}(t)$ 的最小均方误差。

6－2　设观测数据为

$$x_k = s_k + v_k$$

式中：期望信号 $d_k = s_k$ 的相关函数 $R_d[m] = 0.8^{|m|}$，v_k 是均值为 0、方差 ${\sigma_v}^2$ 为 1 的观测白噪声；且 s_k 是一 AR(1) 过程：

$$s_k = 0.8 s_{k-1} + e_k$$

式中：e_k 为均值为 0、方差 ${\sigma_e}^2$ 为 0.36 的过程白噪声。假设 s_k 与 v_k 不相关，v_k 与 e_k 不相关，要求采用 Wiener 滤波器对实际观测数据 x_k 进行滤波。若以 Wiener 滤波器的输出 y_k 作为 s_k 的波形估计 $\hat{s}_k$，请给出 $\hat{s}_k$ 的表达式。

6－3　试构造一组被噪声污染的方波或三角波数据，分别应用 LMS 自适应滤波器，DFT/LMS 自适应滤波器和 DCT/LMS 自适应滤波器对该组数据进行滤波，并分析仿真结果。

6－4　试按例 6－9 的方法，构造一组被噪声污染的数据。要求应用约束 LMS 自适应算法实现“信号无失真最小噪声估计器”。

6-5 考虑图6-30所示的自适应谱线增强器(ALE),假设输入过程 x_k 由两个正弦型信号分量 s_{1k}、s_{2k}和功率为0.25的加性白噪声 e_k 所组成,即 $x_k=s_{1k}+s_{2k}+e_k$。其中,一个正弦型信号分量每周期采样16点,另一个正弦信号分量每周期采样17点。现要求采用 $p=64$(权系数个数),$\mu=0.04$ 的自适应谱线增强器来估计输入过程 x_k 的频谱。试分别计算ALE权向量谱估计器和ALE输出谱估计器的检验统计量,并解释其物理意义。

6-6 打开MATLAB平台,键入demos,在Help Navigator栏上找到demos菜单,选择Blockets,双击Signal Processing图标,在随之弹出的Adaptive Processing窗口上分别点击Acoustic Noise cancelle(LMS),Equalization,Noise canceller(RLS),Linear prediction和Time-delay estimation,它们分别对应于声学LMS自适应噪声抵消器、LMS自适应信道均衡器、自适应RLS噪声抵消器、LMS自适应线性预估器和LMS自适应时延估计器的Simulink仿真框图。

试分别运行上述仿真程序,并解释LMS自适应噪声抵消器和LMS自适应时延估计器的工作原理。

6-7 请用MATLAB语言编写例6-14中的卡尔曼滤波程序和卡尔曼一步预估程序。

6-8 考虑某一时变的ARMA(p,q)序列:

$$y_k+\sum_{i=1}^{p}a_{ik}y_{k-i}=\sum_{j=1}^{q}a_{(p+j)k}v_{k-j}+v_k$$

式中:$a_{ik}(i=1,2,\cdots,p,p+1,\cdots,p+q)$为ARMA模型的时变参数;$y_k$ 为ARMA模型的输出序列;v_k 为ARMA模型的输入序列。假设 v_k 是均值为0、方差为 ${\sigma_v}^2$ 的高斯白噪声,相互独立模型参数 a_{ik}可用下列随机扰动模型来表示:

$$a_{i(k+1)}=a_{ik}+e_{ik}\quad(i=1,2,\cdots,p,p+1,\cdots,p+q)$$

式中:e_{ik}为均值为0、方差为 ${\sigma_e}^2$ 的高斯白噪声$(i=1,2,\cdots,p+q)$,且 e_{ik}与 e_{jk}相互独立$(i\neq j)$,e_{ik}与 v_k 相互独立。定义$(p+q)\times 1$维状态向量

$$\boldsymbol{x}_k=[a_{1k},\cdots,a_{pk},a_{(p+1)k},\cdots,a_{(p+q)k}]^{\mathrm{T}}$$

和观测向量(行向量)

$$\boldsymbol{c}_k=[-y_{k-1},\cdots,y_{k-p},\hat{v}_{k-1},\cdots,\hat{v}_{k-q}]$$

其中:$\hat{v}_k$ 为 v_k 的最小二乘估计量。试根据上述条件,求:

(1) 建立时变ARMA模型的状态空间方程;

(2) 更新状态向量 $\boldsymbol{x}_{k+1}$的卡尔曼滤波算法;

(3) 设定卡尔曼滤波算法的初始值。

参 考 文 献

[1] 帕伯力斯 A. 概率、随机变量与随机过程[M]. 谢国瑞,等译. 北京:高等教育出版社,1983.
[2] 应怀焦. 波形和频谱分析与随机数据处理[M]. 北京:中国铁道出版社,1983.
[3] 郑兆宁,向大威. 水声信号被动检测与参数估计理论[M]. 北京:科学出版社,1983.
[4] McDonough R N,Whalen A D. 噪声中的信号检测[M]. 王德石,等译. 北京:电子工业出版社,2006.
[5] Kay Steven M. 统计信号处理基础——估计与检测理论[M]. 罗鹏飞,等译. 北京:电子工业出版社,2008.
[6] 潘仲明. 随机信号分析与最优估计理论[M]. 长沙:国防科技大学出版社,2012.
[7] 张贤达. 现代信号处理[M]. 2 版. 北京:清华大学出版社,2002.
[8] 张贤达. 现代信号处理习题与解答[M]. 北京:清华大学出版社,2003.
[9] 景占荣,羊彦. 信号检测与估计[M]. 北京:化学工业出版社,1983.
[10] Stark H,Woods J W. 统计与随机过程在信号处理中的应用[M]. 英文版. 北京:高等教育出版社,2008.
[11] 肖国有,屠庆平. 水声信号处理及其应用[M]. 西安:西北工业大学出版社,1994.
[12] 王正明,易东云,测量数据建模与参数估计[M]. 长沙:国防科技大学出版社,1996.
[13] 伊泽曼 R. 数字控制系统[M]. 北京:化学工业出版书,1986.
[14] 卢桂章,李铁钧,张朝池. 现代控制理论基础:上册——数学基础与数学模型识别[M]. 北京:化学工业出版书,1981.
[15] 万建伟,王玲. 信号处理仿真技术[M]. 长沙:国防科技大学出版社,2008.
[16] 科恩 L. 时频信号理论与应用[M]. 白居宪,译. 西安:西安交通大学出版社,2000.
[17] 杨福生. 小波变换的工程分析与应用[M]. 北京:科学出版社,2000.
[18] 程正兴. 小波分析与应用实例[M]. 西安:西安交通大学出版社,2006.
[19] 胡昌华. 基于 MATLAB 的系统分析与设计——小波变换[M]. 西安:西安电子科技大学出版社,1999.
[20] 威德罗 B,瓦莱斯 E. 自适应控制[M]. 刘树棠,韩崇昭,译. 西安:西安交通大学出版社,2000.
[21] 沈付民. 自适应信号处理[M]. 西安:西安电子科技大学出版社,2001.
[22] 韩曾晋. 自适应控制[M]. 北京:清华大学出版社,1995.
[23] 潘仲明. 信号、系统与控制基础[M]. 北京:高等教育出版社,2012.
[24] 郭尚来. 随机控制[M]. 北京:清华大学出版社,1999.
[25] 温熙森,陈循,唐丙阳. 机械系统动态分析理论与应用[M]. 长沙:国防科技大学出版社,1998.